KB044452

이공학적 설계를 위한

인공지능 최적화

이인호 지음

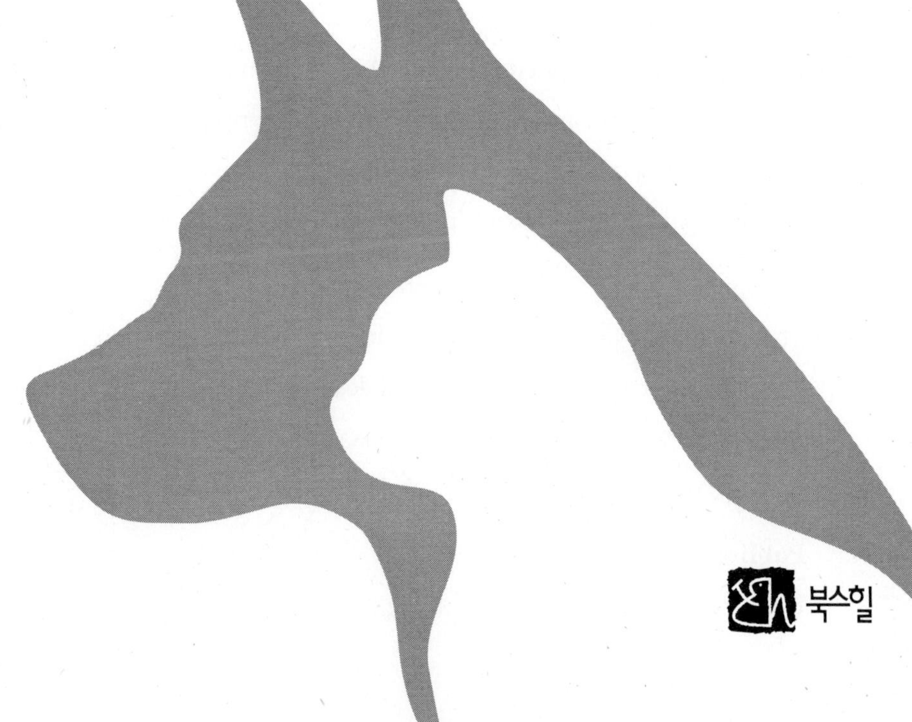

북스힐

Disclaimer

You can edit this page to suit your needs. For instance, here we have a no copyright statement, a colophon and some other information. This page is based on the corresponding page of Ken Arroyo Ohori's thesis, with minimal changes.

No copyright

Colophon

This document was typeset with the help of KOMA-Script and LaTeX using the kaobook class.
The source code of this book is available at:
https://github.com/fmarotta/kaobook
(You are welcome to contribute!)

Publisher

First printed in May 2023 by 북스힐

논리는 A에서 B로 가는 길이다. 상상력은 어디든 갈 수 있는 길이다.

인생은 자전거를 타는 것과 같다. 균형을 유지하려면 계속해서 움직여야 한다.

교육은 사실을 배우는 것이 아니라, 사고하는 데 필요한 마음의 훈련이다.

상상력이 지식보다 중요하다. 지식은 한계가 있지만, 상상력은 세상을 둘러싼다.

행복한 삶을 살고 싶다면, 사람이나 물건에게 매이지 말고 목표에 매이라.

나에게는 특별한 재능이 없다. 나는 단지 열정적 호기심을 가지고 있는 것 뿐이다.

중요한 것은 질문을 멈추지 않는 것이다. 호기심은 존재를 위한 자신만의 이유를 가지고 있다.

어려움 가운데 기회가 있다.

우리가 경험할 수 있는 가장 아름다운 것은 신비로운 것이다. 이것이 모든 진정한 예술과 과학의 근원이다.

실수를 한 적이 없는 사람은 새로운 것을 시도한 적이 없었다.

성공하는 사람이 되려고 애쓰지 말고, 가치 있는 사람이 되려고 노력하라.

– 아인슈타인

서문

이 책은 최적화 관점에서 인공지능 기술들을 설명하고 다양한 이공계 문제 풀이, 탐색, 설계에 대해서 토의한다. 우선, 인공지능은 최근 몇 년간 매우 많은 이공계 분야에서 문제 풀이 능력을 과시한 바 있다. 이미지 인식, 음성 인식, 자연어 처리, 게임, 과학 문제 풀이 등 많은 분야에서 인공지능이 인간 이상의 수준과 성능을 보이고 있다. 인공지능의 성능 향상을 위해서는 이상적인 표현자 선택, 목적함수 설정, 그리고 최적화 알고리즘이 매우 중요하다. 우리는 탐색 및 설계 측면에서는 대규모의 데이터나 복잡한 매개변수 공간를 효율적으로 조사할 수 있는 기술이 필요하다. 최적화 알고리즘을 활용하면 데이터 분석, 모델링, 예측 등 다양한 분야에서 창의적인 응용 연구를 수행할 수 있다. 매우 다양한 최적화 알고리즘들의 소개와 실질적인 응용에서 필요한 초고도 병렬 계산 방법에 주목한다. 이 책을 통해 인공지능 기술의 근원적 접근법과 최적화 기법을 활용한 다양한 문제 풀이 방법을 배울 수 있다. 인공지능 기술의 응용은 소수의 무리를 중심으로 매우 빠른속도로 많은 분야에서 적용되고 있다. 따라서, 인공지능 기술에 대한 이해가 양극화로 치닫고 있는 상황이다. 낮은 수준의 이해를 가진자 무리와 높은 수준의 이해를 가진자 무리로 양분되어 분포하고 있다. 중간 단계의 이해를 가진자 무리가 매우 부족하다. 이러한 양극화 현상은 건전한 기술 발전에 방해가 되며, 불평등과 경제적 불안정성을 야기할 수 있으며, 사회적 분쟁과 불만을 유발할 수도 있다.

앞선 세대가 풀지 못한 이공학적 문제를 인공지능 방법으로 풀어내는 사례가 나타나기 시작했다. 혹자는 잘 알려진 알고리즘을 적용한 것에 지나지 않는다고 애써서 인공지능의 성취를 평가절하한다. 그렇지 않다. 많은 경우, 그 알고리즘의 가치를 알아보고 실제로 풀지 못한 문제를 풀었다는 것이 더 중요하다. 이러한 과학적 진보의 뒷면에는 고도화된 계산 기술이 있다는 사실에 주목해야한다. 그러한 기술의 연마는 단시간에 달성되지 않는다. 컴퓨터 언어와 새로운 장비를 활용할 수 있는 기술의 습득에는 제법 시간이 걸린다. 고양이가 누워있어도 고양이라는 사실에는 변함이 없다. 마찬가지로 고양이 사진이 90도 회전되어 있어도 그것은 고양이 사진이다. 적어도 사람에게는 고양이라고 판단할 수 있게 하는 조건은 고양이 자세와 무관하며 말로 표현할 수 없는 '고양이 표현자'가 있다는 것이다. 사람들은 학습을 통해서 이것을 알았을 것이다. 기계가 학습하는 것 그리고 사람들이 학습 것, 이들 사이에 차이점이 없음에도 불구하고, 적어도 50년 이상, 사람들은 두 가지를 구별해왔다. 하지만, 2012년, 그러한 특성을 파악하는 것에 드디어 성공했다. 수학적으로 알려진 '차원의 저주'를 상당한 수준에서 극복한 것이다. 결국, 사람들은 수학 공식, 물리학 방정식에서 찾을 수 없었던 새로운 계산을 수행하게 되었다. 예를 들면, 문장이 입력인데 출력은 그림이되는 새로운 계산에 관심을 가지게 되었다. 수학 공식과 물리학 방정식만이 컴퓨터 프로그램으로 변환된다는 고정 관념의 틀이 깨지고 있다. 데이터를 활용하면 사람이 상상하는 것과 유사한 행동을 할 수 있게 된 것이다. 잘 훈련된 인공신경망은 우리가 잘 아는 '장인'의 수행능력과 같은 것이다. 30년 이상 한 분야에 통달한 '장인'이 가지고 있는 기술적 수행능력을 인공신경망이 초단시간 안에 습득하는 것이다. 아무튼, 많은 사람들이 컴퓨터를 활용한 초귀납적 사고 방식을 업으로 삼게될 것 같다. 기계학습은 원하는 다양한 목적함수에 합당한 '새로운 차원의 선택과 새로운 좌표변환'의 도입이다. 이러한 절차로부터 쉽게 특성 추출을 얻어내는 것이다. 기계학습은 새로운 공간에서, 그것이 더 높은 차원이던, 더 낮은 차원이던, '거리' 계산을 통해서 데이터를 재해석하는 것이다. 컴퓨터를 잘 사용할 수 있으면 사람보다 더 날카로운 판단력으로 귀납적 사고가 컴퓨터 속에서 일어나게 할 수 있다. 이공계 각 분야의 전문지식을 확고하게 가지고 있는 상황에서 인공지능을 활용하면 해당분야에서 유용한 탐색 및 설계 연구가 가능하다. 본질적 불변의 표현자(representation)를 적절하게 유도하여 선택할 수 있는 것 그리고 그 유효성을 확인할 수 있는 것들은 전공지식에 속하는 것이다. 표현자를 적절하게 선택, 유도, 확인하지 못하면 최적화를 통한 분류, 회귀, 생성, 탐색, 그리고 설계에서 성공적인 결과를 얻기 어렵다.

많은 물리학의 법칙도 목적함수 '라그랑기안(Lagrangian)'을 최적화하여 얻어낼 수 있다. 결국, 물리학 법칙도 최적화의 산물이라고 재해석 할 수 있다. 역학, 전자기학, 양자역학, 상대론 모두 라그랑지안을 이용하여 운동 방정식을 얻어낼 수 있다. 이공계 최적화 문제 풀이 방법으로 알려진 상위 발견법, 진화학습 방법, 통계물리학 기반 컴퓨터 알고리즘들을 소개한다. 이러한 방법들을 이용하여 매우 다양한 이공학적 탐색과 설계 연구를 수행할 수 있다. 아울러, 트리-기반 알고리즘과 딥러닝(심층학습)으로 대표되는 인공지능의 보석같은 도구들의 응용 가능성에 대해서도 실습을 통해서 소개한다. 트리-기반 알고리즘을 활용한 분류, 회귀 분석 방법의 성능을 소개한다. 나아가, 비지도학습 방법으로 잡음을 제거하는 기술을 소개한다. 그 다음 단계로 딥러닝 방법을 이용한 생성 모델 제작, 잡음 제거 기술 등을 소개한다. 마지막으로 설계와 탐색에 필요한 초고도 병렬 계산 방법의 요소들을 나열한다. 주요 알고리즘을 구현한 컴퓨터 프로그램 또는 스크립트 등을 나열하여 실습을 지원한다. 현실적인 설계와 탐색을 위해서는 다양한 컴퓨터 언어의 습득이 매우 중요하다. 포트란 90(Fortran 90), 씨(C), C++, 파이썬(Python) 언어 등이 현업 연구들에서 활용되기 때문이다. 나아가, 연구 현업에서 활용될 수밖에 없는 MPI(message passing interface), GPU(graphics processing unit)/TPU(tensor processing unit)를 활용한 초고도 병렬화 방법까지 소개한다. 매우 다양한 기술들을 익혀야 하며 충분한 실습은 필수적이다.

사실, 이 책을 쓰게 된 배경은 다음과 같다. 인공지능을 활용한 초기능성 결정 구조 설계 및 탐색 연구, 단백질 접힘 연구, 그리고 5G 주파수 필터 설계 연구 등 몇 가지 연구과제들을 수행할 기회가 있었다. 아울러, 학회 초청으로 초고도 병렬 컴퓨팅 강의를 다수 진행했었다. 이러한 연구와 강연를 토대로 미약하지만 과학 논문 발표, 특허 등록, 그리고 기술 이전을 할 수 있었다. 급기야, 다양한 분야 다수의 이공계 학회들에서 인공지능 강의를 하게 되었다. 그리고, 또 다시 시간이 흘렀고, 자료들을 정리하여 이 책을 쓰는 것이 많은 후학들에게 도움이 될것으로 판단했다. 다양한 분야에서 글쓴이가 인공지능 강의를 할 수 있게 배려해주신 많은 분들에게 깊은 감사의 마음을 전한다. 고등과학원 이주영 교수님, 손영우 교수님, 박창범 교수님, 주기형 교수님, 김주한 교수님, 카이스트 장기주 교수님, 김용훈 교수님, 숙명여자대학교 김재성 교수님, 서지근 교수님, 김한철 교수님, 고려대학교 고광일 교수님, 서울대학교 유재준 교수님, 한승우 교수님, 조정효 교수님, 이주용 교수님, 한국표준과학연구원 박현민 원장님, 이태걸 부원장님, 권일범 소장님, 박승남 박사님, 허용학 박사님, 심형석 박사님, 박준형 박사님, 박병천 박사님, 신설은 박사님, 한국화학연구원 장현주 박사님, 강원대학교 이훈표 교수님, 김홍식 교수님, 한국과학기술연구원 한상수 박사님, 경희대학교 박용섭 교수님, 서울시립대학교 정재일 교수님, 이승재 교수님, 한국천문연구원 김종수 박사님, 안상현 박사님, 한양대학교 노영균 교수님, 김은솔 교수님, 그리고 다방면으로 도와 주신 고등과학원 김호영 선생님을 포함한 여러분들께 감사 드립니다. 아울러, 글쓴이 강의에서 필수 항목으로 항상 포함되었던 실습 시간에 많은 질문을 해 주신 여러분들에게도 특별히 감사의 마음을 전한다. 기본적인 인공지능의 얼개를 알고 난 후에는 반드시 컴퓨터 실습을 해야만 한다. 실습을 통해서 더 많이 배울 수 있고 더 많이 상상할 수 있기 때문이다. 이 책은 인공지능, 최적화, 설계에 대한 입문서이면서 전문서이다. 이 책이 독자 여러분에게 전문서가 되기 위해서는 독자 여러분들이 컴퓨터 언어에 익숙해야만 한다. 당연히 컴퓨터 언어에 대한 숙달도가 독자마다 다를 수 있다. 컴퓨터 언어에 한해서 동일한 기준으로 책을 쓰지 못한 점에 대한 한계를 분명히 밝혀 두고자 한다. 이 책에서는 최대한 다양한 분야에서 인공지능 기술 그리고 최적화 알고리즘이 현재 어떻게 사용되고 있는지에 대해서 소개하려고 노력했다.

마지막으로, 이 책이 고도화된 컴퓨터 자원 활용에 대한 지식함양과 다양한 이공학적 문제 풀이에 도움이 되길 희망한다. 독자 여러분들 각자가 자신의 전공분야에서 인공지능 기술과 최적화 기술을 활용하여 글쓴이가 수행한 것보다 훨씬 더 훌륭한 이공학적 성과를 이루시기를 진심으로 기원한다.

글쓴이: 한국표준과학연구원 AI융합기술개발팀리더 이인호, ihlee@kriss.re.kr, inholeemail@gmail.com

Contents

List of Figures

List of Tables

귀납적 사고 1

1.1 컴퓨터를 활용한 귀납적 사고 방식

귀납적 사고는 특정한 사례들을 관찰하고 그것들의 공통점이나 패턴(pattern)을 찾아내는 추론 방법이다. 이 방법은 인간의 사고 방식 중 하나로서, 일상 생활에서 많은 경우에 사용된다. 예를 들어, 과거에 눈 또는 비가 올 때마다 도로가 미끄러워져서 교통사고가 많이 발생했다는 사실을 관찰하고, 이를 토대로 미래에도 같은 상황이 반복될 것이라고 추론할 수 있다. 인공지능 기술은 인간의 사고 능력을 모방하거나 대체하기 위한 기술이다. 예를 들어, 기계학습 알고리즘은 대규모 데이터셋(dataset)를 이용하여 패턴을 찾아내는 귀납적인 방법을 사용한다. 이러한 방법을 사용하여 이미지, 음성, 텍스트 등 다양한 데이터를 처리하고 분류할 수 있다. 사실, 연구자들에게는 예측할 수 없는 상황이나 새로운 상황에 대해서는 적극적인 탐색과 추론이 필요하다. 이러한 능력은 인간의 직관과 경험에서 비롯되는 발견법(heuristics)에 기반한 사고를 통해 개발된다. 인공지능 기술은 귀납적 사고를 기반으로 한 기술이지만, 인간의 사고 능력 전체를 대체하거나 모방하는 것은 아니다. 인공지능 기술은 인간의 사고 능력을 보완하고, 더 나은 문제 해결 능력을 제공하는 도구로서 사용될 수 있다.

귀납적 사고는 관찰된 사례나 패턴을 토대로 일반적인 원칙이나 법칙을 도출하는 사고 방식이다. 과학적 발견들에서 귀납적 사고가 많이 적용되었다. 여기에서 몇 가지 예시를 들 수 있다.

◇ 뉴턴의 운동 법칙: 뉴턴의 운동 법칙은 물체의 움직임에 관한 일반적인 원칙을 제시한다. 이는 귀납적 사고를 통해 도출되었다. 뉴턴은 다양한 물체들의 운동을 관찰하고, 그들이 따르는 움직임의 패턴을 분석하여 이러한 법칙을 도출하게 되었다.

◇ 다윈의 진화론: 다윈의 진화론은 생물의 진화에 대한 이론이다. 다윈은 자연 선택에 의해 적자생존하는 개체들이 더 많은 후손을 낳아 세대를 이어가는 것을 관찰하고, 이러한 패턴을 바탕으로 생물의 진화가 일어난다는 것을 귀납적 사고를 통해 추론했다.[1]

◇ DNA의 구조: DNA의 구조는 귀납적 사고를 통해 밝혀졌다. 왓슨과

[1]: Darwin (2004), *On the origin of species, 1859*

크릭은 X-ray 회절을 이용하여 DNA의 구조를 관찰하고, 이를 바탕으로 이중 나선 구조를 도출했다. 이러한 발견은 유전학 분야의 중요한 진전이었다.[2]

[2]: Watson and Crick (1953), 'Molecular structure of nucleic acids: a structure for deoxyribose nucleic acid'

◇ 빛의 파동성과 입자성: 빛의 파동성과 입자성은 귀납적 사고를 통해 이해되었다. 광학 실험을 통해서 빛이 파동성을 갖는 것을 증명할 수 있었다. 아울러, 광전효과 실험을 통해 빛이 입자성을 갖는 것을 증명하면서 빛의 이중성이 발견되었다.

이처럼 귀납적 사고는 과학적 발견의 중요한 원칙 중 하나로 확실한 자리매김을 했다.[3, 4] 이를 통해 일반적인 원칙이나 법칙을 도출하고, 새로운 지식을 발견할 수 있다. 과학은 이론적인 모델과 실험적인 증거를 통해 성장하며, 매우 많은 이론적인 모델들은 귀납적 사고의 결과물이다. 과학자들은 자연 현상의 규칙성을 찾아내고, 이를 일반화하여 이론을 만들어내고 검증한다. 현대 과학은 대규모 데이터를 분석하고, 이를 바탕으로 새로운 지식을 만들어내는 빅데이터 분석 기술을 활용한다. 이러한 빅데이터 분석은 귀납적 사고 방식을 기반으로 하고 있으며, 이를 통해 새로운 지식과 이론에 대한 영감을 얻을 수 있다. 과학 발전은 귀납적 사고 방식을 원해 왔다. 귀납적 사고 방식은 인공지능 기술의 근간이 된다. 컴퓨터를 활용할 경우 우리는 보다 더 체계적인 귀납적 사고를 할 수 있게 된다. 귀납적 사고 방식은 인공지능 기술의 발전과 더불어서 과학 분야뿐만 아니라 인문학에서도 중요한 역할을 한다. 인공지능 기술은 인류가 개발한 초귀납적 사고의 결정체가 될 수 있고 누구나 사용할 수 있는 보편적인것이다.

[3]: Jordan and T. M. Mitchell (2015), 'Machine learning: Trends, perspectives, and prospects'
[4]: Russell (2010), *Artificial intelligence a modern approach*

인공지능 기술은 귀납적 사고 방식을 활용하여 다양한 분야에서 뛰어난 성과를 내고 있다. 몇 가지 예를 들어보면 다음과 같다.

◇ 이미지 인식: 인공지능은 대규모 데이터셋을 사용하여 이미지 인식 알고리즘을 학습할 수 있다. 이를 통해, 컴퓨터는 사람이 인식할 수 있는 수준으로 이미지를 인식하고 분류할 수 있다. 예를 들어, 얼굴 인식, 물체 인식 등의 분야에서 매우 높은 성능을 보인다.

◇ 자연어 처리: 인공지능은 대량의 텍스트 데이터를 사용하여 자연어 처리 알고리즘을 학습할 수 있다. 이를 통해, 컴퓨터는 사람이 사용하는 언어를 이해하고 분석할 수 있다. 예를 들어, 기계 번역, 문서 요약, 감정 분석 등의 분야에서 매우 높은 성능을 보인다.

◇ 의료 진단: 인공지능은 대량의 의료 데이터를 사용하여 질병 진단 및

예측 알고리즘을 학습할 수 있다. 이를 통해, 컴퓨터는 의사들보다 빠르고 정확하게 질병을 진단하고 예측할 수 있다. 예를 들어, 암 진단, 뇌졸중 예측 등의 분야에서 매우 높은 성능을 보인다.

◇ 자율주행: 인공지능은 대규모의 주행 데이터를 사용하여 자율주행 알고리즘을 학습할 수 있다. 이를 통해, 자동차는 운전자 없이도 안전하게 주행할 수 있다. 예를 들어, 웨이모, 오토파일럿 등의 자율주행 기술에서 인공지능이 중요한 역할을 한다. 이러한 분야에서 인공지능은 귀납적 사고 방식을 통해 대량의 데이터에서 패턴을 찾아내고, 이를 기반으로 뛰어난 성능을 발휘한다. 귀납적 사고를 부추기는 방법으로서 인공지능 기술만 한 것을 찾기는 쉽지 않다. 어쩌면 인공지능 기술은 가장 범용적인 귀납적 사고의 최고봉이라고 볼 수 있다.

2017년, AlphaGo Zero 개발팀은 소위 제일원리(first-principles)로 바둑의 정복이 가능하다고 강조했었다. 다시 말해서, 기존의 바둑 기보와 같은 데이터가 필요하지 않다는 것이다.[5] 기존의 기보를 보고 학습하지 않는다는 뜻이다. 스스로 학습을 진행하기 때문에 이름에 Zero가 붙어 있는 것이고 제일원리라고 부르는 것이다. 다른 말로 표현하여 정해진 의견이 없는 상태(tabula rasa)에서 출발한다는 점을 논문에서 강조한 바 있다. 충분히 스스로 학습하여 원리를 깨우친다는 뜻이다. 두 가지 관전 포인트가 남아 있었다. 그것들은 학습의 속도와 학습의 수준을 각각 말한다. 다시 말해서, 그렇게 스스로 깨우치는 것이 사람들이 만든 기보를 보고 학습하는 것보다 더 빠를뿐만아니라 학습의 수준도 더 높다는 것이다. 인류가 발견하지 못한 정석(定石)을 AlphaGo Zero는 찾아낸 것이다. 이것이 AlphaGo Zero가 새로운 차원의 바둑실력을 보일 수 있는 이유이다. 인간 지식의 한계에 더 이상 속박되지 않는 기술이다. 사람들이 둔 기보를 전혀 보지 않기 때문에 사람들 보다 더 강하고 더 빨리 배운다는 것이다.

[5]: Silver et al. (2017), 'Mastering the game of go without human knowledge'

딥마인드는 2018년 AlaphaFold라는 알고리즘을 들고 나왔다. 그야말로 단백질 구조예측 분야에 신선한 공기를 제공했다. 어려운 과학 문제를 풀 수 있다는 가능성을 제시한 것으로 볼 수 있었다. 정확히 2년 후, 2020년, 딥마인드는 AlphaFold 2를 통해서 단백질 구조를 예측하는 전문가들에게 긍정적인 커다란 충격을 안겨 주는 데 마침내 성공했다.[6] 가장 어려운 문제로 분류되는 단백질 구조예측 문제를 사실상 만족할 만한 수준으로 풀어낸 것이다. 구글이 이룩한 성과는, 약 50년 동안 사람들의 실패를 뒤로

[6]: Jumper et al. (2021), 'Highly accurate protein structure prediction with AlphaFold'

하고 마침내 만족할 만한 수준으로, 아미노산 서열 정보로부터 접혀진 3차원 단백질 구조예측 방법을 개발하는 데 성공한 것이다. 이것은 대학교 그리고 국립 연구소에서 이루어 내지 못한 괄목할만한 과학적 성과이다. 이 놀라운 성과는 생명현상의 근원적 이해에 한 발 더 다가선 것으로 볼 수 있다. 왜냐하면, 단백질은 고유의 3차원 구조를 가질 때 비로소 '프로그램'되어 있는 생명현상을 한 치의 오차도 없이 정확하게 수행하기 때문이다. 이러한 과학적 성과는 질병 극복과 신약개발에 곧바로 적용될 수 있다. 아무튼, AlphaGo, AlphaGo Zero, AlphaFold, 그리고 AlphaFold 2로 이어지는 구글의 과학적 성과는 진실로 놀랍다.[1] 대학교와 국립 연구소 중심의 연구체계가 아닌 민간 기업이 이루어 낸 학술적 성과를 결코 간과해서는 안 된다. 내로라하는 전문가들이 그동안 이루어 내지 못한 것들임에 우리는 주목해야 한다.

1: 페이스북 창업자 마크 저커버그, 구글 공동 창업자 세르게이 브린, 알리바바 창업자 마윈 등이 거금을 기부하면서 브레이크스루 재단이 만들어졌다. 이후 재단은 2013년부터 기초물리학상, 생명과학상, 수학상을 차례로 제정한 뒤 수상자를 선정하고 있다. 수상자에게는 상금 300만 달러(약 34억 7000만 원)가 수여된다.

AlphaFold 2를 개발한 인공지능 전문가 데미스 하사비스(Demis Hassabis)는 2023년 브레이크스루상(2023 Breakthrough Prize in Life Sciences)을 수상했다. 아미노산 서열정보로부터 접혀진 단백질 구조를 예측하는 기술을 개발했는데, 이 것의 성능이 놀랄만한 것이다. 50년만에 인류가 얻어낸 상당한 과학적 진보를 이루어내었다. 이 과학적 과제에 대한 해답은 인공지능 기술을 활용하는 것이다. 구글이 인공지능 기술로 바둑을 정복했던 것처럼 말이다. 기존의 물리학적, 화학적, 생화학적 접근법에 바탕을 둔 문제 풀이 방식으로는 결코 얻어내지 못한 것이다. 단백질 구조예측 문제 풀이는 소위 연역적 문제 풀이 방법으로는 해결이 불가능하다. 개발되어온 원자-원자 상호작용 모델의 정밀도는 여전히 믿을만한 것이 아니다. 아울러, 천문학적 가능성들에서 하나의 정답을 찾아내는 과정 역시 슈퍼컴퓨터를 동원한다고 해도 여전히 어려운 것이 현실이다. 이러한 두 가지 난관을 극복한 기술은 인공지능 기술이였다. 생명현상을 관할하는 최소 단위의 분자로서 단백질 접힘 문제 풀이는 매우 중요한 연구과제이다. 하나의 혁신으로 기록될 AlphaFold 2의 개발이 더욱더 많은 생명현상 연구에 활용될 것은 자명하다. 구글은 인공지능의 초귀납적 풀이 방식을 도입하여 성공한 것이다.[2]

2: Demis Hassabis (DeepMind), 2023 Breakthrough Prize in Life Sciences. "For developing a deep learning AI method that rapidly and accurately predicts the three-dimensional structure of proteins from their amino acid sequence."

특정 분야에서 사람보다만 일을 잘 할 수 있는 능력이 있어도 인공지능의 존재이유(存在理由)는 충분하다. 인공지능 프로그램은 절대로 피로를 느끼지 않는다. 쉬지 않고 결과물을 내어놓을 수 있다. 하지만, 그것은 인공지능의 목적과 능력을 과소평가하는 것이다. 인공지능은 더욱더 창의적인 일에 필요한 강력한 기초가 될 수 있고, 특정 분야에 필요한 기술적 돌파구를 만들어 낼 수 있다. 앞서 언급한 것처럼 인공지능은 5000년(바둑) 그리고 50년(단백질 접힘 문제 풀이) 동안 인류가 풀어내지 못한 것들을 각각 풀 수 있음을 보여주었다.

인공지능 기술은 대부분 대학교에서 연구가 이루어져 왔지만, 실제 산업에서 적용되고 활용되는 것은 기업에서 이루어지는 경우가 더욱 많다. 이는 다음과 같은 이유로 설명될 수 있다. 첫째, 기업은 비즈니스를 위해 인공지능 기술을 적극적으로 활용하고 있다. 인공지능 기술은 데이터를 기반으로 한 예측, 분류, 군집화, 추천 등의 다양한 기능을 수행할 수 있으며, 이를 통해 기업은 비즈니스에서의 경쟁 우위를 확보할 수 있다. 둘째, 기업은 대학교와 달리 실제 산업에서 발생하는 문제에 보다 더 전면에서 직면하고 있다. 이러한 문제를 해결하기 위해서는 현장에서 필요한 데이터를 수집하고, 이를 기반으로 하여 인공지능 모델을 개발하고 최적화해야 한다. 이러한 과정에서 기업은 현장에서의 문제를 보다 효과적으로 해결하기 위해 적극적으로 인공지능 기술을 도입하고 연구한다. 셋째, 기업은 자체적으로 그리고 적극적으로 인공지능 연구 및 개발을 수행하며, 이를 통해 자사 제품 및 서비스의 경쟁력을 강화하고 있다. 이러한 연구 및 개발을 위해서는 기업 내부에 인공지능 연구를 수행할 수 있는 인력과 첨단 장비가 필요하다. 따라서, 기업은 사업적 목적과 실제 현장에서의 문제 해결, 그리고 경쟁력 강화 등을 위해 적극적으로 인공지능 기술을 활용하고 연구한다. 이를 통해 새로운 비즈니스 모델 및 기술적 혁신을 이끌어내고 있다. 일기예보는 지구 대기의 매우 복잡한 상호작용을 예측하는 것이기 때문에 어렵다. 예를 들어, 초기 조건의 불확실성, 지구 대기의 복잡성, 컴퓨팅 파워의 한계 등으로 대표되는 문제 풀이 과정에 어려움이 있는 것이 일기 예보이다. 최근, 일기 예보에서도 인공지능 기술은 그 정밀도를 자랑하고 있다.[7] 판넬 배치 문제는 서로 다른 모양의 직사각형 판넬 N 개를 평면 상에 서로 겹치지 않게 최소 면적 내부에 배치하는 문제이다. 각각의 직사각형은 90도 회전할 수 있다. 이러한 배열에서 다수의 직사각형들이 만드는 큰 직사각형의 너비(W)와 높이(H)를 고려할 수 있다. 전체 직사각형의 면적($A = W \times H$)이 최소화되는 배열을 찾는 문제은 매우 어려운 문제이다. 또한, 직사각형 판넬들 사이의 전기 배선 문제까지 고려할 수 있다. 고성능의 반도체 칩 설계를 위해서 가장 작은 배선 길이를 목표로 잡을 수 있다. 저열, 저소음, 절전, 고성능의 반도체 칩을 설계할 때 풀어야 하는 문제이다. 이 문제는 복잡도가 대략적으로

[7]: Ravuri et al. (2021), 'Skilful precipitation nowcasting using deep generative models of radar'

$O((N!)^2 2^N)$ 로 잡을 수 있다. 통상, 최고의 전문가가 6개월 동안 이 문제이 집중하는데, 인공지능 방법은 6시간에 동일한 수준의 설계 결과물를 준다고 한다. 이 문제는 다양한 분야에서 응용된다. 예를 들어, 공장 레이아웃 설계, PCB(printed circuit board) 레이아웃 설계, 반도체 칩 설계 등에서 사용된다. 일반적으로 판넬 배치 문제는 최적화 문제로 다루어진다. 즉, 주어진 판넬들을 가능한 한 작은 평면 영역에 배치하여 평면 사용률을 최대화하는 것이 목표이다.[8]

[8]: Mirhoseini et al. (2021), 'A graph placement methodology for fast chip design'

[9]: Raayoni et al. (2021), 'Generating conjectures on fundamental constants with the Ramanujan Machine'

다양한 이공계 분야 최신 연구 논문을 보면 인공지능을 활용한 응용 연구들이 아주 활발하게 진행되고 있다.[9] 생명과학, 화학, 재료공학, 광학, 전자공학, 물리학 등이 대표적인 경우라고 볼 수 있다. 다른 과학 분야에 비해서, 통상, 수학 분야에서는 기계학습에 대한 관심이 덜 하다. 간단하게 생각해도 최적화를 통해서 새로운 수학을 찾는 것은 쉬워 보이지 않는다. 하지만, 새로운 공식을 만드는 인공지능 방법이 알려졌다. 사람들은 이것을 '라마누잔 기계(Ramanujan machine)'라고 부른다.[3] 새로운 공식이 있을 때, 이것이 정확한지 아닌지를 증명하는데는 오래 걸리지 않는다. 수학자들은 인터넷으로 연결되어 있고 굉장히 스마트하다. 하지만, 수학자들에게 완전히 새로운 공식을 만드는 것은 매우 어렵고 창의적인 일이다. 라마누잔은 직관으로 수많은 수학 공식을 개발한 천재 수학자이다. 인공지능이 탄생시킨 '라마누잔 기계'가 현재 작동하고 있다. 인공지능이 가우스, 리만, 그리고 라마누잔에 도전하는 꼴이다. '라마누잔 기계'의 작품 하나를 보면 다음과 같다.

3: 라마누잔(Shrinivasa Ramanujan)은 인도의 수학자로, 현대 수학의 여러 분야에 기여한 중요한 인물 중 한 명이다. 그는 고등 교육을 받지 못했으며, 자신의 지식을 대부분 자학으로 습득했다. 라마누잔은 자신이 발견한 수학적 발견을 증명하는 데에는 관심을 두지 않았으며, 대신 직관과 발견적인 방법을 사용하여 수학적인 결과를 도출했다. 그 결과, 그가 제시한 많은 결과들은 이후 수학자들에 의해 검증되고 증명되었으며, 현재까지도 많은 수학자들이 그의 연구 결과를 연구하고 발전시켜 나가고 있다. 관련 영화:《무한대를 본 남자》(2016년, 배우: 데브 파텔).

$$\pi = \sum_{n=0}^{\infty} \frac{1}{16^n} \left(\frac{4}{8n+1} - \frac{2}{8n+4} - \frac{1}{8n+5} - \frac{1}{8n+6} \right). \tag{1.1}$$

이 기술은 인간이 발견하지 못한 수학적 패턴을 찾아낼 수 있으며, 수학 연구에서 새로운 아이디어를 발견하는 데 도움을 줄 수 있다. 수학은 패턴을 발견하고 이를 사용하여 추측을 공식화하고 증명하여 정리를 도출하는 과정을 포함한다. 기계학습을 사용하여 수학적 대상 간의 잠재적 패턴과 관계를 발견하고, 이를 이해하며, 이러한 관찰을 통해 직관을 유도하고 추측을 제안하는 프로세스를 제안할 수 있다. 실제로 새로운 추측과 정리를 발견하는 데 기계학습이 어떤 도움을 줄 수 있는지를 보여준 예가 있다.[10]

[10]: Davies et al. (2021), 'Advancing mathematics by guiding human intuition with AI'

1.2 빈도주의 학파와 베이즈 학파

베이즈 학파(Bayesian school)는 통계학에서 베이즈 추론(Bayesian inference)에 기반하여 확률적으로 모델링하는 학파를 지칭한다. 이 방법은 18세기 영국 수학자인 토머스 베이즈(Thomas Bayes)의 베이즈 정리(Bayes' theorem)를 기반으로 하고 있다. 베이즈 추론은 데이터가 주어졌을 때 모델의 매개변수에 대한 사전 분포를 가정하고, 이를 데이터로부터 얻은 정보를 바탕으로 업데이트하면서 사후 분포(posterior distribution)를 계산하는 방법을 사용한다. 이 방법은 데이터를 분석하기 전에 모델에 대한 선험적인 지식을 반영할 수 있으며, 모델링 과정에서 발생할 수 있는 불확실성을 고려할 수 있다.[4]

베이즈 학파는 이러한 방법을 통해 모델의 예측 성능을 높일 수 있으며, 불확실성에 대한 적절한 처리를 통해 모델의 안정성을 높일 수 있다. 또한 베이즈 학파는 모수 추정, 모델 선택, 변수 선택 등의 문제를 다루는 데에도 유용하게 사용된다. 빈도주의 학파(frequentist school)는 통계학에서 빈도주의적인 관점을 가지고 문제를 해결하는 학파를 지칭한다. 이 학파는 데이터를 통해 모델을 검증하고 모델의 성능을 평가하는 방법을 중시한다. 즉, 모델의 매개변수가 고정되어 있다고 가정하고, 주어진 데이터가 모델에서 어떤 분포를 따르는지를 검증한다.

빈도주의 학파에서는 모델링 과정에서 모델의 매개변수를 추정하기 위해 최대 가능도 추정법(maximum likelihood estimation)과 같은 방법을 사용한다. 또한, 가설검증(hypothesis testing)과 신뢰구간(confidence interval) 등의 개념을 사용하여 모델의 성능을 평가한다. 이러한 방법은 대량의 데이터를 다룰 때 효과적이며, 예측을 위해 사용되는 모델의 해석 가능성을 강조한다. 하지만 빈도주의 학파는 모델링 과정에서 발생할 수 있는 불확실성을 고려하지 않기 때문에, 모델에 대한 사전 지식이 없는 경우에는 예측 성능이 떨어질 수 있다. 또한, 불확실성을 다루기 위한 방법이 제한적이기 때문에, 모델링 과정에서 발생하는 불확실성을 처리하기 어렵다.

베이지안(Bayesian)과 빈도주의자는 통계학에서 가설 검증, 모수 추정 등에서 접근 방법에 있어서 차이가 있다. 빈도주의자는 데이터를 반복해서 추출하면서, 특정 모집단에서 표본을 추출할 때 발생할 가능성이 높은 사건의 확률을 계산한다. 이때 모집단의 분포를 가정하고, 이 분포에서

4: 1701년 목사의 아들로 태어난 베이즈는 아버지를 이어 성직자의 길을 걸었는데 수학이 취미였다고 한다. 베이즈의 확률론에 대한 원고는 사후 베이즈의 친구 리처드 프라이스에게 전달되었고, 프라이스는 이를 정리하여 1763년에 "확률론의 한 문제에 대한 에세이"라는 제목으로 출판하였다.

매개변수 값을 추정한다. 그리고 이 추정된 매개변수를 이용하여 가설 검증 등을 수행한다. 반면 베이지안은 데이터를 관찰한 후, 이를 바탕으로 매개변수 값을 추정하며, 이러한 추정을 기반으로 모델의 예측을 수행한다. 이때 모수의 분포를 가정하고, 이 분포를 이용하여 데이터를 생성한 확률을 계산한다. 그리고 이 확률을 기반으로, 모수 추정, 모델 선택, 예측 등을 수행한다. 즉, 빈도주의자는 주어진 데이터를 통해 모수 추정이나 가설 검증을 수행하는 반면, 베이지안은 모수에 대한 사전 분포를 가정하고 이를 데이터에 업데이트하면서 최종 분포를 추정하는 방식을 사용한다. 빈도주의자는 모수에 대한 불확실성을 무시하고, 데이터가 충분히 많다면 최대 가능도 추정량을 사용한다. 반면 베이지안은 모수에 대한 불확실성을 고려하며, 사전 분포와 데이터를 결합하여 모수 추정량을 계산한다. 이러한 차이로 인해, 빈도주의자와 베이지안은 서로 다른 추론 결과를 도출할 수 있다.

빈도주의 추론과 베이즈 추론은 모두 통계학적 추론 방법론으로 사용된다. 빈도주의 추론과 베이즈 추론 모두 확률적인 모델링을 기반으로 하지만, 추론의 방식에서 차이가 있다.[5] 빈도주의적 방법론은 데이터의 빈도와 분포를 중심으로 하며, 베이즈 방법론은 데이터와 사전 정보를 동시에 고려한다. 인공지능 분야에서는 이러한 방법론을 기반으로 모델의 학습 및 추론을 수행한다. 예를 들어, 딥러닝에서는 빈도주의적 방법론을 기반으로 하는 최적화 알고리즘을 사용하여 모델의 가중치(weight, bias)를 학습한다. 반면, 베이지안 신경망(Bayesian neural network)은 베이즈 추론 방법론을 사용하여 모델의 가중치 분포를 계산하고, 이를 바탕으로 모델의 예측 결과를 추론한다.[6] 인공신경망의 모수에 대한 불확실성을 확률 분포를 통해 모델링하고, 이를 바탕으로 예측하는 방식이다. 이 방식은 인공신경망의 과적합을 방지하고, 예측 결과에 대한 불확실성을 고려할 수 있으므로 베이즈 접근 방식의 예로도 자주 사용된다.

5: "deep learning"은 심층학습으로 번역할 수 있다. 은닉층의 갯수가 두 개 이상일 때 심층 구조를 가지고 있는 인공신경망이라고 한다.

6: 고정된 인공신경망 구조와 고정된 가중치와 편향을 이용하지 않는다. 모든 가중치와 편향이 각각 분포를 이룬다. 예를 들어, 베이즈 통계학 모델링, 확률론적 기계학습 방법이 여기에 해당한다.

광역 최적화 방법에서 베이즈 접근 방식을 사용할 수 있는 대표적인 예로는 베이지안 옵티마이제이션(Bayesian optimization) 방법이 있다. 베이지안 옵티마이제이션은 목적함수의 값을 최소화하는 변수 값을 찾기 위해 베이지안 모델을 사용한다. 이 모델은 현재까지 모은 데이터를 사용하여 변수의 분포를 추정하고, 이를 통해 변수 값에 대한 불확실성을 고려한다. 따라서, 목적함수 값이 어떻게 달라질지에 대한 불확실성을 고려하면서 검색 공간을 탐색한다. 광역 최적화 방법의 응용에서 베이즈 추정 접근 방식이 사용될 수 있다.

광역 최적화 방법에서는 목적함수의 값을 최소화하는 변수들을 찾기 위한 방법으로서, 빈도주의자적인 접근 방식으로, 변수 값에 대한 미분을 이용하여 탐색을 진행한다. 또한, 변수 값의 범위를 축소해가며 가능한한 많은 검색 공간을 탐색하고 목적함수 최소 값을 찾아내는 것이 광역 최적화의 목표이다. 빈도주의자는 주로 함수의 최소점을 찾는 최소화 문제를 해결하기 위해 구배 하강법 등의 반복적인 최소화 알고리즘을 사용한다. 구배 하강법은 현재 위치에서 기울기가 낮아지는 방향으로 이동하면서 함수의 최소 값을 찾는 방법이다. 빈도주의자는 이를 확률적 구배 하강법 (stochastic gradient descent, SGD) 등의 변형된 알고리즘을 사용하여 대규모 데이터셋에서도 효율적으로 최적화할 수 있다.[11] 빈도주의자는 또한 정규화(regularization) 기법을 사용하여 과적합을 방지하며, 최적화 문제를 해결한다. 규제 기법으로는 L_1, L_2 규제 등이 있다. 이를 통해 모델의 복잡도를 제한하고, 일반화 성능을 향상시킨다. 또한, 빈도주의자는 최적화 알고리즘과 규제 기법 외에도 초월 매개변수 조절(hyperparameter tuning) 등의 방법을 통해 모델의 성능을 개선한다. 초월 매개변수 조절은 학습률(learning rate), 배치 크기(batch size), 에포크(epoch) 수 등과 같은 모델 파라미터를 조정하면서 최적의 값을 찾는 과정이다.

[11]: Bottou (2012), 'Stochastic gradient descent tricks'

베이즈 학파와 빈도주의 학파는 통계적 추론에서 다른 접근 방법을 가지고 있다. 이를 예를 통해 설명해본다. 예를 들어, 어떤 동전이 있을 때, 앞면이 나오는 확률이 얼마인지 알고 싶다고 가정해보자. 이때, 베이즈 학파와 빈도주의 학파는 다음과 같이 접근할 수 있다.

◇ 베이즈 학파 접근 방법: 베이즈 학파는 사전 확률(prior probability)과 데이터를 결합하여 사후 확률(posterior probability)을 추정한다. 즉, 이전에 알고 있던 정보와 새로운 데이터를 결합하여 확률을 추정한다. 예를 들어, 동전 앞면이 나오는 확률이 0.5라는 것을 알고 있지만, 이 동전이 어떤 특별한 속성을 가지고 있는지에 대한 정보를 가지고 있다면, 이 정보를 이용하여 사후 확률을 추정할 수 있다.

◇ 빈도주의 학파 접근 방법: 빈도주의 학파는 데이터를 바탕으로 모델을 만들고, 이 모델을 이용하여 모수를 추정한다. 즉, 동전 앞면이 나올 확률을 추정하기 위해, 여러 번 동전 던지기 실험을 수행하여 앞면이 나오는 횟수를 세고, 이를 전체 시도 횟수로 나누어 확률을 추정한다. 이때, 추정된 확률은 여러 번 실험을 반복하면 수렴해가는 값이라고 가정한다.

따라서, 베이즈 학파와 빈도주의 학파는 통계적 추론에서 다른 접근 방법을 가지고 있으며, 베이즈 학파는 이전에 알고 있던 정보와 새로운 데이터를 결합하여 추론하고, 빈도주의 학파는 데이터를 바탕으로 모델을 만들어 추론한다.

최근 기계학습 및 인공지능 분야의 발전과 함께 베이즈 추론의 중요성(정확성, 불확실성)이 부각되면서, 베이즈 추론을 활용하는 통계학자들의 비중은 증가하고 있다. 현대 통계학에서는 베이즈 학파와 빈도주의 학파가 각각의 특징을 가지고 있기 때문에 두 가지 방법을 모두 사용하는 경우가 많다. 베이즈 학파의 접근법은 확률론적인 모델링을 통해 불확실성을 표현하고, 사전 정보와 새로운 데이터를 결합하여 사후 분포를 계산한다. 이를 통해 불확실성을 정량적으로 추론할 수 있다. 반면 빈도주의 학파는 모집단에서 무작위로 추출한 표본으로부터 모수를 추정하고, 추정된 모수의 성질을 검정함으로써 가설 검정을 수행한다. 따라서, 연구 목적과 데이터의 특성에 따라서 베이즈 학파와 빈도주의 학파 중 어떤 방법론을 사용해야 할지 선택할 필요가 있다. 또한, 최근에는 베이즈 학파와 빈도주의 학파를 결합한 하이브리드 방법론도 제안되어 있으며, 이러한 방법론을 사용하여 통계적 추론을 수행하는 경우도 있다.

1.3 초귀납적 계산 그리고 컴퓨터

이 책은 인공지능을 최적화 관점에서 바라보고, 인공지능 구현에 사용되는 다양한 최적화 기법과 알고리즘에 대해 소개하고 있다.[7] 인공지능은 다양한 분야에서 널리 사용되고 있으며, 이를 구현하는 데에는 최적화 기법이 핵심적인 역할을 한다. 최적화 기법은 주어진 목적함수를 최소화하거나 최대화하는 변수들을 찾는 과정으로, 이를 통해 인공지능 모델의 성능을 향상시킬 수 있다. 이 책에서는 먼저 인공지능 기법들의 개념과 실습으로부터 시작하여, 대표적인 최적화 기법과 구현, 그리고 초고도 병렬 계산 방법을 활용한 이공학적 설계 문제 풀이에 대해서 다룬다. 인공지능에서 사용되는 목적함수를 통해서 다양한 기계학습들을 실습한다. 이를 통해 어떻게 인공지능 모델의 학습과 예측을 수행하는지 살펴본다. 이 책은 인공지능의 기초적 개념, 광역 최적화, 그리고 설계에 대한 이해를 목표로 한다. 나아가 다양한 알고리즘과 실습 자료를 소개한다. 독자

7: 각자의 전문 분야에서 오래된 과학적 문제를 해결할 수 있는 "데우스 엑스 마키나(Deus Ex Machina, 장치로 구성된 신)"로서 인공지능 기술이 활용될 수 있다. 물론, 그런 것이 존재한다고 증명된 것은 결코 아니다. 하지만, 인공지능 기술로 의미 있는 새로운 시도를 할 수 있다는 데 주목해야한다. 기존의 연역적 접근방법과 다른 새로운 기술을 활용하는 것은 추천할만한 일이다.

여러분들의 인공지능을 활용한 이공계 응용 문제 풀이에 도움이 되도록 한다.

인공지능은 현재 매우 빠르게 발전하고 있는 분야로, 컴퓨터 비전, 자연어 처리, 음성 인식, 로봇 공학 등 다양한 분야에서 적용되고 있다. 이러한 분야에서 인공지능 기술의 발전으로 인해 다양한 이공계 분야에서의 응용 기술들이 발전하고 있다. 또한, 사람들의 일상생활이 크게 변화하고 있다. 이 책에서는 인공지능의 기초 개념부터 시작하여, 대표적인 알고리즘들과 구현 방법, 그리고 실제 응용 분야까지 다양한 주제에 대해 다룬다. 이 책을 통해 독자 여러분들이 인공지능에 대한 기초적인 개념을 이해하고, 스스로 인공지능 구현에 필요한 기술과 알고리즘을 학습하여 자신의 응용 연구에 인공지능 기술을 활용하길 바란다. 또한, 이공학적 설계 문제 풀이에 도움이 되도록 책의 내용을 구성했다. 이러한 작업을 위해서 꼭 확인해야 하는 것 두 가지가 있다. 풀고자 하는 문제에 대해서 우리는 어떠한 적절한 표현식(representation)을 선택할 것인가? 또한, 어떠한 목적함수(objective function)를 최적화하는가? 이러한 두 가지 항목에 집중해야 한다.

인공지능의 도구들은 분별 모델(discriminant model) 그리고 생성 모델(generative model)을 모두 제공한다. 아울러, 인공지능의 도구인 최적화 방법은 많은 이공계 문제들에 일반적으로 적용할 수 있다. 인공지능의 데이터 처리 능력은 해당 분야 전문가의 귀납적 데이터 처리 능력을 뛰어넘을 수 있다. 인류가 개발한 최고의 귀납적 데이터 처리방법이 곧바로 오늘날의 인공지능이다. 과학적 데이터 처리 방식이 컴퓨터를 활용한 인공지능 기술로 구현될 수 있게 된 것이다. 암호화 능력으로 대변되는 데이터의 속성을 꿰뚫어 볼 수 있는 관찰 능력을 인공신경망이 가지게 할 수 있다. 이러한 인공신경망의 암호화 능력은 유사하지만 기존의 것과 전혀 다른 새로운 형식의 해답을 '내삽해서' 제시할 수 있게 해준다.[8] 결국, 인공지능 방법은 창의적 답안을 제시하기에 충분한 능력을 가지게 되는 것이다. 또한, 인공지능 도구들을 잘 활용하면 유용한 정보의 축적이 점진적으로 컴퓨터 속에서 이루어지게 할 수 있다. 소위 베이즈 추정을 심도 있게 활용할 수 있다. 관심 있는 데이터의 다양성을 확보하는 추가적인 접근법을 활용하면 소위 진화적 학습의 속도를 가속화 시킬 수도 있다. 상상할 수 없을 정도의 가속으로 무수히 많은 유효한 가능성들을 효율적으로 빠르게 탐색할 수 있다.

8: interpolation, 보간법(補間法), 내삽법(內插法)

최근 이공계 연구 분야에서도 많은 변화들이 감지된다. 이공계 전공분야에서 인공지능을 활용한 연구가 없는 곳이 없을 정도이다. 오늘날 우리는 인공신경망 구축에 특화되어 있을 뿐만 아니라 함수의 해석적 미분까지 자동으로 계산해주는 TensorFlow, PyTorch 등과 같은 다양한 플랫폼/라이버러리들을 무료로 활용할 수 있게 되었다.[9] 또한, 이들을 활용한 많은 응용 프로그램들의 절대 다수가 인터넷으로 공개되어 있다. 다시 말해서, 집단지성의 결과물들은 또 다른 사용자들에 의해서 특수한 방식으로 서로 연결되기를 손꼽아 기다리고 있다. 깃(git)을 활용한 소프트웨어 관리가 이제는 소프트웨어 배포에 중요한 방식으로 발전하고 있다. 컴퓨터 언어에 익숙하고 컴퓨터를 다룰 줄 안다면 누구나 쉽게 인공지능을 활용할 수 있게 되었다. 최근 많은 학술저널에서 연구 관련 컴퓨터 프로그램이나 데이터를 독자들에게 제공하는 형식을 참고문헌 게시와 동등한 수준의 것으로 채택하고 있다. 따라서, 이러한 정보를 잘 활용할 수 있는 능력이 필요해지기 시작했다. 주어진 컴퓨터 프로그램과 자료를 바탕으로 자신의 문제 풀이에 적용할 수 있는 편집 능력이 필요해졌다.

9: 자동 미분(auto differentiation) 방법의 개발은 매우 중요한 기술적 진보에 해당한다. 예를 들어, 목적함수를 최적화할 때 매우 유용하게 활용할 수 있다. 함수의 기울기 벡터를 알고 있는 것은 매우 중요한 정보이다. 일반적으로는 기울기 벡터는 해석적으로 유도하고 프로그래밍을 통해서 구현해야만 하는 것이다.

아울러, 인터넷 검색엔진의 등장은 또 다른 형식의 '서면주의' 시대를 열었다고 볼 수 있다. 핵심 전문가들만 알 수 있는 아주 구체적인 질문들에 대한 답변들은 인터넷 검색으로 누구나 찾을 수 있다. 노하우를 보유하고 있는 주변 '고수'에게 질문하는 시대는 오래전에 지나갔다. 구체적으로 질문 할수록 보다 더 자세한 정보를 우리는 얻을 수 있다. 컴퓨터 실행 오류에 나타난 문자열을 곧바로 인터넷 검색창으로 가져가면 해당 정보들이 컴퓨터 모니터에 무더기로 나타난다. ChatGPT는 탁월한 '컴퓨터 언어 문장력'으로 사람이 요청한 기능을 수행할 수 있는 다양한 소스코드를 생성해주고 아주 상세한 설명까지 동시에 제공한다. 실로 놀라운 시대에 우리는 살고 있는 것이다. IBM은 2025년에 인공지능 산업이 2,000조 원에 이르는 시장을 창출 될것이라고 예측한다. 맥킨지는 인공지능으로 인해 7,000조 원에 이르는 파급 효과가 창출될 것으로 전망하고 있다. 유엔 미래보고서에서는 30년 내에 인공지능이 인간의 지능을 능가할 것이라는 전망하고 있다. 이와 같은 인공지능의 응용 영역 확대로 볼 때, 우리는 조만간 다양한 연구자 집단이 인공지능을 받아들이는 상황에 직면할 것 같다. 인류는 과거 수학을 잘 활용하는 정도 만큼 문명사회를 이루어 낸 바 있다. 또 다른 형식의 수학으로 인정받는 인공지능을 잘 활용하지 못하면 많은 새로운 문제들을 풀 수 있는 기회들이 사라지게 되는 것이다. 지금, 인공지능은 그야말로 진정한 패러다임 시프트(paradigm shift)를 향해

무서운 속도로 질주하고 있다. 인공지능 분야에서도 패러다임 시프트가 일어난다.[10] 초기 인공지능에서는 규칙 기반 시스템이 주류를 이루었다. 그러나 1980년대에는 전문가 시스템의 한계를 극복하고자 인공신경망 기반의 연결주의적 기계학습 방법이 제안되었다. 이후 대량의 데이터 처리가 가능한 딥러닝의 등장으로 더욱 발전하였다. 또한, 기존의 지도학습에서 비지도학습으로의 패러다임 시프트가 일어났다. 지도학습은 정답이 있는 데이터를 이용하여 모델을 학습시키는 방식으로, 데이터에 대한 사전 지식이 필요하다. 그러나 비지도학습에서는 정답이 없는 데이터를 이용하여 모델을 학습시키는 방식으로, 데이터로부터 자동으로 특성을 추출하고 규칙을 찾아내는 방식이다.

10: 패러다임 시프트(paradigm shift)란, 한 분야에서 사용되던 가정이나 방법론 등이 새로운 가정이나 방법론으로 대체되는 현상을 말한다. 기존의 패러다임에서는 문제 해결이 불가능하거나 새로운 방법으로 해결해야 하는 문제가 발생할 때, 새로운 패러다임을 찾아가는 과정이 필요하다. 따라서, 패러다임 시프트는 새로운 기술이나 방법론의 등장으로 인해 이전의 방식이 대체되는 과정이며, 이는 지속적인 연구와 개발이 필요한 분야에서 중요한 현상이다.

컴퓨터는 현대 이공계 분야에서 광범위하게 활용되고 있다. 컴퓨터의 발전과 함께 수치해석, 컴퓨터 그래픽스, 인공지능, 로봇공학, 자연어처리 등 다양한 이공계 분야에서 컴퓨터의 역할은 점점 커지고 있다. 수치해석 분야에서는 컴퓨터를 이용하여 다양한 수학적인 문제를 효과적으로 해결한다. 예를 들어, 미분방정식의 근사해를 찾거나, 행렬 연산을 이용하여 다양한 계산 문제를 해결할 수 있다. 컴퓨터 그래픽스 분야에서는 컴퓨터를 이용하여 2D 또는 3D 그래픽을 생성하고 처리하는 기술을 개발한다. 게임, 영화, 광고 등에서 사용되는 다양한 그래픽 기술들은 컴퓨터 그래픽스 분야에서 발전되어왔다. 인공지능 분야에서는 컴퓨터를 이용하여 인간의 지능적인 기능을 모방하거나 그를 초월하는 인공지능 기술을 개발한다. 딥러닝, 강화학습, 자연어처리 등 다양한 인공지능 기술들은 컴퓨터를 이용하여 구현된다. 로봇 공학 분야에서는 컴퓨터를 이용하여 로봇을 제어하고 로봇이 수행하는 작업을 계획한다. 로봇 제어, 로봇 감지 및 인식, 자율주행 등 다양한 로봇 기술들은 컴퓨터를 이용하여 구현된다. 자연어처리 분야에서는 컴퓨터를 이용하여 인간의 언어를 이해하고 처리하는 기술을 개발한다. 텍스트 마이닝, 자동번역, 음성인식 등 다양한 자연어처리 기술들은 컴퓨터를 이용하여 구현된다. 이렇듯 다양한 이공계 분야 그리고 인문학에서 컴퓨터의 역할은 더욱 중요해지고 있다. 이제는 컴퓨터가 없이는 많은 이공계 분야에서의 연구와 개발이 불가능한 수준까지 발전하고 있다. 인공지능은 컴퓨터를 기반으로 한 기술이다. 따라서 컴퓨터 활용은 인공지능의 발전과 적용에 있어서 중요한 역할을 한다. 컴퓨터는 인공지능을 구현하고 운영하는 데 필요한 처리 능력과 저장 공간을 제공한다.

1.4 프로그래밍의 중요성

최신 컴퓨터를 이용한 과학 문제 풀이는 다양한 분야에서 진행되고 있다.[11] 예를 들어, 대규모 데이터 분석과 인공지능 분야에서는 빠른 계산과 높은 정확도를 요구한다. 이러한 요구사항에 대응하기 위해 우리는 고성능 컴퓨팅(high performance computing) 시스템을 활용한 대용량 데이터 처리에 노출된다. 또한, 과학 시뮬레이션과 모델링 분야에서는 최신 컴퓨터를 이용하여 더 현실적이고 정확한 결과를 얻을 수 있다. 예를 들어, 날씨 예측 모델링 분야에서는 고성능 컴퓨팅을 사용하여 더욱 정확한 예측 결과를 얻을 수 있다. 분자 시뮬레이션 분야에서는 최신 컴퓨터를 사용하여 분자 구조 및 상호작용을 빠르고 정확하게 모델링할 수 있다. 최신 컴퓨터를 이용한 과학 문제 풀이는 많은 경우 MPI(message-passing interface) 병렬 계산 방식을 이용하여 빠른 계산을 수행한다. 나아가 GPU(graphics processing unit)/TPU(tensor processing unit)와 같은 병렬 처리 장치를 활용하여 대규모 데이터 분석 및 모델링 분야에서 빠른 계산과 높은 정확도를 보장한다. 마지막으로, 최신 컴퓨터를 이용한 과학 문제 풀이는 클라우드 컴퓨팅을 활용하여 더욱 편리하게 작업을 수행할 수 있다. 클라우드 컴퓨팅을 이용하면 자신의 컴퓨터를 이용하여 복잡한 작업을 수행할 필요 없이, 인터넷에 연결된 어디에서든지 고성능 컴퓨터를 이용할 수 있다.

11: "debugging" 이라는 용어는 컴퓨터 공학에서 버그(bug)를 찾아서 수정하는 과정을 뜻한다. 이 용어의 유래는 그레이스 호퍼(Grace Hopper)라는 미국의 여류 컴퓨터 과학자에게서 유래되었다. 어느 날, 컴퓨터 안에 벌레(bug)가 들어가 있다는 것을 발견했다. 이를 제거하고 이 과정을 "debugging" 이라고 지칭했다. 디버거(debugger)는 디버깅을 돕는 도구이다. 접두아 'de'는 제거한다는 의미이다. 예를 들어, denoising은 noise를 제거하는 행위를 의미한다. 그래픽 카드 'Hopper, H100, 80 GB(2022년 출시)'는 생성 모델이 인기를 끌어모으면서 가격이 6000만원 수준으로 상승하고 있다. 특히, 미국에서 중국으로 수출이 금지된 제품이다.

프로그래밍은 컴퓨터에게 실행 가능한 명령어를 작성하는 과정이다. 프로그래밍은 컴퓨터와 소통하는 방법으로, 사용자가 컴퓨터에게 원하는 작업을 수행하도록 지시할 수 있다. 컴퓨터 언어에 대한 이해와 프로그래밍 실력은 여러 가지 혜택을 제공할 수 있다. 몇 가지 예를 들어보겠다.

◇ 문제 해결 능력 향상: 프로그래밍 실력은 문제 해결 능력을 향상시키는 데 도움이 된다. 프로그래밍을 하면서 소스코드를 디버깅하고 최적화하는 데 필요한 논리적 사고력과 문제 해결 능력을 연마할 수 있다.

◇ 창의성 개발: 프로그래밍 실력은 창의적인 문제 해결을 위한 도구로 활용될 수 있다. 새로운 알고리즘, 시스템, 앱 또는 웹사이트를 만들 때 창의적인 아이디어를 생각해 내는 것이 중요하다. 아이디어를 구체화 시키고 더욱 발전시킬 수 있는 프로그래밍 실력이 필요하다.

◇ 데이터 분석 및 기계학습: 프로그래밍 실력은 데이터 분석 및 기계학습에 필수적이다. 현실적인 데이터 분석과 기계학습을 위해서는 프로그래밍 언어를 이용하여 데이터를 처리하고 모델을 구축해야 한다.

◇ 경제적 이점: 프로그래밍 실력은 경제적 이점을 가져다 줄 수 있다. 예를 들어, 소프트웨어 엔지니어, 웹 개발자, 앱 개발자 등의 직업은 높은 수준의 기술과 전문성이 필요한 분야이다. 이러한 직업을 가진 사람들은 고수입을 받을 수 있다.
◇ 컴퓨터 기술의 이해: 프로그래밍 실력은 컴퓨터 기술에 대한 이해도를 높일 수 있다. 프로그래밍을 하면서 컴퓨터 하드웨어와 소프트웨어의 동작 원리를 이해할 수 있다.

프로그래밍 실력을 향상시키는 방법은 다음과 같다.
◇ 많은 경험 쌓기: 많은 프로그래밍 경험을 쌓아보는 것이 가장 중요하다. 프로그래밍 언어를 공부하는 것뿐만 아니라, 다양한 프로젝트를 진행해 보면서 문제 해결 능력을 향상시킬 수 있다. ChatGPT에서 다양한 실증코드를 생성시켜서 참고할 수 있다.
◇ 다양한 언어 사용해보기: 하나의 컴퓨터 프로그래밍 언어에만 집중하지 않고, 다양한 컴퓨터 프로그래밍 언어를 공부해 보면서 언어마다의 특징과 장단점을 파악한다. 또한, 언어별로 다양한 라이브러리와 프레임워크를 경험해보면서 새로운 기술과 도구들을 습득할 수 있다.
◇ 문제 해결 능력 향상: 프로그래밍은 문제 해결 과정이라고 할 수 있다. 따라서, 문제 해결 능력을 향상시키는 것이 매우 중요하다. 문제를 해결하기 위한 다양한 알고리즘과 자료구조를 공부하면서 문제를 다양한 방면으로 접근할 수 있는 능력을 기르는 것이 좋다.
◇ 코드 리뷰 받기: 자신이 작성한 코드를 다른 사람들에게 리뷰받는 것은 매우 중요하다. 다른 사람들의 시선으로 볼 때, 소스코드의 문제점을 파악하고 보완할 수 있다. 다른 사람이 작성한 프로그램을 읽어 보는 것도 유익하다.
◇ 오픈소스에 기여하기: 오픈소스 프로젝트에 기여하면서, 다른 개발자들의 소스코드를 분석하고 수정하는 것으로 더 많은 경험을 쌓을 수 있다. 또한, 오픈소스 기여는 개발자의 능력을 인증할 수 있는 좋은 방법이 될 수 있다.

이공계 분야에서 프로그래밍 실력은 매우 중요하다. 프로그래밍은 이공계 분야에서 매우 널리 사용되는 절차 도구로, 다양한 분야에서 데이터 분석, 모델링, 제어 및 자동화 등의 작업에 사용된다. 예를 들어, 기계학습과 딥러닝 분야에서는 프로그래밍이 필수적이다. 이 분야에서는 데이터 전처리, 모델 구축 및 학습, 평가 및 최적화 등에 프로그래밍이 사용된다.

또한, 컴퓨터 비전 분야에서는 이미지 및 비디오 처리를 위해 프로그래밍이 필요하며, 제어 분야에서는 다양한 시스템의 제어와 자동화를 위해 프로그래밍이 사용된다. 현대 기술 발전과 함께 컴퓨터 언어는 더욱 발전하고 있으며, 프로그래밍 실력이 뛰어나다면 새로운 기술을 빠르게 습득하고 적용할 수 있다. 또한, 프로그래밍 실력을 바탕으로 이공계 분야에서 더 효율적인 문제 해결 방법을 찾아내거나 개발하는 등 다양한 영역에서 큰 역할을 할 수 있다.

개발자에게 포트폴리오는 개발한 프로젝트와 그 결과물을 모아둔 것을 말한다. 일반적으로 개발자들은 자신이 개발한 웹 사이트, 앱, 라이브러리, 프로그램 등을 포트폴리오에 수록하여 자신의 능력과 경험을 보여준다. 포트폴리오는 개발자의 능력과 역량을 판단하는 중요한 자료이며, 이를 통해 취업이나 프리랜서로 일하는 경우 고객을 유치할 수 있다. 따라서 개발자는 포트폴리오를 작성할 때, 자신이 개발한 프로젝트의 목적, 기능, 기술적인 측면, 사용한 컴퓨터 언어와 도구, 개발 기간 등을 상세하게 기록해야 한다. 또한, 프로그램의 품질과 구조, 문서화, 테스트 등에도 신경을 써야 한다. 개발자의 포트폴리오는 자신의 능력과 경험을 보여주는 중요한 자료이므로, 꾸준히 업데이트하고 관리해야 한다. 새로운 기술이나 개발 경험을 쌓을 때마다 포트폴리오를 추가하면서 자신의 능력을 계속해서 향상시켜 나가야 한다.

1.5 파이썬(Python)

파이썬 언어를 활용한, scikit-learn, TensorFlow, PyTorch 프레임워크는 소위, 인공지능 분야의 "대세도구"이 되었다. 컴퓨터 언어 파이썬은 인공지능이 이렇게 각광을 받기전까지는 최상위 인기 컴퓨터 언어는 아니었다. 하지만, 인공지능의 인기 때문에 강제로 파이썬 언어는 가장 많이 사용되는 컴퓨터 언어가 되었다. 파이썬 언어의 클래스, 메소드를 이해할 수 있다면 많은 일들을 할 수 있다. 특히, 파이썬 언어는 다른 컴퓨터 언어와 구별되는 매우 독특한 언어적 특성을 가지고 있다. 이점을 잘 이해해야 한다.

파이썬은 무료로 사용할 수 있으며, Windows, Mac OS, Linux 등 대부분의 운영체제에서 사용할 수 있다. 또한 파이썬의 개발 커뮤니티가 활발하게 운영되고 있어서, 다양한 정보와 지원을 받을 수 있다. 파이썬 언어가 인공지능 분야에서 유용한 이유는 다음과 같다.

◇ 다양한 라이브러리와 프레임워크: 파이썬은 다양한 라이브러리와 프레임워크를 제공한다.[12] 특히, 데이터 분석과 기계학습/딥러닝을 위한 라이브러리와 프레임워크가 풍부하다. 대표적으로는 NumPy, pandas, scikit-learn, TensorFlow, PyTorch 등이 있다.

◇ 간결하고 직관적인 문법: 파이썬 언어의 문법은 간결하고 직관적이다.

◇ 대화형 인터프리터: 파이썬은 대화형 인터프리터를 제공한다. 이는 소스코드를 작성하면서 바로 결과를 확인할 수 있다는 것을 의미한다. 이를 통해 기계학습/딥러닝 모델을 개발하면서 실시간으로 모델의 성능을 확인할 수 있다.

◇ 풍부한 개발자 커뮤니티: 파이썬 언어를 사용하는 개발자 커뮤니티가 매우 활성화되어 있다. 이를 통해 코드를 공유하며 다양한 문제들에 대해 소통할 수 있다.

◇ 크로스 플랫폼 지원: 파이썬은 다양한 운영체제에서 지원된다. 이는 개발자가 다양한 환경에서 코드를 작성하고 실행할 수 있다는 것을 의미한다. 현재, 대략 415,000개의 패키지가 알려져 있다.

12: 파이썬은 1989년에 휘도 판 로섬(Guido van Rossum)이 개발한 고급 프로그래밍 언어이다. 고급 언어라는 것은 기계보다 사람에게 더 가깝다는 뜻이다. 휘도 판 로섬은 네덜란드 출신의 프로그래머로서, 파이썬이라는 이름은 자신이 좋아하는 코미디 프로그램인 "Monty Python's Flying Circus"에서 따온 것이다. 파이썬 언어의 철학으로 다음을 들 수 있다. 문제를 해결하는 방법은 단 한가지 밖에 없다. 그 방법이 가장 확실한 방법이고 가장 빠른 방법이다.

1.6 깃(git)

Git은 분산 버전 관리 시스템(VCS, Version Control System) 중 하나로, 소프트웨어 개발에서 소스코드 및 파일 변경 사항을 추적하고 관리하는 도구이다.[13] Git은 여러 사람이 동시에 작업하고 있을 때 코드의 충돌을 방지하고, 소스코드 변경 이력을 추적하고, 이전 버전으로 쉽게 돌아갈 수 있도록 해준다. 또한 git은 오픈 소스 프로젝트에서 많이 사용되며, 개발자들 간의 협업과 소스코드 공유를 용이하게 한다. Git은 커맨드 라인에서 사용할 수 있는 도구이며, 다양한 GUI(graphical user interface) 클라이언트도 있다. Git의 주요 개념으로는 커밋(commit), 브랜치(branch), 병합(merge), 풀(pull), 푸시(push) 등이 있다.

GitHub는 문서/프로그램 분산 버전 관리 도구인 git을 활용하고 있으며 동시에 소셜 네트워크 기능을 제공하는 웹 호스팅 서비스이다. GitHub를 이용하여 프로그램을 배포하면 여러 가지 의미가 있다. 첫째, 프로그램 개발 과정에서 버전 관리를 효율적으로 할 수 있다. GitHub를 이용하면

13: Git은 2005년에 리누스 토발즈(Linus Torvalds)가 개발한 분산 버전 관리 시스템이다. Git이라는 이름은 영국 속담 "깃털을 잡아라"(take a git)에서 따온 것으로 알려져 있다. 이 속담은 "기회를 잡아라"라는 의미로 사용된다. Microsoft는 GitHub 인수를 통해 개발자 커뮤니티와 개발자 도구, 클라우드 서비스 및 오픈 소스 커뮤니티를 지원하여 개발자 생태계를 강화하고, 자사의 기술적 역량을 강화하고자 한 것이다. 2018년 당시 인수가격은 대략 8조원이였다.

소스코드 변경 사항을 체계적으로 관리(commit)하고, 변경 내역을 추적(checkout)할 수 있다. 이를 통해 여러 개발자가 함께 작업하는 경우 각자가 작성한 코드를 쉽게 통합(merge)할 수 있고, 코드 충돌을 방지할 수 있다. 둘째, 다른 사람들과 쉽게 공유(clone, download)할 수 있다. GitHub를 이용하여 소스코드를 공개하면 다른 개발자들이 쉽게 코드를 검토하고 기여(pull request)할 수 있다. 또한 GitHub를 이용하여 배포 파일을 제공하면, 프로그램 사용자들이 쉽게 다운로드하고 설치할 수 있다. 셋째, 오픈소스 프로젝트에 참여할 수 있다. GitHub는 오픈소스 프로젝트를 위한 대표적인 플랫폼 중 하나이다. GitHub에 공개된 오픈소스 프로젝트에 참여하면 다른 개발자들과 함께 프로젝트를 개발하고 기여할 수 있다. 이를 통해 개인의 역량을 향상시키고, 다른 사람들과 함께 일하는 능력을 키울 수 있다. 넷째, 지속적인 통합과 배포를 지원한다. GitHub는 지속적인 통합과 배포를 위한 기능들을 제공한다. 예를 들어, Travis CI와 같은 서비스를 이용하여 코드 변경 사항이 있을 때마다 자동으로 테스트를 실행하고, 테스트 결과에 따라 배포 파일을 자동으로 생성하고 배포할 수 있다. 이를 통해 프로그램 개발과 배포의 효율성을 높일 수 있다.

GitHub는 형상 관리 도구로서 많이 이용되며, 다음과 같은 이유로 널리 이용된다.

◇ 오픈소스 생태계: GitHub는 오픈소스 생태계를 위한 중심지이다. 많은 개발자들이 GitHub를 이용하여 소프트웨어를 공유하고 협업한다. 이를 통해 개발자들은 다양한 프로젝트에 참여하며, 서로의 코드를 검토하고 수정함으로써 높은 품질의 소프트웨어를 만들어낸다.

◇ 형상 관리: GitHub는 분산 버전 관리 시스템인 git을 기반으로 한다. 이를 이용하여 개발자들은 코드를 효과적으로 관리할 수 있다. 브랜치와 병합을 이용하여 다양한 작업을 동시에 수행할 수 있으며, 이를 통해 버그 수정이나 기능 추가와 같은 작업을 효과적으로 처리할 수 있다. 커미트 명령어를 사용하여 개발된 현상태를 보존할 수 있다.

◇ 이슈 관리: GitHub는 이슈 관리 기능을 제공한다. 이를 이용하여 버그 보고서나 개선 요청 사항 등을 효과적으로 처리할 수 있다. 이슈를 등록하고 할당할 수 있으며, 관련된 코멘트나 파일 등을 첨부할 수 있다.

◇ 웹 기반 인터페이스: GitHub는 웹 기반 인터페이스를 제공한다. 이를 이용하여 소스코드를 살펴볼 수 있으며, 이슈를 등록하거나 코드 리뷰를 수행할 수 있다. 또한, 사용자들은 각각의 프로젝트를 구독하여 변경 사항을 보고 받을 수 있다.

◇ 호스팅 서비스: GitHub는 소스코드 호스팅 서비스를 제공한다. 이를 이용하여 사용자들은 자신의 코드를 저장하고 공유할 수 있다. 또한, 이를 이용하여 배포나 지속적인 통합 등을 수행할 수 있다.

1.7 CPU(central processing unit), GPU(graphics processing unit), TPU(tensor processing unit)

CPU(central processing unit)는 컴퓨터 시스템의 핵심적인 구성요소로, 프로그램을 실행하고 데이터를 처리하는 중앙처리장치이다. CPU는 주로 산술 연산, 논리 연산, 제어 명령을 수행하며, 이러한 명령들은 컴퓨터의 메모리에 저장된 프로그램 코드에 의해 제어된다.

GPU(graphics processing unit)는 그래픽 작업을 처리하기 위해 설계된 전용 프로세서로, 병렬 처리 능력이 뛰어나기 때문에 인공지능 연구에 많이 활용된다. 인공신경망 학습에서는 대량의 연산량과 복잡한 모델 구조 때문에 기존의 CPU(central processing unit)보다는 GPU(graphics processing unit)가 더 효율적이다. 병렬 처리 방법없이는 현실적으로 딥러닝이 불가능 한 경우도 매우 많이 있다. GPU는 각 인공신경망이 처리하는 연산을 병렬로 처리할 수 있기 때문에 대규모 데이터에 대한 학습을 빠르게 처리할 수 있다. 따라서 GPU를 활용한 인공지능 연구는 빠른 모델 학습 및 추론, 대용량 데이터 처리 및 병렬 컴퓨팅에 유리하다. 최근에는 GPU를 활용한 딥러닝 연구가 주목받고 있으며, GPU를 기반으로 한 라이브러리와 프레임워크들도 계속해서 개발되고 있다. 대표적인 예시로는 엔비디아(NVIDIA)의 CUDA와 cuDNN, TensorFlow(Keras), PyTorch, Caffe 등이 있다. 이러한 라이브러리와 프레임워크들은 GPU를 활용하여 딥러닝 모델 학습 및 추론을 보다 빠르고 효율적으로 처리할 수 있도록 지원하고 있다. 심지어 동일한 코드를 사용하는데 CPU 그리고 GPU, 두 가지 장비를 모두 지원하기도 한다.

인공지능 기술의 발전에서 GPU 장비의 중요성을 언급해야 한다. 예를 들어, 그래픽 데이터를 취급하고 있다고 가정하면 GPU 장비 구축이 필수적이다. 그래픽 데이터 처리에서 GPU는 CPU 대비 약 10배 정도의 가속

성능을 낼 수 있다. CUDA(compute unified device architecture)는 엔비디아에서 개발한 병렬 처리를 위한 플랫폼으로, GPU를 사용하여 병렬 컴퓨팅을 수행할 수 있다.[14] CUDA를 사용하면, 특정한 부류의 계산에 대해서, CPU보다 더 빠른 연산을 수행할 수 있고, 대규모 데이터 처리 및 딥러닝 모델 학습에 매우 유용하다. CUDA는 엔비디아 GPU에서만 작동하기 때문에, 다른 제조사의 GPU에서는 사용할 수 없다. 또한, CUDA를 사용하기 위해서는 해당하는 엔비디아 GPU 장비와 CUDA를 지원하는 드라이버가 필요하다. cuDNN은 CUDA deep neural network library의 약자로, 딥러닝 모델에서 사용되는 여러 유형의 계층과 연산을 위한 GPU 가속 라이브러리이다. cuDNN은 딥러닝 연산에서 최적화된 알고리즘을 제공하며, 딥러닝 모델의 학습 및 추론 속도를 높일 수 있다. cuDNN은 TensorFlow, PyTorch 등의 딥러닝 프레임워크와 호환된다.

14: CUDA는 엔비디아가 개발해오고 있으며 이 아키텍처를 사용하려면 엔비디아 GPU 장비와 특별한 스트림 처리 드라이버가 필요하다. CUDA는 G8X GPU로 구성된 지포스 8 시리즈급 이상에서 동작한다. CUDA 기반 GPU 장비는 엔비디아에서만 나온다. CUDA는 엔비디아가 개발해오고 있으며 이 아키텍처를 사용하려면 엔비디아 GPU와 특별한 스트림 처리 드라이버가 필요하다.

CUDA 프로그램은 GPU를 활용하여 병렬 처리를 수행하기 위한 프로그램이다. 따라서 사용자가 CUDA 프로그램을 작성하기 위해서는 GPU 프로그래밍에 대한 이해와 CUDA API(application programming interface)에 대한 지식이 필요하다. 그러나 최근에는 TensorFlow나 PyTorch와 같은 딥러닝 프레임워크에서 CUDA를 자동으로 사용하도록 구성되어 있기 때문에 일반 사용자는 CUDA 프로그래밍에 대한 전문 지식이 없더라도 GPU를 활용하여 딥러닝 모델을 학습할 수 있다. 따라서 사용자가 CUDA 프로그램을 작성할 필요는 없지만, GPU를 활용하여 더 빠른 학습과 추론을 수행하기 위해서는 CUDA의 사용법과 이에 대한 이해가 필요하다.[15]

15: GPT-3(generative pre-trained transformer 3)의 경우, 1024 개의 GPU를 사용하여 훈련되었다. 1750억 개의 매개변수(800 GB)가 활용되었다. 96개의 층을 이용했고, 96개의 헤드가 있다.

TPU(tensor processing unit)와 GPU(graphics processing unit)는 모두 대규모 연산을 처리하기 위한 전용 하드웨어이다. 그러나 이 둘은 목적과 설계 방식에서 차이가 있다. GPU는 그래픽 렌더링 작업을 위해 고안된 하드웨어이다. 게임, 영화, 애니메이션 등에서 화면 출력을 위해 처리해야 하는 대규모 연산을 수행할 수 있다. 딥러닝 연구에서는 GPU가 병렬 처리 기능을 가지고 있어서 대규모의 행렬 곱셈 연산 등을 효율적으로 처리할 수 있어서 인기가 높다. 반면, TPU는 구글에서 개발한 인공지능 전용 프로세서이다. 딥러닝 모델의 학습과 추론에 특화된 설계를 가지고 있어서, GPU보다 더 높은 성능을 발휘할 수 있다. 또한, TPU는 전체적인 에너지 소비도 낮으며, 대규모 클라우드 기반 인공지능 서비스에서 높은 성능을 발휘할 수 있어서 많은 기업에서 사용하고 있다. 따라서, GPU는 다양한 분야에서 활용되고 있으며, 딥러닝 연구에서도 효율적인 연산 처리를 위해 널리 사용된다. 반면, TPU는 딥러닝 연구와 클라우드 기반 인공지능 서비스에서 더욱 효율적인 성능을 발휘할 수 있어서, 이를 활용하는 기업들이 늘어나고 있다.

1.8 구글 코랩

구글 코랩(google colaboratory)은 구글에서 제공하는 클라우드 기반의 무료 주피터 노트북 서비스이다.[16] 주피터 노트북은 데이터 분석이나 기계학습 모델 개발 등에 유용한 대화형 환경을 제공하는 도구로, 다양한 프로그래밍 언어를 지원하고, 소스코드와 문서화를 한번에 작성하고 관리할 수 있다.

16: 현실적으로 가장 신속하게 인공지능 실습을 수행해 볼 수 있게 해주는 서비스이다. 물론, 인터넷 연결을 가정하고 있다.

구글 코랩은 다음과 같은 특징을 가지고 있다.
◇ 무료: 구글 계정만 있다면 누구나 무료로 사용할 수 있다.
◇ 클라우드 기반: 사용자의 로컬 컴퓨터에 아무것도 설치하지 않아도 브라우저에서 바로 사용할 수 있다. 또한, 구글에서 제공하는 클라우드 자원을 활용하기 때문에 로컬 컴퓨터의 성능에 영향을 받지 않는다.
◇ 다양한 패키지 지원: 구글 코랩은 다양한 기계학습, 딥러닝 패키지들을 미리 설치해놓고 있어 바로 사용할 수 있다. 사용자가 직접 패키지를 설치하거나 업그레이드해야 할 수도 있다. 이 경우 터미널을 열고 !pip install 명령어를 사용하여 원하는 패키지를 설치할 수 있다.
◇ 공유: 구글 코랩에서 작성한 노트북을 다른 사람과 공유할 수 있다.
◇ GPU/TPU 지원: 기계학습 모델 학습을 위한 GPU/TPU 자원을 무료로 제공한다. (물론, 유로 서비스도 있다.)
따라서, 기계학습을 비롯한 데이터 분석과 개발 작업을 하기에 매우 편리한 환경이다.

구글 코랩은 기본적으로 파이썬 언어를 지원하며, 다양한 패키지들이 미리 설치되어 있다. 주요 패키지들은 다음과 같다.
◇ NumPy: 다차원 배열을 다루는 패키지
◇ pandas: 데이터 분석을 위한 패키지
◇ matplotlib: 데이터 시각화를 위한 패키지
◇ scikit-learn: 기계학습 모델 개발을 위한 패키지
◇ TensorFlow(Keras는 TensorFlow의 일부가 됨): 딥러닝 모델 개발을

위한 패키지

◇ PyTorch: 딥러닝 모델 개발을 위한 패키지

◇ OpenCV: 영상 처리 및 컴퓨터 비전을 위한 패키지

또한, 구글 코랩은 파이썬의 기본 패키지들과 함께 다양한 라이브러리와 모듈들도 지원한다. 필요한 경우 '!pip install minisom' 명령어를 사용하여 minisom 패키지를 추가로 설치할 수도 있다. 구글 코랩은 기본적으로 무료 서비스이며, 사용자는 구글 계정을 통해 쉽게 접근할 수 있다. 무료 서비스에서는 사용자가 제한된 계산 자원을 할당받게 된다. 예를 들어, 실행시간 제한과 메모리 크기 제한 등이 있으며, 무료로 제공되는 계산 자원의 양은 한정되어 있다. 따라서 대용량 데이터나 복잡한 모델 학습에는 한계가 있을 수 있다. 반면에 유료 업그레이드 옵션을 선택하면, 더 많은 계산 자원을 사용할 수 있다. 유료 옵션은 초당 더 많은 CPU 및 GPU, 더 많은 RAM 등을 제공한다. 따라서 대규모 데이터셋을 처리하거나, 복잡한 딥러닝 모델을 학습할 때 더 높은 성능을 얻을 수 있다. 또한, 유료 옵션에서는 사용자가 원하는 환경을 설정할 수 있는 커스텀 가상 머신을 제공한다. 이를 통해 사용자가 필요로 하는 라이브러리나 환경을 직접 설치하고 사용할 수 있다. 결론적으로, 구글 코랩에서 무료와 유료 서비스의 차이는 계산 자원의 양과 사용자가 제어할 수 있는 환경의 범위이다. 유료 서비스는 무료 서비스에서 제공되는 기능을 보완하며, 더 높은 성능과 더 많은 커스터마이징이 필요한 사용자를 위해 제공된다.

구글 코랩에서 자료를 공유하는 방법은 다음과 같다.

◇ Google Drive를 사용하여 자료를 공유하기

Colab에서 Google Drive를 마운트한다. 공유하고자 하는 파일이나 폴더를 Google Drive에 업로드한다. 업로드한 파일이나 폴더를 공유하고자 하는 사용자와 공유한다.

◇ GitHub를 사용하여 자료를 공유하기

GitHub 계정을 만들고, 새로운 Repository를 생성한다. Colab에서 File → Save a copy to GitHub을 선택한다. GitHub 계정 정보를 입력하고, Repository 이름과 설명을 입력한다. 파일을 Commit하고, GitHub Repository에 Push한다. GitHub Repository를 공유하고자 하는 사용자와 공유한다.

◇ Colab 공유 기능을 사용하여 자료를 공유하기

Colab에서 File → Share을 선택한다. 공유하고자 하는 사용자의 이메일 주소를 입력하고, 공유 권한을 설정한다. 공유하고자 하는 사용자가

Colab 링크를 클릭하고 로그인하면, 공유된 Colab 노트북에 접근할 수 있다.

위와 같은 방법으로 구글 코랩에서 자료를 공유할 수 있다. 각 방법마다 공유 권한이나 보안 등에 대한 고려 사항이 있으므로, 공유하고자 하는 자료와 상황에 맞게 적절한 방법을 선택해야 한다.

1.9 Kaggle

캐글(Kaggle)은 데이터 분석 및 기계학습 경진대회를 주최하고, 참가자들이 데이터 분석 및 기계학습 기술을 경쟁하는 플랫폼이다. 2010년에 설립되었으며, 현재는 구글의 자회사인 캐글에서 운영된다. 캐글에서는 기업 및 기관 등이 제공하는 데이터를 사용하여 분석 모델을 만들어 경쟁하며, 우수한 성적을 낸 참가자들에게 상금을 지급하기도 한다. 또한, 다양한 데이터셋과 기계학습 코드들이 공유되어 있어 데이터 분석 및 기계학습에 관심 있는 사람들이 쉽게 학습할 수 있다. 캐글은 데이터 분석 및 기계학습 분야에서 유용한 플랫폼이다.[17] 캐글에서는 다양한 튜토리얼을 제공한다. 이를 통해서 데이터 분석 및 기계학습, 딥러닝에 대한 기초적인 지식과 기술을 습득할 수 있다. 캐글에서 제공하는 튜토리얼은 실제 문제를 해결하는 데 필요한 기술을 익힐 수 있도록 도와준다. 캐글은 기계학습 모델링, 데이터 분석 등을 위한 인터랙티브한 작업 환경인 Kaggle Kernels를 제공한다. 이를 이용하면 사용자들은 기계학습 모델링을 하며, 다른 사용자들과 공유할 수 있다. 사용자들은 무료로 이용할 수 있지만, Kaggle Kernels의 프로 버전을 이용하면 더욱 많은 기능과 용량을 이용할 수 있다.

17: 독자 여러분들이 https://www.kaggle.com/에 가입하는 것을 추천한다. 이곳에 가면 많은 데이터와 많은 문제 풀이들을 볼 수 있다. 다른 사람들이 어떻게 데이터를 활용하여 어떠한 기계학습, 딥러닝 방법으로 다양한 문제들을 푸는지 확인할 수 있다. 매우 많은 현실적인 문제들과 그 풀이 과정들을 각각 소개하고 있다.

캐글이 유용한 이유는 다음과 같다.

◇ 경진대회: 캐글은 데이터 과학자들이 참여할 수 있는 다양한 경진대회를 제공한다. 이 경진대회에서는 데이터 과학 문제를 해결하는 최고 수준의 알고리즘을 개발하는 것이 목표이다. 이 경진대회는 데이터 과학자들의 능력을 향상시키고 데이터 과학 커뮤니티와 연결되는 기회를 제공한다.

◇ 데이터: 캐글은 다양한 데이터셋을 제공한다. 이 데이터셋은 텍스트, 이미지, 음성 등 다양한 형태의 데이터를 포함한다. 이러한 데이터는 데이터 과학 연구나 학습을 위해 사용될 수 있다.

◇ 커뮤니티: 캐글은 데이터 과학자들의 커뮤니티를 제공한다. 데이터 과학자들은 서로의 경험과 지식을 공유하고 토론할 수 있다. 이 커뮤니티는 데이터 과학 분야에서 일어나는 최신 동향과 발견을 공유하는데도 유용하다.
◇ 학습 자료: 캐글은 데이터 과학 학습 자료를 제공한다. 이 자료는 데이터 과학의 기초부터 고급 기술까지 다양한 학습 자료를 포함한다. 이러한 학습 자료를 통해 데이터 과학 학습자들은 데이터 과학을 배우고 개발하는데 필요한 기술을 습득할 수 있다.
◇ 구인 구직: 캐글은 데이터 과학자들이 구인 구직을 할 수 있는 플랫폼이다. 캐글은 데이터 과학자들이 데이터 과학 분야에서 일하는 기업과 연결되는 기회를 제공한다. 이를 통해 데이터 과학자들은 원하는 직업을 찾을 수도 있다. 캐글은 데이터 분석 전문가들과 기업들이 취업 정보를 찾을 수 있는 Kaggle Jobs를 운영하고 있다.

아래의 URL에서 다양한 기계학습 예제들을 볼 수 있다. 특히, GUP 장비를 갖춘 윈도우즈 환경에서 주피터 노트북을 활용한 예제들이다. 하지만, 대부분의 경우, 컴퓨터 운영체제에 상관없이 기계학습 예제들을 실행시켜 볼 수 있다. 파이썬 언어와 함께 인공지능을 공부하는 것이 현실적이다.
◇ 제이슨 브라운리(Jason Brownlee)가 개발한 웹싸이트에는 인공지능 학습에 매우 유용한 자료들이 있다.
https://machinelearningmastery.com/
◇ 제이크 밴드플러스(Jake VanderPlas)가 저술한 책(Python data science handbook)은 파이썬 기초부터 시작하여 자연스럽게 기계학습에 입문하게 만들어 준다.
https://jakevdp.github.io/PythonDataScienceHandbook/
https://github.com/jakevdp/PythonDataScienceHandbook
◇ 안드레아스 뮐러(Andreas Müller), 세라 가이도(Sarah Guido) 두 명이 저술한 책(Introduction to machine learning with python)에서도 파이썬을 알려주면서 기계학습에 입문하게 한다.
https://github.com/amueller/introduction_to_ml_with_python
◇ 크리스 알본(Chris Albon)이 저술한 책(Machine learning with python cookbook)에서는 파이썬 언어 문법을 잘 적용하여 기계학습을 수행할 수 있게 유도한다.
◇ 윌리엄 맥키니(William McKinney)가 저술한 책(Python for data analysis)에서는 데이터를 다루는 파이썬 언어를 중점적으로 다룬다.

◇ 오렐리앙 제롱(Aurélien Géron)이 저술한 책(Hands-on machine learning with scikit-learn & TensorFlow)에서는 기계학습과 딥러닝에 대한 기초적인 설명을 포함하고 있다.

기계학습을 보다 수학적으로 접근한 책 두 권
◇ 트레버 헤이스티, 로버트 티브시라니, 제롬 프리드먼(Trevor Hastie, Robert Tibshirani, Jerome Friedman), The elements of statistical learning, Sprringer, 2017.
https://hastie.su.domains/ElemStatLearn/download.html
◇ 마크 피터 데이젠로스, A. 알도 파이살, 청 순 옹(Marc Peter Deisenroth, A. Aldo Faisal, Cheng Soon Ong), Mathematics for machine learning
https://course.ccs.neu.edu

인터넷을 통해서 공개된 최신 책들:
◇ A. Zhang, Z. C. Lipton, Mu Li, and A. J. Smola, Dive into Deep Learning
https://d2l.ai/
◇ I. Goodfellow, Y. Bengio, A. Courville, Deep Learning
https://www.deeplearningbook.org/
◇ E. Stevens, L. Antiga, T. Viehmann, Deep Learning with PyTorch
https://isip.piconepress.com/courses/temple/ece_4822/resources/books/Deep-Learning-with-PyTorch.pdf
◇ M. Nielsen, Neural Networks and Deep Learning
http://neuralnetworksanddeeplearning.com/
◇ R. S. Sutton, A. G. Barto, Reinforcement Learning
http://incompleteideas.net/book/RLbook2018.pdf
◇ David L. Poole and Alan K. Mackworth, Artificial Intelligence: Foundations of Computational Agents
https://artint.info/2e/html/ArtInt2e.html
◇ Andrew Ng, Machine Learning Yearning: Technical Strategy for AI Engineers, In the Era of Deep Learning
https://info.deeplearning.ai/machine-learning-yearning-book

1.10 스택 오버플로우

스택 오버플로우(stack overflow)는 프로그래밍과 관련된 질문과 답변을 공유하는 온라인 커뮤니티이다. 2008년에 설립된 이후로 세계에서 가장 큰 프로그래밍 커뮤니티 중 하나가 되었으며, 사용자는 다양한 컴퓨터 언어 및 기술을 다루는 질문과 답변을 작성하고 공유할 수 있다. 질문과 답변은 사용자들에 의해 평가되며, 좋은 질문과 답변은 보상을 받을 수 있다. 이외에도, 스택 오버플로우는 각종 기술 동영상, 블로그, 문서, 책 등을 공유하는 서비스인 Stack Exchange의 일부분이다. 스택 오버플로우에서는 다양한 프로그래밍 언어와 기술 분야에 연관된 활발한 활동이 이루어지고 있다.

스택 오버플로우가 프로그래머들에게 유용한 이유는 여러 가지가 있다. 첫째, 프로그래머들은 자신이 마주하는 문제들을 해결하고자 할 때, 가장 빠르고 쉬운 방법 중 하나가 검색이라는 점이다. 스택 오버플로우는 프로그래밍과 관련된 거의 모든 분야에서 수많은 질문과 답변이 등록되어 있으므로, 프로그래머들은 필요한 정보를 쉽게 찾아볼 수 있다. 둘째, 스택 오버플로우는 프로그래밍 커뮤니티를 형성하고 있어, 프로그래밍에 대한 지식과 경험을 공유할 수 있는 좋은 플랫폼이다. 질문을 올리고 답변을 달아주는 것은 물론, 다른 사람들이 올린 질문과 답변들도 살펴보면서 새로운 지식을 얻을 수 있다. 셋째, 스택 오버플로우는 사용자들이 평가하는 시스템을 가지고 있으며, 사용자들이 좋은 질문과 답변에 대해 보상을 제공한다. 이러한 보상 시스템은 사용자들이 더욱 적극적으로 참여하고, 높은 품질의 콘텐츠를 제공할 수 있게끔 돕는 역할을 한다. 스택 오버플로우는 개발자들이 자신의 기술을 증명할 수 있는 플랫폼으로서, 기업들이 인재 채용에 활용하기도 한다.

1.11 아나콘다 설치와 인공지능 패키지 설치

아나콘다(Anaconda)는 데이터 사이언스, 인공지능 등 다양한 분야에서 사용되는 파이썬 기반의 오픈 소스 배포판이다. 아나콘다 배포판에는 파이썬 언어와 함께 다양한 라이브러리와 패키지들이 미리 설치되어 있어, 데이터 분석, 기계학습, 딥러닝 등 다양한 분야에서 즉시 사용이 가능하다. 아나콘다 배포판은 파이썬의 가상환경과 패키지 관리를 위한 conda

패키지 매니저를 기본으로 제공한다. Conda를 사용하면 다양한 버전의 라이브러리와 패키지들을 쉽게 설치하고 관리할 수 있으며, 가상환경을 통해 프로젝트별로 패키지 의존성을 분리하여 개발을 할 수 있다. 프로젝트별로 다른 버전의 라이브러리를 사용할 수 있어서 동시 개발 과정에서 충돌이 발생하지 않는다. 아나콘다 배포판은 무료로 제공되며, 데이터 과학, 인공지능 등 다양한 분야에서 사용되는 대표적인 도구들인 주피터 노트북(Jupyter notebook)과 스파이더(Spyder) 등의 통합개발환경(IDE:integrated development environment)를 함께 제공한다. 또한, 아나콘다 배포판을 설치하면 scikit-learn 패키지를 비롯하여 다양한 기계학습, 딥러닝 라이브러리들을 포함한 파이썬 패키지들이 미리 설치되어 있기 때문에, 또는, 추가로 설치할 수 있기 때문에, 빠르고 쉽게 인공지능 애플리케이션을 개발할 수 있다. 아나콘다는 Windows, Mac OS, Linux 운영체제에서 지원된다.[18]

18: 애플 컴퓨터에 근무하던 제프 래스킨은 자신이 개발하던 컴퓨터의 이름에, 자신이 좋아하던 사과 품종의 이름을 붙였다.(이 품종의 스펠링은 Mcintosh인데, 애플 제품명의 스펠링은 Macintosh이다. 그러나 발음은 같다.)

주피터 노트북(Jupyter notebook; Julia, Python, R)은 오픈 소스 웹 어플리케이션으로, 코드, 텍스트, 이미지, 그래프 등 다양한 내용을 포함하는 문서를 만들고 공유할 수 있는 플랫폼이다. 주로 데이터 분석, 데이터 과학, 기계학습 등의 분야에서 사용된다. 주피터 노트북은 인터랙티브한 개발 환경을 제공한다. 코드와 실행 결과, 문서를 하나의 파일에서 볼 수 있어, 코드와 결과물을 쉽게 공유하고 보여줄 수 있다. 코드 셀에는 다양한 언어들을 사용할 수 있다. 또한, 코드 셀의 실행 결과를 시각적으로 나타내기 위해 그래프나 차트, 이미지 등을 삽입할 수 있다. 주피터 노트북은 여러 명이 동시에 작업하고 공유할 수 있으며, GitHub 등을 통해 버전 관리도 가능하다. 주피터 노트북의 확장성도 높아서, 다양한 플러그인을 설치하여 보다 많은 기능을 사용할 수 있다. 주피터 노트북으로 프로그램을 개발했다면, 이것을 아주 손쉽게 스크립트 형식으로 변환할 수 있다. File → Download → Python (*.py) 로 내려받으면 다운로드 폴더에 '*.py' 형식으로 파일이 저장된다.

주피터 노트북은 데이터 과학과 기계학습 분야에서 매우 유용한 개발 도구이다. 그 이유는 다음과 같다.
◇ 대화형 개발 환경: 주피터 노트북은 대화형 개발 환경으로, 소스코드를 작성하고 바로 결과를 확인할 수 있다. 이는 실험적인 데이터 분석 작업을 빠르게 수행할 수 있도록 도와준다.
◇ 코드와 문서를 한 번에 관리: 주피터 노트북은 소스코드, 계산결과, 문

서(markdown)를 하나의 파일에 함께 저장할 수 있다. 이는 데이터 분석 결과를 문서화하고, 보고서를 작성하기에 편리하다.
◇ 다양한 프로그래밍 언어 지원: 주피터 노트북은 다양한 프로그래밍 언어를 지원한다. Julia, Python, R 등 데이터 과학에 자주 사용되는 언어들을 모두 지원하므로, 데이터 분석 작업을 다양한 언어로 수행할 수 있다.
◇ 공동 작업이 용이: 주피터 노트북은 깃과 같은 버전 관리 시스템을 사용하여 공동 작업이 용이하다. 여러 사람이 동시에 같은 파일에 접근하여 작업할 수 있고, 변경 사항을 추적하고 합치는 과정이 간편하다.
◇ 대중화: 주피터 노트북은 무료로 제공되며, 개발자들의 지속적인 관심과 지원 덕분에 발전하고 있다. 또한, 데이터 과학 및 기계학습 분야에서 대중적으로 사용되고 있으므로, 다양한 예제와 자료가 온라인에서 쉽게 찾을 수 있다.

주피터 노트북에서 셀(cell)을 분할하여 프로그램을 개발하는 것은 다음과 같은 장점이 있다.
◇ 소스코드의 일부분만 실행 가능: 주피터 노트북에서는 각 셀이 독립적으로 실행되므로, 개발자는 필요한 부분만 실행하고 결과를 확인할 수 있다. 이렇게 함으로써 소스코드의 일부분만 수정하고 다시 실행할 수 있으며, 전체 소스코드를 다시 실행하는 데 걸리는 시간을 단축시킬 수 있다. 소스코드 분량이 많은 셀은 두 개의 셀들로 분리할 수 있다.("control" "shift" "-") 분리한 후 각각의 셀을 테스트할 수 있다. 물론, 셀들의 통합도 가능하다.
◇ 중간 결과 확인 가능: 주피터 노트북에서는 소스코드의 실행 중간에 결과를 출력할 수 있다. 이렇게 하면 소스코드의 중간 결과를 확인하고 문제가 있는 부분을 쉽게 찾을 수 있다.
◇ 문서화 용이: 주피터 노트북에서는 셀에 소스코드 뿐만 아니라 텍스트, 이미지 등 다양한 형식의 콘텐츠를 마크다운(markdown) 문법으로 포함시킬 수 있다. 이를 이용하여 코드와 함께 설명, 주석, 참고 자료 등을 함께 작성할 수 있으며, 이러한 문서화 기능을 활용하여 소스코드의 이해와 공유를 용이하게 할 수 있다.
◇ 유연한 개발 환경: 주피터 노트북에서는 셀을 분할하여 개발하므로, 개발자는 다양한 시도를 해볼 수 있다. 또한, 주피터 노트북에서는 다양한 프로그래밍 언어를 지원하므로, 사용자의 선호하는 언어로 개발할 수 있다. 이러한 유연한 개발 환경을 통해 개발자는 보다 다양하고 창의적인

방법으로 문제를 해결할 수 있다.

PEP8은 파이썬 소스코드 작성 시 사용되는 가장 일반적인 스타일 가이드이다. PEP은 "python enhancement proposal"의 약자로, 파이썬 개발자 커뮤니티에서 코드 작성 방법, 라이브러리 디자인 등과 관련된 주제를 논의하고 문서화하는 데 사용된다. PEP8은 코드의 가독성, 일관성과 유지보수를 간편하게 지원하기 위해 일관된 코드 스타일을 제안한다. 이러한 스타일 가이드는 들여쓰기, 변수 및 함수 이름, 주석 등의 작성 방법에 대한 규칙을 제시한다. 예를 들어, 들여쓰기는 스페이스 4개를 사용하며, 함수와 클래스 이름은 빈 줄로 분리되어 선언된다. 한 줄의 최대 길이는 79자로 제한된다. import 문은 파일 맨 위에 위치해야 하며, 각 import 문은 개별적인 줄에 위치해야 한다. PEP8 규칙을 따르는 코드는 더 쉽게 읽히며, 다른 사람이나 팀원과 함께 작업할 때 혼란을 줄일 수 있다. 또한, PEP8 규칙을 준수하는 코드는 일관성 있고 예측 가능하며, 이로 인해 코드 작성의 생산성도 향상된다. 해당 패키지를 설치하면 주피터 노트북에서 아주 편리하게 PEP8 규칙 준수 스타일을 구현할 수 있다. 이 책에서 예로 든 모든 파이썬 프로그램은 대체로 PEP8 규칙 준수 스타일을 유지하려고 한다.[19]

19: pip install autopep8, 주피터 노트북에서 "Edit → nbextentions config", "autopep8 설정"하고 주피터 노트북 서버 프로그램 완전 종료. 주피터 노트북 다시 실행. 새로운 해머(망치) 아이콘이 생김. 코드 셀을 선택하고 해머를 누르면 코드가 PEP8 양식으로 변환.

이미지 데이터는 현대 사회에서 매우 중요한 역할을 한다. 이유는 다음과 같다.

◇ 정보 전달: 이미지는 말로 설명하기 어려운 내용도 시각적으로 보여줄 수 있어 정보 전달에 매우 유용하다. 예를 들어, 교육 분야에서 강의 내용을 그림으로 보여주면 학생들이 이해하기 쉬워지고, 뉴스 분야에서 사건이나 이슈를 이미지와 함께 보도하면 정보 전달이 더욱 정확하고 생동감 있게 이루어진다.

◇ 기록 보존: 이미지는 특정 시간이나 장소에서 발생한 사건이나 현상을 기록하고 보존하는 데 매우 유용하다. 역사, 과학, 예술 등 다양한 분야에서 이미지 데이터는 보존과 연구에 큰 도움을 준다.

◇ 분석 및 예측: 이미지 데이터는 기계학습과 딥러닝과 같은 기술을 활용한 분석과 예측에 사용된다. 예를 들어, 의료 분야에서 X-ray, CT, MRI 등의 이미지 데이터를 활용하여 질병 진단 및 예측에 사용된다. 또한, 자율주행 자동차나 로봇 공학 분야에서도 이미지 데이터를 바탕으로 한 시각적인 정보를 분석하여 행동을 결정하고 예측한다. 많은 과학 측정 데이터가 이미지 형식으로 나온다.

◇ 산업 및 경제: 이미지 데이터는 광고, 마케팅, 판매 등 다양한 산업과 경제에 매우 중요한 역할을 한다. 제품의 디자인, 패키지, 광고 이미지 등에서 이미지 데이터가 사용되어 제품의 인지도를 높이고 소비자들에게 효과적으로 마케팅할 수 있다.

따라서, 이미지 데이터는 현대 사회에서 매우 중요한 역할을 하며, 이를 효과적으로 활용하여 다양한 분야에서 문제 해결과 발전에 기여할 수 있다. 이러한 이미지 데이터를 잘 다루기 위해서 필요한 것이 OpenCV 라이버러리이다. OpenCV(open source computer vision library)는 오픈 소스 컴퓨터 비전 및 이미지 처리 라이브러리이다. 주로 컴퓨터 비전 분야에서 이미지와 비디오 처리, 객체 검출, 추적, 인식, 모션 추정, 카메라 캘리브레이션 등을 위해 사용된다. OpenCV는 C++, Python, Java, Matlab 등 다양한 프로그래밍 언어를 지원하며, Linux, Windows, Mac OS, Android 등 다양한 운영체제에서 사용할 수 있다. OpenCV는 다양한 이미지 및 비디오 포맷을 지원하며, 이미지 처리와 컴퓨터 비전 분야에서 많이 사용되는 기본적인 기능들을 제공한다. 예를 들어, 이미지 리사이즈, 회전, 필터링, 경계 검출, 특성 추출, 히스토그램 등의 기능을 제공한다. 또한, 객체 검출과 추적, 얼굴 인식, 동작 인식, 영상 분할 등과 같은 고급 기능도 제공한다. OpenCV는 또한, 기계학습 및 딥러닝 기술과의 연동도 가능하다. 따라서, 이미지 분류, 객체 인식, 자율주행 자동차, 로봇, 보안 등 다양한 분야에서 활용된다. OpenCV는 무료이며, 다양한 예제 코드와 API 문서, 도구들을 제공하여 사용자들이 쉽게 개발할 수 있도록 지원하고 있다. 또한, 커뮤니티에서 다양한 문제 해결을 위한 도움과 지원을 받을 수 있다.

시계열 데이터와 이미지 데이터는 서로 다른 종류의 데이터이지만, 일부 경우에는 상호 연관성이 있을 수 있다. 예를 들어, 이미지 데이터가 시간에 따라 촬영된 경우, 이미지 시퀀스는 시계열 데이터로 간주될 수 있다. 이러한 경우에는 이미지 시퀀스에서 추출된 특성이 시계열 데이터의 패턴을 나타낼 수 있다. 예를 들어, 건강 상태 모니터링을 위해 일정 시간마다 촬영된 심전도(ECG) 데이터를 이미지로 변환하는 경우가 있다. 이미지로 변환한 심전도 데이터에서는 R-peak의 위치 등 특정 패턴이 판독될 수 있으며, 이를 통해 건강 상태를 분석할 수 있다. 반대로, 시계열 데이터에서 추출된 특성을 이미지 데이터에 적용할 수도 있다. 예를 들어, 시계열 데이터의 주파수 스펙트럼은 일반적으로 이미지 형식으로 표현된다. 이 이미지에서 추출된 특성은 다양한 이미지 처리 기술에 적용될 수 있으며, 딥러닝 알고리즘에서 사용될 수도 있다. 또한, 일부 경우에는 시계열 데이터와 이미지 데이터를 결합하여 분석하는 것이 유용할 수 있다. 예를 들어, 주식 가격 데이터를 시계열 데이터로 분석한 후, 이를 이미지로 변환하여 시각화하면 시장 동향을 시각적으로 파악할 수 있다. 따라서, 시계열 데이터와 이미지 데이터는 서로 다른 데이터 유형이지만, 일부 경우에는 상호 연관성이 있을 수 있으며, 이를 활용하여 데이터 분석과 시각화를 보다 효율적으로 수행할 수 있다. 시계열 데이터의 시각적 표현(visual representation)은 중요한 의미를 가진다. 왜냐하면, 이미지 데이터에 대해서 분류 그리고 회귀에 대한 아주 우수한 성능을 가진 인공 신경망 모델들이 다수 확보되어 있기 때문이다.

1.12 실습

ㅁ 인공지능 연구에 필요한 '대세 도구'들을 자신의 컴퓨터에 설치하는 것은 아주 중요한 일이다. 여러분들이 설치해야 할 패키지와 설치 순서를 아래와 같이 정리했다.

```
Anaconda3 설치 방법 (윈도우즈10 환경 기준):
Anaconda | Individual Edition
"URL 클릭 https://www.anaconda.com/products/individual"
→ 접속 후 "download" 문구 클릭
"64-Bit Graphical Installer (457 MB)" 문구를 확인하여 파일을 다운로드 받는다.
→ 내 PC에 저장된 다운로드 파일을 클릭하여 실행시킨다.
Anaconda3 설치를 할 때 아래 두가지 항목에 주의 한다.

Anaconda3 설치 직후:
시작  → Anaconda Prompt (Anaconda3) 클릭한다.
→ 생성된 검은색 창 Anaconda Prompt (Anaconda3)에서 몇 가지 종류의 명령어들을 넣어 준다.
이 명령어들은 이름을 가지는 가상환경 생성 그리고 그 가상환경에 꼭 필요한 패키지 설치와 관련된 것들이다.
자신이 원하는 가상환경, "testAI"라는 이름으로 가정한다.
[고유의 이름을 가지는 가상환경 생성 명령어]
[여기에서는 특별히 AI 학습에 필요한 것들을 의미한다.]
입력해야하는 명령어들의 순서는 아래와 같다.
이미 생성되어 있는 기본(base) 가상환경에서 출발 하여 새로운 가상환경을 만든다.
conda create -n testAI
conda activate testAI
```

```
conda install tensorflow
pip install jupyter notebook
pip install matplotlib
pip install opencv-python
pip install imageio
pip install imgaug
pip install xgboost
pip install lightgbm
pip install catboost
pip install bayesian-optimization
pip install scikit-optimize
pip install graphviz
pip install pydot
pip install optuna
pip install imbalanced-learn
pip install -U gym

{CUDA를 이용할 경우, 엔비디아 GPU 장비가 있는 경우.}
{
        conda install -c anaconda cudatoolkit
        conda install -c anaconda cudnn
        conda install -c anaconda tensorflow-gpu

        conda list cudatoolkit
        conda list cudnn
        nvidia-smi  쿠다 버전, 파이토치 설치
        nvcc --version
}

이미 설치된 패키지에 대해서는 기존 설치정보를 출력하고
설치작업을 자동으로 건너뛴다.
아래의 세 줄의 명령어들은 주피터 노트북과 관련된 명령어들이다.
[위의 명령어들에 연속해서 실행하는 것들이다.] [설치작업의 연속이다.]
pip install  ipykernel
python -m  ipykernel install --user --name=testAI
jupyter notebook  --generate-config
[여기에서 가상환경 구성 작업이 종료된다.]
아래의 명령어를 입력하면 Anaconda Prompt (Anaconda3) 창에서 나올 수 있다.
exit
Anaconda Prompt (Anaconda3) 창에서 나오기 전에
설치된 패키지를 볼 수 있는 명령어:
```

```
conda env list
현재 보유하고 있는 가상환경들의 목록을 확인할 수 있다.
exit를 이용하여 Anaconda Prompt (Anaconda3)에서 나올 수 있다.

새롭게 들어가고자 할 때, 즉, 이번에는 설치가 아니고
jupyter notebook으로 프로그램을 만들 때:
시작  → Anaconda Prompt (Anaconda3) 클릭한다.
→
conda activate  testAI
→
jupyter notebook
검은색 창과 브라우저가 동시에 생성된다.
웹브라우저 창은 창닫기로 종료한다.
검은색 창에서 jupyter notebook 실행을 중지하는 방법: "control + C"를 입력하는 것이다.

주피터 노트북(jupyter notebook)을 실행하는 방법:
시작 -->  jupyter notebook (anaconda3)  클릭
검은색 창과 웹브라우저가 동시에 생성된다.

jupyter notebook 실행 후, 아래의 파이썬 코드를 이용해서 텐서플로우의 설치 여부를 확인할 수 있다.
→  new →  testAI 선택한다.

윈도우즈에서 CUDA 사용률을 확인하는 방법
(CUDA toolkit → cuDNN 순서대로 모두 설치한 후, 응용 프로그램 실행할 때):
1) 작업관리자 (Ctrl + Shift + ESC) 또는 Ctrl + alt + del
2) 성능 탭 → GPU
3) 선택 항목(↓표시) 중 1개를 CUDA로 변경하여 설정함.
실시간 그래프로 CUDA 사용률을 직접 확인할 수 있다.
또한, GPU 메모리 사용량을 직접 확인할 수 있다.
[Cuda toolkit → cuDNN → tensorflow-gpu 설치이후,
주피터 노트북에서 응용 프로그램 실행하면서 GPU 장치의 사용을 실제로 확인하는 방법]
```

□ PC 윈도우즈 환경과 리눅스 환경 사이 통신에 필요한 소프트웨어 설치에 대해서 아래와 같이 정리했다. 윈도우즈 PC와 리눅스 간의 연결을 위해 사용할 수 있는 여러 가지 소프트웨어가 있다. 그 중에서도 가장 일반적인 소프트웨어는 다음과 같다.

◇ SSH 클라이언트: SSH는 리눅스에서 매우 흔하게 사용되는 원격 접속 프로토콜이다. 따라서 SSH 클라이언트를 사용하면 윈도우즈에서 리눅스로 SSH 연결을 설정할 수 있다. Putty, MobaXterm, Xshell 등의 SSH 클라이언트를 사용할 수 있다.

◇ 원격 데스크톱 소프트웨어: 원격 데스크톱 소프트웨어를 사용하면 윈도우즈에서 리눅스 데스크톱에 연결할 수 있다. 이 방법을 사용하면 리눅스에서 실행 중인 그래픽 인터페이스(GUI)를 윈도우즈에서 볼 수 있다. 대표적인 원격 데스크톱 소프트웨어로는 VNC, X2Go, TeamViewer 등이 있다.

◇ 파일 전송 소프트웨어: 윈도우즈와 리눅스 간의 파일 전송을 위해서는 FTP, SCP, SFTP 등의 프로토콜을 사용할 수 있다. 이러한 프로토콜을 지원하는 소프트웨어로는 FileZilla, WinSCP 등이 있다.

◇ 가상 머신: 윈도우즈에서 리눅스를 실행하기 위해서는 가상 머신(Virtual Machine)을 사용할 수 있다. 가상 머신은 윈도우즈 운영체제 안에서 동작하는 리눅스 운영체제를 제공해주는 소프트웨어다. 대표적인 가상 머신으로는 VirtualBox, VMware 등이 있다.

```
리눅스 서버 원격접속 그리고  X11 전달
[윈도우즈 시스템을 위한 PuTTy + Xming]

윈도우즈로부터의 리눅스 접속, 그림 그리기에 관한 이야기를 정리했다.

많은 사용자들이 PC 운영체제로 윈도우즈를 채택하고 있다.
하지만, 많은 계산들은 리눅스에서 이루어진다.
파일 전송, 데이터 전송이 필요하다.

필요한 소프트웨어를 중심으로 이야기해 보기로 한다.
기본적으로 무료 소프트웨어 사용을 가정하고 있다.
포토샵, 애크로배트, 오리진
고가의 소프트웨어가 없어서 일을 못한다고 할 수 없다.
무료 소프트웨어로도 충분히 일을 할 수 있다.
처음에는 무료 소프트웨어를 이용해서 충분한 실력을 키워야 한다.
처음에 무료로 입문할 필요가 있다.
[화면에서 그림 캡처: 윈도우즈키 + shift + s]

https://ko.wikipedia.org/wiki/PuTTY
https://www.putty.org/
https://en.wikipedia.org/wiki/Xming
http://www.straightrunning.com/XmingNotes/

기본적으로 PuTTy와 Xming을 각각 알아야 한다.

그 다음 파일 전송 프로그램이 필요할 것이다.
```

윈도우즈 환경에서 그림과 레이텍을 이용해서 논문을 작성할 수 있어야 한다.
이를 위해서는 김프, 잉크스케이프, Miktex, 레이텍 에디터가 필요하다.

[많이 사용하는 유료 소프트웨어: ppt, word, 한글을 설치되어 있다고 가정한다.]

PuTTy 단순 연결 : 원격 접속으로 문자 위주의 리눅스 명령어 사용 가능하다.
각종 명령어 실행이 가능하다.
파일 편집이 가능하다.

PuTTy 복잡 연결 : PuTTy [무료 소프트웨어] + Xming
[무료 소프트웨어] 함께 사용하는 방법 :
X11 전달 사용 가능함.
[Enable X11 forwarding]
보다 더 일반적인 연결, 적극 권장한다. 그림을 뛰워서 볼 수 있다.
[그림을 제공하는 리눅스 명령어들: xviewer, display, evince]

다시 말하면 PuTTy 프로그램만 단독으로 리눅스에 접근하여 많을 일들을 할 수 있다.
그림 그리기 이외에도 할 일들은 무수히 많다.
[윈도우즈 → 원격 리눅스 시스템 접속 가능하다.]
마찬가지로 PuTTy는 Xming 과 함께 사용할 수도 있다.
[윈도우즈에서, 먼저, Xming을 실행한 상태에서 PuTTy를 이용한 원격 리눅스 접속이 가능하다.]

윈도우즈에 아래와 같은 두 번의 설치가 필요하다.

PuTTy 설치 → Xming 설치 → Xming 실행 → PuTTy 실행 → PuTTy 미세조정
[무료 소프트웨어]

PC 윈도우즈에서 Xming 을 실행 한다.
윈도우즈가 X11 그림을 받을 준비하는 것이다. 전달 받을 준비 완료하는 것이다.
윈도우즈에서 윈도우즈 아이콘 트레이에 Xming 활성화 된 것을 확인할 수 있다.

[시작 → 모든 프로그램 → Xming Xming과 XLaunch를 확인할 수 있다.
Xming은 실제 Xming을 실행시키는 프로그램이고, XLaunch는 화면 설정을 해주는 것이다.
사용자가 만들어 놓은 설정을 저장할 수 있다.]

그 다음에 윈도우즈에서 PuTTy 프로그램 실행한다.
윈도우즈에서 PuTTy 프로그램 미세 조정이 필요하다.
세팅 저장이 필요하다.
[Connection → SSH → X11 → Enable X11 forwarding]
SSH → Auth → Enable X11 forwarding

```
Session에서는 IP 주소를 등록하고 저장함. 통상 이름보다 번호가 좋다.
(몇 가지 선택 사항들을 완성한 후 원하는 리눅스 컴퓨터 이름으로
설정들을 저장할 수 있다.)

지속적으로 연결 상태를 유지하는 방법
[리눅스 연결 상태가 끊어지면 안된다.
따라서, 별도로 Putty 창이 지속적으로 열려 있도록
설정을 별도로 진행해야 한다.]:
PuTTy 새로 시작 → PuTTy Configuration → Connection
→ Seconds between keepalives : 60
→ Enable Tcp keepalives 선택

백그라운드 설정, 글자색 설정, modify를 클릭해서
그림으로 직접 설정할 수 있다.

PuTTy로 리눅스/유닉스 서버에 접속
X11이 필요한 프로그램 실행한다.
윈도우즈에서 그림이 나타나는 것을 확인한다.
```

최적화 관점에서 이해하는 인공지능 2

2.1 인공지능의 도구들

인공지능은 여러가지 도구들을 사용하여 문제를 해결하고 자동화하는 기술이다. 인공지능의 도구들은 매우 다양하다. 여기서는 대표적인 도구들 중 몇 가지를 살펴보겠다.

◇ 탐색: 탐색은 주어진 문제에 대해 가능한 모든 해답을 찾는 것을 의미한다. 이를 위해 사용되는 대표적인 알고리즘으로는 발견법(heuristics)이 있다. 아울러 상위-발견법(meta-heuristics)도 존재한다.

◇ 최적화: 최적화는 주어진 목적함수를 최대 또는 최소화하는 변수 값을 찾는 것을 의미한다. 이를 위해 사용되는 대표적인 알고리즘으로는 유전 알고리즘, 구배 기반 최적화 등이 있다.

◇ 분류기: 분류기는 주어진 데이터를 특정 카테고리나 클래스로 분류하는 모델을 의미한다. 이를 위해 사용되는 대표적인 알고리즘으로는 의사결정 나무(decision tree),[12] 랜덤 포레스트(random forest),[13] 서포트 벡터 머신(support vector machine)[14] 등이 있다.

[12]: Safavian and Landgrebe (1991), 'A survey of decision tree classifier methodology'
[13]: T. K. Ho (1995), 'Random decision forests'
[14]: Cortes and Vapnik (1995), 'Support-vector networks'

◇ 확률론적인 방법을 사용한 추론: 이 방법은 일반적으로 확률론의 기본 원리와 베이즈 정리(Bayes theorem)를 활용한다.

◇ '진행 상황' 평가: 이것은 목표의 성공과 달성을 평가하고 측정하는 과정을 말한다. 목표에 대한 진행 상황을 추적하며, 목표가 달성되었는지를 평가하는 과정을 포함한다.

◇ 인공신경망(artificial neural network): 인공신경망은 생물학적 뉴런의 작동 원리를 모방하여 만들어진 인공적인 신경망 모델을 의미한다. 인공신경망은 분류, 회귀, 이미지 처리, 자연어 처리 등 다양한 분야에서 사용되며, 최근 딥러닝 기술의 발전으로 더욱 발전하고 있다. 매우 다양한 일반적인 생성 모델을 만들어 낼 수 있다. 딥러닝의 발전으로 인공지능의 도구들 중에서 차지하는 비중이 폭발적으로 증가하고 있다. Figure 2.1에서는 다양한 인공지능 도구들을 그림으로 표시했다.

최적화는 목적함수를 최대 또는 최소화하는 해를 찾는 것을 의미한다. 목적함수는 입력 변수에 대한 함수로서, 주어진 제한 조건 하에서 최대

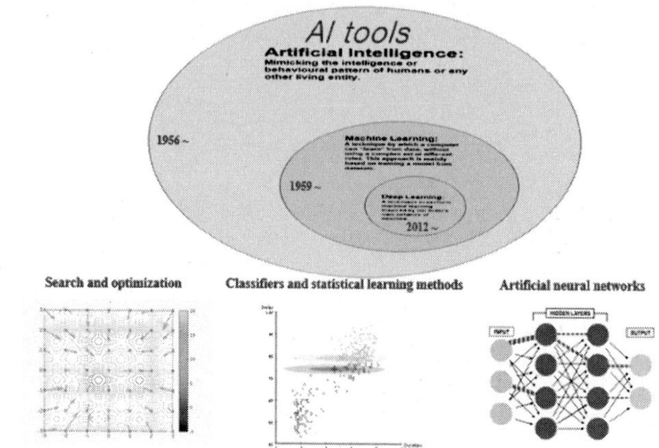

Figure 2.1: 다양한 인공지능 도구들: 탐색과 최적화, 분류, 통계학적 학습, 그리고 인공신경망. 2012년 이후 인공신경망의 비중이 매우 높아졌다.

또는 최소 값을 가지는 입력 변수를 찾는 것이 최적화의 목적이다. 최적화는 많은 과학 및 공학 분야에서 중요한 역할을 한다. 이는 예를 들어, 경제학에서 이익을 극대화하거나, 물리학에서 에너지를 최소화하는 등의 문제를 해결하는 데 사용된다. 인공지능에서 최적화는 모델의 성능을 향상시키는 데 사용된다. 예를 들어, 기계학습에서, 최적화는 모델의 가중치를 조정하여 손실함수를 최소화하도록 하는 것을 의미한다. 이렇게 하면 모델의 예측이 더욱 정확해질 수 있다. 또한, 최적화는 딥러닝에서 매우 중요하다. 딥러닝에서는 매우 많은 수의 가중치와 편향을 가지는 모델을 사용하기 때문에, 이러한 모델의 최적화는 계산적으로 매우 복잡한 문제가 된다. 인공지능과 최적화는 둘 다 복잡한 문제를 해결하는 데 사용되므로 서로 밀접한 관련이 있다. 최적화는 인공지능의 다양한 분야에서 사용되는 인공지능의 도구이며, 이는 컴퓨터 비전, 음성 인식, 자연어 처리, 이공학적 설계 문제 풀이 등 다양한 분야에 걸쳐 있다.

다수의 매개변수($\vec{x}$) 공간에서 특정한 목적함수[$f(\vec{x})$]에 합당한 최적의 매개변수 조합으로 이루어진 해를 찾는 방법으로 진화학습(evolutionary learning) 방법이 널리 활용된다. 많은 경우들에서 특정 성능을 극대화 할 수 있는 매개변수들을 최적화하는 작업이 필요하다. 이것은 탐색 또는 설계로 대표되는 이공학적 최적화 과정으로 볼 수 있고 실질적으로 유용한 하나의 문제 풀이 과정이 된다. 이공학 분야 문제 풀이에서 특정한 문제 풀이 방법이 잘 알려진 것이 없을 때, 많은 경우 광역 최적화 형식으로 해당 문제를 재설정할 수 있다. 아울러, 많은 계산을 통해서 확률적인 방법이기는 하지만 컴퓨터 프로그램이 스스로 학습을 통해서 아주 유용한 다수의 해들을 만들어 낼 수 있다. 이러한 계산 방식은 점진적으로 해를 갱신하는 방식이다. 또한, 이러한 접근법은 상당히 일반적인 문제 풀이를 가능하게 할 수 있고, 다수의 성공 사례들을 여러 분야에서 쉽게 확인할 수 있다. 진화학습에 기반한 컴퓨터 프로그램이 만들어 낸 해들은 해당 분야 연구자가 생각할 수 있는 것일 수도 있고, 전혀 생각하지 못한 것일 수도 있다. 물론, 풀고 있는 문제에 적절한 해인지도 다시 따져 보아야 할 것이다. 아무튼, 이 책에서는 이공계 분야의 다양한 문제 풀이에 곧바로 사용될 수 있는 광역 최적화의 실질적인 응용에 초점을 두고 있다. 기본이 되는 광역 최적화 알고리즘에 대한 기본 요소들을 설명하고 응용 예제들을 제시한다. 이공계 문제 풀이에 쉽게 응용될 수 있게 진화학습의 요소들을 자세히 기술한다. 특히, 응용 가능성이 높은 포트란 90(FORTRAN 90)과 파이썬 예제 프로그램들을 통하여 모범적인 실질적 문제 풀이의 과정을 자세하게 기술한다.

많은 경우, 최적화 작업은 방대한 계산량을 필요로 한다. 최적화를 위해서는 단순히 빠른 계산을 넘어서 MPI(message passing interface) 라이버러리를 활용한 초고도 병렬 계산까지 필요해졌다.[15] 그만큼 최적화는 어려운 것이고 엄청난 계산량을 필요로 한다. 계산속도는 포트란 90(FORTRAN 90)과 씨(C) 언어가 가장 뛰어나다. 따라서, 이 두 가지 언어와 MPI 라이버러리를 동시에 활용하는 병렬화 방식이 널리 활용된다. 하나의 계산을 위해서 다수의 CPU를 활용하는 것을 의미한다. 많은 경우, 초고도 병렬 계산 방식이 필요하다. 통상 컴파일러를 필요로 하는 컴퓨터 언어들은 대부분 최고의 계산 속도를 제공한다. 가장 대표적인 언어로 포트란 90(Fortran 90)과 씨(C)를 들 수 있다. 매우 많은 '킬러 애플리케이션'들이 이들 언어로 만들어진 이유이다.[1] 많은 경우, 포트란 컴파일러로서 인텔 컴파일러를 활용하는 것이 더 유리하다. 더 빨리 계산해 주는 실행 파일을 만들어 주기 때문이다.

[15]: Gropp et al. (1999), *Using MPI: portable parallel programming with the message-passing interface*

1: 킬러 애플리케이션(킬러 앱)은 호스트 컴퓨터 하드웨어, 비디오 게임 콘솔, 소프트웨어, 프로그래밍 언어, 소프트웨어 플랫폼 또는 운영 체제 등 더 큰 기술의 핵심 가치를 입증할 정도로 필요하거나 바람직한 컴퓨터 애플리케이션 소프트웨어이다. 소비자는 해당 애플리케이션에 액세스하기 위해 호스트 플랫폼을 구매하며, 이는 호스트 플랫폼의 매출을 크게 증가시킬 수 있다.

컴파일러는 프로그래밍 언어로 작성된 소스코드를 컴퓨터가 이해하고 실행할 수 있는 기계어로 번역해주는 프로그램이다. 따라서 컴파일러를 사용하는 이유는 다음과 같다.

◇ 기계어로 변환하여 실행 속도를 높일 수 있다. 컴파일러를 사용하면 소스 코드를 기계어로 변환하여 실행할 수 있다. 이때, 미리 변환된 기계어 코드는 실행할 때마다 다시 번역하지 않아도 되기 때문에 실행 속도가 빨라진다.

◇ 소스코드를 보다 안정적으로 실행할 수 있다. 컴파일러는 소스코드를

컴파일하여 기계어 코드로 변환하기 때문에 코드 실행 시 발생할 수 있는 에러나 버그를 미리 잡을 수 있다. 이는 프로그램을 보다 안정적으로 실행할 수 있도록 도와준다.

◇ 여러 플랫폼에서 실행 가능한 코드를 생성할 수 있다. 컴파일러는 소스코드를 특정 플랫폼에 종속되지 않는 기계어 코드로 변환할 수 있다.[2] 이는 소스코드를 작성한 운영체제나 하드웨어와 관계없이 여러 플랫폼에서 실행 가능한 코드를 생성할 수 있도록 도와준다.

◇ 소스코드의 가독성을 높일 수 있다. 컴파일러는 소스코드를 기계어로 변환하기 때문에 소스코드의 구조와 문법을 체크하여 문제가 있는 부분을 미리 발견할 수 있다. 이는 소스코드의 가독성을 높여 개발자들이 보다 쉽게 코드를 이해하고 유지보수할 수 있도록 도와준다.

2: 2020년 튜링상(Turing Award) 수상자는 컴파일러 설계 이론을 개발한 Alfred Vaino Aho 그리고 Jeffrey David Ullman이다. 에이호 교수는 awk를 만드신 분들 중 한 분이다. awk는 데이터 검색과 처리를 위해 설계된 컴퓨터 언어 중 하나이다. awk 이름은 그 창시자들의 이니셜인 Aho, Weinberger, Kernighan의 앞글자를 따서 지어졌다. awk는 리눅스나 유닉스와 같은 운영체제에서 많이 사용되며, 다른 프로그래밍 언어와 함께 사용하여 데이터를 처리하고 텍스트를 분석하는 데 유용하다. awk는 텍스트 파일과 표준 입력을 처리하는데 사용된다. awk는 각 라인을 처리하고 필드로 구분하여 처리하는 것이 특징이다. awk는 텍스트 파일 내에서 특정 패턴이나 조건에 해당하는 라인을 찾아내거나, 특정 필드에서 원하는 정보를 추출하는 등의 작업을 수행할 수 있다. 울먼 교수는 래리 페이지 그리고 세르게이 브린의 스승이다. 사업에 실패하면 언제든지 박사과정에 다시 오라. 그 사업은 바로 google.com을 만드는 것이였다. 그들에게 박사학위는 완전히 무의미한 것이되었다.

컴파일러 옵션은 컴파일러가 소스코드를 컴파일하는 동안 사용되는 추가적인 설정이다. 이러한 옵션은 다양한 목적으로 사용될 수 있다.

◇ 최적화: 컴파일러 옵션을 사용하면 코드를 더욱 효율적으로 컴파일할 수 있다. 예를 들어, -O2 옵션을 사용하면 컴파일러가 코드를 최적화하여 실행 시간을 단축할 수 있다.

◇ 디버깅: 컴파일러 옵션을 사용하여 디버그 정보를 포함시킬 수 있다. -g 옵션을 사용하면 디버그 정보를 포함하여 프로그램을 디버깅할 수 있다.

◇ 플랫폼 호환성: 컴파일러 옵션을 사용하여 특정 플랫폼에 대한 코드를 컴파일할 수 있다. 예를 들어, -m32 옵션은 32비트 플랫폼에서 실행되는 코드를 생성하도록 컴파일러에 지시한다.

◇ 경고 및 오류 검사: 컴파일러 옵션을 사용하여 경고 및 오류를 검사하고 출력할 수 있다. -Wall 옵션은 모든 경고를 출력하도록 컴파일러에 지시한다.

◇ 라이브러리 링크: 컴파일러 옵션을 사용하여 라이브러리를 링크할 수 있다. -l 옵션은 라이브러리 이름을 지정하고 -L 옵션은 라이브러리가 위치한 디렉토리를 지정한다.

이러한 이유로, 컴파일러 옵션을 사용하면 코드를 더욱 효율적으로 컴파일하고 실행할 수 있다. 또한 컴파일러 옵션은 컴파일러의 다양한 기능을 활용하여 코드를 최적화하고 디버깅하는 데 도움이 된다.

프로그래머는 많은 옵션들을 잘 활용할 수 있어야 한다. 예를 들면, 아래와 같은 옵션들을 활용할 수 있어야 한다.

```
모든것을 체크하면서 천천히 프로그램을 실행, 개발 단계에 한 번씩 사용하면 아주 좋다.
        -C
빨리가기위해서 한 번은 느리게 갈 필요가 있다.
가능한한 빠른 계산 위주로 프로그램 실행,
실행 속도 향상을 위해서 반드시 실행해 본다.
        -fast
pgf90  -C
pgf90 -fast

ifort -fast
ifort -CB
ifort -check all
ifort -check all -warn interface
ifort -c -check all -warn interface
ifort -c -CB -check all -warn unused
ifort -CB -check all -warn interface -assume realloc_lhs

메이크 파일에 아래와 같은 명령어들을 넣어 둘 수 있다. 아래 예제 참조.
프로그램을 pdf 파일로 출력하는 방법: make a2ps; make ps2pdf
 cat makefile
cmpl=mpiifort
segl=mpiifort
#OPT = -check all
OPT = -CB -check all -warn unused
OPT =
OPT = -CB -check all -warn interface -assume realloc_lhs
OPT = -O2
OPT = -O3 -msse4.2 -axAVX,CORE-AVX2
OPT = -CB -check all -warn unused
OPT = -O3
FFLAGS = -c ${OPT}
FFLAGSc = -c

FILES= relax.o strings.o

/home/ihlee/csa_vasp/py/csa_pbs/test/relax.x: $(FILES)
$(segl) -o /home/ihlee/csa_vasp/py/csa_pbs/test/relax.x $(FILES)
relax.o:relax.f90 strings.o
$(cmpl) $(FFLAGS) relax.f90
strings.o:strings.f90
$(cmpl) $(FFLAGS) strings.f90
```

```
clean:
	rm -f *.x *.o *.mod *.M core* *.ps *.ps~ *__genmod.f90 *~
touch:
	touch *.f90 *.i makefile;chmod 600 *.f90 *.i makefile
rmo:
	rm -f *.o *.mod *.M core*  *.ps~  *__genmod.f90  *~
wc:
	wc relax.f90
lsl:
	ls -l *.f90 makefile *.i
a2ps:
	a2ps -o relax.ps relax.f90 --prologue=color
a2psblack:
	a2ps -o relax.ps relax.f90 --medium=A4 --line-numbers=1
ps2pdf:
	ps2pdf -sPAPERSIZE=a4 relax.ps
```

컴파일러 사용자는 자신이 사용하고 있는 컴파일러의 다양한 컴파일어 옵션들을 조사하는 것이 필요하다. 사실 컴파일러가 프로그래밍 실수를 찾아 주기 위해서 태어난 것은 아니다. 하지만, 가끔씩은 프로그램에게 많은 정보를 제공한다.[3] 이러한 정보들이 프로그램에게 많은 도움이 된다. 프로그래머는 실수를 할 수 있다. 아무리 유능한 프로그래머라도 마찬가지다. 문제는 자신의 빨리 실수를 빨리 알아차리는 것이 핵심이다. 프로그래머의 능력을 결정하는 지수는 바로 여기에서 출발할 수도 있다.

3: 과거에는 계산을 사람들이 직접했었다. 나사(NASA)의 계산원(computer)으로 일하던 사람들을 그린 영화가 있다. 전자 컴퓨터의 발달로 지금은 생소한 인간 컴퓨터인 흑인 계산원 여성들의 이야기를 다룬 영화로《히든 피겨스》(2016년, 배우: 터라지 헨슨, 옥타비아 스펜서, 자넬 모네)가 있다. NASA에 IBM 컴퓨터가 새로 도입되었을 때, '도로시 본'은 그 누구보다 먼저 새로운 기술을 익히기 위해 백인들만 들어갈 수 있는 도서관에서 컴퓨터 언어를 다룬 책 "Fortran"을 훔쳐나온다. 흑인에게 책을 빌려주지 않는 세상에서 그녀는 계산에 대한 '대단한 집념'을 보여준다. 터라지 헨슨은 실존 인물 캐서린 존슨(Katherine Coleman Goble Johnson, 1918년 8월 26일 - 2020년 2월 24일)역을 맡았다. 존슨은 2015년 대통령자유훈장(大統領自由章, Presidential Medal of Freedom)을 받았다.

인공지능 분야에서 가장 많은 매개변수를 가질 수 있는 인공신경망을 활용하고 목적함수를 회귀용(평균제곱오차), 분류용(크로스-엔트로피)으로 각각 선언하면 우리는 아주 훌륭한 회귀, 분류모델들을 구축할 수 있다. 적어도 이론적으로는 그렇다. 이때 가정은 완전한 학습, 즉, 최적화가 순조롭게 진행된다는 것을 가정하고 있다. 과거 인공지능 기술이 신뢰를 잃었던 이유는 제대로된 학습, 즉, 최적화를 수행하지 못했기 때문이다. 인공지능은 알고리즘/소프트웨어 스스로 특정 문제를 풀어내는 것을 의미한다. 인공지능(artificial intelligence)의 도구로서 탐색(search)과 최적화(optimization)를 들 수 있다. 진화학습(evolutionary learning)은 최적화의 한 가지 방식이다. 분산 탐색의 방법으로서 집단 지능(swarm intelligence)을 활용하는 방법도 있다. 탐색과 최적화 방법 이외에 인공지능의 또 다른 도구로서 잘 알려진 것이 분류와 통계적 학습(classfiers and statistical learning methods) 방법, 인공신경망(artificial neural networks)을 들 수 있다. 데이터로부터 인과관계를 찾아 내는 것을 기계학습(machine learning)이라고 한다. 보다 더 고도화된 다수의 은닉층을 가진 인공신경망을 활용하는 것을 딥러닝(deep learning, 심층학습)이라고 한다. 즉, 기계학습은 데이터를 통해서 배운것들과 유사한 것에만 적용이 가능하다. 첫째, 기계학습은 많은 데이터를 필요로 한다. 둘째, 학습과정에서 학습한 데이터와 유사한 입력에 대해서만 기계학습이 유용하다. Figure 2.2에서 인공지능, 기계학습, 딥러닝, 유전 알고리즘의

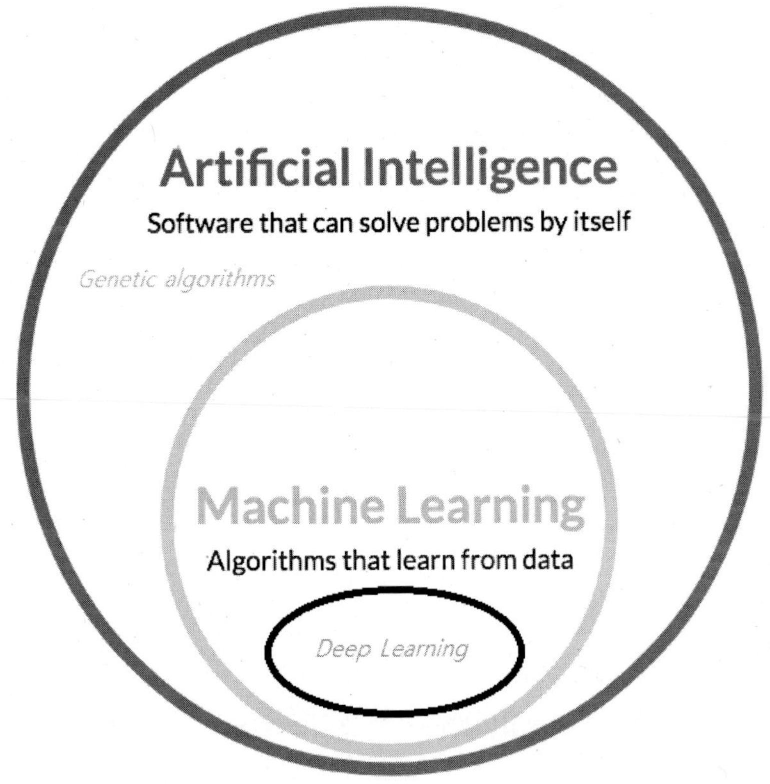

Figure 2.2: 인공지능은 인간의 지능을 모방하거나, 그보다 더 나은 지능을 갖도록 프로그래밍된 컴퓨터 시스템이다. 인공지능은 데이터를 수집하고 분석하여 패턴을 인식하고, 학습을 통해 이전에 본 적이 없는 새로운 상황에서도 문제를 해결할 수 있다. 인공지능은 알고리즘/소프트웨어 스스로 특정 문제를 풀어 낼 수 있다. 데이터로부터 숨겨진 인과관계를 찾아내는 것이 기계학습(machine learning)이다. 딥러닝(deep learning, 심층학습)은 보다 더 고도화된 기계학습의 일부이다. 예를 들어, 유전 알고리즘(genetic algorithms)은 스스로 더 좋은 해를 찾아낼 수 있다. 따라서 유전 알고리즘은 진화학습의 방법으로 분류될 수 있다.

관계를 표시했다. 기계학습은 다양한 데이터 포인트들 사이의 거리를 잘 측정해서 데이터를 새로운 차원의 공간에서 재배치하는 것이다. 이때, 새로운 공간에서의 재배치는 커널 함수와 매개변수들에 의해서 완성된다. 매개변수들의 선정은 통상 국소 최적화를 통해서 이루어진다. 데이터 포인트들 사이의 적절한 상이성을 잘 정의하는 것이 중요하다. 즉, 다양한 거리 측정방법들이 동원된다. 통상 학습은 목적함수(objective function)의 최소화를 통해서 이루어진다. 예를 들어, 관측된 확률 분포함수를 최대한 따르는 새로운 확률 분포함수를 만드는 과정을 들 수 있다. 이때, 목적함수는 확률 분포함수 차이를 최소화하는 것이다. 목적함수 최소

화 과정에서 매개변수들이 최적화 된다. 이를 학습이라고 하고, 이것은 최적화를 통해서 이루어진다. 매우 많은 매개변수들을 수정하여 하나의 모델을 갱신한다. 매개변수들이 수정될 때마다 모델의 성능을 측정한다. 물론, 모델은 입력을 받아서 출력을 낸다. 출력을 이용하여 모델의 성능을 계산한다. 모델의 성능이 최대화되도록 한다. 즉, 또 다시 매개변수들을 수정한다. 충분히 많은 매개변수들을 가지고 있으면 목적함수를 충분히 최적화할 수 있다는 것을 가정한다.[16]

[16]: Goodfellow et al. (2016), *Deep learning*

2.2 표현자(representation)

지문은 사람마다 고유한 패턴을 가지고 있다. 손가락 끝에 나 있는 지문의 모양은 사람마다 조금씩 다르다. 일란성 쌍둥이라도 지문은 일치하지 않는다. 지문은 평생동안 일정한 패턴으로 유지되는 특성을 가지고 있다. 마찬 가지로, 인공지능 기술에서 데이터 하나 하나를 표현할 수 있는 '지문(fingerprint)'을 개발할 수 있다면 그것은 매우 유용할 것이다.

인공지능 기술은 많은 분야에서 공통으로 사용될 수 있는 범용적인 기술이다. 하지만, 실제 기술적용을 적용할 때 심도있는 전문지식이 필요하다. 왜냐하면, 입력으로 주어야하는 변수들을 잘 준비해야 하기 때문이다. 숫자 형태로 입력을 준비해야 하지만, 단순한 숫자가 아니라는 사실에 집중해야한다. 소위 불변량을 개발해야 한다. 본질적으로 바뀌지 않는 불변인 숫자들로서 관심있고 풀고있는 시스템을 잘 표현할 수 있어야 한다. 이러한 표현방식은 유일한 것이 될 수 없다. 다수의 표현자(representation)가 있을 수 있고, 그 중에서 하나를 선택해서 사용해야 한다. 이러한 표현자의 선택은 인공지능 기술 응용 연구의 핵심요소이다.[4]

4: 표현자 대신에 기술자(descriptor)라는 용어를 사용해도 좋을 것이다.

인공지능에서 표현자 선택은 매우 중요하다. 표현자는 데이터를 표현하는 방법이며, 데이터의 특성을 잘 표현하는 표현자를 선택하면 인공지능 모델의 성능을 향상시킬 수 있다. 표현자를 선택하는 방법에는 여러 가지가 있다. 일반적으로는 도메인 전문가의 지식을 활용하여 표현자를 선택하거나, 데이터를 자동으로 표현자로 변환하는 방법을 사용한다. 후자의 경우, 딥러닝과 같은 기계학습 기술을 사용하여 데이터를 표현자로 변환하는 방법이 일반적이다. 문제 해결을 위한 입력 데이터의 특성을 잘 나타내는 방법을 개발하는 것이다. 즉, 입력 데이터의 특성을 잘 나타내는 방법을 선택하면, 해당 문제를 풀기 위한 특성을 더 잘 포착할 수 있다.

인공지능 응용 문제를 해결하기 위해서는 데이터를 적절한 방식으로 표현해야 한다. 그러나 데이터의 종류나 문제의 종류에 따라 적절한 표현 방식의 선택 기준이 다양하다는 것을 인정하고 적절한 표현 방식을 선택해야만 한다. 예를 들어, 이미지 분류 문제에서는 이미지의 각 픽셀 값을 그대로 사용하는 것보다는 이미지의 형태나 패턴을 추출하여 해당 패턴에 대한 정보를 사용하는 것이 더 효과적이다. 따라서, 이미지를 효과적으로 표현하기 위해서는 합성곱 신경망(convolutional neural network)과 같은 특화된 알고리즘을 사용해야 한다. 또한, 데이터의 종류에 따라 적절한 표현 방식이 다르다. 예를 들어, 텍스트 데이터를 처리할 때는 자연어 처리(natural language processing, NLP) 기술을 사용해야 한다. 이때, 표현 방식은 단어의 빈도나 단어 간의 관계 등을 고려하는 방식으로 선택해야 한다. 따라서, 표현 방식은 데이터와 문제에 따라 적절한 방식으로 선택하게 된다. 워드 임베딩은 자연어 처리에서 단어를 벡터 공간상에 표현하는 기법으로, 각 단어를 고정된 크기의 실수 벡터로 변환한다. 이를 통해 단어들 간의 유사도를 계산하거나, 문장에서의 단어의 역할을 파악하는 등 다양한 자연어 처리 작업에서 사용된다.

2.3 특성 공학(feature engineering)

특성 공학(feature engineering)은 기계학습 분야에서 데이터의 특성(feature)을 추출하고, 선택, 가공하여 적절한 형태로 변환하는 과정을 의미한다. 즉, 기계학습 모델이 학습하기에 적합한 형태로 데이터를 가공하는 과정이다. 특성 공학은 기계학습의 성능에 매우 중요한 영향을 미치며, 높은 수준의 전문 지식과 경험이 요구된다. 예를 들어, 이미지 데이터를 분류하는 경우, 이미지 내의 특성을 추출하기 위해 컬러, 에지, 텍스처 등 다양한 특성을 고려하여 추출할 수 있다. 또한, 데이터셋 내에 존재하는 불필요한 특성을 제거하거나 새로운 특성을 생성하여 모델의 성능을 향상시킬 수 있다. 특성 공학을 잘 수행하면 모델의 성능을 높일 수 있지만, 반대로 적절하지 못한 특성 공학은 모델의 성능을 떨어뜨릴 수도 있다. 따라서, 데이터와 문제에 따라 적절한 특성 공학 기법을 선택하는 것이 중요하다.

특성 공학을 수행하기 위해서는 다양한 방법들이 있으며, 대표적인 방법들은 다음과 같다.

◇ 특성 선택(feature selection): 모델 학습에 필요한 특성만 선택하여 분석에 활용, 불필요한 특성을 제거하여 모델 학습 시간을 단축하고 성능을 향상시킴

◇ 특성 추출(feature extraction): 원본 데이터를 분석하여 유용한 특성을 추출하는 과정, 이미지 데이터에서는 SIFT(scale-invariant feature transform), HOG(histogram of oriented gradients) 그리고 합성곱 신경망(convolutional neural network, CNN) 등의 방법이 활용될 수 있음

◇ 특성 변환(feature transformation): 특성의 스케일링이나 정규화 등의 변환을 통해 모델 학습에 적합한 형태로 변환하는 과정, 데이터 분포의 대칭성을 높이거나 이상치(outlier)를 제거하여 모델 학습에 도움을 줌

◇ 특성 생성(feature generation): 기존 데이터의 특성을 조합하거나 새로운 특성을 생성하는 과정, 기계학습 모델이 특정 문제를 해결하는 데 도움이 되는 새로운 특성을 발견할 수 있음

특성 공학을 수행하기 위해서는 문제의 복잡도, 데이터의 종류와 특성, 모델의 성능 등 다양한 요소를 고려하여 적절한 방법을 선택하는 것이 중요하다. SIFT, HOG 그리고 CNN은 모두 컴퓨터 비전 분야에서 이미지나 비디오 데이터에서 특성을 추출하거나 분류하는 데에 활용되는 기술이다.

◇ SIFT: 이미지의 크기와 방향에 상관없이 특성을 추출하는 기술, 이미지에서 고유한 특성점들을 찾아내고, 각 특성점 주변의 특성 벡터를 추출, 추출된 특성 벡터들은 회전, 크기 변화 등의 변형에도 강인하며, 기계학습 모델에서 활용할 수 있는 형태로 변환 가능

◇ HOG: 이미지 내 각 픽셀의 구배(gradient) 방향과 크기를 분석하여 특성을 추출하는 방법, 이미지 영역을 일정 크기의 셀(cell)로 분할하고, 셀 내부의 구배 방향과 크기를 히스토그램으로 만들어 특성 벡터로 변환, 각 셀의 히스토그램을 결합하여 더 큰 블록(block) 단위로 특성 벡터를 추출, HOG는 주로 이미지 분류, 객체 검출 등에서 사용됨

◇ 합성곱 신경망(convolutional neural network): 이미지 분류, 객체 검출 등에서 높은 성능을 보이는 딥러닝 모델, 합성곱(convolution) 연산을 이용하여 이미지 내의 특성을 추출하고, 이를 여러 층에 걸쳐 연결하여 최종적으로 분류 결과를 출력함

합성곱 신경망은 이미지 분류, 객체 검출, 얼굴 인식 등 다양한 컴퓨터 비전 문제에서 높은 정확도와 성능을 보인다. SIFT(scale-invariant feature transform)와 HOG(histogram of oriented gradients)는 이미지 내의 특성을 추출하는 전통적인 기술이며, 이미지 분류나 객체 검출 등에서 상대적으로 높은 성능을 보이지만, 최근 딥러닝 모델인 합성곱 신경망 등의 등장으로 성능면에서 밀려나고 있다. 합성곱 신경망은 대량의 데이터와 계산 자원을 활용하여 높은 성능을 보이며, 컴퓨터 비전 문제이외의 분야에서도 활용된다. 합성곱 신경망을 연속적으로 사용할 경우, 모델의 성능을 높이기 위해서 여러 개의 유용한 필터(커널)를 조절하는 방식으로 훈련이 이루어진다.

해시(hash) 함수는 임의의 길이를 가지는 입력을 고정된 길이를 가지는 출력으로 변환하는 함수이다. 예를 들어, 해시 함수를 사용하면 임의의 크기의 문자열을 고정된 길이의 숫자들로 변환할 수 있다. 이는 대부분의 데이터 분석 작업에서 매우 유용하다. 해시 함수는 일반적으로 다음과 같은 특징을 가진다.

◇ 동일한 입력에 대해서는 항상 동일한 출력을 생성한다.

◇ 서로 다른 입력에 대해서는 서로 다른 출력을 생성한다.

◇ 해시 함수의 출력 범위는 고정되어 있다. 이것은 큰 입력을 고정된 크기의 출력으로 변환할 수 있다는 것을 의미한다.

◇ 해시 함수는 역으로 복호화할 수 없다. 즉, 출력 값을 이용해 입력 값을 복원하는 것은 불가능하다.

◇ 해시 함수는 다양한 분야에서 사용된다. 예를 들어, 데이터베이스에서는 해시 함수를 사용하여 인덱스를 생성하고, 보안에서는 해시 함수를 사용하여 암호를 생성한다. 기계학습에서는 해시 함수를 사용하여 고차원의 데이터를 저차원의 데이터로 변환하거나, 데이터의 유사성을 비교하기 위해 사용하기도 한다.

기계학습에서 해시 함수를 사용하는 이유는 크게 두 가지가 있다.[17] 첫째, 차원축소를 위한 해싱(hasing): 기계학습에서 많은 경우, 고차원 데이터에서 작동하는 알고리즘을 사용하려면 차원축소를 수행해야 할 때가 있다. 이때 해시 함수를 사용하여 고차원 데이터를 저차원 공간으로 매핑할 수 있다. 이를 통해 고차원 데이터의 차원을 줄이고, 더 빠르고 효율적인 분석이 가능해진다. 둘째, 희소성 데이터 처리를 위한 해싱: 또 다른 이유는 희소성(sparse) 데이터를 처리하는 데 있다. 희소성 데이터는 대부분의

[17]: J. A. Lee, Verleysen, et al. (2007), *Nonlinear dimensionality reduction*

값이 0인, 별다른 정보가 없는, 데이터를 말하며, 이러한 데이터는 희소 행렬(sparse matrix)로 표현된다. 희소 행렬은 너무 많은 메모리를 사용하므로 효율적인 처리가 어렵다. 해시 함수를 사용하여 희소성 데이터를 밀집(dense) 데이터로 변환할 수 있다. 이를 통해 메모리 사용을 줄이고, 더 빠르고 효율적인 분석이 가능해진다.

해싱 트릭(hashing trick)은 대량의 데이터를 처리하는 과정에서 사용하는 기법 중 하나이다. 이 기법은 텍스트 데이터와 같은 문자열 데이터를 수치화하는 데 사용된다. 예를 들어, 자연어 처리(natural language processing, NLP)에서는 각 단어를 고유한 정수 식별자로 매핑하여 모델이 이를 처리할 수 있다. 해싱 트릭은 고정된 크기의 벡터 공간을 사용하여 원래 데이터를 해시 함수를 통해 고유한 정수 값으로 매핑한다. 이렇게 해싱된 데이터는 원래 데이터보다 더 작은 공간을 차지하며, 일반적으로 메모리 요구 사항을 줄이고 데이터 처리 속도를 높이는 데 사용된다. 해싱 함수를 사용하면 일반적으로 일부 데이터 포인트가 동일한 해시 값으로 매핑될 수 있다. 이를 해시 충돌이라고 한다. 해시 충돌이 발생하면 데이터가 손실될 수 있으므로, 적절한 크기의 벡터 공간과 충돌이 최소화되도록 해시 함수를 선택하는 것이 중요하다. 또한, 해시 충돌이 발생할 때는 해싱 함수를 다시 계산하여 충돌을 최소화하려는 추가적인 노력이 필요하다. 파이썬에서는 "hashlib" 모듈을 사용하여 해싱 함수를 구현할 수 있다. 해싱 트릭을 사용하여 문자열 데이터를 해싱한 다음 이를 기반으로 특성 벡터를 생성할 수 있다. 예를 들어, 입력 문자열을 고정된 크기의 특성 벡터로 변환할 수 있다. 해싱 함수를 선택할 때는 해시 충돌 가능성과 해시 값의 고유성을 고려해야 한다. 해시 충돌이 많이 발생하면 특성 벡터의 정확도가 저하될 수 있다. 해시 함수를 선택할 때는 일반적으로 MD5 또는 SHA256과 같은 안전한 해시 함수를 사용하는 것이 좋다. 다양한 특성 공학의 소개와 비교를 아래의 scikit-learn 공식 홈페이지에서 찾을 수 있다.

2.4 합성곱 신경망(convolutional neural network)

합성곱(convolution)은 신호 처리나 이미지 처리에서 사용되는 연산으로, 두 함수를 합성하여 새로운 함수를 만들어내는 일종의 수학적인 연산이다.[18] 딥러닝에서는 이미지 처리를 위해 주로 사용된다. 합성곱은 일반적으로 필터(filter) 또는 커널(kernel)이라고 불리는 작은 윈도우를 움직이면서 입력 이미지와 합성하여 새로운 특성 지도(feature map)을 생성하는 과정이다.

[18]: LeCun, Bengio, et al. (1995), 'Convolutional networks for images, speech, and time series'

합성곱 신경망(convolutional neural network, CNN)은 이미지 분류, 객체 인식, 얼굴 인식 등 이미지 처리 분야에서 매우 성능이 우수한 딥러닝 모델 중 하나이다. 입력 크기와 출력 크기에서 심한 비대칭성을 가질 때 주로 사용된다. 합성곱 신경망은 이미지 처리에서 뛰어난 성능을 보여주면서 각광을 받게 된 계기는 크게 두 가지가 있다. 첫째, 딥러닝 기술의 발전: 2012년 ImageNet 대회에서 딥러닝 기술을 이용한 AlexNet 모델이 우승하면서 딥러닝 기술이 대중화되었다. 이후로 다양한 합성곱 신경망 기반 모델들이 연구되고 적용되면서 이미지 처리 분야에서 뛰어난 성능을 보이면서 각광을 받게 되었다. 둘째, 이미지 처리 분야에서의 다양한 응용: 인공지능 기술의 발전과 함께, 이미지 처리 분야에서의 다양한 응용이 등장하면서 합성곱 신경망의 필요성이 대두되었다. 예를 들어, 자율주행 자동차, 얼굴 인식, 보안 검색 등 다양한 분야에서 이미지 처리 기술이 필요하며, 이를 위해 합성곱 신경망이 적용되면서 높은 성능을 보여주었다.

합성곱 신경망에서는 입력 이미지를 여러 개의 합성곱(convolution)과 풀링 레이어(pooling layer)를 통해 필터링하고 축소하여 특성을 추출한다. 이때, 각 층(레이어)에서 추출한 특성을 표현한 것이 특성 지도이다. 예를 들어, 첫번째 컨볼루션 레이어에서는 입력 이미지에서 간단한 무늬나 선 등의 기본적인 특성을 추출하고, 이를 특성 지도로 표현한다. 이후 층에서는 보다 복잡한 특성을 추출하고, 이전 층에서 추출한 특성 지도를 이용하여 새로운 특성 지도를 만들어 내게 된다. 이렇게 추출된 특성 지도를 이용하여 분류나 검출 등의 작업을 수행한다.

합성곱 신경망에서 특성 지도를 찾아내는 방법은 크게 두 가지로 나눌 수 있다. 첫번째는 합성곱 층을 통해 입력 이미지를 필터링하여 특성 지도를 만드는 것이다. 합성곱 층은 입력 이미지와 가중치 행렬을 합성곱하여 특성 지도를 생성한다. 이 과정에서 각각의 필터는 입력 이미지에서 특정한 패턴을 찾아낸다. 예를 들어, 수직선, 수평선, 대각선 등의 패턴을 찾아낸다. 따라서 이 과정을 통해 특성 지도는 입력 이미지의 특성을 추출한다. 두번째는 풀링 레이어를 통해 특성 지도의 크기를 줄이는 것이다. 풀링 레이어는 특성 지도의 일정 영역에서 최대 값(max pooling)이나 평균 값(average pooling)을 추출하여 특성 지도의 크기를 줄인다. 이 과정은 특성 지도에서 불필요한 정보를 제거하고, 계산량을 줄여서 과적합을 방지한다. 결국, 정보량과 계산량이 모두 줄어들게 한다. 위의 두 과정을 반복하여 최종적으로 합성곱 신경망은 입력 이미지의 특성을 추출하는 모델이 된다. 이러한 특성 지도를 통해 이미지 분류, 객체 탐지 등의 다양한 컴퓨터 비전 태스크를 수행할 수 있다.

합성곱 신경망은 입력 이미지를 받아 여러 개의 합성곱 층을 거쳐 특성 지도를 생성한다. 이때, 합성곱 층의 필터들은 초기에는 무작위로 설정되지만, 학습 데이터를 통해 업데이트되어 최적화된다. 학습이 진행됨에 따라서 합성곱 신경망은 입력 이미지에서 유용한 특성들을 추출하는 필터를 학습하게 되고, 이렇게 학습된 필터들을 적용하여 특성 지도가 생성된다.

커널은 이미지 처리에서 필터링을 수행하는 작은 행렬이다. 커널은 일반적으로 다음과 같은 구성요소를 포함한다.

◇ 크기: 커널의 크기는 일반적으로 홀수이며, 일반적으로 3×3, 5×5, 7×7 등의 크기가 사용된다.

◇ 값: 각 행렬 요소는 필터링 알고리즘에서 사용되는 값을 나타낸다. 이 값은 필터링 결과에 큰 영향을 미치므로, 이 값들을 어떻게 선택하는지가 필터링의 품질에 큰 영향을 미친다.

◇ 중심: 커널의 중심 위치는 필터링을 수행하는 데 매우 중요하다. 일반적으로 커널의 크기가 홀수인 경우 중앙에 위치한 요소가 중심이 된다.

◇ 커널 유형: 이미지 처리 작업에 따라 사용되는 다양한 유형의 커널이 있다. 일반적인 커널 유형으로는 평균 필터, 가우시안 필터, 라플라시안 필터, 에지 검출 필터 등이 있다. 이러한 구성요소는 커널을 정확하게 구성하고 이미지 처리 작업에서 필요한 필터링을 수행하는 데 필요하다. 커널은 일반적으로 여러 개의 채널로 구성된다. 예를 들어, 컬러 이미지의

경우, 각 색상 채널(RGB)마다 별도의 커널이 사용된다. 또한, 합성곱 신경망에서는 일반적으로 다양한 유형의 커널이 사용된다. 예를 들어, 합성곱 커널, 최대 풀링(max pooling) 커널, 평균 풀링(average pooling) 커널 등이 있다. 이러한 커널의 적용은 취급하는 데이터량의 변화를 동반할 수도 있다.

합성곱 신경망은 이미지 처리 분야에서 성능을 높일 수 있는 이유가 다음과 같다.

◇ 지역적인 패턴 인식: 합성곱 신경망은 이미지의 지역적인 패턴을 인식할 수 있다. 이는 이미지 내에서 어떤 위치에서든 패턴을 인식할 수 있도록 함으로써 이미지 내에서 객체의 위치나 크기가 달라져도 인식이 가능하도록 한다.

◇ 학습 가능한 필터: 합성곱 신경망은 이미지 내의 특성을 추출하기 위해 필터를 사용한다. 커널은 이미지 처리에서 필터링을 수행하는 데 사용되는 작은 행렬이다. 색상 필터는 이미지의 색상을 변경하고, 블러 필터는 이미지를 흐리게 만들어 선명도를 줄인다. 합성곱 층에서는 이미지에서 각 지역의 특성(feature)을 추출하기 위한 필터(filter)를 학습한다. 이 필터들은 이미지의 각 지역에서 어떤 특성이 많이 나타나는지 학습하여 해당 특성을 더 잘 추출할 수 있게 된다. 이를 통해 합성곱 신경망은 이미지의 다양한 특성을 학습하고, 학습을 통해 최적화된 필터를 이용해 이미지를 분류할 수 있다. 이미지의 특성을 추출하기 위해 필터(커널, RGB)을 사용한다. 기계학습에서 커널(kernel)은 데이터를 비선형으로 매핑하여 고차원 특성 공간(feature space)으로 변환하는 함수이다. 커널을 사용하면 비선형 문제를 해결할 수 있다. 일반적으로, 선형 모델(linear model)을 사용하여 데이터를 분류하거나 회귀 분석하는 경우 데이터가 선형적으로 분리되거나 선형 관계를 가정하고 있다. 그러나 많은 경우, 데이터가 비선형적으로 분포되어 있고, 이를 해결하기 위해서는 비선형적인 모델을 사용해야 한다. 이때 커널을 사용하여 데이터를 고차원 특성 공간으로 매핑하면, 원래의 비선형 문제를 선형 문제로 바꿀 수 있다. 기계학습에서 커널은, 커널 서포트 벡터 머신(kernel support vector machine)이나 커널 주성분 분석(kernel principal component analysis) 등에서도 사용되는 개념이다.[19, 20] 커널은 일종의 함수이며, 두 벡터 사이의 유사도를 측정하는 역할을 한다. 커널은 두 벡터를 입력받아 그들의 유사도를 계산하고, 이를 바탕으로 서포트 벡터 머신이나 주성분 분석(principal component analysis, PCA)[21] 등에서 학습 및 분류 작업을 수행한다. 커널은 일반

[19]: Schölkopf et al. (2005), 'Kernel principal component analysis'

[20]: Cristianini, Shawe-Taylor, et al. (2000), *An introduction to support vector machines and other kernel-based learning methods*

[21]: Pearson (1901), 'LIII. On lines and planes of closest fit to systems of points in space'

적으로 벡터 공간에서의 내적 연산을 일반화시킨 것으로, 고차원의 데이터를 저차원으로 매핑하여 분류 작업을 수행할 수 있다. 이렇게 매핑된 저차원 데이터는 커널 함수의 특성에 따라 다양한 형태가 될 수 있으며, 이를 바탕으로 서포트 벡터 머신이나 주성분 분석(principal component analysis, PCA) 등에서 분류 작업을 수행한다. 커널은 다양한 종류가 있으며, 주로 사용되는 것은 선형 커널, 다항식 커널, 가우시안 커널 등이 있다. 이들 중에서도 가우시안 커널은 가장 많이 사용되며, 데이터 분포를 더욱 잘 반영할 수 있는 장점이 있다. 커널은 서포트 벡터 머신(support vector machine, SVM),[14] 주성분 분석 등에서 중요한 역할을 하므로, 커널의 선택은 분류 성능을 결정하는 데 매우 중요하다. 각각의 필터는 이미지에서 특정한 특징(예: 에지, 직선, 곡선 등)을 찾아낸다. 다양한 크기와 갯수의 필터를 사용해 이미지의 다양한 특성을 추출할 수 있다. 필터(커널)를 통해 추출된 특성 지도(feature map)는 다음 층으로 전달되어 더 복잡한 특성들을 학습할 수 있게 된다. 이렇게 층을 깊게 쌓아가면서 학습하면 이미지에서 보이는 높은 수준의 추상적인 개념을 학습할 수 있게 된다. 즉, 합성곱 신경망은 스스로 이미지에서 유용한 특성을 학습하는 것이 가능하다.

[14]: Cortes and Vapnik (1995), 'Support-vector networks'

◇ 공유된 가중치: 합성곱 신경망은 이미지 내의 다양한 위치에서 동일한 필터를 사용한다. 이를 통해 합성곱 신경망은 공간적인 병진 불변성을 보유한다. 즉, 이미지 내의 어떤 위치에서든 동일한 패턴이 인식될 수 있다.[5]

5: 이동 불변성 또는 병진 불변성(translational invariance)

◇ 풀링 레이어: 합성곱 신경망은 풀링 레이어를 사용하여 이미지의 크기를 줄일 수 있다. 이를 통해 모델의 파라미터 수를 줄이고, 과적합을 방지할 수 있다. 풀링 레이어는 이미지의 공간적 크기를 줄이고, 특성을 강화하는 역할을 한다. 데이터 크기의 상이성이 존재할 때에도 풀링 연산을 활용할 수 있다. 많은 데이터중에서 대표 값 하나만 취하는 연산이다. 따라서, 데이터 크기에 민감하지 않다.

합성곱 신경망에서 취급하는 데이터의 크기가 줄어드는 이유는 주로 두 가지이다. 첫째, 합성곱 신경망에서는 합성곱(convolution)과 풀링(pooling) 레이어를 사용하여 이미지의 공간적인 크기를 줄인다. 합성곱 레이어에서는 이미지에서 작은 패치(커널)를 추출하여 입력 데이터와 커널 사이의 합성곱 연산을 수행한다. 이 과정에서 출력 데이터의 공간적인 크기는 일반적으로 입력 데이터보다 작아진다. 풀링 레이어에서는 출력 데이터를 축소하는 간단한 연산을 수행하여 데이터의 공간적인 크기를 더욱 줄인다. 이러한 공간적인 축소는 이미지의 특성을 추출하는 데 도움이 된다. 둘째, 합성곱 신경망에서는 레이어 간의 차원축소(dimensionality reduction)을 수행하여 모델의 복잡도를 줄인다. 이 과정에서 입력 데이터의 채널 수를 줄이거나, 출력 데이터의 채널 수를 늘리는 등의 변환을 수행한다. 이러한 차원축소는 모델의 복잡도를 줄이면서도 이미지 처리 작업을 수행하는 데 필요한 정보를 유지할 수 있다. 이러한 데이터의 크기 축소는 다음 레이어에서 처리할 데이터의 크기를 줄이고, 더욱 효과적으로 이미지의 특성을 추출할 수 있도록 돕는다. 따라서, 비대칭 입출력 특성을 가지는 응용의 경우에 유리한 계산 방식을 지원한다. 예를 들어, 다수의 문장으로 구성된 문단을 읽고 "좋아요" 또는 "나빠요"를 예측하는 문제가 바로 합성곱 신경망이 일을 잘 처리할 수 있는 경우이다. 마찬가지의 경우로, 개 이미지 그리고 고양이 이미지을 분류하는 경우를 들 수 있다.

2.5 인공지능의 역사

인공지능은 지금까지 여러 분야에서 많은 발전을 이루어왔다. 그 역사는 크게 아래와 같이 나눌 수 있다.

◇ 1943년, Warren McCulloch와 Walter Pitts가 뉴런 모델을 제안

◇ 1950년, 앨런 튜링(Alan Turing)이 "컴퓨터가 사고할 수 있는가?"라는 논문을 발표하면서, 컴퓨터와 사고, 지능 간의 관계에 대한 탐구가 시작된다.

◇ 1950년, 튜링 테스트(Turing test):[6] 1950년 앨런 튜링에 의해 개발된 튜링 테스트는 컴퓨터의 지능이 인간 수준에 도달했는지를 판단하기 위한 검증 방법 중 하나이다. 인간과 기계의 차이를 더 이상 구분할 수 없는 수준까지 컴퓨터를 발전시킬 수 있을 것이라는 가설을 제시했다. ◇ 1951년, perceptrons 등장

◇ 1956년, John McCarthy가 다트머스 컨퍼런스에서 인공지능이라는 용어를 처음으로 공식적으로 사용하면서 인공지능 연구가 본격적으로 시작된다.

◇ 1965년, Dartmouth conference에서 처음으로 전문가 시스템이라는 개념이 소개된다.

◇ 1970년대, 인공지능의 확장과 발전이 이루어지며, 인공신경망과 규칙 기반 시스템 등의 기술이 발전한다.

6: 앨런 튜링(Alan Turing): 튜링 머신, 프로그래밍, 컴퓨터 기초이론 등의 업적을 남긴 영국의 수학자이다. 제2차 세계대전 중에는 독일의 암호체계를 해독하는 데에 큰 역할을 했다. 그는 그의 동성애 성향으로 인해 형사상 처벌을 받았고, 42세가 된 1954년에 '독이 든 사과'를 한 입 베어 먹고 자살했다는 이야기가 퍼졌다. 관련 영화: 《이미테이션 게임》(2015년, 배우: 베네딕트 컴버배치).

◇ 1980년대, 인공지능의 연구가 극적으로 감소하면서 '인공지능의 겨울'이라는 용어가 등장한다.

◇ 1990년대, 서포트 벡터 머신(support vector machine),[14] 의사 결정 나무(decision tree, 트리-기반) 등장

[14]: Cortes and Vapnik (1995), 'Support-vector networks'

◇ 1997년, IBM 슈퍼컴퓨터 '딥블루'가 게리 카스파로프를 꺾고 '체스왕'에 등극했다.

◇ 2011년, 구배 소멸 문제 해결, ReLU(rectified linear unit) 함수

◇ 2012년, CNN(convolutional neural network), Dropout, AlexNet, GPU 활용, DNNResearch라는 스타트업을 창업

◇ 2015년, TensorFlow

◇ 2016년, PyTorch

◇ 2016년, AlphaGo[22]

◇ 2017년, Attention,[23] AlphaGo Zero[5]

◇ 2021년, AlphaFold 2[6]

◇ 2022년, ChatGPT-3.5

◇ 2023년, ChatGPT-4.0[24]

[22]: Silver et al. (2016), 'Mastering the game of Go with deep neural networks and tree search'
[23]: Vaswani et al. (2017), 'Attention is all you need'
[5]: Silver et al. (2017), 'Mastering the game of go without human knowledge'
[6]: Jumper et al. (2021), 'Highly accurate protein structure prediction with AlphaFold'
[24]: OpenAI (2023), *GPT-4 Technical Report*

인공지능의 역사를 언급할 때, 인공지능 연구와 이에 대한 투자가 급격하게 감소한 시기가 두 번 있었다. 이 시기를 '두 번의 겨울'이라고 한다. 첫 번째 '겨울'은 1970년대 말, 전문가 시스템이 인공지능의 대표적인 기술로 주목받던 시기에 일어났다. 인공지능이 지나치게 많은 것을 약속하면서 첫번째 '겨울'을 맞이했다. 전문가 시스템은 컴퓨터 프로그램이며, 특정 도메인에서 전문가 수준의 지식을 가진 사람들이 가진 지식과 경험을 모델링하여 문제 해결을 지원하는 시스템이다. 전문가 시스템이 상용화되는 데 실패하면서 인공지능 분야에 대한 투자와 연구가 급감했다. 그 당시에는 컴퓨터 하드웨어와 소프트웨어의 한계로 인해 인공지능 기술이 대단히 미약했다. 이로 인해 정부와 기업의 연구비 지원이 중단되고, 연구자들의 열의 또한 식었다. 두번째 '겨울'은 1990년대 말부터 2000년대 초까지, 인공지능 분야에서 특히 지식 기반 시스템이 중심이 되었던 시기에 일어났다. 지식 기반 시스템은 인간의 전문 지식을 수집하고 추론할 수 있는 시스템으로, 초기에는 이를 활용한 응용 분야가 늘어나기도 했다. 그러나 이 시스템이 복잡한 문제를 다루기에는 한계가 있었다. 실제 현실에서는 적용할 수 없는 한계가 있었고, 이에 따라 기업들의 투자와 연구가 감소하였다.

2012년은 딥러닝(deep learning, 심층학습)이 '대세기술'이 되는 계기가 된 중요한 연도이다. 이 부분은 뒤에서 다시 언급하기로 한다. TensorFlow는 2015년에 구글에서 공개한 딥러닝 프레임워크로, 다양한 분야에서 인공지능 연구 및 응용에 활용되고 있다. TensorFlow의 공개는 딥러닝 모델 개발에서 필요한 막대한 시간과 비용을 획기적으로 절감할 수 있게 해주었다. 인공지능 분야에 대한 접근성을 높이는 데 큰 역할을 하였다. 또한, TensorFlow의 공개로 인하여 다양한 개발자들이 모여 다양한 딥러닝 모델을 개발하고 공유함으로써 더욱 발전할 수 있는 기반을 마련하였다. 이러한 TensorFlow의 공개는 인공지능 분야의 빠른 발전과 다양한 응용 분야에의 적용을 가능케 하였다.

다음과 같은 인공지능에 대한 SWOT 분석을 할 수 있다. 이 분석은 전략적인 의사 결정을 내리기 위해 활용된다. SWOT 분석을 통해 기업이나 조직이 갖고 있는 강점과 기회를 활용하고, 약점과 위협을 극복하기 위한 전략을 수립할 수 있다. SWOT 분석은 특정 제품, 서비스 또는 기술의 강점, 약점, 기회 및 위협을 파악하는 프레임워크이다.

□ 강점(strengths)

◇ 높은 정확성과 예측력: 인공지능 기술은 데이터를 분석하고 학습하여 높은 정확성으로 예측을 수행할 수 있다.

◇ 빠른 처리 속도: 인공지능 기술은 빠른 속도로 데이터를 처리할 수 있으므로, 대량의 데이터를 실시간으로 처리할 수 있다.

◇ 무한한 용량: 인공지능 기술은 데이터를 저장하는데 제한이 없으므로, 매우 큰 양의 데이터를 저장하고 처리할 수 있다.

◇ 자동화와 효율성: 인공지능 기술은 수작업이 필요한 작업을 자동화하여 시간과 비용을 절감할 수 있다.

□ 약점(weaknesses)

◇ 인간의 판단 능력에 비해 제한적인 이해력: 인공지능 기술은 학습한 데이터를 기반으로 예측을 수행하기 때문에, 인간의 판단 능력에 비해 제한적인 이해력을 가질 수 있다.

◇ 데이터 종속성: 인공지능 기술은 데이터를 기반으로 예측을 수행하기 때문에, 충분한 양의 데이터가 없으면 정확한 예측을 할 수 없다.

◇ 보안 문제: 인공지능 기술은 데이터를 저장하고 처리하기 때문에, 보안 문제가 발생할 가능성이 있다.

◇ 인간의 미래에 대한 우려: 일부 전문가들은 인공지능 기술이 일부 직업을 대체하고 인간의 능력을 압도할 수 있다는 우려를 표명하고 있다.

□ 기회(opportunities)

◇ 새로운 비즈니스 모델의 등장: 인공지능 기술은 새로운 비즈니스 모델을 창출할 수 있는 기회를 제공한다.

◇ 개인화된 경험 제공: 인공지능 기술은 개인화된 경험을 제공할 수 있다.

◇ 새로운 산업의 등장: 인공지능 기술은 새로운 산업을 창출할 수 있다.

◇ 업무 프로세스의 개선: 인공지능 기술은 업무 프로세스를 개선하고 생산성을 향상시킬 수 있다.

□ 위협(threats)

◇ 데이터 보안 문제: 인공지능은 대량의 데이터를 필요로 하기 때문에 데이터 보안 문제가 발생할 수 있다.

◇ 인공지능의 규제 문제: 인공지능 기술이 발전함에 따라 규제 문제가 발생할 수 있다.

◇ 개인 정보 보호: 인공지능은 개인 정보를 수집하고 분석하기 때문에 개인 정보 보호 문제가 발생할 수 있다.

◇ 기술 발전: 다른 기술의 발전으로 인해 인공지능이 오래 지속되지 못할 수 있다.

◇ 불균형 발전: 일부 지역 또는 산업 분야에서만 인공지능이 발전할 수 있다. 만약 객관적으로 검증된 성과없이 계속해서 희망사항들만 늘어 놓으면 인공지능 역사에서 세번째 '겨울'이 도래하게 될 것이다.

2.6 AlexNet

2012년은 딥러닝이 '대세기술'이 되는 계기가 된 중요한 연도이다. 그 해에 개최된 ImageNet Large Scale Visual Recognition Challenge(ILSVRC) 대회에서, 딥러닝 모델인 AlexNet이 획기적인 성과를 보였기 때문이다.[25, 26] 이 대회는 이미지 인식 분야에서 가장 권위있는 대회 중 하나이며, AlexNet은 이 대회에서 획기적인 성능 개선을 이루어냈다. 이미지 인식 대회는 컴퓨터 비전 분야에서의 성능 비교와 기술 발전에 큰 역할을 하고 있다. 많은 연구자들이 대회에서의 우승을 통해 자신들의 모델이 다른

[25]: Krizhevsky et al. (), 'ImageNet Classification with Deep Convolutional Neural Networks (AlexNet) ImageNet Classification with Deep Convolutional Neural Networks (AlexNet) ImageNet Classification with Deep Convolutional Neural Networks'

[26]: Krizhevsky et al. (2017), 'Imagenet classification with deep convolutional neural networks'

모델들보다 우수하다는 것을 입증하고, 이를 통해 새로운 기술을 발전시키는 데 기여하고 있다. AlexNet 이름의 근원은 다음과 같다. 공동연구자 중 한 명의 이름이 Alex Krizhevsky이다. 나머지 두 명의 공동 연구자는 Ilya Sutskever, Geoffrey E. Hinton이다. 컴퓨터 비전 코드를 전혀 사용하지 않았음에도 불구하고 전문가가 직접 제작한 기존의 컴퓨터 비전 소프트웨어를 상대로 큰 격차로 승리했다. 딥러닝을 활용해 자체적으로 이미지를 인식하도록 그들의 컴퓨터를 학습시켰다. 이미지 전문가들이 사용하는 방법이 아닌 새로운 방법으로 이미지 인식 대회에서 성적을 낸 것이다.

AlexNet은 8개의 층(레이어)로 이루어진 딥러닝 신경망(합성곱 신경망, 완전 연결 신경망 모두 사용함) 구조로, 이전에 사용되던 얕은 신경망 모델보다 훨씬 더 복잡하고 깊었다. AlexNet에서는 활성화 함수로서 Relu(rectified linear unit)를 사용하였다. 과적합 방지를 위해서 드롭아웃(dropout) 방법을 적용했다.[27] 정보 압축을 위해서 맥스 풀링(max pooling) 방법을 사용하였다. 또한, 데이터 증강(data augmentation) 방법을 활용하였다. GPU 장비를 활용한 점도 빼놓을 수 없다. 인위적인 데이터를 확보해서 모델을 더 강건하게 만들었다. AlexNet의 성공은 이후 다른 분야에서도 딥러닝 모델이 우수한 성능을 발휘하게 하였으며, 이를 계기로 딥러닝이 인공지능 분야에서 '대세기술'이 되었다.

[27]: Srivastava et al. (2014), 'Dropout: a simple way to prevent neural networks from overfitting'

전통적인 컴퓨터 비전 방식은 이미지의 특성(feature)을 수동으로 추출하여 이를 기반으로 이미지 인식을 수행하는 방식이다. 이 방식은 보통 SIFT, HOG 등의 특성 기술자(feature descriptor)를 사용하여 이미지의 특성을 추출하고, 이를 서포트 벡터 머신(SVM), k-NN(*k*-nearest neighborhood) 등의 기계학습 알고리즘으로 학습하여 이미지를 분류했다. 이러한 접근법에서는 이미지의 특성 추출 과정에서 사람의 주관이 크게 개입된다. 이것은 이미지의 다양한 특성을 잡아내는 것에 한계가 있음을 의미한다.

데이터 증강은 기존의 데이터셋에서 새로운 데이터를 생성하는 기술로, 딥러닝과 같은 기계학습 모델의 성능을 향상시키는 데 매우 유용하다. 기존의 데이터를 조작하여 새로운 데이터를 생성하기 때문에 데이터셋의 크기를 늘리는 효과가 있어서, 과적합(overfitting)을 방지하고 모델의 일반화(generalization) 성능을 높일 수 있다. 일반적으로 이미지 분류(image classification)나 객체 감지(object detection)와 같은 문제에서 많이 사용된다. 예를 들어, 이미지 데이터에서는 이미지를 좌우로 뒤집거나 회전시키는 등의 변형을 가하여 새로운 이미지를 만들어낸다. 이를 통해 이미지 데이터의 다양성을 높이고 모델의 성능을 개선할 수 있다. 데이터 증강 기술에는 여러 가지가 있다. 예를 들면, 이미지 데이터에서는 좌우 반전, 회전, 이동, 축소, 확대, 색조 변경 등을 수행할 수 있다. 또한, 텍스트 데이터에서는 단어 순서 변경, 단어 대체, 삽입, 삭제 등을 수행할 수 있다. 데이터 증강은 데이터 전처리 단계에서 수행되며, 주어진 데이터에 대한 다양한 변형을 적용하여 새로운 데이터셋을 생성한다. 이를 통해 모델이 더욱 강건하고 안정적인 성능을 보일 수 있도록 도와준다.

딥러닝은 이후에도 계속해서 발전하였으며, 다양한 응용 분야에서 사용되고 있다. 예를 들어, 음성 인식, 이미지 인식, 자연어 처리 등의 분야에서 딥러닝 모델이 많은 성과를 이루고 있다. 딥러닝은 인공지능 분야의 발전을 크게 이끌어내는 중요한 기술 중 하나이며, 앞으로 더욱 많은 발전이 기대된다. 현재는 인공지능 기술의 발전과 함께 인공지능 기술의 응용 분야가 매우 다양해지고 있으며, 새로운 기술과 기술의 조합 등이 계속해서 개발되고 있다. 이로 인해 인공지능 기술의 발전 속도는 더욱 가속화되고 있으며, 새로운 비즈니스 모델의 등장과 혁신적인 사회 변화를 가져올 것으로 예상된다. 2010년대 이후, 인공지능의 딥러닝, 강화학습 등의 기술이 발전하면서 인공지능의 발전은 가속화되고 있다. 현재에 이르러서는, 인공지능은 이미 우리의 일상생활에 많이 사용되고 있으며, 더욱 발전하여 미래의 사회에서는 우리의 삶을 더욱 편리하고 안전하게 만들어 줄 것으로 기대된다.

AlexNet의 성공은 과거의 것보다 더 깊고 복잡한 합성곱 신경망 모델을 만들어야 하는 이유가 되었다. AlexNet은 합성곱 신경망이 컴퓨터 비전 분야에서 큰 역할을 하게 되는 계기가 만들어 주었다. 이후에는 VGG,[28] GoogLeNet,[29] ResNet[30] 등 다양한 딥러닝 모델이 등장하면서, 이미지 분류, 객체 검출, 이미지 생성 등 다양한 문제에서 높은 성능을 보여주며 딥러닝 기술의 발전을 이끌었다. 또한 AlexNet의 등장은 딥러닝 분야에서 하드웨어와 소프트웨어 기술 발전을 촉진시켰다. AlexNet은 엄청난 수의 매개변수와 계산 능력을 필요로 했기 때문에, 대규모 분산 처리를 위한 GPU와 분산 컴퓨팅 기술의 발전에 기여하였다. 따라서, AlexNet은 딥러닝 분야의 발전과 역사를 이끈 중요한 모델 중 하나로 평가되며, 딥러닝 모델의 가능성과 발전 가능성을 온전히 보여주었다.

[28]: Canziani et al. (2016), 'An analysis of deep neural network models for practical applications'
[29]: Szegedy et al. (2015), 'Going deeper with convolutions'
[30]: Szegedy et al. (2017), 'Inception-v4, inception-resnet and the impact of residual connections on learning'

2.7 Attention

2017년에 발표된 구글의 "Attention Is All You Need" 논문은 딥러닝에서 자주 사용되는 sequence-to-sequence 모델에서 기존의 암호기-해독기 구조에서 사용되던 RNN(recurrent neural network)을 대체하기 위해 제안된 transformer 모델에 대한 논문이다.[23] 트랜스포머 모델은 기존의 RNN[31] 기반의 모델과는 달리, 자기 주의 메커니즘(self-attention mechanism)을 사용하여 입력 시퀀스의 모든 단어 간의 상호작용을 동시에 고려한다. 기존의 인공 신경망 모델은 입력 시퀀스의 모든 정보를 동일하게 다루기 때문에, 입력의 길이가 길어질수록 성능이 저하되는 문제가 있었다. 하지만 어텐션 메커니즘을 사용하면 입력 시퀀스의 각 위치에 대한 가중치를 계산하여, 중요한 정보에 더 많은 관심을 두고 처리할 수 있다. 어텐션 메커니즘은 암호기-해독기 구조에서 주로 사용되며, 해독기가 출력 시퀀스를 생성하는 동안 암호기에서 입력 시퀀스의 각 위치에 대한 정보를 가져와 가중 평균을 계산한다. 이를 통해 출력 시퀀스의 각 위치가 입력 시퀀스의 어느 위치와 관련이 있는지를 파악하고, 이를 반영하여 출력을 생성한다. 이를 통해 기존의 모델보다 더 효율적이고 성능이 우수한 모델을 만들 수 있게 되었다. 논문에서는 트랜스포머 모델의 구조와 작동 방식을 상세히 설명하고, 이를 기반으로 한 번역, 언어 모델링 등의 다양한 자연어 처리 태스크에서의 성능을 평가하였다. 그 결과, 트랜스포머 모델은 다른 모델보다 높은 성능을 보이면서도 훨씬 빠른 학습 속도를 보여준다는 것이 입증되었다. 이 논문은 딥러닝에서 자연어 처리 분야에서 가장 혁신적인 아이디어 중 하나로 꼽히며, 기존의 모델들과는 다른 새로운 시각에서의 자연어 처리 모델 설계의 가능성을 제시해주었다. 이후, 이 논문에서 제안된 트랜스포머 모델은 자연어 처리 분야에서 기존의 RNN 모델 대체자로 널리 사용되고 있다.

[23]: Vaswani et al. (2017), 'Attention is all you need'
[31]: Schuster and Paliwal (1997), 'Bidirectional recurrent neural networks'

자연어 처리(natural language processing, NLP)가 인공지능 기술로 가능하게 된 것은 매우 의미 있는 일이다. 이는 인간의 언어를 이해하고 생성하는 능력을 컴퓨터가 가지게 된 것을 의미한다. 자연어 처리 기술은 다양한 분야에서 활용될 수 있다. 예를 들어, 기업에서는 자연어 처리 기술을 활용하여 고객의 의견 및 요구사항을 분석하고 이를 반영한 서비스나 제품을 개발할 수 있다. 또한, 의료 분야에서는 자연어 처리 기술을 활용하여 환자의 의료 기록을 분석하고 진단 및 치료 결정에 활용할 수 있다. 또한, 자연어 처리 기술은 인간과 컴퓨터 간의 상호작용을 개선하는 데 큰 역할을 한다. 인간-컴퓨터 상호작용에서 언어가 중요한 역할을 담당하는 경우가 많기 때문에, 자연어 처리 기술을 활용하여 보다 자연스러운 대화 인터페이스를 구현할 수 있다. 또한, 자연어 처리 기술은 빅데이터 분석과 연계하여 활용될 때 많은 가치를 창출할 수 있다. 대규모의 자연어 데이터를 분석하고 이를 활용하여 새로운 인사이트를 도출하거나 예측 모델을 개발할 수 있다. 따라서, 자연어 처리 기술은 인공지능 기술의 발전과 함께 다양한 분야에서 중요한 역할을 하게 된다. 이 논문에 기반한 ChatGPT는 문장 생성 능력이 탁월하다. 사람과의 대화를 통해서 생성한 문장은 독창성, 문맥 이해도, 추론력, 멀티모달 특성을 가진다. 시뿐만 아니라 작사, 짧은 글, 문체 등에서 일정 수준의 독창성을 갖췄다는 의미다. 또한, ChatGPT는 긴 지문을 읽어내는 일정 수준의 문맥 파악 능력을 갖추고 있다. 아울러, 이미지도 일정 수준에서 이해할 수 있다.

불과 몇 년전에는 상상하지도 못한 일이 일어나고 있다. 최근 몇 년간 인공지능 기술의 발전과 함께 자연어처리(NLP) 분야에서도 큰 변화가 일어나면서, 이전에는 상상하기 힘든 수준의 성능이 달성되고 있다. 특히, 인공신경망 기반의 딥러닝 알고리즘이 발전하면서 대규모의 데이터를 학습하여 보다 복잡하고 추상적인 패턴을 파악할 수 있게 되었고, 이를 기반으로 자연어처리 분야에서 다양한 태스크들에 대해 우수한 성능을 보이는 모델들이 개발되었다. ChatGPT 역시 OpenAI에서 공개한 GPT 모델 시리즈 중 하나로, 대량의 언어 데이터를 학습하여 자연어 생성, 기계 번역, 질문응답 등 다양한 자연어 처리 태스크에서 우수한 성능을 보이고 있다. 대규모 AI 모델이 추론을 빠르고 비용 효율적으로 수행하려면 학습 인프라와 동일한 방식으로 연결된 GPU가 필요하다. 대규모 GPU 클러스터의 핵심 인프라는 인피니밴드로 연결한 네트워크다. 인공지능에서 가능성 있어 보이는 하나의 알고리즘만으로는 특정 프로젝트에 성공할 수 없다. 남보다 한 발 앞선 계산 기술과 계산 장비가 있어야 한다. AlexNet의 성공에 특별한 계산 장비의 선택을 빼 놓을 수 없다. 당시로서는 새로운 GPU 장비의 채택을 들 수 있다. 마찬가지로, AlphaGo, AlphaFold, 그리고 ChatGPT와 같은 혁신적인 프로젝트들에서도 이와같은 새로운 장비의 도입이 관찰된다. 이들은 모두 대규모 연산 능력을 필요로 했었다. 이러한 프로젝트에서는 대규모 컴퓨터 클러스터, GPU, TPU 등의 고성능 컴퓨터 장비들이 사용되었다. AlphaGo의 경우, 구글이 개발한 딥마인드의 알고리즘이 사용되었는데, 이를 실행하기 위해 GPU 1,200대를 사용한 대규모 컴퓨터 클러스터를 이용했다. AlphaFold의 경우, 딥마인드와 구글이 개발한 인공지능 시스템인 "트랜스포머"를 기반으로 하며, 이를 실행하기 위해 TPU를 이용하여 빠른 연산을 수행했다. ChatGPT의 경우, GPT-3.5 아키텍처를 기반으로 하며, 이를 실행하기 위해서는 대규모의 데이터와 연산 능력이 필요했다. OpenAI는 수천 대의 GPU를 사용하는 대규모 컴퓨터 클러스터를 사용하여 이 모델을 실행했다. OpenAI는 방대한 데이터로 모델을 지속적으로 훈련하면 성능을 향상할 수 있다는 것을 보여주었다.[7]

7: 인피니밴드(InfiniBand)는 고성능 컴퓨팅과 기업용 데이터 센터에서 사용되는 스위치 방식의 통신 연결 방식이다. 주요 특징으로는 높은 스루풋(bandwidth)과 낮은 레이턴시(latency) 그리고 높은 안정성과 확장성을 들 수 있다. CPU와 GPU는 매우 빠른 속도로 계산을 진행한다. 하지만, 통신은 느릴때로 느려터졌다. 병렬 계산에서 병목 현상은 바로 통신에 있다. 가능한 한 통신을 많이 하지 않아야 한다. 물론, 통신은 반드시 필요하다. 그래야 병렬 계산이기 때문이다.

2.8 AlphaFold 2

단백질은 아미노산이라는 작은 분자들이 연결되어 있는 고분자화합물이다. 단백질은 우리 몸의 많은 부분을 구성하고 있으며, 세포와 조직의 구조적인 기능을 수행하고, 항체나 호르몬 등의 생화학적인 작용을 한다. 단백질 구조 예측은 여러 가지 이유로 중요하다. 우선, 단백질은 생명체 내에서 매우 중요한 역할을 하며, 그 기능은 단백질이 채택한 3차원 구조에 크게 의존한다. 따라서 단백질 구조 예측은 단백질 기능을 이해하고 설명하는 데 매우 중요하다. 또한, 단백질 구조 예측은 의약 분야에서 매우 중요한 역할을 한다. 단백질 기반 약물 개발은 매우 복잡한 과정을 거치는데, 그 중 하나가 단백질 구조를 파악하는 것이다. 따라서 단백질 구조 예측은 새로운 치료제나 백신을 개발하는 데 매우 중요한 역할을 한다. 마지막으로, 단백질 구조 예측은 실험적으로 파악하기 어려운 복잡한 단백질의 구조를 파악하는 데도 사용된다. 실험적인 방법으로는 파악하기 어려운 단백질의 구조를 예측하는 데는 컴퓨터 모델링 기술이 꼭 필요하다. 이를 통해 단백질 구조와 기능을 이해하는 데 매우 중요한 정보를 얻을 수 있다.

단백질 구조 예측 대회 CASP(critical assessment of protein structure prediction)는 단백질 구조 예측 분야에서 가장 권위있는 대회 중 하나이다. 이 대회는 단백질의 아미노산 서열 정보만을 가지고 해당 단백질의 3차원 구조를 예측하는 문제를 다룬다. 단백질의 3차원 구조는 해당 단백질의 기능을 결정하는 중요한 역할을 한다. 이 구조를 실험적으로 결정하는 것은 비용과 시간 면에서 매우 부담스러운 일이므로, 컴퓨터 모델을 이용하여 예측하는 것이 필요하다. 이 대회에서는 다양한 연구자들이 개발한 단백질 구조 예측 모델의 성능을 점수로 환산한다. 실험적으로 관측된 단백질 접힘 구조와 비교하여 더 나은 단백질 접힘 모델 개발을 촉진하는 목적으로 개최된다. CASP 대회에서는 예측된 단백질 구조와 실험적으로 결정된 단백질 구조를 비교하여 구조 예측의 정확성을 평가한다. CSAP 대회는 연구자들이 단백질 구조를 예측하는 동안에는 그 누구도 실험적으로 관측한 단백질 구조를 알 수 없는 형식으로 진행된다. 따라서, CASP 대회는 완전한 블라인드 테스트 형식의 경진대회가 된다. 출제된 단백질 서열은 인터넷을 통해서 제공된다. 경진대회 참가자는 정해진 시각까지 각자의 방법으로 해당 단백질의 구조를 얻어내고 인터넷을 통해서 제출한다.

AlphaFold 2는 인공지능 기술을 활용하여 단백질 구조를 예측하는 기계학습 알고리즘이다. 단백질은 생물학에서 중요한 역할을 수행하는 분자로, 단백질의 구조가 기능을 결정하는데 중요한 역할을 한다. 따라서 단백질 구조를 정확히 예측하는 것은 생물학, 의학 분야에서 매우 중요하다. AlphaFold 2는 DeepMind에서 개발한 인공신경망 모델로, 단백질의 아미노산 서열 정보를 입력으로 받아 3차원 구조를 예측한다. 이전의 단백질 구소 예측 모델들은 실험 결과와 비교해도 정확도가 낮았으나, AlphaFold 2는 매우 높은 정확도를 보인다. 이 모델은 대규모의 컴퓨팅 파워와 전문 지식을 필요로 하며, 이전까지는 예측이 어렵다고 여겨졌던 여러 가지 복잡한 단백질 구조들도 예측할 수 있게 되었다. AlphaFold 2 모델은 인공지능 기술이 난제중의 난제인 단백질 접힘 문제를 풀 수 있음을 최초로 증명했으며 동시에 엄청난 생명 과학적 성과를 낸 사건으로 평가받고 있다.[6]

[6]: Jumper et al. (2021), 'Highly accurate protein structure prediction with AlphaFold'

AlphaFold 2는 단백질 구조 예측에 필요한 여러 가지 기술들을 적극적으로 활용한다. AlphaFold 2는 아미노산 사이의 거리 정보를 예측하고 단백질의 지역 구조와 전체 구조를 동시에 예측할 수 있다. AlphaFold 2의 진보된 계산은 다중 시퀀스 정렬(MSA, multiple sequence alignment)을 통해 임베딩(embedding), 트랜스포머(transformer) 신경망, 즉 어텐션(attention) 알고리즘을 적용, 엔드-투-엔드(end-to-end) 방식 등을 꼽을 수 있다. 예를 들어, 단백질 구조를 예측할 때 단백질의 서열 정보뿐만 아니라, 유사한 구조를 가진 단백질의 정보를 활용하여 예측한다. 또한, 물리학적 모델링을 이용하여 예측한 구조의 안정성을 검증하며, 이를 통해 보다 정확한 예측이 가능해진다. AlphaFold 2는 2020년 CASP(critical assessment of structure prediction) 대회에서 1위를 차지하여, 단백질 구조 예측 분야에서 대단한 성과를 이루었다. AlphaFold 2의 기대효과 중 하나는 단백질 작용 방식을 이해하는 데 있어서 중요한 정보를 제공할 수 있다는 것이다. 단백질은 생명체 내에서 수많은 작용을 수행하는데, 단백질의 3차원 구조가 작용 방식에 큰 영향을 미치기 때문이다. 따라서 AlphaFold 2는 약물 개발 및 바이오산업 분야에서도 중요한 역할을 수행할 것으로 기대된다. 또한, AlphaFold 2는 단백질 구조 예측 분야에서의 경쟁력을 높여 세계적인 연구 수준을 끌어올릴 것으로 예상된다. 이는 단백질 구조 예측 분야에서의 연구와 발전을 촉진할 것이다. AlphaFold 2와 유사한 로제타폴드(RoseTTAFold)가 발표되었다. 로제타폴드(RoseTTAFold) 개발은 AlphaFold 2 개발과는 별도의 독자적 개발이다. 이 개발은 구글 수준의 인공지능 전문가와 컴퓨팅 인프라 없이도 AlphaFold 2 수준의 단백질 구조 예측이 가능함을 보여주었다.[32] AlphaFold 2는 오픈소스로 공개되어 다른 연구자들이 활용할 수 있다. 이를 통해 다양한 분야에서 단백질 구조 예측 연구가 활성화될 것으로 기대된다. https://github.com/deepmind/alphafold

[32]: Baek et al. (2021), 'Accurate prediction of protein structures and interactions using a three-track neural network'

2.9 모델 평가 기준

모델 평가 기준은 모델이 얼마나 잘 작동하는지를 측정하기 위한 척도이다. 다양한 모델 평가 기준이 있지만, 대부분의 경우 모델의 성능, 정확도, 일반화 능력, 안정성 등을 측정하는 데 사용된다. 일반적으로 모델 평가 기준은 특정한 문제의 성격과 모델이 어떤 목적으로 사용될 것인지에 따라 다르게 설정된다. 예를 들어, 분류 모델의 경우 정확도, 정밀도, 재현율, F1 점수 등이 평가 지표로 사용된다. 회귀 모델의 경우에는 평균제곱오차(MSE)나 평균절대오차(MAE) 등이 평가 기준으로 사용된다. 또한, 교차-검증(cross-validation)이나 혼동행렬(confusion matrix) 등을 사용하여 모델 평가를 수행한다. 이러한 기준들은 모델의 성능을 평가하고 개선하는 데 도움이 된다. 일반적으로 모델을 평가할 때는 다음과 같은 기준을 고려한다.

◇ 예측력(predictive power): 모델이 새로운 데이터에 대해 얼마나 정확한 예측을 하는지 평가한다. 이를 위해 일반적으로 예측 오차, 평균제곱오차(MSE), 평균절대오차(MAE) 등의 지표를 사용한다.

◇ 설명력(explanatory power): 모델이 얼마나 이해하기 쉽고 설명력이

있는지 평가한다. 모델의 변수들이 어떻게 영향을 주는지, 변수들 간의 관계는 어떠한지 등을 분석한다.

◇ 일반화 능력(generalization power): 모델이 학습 데이터에서만 잘 동작하는 것이 아니라 새로운 데이터에서도 잘 동작하는지 평가한다. 이를 위해 교차-검증(cross validation) 등의 방법을 사용하여 모델이 과적합(overfitting)되지 않도록 한다.

◇ 계산 효율성(computational efficiency): 모델이 계산을 수행하는 데 걸리는 시간과 메모리 등의 자원 사용량을 평가한다.

이러한 기준들을 고려하여 모델을 평가하고, 모델의 성능을 개선하기 위해 필요한 수정을 수행한다.

모델의 자유도를 늘리면 거의 항상 적합도를 향상시킬 수 있기 때문에 이를 상쇄시키기 위하여 불필요한 파라미터에 패널티를 부여하여 모델의 품질을 평가하는 방법을 취할 수 있다. 무한대로 많은 파라메터들을 사용하면 적합도를 향상시킬 수 있을 것이다. 하지만, 그것이 좋은 모델이 아니라는 것을 우리는 알고 있다. 모델의 선택 기준은 모델이 데이터를 얼마나 잘 설명할 수 있는지를 나타내는 통계학적 지표이다. Akaike information criterion(AIC)은 모델 선택을 위한 통계학적 지표 중 하나이다.[33] AIC는 모델의 적합도와 모델의 복잡도 사이의 균형을 측정한다. AIC는 다른 모델의 AIC 값과 비교하여 모델 선택에 사용된다. 여러 모델이 있을 때, AIC 값이 가장 낮은 모델이 데이터를 가장 잘 설명할 가능성이 높으며, 다른 모델보다 우수한 모델이라고 판단할 수 있다. AIC는 일반적으로 회귀 분석, 시계열 분석 및 모델 선택 등 다양한 분야에서 사용된다. 그러나 AIC는 모델 복잡도의 패널티로 인해 모델이 과적합되는 경향이 있으므로, 다른 모델 평가 기준과 함께 사용하는 것이 좋다. Bayesian information criterion(BIC)은 AIC와 마찬가지로 모델 선택을 위한 통계학적 지표 중 하나이다.[34] BIC는 AIC와 유사하게 모델의 적합도와 모델의 복잡도 사이의 균형을 측정하지만, BIC는 AIC보다 더 강한 페널티를 적용한다. BIC는 AIC와 마찬가지로 값이 낮을수록 모델의 예측 성능이 더 좋다는 것을 의미한다. 따라서, BIC는 모델 선택에서 더 단순한 모델을 선호하는 경향이 있다. BIC는 AIC와 함께 모델 선택에 사용된다. AIC와 BIC 값이 비슷하면, 더 단순한 모델을 선택하는 것이 좋다. 그러나 데이터 포인트 수가 적을 때는 BIC가 너무 강한 페널티를 적용할 수 있으므로, 모델 선택에서 조심스럽게 사용해야 한다. BIC는 일반적으로 AIC와 함께 다양한

[33]: Sakamoto et al. (1986), 'Akaike information criterion statistics'

[34]: J. Chen and Z. Chen (2008), 'Extended Bayesian information criteria for model selection with large model spaces'

분야에서 사용된다.

$$\begin{aligned} \text{AIC} &= -2log(L) + 2k, \\ \text{BIC} &= -2log(L) + log(n)k. \end{aligned} \quad (2.1)$$

수식에서 L은 최대 가능도 값이며, k는 모델의 자유도를 나타낸다. n은 데이터 샘플의 갯수이다. AIC는 모델의 적합도와 모델의 복잡성을 균형 잡아 고려한다. AIC 값이 작을수록 모델이 더 좋은 적합도를 가지면서도 복잡성이 낮은 모델이라는 의미이다. BIC는 AIC와 비슷한 방식으로 모델의 적합도와 복잡성을 고려하지만, 모델의 복잡성에 대한 페널티가 더 크게 부과된다. 이는 데이터 샘플의 갯수가 적을 때 모델이 과적합되는 것을 방지하기 위한 것이다. 변수 갯수가 작은 것이 우선 순위라면 AIC 보다 BIC를 참고하는게 좋다.

2.10 블라인드 테스트(blind test)

과학에서는 블라인드 테스트가 중요하다. 예를 들어, 서로 경쟁 관계에 있는 상품들에 대해, 상품의 이름이나 제조 회사를 밝히지 않고 소비자에게 맛을 보거나 시험 사용하게 하여 상품에 대한 반응을 테스트하는 경우, 이를 블라인드 테스트라고 부를 수 있다. 블라인드 테스트는 실험의 신뢰성을 보장하기 위한 중요한 방법 중 하나이다. 실험의 결과가 예상대로 나오는지를 확인하기 위해 사용된다. 예를 들어, 어떤 연구에서 새로운 약물의 효과를 평가하기 위해 실험을 수행한다고 가정해보자. 이때, 연구자가 약물을 투여하는 집단과 투여하지 않는 집단을 구분하여 실험을 수행한다. 그러나, 연구자가 투여 집단과 비투여 집단을 임의로 선택하는 것이 아니라, 자신이 예상하는 결과를 얻기 위해 의도적으로 선택한다면 결과가 편향될 가능성이 크다. 이와 같은 문제를 방지하기 위해 블라인드 테스트를 수행한다. 블라인드 테스트는 실험 대상자나 연구자가 실험의 목적이나 가설에 대해 미리 알지 못하게 하는 것을 말한다. 따라서 연구자가 의도적으로 결과를 조작하는 것을 방지할 수 있다. 이를 통해 실험 결과의 신뢰성과 일반화 가능성을 높일 수 있다. 또한, 블라인드 테스트는 인공지능 모델의 성능 평가에서도 중요한 역할을 한다. 모델을 학습시키는 데이터와 평가하는 데이터를 분리하여 모델이 학습 데이터에만 과적합되는 것을 방지하고, 일반화 성능을 높이기 위해 사용된다.

연구 결과가 '실험실/연구실 수준'을 벗어나기 위해서는 혹독한 블라인드 테스트를 통과해야만 한다. 아울러, 제3자의 입장에서 모델의 성능을 테스트 할 수 있는 방식을 확보해야만 한다. 모름지기 과학 연구는 아래의 과정을 거쳐야 한다.

$$\text{관찰} \rightarrow \text{가설 수립} \rightarrow \text{실험} \rightarrow \text{결과 해석} \rightarrow \text{이론 구축} \rightarrow \text{검증}. \tag{2.2}$$

기계학습 모델을 개발하는 과정은 일반적으로 다음과 같은 단계로 구성된다.

◇ 문제 정의: 먼저, 문제를 정의하고 목적을 설정해야 한다. 예를 들어, 특정 데이터셋에서 특정한 정보를 추출하거나, 이미지를 분류하는 등의 문제를 설정할 수 있다.

◇ 데이터 수집 및 전처리: 다양한 소스에서 데이터를 수집하고, 해당 데이터를 모델에 적합하게 가공해야 한다. 이 과정에서는 데이터를 필요한 형식으로 변환하고, 결측 값을 처리하거나 이상치를 제거하는 등의 작업을 수행한다. 데이터 확장 작업을 수행할 수 있다.

◇ 모델 선택: 해당 문제에 적합한 모델을 선택한다. 이 단계에서는 다양한 모델을 비교하고, 각 모델의 성능과 한계를 고려하여 최적의 모델을 선택한다.

◇ 모델 훈련: 모델을 학습시키기 위해 데이터를 입력하고, 모델이 예측한 출력 값과 실제 출력 값 간의 차이를 최소화하는 방향으로 모델을 조정한다.

◇ 모델 평가: 학습된 모델을 평가하여, 예측 성능을 측정하고 모델의 성능을 개선할 수 있는 방법을 찾는다.

◇ 모델 개선: 모델의 성능을 개선하기 위해 초월 매개변수를 조정하거나, 데이터를 추가 수집하거나, 모델의 구조를 변경하는 등의 작업을 수행한다.

◇ 모델 배포: 최종적으로, 학습된 모델을 실제 환경에서 사용할 수 있도록 배포하고, 유지보수하는 작업을 수행한다.

이러한 단계들은 상황에 따라 다소 변형될 수 있지만, 대체로 이러한 과정을 거쳐 기계학습 모델을 개발하게 된다.

2.11 교차-검증(cross-validation)

교차-검증(cross-validation)은 기계학습 모델의 성능을 평가하는 방법 중 하나이다. 이 방법은 모델의 일반화 성능을 평가하는 데 도움이 되며, 과적합(overfitting)을 방지하는 데에도 도움이 된다. 교차-검증은 기존의 데이터를 훈련 데이터와 검증 데이터로 나누어 모델을 학습하고 검증하는 방법과 달리, 데이터를 k개의 부분집합으로 나누어서 각각의 부분집합을 한 번씩 검증 데이터로 사용하고 나머지 부분집합들을 합쳐서 모델을 학습한다. 이렇게 k번 반복하여 k개의 모델을 만들어서 성능을 평가하게 되며, 이러한 방법을 k-fold 교차-검증(k-fold cross validation)이라고 한다.

교차-검증을 사용하는 이유는 다음과 같다.
◇ 모델의 일반화 성능을 평가할 수 있음: 모델의 성능을 평가할 때 훈련 데이터를 사용하면 모델은 훈련 데이터에 과적합될 가능성이 있다. 이러한 경우 훈련 데이터에 대한 성능은 좋지만 새로운 데이터에 대한 성능은 좋지 않을 수 있다. 교차-검증을 사용하면 모델의 일반화 성능을 평가할 수 있다.
◇ 모델의 초월 매개변수를 튜닝할 수 있음: 모델의 초월 매개변수는 모델의 성능에 큰 영향을 미친다. 하지만 초월 매개변수를 어떻게 설정해야 할지에 대한 최적의 값은 알려져 있지 않다. 교차-검증을 사용하면 초월 매개변수의 최적 값을 찾을 수 있다.
◇ 데이터의 분산을 고려할 수 있음: 데이터의 분산이 큰 경우 일반적인 훈련 데이터와 검증 데이터의 나누는 방식은 적절하지 않을 수 있다. 교차-검증을 사용하면 데이터의 분산을 고려하여 모델의 성능을 평가할 수 있다.

k-fold cross validation은 다음과 같은 단계로 수행된다.
◇ 데이터셋을 k개의 부분집합으로 나눈다.
◇ 각각의 부분집합을 테스트 데이터셋으로 사용하고, 나머지 부분집합을 훈련 데이터셋으로 사용하여 모델을 학습한다.
◇ 모델의 성능을 측정하고, 이를 기록한다.
◇ k번 반복한다. 각각의 폴드를 순서대로 검증 데이터로 사용하고 나머지 폴드들을 학습 데이터로 사용하여 모델을 학습한다.
◇ 모델의 성능 측정 값을 평균내어 최종 성능을 추정한다.

k-fold cross validation을 사용하면 데이터셋의 모든 데이터를 모델 학습과 평가에 사용할 수 있기 때문에, 모델이 데이터에 대해 더 잘 일반화될 가능성이 높아진다.

2.12 실습

□ 파이썬 언어로 파일 내용물, 데이터를 읽어내는 기술이 필요하다. 매우 다양한 기계학습 알고리즘의 간단한 응용을 위해서는 X[n_samples,n_-features], y[n_samples] 처럼 배열들을 스스로 구성할 수 있어야한다. 파일을 읽어 내는 가장 원시적인 기술이 유용하다. 물론, 다양한 고급 기술들이 있을 수 있다. 파이썬은 문자열 처리에 강한 언어이다. "데이터"는 영어로 "data"를 뜻한다. 데이터는 정보의 집합으로, 숫자, 문자, 이미지, 동영상 등의 형태로 나타낼 수 있다. 데이터는 컴퓨터를 이용한 다양한 분석과 의사결정을 위해 사용된다. "데이터셋(dataset)"은 일정한 형식으로 구성된 데이터의 모음을 의미한다. 데이터셋은 보통 특정한 목적을 위해 구성되며, 컴퓨터를 이용한 다양한 분석 및 학습 작업을 위해 사용된다. 데이터셋은 일반적으로 파일 형태로 저장되며, CSV(comma-separated values), Excel, JSON 등의 형식으로 저장될 수 있다. 데이터셋은 크게 두 가지로 나뉜다. 하나는 지도학습을 위한 데이터셋으로, 입력 데이터(input data)와 출력 데이터(output data)로 구성된다. 입력 데이터는 모델의 입력으로 사용되는 데이터이며, 출력 데이터는 모델이 예측하고자 하는 정답 값이다. 지도학습을 위한 데이터셋은 일반적으로 학습 데이터와 검증 데이터, 그리고 테스트 데이터로 나뉘어 사용된다. 다른 하나는 비지도학습을 위한 데이터셋으로, 출력 데이터가 없는 데이터셋이다. 물론, 출력 데이터를 의도적으로 무시할 수 있다. 이러한 데이터셋은 군집화(clustering), 차원축소(dimensionality reduction), 이상치 탐지(anomaly detection) 등의 작업을 위해 사용된다. "datum"은 "데이터 포인트"(datapoint, data point, 측정점)를 의미한다. 데이터셋을 이루는 각각의 작은 데이터 단위를 의미한다. 예를 들어, 고객 데이터셋에서 각각의 데이터 포인트는 개별 고객의 정보를 나타내며, 상품 데이터셋에서 각각의 데이터 포인트는 개별 상품의 정보를 나타낸다. 데이터 포인트는 보통 하나 이상의 속성(attribute)을 가지며, 이 속성은 숫자, 문자, 불리언 값 등 다양한 형태로 나타낼 수 있다. 파이썬에서 파일을 읽는 방법에는

여러 가지가 있다. 그 중에서도 가장 기본적인 방법은 open() 함수를 사용하는 것이다. open() 함수는 파일 이름과 파일을 어떻게 열지에 대한 모드를 인자로 받는다. 파일을 읽을 때는 파일을 "읽기 모드"로 열어야 한다. 파일을 열면 read() 메소드를 사용하여 파일 내용을 읽을 수 있다. 이때, 파일을 닫지 않으면 파일이 계속해서 열려 있게 되므로, 파일을 다 읽은 후에는 close() 메소드를 사용하여 파일을 닫아주는 것이 좋다. 또 다른 방법으로 아래와 같은 방법도 유용하다.

```
with open("C:/Users/Inho Lee/testAI/data.csv", "r") as f:
    line = f.readline()
    while line:
        print(line)
        line = f.readline()

with open("C:/Users/Inho Lee/testAI/data.csv", "r") as f:
    for line in f:
        parts = line.split()
        print(parts)

s = "apple,banana,grape"
fruits = s.split(",")
#  split() 메소드를 사용하여 문자열을 쉼표(",")를 기준으로 분리하여
#  fruits 리스트에 저장한다.
print(fruits) # ['apple', 'banana', 'grape']

s = "The quick brown fox"
words = s.split()
#  split() 메소드를 사용하여 문자열을 공백 문자를 기준으로 분리하여
#  words 리스트에 저장한다.
print(words) # ['The', 'quick', 'brown', 'fox']

import numpy as np
aa = []
bb = []
colors = []
afile = open("fort.11","r")
ii = 0
for line in afile:
    if line[0:1]  == '#' :
        continue
```

```
    if line.lstrip().startswith('#'):
        continue
    if len(line.split()) ==4:
        continue
    if len(line.split()) ==2:
        ii = ii + 1
        bb.append(float(line.split()[1]))
        aa.append(int(line.split()[0]))
        colors.append(float(line.split()[0])/230.)
afile.close()
aa=np.array(aa)
bb=np.array(bb)
colors=np.array(colors)
```

□ 딕셔너리 생성과 리스트 생성은 파이썬 데이터 처리에서 많이 사용된다. 기계학습에서 사용되는 독립 변수 데이터(features) X는 입력 데이터를 의미한다. 이 데이터는 학습 모델의 입력으로 사용되며, 이를 통해 학습 모델은 입력과 출력 간의 관계를 파악하고 학습한다. 예를 들어, 이미지 인식 모델에서는 이미지가 독립 변수 데이터 X가 되고, 해당 이미지에 대한 레이블(예를 들어 '고양이' 또는 '개')이 종속변수(label) y가 된다. 통상, NumPy 양식 기준으로 각각 다음과 같은 형식을 가진다. X[n_-samples,n_features], y[n_samples]. 즉, 첫번째 인자 지수가 각각의 데이터를 지칭한다. 인수 0에 해당하는 데이터는 각각 X[0,:], y[0]이 되는 것이다. 비지도학습의 경우, y[:]에 대한 정보자체가 없는 경우 또는 이를 의도적으로 무시하는 경우이다. 예를 들면, 두번째로 준비된 이미지는 X[1,:]에 해당한다. 파이썬에서는 0, 1, 2, 3, 순서로 데이터가 적립된다. 이미지는 2차원 배열로 나타내어야 하지만 저장은 1차원 양식으로 저장할 수도 있다. 지도학습의 경우, 종속변수 y는 모델이 예측해서 재생산하려고 하는 데이터이다. 아무튼, X[n_samples, n_features], y[n_samples] 이 형식을 유지하는 것이 중요하다.

```
#딕셔너리를 만드는 법: 두 개의 리스트로 부터 딕셔너리를 만드는 방법.
fruits = ["Apple", "Pear", "Peach", "Banana"]
prices = [0.35, 0.40, 0.40, 0.28]
adict = dict(zip(fruits, prices))
print(adict)

#리스트를 만드는 방법: range 함수를 이용하는 방법.
# 'list comprehension' 을 알아야 한다.
```

```
alist=[ j for j in range(10)  ]
alist
```

□ 간단한 출력을 위해서 아래와 같은 함수들이 필요할 수 있다. 문자열를 리스트로 만들어 주면 파일에 적어 주는 함수이다. 파일 내용이 없으면, 즉, 파일이 없으면 파일을 생성하고 요청받은 문자열을 파일에 적는다. 파일이 존재하면 파일내용의 마지막 줄 다음에 요청받은 문자열를 추가하여 적는다. 세줄을 추가하고 싶을 경우, 리스트에 3개 문자열을 준비한다. 파일 이름, 출력할 리스트만 작성하고 실행하는 것으로 프로그램 어디에서든지 간편하게 사용할 수 있다. 파일을 열고 닫고를 신경쓰지 않는다. 통상 언제 파일을 열고 닫을지도 고민거리 중의 하나이다. 많은 경우 그렇다. 프로그램의 사이즈가 커질수록 신경써야 할 것들이 계속해서 늘어나기 마련이다. 하지만, 아래의 함수를 사용하면 열고 닫는 것에 집중할 필요가 전혀 없다. 파일 이름에만 집중하면 된다. 기존 파일에 추가하기 때문에 기존 데이터를 원초적으로 잃어 버리지 않게 된다. 물론, 새로운 시작을 위해서는 파일을 삭제할 수 있어야 한다. 아래와 같은 방법으로 활용할 수 있다.

```
list_of_lines = ['First line', 'Second line', 'Third line']
append_multiple_lines('target00.txt', list_of_lines)

lines_to_append=[]
lines_to_append.append(str(trialobj))
append_multiple_lines('target00.txt', list_of_lines)
```

□ 유용한 두 개의 함수를 아래와 같이 표시했다. 파일 열기, 파일 닫기를 고려하지 않고 사용한다. 파일 이름과 문자열을 활용하여 출력 파일을 만든다.

```
def append_new_line(file_name, text_to_append):
# 파일이 있는 경우와 없는 경우
    with open(file_name, "a+") as file_object:
        file_object.seek(0)
        data = file_object.read(100)
        if len(data) > 0:
            file_object.write("\n")
        file_object.write(text_to_append)

def append_multiple_lines(file_name, lines_to_append):
```

```
# 파일이 있는 경우와 없는 경우
    with open(file_name, "a+") as file_object:
        appendEOL = False
        file_object.seek(0)
        data = file_object.read(100)
        if len(data) > 0:
            appendEOL = True
        for line in lines_to_append:
            if appendEOL == True:
                file_object.write("\n")
            else:
                appendEOL = True
            file_object.write(line)
```

□ 다양한 정보를 숫자로 변환할 수 있게 도와주는 방법들을 소개하고 있다.

```
from sklearn.feature_extraction import DictVectorizer
v = DictVectorizer(sparse=False)
D = [{'foo': 1, 'bar': 2}, {'foo': 3, 'baz': 1}]
X = v.fit_transform(D)
print(X)

v.inverse_transform(X) == [{'bar': 2.0, 'foo': 1.0},
{'baz': 1.0, 'foo': 3.0}]

v.transform({'foo': 4, 'unseen_feature': 3})
#
[[2. 0. 1.]
[0. 1. 3.]]
array([[0., 0., 4.]])

from sklearn.feature_extraction.text import CountVectorizer
corpus = [
'This is the first document.',
'This document is the second document.',
'And this is the third one.',
'Is this the first document?',
]
vectorizer = CountVectorizer()
X = vectorizer.fit_transform(corpus)
```

```
vectorizer.get_feature_names_out()

print(X.toarray())

vectorizer2=CountVectorizer(analyzer='word',ngram_range=(2,2))
X2 = vectorizer2.fit_transform(corpus)
vectorizer2.get_feature_names_out()
#
[[0 1 1 1 0 0 1 0 1]
[0 2 0 1 0 1 1 0 1]
[1 0 0 1 1 0 1 1 1]
[0 1 1 1 0 0 1 0 1]]
array(['and this', 'document is', 'first document',
 'is the', 'is this',
'second document', 'the first', 'the second', 'the third',
'third one', 'this document', 'this is',
'this the'], dtype=object)

from sklearn.feature_extraction.text import TfidfVectorizer
corpus = [
'This is the first document.',
'This document is the second document.',
'And this is the third one.',
'Is this the first document?',
]
vectorizer = TfidfVectorizer()
X = vectorizer.fit_transform(corpus)
vectorizer.get_feature_names_out()
print(X.shape)
#
(4, 9)

from sklearn.feature_extraction import FeatureHasher
h = FeatureHasher(n_features=10)
D = [{'dog': 1,'cat':2,'elephant':4},{'dog': 2,'run': 5}]
f = h.transform(D)
f.toarray()
#
array([[ 0.,  0., -4., -1.,  0.,  0.,  0.,  0.,  0.,  2.],
[ 0.,  0.,  0., -2., -5.,  0.,  0.,  0.,  0.,  0.]])
```

```
h = FeatureHasher(n_features=8, input_type="string")
raw_X = [["dog", "cat", "snake"], ["snake", "dog"],
    ["cat", "bird"]]
f = h.transform(raw_X)
f.toarray()
#
array([[ 0.,  0.,  0., -1.,  0., -1.,  0.,  1.],
[ 0.,  0.,  0., -1.,  0., -1.,  0.,  0.],
[ 0., -1.,  0.,  0.,  0.,  0.,  0.,  1.]])

from sklearn.feature_extraction.text import \
    HashingVectorizer
corpus = ['This is the first document.',
'This document is the second document.',
'And this is the third one.',
'Is this the first document?',]
vectorizer = HashingVectorizer(n_features=2**4)
X = vectorizer.fit_transform(corpus)
print(X.shape)
#
(4, 16)
```

□ 아래는 전형적인 교차-검증의 형식을 보여주고 있다. 'RepeatedStratifiedKFold'는 scikit-learn 라이브러리의 모듈 중 하나로, 분류 문제에서 계층적 샘플링을 수행하는 교차-검증 전략 중 하나이다. 이 방법은 *k*-fold 교차-검증의 문제점 중 하나인 불균형한 클래스 비율을 해결하기 위해 고안된 방법이다. 기본적으로 'StratifiedKFold'와 동일하게 작동하지만, 다른 점은 *k*번 반복하는 것이다. 각 반복마다 데이터를 무작위로 섞고 새로운 분할을 수행한다. 이 방법은 반복적으로 샘플을 새롭게 선택하고, 평균 점수를 계산하기 때문에 일반화 성능이 높은 모델을 만들기 위해 사용된다. 또한, 데이터셋의 불균형 문제를 고려하여 각 반복에서 클래스 비율이 유지되도록 하므로, 일반적으로 분류 문제에서 사용된다. 분류 문제 풀이 연습을 위해서 사용하는 함수 make_classification은 scikit-learn에서 제공하는 것이다. "n_classes=2"가 디폴트 값이다. 디폴트는 함수 인수에 명시적으로 포함되지 않을 수 있다는 뜻이다. 즉, 클래스(레이블, label)의 수가 두 개인 경우이다. 여러분들의 데이터를가 있다면, X[n_samples,n_features], y[n_samples] 형식으로 데이터를 별도로 준비하면 된다. 대부분의 기계학습 모델들에서 사용하는 데이터 준비 방식이다.

```
import numpy as np
from sklearn.datasets import make_classification
from sklearn.model_selection import cross_val_score
from sklearn.model_selection import RepeatedStratifiedKFold
from lightgbm import LGBMClassifier
# 장난감 분류 데이터
X, y = make_classification(n_samples=10000, n_features=100,
            n_informative=50, n_redundant=50, random_state=1)
model = LGBMClassifier(max_bin=255, n_estimators=100)
cv=RepeatedStratifiedKFold(n_splits=10,n_repeats=3,\
   random_state=1)
n_scores = cross_val_score(model, X, y, scoring='accuracy',\
  cv=cv, n_jobs=-1)
print('Accuracy: %.3f (%.3f)' % (np.mean(n_scores),\
   np.std(n_scores)))
#
Accuracy: 0.943 (0.008)
```

기계학습 3

3.1 기계학습의 4형식 그리고 3요소

기계학습(machine learning)은 컴퓨터 프로그램이 데이터를 분석하고 학습하여 인간의 개입 없이 스스로 문제를 해결하고 예측할 수 있는 능력을 갖추게 하는 인공지능의 한 분야이다. 기계학습은 데이터에서 특성(feature)을 추출하고, 이를 기반으로 모델(model)을 학습하여 예측, 분류, 군집화 등의 작업을 수행할 수 있다. 기계학습은 입력을 받아서 계산하고 출력을 만드는 것이 아니다. Figure 3.1에서 비교한 것처럼 기계학습은 모델(프로그램)을 만드는 것이다. 물론, 그 모델(프로그램)은 통상의 프로그램처럼 입력을 받아서 출력은 내는 것이다. 통상의 컴퓨터 프로그램은 수학적 논리와 수학 공식, 물리학 방정식을 활용했다. 반면, 기계학습에서는 원하는 계산, '새로운 형식의 계산'을 위해서 데이터를 활용한다. 예를 들면, 문자열을 주고 그림을 출력으로 받는 것을 들 수 있다. 그 어떠한 수학 공식, 물리학 방정식도 이러한 형식의 계산을 지원하지 않는다. 사람들은 각종 수식과 컴퓨터 프로그램을 동원한 연산으로 무장하여 수십 년간 노력했지만 사람이 만든 기계는 여전히 '개'와 '고양이' 이진 분류 문제를 해결하지 못했다. 여기에 번역과 문장을 만들어 내는 것은 거의 불가능하다고 받아들여졌었다. '새로운 형식의 계산'은 이론적으로 가능할 것으로 받아들여졌지만, 믿을만한 것이 못된다는 것이 지난 수십 년 동안 관찰된 사실이다. 딥러닝(deep learning, 심층학습)의 원년 2012년으로부터 10년이 훌쩍 지난 지금, 인공지능의 역사적 관점에서, '새로운 형식의 계산'이 거의 가능한 시점에 도달했다고 볼 수 있다.

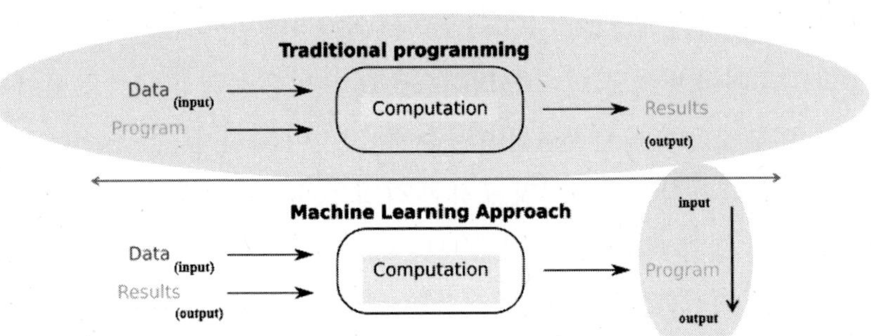

Figure 3.1: 전통적인 프로그래밍과 기계학습 접근법. 새로운 컴퓨터 프로그램을 만드는 것이 기계학습 접근법이다. 기계학습은 컴퓨터가 데이터를 분석하고 패턴을 학습하여 문제를 해결하는 방식이다. 전통적인 프로그래밍은 사람이 수동으로 코드를 작성하여 컴퓨터가 실행하는 방식이다.

기계학습은 지도학습(supervised learning), 비지도학습(unsupervised learning), 강화학습(reinforcement learning), 그리고 진화학습(evolutionary learning)으로 분류된다. 학자에 따라서 진화학습(evolutionary learning)을 기계학습 형식에 포함하지 않는 경우도 있다. 기계학습은 넓게 보면 네가지 형식으로 분류할 수 있다. 진화학습 부분은 이 책 뒷부분에서 집중적으로 다룬다.

기계학습의 3요소는 아래와 같다.
◇ 표현자(representation): 전공 지식을 활용하여 데이터의 특성을 선택, 특성을 유도 그리고 그 유효성을 확인. 여러 가지 중에 하나를 선택, 데이터를 가장 객관적으로 설명할 수 있는 양식, 본질적 불변량으로 선택. 병진 불변량, 회전 불변량, 위상학적 불변량, 주요 불변량.
◇ 평가(evaluation): 구축한 모델의 정확도
◇ 최적화(optimization): 실제 모델을 만들 때 필요한 방법, 학습 과정에 대응

이러한 3요소를 가지지 않으면 기계학습이 될 수 없다. 모델을 구성하는 것은 기술적 도구들, scikit-learn/TensorFlow/PyTorch가 도와 준다. 이들 도구들은 아주 효율적이고 친절하게 설계되어 보급되고 있다. 모델이 만들어지면 그 모델을 평가할 것이다. 구축한 모델이 얼마나 좋은 성능을 발휘하는가? 이것이 두번째 요소 평가(evaluation)이다. 주어진 모델 뼈대에서 출발하여 구체적으로 어떻게 모델이 수치적으로 완성되는가? 그것은 최적화를 통해서 가능하다. 이것이 기계학습 세번째 요소에 해당된다. 어떠한 데이터를 넣어야 하는가? 데이터를 그냥 넣어주면 되는가? 그렇지 않다. 잘 가공해서 넣어야 한다. 관측자와 무관한 본질적 불변량들(병진 불변량, 회전 불변량, 위상학적 불변량, 주요 불변량)을 넣어야 한다. 해당분야 전공지식이 반드시 필요한 영역이다. 물리학에서 관측자에 무관한 양이 텐서(tensor)이다. 예를 들면, 실제 직교좌표의 의해서 정의된 원자들의 위치에 해당하는 숫자들보다는 원자간 결합거리, 원자들 사이의 결합 각도처럼 변형된, 아니 물리적으로 의미 있는 물리량 텐서를 넣어야 한다. 이렇게 입력을 텐서를 잡아주는 것 그것이 표현자(representation) 개발이다. 기계학습에서 가장 중요한 작업은 유효한 표현자를 찾는 것이다. 주어진 모델 뼈대를 가정하고 모델을 훈련하여 만드는 과정이 최적화 과정이다. 최적화를 이루기 위해서는 목적함수를 정의해야 한다. 회귀 문제에서는 실측 값과 예측 값의 차이들을 모두 제곱해서 더한 것을 목적

함수로 정한다. 좀 더 일반적으로 표현하면 다음과 같다. 데이터의 분포 $\hat{P}(x)$가 주어졌을 때 이를 설명하는 확률모형 $P(x; \{\theta\})$의 매개변수 $\{\theta\}$를 찾는 행위를 "학습"이라고 할 수 있다. 다시 말해서, 확률들 사이의 거리를 정의할 필요가 생기고, 거리를 줄이는 최적화를 시도할 수 있을 것이다. 분류에서는 크로스-엔트로피(교차-무질서도) 또는 쿨백-라이블러 발산(Kullback-Leibler divergence)을 목적함수로 선정한다. 목적함수는 오류 함수(loss function)일 수 있다. 목적함수를 최적화 해야 한다.[35] 다시 말해서, 오류를 최소화할 수 있는 모델이 쓸모있는 모델이 된다. 인공지능은 많은 분야에서 활용되는 공통의 방법이다. 따라서, 매우 많은 목적함수들이 선언될 수 있다.[1]

[35]: Kullback and Leibler (1951), 'On information and sufficiency'

1: 거리 함수(distance function)는 집합의 각 원소 쌍 사이에 거리를 주는 함수이다. 진정한 수학적 거리(metric)가 되기위해서는 다음의 조건을 만족해야만 한다. 식별불가능자 동일성 원리, 대칭성, 그리고 삼각 부등식. 동일한 두 가지 입력에 대해서는 동일한 거리 0을 주어야 한다. 두 가지 입력의 순서에 상관없이 동일한 거리를 주어야 한다. 거리계산에서 삼각 부등식을 만족해야 한다. 우리에게 익숙한 것, 두 점 사이의 최단거리는 직선인데, 이는 유클리드 기하학에 대한 삼각 부등식이다. 유클리드 거리는 평행변환과 회전변환에 대해 불변이다. 이 공리들은 거리가 음수가 아니라는 "분리 조건"을 포함한다. 확률분포 간에 정의된 거리 함수 바서슈타인(Wasserstein) 거리는 SciPy에서 잘 구현되어 있다. from scipy.stats import wasserstein_distance

기계학습은 주어진 데이터를 통해 일반화된 모델을 학습하는 과정이다. 이를 위해 최적화 문제를 푸는 것이 일반적이다. 최적화 관점에서 기계학습은 다음과 같이 설명할 수 있다.
◇ 목적함수 정의: 기계학습에서는 모델의 성능을 평가하기 위한 목적함수(objective function)를 정의한다. 목적함수는 모델의 예측 값과 실제 값의 차이를 최소화하는 매개변수들을 구할 때 사용한다.
◇ 파라미터 추정: 모델의 파라미터를 추정하기 위해 최적화 알고리즘을 사용한다. 최적화 알고리즘은 목적함수를 최소화하는 특별한 파라미터를 찾아내는 것을 목적으로 한다. 대표적인 최적화 알고리즘으로는 구배하강법(gradient descent)이 있다.
◇ 모델 선택: 추정된 파라미터를 사용하여 모델을 구축하고, 모델의 예측 성능을 평가한다. 이를 통해 모델의 일반화 성능을 향상시키기 위한 초월 매개변수를 조정하거나, 다른 모델을 선택하는 등의 작업을 수행한다.
◇ 평가: 모델의 예측 성능을 평가하기 위해 데이터를 훈련, 검증, 테스트 세트로 나누어서 사용한다. 훈련 데이터를 사용하여 모델을 학습하고, 검증 데이터를 사용하여 모델의 일반화 성능을 평가하고 초월 매개변수를 조정한다. 마지막으로, 테스트 데이터를 사용하여 최종적으로 모델의 성능을 평가한다.

최적화 관점에서 기계학습은 이러한 과정을 반복하면서 목적함수를 최적화하고, 모델의 일반화 성능을 향상시키는 것을 목표로 한다. 손실(loss)은 최소화하고 정확도(accuracy)는 최대화한다. 목적함수(objective function)는 기계학습에서 모델의 예측 성능을 평가하기 위한 함수이다. 다양한 목적함수들이 있지만, 대표적인 것들은 다음과 같다.

◇ 평균제곱오차(mean squared error, MSE): 회귀 문제에서 사용되는 목적함수로, 예측 값과 실제 값의 차이를 제곱하여 평균을 구한다. 예측 값과 실제 값이 가까울수록 MSE 값은 작아진다. binary-crossentropy 그리고 MSE 두 가지 모두 동일한 점을 지향하기도 한다. 즉, 최소점이 동일하게 형성된다.

◇ Huber loss: Huber loss는 회귀 문제에서 사용되는 손실함수 중 하나로, L_1 loss와 L_2 loss의 조합으로 이루어져 있으며, 이상치(outliers)에 덜 민감하다. Huber loss는 MSE보다 이상치에 대한 패널티를 적게 주고, 이상치가 아닌 데이터에 대해서는 MSE와 동일한 패널티를 준다. 이러한 특성으로 인해, Huber loss는 이상치가 많은 데이터셋에서 더욱 안정적인 학습을 가능하게 한다.

◇ 크로스-엔트로피(cross-entropy): 분류 문제에서 사용되는 목적함수로, 모델이 예측한 클래스와 실제 클래스의 차이를 측정한다. 정답 클래스에 대한 확률 값이 높을수록 크로스-엔트로피 값은 작아진다. 무질서도가 작다는 것은 정돈된 정보가 많다는 것이다.

◇ hinge loss: Hinge loss는 이진 분류 문제에서 사용되는 손실함수 중 하나이다. Hinge loss는 오분류된 샘플에 대한 패널티를 부여한다. 이 함수는 예측 값과 실제 값 간의 차이가 1보다 큰 경우, 즉 예측이 틀렸을 때만 오차를 계산한다. 이때, 차이가 1보다 작은 경우는 오차를 0으로 취급한다. Hinge loss는 서포트 벡터 머신(SVM)에서 사용되는 손실함수로, 이진 분류 모델에서는 보통 이 함수를 최소화하는 가중치를 학습한다. 이렇게 학습된 가중치를 사용하여, 새로운 데이터에 대한 예측을 수행할 수 있다.

◇ Gini impurity: Gini impurity는 의사 결정 나무(decision tree) 알고리즘에서 노드를 분할하는 데 사용되는 지표 중 하나이다.[2] Gini impurity는 0에 가까울수록 분류 기준으로 사용하기 좋다.[3]

◇ 로그 우도(로그 가능도, log likelihood): 확률적 모델에서 사용되는 목적함수로, 모델이 예측한 확률 값과 실제 데이터가 발생할 확률 값의 로그를 구한다. 모델이 데이터를 잘 예측할수록 로그 우도 값은 커진다. MLE(maximum likelihood estimation), MAP(maximum a posteriori estimation).[4]

◇ 정확도(accuracy): 분류 문제에서 사용되는 목적함수로, 모델이 예측한 클래스와 실제 클래스가 일치하는 비율을 측정한다. 모델이 높은 정확도를 보일수록 목적함수 값은 크게 된다.

◇ 정밀도(precision): 예측 값이 positive인 경우 그 중에서 실제 positive

2: '나무' 대신에 '수형도'라고도 한다.

3: Corrado Gini는 이탈리아의 통계학자이자 인구 통계학자이자 사회학자로 한 사회의 소득 불평등을 측정하는 Gini 계수를 개발했다.

4: 가능도(likelihood)는 어떤 모수(parameter) 값이 주어졌을 때, 관측된 데이터가 나타날 확률을 나타내는 함수이다. 보다 구체적으로는, 가능도는 데이터 x가 주어졌을 때 모수 θ에 대한 함수 $L(\theta|x)$로 정의된다.

인 비율이다.

◇ 재현율(recall): 실제 positive인 샘플 중에서 모델이 positive로 예측한 비율이다.

◇ F1-score: precision과 recall을 결합하여 사용되는 목적함수로, 모델이 예측한 결과와 실제 결과가 얼마나 일치하는지 측정한다.

◇ ROC_AUC: 이진 분류 모델에서 사용하는 지표로, receiver operating characteristic(ROC)곡선 아래의 면적(area under the curve)을 나타내는 지표이다. 이 지표는 모델이 positive와 negative를 올바르게 분류하는 능력을 나타내며, 1에 가까울수록 성능이 좋은 것으로 판단된다.

이 외에도 다양한 목적함수들이 존재하지만, 문제의 성격에 따라 적절한 목적함수를 선택하여 사용하는 것이 중요하다.

분류 모델(classification model)은 입력 데이터를 여러 클래스 중 하나로 할당하는 기술이다. 이러한 분류 모델은 지도학습의 일종으로, 미리 정의된 클래스(label)를 바탕으로 학습하여 새로운 데이터가 어떤 클래스에 속하는지 예측하는 데 사용된다. 예를 들어, 스팸 메일 분류기는 입력된 이메일을 '스팸' 또는 '스팸이 아님' 두 가지 클래스 중 하나로 분류하는 모델이다. 또 다른 예로, 피부 병 진단 모델은 피부 병 이미지를 '건강한 피부' 또는 '병이 있는 피부' 두 가지 클래스 중 하나로 분류하는 모델이다.

분류 모델의 학습 방법은 주로 지도학습 알고리즘을 사용한다.[5] 분류 모델은 데이터의 특성을 학습하고, 분류의 기준이 되는 특성을 찾아내는 과정을 거친다. 이러한 분류 모델은 많은 분야에서 활용되고 있다. 예를 들어, 이미지 인식, 음성 인식, 자연어 처리 등에서 많이 사용된다. 혼동행렬(confusion matrix)은 분류 모델의 성능을 평가하기 위한 테이블로, 모델이 예측한 결과와 실제 결과를 비교하여 분류 결과를 정리한 표이다. 혼동행렬은 분류 모델의 예측 결과와 실제 결과를 비교하여 모델의 성능을 평가하는 방법 중 하나이다. 이를 통해 분류 모델이 예측한 클래스와 실제 클래스 간의 관계를 파악할 수 있다. 혼동행렬은 다음과 같은 네가지의 요소로 이루어져 있다.

◇ True Positive (TP): 실제 값이 Positive이고 모델이 Positive로 예측한 경우

◇ False Positive (FP): 실제 값이 Negative이지만 모델이 Positive로 예측한 경우

◇ False Negative (FN): 실제 값이 Positive이지만 모델이 Negative로

5: 위양성(false positive)은 이진 분류에서 예측 값이 양성(positive)인데, 실제 값이 음성(negative)인 경우를 말한다. 이는 예측 값이 양성일 때, 실제로는 음성인 경우로 잘못 분류된 경우를 의미한다. 즉, 잘못된 양성(positive) 예측을 의미한다. 위양성이 많은 모델은 예측 값이 양성일 때, 실제로는 음성인 경우가 많다는 것을 의미한다. 따라서, 이러한 모델은 정밀도가 낮을 수 있으며, 이를 개선하기 위해 다양한 방법을 적용할 수 있다. 예를 들어, 임계 값(threshold)을 조정하여 모델의 예측 값을 조정하거나, 모델을 재조정하는 등의 방법을 사용할 수 있다.

예측한 경우

◇ True Negative (TN): 실제 값이 Negative이고 모델이 Negative로 예측한 경우

이러한 네가지 요소를 이용하여 정확도(accuracy), 정밀도(precision), 재현율(recall), F1 점수(F1 score) 등의 성능 지표를 계산할 수 있다.

"회귀"라는 용어는 19세기 영국의 생물학자 프랜시스 골턴(Francis Galton)에 의해 처음 사용되었다. 그는 부모와 자식들 간의 키, 체중, 인지력 등의 특성들을 조사하면서, 부모와 자식 간의 상관관계를 분석하였다. 그 결과, 부모의 특성과 자식의 특성 사이의 상관관계는 높지만, 자식의 특성이 더 평균적인 값으로 회귀(regress)하는 경향을 보인다는 것을 발견했다. 이러한 경향성을 분석하는데 회귀(regression)라는 용어를 사용하였고, 이후 이 용어는 통계학에서 널리 사용되기 시작했다.[36] 회귀 분석(regression analysis)은 이러한 경향성을 이용하여 독립 변수(x)와 종속 변수(y) 사이의 관계를 모델링하는 분석 기법이다. 회귀 분석은 종속 변수(y)와 하나 이상의 독립 변수($\vec{x}$) 간의 관계를 찾는 것이 목적이며, 이를 통해 독립 변수(x)가 종속 변수(y)에 미치는 영향력을 예측할 수 있다. 회귀 분석은 예측 모델링, 데이터 분석, 경제학 등 다양한 분야에서 활용된다. 통상, 스코어(score)는 최대화시키는 것이 목적이다. 반면, 손실(loss)는 최소화시키는 것이 목적이다. $\vec{y}$가 하나의 숫자가 아니고 다수의 숫자(multioutput regression)가 될 수도 있다.

[36]: Galton (1886), 'Regression towards mediocrity in hereditary stature.'

회귀 모델(regression model)은 독립 변수($\vec{x}$)와 종속 변수($\vec{y}$) 간의 관계를 모델링하는 데 사용되는 통계학적 모델이다. 즉, 독립 변수의 값이 주어졌을 때 종속 변수의 값을 예측하는 모델이다. 회귀 모델은 여러 종류가 있으며, 주요한 종류로는 선형 회귀 모델, 로지스틱 리그레션 모델, 다항 회귀 모델 등이 있다. 선형 회귀 모델은 독립 변수와 종속 변수 간의 선형 관계를 모델링하며, 주어진 데이터를 가장 잘 설명할 수 있는 직선을 찾는 것이 목적이다. 로지스틱 리그레션 모델은 이진 분류 문제에서 사용되며, 독립 변수와 종속 변수 간의 로지스틱 펑션를 이용하여 예측을 수행한다. 다항 회귀 모델은 선형 회귀 모델과 유사하지만, 독립 변수가 다항식으로 구성되어 있는 경우에 사용된다. 회귀 모델은 데이터 분석, 예측 분석, 시계열 분석 등 다양한 분야에서 사용된다.

기계학습에서는 대부분의 경우 낮은 단일 정밀도(single precision) 연산이 충분하다. 이는 일반적으로 모델의 학습 및 추론 속도를 높이는 데

도움이 되며, 더 높은 정밀도 연산이 필요한 경우에는 해당 작업에 맞는 더 높은 정밀도(double precision 등)를 선택하여 사용할 수 있다. 이에 대한 이유는 다음과 같다. 대부분의 기계학습 작업에서는 정확한 연산보다는 속도가 중요하다. 기계학습은 대규모 데이터셋과 모델 파라미터를 처리해야 하므로, 빠른 계산이 필수적이다. 따라서 단일 정밀도 연산이 충분하며, 높은 정밀도 연산은 속도를 느리게 할 뿐이다. 대부분의 경우, 모델의 정확도는 데이터의 품질과 모델의 아키텍처 및 초월 매개변수와 같은 요인에 의해 결정된다. 따라서 높은 정밀도 연산이 모델의 정확도를 높일 필요가 없는 경우가 많다. 높은 정밀도 연산은 메모리 사용량이 많아질 수 있으며, 이는 GPU 또는 CPU의 성능에 영향을 미칠 수 있다. 따라서 높은 정밀도 연산을 사용하는 것이 필요한 경우에만 적절하게 사용해야 한다. 따라서 대부분의 기계학습 작업에서는 낮은 단일 정밀도 연산이 충분하며, 필요한 경우에만 높은 정밀도 연산을 사용하여 성능을 향상시키는 것이 적절하다. 일반적으로 이미지 데이터를 표현할 때에는 단일 정밀도 연산이 주로 사용되지만, 작업에 따라 높은 정밀도 연산이 필요한 경우가 있다. 이미지 처리와 같은 작업은 대부분의 연산이 독립적으로 처리될 수 있기 때문에 GPU를 이용하면 병렬 방식으로 빠르고 효율적인 처리가 가능하다.

일반적으로 기계학습에서는 데이터를 사전에 처리하여 사용한다. 데이터 정규화(normalization)와 데이터 표준화(standardization)는 둘 다 데이터 전처리 기법으로, 데이터를 분석이나 모델링을 수행하기 전에 일정한 형태로 변환하는 작업을 말한다. 그러나 두 기법은 목적과 방법이 다르기 때문에 구분되어 사용된다.

◇ 데이터 정규화(normalization): 데이터 정규화는 데이터의 스케일(scale)을 [0, 1] 범위로 조정하는 작업이다. 이를 통해 모든 변수가 동일한 범위 안에 있게 된다. 데이터 정규화는 모델링에 있어서, 특히 신경망 모델의 경우 효과적인 방법이다. 이는 신경망 모델이 입력 데이터를 처리할 때, 입력 값의 크기 차이가 크면 학습 속도가 느려지거나 수렴하지 않는 문제가 발생할 수 있기 때문이다.

◇ 데이터 표준화(standardization): 데이터 표준화는 데이터의 평균(mean)을 0, 분산(variance)을 1로 맞추는 작업이다. 이를 통해 모든 변수가 동일한 범위 안에 있지 않더라도, 데이터의 분포를 유지하면서 데이터의 크기를 맞출 수 있다. 데이터 표준화는 모델링에 있어서, 특히 선형 회귀 모델의 경우 효과적인 방법이다. 이는 선형 회귀 모델이 입력 데이터의

분산이 커지면 회귀 계수의 분산도 커지는 문제가 발생하기 때문이다. 따라서, 데이터 정규화는 모든 변수가 동일한 범위를 가지고 있어야 하는 경우에 사용하고, 데이터 표준화는 데이터의 분산을 유지하면서 크기를 맞춰야 하는 경우에 사용된다.

기계학습은 모델을 만드는 것이지 특정한 계산만을 하는 것이 아니다. 즉, 기계학습의 출력은 모델을 저장하는 것이다. 그 모델은 계산할 수 있는 프로그램과 사실상 같은 것이어야 한다. 기계학습 모델들은 통상 joblib 모듈를 이용하여 pickle 파일 양식으로 저장할 수 있다.

```
joblib.dump(model, 'model1.pkl')
```

또한, 저장한 모델을 불러와 사용할 수도 있다. 모델의 성능을 측정 그리고 예측에 활용될 수 있다. 모델에 포함된 각각의 메소드들을 활용하면 된다. 다음은 pickle 형식의 파일로 저장된 모델을 불러오는 코드이다.

```
loaded_model = joblib.load('model1.pkl')
```

3.2 지도학습

지도학습은 입력 데이터와 출력 데이터가 함께 주어지는 상황에서 학습하고, 출력 데이터를 예측하는 방법이다. 전형적인 분류(classification)와 회귀(regression) 문제 풀이가 여기에 해당한다. 지도학습(supervised learning)은 기계학습의 대표적인 분야 중 하나로, 미리 정의된 레이블(label)이 있는 데이터셋을 사용하여 모델을 학습하는 방법이다. 이러한 레이블은 입력 데이터에 대한 원하는 출력 값으로, 보통은 정답(label)이라고도 부른다. 지도학습은 크게 분류(classification)와 회귀(regression)로 나눈다. 분류는 입력 데이터를 특정 카테고리에 할당하는 문제를 다루며, 회귀는 입력 데이터로부터 연속적인 값을 예측하는 문제를 다룬다. 지도학습에서는 모델을 학습하기 위해 입력 데이터와 레이블 데이터를 쌍으로 제공한다. 학습 데이터셋을 이용하여 모델이 학습하고, 검증 데이터셋을 이용하여 모델의 일반화 성능을 평가하며, 테스트 데이터셋을 이용하여 최종 성능을 평가한다.

일반적으로 지도학습은 다음과 같은 단계로 이루어진다.
◇ 데이터 수집 및 전처리: 학습 데이터와 레이블 데이터를 수집하고, 이를 전처리하여 모델 학습에 적합한 형태로 가공한다. 대부분의 인공지능 모델들은 입력이 정규화 되어 들어오길 기대한다. 즉, 변수들이 정규 분포를 따르거나, [−1, 1], 또는 [0, 1] 사이의 값으로 조정되어 입력되기를 기대한다.
◇ 모델 선택: 분류나 회귀와 같은 문제에 적합한 모델을 선택한다.
◇ 학습: 모델을 학습 데이터셋으로부터 학습시킨다.
◇ 검증: 모델이 일반화 성능을 가지는지 검증 데이터셋으로 평가한다.
◇ 테스트: 최종적으로 모델의 성능을 평가하기 위해 테스트 데이터셋으로 검증한다.
지도학습은 데이터셋에 따라서 다르게 적용될 수 있으며, 다양한 분야에서 활용되고 있다. 예를 들어, 음성인식, 이미지 분류, 자연어 처리, 추천 시스템 등 다양한 분야에서 지도학습이 적용된다.

데이터가 선형적으로 분리 가능하다면 선형 모델을 사용하는 것이 효과적일 수 있다. 하지만 데이터가 비선형적이거나 선형 모델만으로는 적절한 결과를 얻을 수 없다면, 비선형 모델을 고려해야 한다. 선형적 분리는 선형 결정 경계(linear decision boundary)가 존재하여 두 개 이상의 클래스를 완벽하게 분리할 수 있는 경우를 말한다. 초평면(hyperplane)의 위와 아래로 분리할 수 있는 경우를 지칭한다. 커널 트릭(kernel trick)은 원래 차원에서 분리 가능하지 않은 데이터셋을 고차원으로 변환하여 선형적으로 분리 가능한 데이터셋으로 만드는 기법이다. 이를 위해 커널 함수(kernel function)를 사용하여 원래의 특성을 비선형 매핑(non-linear mapping)한다. 커널 함수는 원래의 특성 공간에서는 선형적으로 분리할 수 없는 데이터를 새로운 고차원 공간으로 매핑하여 선형 분리 가능한 데이터로 만들어준다. 이를 통해 선형 모델을 적용할 수 있으며, 복잡한 모델링과 예측도 가능해진다. 예를 들어, 2차원 데이터셋이 있을 때, 커널 트릭을 사용하여 3차원으로 변환한 후, 선형 분류기을 적용할 수 있다. 이때, 2차원 평면을 기준으로 위와 아래를 각각 정의하여 선형적으로 분류를 수행한다. Figure 3.2에서는 선형적 분리에 대한 설명을 한다.

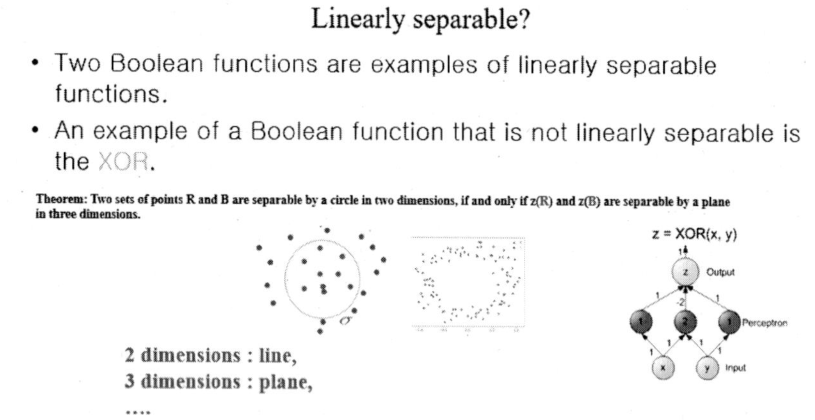

Linearly separable?

- Two Boolean functions are examples of linearly separable functions.
- An example of a Boolean function that is not linearly separable is the XOR.

Theorem: Two sets of points R and B are separable by a circle in two dimensions, if and only if z(R) and z(B) are separable by a plane in three dimensions.

z = XOR(x, y)

Output

Perceptron

Input

2 dimensions : line,
3 dimensions : plane,
....

Figure 3.2: 기계학습에서 선형적 분리(linear separation)는 데이터 포인트들을 하나 이상의 직선을 사용하여 두 개 이상의 클래스로 나눌 수 있는 경우를 말한다. 즉, 두 클래스가 직선을 기준으로 서로 구분될 수 있는 경우를 말한다. 2차원에 R(붉은색 점)과 B(푸른색 점) 이 흩어져 분포하고 있다. 이들을 분리할 수 있는 직선(2차원에서), 평면(3차원에서)을 각각 고려할 수 있다. 일반적으로 초평면(hyperplane)을 결정경계(decision boundary)로서 유도할 수 있으면 R과 B를 선형적으로 분리할 수 있다고 말한다. 2차원 평면에서 그림으로 표시할 수 있는 연산으로 논리합(OR)과 논리곱(AND)를 들 수 있다. 논리합, 논리곱 연산은 2차원에서 매우 많은 직선에 의해서 결과 값들이 양분될 수 있다. 하지만, 배타적 논리합(XOR) 연산의 결과를 2차원에서 단 하나의 직선으로 분류할수 없다. 분류를 위해서 더 높은 차원에서 정보를 취급하는 방법이 있을 수 있다.

3.3 비지도학습

비지도학습(unsupervised learning)은 데이터에서 명시적인 정답(label)이 주어지지 않은 상태에서 컴퓨터가 데이터의 구조나 패턴을 스스로 학습하는 기계학습 방법이다. 비지도학습은 입력 데이터에 대한 출력(정답, label)을 예측하는 것이 아니라, 입력 데이터 자체의 특성을 파악하고 이를 그룹화하거나 차원축소하는 등의 목적으로 사용된다.

비지도학습은 군집화(clustering)이나 차원축소(dimensionality reduction), 생성 모델(generative model) 등의 방법으로 데이터를 학습한다. 군집화는 유사한 데이터들을 그룹화하여 데이터의 구조를 파악하고, 차원축소는 고차원 데이터를 저차원으로 축소하여 데이터를 시각화하거나 노이즈를 제거하는 등의 목적으로 사용된다.

비지도학습의 장점으로는 입력 데이터에 대한 사전 지식이 필요하지 않으며, 데이터에서 발견되는 패턴을 자동으로 학습할 수 있다는 점이 있다. 하지만 명확한 목표나 성능 지표가 없기 때문에 모델의 평가가 어렵고, 결과의 해석이 어렵다는 단점도 있다. 비지도학습은 출력 데이터(label)가 없는 상황에서 입력 데이터의 패턴을 찾아내는 방법이다. 비지도학습은 정답(label)이 주어지지 않은 상황에서 입력 데이터의 특성을 파악하여 분석하는 방법이다. 군집화는 데이터를 여러 개의 그룹으로 나누는 작업을 말하며, 각 그룹의 데이터들은 서로 비슷한 특성을 가지고 있다. 차원축소는 데이터의 차원을 줄여서 데이터의 구조를 파악하는 것을 말하며, 대표적으로는 주성분 분석(principal component analysis, PCA), t-SNE(t-distributed stochastic neighbor embedding), 다양체학습(manifold learning) 등이 있다. 생성 모델은 주어진 데이터를 바탕으로 새로운 데이터를 생성하는 모델을 말한다. 동일하지만 서로 다른 많은 데이터로부터 주요한 공통적인 특성을 학습할 수 있다. 비지도학습은 입력 데이터만으로 학습을 하기 때문에, 데이터 분석에 대한 사전 지식이 없거나 레이블링된 데이터가 부족한 경우에 유용하게 사용될 수 있다. 예를 들어, 음성 신호에서 말하는 사람의 목소리와 환경 소음을 분리하는 작업이나, 유전자 분석에서 유전자의 유사성을 파악하는 작업 등이 있다. 자동암호기(autoencoder)의 경우 인공신경망을 활용하는데, 이것은 마치 주성분 분석 방법을 대치하는 것과 유사하면서도 보다 일반적인 방법으로 볼 수 있다. 자동암호기의 특수한 경우가 주성분 분석이라고 할 수 있다. 초상화 전문가를 생각하자. 이 분이 사람의 얼굴을 그린다고 할 때, 사람 얼굴들을 보고 가장 중요한 특성을 아주 간략하게 그릴 수 있는 경우를 볼 수 있다. 분명히 몇 번의 손 동작들(주성분들)로 사람 얼굴의 특성을 쉽게 뽑아 낸다. 이것은 초상화 전문가가 사람 얼굴의 주요한 성분을 쉽게 특성화시킬 수 있는 능력이 있기 때문에 가능하다.

주성분 분석은 데이터를 새로운 좌표계로 변환하는 기술로, 고차원 데이터를 저차원 데이터로 축소할 때 자주 사용된다. 이러한 축소는 데이터의 차원을 줄이면서도 가능한한 많은 정보를 유지하며, 이를 통해 데이터의 시각화나 분류, 예측, 인식 등에 활용할 수 있다. 주성분 분석은 주어진 데이터셋에서 가장 분산이 큰 방향, 즉 주성분을 찾아서 이를 기준으로 데이터를 변환한다. 그 다음 가장 큰 분산을 가지는 두번째 주성분을 찾아 데이터를 다시 변환한다. 이러한 과정을 반복하여 데이터를 원하는 차원으로 축소할 수 있다. 주성분 분석을 수행하면, 각 주성분은 원본 데이터의 변수들의 선형 조합으로 나타낼 수 있다. 첫번째 주성분과 두번째 주성분은 서로 수직이다. 이렇게 나타낸 주성분들은 각각이 서로 독립적이고, 원본 데이터의 분산을 최대한 보존하는 방향으로 정의된다. 따라서, 주성분 분석을 통해 얻은 주성분들은 데이터의 구조와 패턴을 파악하는데 매우 유용하며, 데이터 압축, 특성 추출 등의 다양한 분석에서 활용될 수 있다.

다양체학습은 고차원 데이터의 구조를 파악하기 위한 비선형 차원축소 기법이다. 일반적으로 고차원 데이터는 시각화나 분석 등의 목적으로 저차원으로 변환하는 것이 필요한 경우가 많은데, 이때 주로 사용되는 주성분 분석과 같은 선형 차원축소 기법은 데이터가 가지고 있는 비선형적인 구조를 잘 파악하지 못한다. 이를 해결하기 위해 제안된 것이 다양체학습(manifold learning)이다. 다양체학습은 데이터 포인트 간의 거리를 보존하면서, 고차원 공간에서 더 낮은 차원의 저차원 공간으로 매핑하는 방법이다. 이때, 데이터의 분포를 가장 잘 표현하는 저차원 공간의 차원 수를 선택해야 한다. Scikit-learn에서는 다양체학습을 위한 여러 알고리즘을 제공한다. 예를 들면, Isomap,[37] Locally Linear Embedding(LLE),[38] t-SNE,[39] Spectral Embedding[40] 등이 있다. 이 알고리즘들은 각각의 특징과 장단점이 있으며, 적용하고자 하는 데이터의 성질에 따라 적절한 알고리즘을 선택해야 한다. 다양체학습은 데이터 시각화를 비롯한 다양한 분야에서 유용하게 사용된다. 데이터 분포를 파악하고, 데이터 포인트 간의 관계를 시각적으로 파악하는 데에 매우 유용하다.

[37]: Geng et al. (2005), 'Supervised nonlinear dimensionality reduction for visualization and classification'
[38]: Roweis and Saul (2000), 'Nonlinear dimensionality reduction by locally linear embedding'
[39]: Van der Maaten and G. Hinton (2008), 'Visualizing data using t-SNE.'
[40]: Xia et al. (2010), 'Multiview spectral embedding'

몇 가지 대표적인 비지도학습 방법들을 아래에 소개하면 나음과 같다.

◇ 군집화(clustering): 데이터의 유사도를 기반으로 비슷한 그룹으로 묶는 방법이다. 대표적인 알고리즘으로는 *k*-means,[41] hierarchical clustering[42] 등이 있다.

◇ 차원축소(dimensionality reduction): 고차원 데이터를 저차원으로 축소시켜 분석하기 쉽게 만드는 방법이다. 대표적인 알고리즘으로는 주성분 분석(principal component analysis, PCA), t-SNE(t-distributed stochastic neighbor embedding), 자동암호기(autoencoder)[43] 등이 있다.

◇ 생성 모델(generative model): 데이터 분포를 모델링하여 새로운 데이터를 생성하는 방법이다. 대표적인 알고리즘으로는 적대적 생성망(generative adversarial network, GAN),[44, 45] 변분자동암호기(variational autoencoder, VAE), RBM(restricted Boltzmann machine),[46] 확산 모델(diffusion model)[47] 등이 있다.

◇ 이상치 탐지(anomaly detection): 정상적인 데이터와 이상치 데이터를 구분하는 방법이다. 대표적인 알고리즘으로는 one-class SVM(support vector machine), 아이솔레이션 포레스트(isolation forest),[48] 자동암호기 등이 있다.

◇ 밀도 추정(density estimation): 데이터의 분포를 추정하는 것을 의미한다. 대표적인 알고리즘으로는 KDE(kernel density estimation),[49]

[41]: Hartigan and Wong (1979), 'Algorithm AS 136: A k-means clustering algorithm'
[42]: S. C. Johnson (1967), 'Hierarchical clustering schemes'
[43]: D. P. Kingma and Welling (2013), 'Auto-encoding variational bayes'
[44]: Goodfellow (2016), 'Nips 2016 tutorial: Generative adversarial networks'
[45]: Goodfellow et al. (2020), 'Generative adversarial networks'
[46]: G. E. Hinton (2012), 'A practical guide to training restricted Boltzmann machines'
[47]: Dhariwal and Nichol (2021), 'Diffusion models beat gans on image synthesis'
[48]: Liu et al. (2008), 'Isolation forest'
[49]: Botev et al. (2010), 'Kernel density estimation via diffusion'

GMM(Gaussian mixture model)[50] 등이 있다.

[50]: Reynolds et al. (2009), 'Gaussian mixture models.'

◇ 연관규칙 학습(association rule learning): 데이터에서 항목 간의 관계를 찾아내는 방법이다. 대표적인 알고리즘으로는 Apriori, FP-growth 등이 있다.

이외에도 많은 비지도학습 방법이 개발되고 있으며, 이들은 데이터 분석 및 전처리, 생성 모델링, 이상치 탐지, 데이터 압축 등 다양한 분야에서 응용된다.

비지도학습 생성 모델은 입력 데이터만으로부터 새로운 데이터를 생성하는 모델이다. 이러한 생성 모델은 데이터 분포를 학습하고, 그 분포를 이용하여 새로운 데이터를 생성한다. 대표적인 비지도학습 생성 모델로는 변분자동암호기(variational autoencoder, VAE), 적대적 생성망(generative adversarial networks, GANs), 자동-회귀 모델(auto-regressive model) 등이 있다. 변분자동암호기는 암호기와 해독기로 구성되어 있으며, 암호기는 입력 데이터를 잠재 공간(latent space)으로 압축하고, 해독기는 잠재 공간의 특정 위치에 대응하는 샘플을 생성한다. 변분자동암호기는 해독기가 잠재 공간으로 부터 생성한 샘플이 실제 데이터와 최대한 유사하도록 학습한다. 변분자동암호기(variational autoencoder)는 자동암호기(autoencoder)의 변형 모델 중 하나로, 데이터셋을 잠재 공간(latent space)으로 압축한 뒤 다시 복원하는 과정에서 생성 모델(generative model)의 역할을 수행하는 확률적 모델이다. 변분자동암호기는 압축된 잠재 공간을 가우시안 분포와 같은 확률 분포로 가정하고, 이 분포의 평균과 분산을 학습하는 방식으로 작동한다. 이때, 변분자동암호기는 입력 데이터(이미지)에 대한 잠재 변수의 확률 분포를 학습하는 인코더 네트워크와, 잠재 변수를 입력받아 원본 데이터(이미지)를 재구성하는 디코더 네트워크로 구성된다. 변분자동암호기는 생성 모델의 특성을 활용해 데이터셋에서 새로운 샘플을 생성할 수 있으며, 이미지 변형 및 생성, 데이터 압축, 차원축소, 데이터 잡음 제거 등 다양한 분야에서 사용된다. 물론, 이미지 데이터가 아니라도 상관없다. 음성 데이터에 대한 비지도학습도 당연히 가능하다.

변분자동암호기(variational autoencoder) 모델은 이미지, 음성, 자연어 등 다양한 분야에서 성공적으로 적용되어 왔다.

◇ 이미지 생성: 변분자동암호기 모델은 이미지 생성 분야에서 많은 성과를 보였다. 예를 들어, MNIST 데이터셋에서 변분자동암호기 모델을

학습시켜서 손글씨 숫자 이미지를 생성하는 것이 가능하다.

◇ 이미지 재구성: 변분자동암호기 모델은 이미지 재구성 분야에서도 활용된다. 예를 들어, CIFAR-10 데이터셋에서 변분자동암호기 모델을 학습시켜서 원본 이미지를 재구성하는 것이 가능하다.

◇ 데이터 압축: 변분자동암호기 모델은 데이터 압축 분야에서도 활용된다. 예를 들어, 센서 데이터를 압축하는 데에 변분자동암호기 모델을 사용하는 것이 가능하다.

◇ 자연어 처리: 변분자동암호기 모델은 자연어 처리 분야에서도 활용된다. 예를 들어, 문장의 의미를 벡터로 표현하여 유사한 문장을 생성하는 것이 가능하다.

◇ 음성 합성: 변분자동암호기 모델은 음성 합성 분야에서도 활용된다. 예를 들어, Tacotron 2 모델에서 변분자동암호기 모델이 사용되어 음성을 합성하는 것이 가능하다.

이러한 다양한 분야에서 변분자동암호기 모델은 성공적으로 활용되고 있으며, 앞으로 더 많은 분야에서 변분자동암호기 모델의 활용이 예상된다.

변분자동암호기(variational autoencoder) 모델의 주요한 약점은 다음과 같다.

◇ 흐림 현상(blurriness): 변분자동암호기 모델에서는 잠재 변수(latent variable)의 정규화(regularization)를 위해 쿨백-라이블러 발산(Kullback-Leibler divergence)을 사용한다. 이때, 쿨백-라이블러 발산이 너무 크거나 작아지는 경우, 모델이 입력 데이터를 불필요하게 흐리게(reconstructed image가 원본 이미지에 비해 흐림) 만드는 경향이 있다.

◇ 고주파 세부사항 재현의 어려움(difficulty in capturing high-frequency details): 변분자동암호기 모델은 이미지나 데이터의 분포를 정규분포로 가정하여 처리하기 때문에, 고주파 세부사항(high-frequency details)을 재현하기 어렵다.

◇ 모드 붕괴(mode collapse): 변분자동암호기 모델은 특정한 입력 데이터에 대한 분포만을 학습하는 경우가 발생할 수 있다. 이러한 경우를 모드 붕괴라고 하며, 이는 변분자동암호기 모델의 안정성과 성능에 부정적인 영향을 미친다.

◇ 잠재 공간 해석의 어려움: 변분자동암호기 모델에서는 입력 데이터의 분포를 정규분포로 가정하고 잠재 변수를 추론한다. 이때, 잠재 변수가 실제 데이터와 어떤 의미를 가지는지 이해하기 어려울 수 있다.

이러한 약점들은 변분자동암호기 모델을 사용할 때 주의해야 할 점들이며, 이를 극복하기 위해 다양한 연구가 진행되고 있다.

적대적 생성망(generative adversarial network, GAN)은 생성 모델 중 하나이다. 적대적 생성망은 두 개의 인공신경망인 생성자(generator) 신경망과 판별자(discriminator) 신경망을 사용하여 새로운 데이터를 생성하는 모델이다. 생성자는 학습된 데이터 분포와 유사한 새로운 데이터를 생성하고, 판별자는 실제 데이터와 생성자가 생성한 데이터를 구분한다. 이 과정에서 생성자는 판별자가 구분하지 못할 정도로 실제 데이터와 유사한 데이터를 생성하고, 판별자는 구분자의 역할을 수행하여 생성된 데이터와 실제 데이터를 구분한다. 이러한 과정에서 생성자는 판별자를 속이기 위해 더욱 진짜 같은 데이터를 생성하려고 하고, 판별자는 생성자가 생성한 데이터를 구분하기 위해 더욱 정확한 구분을 하려고 노력한다. 이러한 경쟁 과정에서 생성자는 실제 데이터와 유사한 새로운 데이터를 생성할 수 있게 되고, 판별자는 생성된 데이터와 실제 데이터를 잘 구분할 수 있는 능력을 키울 수 있게 된다. 만약 생성자가 산출한 모조 데이터를 판별자가 50% 확률로 진위 여부를 판단한다면 학습을 종료된다. 이러한 적대적 생성망의 학습 결과로 생성된 데이터는 다양한 분야에서 활용될 수 있으며, 이미지, 음악, 영상 등의 다양한 데이터를 생성할 수 있다. 적대적 생성망은 딥러닝 분야에서 매우 혁신적인 모델 중 하나이며, 최근에는 다양한 분야에서 활용되고 있다. 내쉬 균형(Nash equilibrium)은 게임 이론에서 사용되는 개념으로, 상호 작용하는 여러 개체들 사이에서 각각이 최선의 선택을 할 때 전체적인 결과가 최적화되는 상태를 의미한다. 이 개념은 1950년대에 미국의 수학자 존 내쉬에 의해 제안되었다. 내쉬 균형은 두 개 이상의 참가자가 경쟁하거나 협력하는 게임에서 발생한다. 이 균형은 각 참가자가 다른 참가자의 선택에 영향을 받는 것을 전제로 하며, 각 참가자는 다른 참가자의 선택을 예측하고 그에 따라 자신의 선택을 조정한다. 내쉬 균형은 이러한 조정이 계속되다 보면 각 참가자가 더 이상 선택을 바꿀 필요가 없는 상태에 이르게 되는 것을 의미한다. 이러한 상태에서는 모든 참가자가 상대방의 선택에 대해 예측하고 그에 맞춰 자신의 선택을 한 결과 전체적으로 최적인 상황이 되며, 이를 내쉬 균형이라고 부른다.[6] 적대적 생성망에서 생성자와 식별자는 서로 대립적인 관계에 있기 때문에, 이 두 가지 구성 요소는 게임 이론의 "플레이어"로 생각할 수 있다. 따라서 적대적 생성망에서 생성자와 식별자 사이의 상호작용은 게임 이론에서의 게임과 유사하다.

6: 관련 영화:《뷰티풀 마인드》(2002년, 배우: 러셀 크로우, 에드 해리스). 노벨 경제학상을 수상한 미국의 수학자 존 내쉬(John Forbes Nash, Jr.)의 삶을 다룬 영화이다.

적대적 생성망은 많은 분야에서 성공적으로 적용되고 있다. 이 중에서도 특히 이미지 생성 분야에서 성공적인 예시가 많이 있다. 다음은 적대적 생성망의 성공 사례 중 일부이다.

◇ DCGAN(deep convolutional GAN):[51] DCGAN은 합성곱 신경망(convolutional neural network, CNN)을 사용하여 이미지 생성을 수행하는 적대적 생성망이다. DCGAN은 CIFAR-10, MNIST 등의 데이터셋에서 높은 수준의 이미지 생성을 성공적으로 수행하였다.

[51]: Radford et al. (2015), 'Unsupervised representation learning with deep convolutional generative adversarial networks'

◇ CycleGAN: CycleGAN은 두 개의 도메인 간에 이미지를 변환할 수 있는 적대적 생성망이다.[52] CycleGAN은 사진에서 예술 작품으로, 말 이미지에서 젖소 이미지로, 인물 사진에서 캐리커처 그림으로, 그리고 겨울 이미지에서 여름 이미지로 변환하는 등의 다양한 분야에서 성공적으로 적용되었다.

[52]: Zhu et al. (2017), 'Unpaired image-to-image translation using cycle-consistent adversarial networks'

◇ StyleGAN: StyleGAN은 이미지의 스타일과 특성을 생성하는 적대적 생성망이다. 이 모델은 고품질의 이미지 생성을 가능하게 하여, 예술, 디자인, 게임 등의 분야에서 활용되고 있다.[53]

[53]: Karras et al. (2020), 'Analyzing and improving the image quality of stylegan'

◇ BigGAN: BigGAN은 대규모 이미지 생성을 위한 적대적 생성망이다. 이 모델은 ImageNet 데이터셋에서 높은 해상도의 이미지를 생성하는 능력을 보여주었다. BigGAN은 예술, 디자인, 게임 등에서 활용될 수 있다.[54]

[54]: Brock et al. (2018), 'Large scale GAN training for high fidelity natural image synthesis'

위와 같이 적대적 생성망은 이미지 생성 분야를 중심으로 다양한 분야에서 성공적으로 적용되고 있다. 이외에도 적대적 생성망은 음성, 자연어 등의 분야에서도 적용 가능하며, 앞으로 더 많은 분야에서 성공적으로 적용될 것으로 기대된다.

적대적 생성망 모델의 주요한 약점은 다음과 같다.

◇ 모드 붕괴(mode collapse): 적대적 생성망 모델은 생성할 데이터에 대한 다양성을 보장하지 못하고, 특정한 이미지나 데이터만 생성하는 경우가 발생할 수 있다. 이러한 경우를 모드 붕괴라고 하며, 이는 적대적 생성망 모델의 안정성과 성능에 부정적인 영향을 미친다.

◇ 학습 불안정성(training instability): 적대적 생성망 모델은 학습 과정에서 경쟁하는 두 개의 모델이 존재하기 때문에 학습이 불안정해질 가능성이 있다. 특히, 생성자가 판별자를 속이는 방법을 찾으면 판별자가 다시 그것을 판별해내기 위해 새로운 방법을 찾아서 상호작용하는 과정에서 학습이 불안정해질 수 있다.

◇ 초월 매개변수 민감성(hyperparameter sensitivity): 적대적 생성망

모델의 성능은 초월 매개변수 설정에 크게 영향을 받는다. 초매개변수를 적절히 설정하지 않으면 모델의 학습이 제대로 이루어지지 않을 수 있다.

◇ 평가의 어려움(evaluation difficulty): 적대적 생성망 모델의 결과물을 평가하는 것은 어렵다. 생성된 이미지나 데이터가 실제와 얼마나 유사한지를 판별하는 것이 어렵기 때문이다.

이러한 약점들은 적대적 생성망 모델을 사용할 때 주의해야 할 점들이며, 이를 극복하기 위해 다양한 연구가 진행되고 있다.

확산 모델(diffusion model)은 이미지 생성 분야에서 최근에 많은 관심을 받고 있는 확률적인 이미지 생성 모델이다. 확산 모델은 DDPG(deep diffusion process on graph)라는 확률 프로세스에서 영감을 받아 만들어졌다.[55–58] 확산 모델은 일련의 연속적인 확률 과정으로 이루어져 있다. 이 과정에서 이미지의 픽셀 값은 시간에 따라서 서서히 변화한다. 확산 모델은 이미지의 픽셀 값이 시간에 따라서 어떻게 변화하는지를 확률적으로 모델링한다. 이를 통해 이미지의 특성을 추출하고, 이를 기반으로 새로운 이미지를 생성한다. 확산 모델에서는 픽셀 값이 시간에 따라서 변화하는 과정에서, 매 스텝마다 가우시안 노이즈가 추가한다. 이러한 노이즈를 통해 이미지의 특성이 서서히 드러나게 되고, 이를 기반으로 높은 해상도의 이미지를 생성할 수 있게 된다. 확산 모델에서는 생성된 이미지를 평가하기 위해, FID(Fréchet inception distance)와 같은 평가 지표를 사용한다.[59] 확산 모델은 최근에 발표된 모델이지만, 이미지 생성 분야에서 매우 높은 성능을 보이고 있다. 특히, 적대적 생성망과는 달리 안정적으로 학습이 가능하며, 안정적인 이미지 생성 성능을 보인다. 이러한 장점들로 인해 확산 모델은 이미지 생성 분야에서 더욱 많은 관심을 받고 있다. DDIM(denoising diffusion implicit model)은 DDPM(denoising diffusion probabilistic model)[60] 보다 더 가속화된 성능을 보여준다. DDIM은 non-Markovian chain 방식을 활용한다.[61]

[55]: Sohl-Dickstein et al. (2015), 'Deep unsupervised learning using nonequilibrium thermodynamics'
[56]: Bronstein et al. (2017), 'Geometric deep learning: going beyond euclidean data'
[57]: Monti et al. (2017), 'Geometric deep learning on graphs and manifolds using mixture model cnns'
[58]: D. Kingma et al. (2021), 'Variational diffusion models'
[59]: Sajjadi et al. (2018), 'Assessing generative models via precision and recall'
[60]: J. Ho et al. (2020), 'Denoising diffusion probabilistic models'
[61]: Song et al. (2020), 'Denoising diffusion implicit models'

자동-회귀 모델(auto-regressive model)은 입력 데이터의 이전 값을 참조하여 다음 값을 예측하는 모델로, RNN(recurrent neural network),[62] LSTM(long short-term memory),[63] GRU(gated recurrent unit)[64] 등이 이러한 모델에 속한다. 이 모델들은 데이터 시퀀스를 예측하는 데에 주로 사용되며, 이를 활용하여 새로운 데이터를 생성할 수 있다. 이러한 생성 모델들은 이미지, 음성, 자연어 등 다양한 분야에서 활용되어 왔으며, 최근에는 과학 분야에서도 활발하게 연구되고 있다.

[62]: Zaremba et al. (2014), 'Recurrent neural network regularization'
[63]: Hochreiter and Schmidhuber (1997), 'Long short-term memory'
[64]: Chung et al. (2014), 'Empirical evaluation of gated recurrent neural networks on sequence modeling'

CycleGAN을 이해하기 위해서 우선 적대적 생성망을 간단하게 살펴본다. 비지도학습 방법에 속하는 적대적 생성망은 생성 모델이다. 예를 들어, 적대적 생성망은 수 많은 사람 얼굴 사진들을 학습할 수 있다. 즉, 많은 사진들이 비지도학습 자료로 활용한다. 실제 사진인지 생성한 사진인지 구별하는 작업도 동시에 수행한다. 만들어 낸 사진이 진본 수준에 다다르게 하기 위해서 생성망이 지속적으로 훈련받게된다. 동시에 판별망도 진본, 위조본을 높은 수준에서 판단할 수 있는 능력을 가지도록 훈련된다. 이러한 적대적 생성망의 이미지 생성 능력을 적극 활용하는 것이 CycleGAN이다. CycleGAN에서는 두 가지 적대적 생성망 생성 모델을 동시에 생각한다. 즉, 적대적 생성망이 두 번 활용된다. 왜냐하면, 두 가지 서로 다른 도메인을 다루기 때문이다. 따라서, 적대적 생성망에서 처럼, 각각의 데이터들에 대해서 정확한 판별이 필요하다. 두 가지 종류의 데이터를 필요로 한다. 사실 두 종류의 데이터 사이에는 어느 정도 연관성이 있다. 완전히 연관성이 없다고 볼 수 없다. 하나의 변환을 생각할 수 있을 정도의 연관성을 가지고 있다. 예를 들면, 'image-to-image translation', 'unpaired image-to-image translation' 구조적 형식으로 어느 정도 제한을 둔 경우만 취급한다. 하지만, 일대일 연관성을 명시적으로 까발려놓은 상태에서 훈련하지 않는다. 즉, 지도학습이 아니다. CycleGAN은 철저히 비지도학습 기반의 계산이다. 두 가지 데이터가 하나의 쌍으로 연결되어 훈련되지 않는다.

'여름 그림(A)'을 '겨울 그림(B)'으로 바꾸는 경우, 그리고 그 반대의 경우에 해당하는 CycleGAN 구현을 위해서 아래의 절차가 필요하다.

```
# 그림 불러들이기
dataset = load_real_samples('A2B.npz')
print('Loaded', dataset[0].shape, dataset[1].shape)
# define input shape based on the loaded dataset
image_shape = dataset[0].shape[1:]
# 생성자: A → B
g_model_AtoB = define_generator(image_shape)
# 생성자: B → A
g_model_BtoA = define_generator(image_shape)
# 판별자: A → [real/fake]
d_model_A = define_discriminator(image_shape)
# 판별자: B → [real/fake]
d_model_B = define_discriminator(image_shape)
# 순환A: A → B → [real/fake, A]
```

```
c_model_AtoB = define_composite_model(g_model_AtoB, d_model_B,\
    g_model_BtoA, image_shape)
# 순환B: B → A → [real/fake, B]
c_model_BtoA = define_composite_model(g_model_BtoA, d_model_A,\
    g_model_AtoB, image_shape)
# 모델들 훈련하기
train(d_model_A, d_model_B, g_model_AtoB, g_model_BtoA,\
    c_model_AtoB, c_model_BtoA, dataset)
```

CycleGAN은 이미지를 다른 도메인으로 변환하는 것을 가능하게 해주는 딥러닝 모델 중 하나이다. 다양한 분야에서 활용될 수 있다.

◇ 예술: CycleGAN은 한 도메인의 예술 작품을 다른 도메인으로 변환하여 새로운 예술 작품을 만들 수 있다.

◇ 디자인: CycleGAN을 사용하여 의류, 가구, 자동차 등 다양한 제품의 디자인을 변환할 수 있다.

◇ 영화 및 비디오 게임: CycleGAN을 사용하여 특정 장면의 스타일을 다른 스타일로 변환하여 영화 또는 비디오 게임의 분위기를 변경할 수 있다. (인물 사진 → 10년 후 인물 사진)

◇ 의료 이미징: CycleGAN을 사용하여 MRI 이미지를 CT 이미지로 변환하거나, 초음파 이미지를 CT 또는 MRI 이미지로 변환하는 등의 활용이 가능하다.

◇ 컴퓨터 비전: CycleGAN을 사용하여 도시의 건물 이미지를 드로잉 이미지로 변환하거나, 낮의 이미지를 밤의 이미지로 변환하는 등의 활용이 가능하다.

◇ 로봇 공학: CycleGAN은 로봇 시각 인식 기술에도 활용될 수 있다. 예를 들어, 로봇이 한 환경에서 다른 환경으로 이동할 때 CycleGAN을 사용하여 로봇이 이동한 환경에서 식별하는 객체의 모양과 크기 등을 조정할 수 있다.

◇ 자율주행: CycleGAN은 자율주행 자동차에서도 활용될 수 있다. 예를 들어, 주간 도로의 이미지를 야간 도로 이미지로 변환하여 자율주행 시스템이 밤에도 안전하게 운전할 수 있도록 할 수 있다.

CycleGAN의 가장 큰 단점은 '모양'을 바꾸기에서 알고리즘의 한계가 나타낸다. 즉, 사과를 오렌지로 바꾸는 것과 같은 작업에서 한계가 있다. 사진을 모네 그림풍으로 변환, 그리고 그 반대 스타일 변환의 예를 Kaggle에서 찾을 수 있다. 예를 들면, 아래 URL을 참조할 수 있다.

https://www.kaggle.com/code/amyjang/monet-cyclegan-tutorial

3.4 강화학습

강화학습(reinforcement learning)은 인공지능의 하위 분야 중 하나로, 에이전트(agent)가 환경(environment)과 상호작용하며, 보상(reward)을 최대화하는 의사 결정 전략을 학습하는 것이다. 강화학습은 에이전트가 환경의 상태를 관찰하고, 그 상태에 대한 정보를 바탕으로 행동을 선택하며, 선택한 행동에 대한 보상을 받는다. 이러한 과정에서 에이전트는 보상을 최대화하기 위한 최적의 의사 결정 전략을 스스로 학습하게 된다.[65]

[65]: Kaelbling et al. (1996), 'Reinforcement learning: A survey'

강화학습의 기본적인 요소는 다음과 같다.
◇ 에이전트(agent): 의사 결정을 수행하는 주체
◇ 환경(environment): 에이전트가 상호작용하는 대상
◇ 상태(state): 환경에서 에이전트가 관측할 수 있는 정보
◇ 행동(action): 에이전트가 선택 가능한 선택지
◇ 보상(reward): 에이전트가 특정 행동을 했을 때 받는 보상

강화학습은 주로 게임이나 로봇 제어, 자연어 처리, 추천 시스템 등의 분야에서 사용된다. 예를 들어, 게임 분야에서는 AlphaGo가 바둑 게임에서 강화학습을 이용하여 전략을 학습하여 이길 수 있었다. 또한, 로봇 제어 분야에서는 강화학습을 이용하여 로봇이 다양한 환경에서 스스로 이동하는 등의 행동을 학습할 수 있다.

강화학습은 게임, 로봇 제어, 자율주행 등에 활용된다. 이 경우, 목적함수가 지연된 이득이 되도록 하는 것이 특성이다. 강화학습은 환경과 상호작용하며 보상을 최대화하는 의사 결정 전략을 학습하는 방법이다. 에이전트가 환경과 상호작용하며 보상을 최대화하는 방법을 학습하는 방법이다. 대표적인 예시로는 게임, 로봇 제어, 자율주행 등이 있다.

강화학습을 구현하는 데 도움을 주는 여러 라이브러리가 있다. 그 중에서도 대표적인 강화학습 라이브러리는 다음과 같다.
◇ OpenAI Gym: OpenAI에서 개발한 강화학습 툴킷이다. 강화학습 알고리즘을 쉽게 구현하고 테스트할 수 있는 환경을 제공한다.

◇ TensorFlow: 구글에서 개발한 기계학습 라이브러리이다. 강화학습을 포함한 다양한 기계학습 알고리즘을 구현할 수 있다.
◇ PyTorch: 페이스북에서 개발한 기계학습 라이브러리이다. TensorFlow와 유사한 기능을 제공하며, 강화학습 알고리즘 구현에 많이 사용된다.
◇ Keras-RL: Keras에서 제공하는 강화학습 라이브러리이다. Keras를 기반으로 하여 강화학습 알고리즘을 쉽게 구현할 수 있다.
◇ RLlib: Ray Project에서 제공하는 강화학습 라이브러리이다. 분산환경에서의 강화학습 알고리즘을 구현할 수 있다.

강화학습은 기계학습 분야에서 상대적으로 어려운 분야 중 하나이다. 이는 다음과 같은 이유로 설명될 수 있다.
◇ 행동의 시퀀스에 의한 보상: 강화학습은 에이전트가 시퀀스 형태로 행동을 수행하고 그에 따른 보상을 받는 문제를 해결한다. 이러한 시퀀스 형태의 행동을 수행하는 문제는 상태 공간이 매우 크고 복잡하기 때문에, 학습에 많은 데이터와 계산 자원이 필요하다.
◇ 시간적인 지연 보상 문제: 강화학습에서는 에이전트가 행동을 수행하고 나서 보상을 받는다. 때문에 이 보상을 얻기 위한 행동의 결과가 시간적으로 늦게 나타나기 때문에, 보상과 행동 사이에 시간적인 딜레이가 존재한다. 이를 해결하기 위해서는 에이전트가 과거의 행동과 상태를 기억하고 사용해야 한다.
◇ 적절한 보상 함수 설계의 어려움: 강화학습에서는 에이전트가 보상 함수를 통해 최적의 행동을 찾는다. 그러나 적절한 보상 함수를 설계하는 것은 어려운 문제이다. 올바른 보상 함수를 설계하지 않으면 에이전트는 잘못된 방향으로 학습할 수 있다.
◇ 탐험과 이용의 균형 유지: 강화학습에서는 탐험(exploration)과 이용(exploitation)의 균형을 유지해야 한다. 이를 위해, 에이전트는 탐험을 통해 새로운 행동을 시도하면서 보상을 최적화해야 한다. 그러나, 이를 너무 많이 하면 학습이 느리고 에이전트가 원하는 결과를 얻지 못할 수 있다.
◇ 고차원 상태 공간: 강화학습에서는 보통 고차원의 벡터로 표현되는 상태(state)를 사용한다. 고차원의 상태 공간에서는 에이전트가 학습을 잘 하기 위해서는 상태의 차원을 줄이거나, 상태를 잘 표현하는 방법을 찾아야 한다.

강화학습은 다양한 분야에서 성공적으로 적용되어 왔다. 여기에는 몇 가지 대표적인 예시를 소개한다.

◇ AlphaGo: 2016년 구글 딥마인드 연구팀에서 개발한 AlphaGo는 강화학습을 이용해 바둑에서 세계 최강 프로 선수 이세돌을 이기는 역사적인 승리를 거두었다. 이를 위해 AlphaGo는 강화학습을 통해 학습된 신경망을 사용하고, 몬테칼로 트리 탐색 등의 알고리즘을 이용하여 높은 수준의 전략을 개발했다.[22]

[22]: Silver et al. (2016), 'Mastering the game of Go with deep neural networks and tree search'

◇ 딥마인드의 스타크래프트 II AI: 구글 딥마인드의 연구팀은 강화학습을 이용해 스타크래프트 II에서 인간 수준 이상의 성능을 달성하는 인공지능을 개발했다. 이를 위해 딥마인드는 StarCraft II API를 이용하여 게임 내 정보를 수집하고, 'Deep Q-Network(DQN)'과 'Proximal Policy Optimization(PPO)' 등의 강화학습 알고리즘을 적용하여 학습한 신경망을 사용하였다.[66]

[66]: Vinyals et al. (2019), 'Grandmaster level in StarCraft II using multi-agent reinforcement learning'

◇ 자율주행 자동차: 강화학습은 자율주행 자동차 분야에서도 활용되고 있다. 예를 들어, 오토너머스(Autonomous)는 강화학습을 이용해 자동차가 도로 상황을 인지하고, 안전하고 빠르게 주행할 수 있는 신경망을 학습시키고 있다.

◇ 로봇 제어: 강화학습은 로봇 제어 분야에서도 성공적으로 적용되고 있다. 예를 들어, 보스턴 다이내믹스에서는 강화학습을 이용하여 로봇 팔의 제어 방식을 최적화하는 연구를 진행하고 있다.

◇ 게임 AI: 강화학습은 다양한 게임 분야에서도 성공적으로 적용되고 있다. 예를 들어, OpenAI에서는 강화학습을 이용해 로봇을 조작하는 게임인 로보챌린지(RoboSumo)에서 우승을 차지한 AI를 개발하였으며, 이외에도 강화학습을 이용해 오목, 체스, 트레이딩 카드 게임 등에서 인간 수준 이상의 성능을 달성한 AI가 개발되었다.

인공지능 기반 자율주행 시스템이 인간 수준의 판단력을 갖기 위해선 상당한 시험 기간이 필요하다. 자율주행에 대한 방대한 양의 데이터 학습과 그것을 검증하는 것이 '비현실'이라고 보는 견해도 있다. 2023년, 기존 딥러닝 기술을 강화한 'D2RL(고밀도 심층 강화학습)' 기술을 통해 학습 능력을 향상시킨 자율주행 연구 결과가 발표되었다.[67] 'D2RL' 기술의 특징은 기존 딥러닝과 달리 학습에 필요한 정보만을 선별할 수 있다는 것이다. 교통사고에 직결되는 정보만을 취합해 소화함으로써 학습 효율을 높일 수 있다. 실험을 통해 'D2RL'의 효율성이 확인됐다. 기존 딥러닝 기술을 사용했을 때보다 학습 속도가 최대 100배 이상 빨라졌다.

[67]: Feng et al. (2023), 'Dense reinforcement learning for safety validation of autonomous vehicles'

아래의 URL에서 강화학습에 대한 학습을 시작할 수 있다.
https://www.gymlibrary.dev/content/tutorials/
https://www.kaggle.com/

3.5 진화학습

진화학습(evolutionary learning)은 생물 진화에서 착안하여 개발된 기계학습 기법 중 하나로, 유전자 변이, 자연 선택 등의 메커니즘을 모방하여 최적의 해결책을 찾아가는 방식이다. 이 방식은 모델이 복잡한 문제를 해결하거나 혹은 전통적인 기계학습 방식으로는 최적해를 찾기 어려운 경우에 유용하게 사용된다. 진화학습에서는 초기 모델 집합을 생성하고, 각 모델의 성능을 평가한 후 성능이 우수한 일부 모델은 유전자 연산(교배, 돌연변이 등)을 통해 새로운 후손 모델을 생성하게 된다. 그리고 후손 모델은 다시 성능 평가를 거쳐 우수한 모델들만을 살리는 과정을 반복하면서, 점차적으로 높은 성능의 모델을 만들어내는 것이다.

진화학습은 주로 최적화 문제나 설계, 탐색 문제에서 활용되며, 특히 모델이 복잡하거나 최적해를 찾기 어려운 경우에 적용된다. 예를 들어, 딥러닝에서는 신경망의 구조나 초월 매개변수 최적화에 진화학습을 활용할 수 있다. 또한, 로봇 디자인이나 게임 캐릭터 디자인 등에도 적용될 수 있다. 일반적으로 진화학습 알고리즘은 해를 유전자(gene) 형태로 표현하며, 해의 품질은 적합도 함수(fitness function)를 통해 측정된다. 이후 해의 품질을 개선하기 위해 유전 연산자(선택, 교차, 변이, 대치 등)를 적용하여 새로운 해를 생성하며, 이 과정을 반복하며 최적해를 찾아가는 방식이다. 선택(selection)은 일종의 생존 경쟁으로 이루어진다. 일반적으로 각 개체는 문제 해결 능력이나 적합도(fitness)라는 값으로 평가된다. 이 값은 각 개체의 특성에 따라 다르게 계산된다. 선택 시, 개체의 적합도 값이 높을수록 다음 세대에 선택될 확률이 높아진다. 이렇게 선택된 개체들은 다음 세대에 부모 개체로서 이용되며, 이후 교차(crossover)와 변이(mutation) 등의 과정을 거쳐 새로운 후손 개체를 생성하게 된다. 기존의 개체는 후손 개체에 의해서 대치(replacement)될 수 있다. 유전자들을 변형시켜 보다 더 좋은 해를 얻는 것을 진화라고 볼 수 있다. 진화학습은 전통적인 인공지능 연구분야이다. 심층학습이 출현한 이후에도 여전히 중요한 연구분야로 남아있다.

3.6 '차원의 저주'와 다양한 거리의 정의

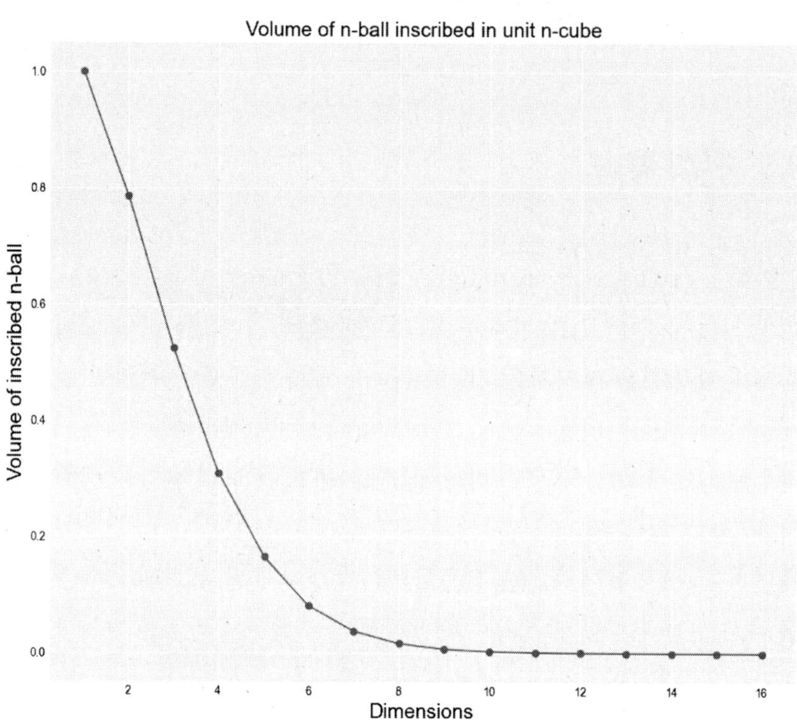

Figure 3.3: '구의 부피'/'상자의 부피' 비율을 차원의 함수로 나타내었다.

이공계 문제 풀이에서 해를 표현하는 표현자를 개발해야만 한다. 아울러, 두 개의 해들 사이의 거리를 측정할 수 있어야 한다. 기계학습의 경우, 새로운 공간으로 모든 데이터를 보낼 수 있다. 아울러 새로운 공간에서는 거리의 정의가 달라질 수 있다. 이렇게 될 경우, 보다 더 쉽게 자료들을 분류할 수도 있다. 이러한 새로운 변환을 찾는 것이 어쩌면 기계학습의 목표일지도 모른다. 데이터를 구별하려면 '거리'를 정의할 수 있어야 한다. 다양한 '거리' 계산 방법을 필요한 이유는, 데이터 분석 및 기계학습 분야에서 '거리' 계산이 중요한 역할을 하기 때문이다.[7] 데이터 분석에서는 주어진 데이터들 간의 거리 계산을 통해, 데이터 포인트들이 얼마나 유사한지, 또는 얼마나 다른지 등을 알 수 있다. 이를 통해 데이터의 패턴을 파악하고, 기계학습 알고리즘의 성능 향상을 유도할 수 있다. 다양한 '거리' 계산 방법들은, 데이터의 특성에 따라 선별되어 사용될 수 있다. 예를 들어, 유클리드 거리는 공간에서 물체들 간의 거리를 측정하는 데 적합하다. 하지만, 매우 높은 차원의 데이터에서는, 모든 차원에서 거리를 계산하는데 많은 계산 비용이 발생하며, '차원의 저주'(curse of dimensionality) 문제가 발생할 수 있다. Figure 3.3에서는 '구의 부피'/'상자의 부피' 비율을 차원의 함수로 계산하고 이를 그림

7: '차원의 저주'란, 데이터의 차원이 높아질수록 데이터 분석이 어려워지는 것을 지칭한다. 차원이 증가할 수록 지수적인 스케일로 데이터가 더 많이 필요하다는 의미이기도 하다. 차원이 증가할수록 데이터 포인트 간의 거리가 멀어지기 때문에, 새로운 데이터가 기존 데이터와 가까워질 가능성이 줄어들어 이상치의 발견이 어려워지고, 불필요한 변수가 증가하여 모델의 복잡도가 증가하고 과적합(overfitting)이 발생할 가능성이 높아진다.

으로 표시하였다. 고차원일수록 한 점 주변이 차지하는 공간의 비율이 낮아 진다. 일반적인 n-차원에서 '반경이 $\frac{1}{2}$인 구(n-dimensional ball of radius $\frac{1}{2}$, n-balls)의 부피'와 '반폭이 $\frac{1}{2}$인 상자(n-cubes)의 부피'를 각각 생각한다. 고차원일수록 '구의 부피'/'상자의 부피'의 비율이 급격히 줄어든다. 고차원에서 해석적 '구의 부피'는 다음의 URL에서 확인할 수 있다. https://en.wikipedia.org/wiki/Volume_of_an_n-ball 하이퍼스피어의 부피는 하이퍼큐브의 중심에서 $\frac{1}{2}$ 거리 내에 있는 점의 비율로, 차원이 증가함에 따라 하이퍼큐브 중심에서 $\frac{1}{2}$ 거리 내에 있는 점의 수는 점점 줄어든다.

$$
\begin{aligned}
1D &: 1, \\
2D &: \frac{\pi}{4} \approx 0.7853, \\
3D &: \frac{4\pi/3}{8} \approx 0.5236, \\
4D &: \frac{\pi^2/2}{16} \approx 0.3085, \\
5D &: \approx 0.1644, \\
6D &: \approx 0.0807, \\
7D &: \approx 0.0369, \\
8D &: \approx 0.0158, \\
9D &: \approx 0.0064, \\
10D &: \approx 0.0025. \qquad (3.1)
\end{aligned}
$$

Figure 3.4에서는 3차원, 300차원, 그리고 30,000차원에서 무작위로 균일하게 분포하는 점들 사이의 거리 분포를 나타내고 있다. 각각의 차원에서 얻어낼 수 있는 가장 큰 거리를 기준 값으로 잡아 재규격화한 거리의 분포를 계산했다. 차원이 증가할수록 재규격화한 거리의 평균도 증가한다. 고차원에서는 두 점들이 서로 멀리 떨어져 분포한다는 것이다. 거의 같은 수준으로 멀리 떨어져 분포한다. 따라서, 고양이 사진과 개 사진을 구별하는 모델을 만들어 놓아도, 새로운 사진이 들어올 경우, 고차원에서는 이 사진이 고양이 사진, 개 사진으로 부터 사실상 둘 다 멀리 떨어져 있게 되어 구별이 어려워진다. '차원의 저주'는 고차원 공간에서 데이터 포인트 간의 거리 측정, 모델링, 데이터 시각화, 차원축소 등 다양한 분석 작업에서 발생한다. 차원이 증가할수록 데이터 포인트 간의 거리가 멀어지기 때문에, 새로운 데이터가 기존 데이터와 가까워질 가능성이 줄어들어 이상치의 발견이 어려워지고, 불필요한 변수가 증가하여 모델의 복잡도가 증가하고 과적합(overfitting)이 발생할 가능성이 높아진다. 또한, 차원이 높아질수록 데이터를 시각화하거나 분석하기가 어려워지기 때문에 해결 방법이 필요하다. '차원의 저주'를 해결하기 위해서는, 적절한 차원축소 기법을 사용하거나, 특성 선택(feature selection)을 통해 차원을 줄일 수 있다. 또한, 데이터가 매우 드문 경우에는 데이터 수를 늘리는 것도 도움이 될 수 있다.

일반적으로 고차원 데이터 학습은 '차원의 저주'에 시달리는 것으로 알려져 있지만, 최신 기계학습 방법은 많은 양의 데이터를 사용하지 않고도 다양하고 까다로운 실제 학습 문제를 해결하는 놀라운 힘을 발휘하는 경우가 많다. 이러한 방법이 정확히 어떻게 '차원의 저주'를 깨는지는 딥러닝 이론에서 근본적인 미해결 과제로 남아 있다.[8] 다만, 귀납적 편향(국소 연결, 가중치 공유, 풀링 등)과 대칭성 파괴가 어느 정도 역할을 하는 것으로 알려져 있다. 로컬 연결은 고유 공간의 크기를 기하급수적으로(차원적으로) 감소시키는 역할을 한다. 또 다른 분석으로 두 가지 항목을 언급하는 경우도 있다. 신경망의 각 뉴런에는 고유한 활성화 기능이 있다. 각 뉴런이 활성화되면 스파스 코딩(sparse coding, 간결, 유효한 표현)이 발생한다. 각 뉴런은 이미지가 주어졌을 때 발견되는 각기 다른 특성을 포착할 수 있다. 점과 점 사이에 선을 그릴 수 있는 경우, 고차원 공간에 대부분의 데이터가 다양체를 형성할 수 있다. 이 다양체는 모든 점을 연결하는 선이 될 수 있다. 신경망과 딥러닝 방법은 이를 활용할 수 있다. 스파스 코딩은 입력신호를 가능한 한 적은 수의 활성화된 뉴런으로 표현하는 방법이다. 이 방법은 자연적인 신호의 특성을 모델링하는 데 유용하며, 신경생리학 분야에서도 연구가 진행되고 있다. 예를 들어, 이미지를 표현하기 위해 모든 픽셀 값을 사용하는 것이 아니라, 이미지에서 유의미한 정보를 나타내는 일부 픽셀만을 선택하여 표현하는 방법다. 이러한 표현은 이미지를 압축하고 노이즈를 제거하는 데 도움이 된다. 스파스 코딩은 일반적으로 다음과 같은 과정으로 이루어진다.

◇ 입력 신호를 선정한다. 이 신호는 일반적으로 벡터 형태의 데이터이다.

◇ 기저 함수를 정한다. 기저 함수는 입력 신호를 표현하는 데 사용된다. 예를 들어, 이미지 신호의 경우, 기저 함수로는 웨이블릿 변환을 사용할 수 있다. 기저 함수를 사용하여 입력 신호를 분해한다. 이를 통해 입력 신호는 일련의 가중치 벡터로 분해된다.

◇ L_1-norm 제약조건을 사용하여 가중치 벡터의 희소성을 촉진한다. 이는

8: 맨하탄 거리(Manhattan distance)는 좌표 평면에서 두 점 사이의 거리를 측정하는 방법 중 하나이다. 이 방법은 두 점 간의 가로 세로 거리의 합으로 계산된다. 예를 들어, 좌표 평면에서 (1, 2)와 (4, 5) 사이의 맨하탄 거리는 다음과 같이 계산된다. | 4−1 | + | 5−2 |= 3+3 = 6. 2차원이 아니라도 정의된다. 때로는 "격자 거리" 또는 "타일 거리"로도 불린다. 맨하탄 거리는 컴퓨터 비전, 게임 개발, 로봇 공학 등 다양한 분야에서 사용되며, 기계학습에서는 주로 군집화 알고리즘 등에서 사용된다. 해밍 거리(Hamming distance)는 동일한 길이를 가지는 두 문자열에서 서로 다른 문자를 가지고 있는 자리들의 수를 지칭한다. 예를 들어, '1001'과 '1000'은 같은 길이를 가지고 있다. 하지만 마지막 한 자리가 서로 다르다. 즉, 해밍 거리는 1이다. 레벤슈타인 거리(Levenshtein distance, 편집 거리)는 서로 다른 두 문자열 사이의 거리를 지칭한다. 이때, 두 개 문자열은 일반적으로 서로 다른 길이를 가지고 있다.

입력 신호를 표현하는 데 가장 중요한 기저 함수를 선택하는 데 도움이 된다.

◇ 분해된 신호를 재구성한다. 재구성된 신호는 기존 입력 신호와 가능한 한 가깝게 일치하면서도 희소한 가중치 벡터를 사용하여 표현된다.

이러한 과정을 통해 입력 신호의 특징을 추출하고, 효율적인 신호 표현을 얻을 수 있다. 스파스 코딩은 기계학습 분야에서 널리 사용되며, 이미지,

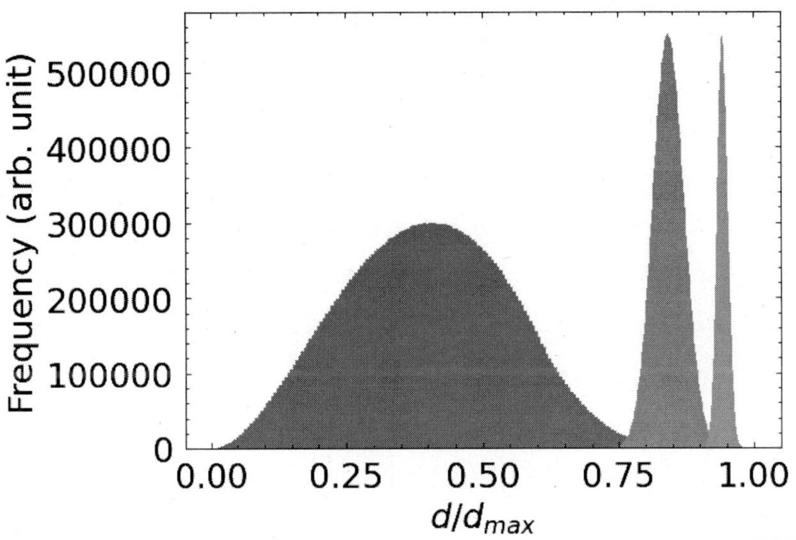

Figure 3.4: 3차원, 300차원, 그리고 30,000차원에서 각각 무작위로 분포하는 점들 사이의 거리를 계산했다. 가장 큰 거리 값을 기준으로 삼았다. 즉, 모든 거리 값을 재규격화했다. 이렇게 재규격화한 거리의 분포를 계산했다. 차원이 증가할수록 재규격화한 거리의 평균도 증가한다. 실제 인공신경망의 입력은 재규격화되어야만 한다.

음성, 텍스트 등 다양한 유형의 데이터를 처리하는 데 활용된다. 스파스 코딩은 입력 데이터를 희소 표현(sparse representation)으로 변환하는 과정을 거친다. 이를 위해 입력 데이터에 적합한 사전(dictionary)을 찾아내고, 입력 데이터를 해당 사전에 기반한 선형 결합으로 표현한다. 이때, 스파스 코딩은 최소한의 선형 결합만 사용하여 입력 데이터를 표현하려고 노력한다.

사용할 차원(특성)의 수를 신중하게 선택하는 것은 네트워크를 훈련하는 데이터 과학자의 특권이다. 일반적으로 훈련 집합의 크기가 작을수록 더 적은 수의 특성을 사용해야 한다. 특성이 무한대로 많으면 훈련 예시도 무한대로 필요하므로 네트워크의 실제 유용성이 떨어진다. 저차원 공간에서는 데이터가 매우 유사해 보일 수 있지만 차원이 높아질수록 데이터 포인트가 더 멀리 떨어져 있을 수 있다. 공간에 뿌려진 데이터의 정확한 이해를 위해 훈련에 필요한 데이터의 수는 기하급수적으로 증가한다. '차원의 저주'가 기계학습에 의미하는 바는 실로 크다.

매우 높은 차원의 데이터를 다루는 경우에는 맨하탄 거리나 코사인 유사

도와 같은 다른 거리 계산 방법이 더 효율적일 수 있다. 예를 들어, 텍스트 데이터 분석에서는 코사인 유사도가 많이 사용된다. 이는 문서들 간의 유사성을 측정하는 데 적합한 방법이다. 또한, 이미지 분석에서는, 차이점이 작은 픽셀들 간의 거리 계산을 위해 맨하탄 거리나 체비셰프 거리가 많이 사용된다. 적절한 거리의 선택은 데이터 분석 및 기계학습 분야에서 성능 향상에 큰 영향을 미친다. 아래의 URL은 SciPy 라이버러리에서 정의된 다양한 '거리' 정의에 대한 설명을 포함하고 있다.
https://docs.scipy.org/doc/scipy/reference/

확률 분포 함수들$\{P(x), Q(x)\}$이 정의되어 있을 때, 상대적인 무질서도를 아래와 같이 정의할 수 있다. 실제로 고정된 확률 분포를 $P(x)$로 생각할 때 다음과 같은 '거리' 정의가 가능하다. 로그 함수적으로 관찰할 때 두 확률 분포들 사이의 차이를 기대 값 형식으로 표시한 것이다.[35] 예를 들어, 두 개의 확률 분포들이 있다면, 쿨백-라이블러 발산(Kullback-Leibler divergence, D_{KL})를 활용할 수 있다.

[35]: Kullback and Leibler (1951), 'On information and sufficiency'

$$\begin{aligned} D_{KL}(P||Q) &= \sum_x P(x) log\left(\frac{P(x)}{Q(x)}\right) \\ &= \sum_x P(x) log\left(P(x)\right) - \sum_x P(x) log\left(Q(x)\right). \end{aligned} \quad (3.2)$$

정보이론은 신호, 데이터 및 정보를 다루는 분야에서 중요한 역할을 한다. 정보이론에서는 정보를 비트 단위로 측정하며, 정보의 양은 이진 비트 수로 측정된다. 정보이론은 다양한 분야에서 응용된다. 예를 들어, 통신 분야에서는 데이터를 가장 효율적으로 전달하는 방법을 개발하는 데 사용된다. 데이터 압축에서는 정보를 가능한 한 적은 비트 수로 표현하는 알고리즘을 개발하는 데 사용된다. 또한, 인코딩 및 암호화 분야에서도 정보이론이 사용된다.[9] 정보이론은 수학적으로 이론을 구성하며, 주로 확률론, 통계학, 수학 및 전산학 등과 관련이 있다. 정보이론은 현재 인터넷, 통신, 데이터 분석 등의 분야에서 널리 사용되고 있으며, 다양한 현대 기술의 핵심이 되고 있다. 정보이론에서 두 확률 분포의 차이를 계산하는 방법이 본격적으로 등장한다. 두 확률 분포의 차이를 비교하여, 분포 간의 '거리'를 측정할 수 있다. D_{KL}는 한 분포를 다른 분포의 근사 분포로 사용할 때 발생하는 정보 손실을 측정한다. 예를 들어, 분류 모델에서 분류해야 할 클래스가 많아질수록 모델의 출력 분포는 실제 분포와 차이가 발생할 수 있다. 이 경우, D_{KL}를 사용하여 모델의 출력 분포와 실제 분포 간의 차이를 측정하고 모델을 개선할 수 있다. D_{KL}는 항상 0보다 크거나 같다.

9: 정보이론은 정보의 양과 효율적인 전달 방법에 대한 이론으로, 섀넌(Claude Shannon)에 의해 개발되었다.

두 분포가 동일한 경우 D_{KL}는 0이 된다. D_{KL}는 정보 검색, 자연어 처리, 컴퓨터 비전 및 기타 분야에서 많이 사용된다.[68]

[68]: Shannon (1948), 'A mathematical theory of communication'

크로스-엔트로피(cross-entropy)는 실제 값과 예측 값이 유사할 경우에는 0으로 수렴하고, 값이 상이할 경우에는 커진다.[69] 실제 값과 예측 값의 차이를 줄이고 싶을 때 사용할 수 있는 목적함수가 된다. 알려진 분포의 경우, 예를 들어, $P(x)$가 알려져 있으면 무질서도는 상수가된다. 따라서, $Q(x)$가 알려진 $P(x)$에 수렴할 수 있게 하는 방법을 찾을 때 사용할 수 있다. 일반적으로 기계학습 데이터 분류 모델 구축에서 많이 활용되는 목적함수이다. 크로스-엔트로피(cross-entropy)는 정보 이론에서 사용되는 개념 중 하나로, 두 개의 확률 분포의 차이를 나타내는 지표이다. 특히, 예측된 분포와 실제 분포 사이의 차이를 계산하기 위해 분류 모델의 손실함수로 사용된다.

[69]: De Boer et al. (2005), 'A tutorial on the cross-entropy method'

$$cross - entropy \quad = \quad -\sum_{x} P(x) log\,(Q(x))\,. \tag{3.3}$$

자연스럽게 아래와 같이 엔트로피(무질서도)가 정의된다. 불확실한 정도, 무질서한 정도를 의미한다. 불확실성이 최소화될 경우, 정보가 최대화됨을 의미한다. 분류 모델의 목표는 가능한 한 작은 크로스-엔트로피 값을 가지도록 모델을 학습시키는 것이다. 이를 위해, 크로스-엔트로피 값을 최소화하는 방향으로 모델의 파라미터를 조정하게 된다.

$$entropy \quad = \quad -\sum_{x} P(x) log\,(P(x))\,. \tag{3.4}$$

0과1로 구성된 비트 문자열(bit string)으로 표현 된 해를 가정할 경우, 두 해 사이의 거리를 해밍 거리(Hamming distance)를 활용할 수 있다. 그 밖에도, 'Euclidean', 'Manhattan', 'Chebychev', 'Minkowski', 'Chocolate', 'Pearson', 'Mahalanobis', 'cosine', 'Haversine', 'Jaccard (Tanimoto)', 'Levenshtein', 'Sϕrensen-Dice', 'Jensen-Shannon', 'Canberra', 'Spearman', 'Chi-Square', 'Kendal tau' 거리 등이 사용될 수 있다. 상황에 맞추어 가장 적절한 거리를 선택하여 사용하는 것이 좋다. 해를 표현하는 방식, 해들 사이의 거리를 정의할 수 있다면 사용자가 설정한 목적함수에 부합하는 해를 찾는 것이 가능하다. 이것이 최적화를 통한 탐색이고 설계이다. 예를 들면, 실험으로 얻어진 이미지 데이터와 이론 계산 결과로 얻어낸 이미지를 각각 고려할 수 있다. 이미지가 행렬로 표현된다는 것을 고려하면, 두 이미지 사이의 거리는 자연스럽게 정의될 수 있다. 이들 사이의 거리를 최소화할 수 있다면 해당 이론 설계가 가능하다.

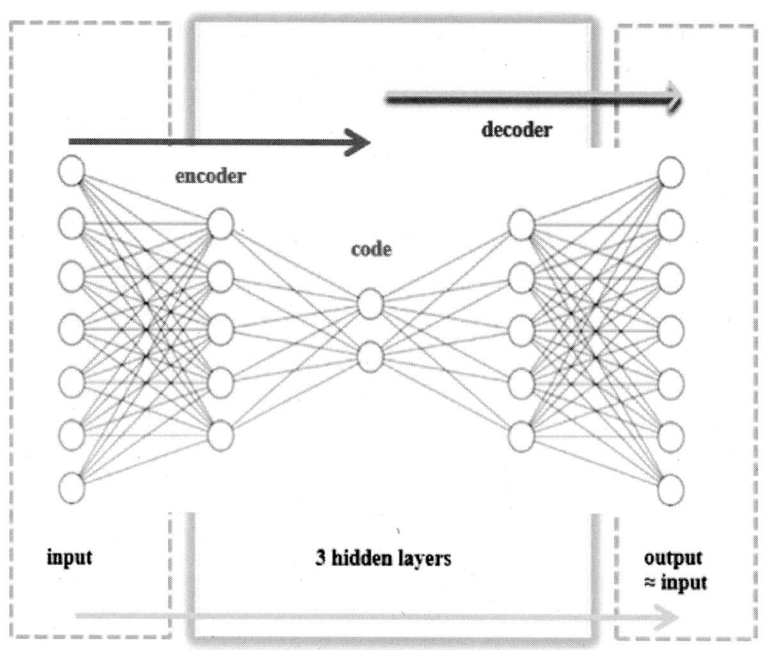

Figure 3.5: 하나의 인공신경망이지만, 두 개의 인공신경망이 순서대로 붙어 있다고 생각한다. 한 가운데 층에서 암호(code)가 만들어진다. 앞부분은 데이터에 대한 암호를 만드는 암호기(암호망)에 해당한다. 뒷부분은 암호를 해독하여 데이터를 생성하는 해독기(생성망)에 해당한다.

사실, 비지도학습(unsupervised learning)도 최적화를 통해서 이루어진다. 예를 들어, 자동암호기(autoencoder)를 고려해 볼 수 있다. 입력과 출력이 동일할 수 없는 조건에서 최대한 동일하게 되도록 할 수 있다. 즉, 해당 작업을 인공신경망의 가중치들에 대해서 최적화를 할 수 있다. 이러한 작업은 데이터의 암호를 자동적으로 정할 수 있게 해준다. 이때 동원된 최적화 과정은 암호기와 해독기가 동시에 훈련될 수 있도록 한다. 데이터를 압축하는 앞단은 타깃 값이 없기 때문에 비지도 학습이지만, 전체 구조를 보면 사실 입력 데이터가 타깃 값이므로 자기-지도학습(self-supervised learning)으로 볼 수 있다.

대부분의 기계학습에서는 국소 최적화 방법을 활용하여 목적함수를 최적화 한다. 목적함수가 주어진 데이터의 분류를 위해서 정의 될 수 있다. 이때, 목적함수는 크로스-엔트로피가 되면 된다. 회귀의 경우, 목적함수는 평균제곱오차(MSE)로 정의되면 적절하다. 강화학습의 경우, 지연된 이득(retarded reward)으로 정의될 수 있다. 비지도학습의 경우, 차원축소와 같이 독립 변수들의 수를 절대적으로 줄여서 암호화시키는 과정에서 자연스럽게 목적함수를 정의할 수 있다. 모든 데이터 포인트가 데이터 포인트 자신으로 변환되는 과정을 격게하는 것이다. 이때, 데이터 포인트를 구성하는 요소들을 대폭 축소하는 것이다. 즉, 2차원과 같은 아주 저차원의 벡터로 데이터 포인트를 표현하게 하는 것이다. 이러한 절차에서 자연스럽게 데이터를 암호화 하는 부분과 해독하는 부분으로 나눌 수 있다. 특히, 선형 변환을 통하여 저차원에서 데이터들을 모두 암호화하는 경우을 특별하게 주성분 분석 방법이라고 부른다. 사실, 이것은 분산을 극대화 시킬 수 있는 방향을 선형적으로 찾는 것이다. 일반적으로 비선형 변환으로 목적함수를 최적화할 수 있게 신경망 두 개를 붙여서 구성할 수 있다. 이 경우가 자동 암호기라고 불리는 인공신경망에 해당한다. 즉, 자동암호기는 데이터를 암호화하는 장치이다. 이 암호를 만드는 과정에 해독기가 필요하다. 그래서 자동암호기는 암호기와 해독기로 구성되어 있다. 자동암호기가 완성되면 데이터를 암호화 할 수 있다. 반면, 해독기는 새로운 입력을 받아서 새로운 데이터를 만들어 낼 수 있다. 비지도학습을 통해서 생성 모델을 만들 수 있다. Figure 3.5에서 자동암호기를 도식적으로 표현했다. 전체 인공신경망은 의도를 가지고 두 개의 신경망으로 분리할 수 있다. 앞부분은 암호기에 해당하고, 뒷부분은 해독기에 해당한다. 훈련은 전체 인공신경망을 이용해서 수행된다. 데이터가 최대한 축약되기를 바라면서 동시에 최대한 원본과 같이 복원되기를 바라는 형식이다. 훈련 후에 데이터에 대한 고유한 모든 암호(code)를 얻을 수 있다. 자동암호기를 특수하게 선형적으로 운용한 경우를 주성분 분석 방법이라고 볼 수도 있다.

자동암호기는 레이블이 없는 데이터의 효율적인 암호화, 즉, 비지도 학습에 사용되는 인공신경망의 한 유형이다. 학습된 표현이 유용한 속성을 갖도록 강제하는 것을 목표로 하는 변형이 존재한다. 예를 들어, 후속 분류 작업을 위한 표현을 학습하는 데 효과적인 정규화된 자동 암호화(스파스, 노이즈 제거 및 수축)와 생성 모델로 응용되는 변형 자동 인코더가 있다. 자동암호기는 얼굴 인식, 특징 감지, 이상 감지, 단어의 의미 파악 등 다양한 문제에 적용된다. 자동암호기는 입력 데이터(학습 데이터)와 유사한 새로운 데이터를 무작위로 생성할 수 있는 생성 모델이기도 하다. 자동암호기는 크레이머(Kramer)에 의해 주성분 분석(PCA)의 비선형 일반화로서 처음 제안되었다.[70] 1990년대 초에 처음 적용되었다. 가장 전통적인 응용 분야는 차원축소 또는 '특징 학습(feature learning)'이었지만, 이 개념은 데이터의 생성 모델을 학습하는 데 널리 사용되었다. 2010년대 가장 강력한 인공지능 응용 중 일부는 심층 신경망 내부에 쌓인 자동암호기와 관련이 있을 수 있다. 자동암호기의 두 가지 주요 응용

[70]: Kramer (1991), 'Nonlinear principal component analysis using autoassociative neural networks'

분야는 차원축소와 정보 검색이지만, 최근에는 이상치 감지, 이미지 처리 등 다른 작업에도 변형이 적용되고 있다.

변분자동암호기(variational autoencoder, VAE)는 확률론적 그래픽 모델과 변분 베이지안 방법의 계열에 속한다. 자동암호기와 구조적 유사성에도 불구하고 변분자동암호기는 다른 목표와 완전히 다른 수학적 공식을 가지는 신경망 구조이다. 이 경우 잠재 공간은 고정 벡터 대신 여러 분포의 혼합으로 구성된다. 변분자동암호기는 신경망을 전체 구조의 일부만 활용하는 확률적 생성 모델이다. 이러한 작업에서 알 수 있듯이, 변분자동암호기는 일반적인 내삽과 같은 작업을 수행할 수 있고, 생성 모델의 기초가 될 수 있다. 생성 모델(generative model)은 데이터를 생성하는 확률 분포를 학습하여, 새로운 데이터를 생성하는 모델이다.

트리-기반 알고리즘 4

4.1 식을 줄 모르는 인기: 화이트 박스(white box)

트리-기반 알고리즘은 분류(classification)와 회귀(regression) 문제를 해결하는 데 매우 효과적인 기술이다.[71] 이러한 알고리즘 중에는 랜덤 포레스트(random forest), XGBoost, lightGBM 등이 있다. 이들 중에서 가장 기본적인 알고리즘은 의사 결정 나무(decision tree)이다. 의사 결정 나무는 데이터의 특성(feature)을 이용하여 분류나 회귀를 수행하는 알고리즘이다. 각 노드는 입력 변수의 값을 기준으로 하나의 분기를 가지며, 이러한 분기가 계속해서 반복되어 결정을 내려가는 구조이다. 이러한 구조를 이용하여 데이터의 패턴을 파악하고, 예측, 분류, 회귀 등의 문제를 해결할 수 있다. 이 알고리즘은 훈련 데이터를 기반으로 새로운 데이터의 분류나 회귀를 예측하는 데 사용된다. 하지만 의사 결정 나무는 과적합(overfitting) 문제가 발생하기 쉬우며, 이를 해결하기 위해 배깅(bagging)과 부스팅(boosting)이라는 알고리즘이 개발되었다.[72, 73]

[71]: Quinlan (1987), 'Simplifying decision trees'

[72]: Breiman (1996), 'Bagging predictors'
[73]: Freund, Schapire, et al. (1996), 'Experiments with a new boosting algorithm'

의사 결정 나무(decision tree) 알고리즘에서는 노드의 불순도를 측정하기 위해 Gini impurity를 사용한다. 의사 결정 나무는 분류 또는 회귀 분석 문제를 해결하기 위한 지도학습 알고리즘 중 하나로, 특성(feature)들을 이용해 데이터를 분할하면서 트리 구조로 분류 모델을 만들어 간다. 트리-기반 방법은 트리(나무) 형태로 모델을 나타내기 때문에, 각 분기점에서 어떤 변수가 중요하게 작용했는지 쉽게 파악할 수 있다. 의사 결정 나무에서 노드를 분할하는 기준은 최대한 많은 데이터를 한 클래스로 모으고, 다른 클래스로 구분되는 데이터는 최소화하는 것이다. 이를 위해 Gini impurity를 이용하여 노드의 불순도를 계산한다. 불순도는 데이터 집합에 서로 다른 클래스의 샘플들이 얼마나 섞여 있는지를 측정하는 데 사용된다. 각 노드에서 Gini impurity를 이용하여 불순도를 계산하고, 이를 최소화하는 방법으로 데이터를 분할하며, 이 과정을 반복하여 의사 결정 나무를 구성한다. Gini impurity는 0에서 1 사이의 값을 가지며, 0일 때는 모든 데이터가 같은 클래스에 속하고, 1일 때는 모든 데이터가 서로 다른 클래스에 동일하게 분포된다. Gini impurity를 최소화하는 방법은 가능한 모든 분할 방법을 검토하고, 그 중에서 가장 Gini impurity가 작은 분할 방법을 선택하는 것이다. 따라서 Gini impurity는 분류 모델의 성능을 개선하기 위한 목적함수 중 하나이다. 최적의 분할 방법을 찾아 불순도를 최소화하면, 분류 모델의 정확도가 높아지게 된다. 트리-기반 방법은 결측치(missing data)나 이상치(outlier)에 강건하다는 장점이 있다. 트리-기반 방법은 특정 변수의 결측치가 있을 경우, 그 변수를 이용한 분기점을 만들지 않는다. 이러한 방법으로 결측치나 이상치의 영향력을 최소화할 수 있다.

배깅(bagging)은 'bootstrap aggregating'의 줄임말로, 원래의 데이터 집합으로부터 중복을 허용한 추출을 통해 샘플을 여러 번 구성하고 각각의 샘플에 의해 생성된 모형을 결합하여 전체 모델의 성능을 높이는 알고리즘이다. 이를 통해 과적합을 줄이고 예측 성능을 향상시킬 수 있다. 랜덤 포레스트(random forest)는 배깅의 한 예이다. 배깅은 다수의 bootstrap sample(중복을 허용한 임의 추출된 샘플)을 통해 복수의 분류기 또는 회귀 모델을 학습시키고, 모델들이 생성한 예측 결과를 집계하여 최종 예측 결과를 도출한다. 배깅이 주로 사용되는 분야는 앙상블 기법이다. 앙상블 기법은 여러 개의 분류기 또는 회귀 모델을 조합하여 예측 성능을 개선하는 방법이다. 배깅은 앙상블 기법 중 가장 기본이 되는 방법으로, 주로 의사 결정 나무를 이용한 랜덤 포레스트 등에 적용된다. 배깅은 각 모델이 고유한 무작위 데이터셋을 이용해 학습하고, 예측 결과를 집계하기 때문에 과적합 문제를 해결할 수 있다. 또한, 다수의 모델들을 이용하기 때문에 이상치나 잘못된 데이터에 덜 민감하게 학습할 수 있다. 하지만, 모델들 간의 상관관계가 높아지면 성능 향상효과는 더 이상 없을 수 있다. 또한, 모델들 간의 상관관계를 줄이기 위해 특성 추출(feature sampling)과 같은 방법이 사용될 수 있으나, 이 경우 예측 성능이 저하될 수 있다. 랜덤 포레스트는 여러 개의 의사 결정 나무를 생성하고, 이들의 예측 결과를 조합하여 보다 정확한 예측 결과를 도출하는 앙상블 기법이다. 다수의 의사 결정 나무를 생성하고, 각각의 나무가 독립적으로 학습하도록 하여 다양한 패턴을 학습하고, 이를 결합하여 보다 정확한 예측 결과를 도출한다. 나무들이 많이 있기 때문에 숲(forest)이라는 용어를 사용하는 것이다.

부스팅(boosting)은 여러 개의 의사 결정 나무를 순차적으로 학습하여 앙상블 모델을 생성하는 방법이다. 이전에 잘못 분류된 데이터에 가중치를 부여하여 다음 트리의 학습에 사용하고, 이 과정을 반복하여 성능을 향상시킨다. 대표적인 알고리즘으로는 에이다부스트(AdaBoost)와 그래디언트 부스팅(gradient boosting)이 있다. 부스팅은 배깅보다 높은 성능을 가지지만, 데이터의 불균형 문제 등을 고려해야 한다. 이러한 문제는 다양한 방법으로 해결할 수 있으며, 대표적인 예로는 XGBoost, LightGBM 등이 있다. 부스팅은 여러 개의 약한 학습기(weak learner)를 결합하여 강한 학습기(strong learner)를 만드는 앙상블 학습(ensemble learning) 방법 중 하나이다. 부스팅은 먼저 초기 모델을 학습시키고, 이 모델이 잘못 예측한 샘플들에 가중치를 높여서 다음 모델을 학습시킨다. 이렇게 여러 모델을 순차적으로 학습하면서 예측 오류를 줄여나가는 방식이다. 부스팅은 대표적으로 에이다부스트(AdaBoost), 그래디언트 부스팅(gradient boosting), XGBoost, lightGBM 등이 있으며, 다양한 분야에서 좋은 성능을 보인다.

트리-기반 알고리즘은, 많은 경우, 데이터를 전처리하거나, 초월 매개변수(hyperparameter)를 튜닝하는 등의 복잡한 작업이 필요하지 않기 때문에, 사용이 상대적으로 간편하다. 따라서, 트리-기반 알고리즘은 대용량 데이터나 복잡한 분류 문제에도 잘 적용되며, 이미지 분류나 텍스트 분류에도 많이 활용된다. 트리-기반 기계학습은 지도학습에서 일반적으로 사용되는 분류 및 회귀 문제에서 매우 효과적이다. 이전에 딥러닝이 대중화되기 전에도 이미 의사 결정 나무, 랜덤 포레스트, 그래디언트 부스팅 등과 같은 트리-기반 기계학습 알고리즘이 널리 사용되었다. 트리-기반 기계학습의 성공은 다음과 같은 이유로 설명될 수 있다.

◇ 해석력이 우수: 트리-기반 모델은 의사 결정 규칙을 명확하게 나타내므로 예측 결과를 해석하거나 모델의 작동 방식을 이해하는 데 용이하다. 이러한 이유 때문에 트리-기반 모델은 블랙 박스(black box)가 아닌 화이트 박스(white box)로 불리운다. 블랙 박스 모델은 대부분 딥러닝 기반 알고리즘이며, 이러한 모델은 정확도가 높지만, 예측 결과를 설명하기 어렵다는 단점이 있다. 따라서, 트리-기반 알고리즘은 상대적으로 화이트 박스라고 불리는 것이다. 이해하기 쉽고 해석하기 쉬운 모델 구조를 가지고 있기 때문에, 데이터 분석가나 의사 결정을 내리는 사람들이 모델을 이해하고 사용하는 데 용이하다.

◇ 과적합을 방지: 트리-기반 모델은 과적합 문제를 방지하는 기술이 구현되어 있다. 예를 들어, 랜덤 포레스트는 각 나무가 다른 부분 집합에서 학습되도록하는 방식으로 과적합을 방지한다.

◇ 작은 데이터셋에서도 효과적: 트리-기반 모델은 작은 데이터셋에서도

효과적으로 작동한다. 딥러닝은 대량의 데이터를 필요로 하기 때문에 작은 데이터셋에서는 작동하지 않을 수 있다.
◇ 낮은 계산 비용: 트리-기반 모델은 계산 비용이 적으며, 특히 특성이 많은 데이터셋에서도 빠르게 작동한다.
따라서, 이러한 이유로 트리-기반 기계학습 알고리즘은 딥러닝 이전에도 다양한 분야에서 성공적으로 활용되었다.

트리-기반 알고리즘은 기계학습 분야에서 오랫동안 연구되어왔다. 특히, 의사 결정 나무라는 알고리즘은 데이터 마이닝과 패턴 인식 분야에서 자주 사용되어졌다. 랜덤 포레스트(random forest)와 그래디언트 부스팅(gradient boosting)과 같은 트리-기반 앙상블 모델들이 등장한 이후로는, 트리-기반 기계학습의 인기가 더욱 높아졌다. 트리-기반 알고리즘이 가장 유행했던 시기는 2000년대 후반에서 2010년대 초반으로, 랜덤 포레스트와 그래디언트 부스팅이 등장하면서 더욱 성능이 향상되었다. 오늘날에도, 트리-기반 알고리즘이 여전히 다양한 분야에서 널리 사용되고 있다.

4.2 scikit-learn

Scikit-learn(이전 명칭: scikits.learn, sklearn, https://scikit-learn.org/stable/)은 파이썬 프로그래밍 언어용 기계학습 라이브러리이다. 이 패키지는 간단한 사용법과 높은 성능을 제공한다. Scikit-learn은 다양한 알고리즘을 제공한다. 이 라이브러리에서 지원하는 주요 모델들은 다음과 같다.
◇ 회귀: 선형 회귀, 릿지 회귀, 라쏘 회귀, 엘라스틱넷 회귀, 로지스틱 회귀 등
◇ 분류: *k*-NN(*k*-nearest neighborhood),[74] 서포트 벡터 머신(support vector machine),[14] 의사 결정 나무, 랜덤 포레스트, 그래디언트 부스팅,[75] 에이다부스트(AdaBoost),[76] 등
◇ 군집화: *k*-means,[41] 계층적 군집화, DBSCAN[77] 등
◇ 차원축소: 주성분 분석(principal component analysis, PCA), LDA(linear discriminant analysis)[78] 등
◇ 모델 선택 및 평가: 교차-검증, 그리드 서치(grid search), 평가지표 등
이외에도 scikit-learn은 데이터 전처리를 위한 다양한 기능을 제공하며,

[74]: Zhang and Z.-H. Zhou (2007), 'ML-KNN: A lazy learning approach to multi-label learning'
[14]: Cortes and Vapnik (1995), 'Support-vector networks'
[75]: Friedman (2002), 'Stochastic gradient boosting'
[76]: Hastie et al. (2009), 'Multi-class adaboost'
[41]: Hartigan and Wong (1979), 'Algorithm AS 136: A k-means clustering algorithm'
[77]: Schubert et al. (2017), 'DBSCAN revisited, revisited: why and how you should (still) use DBSCAN'
[78]: Yu and Yang (2001), 'A direct LDA algorithm for high-dimensional data—with application to face recognition'

머신러닝 모델링에서 매우 유용한 도구이다. 파이썬의 수치 및 과학 라이브러리 NumPy 및 SciPy와 함께 운용되도록 설계되었다. Scikit-learn은 NumFOCUS의 재정 지원을 받는 프로젝트이다. Scikit-learn은 사용이 쉽고 높은 수준의 API(application programming interface)를 제공하여 기계학습 모델을 빠르게 개발할 수 있도록 도와준다. 또한, 많은 수의 데이터셋과 예제 코드를 포함하고 있어서 새로운 기계학습 프로젝트를 시작할 때 좋은 출발점이 된다. 또한, scikit-learn은 다른 기계학습 라이브러리와 호환되어 다양한 기계학습 애플리케이션을 쉽게 구현할 수 있다. 이러한 장점들로 인해 scikit-learn은 많은 데이터 과학자와 기계학습 엔지니어들이 가장 많이 사용하는 기계학습 라이브러리 중 하나이다.

트리-기반 알고리즘은 다양한 응용 분야에서 성공적으로 적용되어 왔다. 일부 예시는 다음과 같다.
◇ 의사 결정 나무(decision trees): 분류와 회귀 모두에 사용될 수 있으며, 해석이 용이하다는 장점이 있다. 의료 진단, 마케팅 분석 등에 사용된다.
◇ 랜덤 포레스트(random forest): 의사 결정 나무의 한계를 극복하기 위해 만들어졌으며, 성능이 우수하고 과적합(overfitting)이 잘 일어나지 않는다. 이미지 분류, 데이터 마이닝 등에 사용된다.
◇ 그래디언트 부스팅(gradient boosting): 랜덤 포레스트와 마찬가지로 여러 개의 의사 결정 나무를 사용하지만, 이전 모델의 오차를 보완하며 학습하는 방식이다. 높은 성능을 보이며, Kaggle 등 데이터 분석 대회에서 좋은 성적을 내는 경우가 많다.
이외에도 다양한 응용 분야에서 트리-기반 알고리즘이 사용되고 있다.

Scikit-learn은 트리-기반 알고리즘을 포함한 다양한 기계학습 알고리즘을 제공하는 라이브러리이지만, 모든 트리-기반 알고리즘을 제공하지는 않는다. Scikit-learn이 제공하는 트리-기반 알고리즘에는 의사 결정 나무(decision tree), 랜덤 포레스트(random forest), 에이다부스트(AdaBoost), 그래디언트 부스팅(gradient boosting) 등이 있다. 하지만 XGBoost나 lightGBM 등 기타 부스팅 알고리즘은 scikit-learn에 포함되어 있지 않다. 트리-기반 알고리즘이 이용될 수 있는 경우는 다양하다. 예를 들어, 고객의 구매 이력을 바탕으로 구매 예측 모델을 구축하는 등의 문제에 사용된다. 암 진단, 이상치 탐지, 텍스트 분류, 이미지 분류 등에 사용된다. 보험 회사에서는 고객의 개인 신용 평가나 클레임 이력 등의 정보를 활용해 보험 가입 가능성을 예측하거나 보험 청구 여부를 예측하는데에 트리-기반 모델을 사용할 수 있다. 제조업에서는 제품의 불량 여부를 판별하기 위해 제품에 대한 다양한 측정치 데이터를 이용해 트리-기반 모델을 구성하고 불량 제품 판별에 활용한다. 마케팅 분야에서는 고객 행동 패턴과 선호도를 분석하여 개인화된 마케팅 전략을 수립하는데에 트리-기반 모델을 활용할 수 있다. 게임 분야에서는 게임 AI를 개발하는데에 트리-기반 모델이 활용된다. 예를 들어, AlphaGo는 트리-기반 알고리즘인 몬테칼로 트리 탐색(Monte Carlo tree search) 알고리즘을 사용하여 바둑 게임을 한다. 의료 분야에서는 환자 데이터를 분석하여 질병 예측, 치료 방법 선택, 약물 효과 예측 등에 활용된다. 금융 분야에서는 주가 예측, 부도 예측 등 다양한 분야에서 활용된다.

[14]: Cortes and Vapnik (1995), 'Support-vector networks'

서포트 벡터 머신(support vector machine, SVM)은 지도학습 알고리즘 중 하나로, 데이터를 분류하거나 회귀 문제를 해결하는 데 사용한다.[14] 서포트 벡터 머신은 주어진 데이터를 분류하기 위해 최적의 결정 경계(decision boundary)를 찾는다. 이 결정 경계는 데이터 공간에서 클래스 간의 최대 마진(margin)을 갖는 초평면(hyperplane)이다. 데이터를 쉽게 분리할 수 있는 초평면(hyperplane)을 찾는다. 일반적으로 서포트 벡터 머신은 클래스 A와 클래스 B를 구분하는 최대 거리, 최대 마진(margin)을 가진 분리 평면을 찾는데 높은 차원을 잘 활용한다. 예를 들면, 커널(kernel) 함수를 이용하여 데이터를 고차원 공간(high-dimensional space)으로 변환한다. 그 곳에서 데이터가 선형적으로 분리될 수 있는 공간임을 확인한다. 그리고 결정 경계를 찾기 위해, 이 공간에서 서포트 벡터(support vector)라는 일부 데이터 포인트만 사용한다. m 차원(훈련 집합)에서 n개의 관측 값이 주어지면 서포트 벡터 머신은 두 클래스 사이의 선형 구분선을 찾으려고 시도한다. 이러한 구분선이 여러 개 발견되면(대부분의 경우 실재로 존재한다.) 구분선의 양쪽에서 가장 가까운 지점으로부터의 거리를 최대화하는 구분선을 찾는다. 선형 구분자를 찾지 못하면 커널 함수라고 하는 함수를 사용하여 m차원의 점을 고차원으로 이동하여 고차원에서 선형 구분자를 찾는다. 사실 데이터 집합의 비선형성은 서포트 벡터 머신에 전혀 문제가 되지 않는다. 서포트 벡터 머신은 다음과 같은 단계들과 특성을 가지고 있다.

◇ 데이터를 고차원 공간으로 매핑한다. 서포트 벡터 머신은 결정 경계를 정의하는 데 있어 최적화 기법을 사용하고 분류 정확도를 높을 수 있다.

◇ 각 데이터 포인트 간의 거리를 최대화하는 비선형 결정 경계(decision boundary)를 찾는다.

◇ 결정 경계로부터 가장 가까운 데이터 포인트들과의 거리를 최대화한다. 최대 마진(margin)을 찾는다.

◇ 서포트 벡터 머신은 다양한 커널(kernel) 함수를 사용하여 데이터를 고차원 공간으로 매핑할 수 있다. 결정 경계를 찾는다.

◇ 서포트 벡터 머신은 높은 정확도와 일반화(generalization) 성능을 보이는 알고리즘이다.

◇ 서포트 벡터 머신은 결정 경계가 어떻게 작동하는지 이해하기 쉽다.

서포트 벡터 머신은 기계학습 분야에서 유용하게 사용되는 분류 및 회귀 분석 기법 중 하나이며, 그 유용성으로 인해 서포트 벡터 머신은 기계학습에서 지속적으로 인기를 얻고 있다. 서포트 벡터 머신은 계속해서 연구 및 발전되어 왔으며, 현재까지도 널리 사용되고 있다.

4.3 lightGBM, XGboost, CatBoost

LightGBM은 그래디언트 부스팅(gradient boosting) 체계에서 사용되는 효율적인 의사 결정 나무 알고리즘이다.[79] LightGBM은 매우 빠르게 대규모 데이터를 처리할 수 있으며, 다른 그래디언트 부스팅(gradient boosting) 알고리즘보다 정확도가 더 높은 것으로 알려져 있다. LightGBM의 우수성은 크게 다음과 같은 특징들로 설명할 수 있다.

[79]: Ke et al. (2017), 'Lightgbm: A highly efficient gradient boosting decision tree'

◇ 빠른 속도: lightGBM은 'leaf-wise' 방식으로 의사 결정 나무를 생성하여 'depth-first search'를 사용한다. 이는 다른 알고리즘들에 비해 적은 수의 분기로 더욱 빠른 학습과 예측이 가능하다. 'Leaf-wise' 트리 생성 방식은 일반적인 트리 생성 방식인 level-wise 방식과 달리, 한번 분할 할 때마다 leaf node를 선택하고 해당 leaf node에서 가장 정보 이득이 큰 feature를 기준으로 분할을 수행한다. 이렇게 하면 더 깊은 트리를 만들고 더 적은 수의 분할로 높은 정확도를 달성할 수 있다. 데이터가 크거나 특성들이 많은 경우에 유리하다.

◇ 낮은 메모리 사용량: lightGBM은 메모리 사용량을 최소화하기 위해 'feature bundling', 'leaf-wise tree growth' 등 다양한 방법을 사용한다.

◇ 높은 정확도: 'leaf-wise tree growth'를 사용하면 보다 적은 수의 'leaf node'를 가지고 높은 정확도를 달성할 수 있다. 하지만, max_depth와 min_child_samples와 같은 초월 매개변수를 사용하여 과적합을 방지해야 한다.

◇ 조정 가능한 초월 매개변수: lightGBM은 다양한 초월 매개변수를 제공하며, 최적의 초월 매개변수를 조정하여 모델의 성능을 향상시킬 수 있다.
◇ 다양한 데이터 형식 지원: lightGBM은 다양한 데이터 형식을 지원한다. 이는 데이터 전처리 과정을 단순화하고 빠른 학습을 가능하게 한다. 따라서, lightGBM은 다양한 분야에서 사용되며, Kaggle과 같은 대회에서도 우수한 성적을 보이고 있다.

LightGBM과 XGBoost는 모두 그래디언트 부스팅 알고리즘을 기반으로 한 기계학습 라이브러리이다. 이들은 빠른 학습과 예측 속도, 높은 예측 성능 등으로 인해 인기가 매우 높다. 그러나 두 라이브러리는 몇 가지 차이점이 있다.
◇ 속도: lightGBM은 데이터 병렬 처리, 리프 중심 히스토그램 기반 분할 등의 기술을 사용하여 학습과 예측의 속도가 매우 빠르다. XGBoost도 빠르지만, lightGBM보다는 다소 느린 편이다.
◇ 메모리 사용: lightGBM은 트리-기반 모델에서 적은 메모리를 사용한다. 이는 작은 데이터셋에서는 크게 느껴지지 않을 수 있지만, 대규모 데이터셋에서는 큰 차이를 만들 수 있다. 반면 XGBoost는 상대적으로 많은 메모리를 사용한다.
◇ 정확도: lightGBM과 XGBoost 모두 높은 예측 정확도를 제공하지만, 일부 데이터셋에서는 lightGBM이 더 나은 성능을 보인다. 그러나 일반적으로는 두 라이브러리의 성능 차이가 크지 않다.
◇ 튜닝의 용이성: XGBoost는 초월 매개변수를 조정하기 쉽다.[80] 하지만 lightGBM은 매우 다양한 초월 매개변수를 가지고 있어, 적절한 초월 매개변수를 찾는 것이 어려울 수 있다.
따라서, lightGBM과 XGBoost 모두 우수한 기계학습 라이브러리이며, 사용하는 데이터셋과 모델링 요구사항에 따라 선택할 수 있다. 일반적으로 대규모 데이터셋이나 빠른 학습 속도가 필요한 경우 lightGBM을 사용하는 것이 좋다.

[80]: T. Chen et al. (2015), 'Xgboost: extreme gradient boosting'

LightGBM은 특성 중요도(feature importance)를 쉽게 계산할 수 있는 기능을 제공한다. 특성 중요도란, 모델이 예측을 하는데 있어서 어떤 특성(feature, 변수)이 가장 중요한 역할을 하는지를 나타내는 지표이다. LightGBM에서는 특성 중요도를 계산할 때 gain이라는 값을 기준으로 한다. Gain은 해당 특성을 사용하여 분기(split)할 때 얻는 정보 이득(information gain)의 총합으로, 높은 gain을 가진 특성일수록 중요한 특성로 간주한다. 따라서, lightGBM에서 특성 중요도를 계산하면, 어떤 특성이 가장 중요하게 작용하는지를 알 수 있으며, 이를 통해 해당 특성에 대한 인사이트를 얻거나, 특성 선택(feature selection)에 활용할 수 있다.

CatBoost(categorical boosting)는 그래디언트 부스팅 트리-기반의 오픈소스 기계학습 라이브러리이다.[81] 특히, 카테고리형 변수를 자동으로 인코딩하는 기능을 갖춘 효과적인 모델링 도구로 알려져 있다. CatBoost는 자동으로 카테고리형 변수를 처리하고, 누락된 값을 처리하는 기능, 나무 가지치기 기능, 다양한 손실함수 지원 등 다양한 기능을 제공한다. 또한 GPU를 이용한 병렬 처리를 지원하며, 대규모 데이터셋에서 높은 성능을 보인다. CatBoost는 파이썬, R, 구글 코랩 등에서 사용할 수 있으며, scikit-learn과 XGBoost와 같은 다른 기계학습 라이브러리와도 연동이 가능하다. 이러한 다양한 기능과 연동성으로 인해 CatBoost는 대규모 데이터셋에서 높은 성능을 보이고, 다양한 분야에서 활용되고 있다.

[81]: Prokhorenkova et al. (2018), 'CatBoost: unbiased boosting with categorical features'

과적합(overfitting) 여부는 모델이 학습 데이터에 과도하게 적합하고, 일반화 성능이 떨어지는 경우를 의미한다. 이를 판단하기 위해 다음과 같은 방법들이 있다.

◇ 검증 데이터 성능 모니터링: 학습 시 사용하지 않은 검증 데이터를 활용하여 모델 성능을 모니터링한다.

◇ 교차-검증(cross-validation): 교차-검증은 데이터를 여러 개의 폴드(fold)로 나누어, 각각의 폴드를 순서대로 검증 데이터로 사용하고 나머지 폴드를 학습 데이터로 사용하여 모델을 학습한다.

◇ 학습 곡선(learning curve): 학습 곡선은 학습 데이터와 검증 데이터의 성능 변화를 시각화한 그래프이다. 학습 데이터에 대한 성능은 점차 증가하지만, 검증 데이터에 대한 성능은 일정 수준 이상으로 상승한 후, 다시 하락하는 경우, 모델이 과적합되어 있다고 판단할 수 있다.

◇ 정규화(regularization): 모델의 복잡도를 제한하는 방법이다. 대표적인 방법으로는 L_1, L_2 규제, 드롭아웃(dropout) 등이 있다.

트리-기반 모델에서 과적합 여부를 판단하는 방법은 다음과 같다.

◇ 깊이 제한: 트리의 최대 깊이를 제한함으로써 모델의 복잡도를 제한할 수 있다. 깊이가 너무 깊어지면 학습 데이터에 대해 과적합되기 쉽다. 따라서 깊이를 적절하게 제한하여 일반화 성능을 높일 수 있다.

◇ 노드 분할 조건 변경: 트리를 생성할 때, 노드 분할 시 기본적으로 정보이득(information gain)이나 Gini impurity 등의 지표를 사용한다. 이

지표들의 장단점을 고려하여 최적의 분할 조건을 선택하는 것이 중요하다. 또한, 불필요한 특성들을 사용하지 않고 필요한 특성들만을 선택하여 노드를 분할하는 것도 중요하다.

◇ 앙상블 모델(ensemble model) 사용: 단일 트리 모델 대신, 앙상블 모델인 랜덤 포레스트(random forest)나 그래디언트 부스팅(gradient boosting) 등을 사용하여 일반화 성능을 높일 수 있다. 앙상블 모델은 다수의 트리를 결합하여 일반화 성능을 높이는 데 효과적이다.

ROC_AUC는 receiver operating characteristic(ROC) curve와 area under the curve(AUC)로 이루어진 모델 성능 평가 지표이다. ROC curve는 이진 분류 모델의 예측 성능을 시각화하는 그래프로, x축에는 false positive rate(FPR)이, y축에는 true positive rate(TPR)이 표시된다. FPR은 실제로는 negative인 샘플 중 모델이 positive로 예측한 비율을 의미하며, TPR은 실제로 positive인 샘플 중 모델이 positive로 예측한 비율을 의미한다.

ROC curve를 평가하는 AUC는 ROC 곡선 아래의 면적으로, 0에서 1 사이의 값을 가지며, 값이 높을수록 모델의 예측 성능이 좋다는 것을 나타낸다. AUC가 0.5 이하인 경우는 무작위로 예측한 것과 다를 바가 없지만, 0.5에서 1.0 사이인 경우 모델이 positive와 negative를 잘 구분하고 있다는 것을 의미한다. AUC가 1.0에 가까울수록 모델의 성능이 더욱 우수하다는 것을 나타낸다. ROC_AUC는 이진 분류 모델의 성능을 평가하는데 널리 사용되며, 다중 클래스 분류 문제에서는 각 클래스마다 ROC curve와 AUC를 계산하여 평균을 내어 사용하는 방법이 있다.

4.4 실습

ㅁ 아래는 전처리 과정의 한 예이다. 변수들의 변동 범위를 규정하는 작업이다. 정규 분포 형식과 유사하게 제한하는 방식, [0, 1] 구간 안으로 제한하는 방식, 또는 [−1, 1] 구간 안으로 제한하는 방식 등이 실제로 사용된다. 이미지 데이터의 경우, 0부터 255까지 숫자로 되어 있기 때문에 통상 255.로 나누어 준다. 일반적으로 이미지 데이터의 픽셀 값 범위는 0에서 255까지의 정수 값이다. 이 범위는 8비트 정수로 표현되며, 각 픽셀은 이 범위 내에서 그레이스케일 값 또는 RGB 값으로 나타낼 수 있다. 예를

들어, 흑백 이미지의 경우 각 픽셀은 0(검은색)에서 255(흰색)까지의 그레이스케일 값을 가질 수 있다. RGB 이미지의 경우, 각 색상 채널(red, green, blue)은 동일한 범위의 0에서 255까지의 정수 값을 가질 수 있다. 그러나, 다른 이미지 포맷이나 채널 수에 따라서 픽셀 값 범위가 다를 수 있다. 채널의 수가 3개가 아닐 수도 있다. RGB 채널 배치 순서는 일반적으로 빨강(red), 녹색(green), 파랑(blue)의 순서로 배치된다. 이것은 대부분의 컴퓨터 그래픽스와 이미지 처리 소프트웨어에서 표준으로 사용되는 방식이다. 즉, RGB 이미지의 경우 각 픽셀은 빨간색, 녹색 및 파란색 채널 값으로 구성되며, 이러한 채널 값은 순서대로 연속적인 메모리 공간에 저장된다. 이와 다른 채널 배치 순서도 있을 수 있지만, 대부분의 경우 이러한 순서가 사용된다. 예를 들어, OpenCV 라이브러리에서는 BGR 순서로 채널이 배치되어 있다. 일반적으로, 대부분의 디지털 이미지 파일은 RGB(빨강, 초록, 파랑) 세 가지 색상 채널을 가지고 있다. 각 채널은 8비트(256단계) 또는 16비트(65,536단계)로 표현된다. 이러한 RGB 이미지는 대부분의 디지털 화상용으로 사용된다. 그러나, 다른 이미지 파일 형식에서는 다른 채널 수를 가질 수 있다. 예를 들어, 흑백 이미지 파일은 하나의 채널만을 가지고 있다. CMYK["Cyan, Magenta, Yellow, Key (Black)"] 이미지 파일은 색상을 나타내는 4개의 채널을 가지고 있으며, 일부 파일 형식에서는 추가적인 알파 채널을 가질 수도 있다. 따라서, 이미지 파일의 채널 수는 파일의 종류와 해당 이미지가 어떤 종류의 이미지인지에 따라 달라질 수 있다. PNG 파일은 대부분의 경우 RGB 색상 채널과 함께 알파 채널(투명도 정보)을 가지고 있다. 따라서 일반적으로 PNG 이미지는 4개의 채널(RGBA)을 가지고 있다. 각 채널은 8비트(256단계) 또는 16비트(65,536단계)로 표현된다. PNG 파일은 인터넷에서 많이 사용되며, 투명도를 지원하므로 배경이 투명한 이미지를 만들 수 있다. 또한, PNG 파일은 압축되어 이미지 품질을 유지하면서 파일 크기를 줄일 수 있다. 따라서 PNG 파일은 로고, 아이콘, 그래픽 등을 제작할 때 매우 유용하다.

```
from sklearn.preprocessing import StandardScaler
data = [[1, 1], [2, 3], [3, 2], [1, 1]]
scaler = StandardScaler() # 평균, 표준편차를 이용하는 방법
scaler.fit(data) # 평균, 표준편차를 확보함
scaled = scaler.transform(data)
print(scaled)
# for inverse transformation
inversed = scaler.inverse_transform(scaled)
```

```
print(inversed)
#
[[-0.90453403 -0.90453403]
[ 0.30151134  1.50755672]
[ 1.50755672  0.30151134]
[-0.90453403 -0.90453403]]
[[1. 1.]
[2. 3.]
[3. 2.]
[1. 1.]]
```

ㅁ아래는 전처리 과정의 한 예이다. 특히, 문자열 정보를 숫자 기반 암호로 변환하는 예이다. 레이블 인코딩(label encoding)은 범주형 데이터를 숫자형 데이터로 변환하는 기법이다. 범주형 데이터는 일반적으로 문자열 또는 카테고리 값으로 표현되며, 예를 들어 "고양이", "개", "새"와 같은 동물 종류를 나타내는 경우가 있다. 기계학습 모델에 범주형 데이터를 입력으로 사용하려면 이를 숫자로 변환해야 한다. One-hot encoding은 범주형 데이터를 숫자로 변환하는 방법 중 하나로, 각 범주형 값에 대해 이진수로 표현하는 방법이다. 각 범주형 변수마다 새로운 이진형 변수를 생성하며, 해당 범주에 속하는 경우 1, 속하지 않는 경우 0으로 표현한다. 예를 들어, 동물 종류를 나타내는 범주형 변수가 있다면, "고양이", "개", "새"와 같은 값이 있을 수 있다. 이 경우, one-hot encoding을 사용하면 새로운 3개의 벡터들을 생성하고, "고양이"는 [1, 0, 0], "개"는 [0, 1, 0], "새"는 [0, 0, 1]과 같이 표현할 수 있다. 서로 직각 관계를 가지고 있다. 즉, 코사인 유사성이 전혀없다. One-hot encoding의 장점은 기계학습 모델이 범주형 변수의 값과 순서에 대한 가정을 하지 않아도 된다는 것이다. 또한, 범주형 변수의 값들이 서로 독립적으로 다루어질 수 있기 때문에, 범주형 변수 간의 관계를 잘 반영할 수 있다. 그러나, 범주형 변수의 값의 수가 많아질수록 one-hot encoding의 변수 수가 급격히 증가하며, 희소성(sparsity) 문제가 발생할 수 있다. 이러한 문제를 해결하기 위해 차원축소 등의 방법을 적용할 수 있다.

```
from sklearn import preprocessing
le = preprocessing.LabelEncoder()
df = ["paris", "paris", "tokyo", "amsterdam"]
le_fitted = le.fit_transform(df)
print(le_fitted)
inverted = le.inverse_transform(le_fitted)
```

```
print(inverted)
#
[1 1 2 0]
['paris' 'paris' 'tokyo' 'amsterdam']
```

□ 쿨백-라이블러 발산(Kullback-Leibler divergence, KLD) 계산의 한 예이다. 쿨백-라이블러 발산은 두 분포 $P(x)$와 $Q(x)$ 간의 차이를 측정하는 방법 중 하나이다.[1] KLD는 대칭성이 없는 비대칭적인 메트릭(metric)이기 때문에, $P(x)$와 $Q(x)$가 배치되는 순서에 따라 KLD 값이 다르게 계산된다. 즉, KLD($P||Q$)와 KLD($Q||P$)는 일반적으로 서로 다른 값이다. 반면, 젠센-섀넌 발산(Jensen-Shannon divergence, JSD)는 대칭적인 메트릭이기 때문에, $Q(x)$와 $P(x)$의 순서에 관계없이 항상 동일한 값을 출력한다. 즉, JSD($P||Q$)와 JSD($Q||P$)는 항상 동일한 값을 갖는다. 이러한 차이로 인해 JSD는 KLD보다 더 유용한 경우가 있다. 예를 들어, JSD는 두 분포 간의 차이를 측정할 때, $P(x)$와 $Q(x)$ 중 어느 쪽이 "정답"인지 명확하지 않은 경우에 사용할 수 있다. 이 경우 JSD를 사용하면, 두 분포 간의 차이를 대칭적으로 측정할 수 있다.[2] 따라서 대칭성이 없는 KLD와 대칭성이 있는 JSD를 비교하면, JSD는 대칭성이 없는 KLD보다 더 일반적인 상황에서 사용하기 용이하며, 분류, 클러스터링, 생성 모델링 등의 다양한 응용 분야에서 더 널리 사용된다. 젠센-섀넌 발산은 확률분포 간의 유사도를 측정하는 지표로 널리 사용된다. 이를 응용한 대표적인 사례들은 다음과 같다. 자연어 처리 분야에서는 JSD를 사용하여 텍스트 분류, 문서 군집화, 토픽 모델링 등의 문제를 해결한다. 예를 들어, JSD를 사용하여 특정 텍스트와 토픽 모델링으로 생성된 토픽의 유사도를 측정하고, 해당 텍스트가 어떤 토픽에 속하는지 분류할 수 있다. 이미지 분류에서는 JSD를 사용하여 이미지 간의 유사도를 측정한다. 예를 들어, JSD를 사용하여 서로 다른 두 이미지의 분포를 비교하고, 두 이미지가 같은 객체를 포함하는지 여부를 확인한다. 추천 시스템에서는 JSD를 사용하여 사용자 간의 취향 유사도를 측정한다. 예를 들어, JSD를 사용하여 사용자의 과거 구매 이력과 다른 사용자들의 구매 이력과의 유사도를 측정하고, 비슷한 취향을 가진 사용자들의 구매 이력을 추천할 수 있다. 확률적 생성 모델에서는 JSD를 사용하여 생성된 샘플과 실제 데이터 간의 차이를 측정한다. 예를 들어, JSD를 사용하여 생성된 이미지와 실제 이미지 간의 차이를 측정하고, 생성된 이미지를 개선하는 방향으로 모델을 학습시킬 수 있다. 이 외에도, JSD는 많은 분야에서 확률분포 간의 유사도를 측정하는 데

1: 거리라고 부르지 않는다.

2: 참고: PSNR(peak signal-to-noise ratio)은 이미지나 비디오의 품질을 측정하는 데 사용되는 하나의 지표이다. PSNR은 원본 신호와 잡음 또는 압축 등의 왜곡된 신호 간의 차이를 측정한다. SSIM(structural similarity index)은 이미지나 비디오의 품질을 측정하는 데 사용되는 또 다른 하나의 지표이다. SSIM은 이미지나 비디오의 구조적 유사성을 측정한다. JSD 대신에 삼각 부등식을 만족하는 $\sqrt{JSD}$을 사용할 수 있다. 삼각 부등식(三角 不等式, triangle inequality)은 수학에서 삼각형의 세 변에 대한 부등식이다. 이 부등식은 임의의 삼각형에 대하여 그 임의의 두 변의 합이 나머지 한 변보다 커야 함을 말하는 것으로서 기하학의 여러 공간에 적용된다. Pearson's correlation, r_P 도 마찬가지 상황에 놓인다. $1 - r_P$는 metric이 되지 못하고 $\sqrt{1 - r_P}$는 metric이 된다.

사용된다.

```
from scipy.stats import entropy
import numpy as np

def kl_divergence(p, q):
    """
  Kullback-Leibler divergence,
  쿨백-라이블러 발산 함수, 비대칭적
    """
    return np.sum(np.where(p != 0, p * np.log(p / q), 0))

def jensen_shannon_divergence(p, q):
    """
  Jensen-Shannon divergence,
  젠센-새넌 발산 함수, 대칭적
    """
    m = 0.5 * (p + q)
    return 0.5*kl_divergence(p,m)+0.5*kl_divergence(q,m)

# 예시
p = np.array([0.1, 0.4, 0.5])
q = np.array([0.4, 0.3, 0.3])
kl_div = kl_divergence(p, q)
print("Kullback-Leibler divergence: ", kl_div)

kl_div = entropy(p, q)
print("Kullback-Leibler divergence: ", kl_div)

kl_div = kl_divergence(q, p)
print("Kullback-Leibler divergence: ", kl_div)

kl_div = entropy(q, p)
print("Kullback-Leibler divergence: ", kl_div)

jsd = jensen_shannon_divergence(p, q)
print("Jensen-Shannon divergence: ", jsd)
jsd = jensen_shannon_divergence(q, p)
print("Jensen-Shannon divergence: ", jsd)
#
Kullback-Leibler divergence:  0.23185620475171873
```

```
Kullback-Leibler divergence:  0.23185620475171873
Kullback-Leibler divergence:  0.3149654355826247
Kullback-Leibler divergence:  0.3149654355826247
Jensen-Shannon divergence:  0.06440344276704049
Jensen-Shannon divergence:  0.06440344276704049
```

□ SMOTE(synthetic minority over-sampling technique)는 불균형 데이터셋에서 많이 사용되는 오버샘플링 방법 중 하나이다. 불균형 데이터셋은 특정 클래스가 다른 소수 클래스보다 훨씬 많은 경우를 말한다. 예를 들어, 금융 부정 거래 감지, 암 진단 등에서 소수 클래스의 샘플은 매우 드물고 대부분의 경우는 다수 클래스의 샘플로 이루어져 있다. SMOTE 방법은 소수 클래스 샘플들의 새로운 합성 샘플을 생성하여 데이터셋에 추가할 수 있게 한다. 이 방법은 소수 클래스의 샘플을 이용해 새로운 합성 샘플을 생성하며, 이 샘플은 소수 클래스 샘플과 가장 가까운 이웃들 사이에 위치한다. 이 과정을 통해 새로운 합성 샘플들은 소수 클래스의 특성을 잘 반영하게 된다. SMOTE는 불균형 데이터셋에서 분류 모델의 성능을 향상시키는 데 도움이 되는 방법 중 하나이다. SMOTE를 사용할 때 주의할 점이 있다. SMOTE는 소수 클래스 데이터의 정보를 복제하기 때문에 데이터의 다양성을 보장할 수 없다.[82] 또한 SMOTE를 사용하여 생성된 데이터는 원래 데이터셋과는 다른 방식으로 생성되었으므로 논리적으로 표현하기 어려운 경우가 있다. 이러한 문제를 해결하기 위해서는 SMOTE를 적용하기 전에 데이터의 특성을 파악하고 적합한 전처리를 수행해야 한다. 아래의 예에서 SMOTE 사용 방법을 소개하고 있다. Figure 4.1은 프로그램 출력물이다.

[82]: Chawla et al. (2002), 'SMOTE: synthetic minority over-sampling technique'

```
from collections import Counter
from sklearn.datasets import make_classification
from imblearn.over_sampling import SMOTE
from matplotlib import pyplot
from numpy import where
# 데이터셋 정의, 장난감 데이터셋
X,y=make_classification(n_samples=10000, \
  n_features=2, n_redundant=0, n_clusters_per_class=1, \
  weights=[0.99], flip_y=0, random_state=1)
# 클래스 분포 요약
counter = Counter(y)
print(counter)
# 데이터셋 변환
```

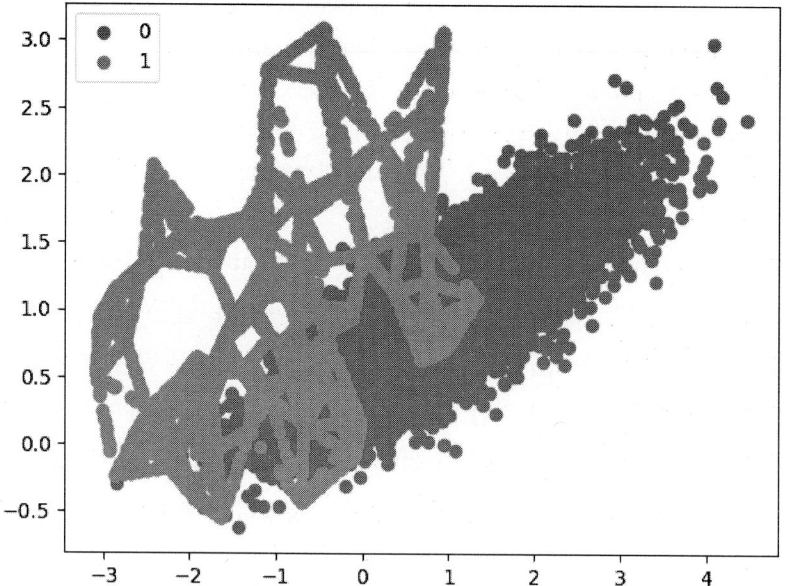

Figure 4.1: 데이터 불균형을 보완할 수 있는 데이터 생성. SMOTE는 불균형한 데이터셋에서 소수 클래스 데이터를 증강하여 모델의 성능을 개선하는 기법 중 하나이다. SMOTE는 소수 클래스 데이터 포인트들을 기반으로 합성 데이터 포인트를 생성한다.

```
oversample = SMOTE()
X, y = oversample.fit_resample(X, y)
# 새로운 클래스 분포 요약
counter = Counter(y)
print(counter)
# 클래스별로 예들을 표시함. 산포도 그리기
for label, _ in counter.items():
    row_ix = where(y == label)[0]
    pyplot.scatter(X[row_ix,0],X[row_ix,1],\
        label=str(label))
pyplot.legend()
pyplot.show()
#
Counter({0: 9900, 1: 100})
Counter({0: 9900, 1: 9900})
```

□ 아이리스(iris) 데이터셋은 세종류의 붓꽃(iris, 복수:irises)의 꽃받침과 꽃잎의 길이와 너비를 측정한 데이터셋으로, 통계학자 R. A. Fisher가 1936년에 발표한 논문 "The Use of Multiple Measurements in Taxonomic Problems"에서 사용되었다.[83] 이 데이터셋은 기계학습 분야에서 분류 및 군집화 등의 문제에서 널리 사용되며, 특히, 초보자들이 기계학습 알고리즘을 학습하는 데 많이 활용된다. Iris dataset에는 아래와 같은 네가지 특성(feature, 외관상의 특징)이 포함되어 있다.

[83]: Fisher (1936), 'The use of multiple measurements in taxonomic problems'

◇ sepal length (cm): 꽃받침의 길이

◇ sepal width (cm): 꽃받침의 너비

◇ petal length (cm): 꽃잎의 길이

◇ petal width (cm): 꽃잎의 너비

각각의 붓꽃에 대해서 다음과 같이 3개의 종(species)으로 분류되어 있다.

◇ Iris Setosa

◇ Iris Versicolour

◇ Iris Virginica

아이리스 데이터셋은 기계학습에서 분류(classification) 문제 풀이 연습을 위한 데이터셋이다. 붓꽃의 네가지 속성들과 해당 붓꽃의 종류(species)가 나란히 적혀져 있다.[3] 이 데이터셋은 150가지 케이스들을 보유하고 있다. 그런데 세가지 꽃종류(Setosa, Versicolor, Virginica)가 순서대로 배열되어 있다. 즉, 50개, 50개, 50개 순서대로 배포되어 있다. 따라서, 데이터를 사용하기 전에 데이터를 무작위로 재배치한 후 사용하는 것이 좋다. 아래 프로그램에서는 의사 결정 나무를 활용한 분류 문제 풀이의 예를 보여 주고 있다.

3: 빈센트 판 고흐(Vincent van Gogh)가 정신 병원에 입원하고 바로 붓꽃을 그렸다. "이곳으로 오길 잘한 것 같다. 요즘 보라색 붓꽃 그림과 라일락 덤불 그림 두 점을 그리고 있는데 두 점 모두 정원에서 얻은 소재다. 그림을 그려야 한다는 생각이 다시 생겨나고 있다. 일을 할 수 있는 능력도 다시 회복될 것이다."

```
from sklearn import datasets
from sklearn import metrics
from sklearn.tree import DecisionTreeClassifier
# iris datasets 불러들이기, 3중 분류 문제
dataset = datasets.load_iris()
# CART model 훈련과정 수행
model = DecisionTreeClassifier()
model.fit(dataset.data, dataset.target)
print(model)
# 예측 수행 (이곳에서는 모든 데이터를 활용하고 있음.)
expected = dataset.target
predicted = model.predict(dataset.data)
# 요약
print(metrics.classification_report(expected, predicted))
print(metrics.confusion_matrix(expected, predicted))
#의사 결정 나무
DecisionTreeClassifier(class_weight=None, criterion='gini',\
  max_depth=None,
  max_features=None,max_leaf_nodes=None,min_samples_leaf=1,
  min_samples_split=2, min_weight_fraction_leaf=0.0,
  random_state=None, splitter='best')
#
DecisionTreeClassifier()
```

```
precision    recall  f1-score   support

0        1.00      1.00      1.00        50
1        1.00      1.00      1.00        50
2        1.00      1.00      1.00        50

accuracy                          1.00       150
macro avg       1.00      1.00      1.00       150
weighted avg       1.00      1.00      1.00       150

[[50  0  0]
 [ 0 50  0]
 [ 0  0 50]]
```

ㅁ 아래 프로그램은 서포트 벡터 머신을 활용한 이중 분류의 예를 보여준다. 새로운 평면을 선택함으로써 이중 분류를 완성할 수 있음을 보여준다. Figure 4.2은 프로그램 출력물이다. 커널 트릭은 원본 데이터 포인트를 더 높은 차원 공간에 투영하여 (더 높은 차원 공간에서) 선형적으로 분리할 수 있도록 한다. 따라서 커널 트릭을 사용하면 선형적으로 분리할 수 없는 데이터를 고차원 공간에서 선형적으로 분리할 수 있게 만들 수 있다. 커널 트릭은 샘플의 유사성을 측정하는 일부 커널 함수를 기반으로 한다. 이 트릭은 실제로 데이터 포인트를 새로운 고차원 특성 공간으로 명시적으로 변환하지는 않는다. 커널-SVM은 실제로 투영을 수행하지 않고 고차원 특성 공간에서 유사도 측정 값의 관점에서 결정 경계를 계산한다. 유명한 커널 함수에는 선형, 다항식, 방사형 기저 함수(RBF), 시그모이드 커널 등이 있다.

```
from sklearn.svm import SVC
import numpy as np
import matplotlib.pyplot as plt
from sklearn import svm, datasets
from mpl_toolkits.mplot3d import Axes3D

iris = datasets.load_iris()
X = iris.data[:, :3]  # 3개의 특성만 활용함. 그림을 그릴 수 있음.
y = iris.target

# 이중 분류 문제로 만들어 버림, 평면을 보기위해서
X = X[np.logical_or(y == 0, y == 1)]
```

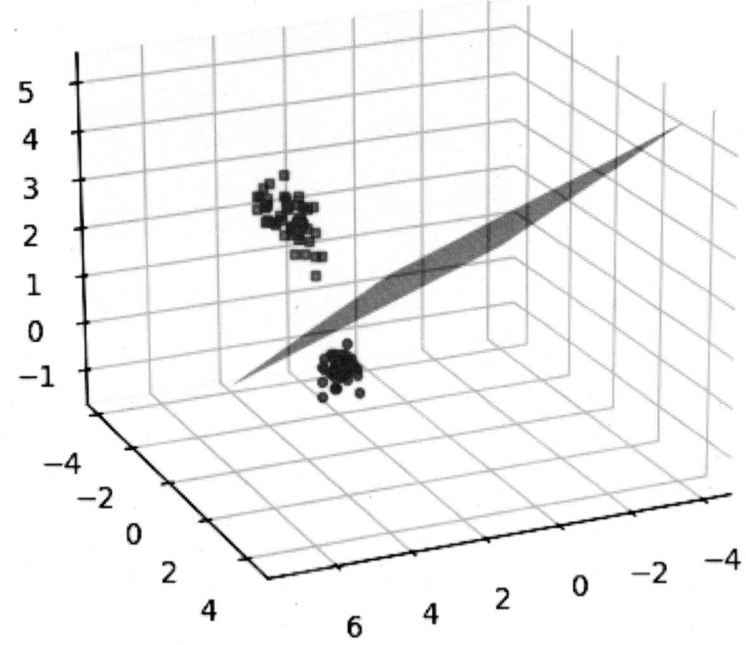

Figure 4.2: 붓꽃 데이터에서 특성을 3개만 사용하였다. 또한, 이중 분류 문제로 환산하였다. 이중 분류를 수행할 수 있는 평면의 방정식을 구했다.

```
y = y[np.logical_or(y == 0, y == 1)]

model = svm.SVC(kernel='linear')
clf = model.fit(X, y)

# 평면의 방정식:  np.dot(svc.coef_[0], x) + b = 0 for all x.
# Solve for w3 (z)

def zz(x, y):
    return (-clf.intercept_[0]-clf.coef_[0]
            [0]*x - clf.coef_[0][1]*y) / clf.coef_[0][2]


tmp = np.linspace(-4, 4, 30)
xx, yy = np.meshgrid(tmp, tmp)

fig = plt.figure()
ax = fig.add_subplot(111, projection='3d')
ax.plot3D(X[y == 0, 0], X[y == 0, 1], X[y == 0, 2],\
 'ob', markersize=3, alpha=0.5)
```

```
ax.plot3D(X[y == 1, 0], X[y == 1, 1], X[y == 1, 2],\
  'sr', markersize=3, alpha=0.5)
ax.plot_surface(xx, yy, zz(xx, yy))
ax.view_init(19, 66)
plt.show()
```

Figure 4.3은 프로그램 출력물이다. 2차원 데이터셋에서 이중 분류를 수행하고 서포트 벡터를 나타내고 있다.

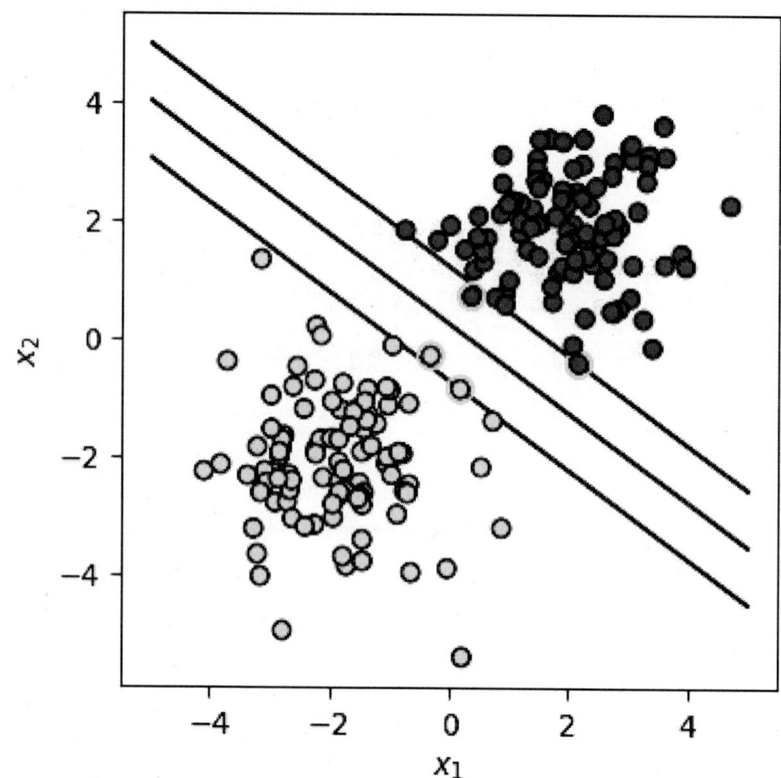

Figure 4.3: 두 개의 동그라미(cyan)로 표시된 점은 서포트 벡터를 나타낸다.

```
import numpy as np
import matplotlib.pyplot as plt
from sklearn import svm
np.random.seed(17)
npoints=100
X = np.r_[np.random.randn(npoints, 2)-[2, 2],\
  np.random.randn(npoints, 2)+[2, 2]]
y = [0] * npoints + [1] * npoints
# fit the model, 훈련
clf = svm.SVC(kernel='linear', C=1)
clf.fit(X, y)
```

```
# get the separating hyperplane, 초평면
w = clf.coef_[0]
a = -w[0] / w[1]
xx = np.linspace(-5, 5)
yy = a * xx-(clf.intercept_[0]) / w[1]
margin = 1 / np.sqrt(np.sum(clf.coef_ ** 2))
yy_down = yy-np.sqrt(1 + a ** 2) * margin
yy_up = yy+np.sqrt(1 + a ** 2) * margin
plt.figure(1, figsize=(4, 4))
plt.clf()
plt.plot(xx, yy, "k-")
plt.plot(xx, yy_down, "k-")
plt.plot(xx, yy_up, "k-")
plt.scatter(clf.support_vectors_[:, 0],\
     clf.support_vectors_[:, 1], s=80,
     facecolors="none", zorder=10, edgecolors="cyan")
plt.scatter(X[:,0],X[:,1],c=y,zorder=10,
        cmap=plt.cm.Paired,edgecolors="k")
plt.xlabel(r"$x_1$")
plt.ylabel(r"$x_2$")
plt.show()
```

ㅁ 가우시안 혼합 모델(Gaussian mixture model, GMM)은 확률적으로 생성된 데이터셋을 모델링하기 위한 확률 모델 중 하나이다.[50] GMM은 데이터셋이 여러 개의 가우시안 분포로 구성되어 있다고 가정한다. 가우시안 분포는 평균과 분산을 가진다. 각각의 가우시안 분포가 데이터셋 내의 특정 부분을 표현한다. GMM은 이러한 가우시안 분포의 혼합으로 데이터셋을 모델링한다. 즉, GMM은 데이터셋이 각각의 가우시안 분포에서 추출된 것으로 가정하며, 이러한 가우시안 분포의 혼합을 통해 데이터셋을 모델링한다. 각각의 가우시안 분포에 가중치가 적용되어 최종 모델이 생성된다. GMM은 데이터의 확률 모델을 학습하고, 이를 기반으로 새로운 데이터가 생성될 확률을 예측할 수 있는 모델이기도 하다. GMM은 expectation-maximization(EM) 알고리즘을 사용하여 모델을 학습한다. EM 알고리즘은 모델의 초기 파라미터를 설정하고, 그 다음에 이를 사용하여 모델이 데이터셋을 설명할 수 있는 최적의 파라미터를 찾는다. GMM은 데이터 군집화, 이상치 탐지, 밀도 추정 등 다양한 분야에서 사용된다. GMM은 유연하고, 복잡한 분포를 모델링할 수 있으며, 다양한 응용 분야에서 활용된다. GMM은 다양한 응용 분야에서 사용된다.

[50]: Reynolds et al. (2009), 'Gaussian mixture models.'

◇ 영상 처리: GMM은 영상 처리에서 배경 모델링에 주로 사용된다. 여러 프레임에서 추출한 이미지에서 GMM을 적용하면 배경과 객체를 분리할 수 있다. 이를 통해 객체 추적, 움직임 감지, 영상 잡음 제거 등 다양한 응용이 가능하다.

◇ 음성 인식: GMM은 음성 인식 분야에서 사용된다. GMM은 음성 신호를 특성 벡터로 변환하여 분류하는데 사용된다. 이를 통해 화자 인식, 음성 인식, 손쉬운 검색 등 다양한 응용이 가능하다.

◇ 패턴 인식: GMM은 패턴 인식 분야에서 사용된다. 손글씨, 문자, 얼굴, 지문 등 다양한 패턴 인식 분야에서 GMM을 사용한다. GMM은 입력 데이터를 군집화하여 유사한 데이터를 그룹화하고 이를 바탕으로 패턴을 인식하는데 사용된다.

◇ 군집화: GMM은 데이터 군집화 분야에서 사용된다. GMM을 사용하여 데이터를 군집화하면, 유사한 데이터를 그룹화하여 데이터 집합을 분석하고, 새로운 데이터가 어느 군집에 속하는지 예측할 수 있다.

◇ 이상치 탐지: GMM은 이상치 탐지 분야에서 사용된다. 이상치는 정상적인 데이터와 다른 패턴을 가진 데이터로, 이를 탐지하면 시스템의 보안성을 높일 수 있다.

◇ 금융 분야: GMM은 금융 분야에서 자산 가격 변동성 모델링 및 포트폴리오 최적화에 사용된다. GMM을 사용하여 자산 가격의 변동성을 모델링하면, 투자자는 위험 요소를 예측하고 관리할 수 있다.

◇ 생물학: GMM은 생물학에서 단백질 접힘, 유전자 발현, 세포 분류 등에 사용된다. GMM은 생물학 데이터를 분석하는데 사용되며, 이를 통해 생물학적 문제를 해결할 수 있다.

군집화 방법이면서 확률적 생성 모델인 GMM의 성능을 아래 프로그램에서 확인할 수 있다. Figure 4.4은 프로그램 출력물이다.

```
from sklearn.mixture import GaussianMixture
from sklearn.datasets import load_iris
from sklearn.cluster import KMeans
import matplotlib.pyplot as plt
import numpy as np
import pandas as pd
iris = load_iris()
feature_names = ['sl', 'sw', 'pl', 'pw']  # 특성 이름 붙이기
irisDF = pd.DataFrame(data=iris.data,\
 columns=feature_names)
irisDF['target'] = iris.target
```

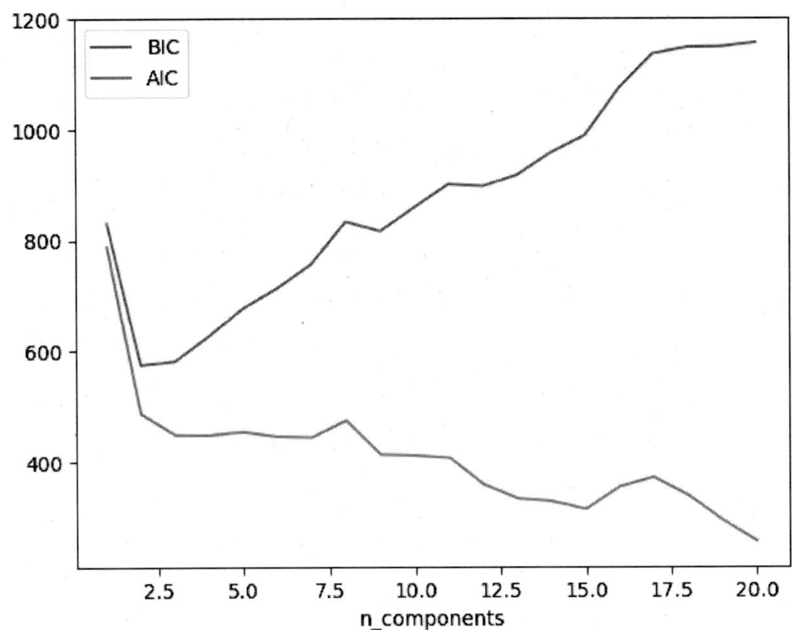

Figure 4.4: 모델 선택 기준을 그림으로 확인할 수 있다. AIC와 BIC는 모두 모델 선택에 사용되는 정보량 기준으로, 적합한 모델을 선택하기 위해 사용된다. 하지만 AIC와 BIC는 모델의 성능을 평가하는 유일한 기준은 아니다. 다른 기준들과 함께 고려하여 모델을 선택하는 것이 바람직하다.

```
# 가우시안 혼합 모델
gmm = GaussianMixture(n_components=3, \
    random_state=17).fit(iris.data)
gmm_labels = gmm.predict(iris.data)
irisDF['gmm_cluster'] = gmm_labels
print(\
 irisDF.groupby('target')['gmm_cluster'].value_counts())
Xynew = gmm.sample(10)
Xynew
n_c=np.arange(1,21)
models=[GaussianMixture(n,\
    random_state=17).fit(iris.data) for n in n_c]
plt.plot(\
 n_c,[m.bic(iris.data) for m in models], label='BIC')
plt.plot(\
 n_c,[m.aic(iris.data) for m in models], label='AIC')
plt.legend()
plt.xlabel('n_components')
#
target  gmm_cluster
0       1              50
1       2              45
0               5
2       0              50
```

```
Name: gmm_cluster, dtype: int64
```

ㅁ초월 매개변수(hyperparameter)를 찾는 하나의 방법에 대한 예를 아래 프로그램에서 찾을 수 있다. 초월 매개변수를 최적화하는 이유는 모델의 예측 성능을 향상시키기 위함이다. 초월 매개변수는 모델 학습에 사용되는 추가적인 확장된 매개변수로, 모델 구조나 데이터 전처리와 같은 다른 가중치, 편향들과는 달리 직접 학습되지 않는다. 대신 초월 매개변수는 모델 학습을 제어하고 조정하는 역할을 하며, 이 추가적인 매개변수들을 적절하게 조정함으로써 모델의 예측 성능을 향상시킬 수 있다. 예를 들어, 인공신경망 모델에서는 초월 매개변수로 학습률, 배치 크기, 에포크 수, 드롭아웃 확률, 은닉층의 수 등을 조정할 수 있다. 이러한 초월 매개변수들을 적절하게 조정하면 모델이 빠르고 안정적으로 수렴하며, 과적합을 방지하고 일반화 성능을 높일 수 있다. 따라서 초월 매개변수를 최적화하는 것은 모델의 예측 성능을 향상시키는 데 중요한 역할을 한다. 하지만 초월 매개변수를 최적화하는 것은 어려운 문제이며, 실험적인 방법을 통해 최적의 초월 매개변수를 찾는 것이 필요하다.

```
from sklearn.datasets import load_breast_cancer
from sklearn.ensemble import RandomForestClassifier
from sklearn.model_selection import train_test_split
import numpy as np
from sklearn.model_selection import GridSearchCV
cancer = load_breast_cancer()  # 데이터셋 호출
np.random.seed(9)
X_train, X_test, y_train, y_test = train_test_split(
    cancer.data, cancer.target, stratify=cancer.target)

params = {'n_estimators': [100], 'max_depth': [6, 8, 10, 12],\
             'min_samples_leaf': [8, 12, 18],
          'min_samples_split': [8, 16, 20]}

clf = RandomForestClassifier(n_estimators=100)
grid_clf = GridSearchCV(clf, param_grid=params, cv=2,
                        n_jobs=-1)  # -1 은 CPU를 다 쓴다는 의미
grid_clf.fit(X_train, y_train)

print(f"optimal parameters\n{grid_clf.best_params_}")
print(f"best score: {grid_clf.best_score_}")
#
```

```
optimal parameters
{'max_depth': 6, 'min_samples_leaf': 8,
         'min_samples_split': 8, 'n_estimators': 100}
best score: 0.9507042253521127
```

□ 초월 매개변수를 결정하는 유용한 방법을 아래에서 볼 수 있다. Optuna는 파이썬 기반의 오픈소스이다.[84] Optuna는 초월 매개변수 최적화 프레임워크이다. Optuna를 사용하면 모델의 성능을 향상시키기 위해 다양한 초월 매개변수를 조정하고 최적의 조합을 찾을 수 있다. 다양한 프레임워크와 연동이 용이하며, PyTorch, TensorFlow, scikit-learn 등과 함께 사용할 수 있다. Optuna는 초월 매개변수 최적화를 자동화하는 데 매우 유용한 프레임워크이다. 기계학습 모델에서 최적의 초월 매개변수를 찾기 위해 많은 시간과 노력을 투자하는 것을 대신하여, Optuna를 사용하면 보다 적은 시간과 노력으로 모델의 성능을 향상시킬 수 있다. Optuna를 사용하여 초월 매개변수 최적화를 수행하려면 다음 단계를 따르면 된다.

[84]: Akiba et al. (2019), 'Optuna: A next-generation hyperparameter optimization framework'

◇ 탐색 대상 함수 정의: 최적화하려는 함수를 정의한다. 이 함수는 모델의 성능 지표를 반환해야 한다.

◇ 초월 매개변수 공간 정의: 최적화할 초월 매개변수의 공간을 정의한다. 이 공간에는 각 초월 매개변수의 탐색 범위를 지정할 수 있다.

◇ 목적함수 정의: 탐색 대상 함수와 초월 매개변수 공간을 Optuna의 'objective function'으로 정의한다.

◇ 'Study' 객체 생성: 'objective function'을 이용하여 최적화를 수행할 'Study' 객체를 생성한다.

◇ 최적화 실행: 생성한 'Study' 객체를 이용하여 최적화를 실행한다. 이때 최적화 알고리즘, 탐색 횟수, 로그 출력 등의 설정을 지정할 수 있다.

◇ 결과 분석: 최적화가 완료되면 Optuna가 반환한 최적 초월 매개변수 조합과 이때의 모델 성능을 분석한다.

위 단계를 참고하여 Optuna를 이용하여 초월 매개변수 최적화를 수행할 수 있다.

```
import pandas as pd
import numpy as np
import optuna
import lightgbm as lgb
import sklearn.datasets
import sklearn.metrics
```

```
from sklearn.model_selection import train_test_split

# 목적함수가 추가적인 인자를 가질 수 있음.
# (https://optuna.readthedocs.io/en/stable/
#          faq.html#objective-func-additional-args).
def objective(trial):
    if False:
        X, y = sklearn.datasets.load_breast_cancer(\
            return_X_y=True)
    df = pd.read_csv(\
        'C:/Users/Inho Lee/testAI/Breast_cancer_data.csv')
    X = df[['mean_radius', 'mean_texture',
        'mean_perimeter', 'mean_area', 'mean_smoothness']]
    y = df['diagnosis']
    train_x, valid_x, train_y, valid_y = train_test_split(
        X, y, test_size=0.3)
    dtrain = lgb.Dataset(train_x, label=train_y)

    param = {
        "objective": "binary",
        "metric": "binary_logloss",
        "verbosity": -1,
        "boosting_type": "gbdt",
        "lambda_l1": trial.suggest_float(\
        "lambda_l1", 1e-8, 10.0, log=True),
        "lambda_l2": trial.suggest_float(\
        "lambda_l2", 1e-8, 10.0, log=True),
        "num_leaves": trial.suggest_int("num_leaves",2,256),
        "feature_fraction": trial.suggest_float(\
        "feature_fraction", 0.4, 1.0),
        "bagging_fraction": trial.suggest_float(\
        "bagging_fraction", 0.4, 1.0),
        "bagging_freq": trial.suggest_int("bagging_freq", 1, 7),
        "min_child_samples": trial.suggest_int(\
        "min_child_samples", 5, 100),
    }

    gbm = lgb.train(param, dtrain)
    preds = gbm.predict(valid_x)
    pred_labels = np.rint(preds)
    accuracy = sklearn.metrics.accuracy_score(\
```

```
            valid_y, pred_labels)
        return accuracy

if __name__ == "__main__":
    study = optuna.create_study(direction="maximize")
    study.optimize(objective, n_trials=100)

    print("Number of finished trials: {}".format(len(study.trials)))
    print("Best trial:")
    trial = study.best_trial
    print("  Value: {}".format(trial.value))
    print("  Params: ")
    for key, value in trial.params.items():
        print("    {}: {}".format(key, value))
#
Number of finished trials: 100
Best trial:
Value: 0.9590643274853801
Params:
lambda_l1: 7.627306813358809e-05
lambda_l2: 0.005826042252886577
num_leaves: 54
feature_fraction: 0.9643673957998193
bagging_fraction: 0.9336851790633182
bagging_freq: 6
min_child_samples: 41
```

□ 좀 더 다양한 기계학습 모델들을 활용한 예를 보자. Scikit-learn에서 지원하는 것과 지원되지 않는 것을 잘 구별할 필요가 있다. Figure 4.5은 다양한 기계학습 모델들을 구현한 프로그램 출력물이다.

```
#아래의 URL을 통해서 데이터를 다운로드 받을 수 있다.
#https://www.kaggle.com/code/prashant111/
#    lightgbm-classifier-in-python/input
from warnings import filterwarnings
import warnings
from catboost import CatBoostClassifier
from lightgbm import LGBMClassifier
from xgboost import XGBClassifier
from sklearn.ensemble import RandomForestClassifier,\
    GradientBoostingClassifier
```

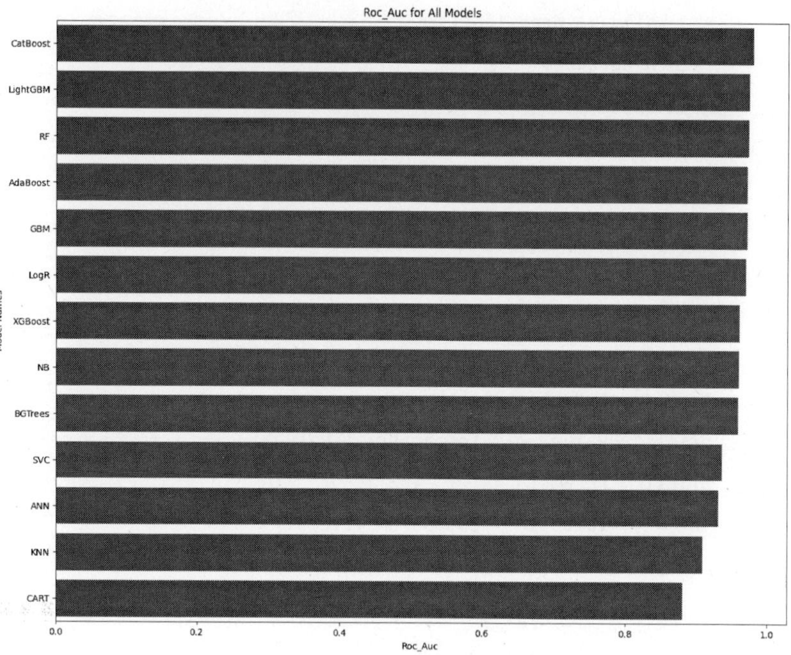

Figure 4.5: 다양한 기계학습 모델들을 활용하기.

```
from sklearn.ensemble imort AdaBoostClassifier,\
    BaggingClassifier
from sklearn.neural_network import MLPClassifier
from sklearn.svm import SVC
from sklearn.neighbors import KNeighborsClassifier
from sklearn.naive_bayes import GaussianNB
from sklearn.tree import DecisionTreeClassifier
from sklearn.decomposition import PCA
from sklearn.linear_model import LogisticRegression
from sklearn.model_selection import \
    train_test_split,GridSearchCV
from sklearn.model_selection import \
    cross_validate,validation_curve
from sklearn.metrics import \
    roc_auc_score,roc_curve
from sklearn.metrics import accuracy_score
from sklearn.preprocessing import LabelEncoder, \
    StandardScaler
import numpy as np
import pandas as pd
import seaborn as sns
from matplotlib import pyplot as plt
import scipy.stats as stats
import random
```

```
pd.set_option("display.max_columns", None)
pd.set_option("display.width", 500)
pd.set_option("display.float_format", lambda x: "%.4f" % x)
filterwarnings("ignore")

from sklearn.utils import shuffle
from sklearn.datasets import load_iris
from sklearn.metrics import classification_report
from sklearn.metrics import confusion_matrix
from sklearn.model_selection import train_test_split
from pandas import DataFrame
from numpy import argmax

from sklearn import model_selection
from sklearn.linear_model import LogisticRegression
from sklearn.preprocessing import RobustScaler,\
    MinMaxScaler

if False:
    iris = load_iris()
    X, y = iris.data, iris.target
# 원하는 데이터셋 호출
if True:
    df = pd.read_csv(\
      'C:/Users/Inho Lee/testAI/Breast_cancer_data.csv')
    df.head()
    X = df[['mean_radius', 'mean_texture',
    'mean_perimeter', 'mean_area', 'mean_smoothness']]
    y = df['diagnosis']

from scipy.sparse import coo_matrix
X_sparse = coo_matrix(X)

X, X_sparse, y = shuffle(X, X_sparse, y, random_state=0)

def create_base_model(X,y,\
  test_size=0.20,cv=5,plot=False,save_results=False):
    names = []
    acc_results = []
    acc_train_results = []
```

```
    acc_test_results = []
    r2_results = []
    r2_train_results = []
    r2_test_results = []
    cv_results_acc = []
    cv_results_f1 = []
    cv_results_roc_auc = []

    X_train, X_test, y_train, y_test = train_test_split(
        X, y, test_size=test_size, random_state=17)
    rs = 1234
    models=[('LogR',LogisticRegression(random_state=rs)),
              ("NB", GaussianNB()),
              ("KNN", KNeighborsClassifier()),
              ("SVC", SVC(random_state=rs)),
              ('ANN', MLPClassifier(random_state=rs)),
       ('CART',DecisionTreeClassifier(random_state=rs)),
       ('RF',RandomForestClassifier(random_state=rs)),
       ("AdaBoost",AdaBoostClassifier(random_state=rs)),
       ('BGTrees',BaggingClassifier(bootstrap_features=\
              True,random_state=rs)),
              ('GBM', GradientBoostingClassifier(\
              random_state=rs)),
        ("XGBoost",XGBClassifier(\
         objective='reg:squarederror',random_state=rs)),
              ("LightGBM", LGBMClassifier(\
              random_state=rs)),
              ("CatBoost", CatBoostClassifier(\
                  verbose=False, random_state=rs))]
#   이름 붙이기, 튜플 이용하기
    for name, classifier in models:
        model_fit = classifier.fit(X_train, y_train)
# Acc Score
        acc = accuracy_score(y, model_fit.predict(X))
        acc_train = accuracy_score(\
            y_train, model_fit.predict(X_train))
        acc_test = accuracy_score(\
            y_test, model_fit.predict(X_test))
        acc_results.append(acc)
        acc_train_results.append(acc_train)
        acc_test_results.append(acc_test)
```

```

# R2 Score
        r2 = model_fit.score(X, y)
        r2_train = model_fit.score(X_train, y_train)
        r2_test = model_fit.score(X_test, y_test)
        r2_results.append(r2)
        r2_train_results.append(r2_train)
        r2_test_results.append(r2_test)

# Cross Validate Score
        cv_result=cross_validate(model_fit,X,y,cv=cv,\
            scoring=["accuracy","f1","roc_auc"])
        cv_result_acc = cv_result["test_accuracy"].mean()
        cv_result_f1 = cv_result["test_f1"].mean()
        cv_result_roc_auc = cv_result["test_roc_auc"].mean()
        cv_results_acc.append(cv_result_acc)
        cv_results_f1.append(cv_result_f1)
        cv_results_roc_auc.append(cv_result_roc_auc)

# Model names
        names.append(name)
# 판다스 이용하기
    model_results = pd.DataFrame({'Model_Names': names,
            'Acc': acc_results,
            'Acc_Train': acc_train_results,
            'Acc_Test': acc_test_results,
            'R2': acc_train_results,
            'R2_Train': r2_train_results,
            'R2_Test': r2_test_results,
            'CV_Acc': cv_results_acc,
            'CV_f1': cv_results_f1,
            'CV_roc_auc': cv_results_roc_auc }).set_index("Model_Names")
    model_results = model_results.sort_values(\
      by="CV_roc_auc", ascending=False)
    print(model_results)

    if plot:
        plt.figure(figsize=(15, 12))
        sns.barplot(x='CV_roc_auc', y=model_results.index,
        data=model_results, color="r")
        plt.xlabel('Roc_Auc')
```

```
        plt.ylabel('Model Names')
        plt.title('Roc_Auc for All Models')
        plt.show()

    if save_results:
        model_results.to_csv("model_results.csv")

    return model_results

model_results = create_base_model(
       X, y, test_size=0.20, cv=3, \
       plot=True, save_results=True)
#
Acc  Acc_Train  Acc_Test     R2  R2_Train  R2_Test
CV_Acc  CV_f1  CV_roc_auc
Model_Names
CatBoost    0.9842   0.9890  0.9649 0.9890
0.9890   0.9649  0.9262 0.9423  0.9792
LightGBM    0.9895   1.0000  0.9474 1.0000
1.0000   0.9474  0.9174 0.9353  0.9741
RF          0.9895   1.0000  0.9474 1.0000
1.0000   0.9474  0.9192 0.9372  0.9732
AdaBoost    0.9824   0.9868  0.9649 0.9868
0.9868   0.9649  0.9175 0.9358  0.9718
GBM         0.9877   0.9978  0.9474 0.9978
0.9978   0.9474  0.9192 0.9373  0.9714
LogR        0.9104   0.9099  0.9123 0.9099
0.9099   0.9123  0.9139 0.9324  0.9701
XGBoost     0.9824   1.0000  0.9123 1.0000
1.0000   0.9123  0.8998 0.9212  0.9609
NB          0.9033   0.8989  0.9211 0.8989
0.8989   0.9211  0.9016 0.9248  0.9600
BGTrees     0.9807   0.9934  0.9298 0.9934
0.9934   0.9298  0.9086 0.9285  0.9590
SVC         0.8770   0.8681  0.9123 0.8681
0.8681   0.9123  0.8805 0.9108  0.9360
ANN         0.8629   0.8571  0.8860 0.8571
0.8571   0.8860  0.8664 0.8979  0.9307
KNN         0.9016   0.9033  0.8947 0.9033
0.9033   0.8947  0.8770 0.9054  0.9092
CART        0.9789   1.0000  0.8947 1.0000
```

```
1.0000   0.8947  0.8893 0.9121  0.8803
```

□ 아래 프로그램에서는 랜덤 포레스트(random forest) 방법에서 찾은 특성 중요도(feature importance)를 보여준다. 특성 중요도는 모델의 예측에 가장 중요한 역할을 하는 변수들을 식별하는 데 도움이 되는 방법이다. 다음은 몇 가지 일반적인 방법이다.

◇ Permutation Importance: 각 특성을 바꾸면서 특성 중요도를 측정하는 방법이다. 즉, 모델 성능에 대한 각 특성의 기여도를 측정하여 중요도를 평가한다. 특성(feature) 중 하나를 선택하여 해당 특성의 값을 임의로 섞는다(또는 삭제). 예를 들어, "나이"라는 특성이 있다면, "나이"의 값을 섞어서 다시 데이터셋을 만든다. 섞인 데이터셋을 이용해 모델을 다시 평가한다. 이때 모델이 이전보다 낮은 정확도를 보인다면, 해당 특성은 모델의 예측에 중요한 역할을 한다고 판단할 수 있다.

◇ Feature Importance using Decision Trees: 모델의 의사 결정 나무를 사용하여 각 특성이 얼마나 중요한지를 측정할 수 있다. 의사 결정 나무에서는 특성의 중요도를 해당 특성을 사용하여 분기할 때 감소하는 불순도의 양으로 측정한다.

◇ Feature Importance using Lasso Regression: Lasso 회귀를 사용하여 특성 중요도를 측정할 수 있다. Lasso 회귀는 회귀 계수의 크기를 최소화하면서 모델의 예측을 수행하는 방법다. 따라서, 회귀 계수의 크기가 작은 특성은 중요하지 않다고 판단할 수 있다.

◇ SHAP(SHapley Additive exPlanations): SHAP은 개별 예측의 특성 중요도를 계산하는 데 사용되는 범용적인 방법이다. SHAP 값은 특성이 예측 값에 얼마나 기여하는지를 나타낸다. SHAP은 모델의 종류나 특성의 스케일에 구애받지 않으며, 모델 예측에 대한 설명력을 제공하는 데 유용하다. 위의 방법들 중 적합한 방법을 선택하여 특성 중요도를 계산할 수 있다. Figure 4.6은 프로그램 출력물이다.

```
import numpy as np
import matplotlib.pyplot as plt
from sklearn.datasets import make_classification
from sklearn.ensemble import ExtraTreesClassifier
# Build a classification task using 3 informative features,
# 장난감 데이터셋
X, y = make_classification(n_samples=1000,
                           n_features=10,
                           n_informative=3,
```

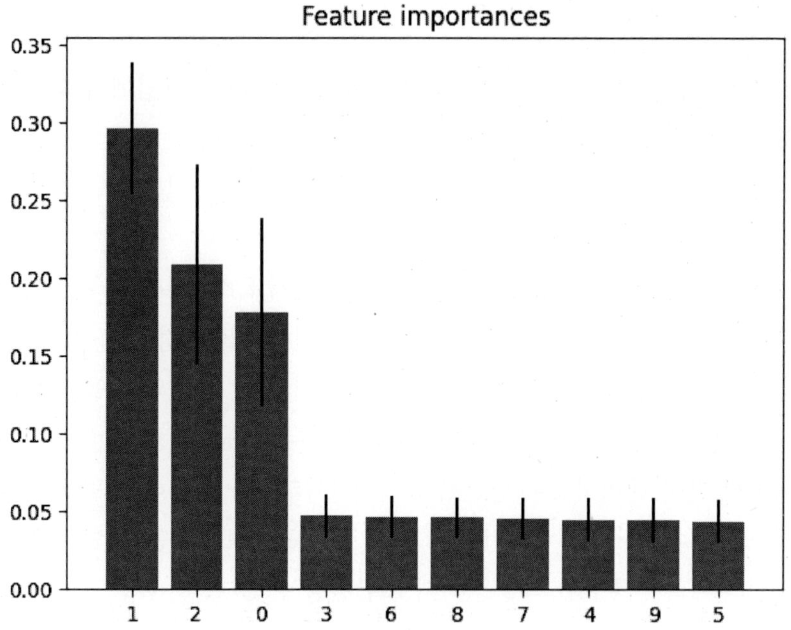

Figure 4.6: 중복허용 추출, 앙상블 방식, 랜덤 포레스트 활용하기.

```
                              n_redundant=0,
                              n_repeated=0,
                              n_classes=2,
                              random_state=0,
                              shuffle=False)

# forest 구성과 and impurity-based feature importances 계산
forest = ExtraTreesClassifier(n_estimators=250,\
 random_state=0)
forest.fit(X, y)
importances = forest.feature_importances_
std = np.std([tree.feature_importances_ \
 for tree in forest.estimators_], axis=0)
indices = np.argsort(importances)[::-1]

# 특성 중요도 순위
print("Feature ranking:")

for f in range(X.shape[1]):
    print("%d. feature %d (%f)" % (f + 1, indices[f], \
    importances[indices[f]]))

# Plot the impurity-based feature importances: forest
plt.figure()
```

```
plt.title("Feature importances")
plt.bar(range(X.shape[1]), importances[indices],
        color="r", yerr=std[indices], align="center")
plt.xticks(range(X.shape[1]), indices)
plt.xlim([-1, X.shape[1]])
plt.show()
#
Feature ranking:
1. feature 1 (0.295902)
2. feature 2 (0.208351)
3. feature 0 (0.177632)
4. feature 3 (0.047121)
5. feature 6 (0.046303)
6. feature 8 (0.046013)
7. feature 7 (0.045575)
8. feature 4 (0.044614)
9. feature 9 (0.044577)
10. feature 5 (0.043912)
```

□ 랜덤 포레스트(random forest) 방법을 사용한다면, 분류 문제 풀이에서와 마찬가지로 회귀 문제 풀이에서도 특성 중요도(feature importance)를 뽑아낼 수 있다.

```
import numpy as np
import pandas as pd
#from sklearn.datasets import load_boston
from sklearn.model_selection import train_test_split
from sklearn.ensemble import RandomForestRegressor
from sklearn.inspection import permutation_importance
from matplotlib import pyplot as plt
# 그림 그리기 관련 옵션들
plt.rcParams.update({'figure.figsize': (12.0, 8.0)})
plt.rcParams.update({'font.size': 14})

#boston = load_boston() 인권 침해 소지가 있다고 해서 이 데이터셋이 없어질 것이라고 함.

data_url = "http://lib.stat.cmu.edu/datasets/boston"
raw_df = pd.read_csv(data_url, sep="\s+", skiprows=22, \
    header=None)
data = np.hstack([raw_df.values[::2, :], \
    raw_df.values[1::2, :2]])
```

```
target = raw_df.values[1::2, 2]
X = data
y = target
#X = pd.DataFrame(boston.data, columns=boston.feature_names)
#y = boston.target
X_train, X_test, y_train, y_test = train_test_split(
    X, y, test_size=0.25, random_state=12)
rf = RandomForestRegressor(n_estimators=100)
rf.fit(X_train, y_train)
rf.feature_importances_
#
array([0.04211564, 0.00107894, 0.00695485, 0.00096858,
 0.02276355,
0.27637163, 0.01551876, 0.06244158, 0.00343035,
0.01567797, 0.01080831, 0.01546075, 0.52640909])
```

□ 아래 프로그램에서 ROC curve를 그리는 예를 보여준다. ROC_AUC는 분류 모델의 성능을 평가하기 위한 지표 중 하나이다. ROC는 receiver operating characteristic의 약자이며, AUC는 area under the curve의 약자이다. ROC curve는 이진 분류 문제에서 모델의 성능을 시각적으로 나타내는 그래프이다. 이 곡선은 모델의 true positive rate(TPR)에 대한 false positive rate(FPR)의 곡선이다. TPR은 실제 positive 샘플을 positive로 정확하게 분류한 비율이고, FPR은 실제 negative 샘플을 positive로 잘못 분류한 비율이다. ROC curve의 면적인 AUC는 0과 1사이의 값을 가지며, 1에 가까울수록 좋은 성능을 나타낸다. AUC가 0.5에 가까울수록 모델의 분류 성능은 무작위 수준과 비슷하다. 따라서, ROC_AUC는 모델이 positive와 negative 샘플을 얼마나 잘 분류하는지를 측정하는데 사용되며, 1에 가까울수록 높은 분류 성능을 가지는 것으로 간주된다. Figure 4.7은 프로그램 출력물이다.

```
# roc curve and auc
from sklearn.datasets import make_classification
from sklearn.linear_model import LogisticRegression
from sklearn.model_selection import train_test_split
from sklearn.metrics import roc_curve
from sklearn.metrics import roc_auc_score
from matplotlib import pyplot
# generate 2-class dataset, 이중 분류, 이중 클래스
X, y = make_classification(n_samples=1000,\
```

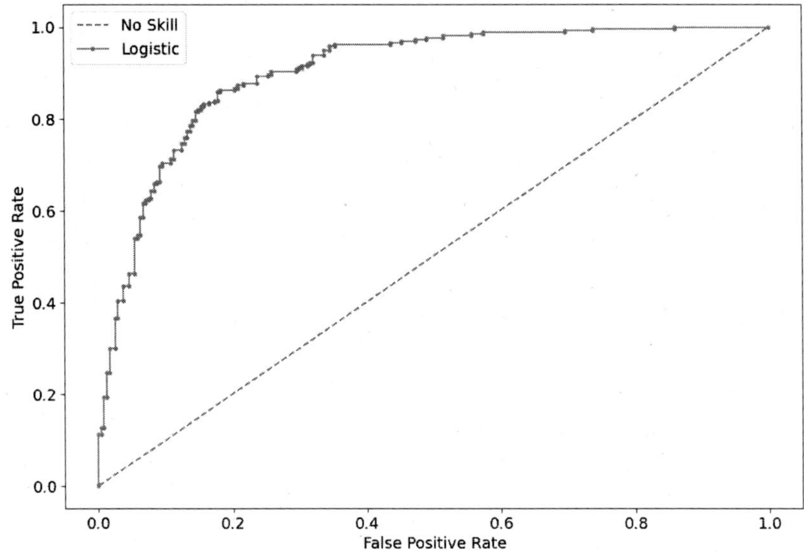

Figure 4.7: ROC curve 그리기.

```
 n_classes=2, random_state=1)
# split into train/test sets   데이터 분리, 훈련용 그리고 시험용
trainX, testX, trainy, testy = train_test_split(
    X, y, test_size=0.5, random_state=2)
# generate a no skill prediction (majority class)
ns_probs = [0 for _ in range(len(testy))]
# fit a model
model = LogisticRegression(solver='lbfgs')
model.fit(trainX, trainy)
# predict probabilities
lr_probs = model.predict_proba(testX)
# keep probabilities for the positive outcome only
lr_probs = lr_probs[:, 1]
# calculate scores
ns_auc = roc_auc_score(testy, ns_probs)
lr_auc = roc_auc_score(testy, lr_probs)
# summarize scores
print('No Skill: ROC AUC=%.3f' % (ns_auc))
print('Logistic: ROC AUC=%.3f' % (lr_auc))
# calculate roc curves
ns_fpr, ns_tpr, _ = roc_curve(testy, ns_probs)
lr_fpr, lr_tpr, _ = roc_curve(testy, lr_probs)
# plot the roc curve for the model
pyplot.plot(ns_fpr, ns_tpr, \
    linestyle='--', label='No Skill')
pyplot.plot(lr_fpr, lr_tpr, marker='.',\
```

```
        label='Logistic')
# axis labels
pyplot.xlabel('False Positive Rate')
pyplot.ylabel('True Positive Rate')
# show the legend, 범례
pyplot.legend()
# show the plot, 그림 그리기
pyplot.show()
#
No Skill: ROC AUC=0.500
Logistic: ROC AUC=0.903
```

[48]: Liu et al. (2008), 'Isolation forest'

□ 아래 프로그램에서는 트리-기반 알고리즘으로 이상치(outlier)를 탐색하는 방법을 보여준다. 아이소레이션 포레스트(isolation forest)는 데이터 포인트를 분리하는 기계학습 알고리즘 중 하나이다.[48] 이 알고리즘은 비지도학습 방법이며, 데이터의 이상치를 탐지하는 데 특히 효과적이다. 아이소레이션 포레스트는 의사 결정 나무(decision tree) 기반 알고리즘이다. 주어진 데이터의 각 포인트를 이진 분할을 통해 새로운 노드로 분할한다. 이진 분할은 무작위로 선택된 특성(feature)과 임의의 값 사이의 분할점(threshold)을 기준으로 이루어진다. 이 과정을 반복하여 의사 결정 나무를 구성하고, 데이터 포인트가 특정 'leaf node'에 도달하는데까지 걸리는 횟수를 기록한다. 이 횟수는 데이터 포인트의 "분리 경로 길이(separation path length)"라고도 한다. 일반적으로 이상치는 데이터 분포의 극단적인 영역에 위치하므로, 이상치는 보통 다른 데이터 포인트보다 더 빠르게 분리된다. 따라서 아이소레이션 포레스트는 이상치에 대해 상대적으로 짧은 분리 경로 길이를 기록하게 된다. 이를 이용하여, 분리 경로 길이가 일정 값 이하인 데이터 포인트는 이상치일 가능성이 높다고 추정하며, 일정 값 이상인 데이터 포인트는 정상적인 데이터일 가능성이 높다고 추정한다. 아이소레이션 포레스트는 빠른 속도와 효과적인 이상치 탐지 능력으로 인해 다양한 분야에서 활용되고 있다. 그러나 이 알고리즘의 결과는 모든 이상치를 찾아낼 수는 없으며, 일부 이상치는 다른 정상적인 데이터와 비슷한 경로를 따르기 때문에 탐지하기 어렵다. 이상치 탐지(outlier detection)는 기계학습 분야에서 매우 중요한 문제 중 하나이다. 이상치란 일반적인 데이터 패턴에서 벗어나는 데이터를 의미한다. 이상치는 데이터의 오류, 이상치가 실제 존재하는 경우, 또는 악의적인 데이터 변조 등으로 인해 발생할 수 있다. 다음은 이상치 탐지를

위한 기계학습 실증 예시이다.

◇ 금융 거래 이상치 탐지: 금융 거래 데이터에서 이상치를 탐지하는 것은 금융 기관 및 카드 회사 등에게 중요하다. 이상치로 의심되는 거래를 즉각적으로 탐지하여 사용자의 돈을 보호할 수 있다. 이상치로 의심되는 거래 패턴을 감지하기 위해 기계학습 모델을 사용할 수 있다. 예를 들어, 클러스터링 알고리즘을 사용하여 이상치가 있는 클러스터를 찾을 수 있다.

◇ 제조 공정 이상치 탐지: 제조 공정에서 생산된 제품에 대한 품질 검사를 수행하는 동안 이상치를 탐지할 수 있다. 예를 들어, 제조된 제품의 무게, 크기, 형태 등을 측정하여 기계학습 모델을 훈련시킬 수 있다. 훈련된 모델은 이상치로 의심되는 제품을 탐지하고 불량품을 분류할 수 있다.

◇ 네트워크 보안 이상치 탐지: 네트워크 보안에서는 이상치 탐지가 매우 중요하다. 해커나 악성 코드 등이 네트워크에 침투할 때, 이상치를 탐지하여 침투를 막을 수 있다. 기계학습 모델을 사용하여 네트워크에서 이상한 행동을 탐지할 수 있다. 예를 들어, 네트워크 트래픽의 분포를 분석하여 이상한 패턴을 탐지할 수 있다.

◇ 의료 진단 이상치 탐지: 의료 진단에서도 이상치 탐지가 중요하다. 환자의 의료 기록을 분석하여 이상치로 의심되는 부분을 탐지하고, 그 부분에 대한 추가적인 검사를 수행할 수 있다. 기계학습 모델을 사용하여 의료 기록에서 이상치를 탐지할 수 있다.

Figure 4.8은 프로그램 출력물이다.

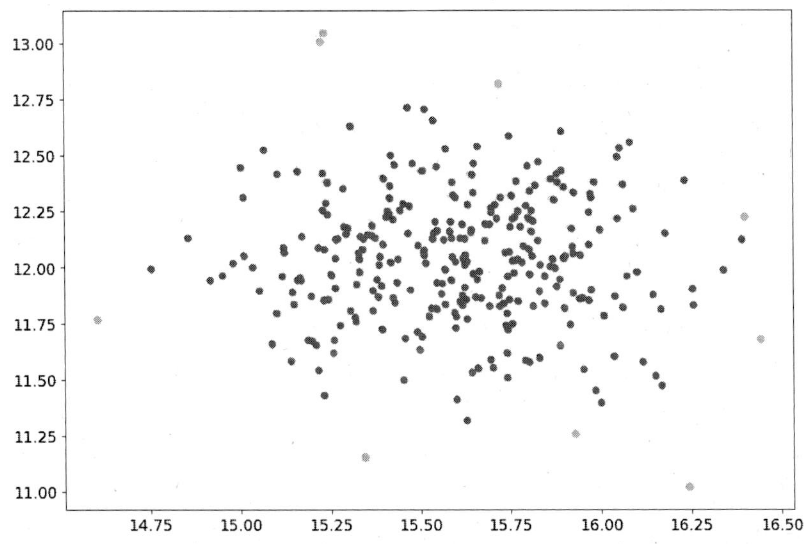

Figure 4.8: 아이소레이션 포레스트(isolation forest)를 활용한 이상치 탐색 예제를 나타내고 있다. 아이소레이션 포레스트는 빠른 처리 속도와 상대적으로 높은 정확도로 이상치를 탐지할 수 있는 강력한 알고리즘이며, 대규모 데이터 집합에서 유용하게 사용된다.

```
from sklearn.datasets import make_blobs
from numpy import quantile, random, where
```

```
from sklearn.ensemble import IsolationForest
import matplotlib.pyplot as plt

random.seed(17)
# 장난감 데이터셋
X, _ = make_blobs(n_samples=300,centers=1,\
    cluster_std=.3,center_box=(20, 5))
plt.scatter(X[:, 0], X[:, 1], \
    marker="o", c=_, s=25, edgecolor="k")
# 아이소레이션 포레스트, 이상치 탐지
iiff=IsolationForest(n_estimators=100,contamination=.03)
predictions = iiff.fit_predict(X)

outlier_index = where(predictions == -1)
values = X[outlier_index]
plt.scatter(X[:, 0], X[:, 1])
plt.scatter(values[:, 0], values[:, 1], color='y')
plt.show()
#

from sklearn.datasets import load_iris
from sklearn.ensemble import IsolationForest
# 데이터 로드
iris = load_iris()
X = iris.data
# 이상치 탐지 모델 생성
clf=IsolationForest(n_estimators=100,contamination=.03,
random_state=0).fit(X)

# 이상치 탐지
outliers = clf.predict(X) == -1

# 결과 출력
print('outliers:', outliers.sum())
print('outlier indices:', np.where(outliers))
#
outliers: 5
outlier indices:(array([13,41,117,118,131],dtype=int64),)

from sklearn import svm
import numpy as np
```

```
# 랜덤으로 데이터 생성
X = 0.3 * np.random.randn(1000, 2)
X_train = np.r_[X + 2, X - 2]
X_test = np.r_[X + 2, X - 2]

# One-class SVM 모델 훈련
clf = svm.OneClassSVM(nu=0.01, kernel="rbf", gamma=0.1)
clf.fit(X_train)

# 테스트 데이터 예측
y_pred_train = clf.predict(X_train)
y_pred_test = clf.predict(X_test)

# 이상치 비율 계산
n_error_train = y_pred_train[y_pred_train == -1].size
n_error_test = y_pred_test[y_pred_test == -1].size
error_rate_train = n_error_train / y_pred_train.size
error_rate_test = n_error_test / y_pred_test.size

# 결과 출력
print("ratio (training data):", error_rate_train)
print("ratio (test data):", error_rate_test)
#
ratio (training data): 0.0105
ratio (test data): 0.0105
```

□ 좀 더 다양한 기계학습 방법들을 눈여겨 볼 필요가 있다. *k*-means 방법은 비지도학습 중 하나로, 데이터 포인트들을 클러스터로 그룹화하는 알고리즘이다. 각 클러스터는 중심이라는 하나의 대표점을 가지며, 각 데이터 포인트는 그 중심으로부터의 거리를 기준으로 어느 클러스터에 속하는지 결정된다. *k*-means 알고리즘은 다음과 같은 과정을 포함한다.

◇ 클러스터 중심 선택: 먼저, *k*개의 클러스터 중심점(centroid)을 무작위로 선택한다. *k*는 사용자가 지정하는 초월 매개변수로, 클러스터 갯수를 의미한다.

◇ 데이터 포인트 할당: 각 데이터 포인트를 가장 가까운 클러스터 중심에 할당한다.

◇ 클러스터 중심 재계산: 각 클러스터에 할당된 데이터 포인트들의 평균값을 구하여, 그 값을 새로운 클러스터 중심으로 재계산한다.

◇ 위의 두 가지 과정 반복: 데이터 포인트의 할당과 클러스터 중심의 재계산을 반복한다. 데이터 포인트의 할당 결과가 바뀌지 않을 때까지 반복한다.

◇ 알고리즘 종료: 클러스터 중심의 위치가 더 이상 변하지 않으면 알고리즘이 종료된다. 이때, 각 데이터 포인트는 가장 가까운 클러스터 중심에 속하게 된다.

k-means는 비교적 간단하면서도 효과적인 클러스터링 알고리즘으로 널리 사용된다. 하지만 클러스터 갯수 *k*를 지정하는 것이 어렵고, 초기 클러스터 중심의 위치에 따라 결과가 크게 달라질 수 있다는 단점이 있다. *k*-means 알고리즘은 다양한 분야에서 활용되고 있다. 예를 들어, 다음과 같은 분야에서 응용된다.

◇ 고객 세분화(customer segmentation): 고객 데이터를 *k*-means 알고리즘을 이용하여 클러스터링하면, 비슷한 특성을 가진 고객들끼리 같은 클러스터에 묶이게 된다. 이를 이용하여, 고객의 특성에 따라 상품 추천, 마케팅 전략 수립 등에 활용된다.

◇ 이미지 분류(image classification): *k*-means 알고리즘을 이용하여 이미지 데이터를 클러스터링하면, 비슷한 색상, 질감 등의 특성을 가진 이미지들끼리 같은 클러스터에 묶일 수 있다. 이를 이용하여, 이미지 검색, 분류, 압축 등에 활용된다.

◇ 자연어 처리(natural language processing): *k*-means 알고리즘을 이용하여 문서들을 클러스터링하면, 비슷한 주제, 키워드 등을 가진 문서들끼리 같은 클러스터에 묶일 수 있다. 이를 이용하여, 문서 검색, 요약, 분류 등에 활용된다.

◇ 유전자 분류(gene clustering): *k*-means 알고리즘을 이용하여 유전자 데이터를 클러스터링하면, 비슷한 특성을 가진 유전자들끼리 같은 클러스터에 묶일 수 있다. 이를 이용하여, 유전자 분석, 질병 예측 등에 활용된다. 위와 같은 분야를 비롯하여, 다양한 분야에서 *k*-means 알고리즘이 활용되고 있다.

ㅁ자기-조직화 지도(self-organizing map, SOM), 또는 Kohonen map은 고차원 데이터의 군집화(clustering)와 차원축소(dimensionality reduction)를 위한 비지도학습 기술 중 하나이다.[85] 이 기술은 1980년대 핀란드의 과학자인 Teuvo Kohonen에 의해 개발되었다. 자기-조직화 지도 알고리즘은 입력 데이터를 대표하는 프로토타입으로 노드(뉴런)로 이루어진 2차원 그리드를 생성한다. 각 노드는 초기에 입력 데이터와 같은 차원의

[85]: Kohonen (1990), 'The self-organizing map'

가중치 벡터가 무작위로 할당된다. 입력 데이터가 자기-조직화 지도에 제공되면 입력 벡터와 각 노드의 가중치 벡터 간의 유클리드 거리를 기반으로 가장 가까운 노드가 식별된다. 가장 근접한 '우승 노드'와 그 이웃 노드는 입력 벡터와 유사하도록 업데이트된다. 우승 노드와 그 이웃의 가중치 벡터는 학습률과 지수 함수에 기반하여 조정된다. 학습률은 시간이 지남에 따라 감소하여 자기-조직화 지도이 안정적인 솔루션으로 수렴하도록 한다.[4] 연결된 노드들은 유연한 그물같은 격자를 형성한다. 계산 전에 정해져야 하는 것이 그물의 크기이다. 그물은 $m \times m$개로 구성된 것이다. 이를 뉴런 격자(neuron lattice)라고 부른다. 사실은 그물망 속의 노드를 데이터에 맞추어서 재배치 시키는 것이 목표이다. 노드들 사이의 경쟁을 통하여 노드 위치가 갱신된다. 여기서 경쟁이라는 것은 데이터에 가장 가까운 노드를 선별하는 과정을 의미한다. 그물망 속에 있는 노드의 위치를 다시 조정하는 방식이다. 노드의 위치는 데이터가 분포한 것에 따라서 천천히 조금씩 이동하게 된다. 이것이 학습과정에 해당한다. 뉴런이 데이터 포인트로 조금씩 이동하게 된다. 가중치가 데이터와 동일한 차원을 가지고 있다. 따라서, 직접 거리를 계산할 수 있고, 가중치가 데이터 위치로 이동하게 한다. 최종적으로 그리드가 데이터 분포에 가까워지는 경향이 있다. 유연한 그리드(그물)가 흩어져 있는 데이터를 포획하는 꼴이다. 자기-조직화 지도 방법의 3 요소는 아래와 같다.

◇ 경쟁: 무작위로 선정된 특정한 입력과 가장 가까이 있는 뉴런을 선정한다. '우승 노드' 선정

◇ 협력: 시간이 갈수록 협력은 줄어든다. 6 개 또는 8 개의 이웃을 가진다. 거리 계산을 가정한다. 가장 가까이 있는 뉴런을 이동시킨다. 이때, 옆에 있는 뉴런도 따라서 움직인다. 어느 정도는 따라서 이동한다. 학습이 진행될 수록 따라서 움직이는 정도는 줄어든다.

◇ 가중치 업데이트: 뉴런들이 데이터에 얼마나 가까이 수렴 했는지를 체크한다. 상당히 큰 차원의 특성들을 가진 경우에도 쉽게 적용할 수 있는 방법이다. 자기-조직화 지도 알고리즘이 진행되면 유사한 입력 벡터는 격자의 인접한 노드에 매핑되고, 격자는 입력 데이터의 기본적인 구조를 반영하는 방식으로 조직된다. 그 결과, 고차원 입력 데이터의 저차원 표현이 생성되며, 이를 시각화하여 군집화, 분류 또는 기타 작업에 사용할 수 있다. 자기-조직화 지도는 이미지 인식, 음성 처리, 생물 정보학 및 금융 분석 등 다양한 분야에서 사용되어 왔다. 자기-조직화 지도는 고차원 데이터를 해석하고 이해하기 쉬운 방식으로 시각화하므로, 고차원 데이

4: https://en.wikipedia.org/wiki/Self-organizing_map

터를 탐색하고 이해하는 데 매우 유용하다. 자기-조직화 지도는 *k*-means 방법과 유사한 것(*k*-means → constrained SOM)으로 생각할 수 있다. *k*개의 군집으로 데이터를 나누는 것이 *k*-means 방법이다. 자기-조직화 지도는 비선형 버전의 주성분 분석(principal component analysis, PCA)이라고도 볼 수 있다. 물론, 자동암호기(autoencoder, AE)도 마찬가지이다. 활성화 함수를 선형으로 잡으면 자동암호기는 주성분 분석으로 귀결된다. 위상-보존 매핑(topology-preserving mapping)은 자기-조직화 지도에서 가장 중요한 개념 중 하나이다. 자기-조직화 지도에서는 입력 데이터의 유사성을 고차원 공간에서 유지한다. 또한, 자기-조직화 지도에서는 저차원 공간에 매핑하여 군집화한다. 즉, 고차원 데이터에서 인접한 벡터들은 자기-조직화 지도에서도 서로 인접한 위치에 매핑된다. 이렇게 함으로써 자기-조직화 지도는 입력 데이터의 유사성을 시각화하고 이를 기반으로 데이터를 군집화하거나 분류하는 데 사용될 수 있다. Figure 4.9은 프로그램 출력물들 중 하나이다.

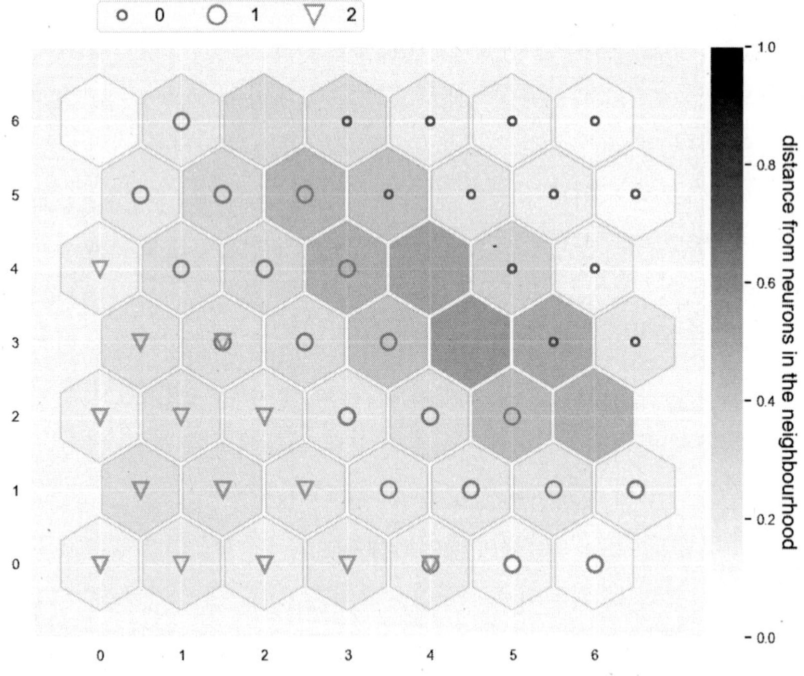

Figure 4.9: 자기-조직화 지도(SOM) 방법을 활용한 차원축소.자기-조직화 지도는 인공신경망의 일종으로, 비지도학습 알고리즘 중 하나이다. SOM은 입력데이터의 특징을 공간상에서 그룹화하여 시각화하는 기술이다. 예를 들어, 다차원 공간에서 벡터의 유사성을 이용하여 데이터를 2차원 격자에 매핑한다.

□ Figure 4.10은 프로그램 출력물들 중 하나이다. 학습이 진행되는 동안 위상-보존 매핑(topology-preserving mapping)에 대한 정보를 준다. 위상-보존 매핑은 데이터의 형상과 구조가 유지되는 방식으로 데이터를 변환하는 것을 지칭한다. 위상(位相): 수학에서 사용하는 것이다. 위치를 나타낼 때 사용하는 '위', 서로의 관계를 나타내는 '상'이 만나서 하나의

단어가 되었다. 위상(topology)은 공간의 형태와 구조를 다루는 수학의 분야이다. 위상학에서는 주로 거리, 크기, 방향 등과 같은 기하학적인 성질을 무시하고, 공간의 형태와 구조에 초점을 둔다. 럭비공과 축구공은 동일한 것으로 취급하는 것이다. 도우넛과 손잡이가 있는 머그컵을 위상학적 관점에서는 동일한 것으로 본다. 이때, 구멍의 갯수에 주목해야 한다. 위상학적 불변량이 중요한 역할을 한다. 축구공, 럭비공은 모두 구멍의 갯수가 0이다. 도우넛과 손잡이가 있는 머그컵은 모두 구멍의 갯수가 1개이다. 위상 불변량(topological invariant)은 천천히 그리고 연속적으로 바뀌는 외부 변화에도 불변이다. 또한, 시간 의존성이 없는 것이 특징이다. 연결성이나 연속성 등, 작은 변환에 의존하지 않는 기하학적 성질을 위상학적인 것이라고 부를 수 있다. 예를 들어, 위상 불변량을 활용하여 물질을 분류를 할 수 있다. 위상 불변량은 비국소, 비선형, 세기형이다. 위상 불변량을 표현자로 사용하는 것은 기계학습에서 추천할 만한 일이다.

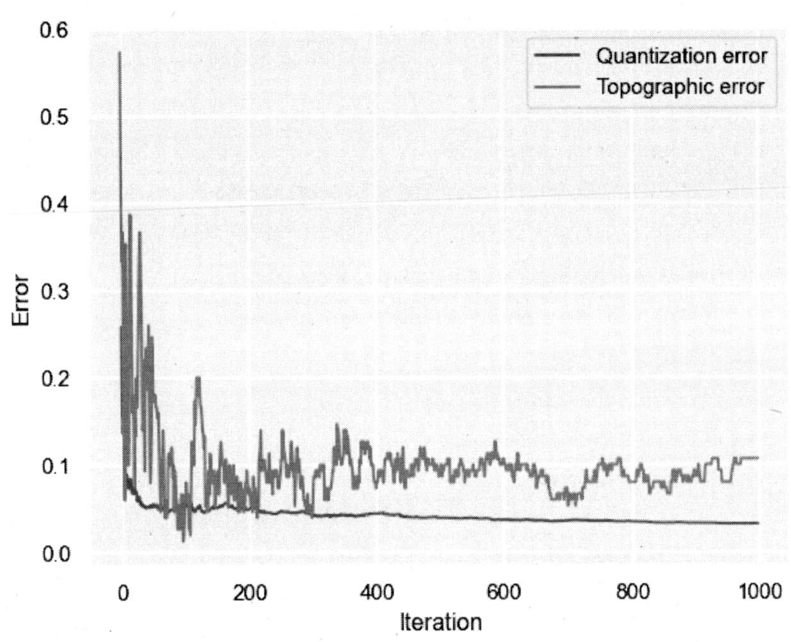

Figure 4.10: 자기-조직화 지도 (SOM) 방법을 활용한 위상-보존 매핑 (topology-preserving mapping).

```
from tensorflow.keras.models import Sequential, Model
from sklearn.metrics import accuracy_score
from sklearn import preprocessing
import lightgbm as lgb
#from sklearn.metrics import plot_confusion_matrix
from sklearn.metrics import ConfusionMatrixDisplay
from sklearn import metrics
```

```
from sklearn.metrics import confusion_matrix
from sklearn.model_selection import train_test_split
from sklearn.preprocessing import LabelEncoder
from keras.utils import to_categorical
import random
import tensorflow as tf
from tensorflow.keras.layers import Dense
from sklearn.cluster import KMeans
import seaborn as sns
from mpl_toolkits.mplot3d import Axes3D
from matplotlib.colors import ListedColormap
import os
from sklearn.manifold import TSNE
from sklearn.decomposition import PCA
from sklearn.utils.multiclass import unique_labels
from minisom import MiniSom
from matplotlib.patches import RegularPolygon, Ellipse
from mpl_toolkits.axes_grid1 import make_axes_locatable
from matplotlib import cm, colorbar
from matplotlib.lines import Line2D
from bokeh.colors import RGB
from bokeh.io import curdoc, show, output_notebook
from bokeh.transform import factor_mark, factor_cmap
from bokeh.models import ColumnDataSource, HoverTool
from bokeh.plotting import figure, output_file
import numpy as np
import matplotlib.pyplot as plt
from sklearn import decomposition
from sklearn import datasets

np.random.seed(5)
iris = datasets.load_iris()
X = iris.data
y = iris.target
print(y)
amax = np.amax(X)
print(amax)
X = X/amax

aarray = unique_labels(y)
print(len(aarray))
```

```

som_shape = (7, 7)  #  미리 정해주는 것이다. 이것을 다르게 정할 수 있다.
# initialization and training of 7x7 SOM
som = MiniSom(som_shape[0],som_shape[1],X.shape[1],\
    sigma=1.5,learning_rate=.7,
    activation_distance='euclidean',topology='hexagonal',
    neighborhood_function='gaussian', random_seed=10)
som.train(X, 1000, verbose=True)

xx, yy = som.get_euclidean_coordinates()
umatrix = som.distance_map()
weights = som.get_weights()

f = plt.figure(figsize=(10, 10))
ax = f.add_subplot(111)
ax.set_aspect('equal')
# iteratively add hexagons
for i in range(weights.shape[0]):
    for j in range(weights.shape[1]):
        wy = yy[(i, j)] * np.sqrt(3) / 2
        hexa = RegularPolygon((xx[(i, j)], wy),
                              numVertices=6,
                              radius=0.95 / np.sqrt(3),
                              facecolor=cm.Blues(umatrix[i, j]),
                              alpha=0.4,
                              edgecolor='gray')
        ax.add_patch(hexa)

markers=[".", "o", "v", "^", "<", ">", "s", "p", "P",\
 "*", "h", "H", "+",
"x", "X", "D", "d", "|", "_", "1", "2", "3", "4", "8",
0, 1, 2, 3, 4, 5, 6, 7, 8, 9, 10, 11]
colors = ['C'+str(i) for i in range(len(markers))]

for cnt, x in enumerate(X):
# getting the winner
    w = som.winner(x)
# place a marker on the winning position for the sample xx
    wx, wy = som.convert_map_to_euclidean(w)
    wy = wy * np.sqrt(3) / 2
    plt.plot(wx, wy,
```

```
                markers[y[cnt]],
                markerfacecolor='None',
                markeredgecolor=colors[y[cnt]],
                markersize=12,
                markeredgewidth=2)

xrange = np.arange(weights.shape[0])
yrange = np.arange(weights.shape[1])
plt.xticks(xrange-.5, xrange)
plt.yticks(yrange * np.sqrt(3) / 2, yrange)

divider = make_axes_locatable(plt.gca())
ax_cb = divider.new_horizontal(size="5%", pad=0.05)
cb1 = colorbar.ColorbarBase(ax_cb, cmap=cm.Blues,
               orientation='vertical', alpha=.4)
cb1.ax.get_yaxis().labelpad = 16
cb1.ax.set_ylabel(\
    'distance from neurons in the neighbourhood',
                  rotation=270, fontsize=16)
plt.gcf().add_axes(ax_cb)
legend_elements=[Line2D([0],[0],\
    marker=markers[i],color=colors[i],label=str(i),
       markerfacecolor='w',\
       markersize=14,linestyle='None',markeredgewidth=2)
       for i in range(len(aarray))]
ax.legend(handles=legend_elements,\
bbox_to_anchor=(0.1, 1.08),loc='upper left',
          borderaxespad=0., ncol=3, fontsize=14)
# plt.savefig('som_seed_hex.png')
plt.show()

# Plotting the response for each pattern
plt.bone()
plt.pcolor(som.distance_map().T)
# plotting the distance map as background
plt.colorbar()
plt.bone()

plt.pcolor(som.distance_map().T)
# distance map as background
plt.colorbar()
```

```
# loading the labels
# use different colors and markers for each label
for cnt, xx in enumerate(X):
    w = som.winner(xx)  # getting the winner
# palce a marker on the winning position for the sample xx
    plt.plot(w[0]+.5, w[1]+.5, \
    markers[y[cnt]], markerfacecolor='None',
        markeredgecolor=colors[y[cnt]],\
        markersize=12,markeredgewidth=2)
#plt.axis([0, 7, 0, 7])
plt.show()

if True:
    som = MiniSom(som_shape[0], som_shape[1], \
    X.shape[1], sigma=1.5,
                  learning_rate=.7,\
                  activation_distance='euclidean',
                  neighborhood_function='gaussian', \
                  random_seed=10)
    max_iter = 1000
    q_error = []
    t_error = []
    for i in range(max_iter):
        rand_i = np.random.randint(len(X))
        som.update(X[rand_i], \
        som.winner(X[rand_i]), i, max_iter)
        q_error.append(som.quantization_error(X))
        t_error.append(som.topographic_error(X))
    plt.plot(np.arange(max_iter), q_error,\
        label='Quantization error')
    plt.plot(np.arange(max_iter), t_error, \
        label='Topographic error')
    plt.ylabel('Error')
    plt.xlabel('Iteration')
    plt.legend()
    plt.show()

sns.set()
sns.set(rc={"figure.figsize": (10, 8)})
sns.set(font_scale=1.5)
PALETTE = sns.color_palette('deep', n_colors=5)
```

```
CMAP = ListedColormap(PALETTE.as_hex())
RANDOM_STATE = 42


def plot_iris_2d(xx, yy, y, title):
    markers=[".", "o", "v", "^", "<", ">", "s", "p", "P",\
     "*", "h", "H", "+",
     "x", "X", "D", "d", "|", "_", "1", "2", "3", "4", "8",
             0, 1, 2, 3, 4, 5, 6, 7, 8, 9, 10, 11]
    colors = ['C'+str(i) for i in range(len(markers))]
    sns.set_style("darkgrid")
#    plt.scatter(xx, yy, c=y, cmap=CMAP, s=70)
    for i in range(len(unique_labels(y))):
        plt.scatter(xx[y == i], yy[y == i], \
        color=colors[i],
        alpha=0.8, lw=2, label=str(i))
    plt.title(title, fontsize=20)
    plt.xlabel("1st axis", fontsize=16)
    plt.ylabel("2nd axis", fontsize=16)
    plt.legend(loc="best", shadow=False, scatterpoints=1)


def plot_iris_3d(xx, yy, zz, y, title):
    markers=[".", "o", "v", "^", "<", ">", "s", "p", "P",\
     "*", "h", "H", "+",
     "x", "X", "D", "d", "|", "_", "1", "2", "3", "4", "8",
             0, 1, 2, 3, 4, 5, 6, 7, 8, 9, 10, 11]
    colors = ['C'+str(i) for i in range(len(markers))]
    sns.set_style('whitegrid')
    fig = plt.figure(1, figsize=(8, 6))
    ax = Axes3D(fig, elev=-150, azim=110)
#    ax.scatter(xx, yy, zz, c=y, cmap=CMAP, s=40)
    for i in range(len(unique_labels(y))):
        ax.scatter(xx[y == i], yy[y == i],\
        zz[y == i],color=colors[i],
                    alpha=0.8, lw=2, label=str(i))
    ax.set_title(title, fontsize=20)
    fsize = 14
    ax.set_xlabel("1st axis", fontsize=fsize)
    ax.set_ylabel("2nd axis", fontsize=fsize)
    ax.set_zlabel("3rd axis", fontsize=fsize)
```

```
    ax.w_xaxis.set_ticklabels([])
    ax.w_yaxis.set_ticklabels([])
    ax.w_zaxis.set_ticklabels([])
    plt.legend(loc="best", shadow=False, scatterpoints=1)

# 주성분 분석
pca = PCA(n_components=2)
points = pca.fit_transform(X)
plot_iris_2d(points[:, 0], points[:, 1], y,
             title='dataset visualized with PCA')
# 티즈니
tsne = TSNE(n_components=2, random_state=RANDOM_STATE)
points = tsne.fit_transform(X)
plot_iris_2d(points[:, 0], points[:, 1], y,
             title='dataset visualized with TSNE')

pca = PCA(n_components=3)
points = pca.fit_transform(X)
plot_iris_3d(points[:, 0], points[:, 1], points[:, 2],
             y, title="dataset visualized with PCA")

tsne = TSNE(n_components=3,  n_iter=2000,\
 random_state=RANDOM_STATE)
points = tsne.fit_transform(X)
plot_iris_3d(points[:, 0], points[:, 1], points[:, 2],
             y, title="dataset visualized with TSNE")

clusters = []
for i in range(1, 11):
    km = KMeans(n_clusters=i).fit(X)
    clusters.append(km.inertia_)

fig, ax = plt.subplots(figsize=(12, 8))
sns.lineplot(x=list(range(1, 11)), y=clusters, ax=ax)
ax.set_title('Searching for Elbow')
ax.set_xlabel('Clusters')
ax.set_ylabel('Inertia')

# Annotate arrow
ax.annotate('Possible Elbow Point',xy=(3, 2),\
  xytext=(3, 5),xycoords='data',
```

```
  arrowprops=dict(arrowstyle='->',connectionstyle='arc3',\
  color='blue',lw=2))

ax.annotate('Possible Elbow Point',xy=(5, 2),\
  xytext=(5, 5),xycoords='data',
  arrowprops=dict(arrowstyle='->',connectionstyle='arc3',\
  color='blue',lw=2))

plt.show()

#from sklearn.preprocessing import MinMaxScaler

# synthetic classification dataset
#from sklearn.datasets import make_classification
# define dataset
#X,y=make_classification(n_samples=2000,\
#    n_features=30,n_informative=10, \
#      n_redundant=10,random_state=7)
# summarize the dataset
print(X.shape, y.shape)

num_inputs = X.shape[1]
num_hidden = 2
num_outputs = num_inputs
# 인공신경망, 자동암호기
model = Sequential()
model.add(Dense(num_inputs, input_shape=[num_inputs]))
model.add(Dense(100, activation='relu'))
model.add(Dense(50, activation='relu'))
model.add(Dense(25, activation='relu'))
model.add(Dense(10, activation='relu'))
model.add(Dense(num_hidden, activation='relu'))
model.add(Dense(10,  activation='relu'))
model.add(Dense(25,  activation='relu'))
model.add(Dense(50,  activation='relu'))
model.add(Dense(100, activation='relu'))
model.add(Dense(num_outputs, activation='sigmoid'))
model.compile(optimizer='adam', loss='mse')
model.summary()
history = model.fit(X, X, validation_split=0.20,
                    epochs=250, batch_size=5, verbose=0)
```

```
plt.plot(history.history['loss'])
plt.plot(history.history['val_loss'])
plt.title('Model loss', fontsize=20)
plt.ylabel('Loss', fontsize=20)
plt.xlabel('Epoch', fontsize=20)
plt.legend(['Train', 'Test'], loc='upper right')
plt.show()
# 씨퀀셜과 모델 두 가지가 있다.
# 모델이 좀 더 일반적인 인공신경망을 구성할 수 있게 해 준다.
intermediate_layer_model = Model(
    inputs=model.input, \
    outputs=model.get_layer(index=5).output)
intermediate_output = intermediate_layer_model.predict(X)

intermediate_output.shape
sns.scatterplot(intermediate_output[:,0],\
  intermediate_output[:,1],hue=y)


YY = tf.keras.utils.to_categorical(y)

YY.shape
nfeatures = X.shape[1]

x_train, x_test, y_train, y_test=train_test_split(\
X,YY,test_size=0.2)
model = Sequential()
model.add(Dense(100, input_dim=nfeatures, activation='relu'))
for i in range(4):
    model.add(Dense(100, activation='relu'))
model.add(Dense(YY.shape[1], activation='softmax'))
model.summary() # 모델 요약

model.compile(loss='categorical_crossentropy',
              optimizer='adam', metrics=['accuracy'])
history = model.fit(x_train, y_train, validation_split=0.10,
                    epochs=100, batch_size=5, verbose=2)
plt.plot(history.history['accuracy'])
plt.plot(history.history['val_accuracy'])
plt.ylabel('Accuracy')
```

```
plt.xlabel('Epoch')
plt.legend(['training', \
'validation'],loc='lower right',bbox_to_anchor=(
    0.6, 0.2), ncol=1, \
    frameon=True, shadow=True, fontsize=14)
plt.show()
# 모델 보관하기
if True:
    model.save_weights("model.h5")
    print("saved model to disk")

y_pred = model.predict(x_test)
y_pred = np.argmax(y_pred, axis=1)
y_test = np.argmax(y_test, axis=1)
print(confusion_matrix(y_test, y_pred))
# 혼동행렬
cm = metrics.confusion_matrix(y_test, y_pred)
plt.figure(figsize=(9, 9))
sns.heatmap(cm, annot=True, fmt="d", linewidths=.5,
            square=True, cmap='Blues_r')
plt.ylabel('Actual label')
plt.xlabel('Predicted label')
all_sample_title = 'Confusion matrix - ' + \
    str(metrics.accuracy_score(y_test, y_pred))
plt.title(all_sample_title, size=15)
plt.show()
print(metrics.classification_report(y_test, y_pred))

print(np.shape(X))
print(np.shape(y))
le = preprocessing.LabelEncoder()
y_label = le.fit_transform(y)
classes = le.classes_
len(list(le.classes_))
x_train, x_test, y_train, y_test = train_test_split(
    X, y_label, test_size=0.30, random_state=42)

params = {
        "objective": "multiclass",
        "num_class": len(list(le.classes_)),
        "num_leaves": 60,
```

```
        "max_depth": -1,
        "learning_rate": 0.01,
        "bagging_fraction": 0.9,  # subsample
        "feature_fraction": 0.9,  # colsample_bytree
        "bagging_freq": 5,        # subsample_freq
        "bagging_seed": 2018,
        "verbosity": -1}
# lightGBM 모델 사용하기
lgtrain, lgval=lgb.Dataset(x_train,y_train),\
    lgb.Dataset(x_test, y_test)
lgbmodel = lgb.train(params, lgtrain, 2000, valid_sets=[
             lgtrain,lgval],\
             early_stopping_rounds=100,verbose_eval=200)


y_pred = np.argmax(lgbmodel.predict(x_test), axis=1)
y_true = y_test


def plot_confusion_matrix(y_true,y_pred,\
    classes,normalize=False,title=None, \
    cmap=plt.cm.Blues):
    """
    This function prints and plots the confusion matrix.
    Normalization can be applied by setting 'normalize=True'.
    """
if not title:
    if normalize:
        title = 'Normalized confusion matrix'
    else:
        title = 'Confusion matrix, without normalization'
# Compute confusion matrix
    cm = confusion_matrix(y_true, y_pred)
# Only use the labels that appear in the data
    classes = classes[unique_labels(y_true, y_pred)]
    if normalize:
        cm=cm.astype('float')/cm.sum(axis=1)[:,np.newaxis]
        print("Normalized confusion matrix")
    else:
        print('Confusion matrix, without normalization')
    print(cm)
```

```
    fig, ax = plt.subplots()
    im = ax.imshow(cm, interpolation='nearest', cmap=cmap)
    ax.figure.colorbar(im, ax=ax)
# We want to show all ticks...
    ax.set(xticks=np.arange(cm.shape[1]),
           yticks=np.arange(cm.shape[0]),
# ... and label them with the respective list entries
           xticklabels=classes, yticklabels=classes,
           title=title,
           ylabel='True label',
           xlabel='Predicted label')

# Rotate the tick labels and set their alignment.
    plt.setp(ax.get_xticklabels(),\
      rotation=45, ha="right",
             rotation_mode="anchor")
# Loop over data dimensions and create text annotations.
    fmt = '.2f' if normalize else 'd'
    thresh = cm.max() / 2.
    for i in range(cm.shape[0]):
        for j in range(cm.shape[1]):
            ax.text(j, i, format(cm[i, j], fmt),
        ha="center", va="center",
        color="white" if cm[i, j] > thresh else "black")
    fig.tight_layout()
    return ax


plot_confusion_matrix(y_true, y_pred, classes=classes,
                      title='Confusion matrix')
accuracy_score(y_true, y_pred)

plt.rcParams["figure.figsize"] = (12, 22)
lgb.plot_importance(lgbmodel,\
    max_num_features=x_test.shape[1],height=.9)
```

□ t-SNE(t-distributed stochastic neighbor embedding) 방법을 활용한 분류 예제를 아래에 표시했다. t-SNE는 고차원 데이터를 저차원 공간으로 임베딩하는 비선형 차원축소 기술이다. 이 방법은 시각화, 군집화 등 다양한 분야에서 활용된다. t-SNE 알고리즘은 두 단계로 이루어진다.

첫번째 단계는 유사도 행렬을 계산하는 것이다. 이 행렬은 각 데이터 포인트 사이의 유사도를 나타내며, 일반적으로는 유클리드 거리나 코사인 유사도 등을 이용한다. 두번째 단계는 저차원 임베딩을 수행하는 것이다. 이 단계에서는 고차원 데이터를 저차원 공간으로 매핑하는데, 이때 t-SNE는 고차원 공간에서 가까운 포인트들을 저차원 공간에서도 가깝게 유지하며, 먼 포인트들은 멀리 떨어지도록 한다. 이를 위해 t-SNE는 각 데이터 포인트를 저차원 공간에서의 위치를 확률 분포로 나타내고, 고차원 공간에서의 유사도를 저차원 공간에서의 유사도 분포로 변환한다.[39] 이후에는 쿨백-라이블러 발산(Kullback-Leibler divergence)를 이용하여 두 분포 간의 차이를 최소화하는 방식으로 최적화를 수행한다. t-SNE는 매우 강력한 차원축소 기술로, 복잡한 데이터의 시각화나 분석에 매우 유용하다. 하지만 데이터가 매우 많거나, 고차원일 경우에는 계산 복잡도가 매우 높아지므로 주의해야 한다. Figure 4.11은 프로그램 출력물들 중 하나이다.

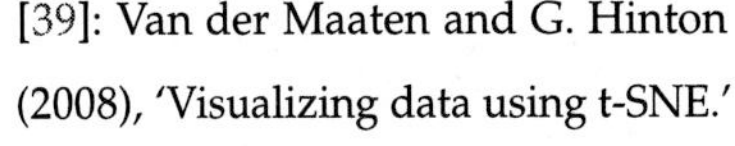
[39]: Van der Maaten and G. Hinton (2008), 'Visualizing data using t-SNE.'

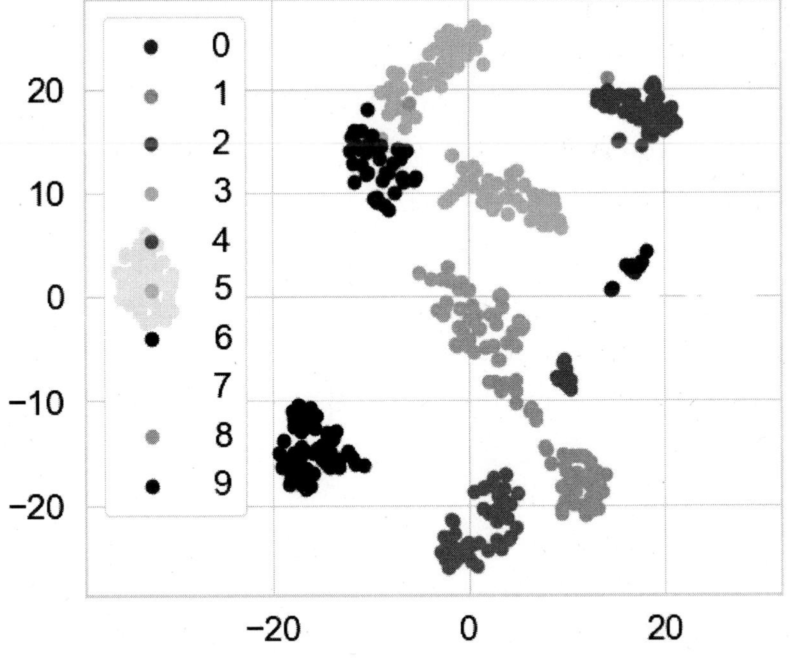

Figure 4.11: t-SNE 방법을 활용한 차원축소. t-SNE는 데이터 시각화를 위한 차원축소 기술 중 하나이다. 특히 고차원 데이터의 시각화와 군집화에 널리 사용된다.

```
from matplotlib import pyplot as plt
from sklearn.manifold import TSNE
from sklearn import datasets
digits = datasets.load_digits()
# 앞부분에 있는 500개 사용하기,
#  순서대로, 0, 1, 2, ...., 499
```

```
X = digits.data[:500]
y = digits.target[:500]
tsne = TSNE(n_components=2, random_state=0)
X_2d = tsne.fit_transform(X)
target_ids = range(len(digits.target_names))

plt.figure(figsize=(6, 5))
colors = 'r', 'g', 'b', 'c', 'm', 'y', \
    'k', 'w', 'orange', 'purple'
for i, c, label in zip(target_ids, \
    colors, digits.target_names):
plt.scatter(X_2d[y == i, 0], X_2d[y == i, 1],\
     c=c, label=label)
plt.legend()
plt.show()
```

□ 병합 군집화(agglomerative clustering)은 계층적 군집화 알고리즘 중 하나이다.[86] 이 알고리즘은 일련의 데이터 포인트가 주어졌을 때, 각 포인트가 별개의 클러스터를 형성하고, 이들을 서로 합쳐가면서 최종적으로 하나의 클러스터로 통합될 때까지 반복적으로 실행된다. 병합 군집화(agglomerative clustering)은 다음과 같은 단계로 수행된다.

[86]: Gowda and Krishna (1978), 'Agglomerative clustering using the concept of mutual nearest neighbourhood'

◇ 각 데이터 포인트를 하나의 클러스터로 할당한다.
◇ 각 클러스터의 거리를 측정한다. 이는 두 클러스터 내 모든 데이터 포인트 쌍 간의 거리의 평균, 최소 값, 최대 값 등으로 계산될 수 있다.
◇ 가장 가까운 두 클러스터를 하나로 합친다.
◇ 위의 두 단계를 클러스터가 하나만 남을 때까지 반복한다.

병합 군집화의 주요 장점은 다음과 같다.
◇ 군집 수를 미리 정하지 않아도 된다.
◇ 결과를 시각화하기 쉽다.
◇ 클러스터가 계층적 구조로 구성되어 있어서, 어떤 레벨에서든 결과를 볼 수 있다.
하지만 이 알고리즘은 계산 비용이 매우 높아 대규모 데이터셋에 적용하기에는 제한적이다. 또한, 거리를 측정하는 방법에 따라 결과가 크게 달라질 수 있다. 아래 프로그램은 병합 군집화 분류 프로그램이다. Figure 4.12가 프로그램 출력물들 중 하나이다.

```
import numpy as np
```

```
from matplotlib import pyplot as plt
from scipy.cluster.hierarchy import dendrogram
from sklearn.datasets import load_iris
from sklearn.cluster import AgglomerativeClustering

def plot_dendrogram(model, **kwargs):
# Create linkage matrix and then plot the dendrogram

# create the counts of samples under each node
    counts = np.zeros(model.children_.shape[0])
    n_samples = len(model.labels_)
    for i, merge in enumerate(model.children_):
        current_count = 0
        for child_idx in merge:
            if child_idx < n_samples:
               current_count += 1  # leaf node
            else:
               current_count +=counts[child_idx-n_samples]
        counts[i] = current_count

    linkage_matrix = np.column_stack([model.children_,
        model.distances_,
        counts]).astype(float)

# Plot the corresponding dendrogram, 그림 그리기, 출력
    dendrogram(linkage_matrix, **kwargs)


iris = load_iris()
X = iris.data

# 병합 군집화
# distance_threshold=0 ensures we compute the full tree.
model = AgglomerativeClustering(distance_threshold=0, \
    n_clusters=None)

model = model.fit(X)
plt.title('Hierarchical Clustering Dendrogram')
# plot the top three levels of the dendrogram
plot_dendrogram(model, truncate_mode='level', p=3)
plt.xlabel("Number of points in node \
```

```
    (or index of point if no parenthesis).")
plt.show()
```

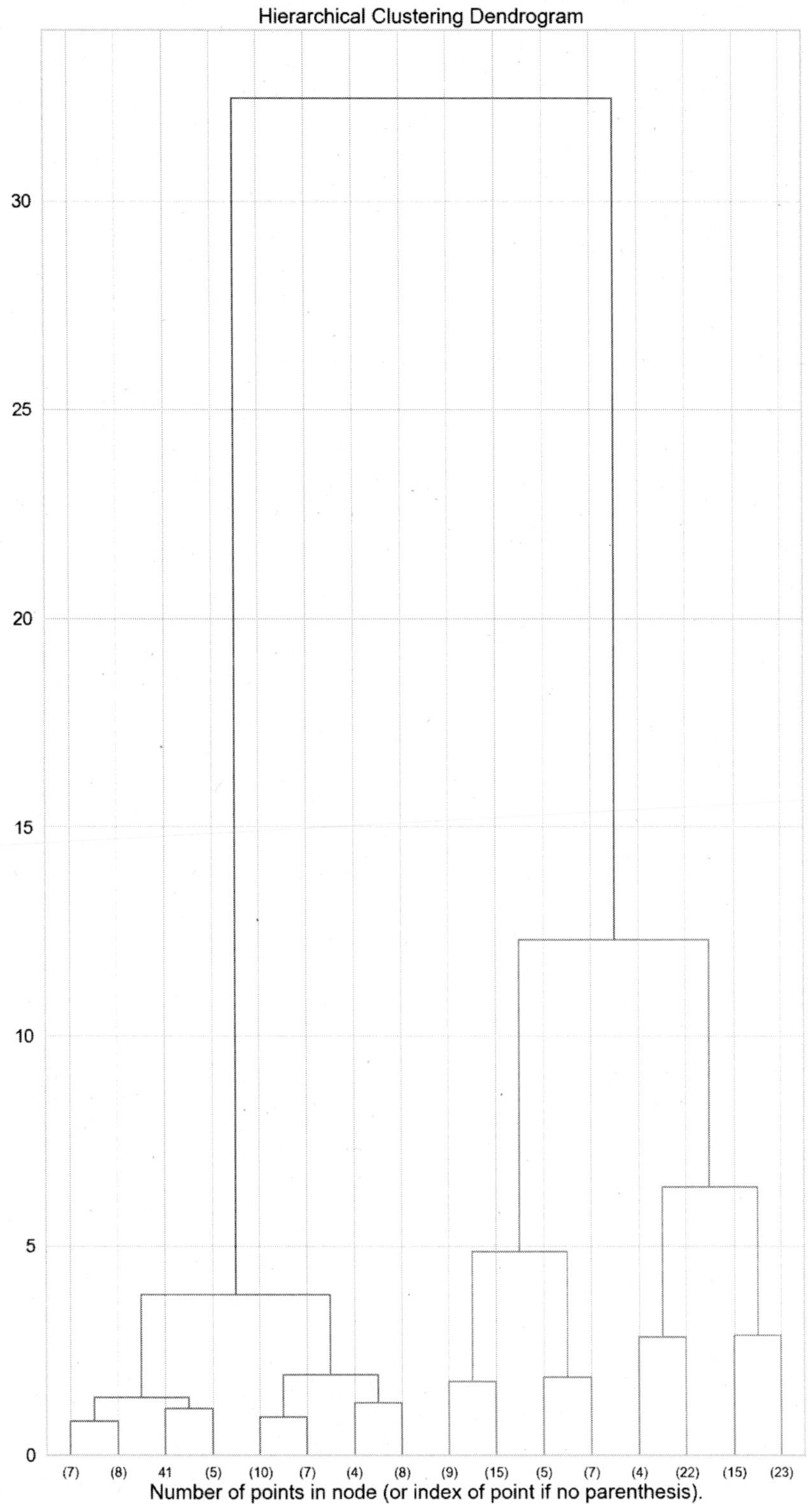

Figure 4.12: 병합 군집화 방법을 활용한 분류.

딥러닝(심층학습)의 출현 5

5.1 심층구조 인공신경망

딥러닝(deep learning, 심층학습)은 인공신경망(artificial neural network)을 이용한 기계학습의 한 분야로, 여러 층의 인공신경망을 구성하고 이를 학습하여 입력 값과 출력 값 사이의 복잡한 관계를 모델링하는 알고리즘이다.[16] 딥러닝은 입력층, 은닉층, 출력층으로 구성된 인공신경망에서 특별히 은닉층을 여러 개 쌓아 올린다는 특징이 있다. 통상, 두 개 이상의 은닉층을 가지고 있어야 심층구조 인공신경망이라고 부른다. Figure 5.1에서는 은닉층이 두 개인 인공신경망을 표시했다. 입력층이 가장 왼쪽에 위치한다. 가장 우측에 출력층이 위치하고 있다. 각층에 다수의 인공뉴런

[16]: Goodfellow et al. (2016), *Deep learning*

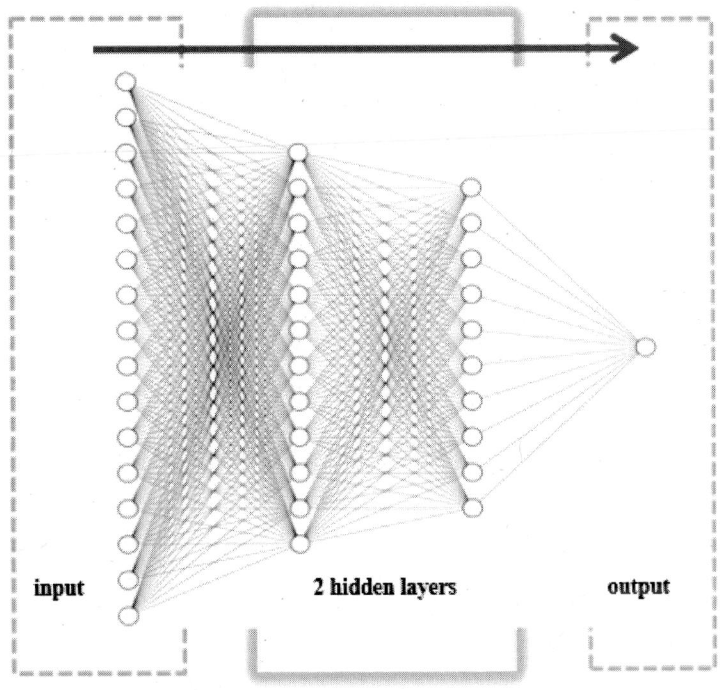

Figure 5.1: 두 개의 은닉층을 가진 인공신경망. 심층 구조 신경망은 기존의 인공신경망보다 깊이가 깊어졌기 때문에, 더 복잡한 문제를 해결할 수 있다. 더 깊은 인공신경망을 사용하면, 데이터의 추상화 및 표현 학습 능력이 향상된다.

들이 분포한다. 인공뉴런들은 선행하는 층에 있는 뉴런들로부터 입력을 받고 뒤따르는 층에 있는 뉴런들에게 출력을 내도록 되어 있다. 이때, 인공뉴런에 할당되어 있는 비선형 활성화 함수를 사용하게 된다. 이를 통해 고차원 데이터의 복잡한 특성을 추출하고, 입력 데이터에 대한 일반적이

고 복잡한 비선형 변환을 수행할 수 있다. 딥러닝은 이미지 인식, 음성 인식, 자연어 처리 등 다양한 분야에서 매우 높은 성능을 보이고 있다. 특히, 딥러닝을 이용한 이미지 인식 기술은 컴퓨터 비전 분야에서 혁신적인 발전을 이루었다. 인공신경망을 이용하여, 지도학습, 비지도학습, 강화학습을 각각 수행할 수 있다.

딥러닝 방법이 활발하게 연구되기 시작한 시점은 은닉층의 갯수가 늘어나더라도 전체 인공신경망의 학습이 가능하게 되면서 부터이다. 2012년을 통상 딥러닝의 원년으로 인정한다. 구배 소실 문제(vanishing gradient problem)가 실질적으로 해결되었기 때문이다. 더 많은 매개변수들(가중치, 편향)을 명시적으로 활용하는 것이 가능해졌다. 딥러닝(deep learning, 심층학습)은 기계학습(machine learning)의 한 분야로, 다수의 은닉층으로 구성된 인공신경망을 이용하여 복잡한 패턴 인식과 추론을 수행하는 알고리즘이다. 딥러닝은 기계학습의 일종으로 볼 수 있지만, 기존의 기계학습 알고리즘들과는 큰 차이가 있다. 일반적인 기계학습 알고리즘은 사람이 정의한 특성(feature)을 기반으로 모델을 학습시키고, 이를 통해 예측을 수행한다. 그러나, 딥러닝은 모델이 자동으로 심도있는 특성을 추출하고 이를 이용하여 예측을 수행한다. 즉, 데이터에서 심도 있는 특성을 추출하는 과정까지 모델 스스로가 학습하는 것이다. 딥러닝은 특히 이미지, 음성, 자연어와 같이 고차원적인 데이터를 처리하는데 매우 효과적이며, 이미지 인식, 음성 인식, 자연어 처리 등 다양한 분야에서 활용된다. 또한, 딥러닝을 이용하여 게임, 자율주행 차량, 의료 진단 등 다양한 영역에서 높은 성능을 보이는 기술들이 개발되고 있다. 딥러닝은 인공신경망을 이용하여 복잡한 패턴 인식과 추론을 수행하는 알고리즘이다. 특히, 연속적으로 변화하는 데이터에 딥러닝 방법은 성공적으로 활용되고 있다. 반면에 불연속적 데이터, 즉, 테이블 데이터 형식에 특화된 트리-기반 알고리즘(tree-based algorithm)은 의사 결정 나무(decision tree)나 랜덤 포레스트(random forest)와 같은 트리-기반 모델을 이용하여 예측을 수행하는 알고리즘이다.

딥러닝과 트리-기반 알고리즘 사이의 가장 큰 차이점은 모델 구조와 학습 방식이다. 딥러닝은 인공신경망을 사용하며, 신경망의 층(layer)을 깊게 쌓아 구성한다. 이렇게 쌓인 층들은 데이터의 추상화된 특성(feature)을 추출하며, 이를 통해 예측을 수행한다. 반면에 트리-기반 알고리즘은 의사 결정 나무나 랜덤 포레스트와 같은 트리 구조로 이루어진 모델을 사용한다. 이 모델은 데이터를 나무(tree)의 가지(branch)와 노드(node)로 표현한다. 딥러닝 방법은 아주 일반적인 인공신경망을 가정하고 있다. 일반적으로, 딥러닝 기술이 트리-기반 알고리즘보다 무조건 더 유리하다고 볼 수 없다. 트리-기반 알고리즘이 고도로 발달되어 있기 때문에 그렇다. 특히, 불연속적 변화를 수반하는 경우, 예를 들어, 테이블 데이터인 경우, 트리-기반 알고리즘이 더 뛰어난 성능을 발휘한다. 그 대표적인 예가 lightGBM 방법을 활용하는 경우이다.

딥러닝은 대량의 데이터와 연산 자원을 필요로 하며, 학습 속도가 느리다는 단점이 있다. 그러나 딥러닝은 대규모 복잡한 데이터에서 뛰어난 예측 성능을 보이며, 데이터에서 자동으로 특성을 추출하는 능력이 있다는 장점이 있다. 반면에 트리-기반 알고리즘은 빠른 속도와 직관적인 결과 해석이 가능하다는 장점이 있으며, 작은 크기의 데이터셋에서도 성능이 뛰어나다. 그러나 데이터의 추상화된 특성을 자동으로 학습하지 않기 때문에, 데이터의 복잡도가 높은 경우 예측 성능이 제한될 수 있다. 인공신경망의 은닉층의 갯수가 두 개 이상일 때, 통상 딥러닝이라고 한다. 은닉층의 갯수는 많을 수록, 이론적으로는, 더 많은 매개변수의 도입을 의미한다. 보다 더 일반적인 모델을 만들 수 있음을 의미한다. 여기에 하나의 가정이 있다. 수 많은 매개변수들을 학습시킬 수 있다는 가정이 밑바닥에 깔려 있다. 인공신경망의 학습은 간단하지 않았다. 적어도 2011년까지는 그렇게 쉽게 되지 않았다.

딥러닝은 심층 인공신경망을 이용해 복잡한 비선형 관계를 모델링하며, 대량의 데이터가 필요하고 모델 구성과 초월 매개변수 조절 등이 매우 어렵다. 하지만 딥러닝은 이미지, 음성, 자연어 처리 등 다양한 분야에서 우수한 성능을 보여주고 있다. 반면 lightGBM은 GBM(gradient boosting machine) 기반의 기계학습 방법론 중 하나로서, 대용량 데이터 처리와 다양한 변수 처리에 강점이 있다. 또한 대량의 데이터셋에서 높은 성능을 보이며, 계산 속도 또한 매우 뛰어나다. 따라서 대용량 데이터를 다루는 상황에서는 딥러닝보다 lightGBM이 더 효율적일 수 있다. 하지만 딥러닝은 데이터의 양과 특성에 상관없이 일반적으로 높은 성능을 보이며, 특성 공학(feature engineering)이 필요하지 않기 때문에 적은 노력으로 모델을 구성할 수 있다. 반면 lightGBM은 특성 공학(feature engineering)이 필요하며, 모델 구성 및 초월 매개변수 조정 등에 대한 노력이 필요하다. 따라서 어떤 방법론이 우수하다고 일반화하기는 어렵다. 문제의 특성과 데이터의 크기에 따라 딥러닝 또는 lightGBM 중에서 선택해야 하며, 두 방법론을 조합해서 사용하는 것도 가능하다.

현재 인공지능 분야에서 딥러닝은 매우 중요한 비중을 차지하고 있다. 딥러닝은 인공신경망을 기반으로 한 기계학습 기술 중 하나로, 대규모 데이터셋에서 복잡한 패턴을 학습하여 높은 성능을 발휘할 수 있다. 딥러닝은 이미지 처리, 음성 인식, 자연어 처리 등 다양한 분야에서 큰 성과를 이뤄내면서, 산업 현장에서도 널리 활용되고 있다. 또한, 딥러닝 기술을 개발하기 위해 다양한 하드웨어 기술도 발전하고 있으며, 인공지능 분야에서는 딥러닝을 기반으로 한 다양한 연구와 응용 분야가 지속적으로 확대되고 있다. 예를 들어, 그래프 신경망는 그래프의 특성을 이용한 신경망이다. 그래프는 꼭지점(node)들과 이들을 연결하는 변(edge)들로 구성된 자료구조이다. 그래프 신경망은 순열 등변량(permutation equivalent layer) 층, 국소 풀링(local pooling) 층, 글로벌 풀링(global pooling) 층(판독 층)으로 구성될 수 있다. 컴퓨터 비전의 맥락에서 컨볼루션 신경망은 픽셀 격자로 구성된 그래프에 적용되는 그래프 신경망으로 볼 수 있다. 자연어 처리의 맥락에서 트랜스포머는 노드가 문장의 단어인 완전 그래프에 적용된 신경망으로 볼 수 있다.

2018년 세명의 학자들(요수아 벤지오, 제프리 힌튼, 얀 르쿵)이 튜링상(Turing Award)을 수상했다. 그들은 심층구조 신경망을 컴퓨팅의 핵심 구성 요소로 만드는 과정의 중심에 있었다.[1] 그들은 수학공식들을 활용한 계산 시대에서 스스로 벗어나 데이터 중심의 신뢰할 수 있는 과학적 계산이 가능함을 보여 주었다.

1: Yoshua Bengio, Geoffrey Hinton, and Yann LeCun, 2018 Turing Award, "For conceptual and engineering breakthroughs that have made deep neural networks a critical component of computing." 새로운 양식으로 믿을 만한 계산을 할 수 있게 되었다. 예를 들어, 그림을 입력으로 넣었는데 문장이 출력으로 나온다. 이러한 계산을 지원하는 수학 공식, 물리 방정식은 없었다. 이러한 계산은 마치 그림 전문가를 찾아가 해당 그림에 대한 감상평을 문장으로 받아내는 것과 같다.

5.2 구배 소실 문제(vanishing gradient problem)

구배 소실 문제는 인공신경망에서 일어날 수 있는 문제 중 하나이다. 이 문제는 역전파 알고리즘에서 자주 일어난다. 역전파 알고리즘은 구배(기울기, gradient)를 이용하여 인공신경망의 가중치(weight, 통상 bias를 포함하여 지칭함)를 업데이트한다. 이때, 문제가 발생하는 경우는 구배 값이 매우 작아져서 입력층 쪽으로 전파되지 않거나, 사라지는 경우가 발생한다. 이러한 문제로 인해, 인공신경망이 깊어질수록 학습이 어려워지는 문제가 발생할 수 있다. 즉, 출력층 속에 있는 뉴런들로부터 필요한 정보가 입력층 쪽 뉴런들에게 전달이 되지않는 현상을 말한다. 결국, 학습이 되지 않는 현상을 지칭한다. 많은 수의 가중치들이 일을 해야 하는데, 그들을 조정할 수 없게 되는 현상이다. 다른 말로 하면, 현실적으로 심층 구조 인공신경망이 결코 유용하지 못하다는 뜻이다.

구배 소실 문제는 더 깊은 네트워크를 구성하는 것을 어렵게 하고, 학습이 제대로 이루어지지 않아 모델의 정확도가 저하될 수 있다. 이러한 문제를 해결하기 위해 다음과 같은 방법들이 제안되었다.
◇ 새로운 활성화 함수 도입: ReLU(rectified linear unit)가 일반적으로 사용된다.[87]
◇ Resnet 도입: residual connection은 건너뛰기 연결(skip connection)로도 알려져 있다. 이 방법은 네트워크의 입력과 출력 사이에 지름길 연결(shortcut connection)을 추가하여, 입력 값이 더해지도록 만든다. 이를 통해 더 깊은 네트워크를 구성할 수 있다. 생명체에서도 이와 유사한 네트워크가 발견된다. 건너뛰기 연결은 더 깊은 신경망에서 발생하는 구배 소실 문제를 완화하기 위해 도입되었다. 건너뛰기 연결을 사용하면 입력과 출력이 직접 연결되기 때문에 구배가 더 쉽게 전파될 수 있다.[88]
◇ 초기화: 가중치 초기화 방법을 개발해야 한다. 예를 들어, Xavier 초기화나 He 초기화와 같은 방법이 있다.[89, 90]
◇ 배치 노말리제이션(batch normalization): 입력 데이터의 분포를 일정하게 조정한다.[91]
이러한 방법들을 조합하여 구배 소실 문제를 완화할 수 있다. 딥러닝 모델에서는 보통 이러한 방법들을 종합적으로 적용하여, 안정적인 학습과 높은 성능을 달성할 수 있다.

Figure 5.2에서는 두 가지 비선형 활성화 함수를 그림으로 나타내었다. 회귀, 이중 분류의 경우, 마지막 층에서만 sigmoid 함수를 활성화 함수로 사용한다. 통상, 3중 분류 이상의 경우, 마지막 층에서 활성화 함수로서 softmax가 사용된다. softmax는 최대치를 부드럽게 만든다는 뜻이다. 이 함수의 특수한 경우가 sigmoid 함수이다. 구배 소실 문제는 특히 sigmoid 함수나 hyperbolic tangent 함수와 같은 활성화 함수를 사용하는 경우에 자주 발생한다. 이러한 함수들은 입력 값이 큰 경우에는 기울기가 매우 작아진다. 따라서, 인공신경망의 은닉층의 수가 증가하면서, 구배가 점점 작아져서 가중치 업데이트가 제대로 이루어지지 않게 된다. 이러한 문제를 해결하기 위해, ReLU(rectified linear unit) 함수나 그 변종인

[87]: Nair and G. E. Hinton (2010), 'Rectified linear units improve restricted boltzmann machines'

[88]: K. He et al. (2016), 'Identity mappings in deep residual networks'

[89]: Glorot and Bengio (2010), 'Understanding the difficulty of training deep feedforward neural networks'

[90]: K. He et al. (2015), 'Delving deep into rectifiers: Surpassing human-level performance on imagenet classification'

[91]: Ioffe and Szegedy (2015), 'Batch normalization: Accelerating deep network training by reducing internal covariate shift'

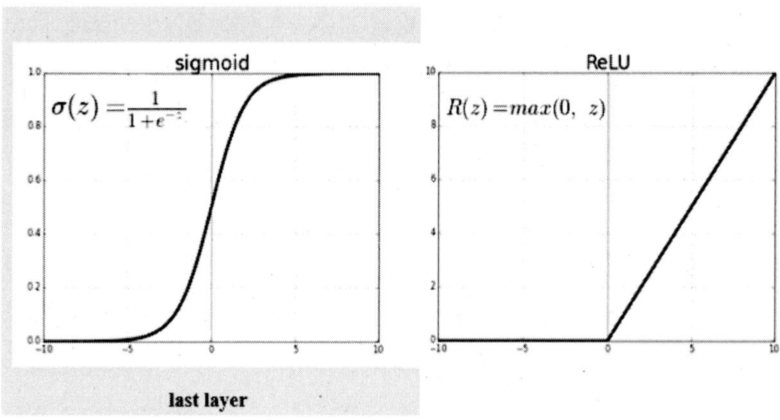

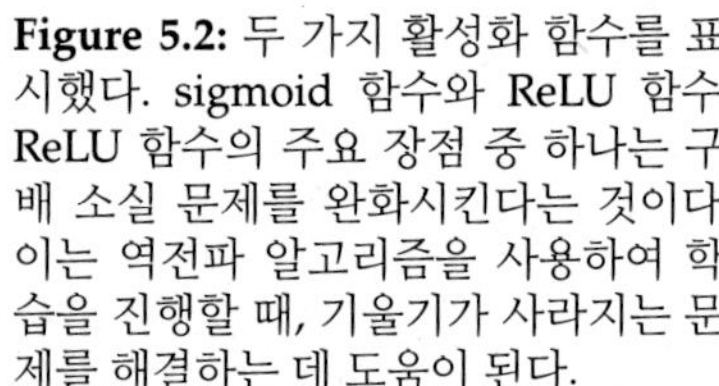
Figure 5.2: 두 가지 활성화 함수를 표시했다. sigmoid 함수와 ReLU 함수. ReLU 함수의 주요 장점 중 하나는 구배 소실 문제를 완화시킨다는 것이다. 이는 역전파 알고리즘을 사용하여 학습을 진행할 때, 기울기가 사라지는 문제를 해결하는 데 도움이 된다.

LeakyReLU 함수 등을 사용할 수 있다. 이러한 함수들은 입력 값이 큰 경우에도 구배가 0이 되지 않고, 1로 유지되어 구배 소실 문제를 완화할 수 있다. 또한, 다양한 정규화 기법을 사용하여 가중치를 조절하고, gradient clipping을 적용하여 큰 구배 값이 발생하는 경우를 방지할 수 있다.

ResNet은 "residual network"의 줄임말로, 컴퓨터 비전 분야에서 딥러닝 모델의 성능을 향상시키는 데 사용되는 네트워크 아키텍처이다. ResNet은 다른 딥러닝 모델과는 달리, skip connection(또는 shortcut connection)이라는 개념을 도입하여 네트워크의 깊이를 증가시키면서도 구배 소실 문제를 해결한다.[30, 88] 이를 위해, ResNet은 residual block이라는 블록을 사용한다. 각 residual block은 입력 데이터를 원래 데이터와 잔차(residual)로 분리하고, 이 잔차를 출력에 추가하는 방식으로 동작한다. ResNet은 ImageNet 데이터셋을 사용한 대규모 비교 실험에서 우수한 결과를 보여주었으며, 현재 컴퓨터 비전 분야에서 가장 활발하게 사용되고 있는 딥러닝 모델 중 하나이다. 더 높은 정확도를 위해서는 더 많은 층을 추가한 ResNet 버전을 사용할 수 있다.

[30]: Szegedy et al. (2017), 'Inception-v4, inception-resnet and the impact of residual connections on learning'
[88]: K. He et al. (2016), 'Identity mappings in deep residual networks'

배치 노말리제이션(batch normalization)은 딥러닝 모델에서 학습을 더 안정적이고 빠르게 진행할 수 있도록 하는 기술 중 하나이다.[91] 이는 미니배치(mini-batch) 단위로 입력 데이터의 평균과 분산을 정규화(normalization)하여 데이터 분포를 일정하게 유지하는 방법이다. 기본적으로, 딥러닝 모델에서는 입력 데이터의 분포가 일정하지 않을 경우 학습이 어렵고, 모델의 성능이 저하될 수 있다. 배치 노말리제이션은 입력 데이터의 분포를 일정하게 조정하여 이러한 문제를 해결한다. 배치 노말리제이션은 일반적으로 각 층의 활성화 함수 이전에 적용된다. 즉, 합성곱층 기반 연산 또는 완전 연결층 기반 연산을 수행한 후, 활성화 함수를 적용하기

[91]: Ioffe and Szegedy (2015), 'Batch normalization: Accelerating deep network training by reducing internal covariate shift'

전에 배치 노말리제이션을 수행한다. 이때, 미니배치 내의 데이터의 평균과 분산을 계산하고, 이를 사용하여 입력 데이터를 정규화한다. 그리고 이렇게 정규화된 데이터에 scale과 shift를 적용하여 변환한다.

5.3 인공신경망의 초월 매개변수 (hyperparameters)

인공신경망의 초월 매개변수(hyperparameters)는 모델의 구조와 학습 방법을 조절하는 데 사용되는 매개변수이다. 이러한 초월 매개변수들을 아래와 같이 잘 관리하여 모델의 성능을 높일 수 있다.

◇ 은닉층의 갯수와 크기: 인공신경망 모델의 구조를 결정하는 가장 중요한 초월 매개변수는 은닉층(hidden layer)의 갯수와 크기이다. 이 매개변수를 조정하면 모델의 복잡도와 표현력을 제어할 수 있다.

◇ 활성화 함수: 활성화 함수(activation function)는 모델의 출력을 결정하는 데 사용된다. 대표적인 활성화 함수로는 ReLU(rectified linear unit), sigmoid, softmax, tanh 등이 있다.[2] 각 활성화 함수는 모델의 성능과 학습 시간에 영향을 미치기 때문에 적절한 활성화 함수를 선택하는 것이 중요하다.

◇ 배치 사이즈와 에포크 수: 배치 사이즈와 에포크 수는 모델의 학습 방법을 결정하는 초월 매개변수이다. 적절한 배치 사이즈와 에포크 수를 선택하면 모델의 학습 속도와 성능을 최적화할 수 있다.

◇ 학습률: 학습률(learning rate)은 모델의 가중치를 업데이트하는 속도를 결정하는 초월 매개변수이다. 적절한 학습률을 선택하면 모델이 빠르게 수렴하며, 학습이 불안정하게 진행되지 않도록 제어할 수 있다.

◇ 규제(regularization) 매개변수: 규제 매개변수는 모델의 복잡도를 제어하는 데 사용된다. 대표적인 규제 방법으로는 L_1, L_2 규제 등이 있다. 규제 매개변수를 조정하면 모델의 과적합(overfitting)을 방지할 수 있다.

◇ 최적화 알고리즘: 최적화 알고리즘은 모델의 가중치를 업데이트하는 방법을 결정하는 초월 매개변수이다. 대표적인 최적화 알고리즘으로는 SGD(stochastic gradient descent),[11] Adam,[92] RMSprop[93] 등이 있다. 각 최적화 알고리즘은 모델의 학습 속도와 성능에 영향을 미치기 때문에 적절한 최적화 알고리즘을 선택하는 것이 중요하다.

◇ 가중치 초기화 방법: 가중치 초기화 방법은 모델의 초기 가중치를 결정

2: 빵 1000개를 구울 때, 통상, 한 번에 1000개를 굽지 않는다. 예를 들어, 한 판(tray)에 50개의 도우를 배치(配置)할 수 있다. 여기서 50이 배치 사이즈(batch size)에 해당한다. 동일한 모양의 판을 20개 더 준비해야만 한다. 50개씩 20회 구워야 한다. 동일한 20회의 굽는 과정을 완료한 경우, 즉, 1000개 빵을 모두 구운 경우, 그것을 1에포크라고 부를 수 있다. 메모리가 부족할 경우, 배치 사이즈를 1로 줄일 수 있다. 일반적으로, 가중치 업데이트가 에포크 기준으로 이루어지지 않음을 알 수 있다.

[11]: Bottou (2012), 'Stochastic gradient descent tricks'

[92]: D. P. Kingma and Ba (2014), 'Adam: A method for stochastic optimization'

[93]: Ruder (2016), 'An overview of gradient descent optimization algorithms'

하는 매개변수이다. 적절한 가중치 초기화 방법을 선택하면 모델의 학습 속도와 성능을 최적화할 수 있다.

◇ 드롭아웃(dropout) 비율: 드롭아웃은 모델의 과적합을 방지하기 위해 사용되는 규제 방법이다. 드롭아웃 비율은 학습 과정에서 무작위로 선택된 노드를 일정 비율만큼 제거하는 것으로, 모델의 일반화 성능을 향상시킬 수 있다.[27]

◇ 배치 정규화(batch normalization) 사용 여부: 배치 정규화는 모델의 학습 속도와 성능을 향상시키기 위해 사용되는 기법이다. 배치 정규화를 사용하면 모델의 학습이 안정화되며, 과적합을 방지할 수 있다.[91]

◇ 데이터 증강(data augmentation) 방법: 데이터 증강은 모델의 학습 데이터셋을 인위적으로 확장하여 과적합을 방지하는 방법이다. 데이터 증강 방법으로는 이미지 회전, 뒤집기, 밝기 조절 등이 있다. 증강된 데이터로부터 훈련된 모델은 더욱 강건해질 수 있다.

◇ early stopping: Early stopping은 모델의 학습을 일찍 멈추는 방법으로, 검증 데이터셋의 손실 값이 더이상 개선되지 않을 때 학습을 중지한다.

◇ 합성곱 층: 필터의 크기, 스트라이드(stride), 패딩(padding)

◇ 최적의 초월 매개변수 선택 방법: 초월 매개변수의 최적 값을 찾기 위한 방법으로는 그리드 서치(grid search), 무작위 탐색(random search), 베이지안 옵티마이제이션(Bayesian optimization) 등이 있다. 각 방법은 초월 매개변수를 효과적으로 탐색하면서 학습 시간을 최소화할 수 있다.

[27]: Srivastava et al. (2014), 'Dropout: a simple way to prevent neural networks from overfitting'

[91]: Ioffe and Szegedy (2015), 'Batch normalization: Accelerating deep network training by reducing internal covariate shift'

기계학습에서 'early stopping'은 모델의 일반화 성능을 개선하기 위해 사용되는 기법 중 하나이다. 일반적으로, 모델이 학습 데이터에 과적합되면 검증 데이터에 대한 예측 성능이 저하될 수 있다. 이때 'early stopping'은 모델이 학습 데이터에 과적합되기 전에 학습을 중단하여 일반화 성능을 향상시키는 방법이다. 'Early stopping'은 주로 검증 데이터에 대한 손실(loss)을 사용하여 수행된다. 학습 과정에서 주기적으로 검증 데이터에 대한 손실을 계산하고, 손실이 일정 기간 동안 줄어들지 않을 경우 학습을 중지한다. 이때, 일정 기간 동안 손실이 줄어들지 않는 것을 판단하기 위해 patience(인내) 값이 사용된다. Patience 값은 일정 기간동안 손실이 줄어들지 않았을 때 학습을 중지하는 기준 값으로 설정된다. 'Early stopping'을 사용하면 모델의 일반화 성능을 향상시키고 학습 시간을 단축시킬 수 있다. 그러나, 'early stopping'은 모델의 구조나 초월 매개변수에 대한 최적 값을 찾지 못할 수 있기 때문에, 일부 상황에서는 정확한 모델 성능을 보장하지 않을 수 있다.

학습률(learning rate)은 기계학습에서 가중치(weight) 업데이트의 크기를 결정하는 초월 매개변수이다. 즉, 학습률은 모델이 가중치를 조절하는 속도를 제어한다. 학습률이 크면 가중치가 빠르게 업데이트되지만, 이로 인해 학습 과정에서 발생하는 오차의 수렴이 불안정해질 수 있다. 반대로 학습률이 작으면 가중치 업데이트 속도가 느려지기 때문에 학습 시간이 오래 걸리지만, 수렴이 더 안정적으로 이루어질 수 있다. 적절한 학습률은 모델 학습의 성능에 매우 중요한 역할을 한다. 학습률이 너무 작으면 모델이 수렴하는 데 매우 오랜 시간이 걸릴 수 있다. 반면, 학습률이 너무 크면 모델이 수렴하지 못하고 발산할 가능성이 있다. 이러한 이유로 적절한 학습률을 선택하기 위해서는 실험적인 방법으로 여러 가지 값을 시도해 보며, 검증 데이터셋에서 최적의 학습률을 찾는 것이 일반적이다. 최적의 학습률을 찾기 위해서는 학습률 스케줄링(learning rate scheduling)을 사용할 수도 있다. 학습률 스케줄링은 학습률을 epoch, iteration 등 학습 과정에서 일정 기준에 따라 동적으로 조절하는 방법이다.

기계학습에서 배치 사이즈(batch size)는 모델 학습 중 한 번에 처리되는 데이터의 샘플 수이다. 즉, 배치 사이즈가 크면 더 많은 데이터를 한 번에 처리하게 되어 모델 학습에 필요한 연산 시간이 더 오래 걸리지만, 더 정확한 학습 결과를 얻을 수 있다. 그러나, 높은 배치 사이즈는 메모리 사용량도 늘어나기 때문에, 메모리 한계가 있는 경우에는 적절한 배치 사이즈를 선택해야 한다. 손실함수를 가중치로 미분하는 공식에 의하면 원칙적으로 모든 데이터를 다 고려한 것이 구배이다. 당연히 그 구배를 이용하여 가중치를 변화시켜야 한다. 하지만, 일반적으로 배치 사이즈를 활용하여 '미니 구배'를 계산하고 이것을 이용해서 가중치를 수정한다.

에포크(epoch)는 학습 데이터셋을 전체적으로 한 번 학습하는 것을 의미한다. 이는 모델이 한 번 학습에 사용되는 모든 데이터를 다 보게 되며, 모델이 데이터셋을 훈련한 한 세대라고 생각할 수 있다. 따라서 에포크 수를 늘리면 더 많은 훈련이 이루어지게 되며, 모델의 정확도가 향상될 가능성이 있다. 그러나 에포크 수가 많을수록 학습 시간이 더 오래 걸리게 된다. 손실함수의 수렴 정도를 알아보기 위해서 에포크에 대한 함수로 손실함수를 그림으로 그리는 것은 아주 좋은 아이디어이다.

Keras에서 Dense 층은 완전 연결층(fully connected layer)으로, 입력층(input layer)과 출력층(output layer) 사이에 위치하여 입력 값과 가중치(weight)를 행렬 곱셈하여 출력 값을 계산하는 역할을 한다. Dense 층은 입력 데이터를 받아 각 뉴런(neuron)으로 전달하고, 각 뉴런은 활성화 함수(activation function)를 통과한 값을 출력한다. Dense 층의 출력 값은 다음 층의 입력으로 사용된다. 이 과정에서 Dense 층은 학습 가능한 매개변수들인 가중치(weight)와 편향(bias)을 가지며, 이러한 매개변수들은 역전파 알고리즘을 통해 학습된다. Dense 층은 입력 데이터의 특성(feature)과 출력 값의 종류에 따라 적절한 뉴런의 갯수와 활성화 함수를 선택하여 사용된다. 이 층은 인공신경망에서 가장 기본적인 층으로, 다양한 인공신경망 구조에서 많이 사용된다.

Keras에서 Dense는 완전 연결층(fully connected layer)를 생성하는 함수이다. Dense는 입력 층와 출력 층를 모두 연결하는 모든 노드를 가지는 층이다. 이 층의 노드는 모든 이전 층의 노드와 연결되어 있으며, 이전 층의 모든 출력 값을 다음 층의 입력 값으로 전달한다. Dense는 일반적으로 첫번째 층이 아니라면 입력 크기를 지정할 필요가 없으며, 자동으로 입력 크기를 결정한다. 그러나 첫번째 층인 경우 입력 크기를 지정해야 한다.

Keras에서 지원하는 층(layer)의 종류는 매우 다양하다. 대표적인 층은 다음과 같다.

◇ Dense: 완전 연결층(fully connected layer)을 생성해준다.

◇ Conv2D: 2D 합성곱 층으로, 이미지 처리에서 주로 사용된다. 1D, 3D 양식도 있다.

◇ MaxPooling2D: 2D 풀링 레이어로, 이미지 처리에서 주로 사용된다.

◇ Upsampling2D: 이를 통해 다시 이미지의 크기를 키우며, 이미지의 정보를 보다 정확하게 복원하고 분류, 분할 등의 작업에 활용할 수 있다.

◇ LSTM: LSTM (long short-term memory) 층으로, 시계열 데이터 처리에 주로 사용된다.

◇ Dropout: 일부 노드를 무작위로, 확률적으로, 삭제하여 과적합을 방지하는 층이다.

◇ BatchNormalization: 입력 값을 정규화하여 학습을 안정화시키는 층이다.

◇ Embedding: 단어 임베딩을 위한 층이다. 자연어 처리에서 주로 사용된다.

◇ Flatten: 다차원 배열을 1차원 배열로 변환하는 층이다.

◇ Activation: 활성화 함수를 적용하는 층이다.

◇ Input: 입력 층을 생성하는 함수이다.

◇ Lambda: 사용자 정의 함수를 적용하는 층이다.

◇ Reshape: 입력 데이터의 형태를 변경하는 층이다.

◇ Concatenate: 입력 값을 연결하는 층이다. 예를 들어, 두 가지 이상의 정보를 연쇄적으로 통합하여 전달될 수 있게 해준다.

◇ Add: 입력 값을 더하는 층이다.

◇ Dot: 입력 값을 내적하는 층이다.

위와 같은 다양한 층을 조합하여 다양한 유형의 인공 신경망을 구성할 수 있다.

□ 아래 프로그램에서는 구배 소실 문제가 어떻게 해결될 수 있는지를 간단한 문제 풀이를 통해서 확인할 수 있다. 보다 많은 은닉층을 포함하면 보다 좋은 모델 성능이 나올 것으로 예상한다. Figure 5.3은 프로그램 출력물이다. 특히, 지도학습에서는 선별적으로 특정 클래스 데이터를 이동시킬 수 있다. 2차원 데이터를 3차원 데이터로 변환할 수 있다. 그러한 데이터의 이동 이후, 3차원에서 평면을 설정하고 그 평면 위와 평면 아래으로 데이터를 선형적으로 분리할 수 있으면 분류가 성공한 것이다.

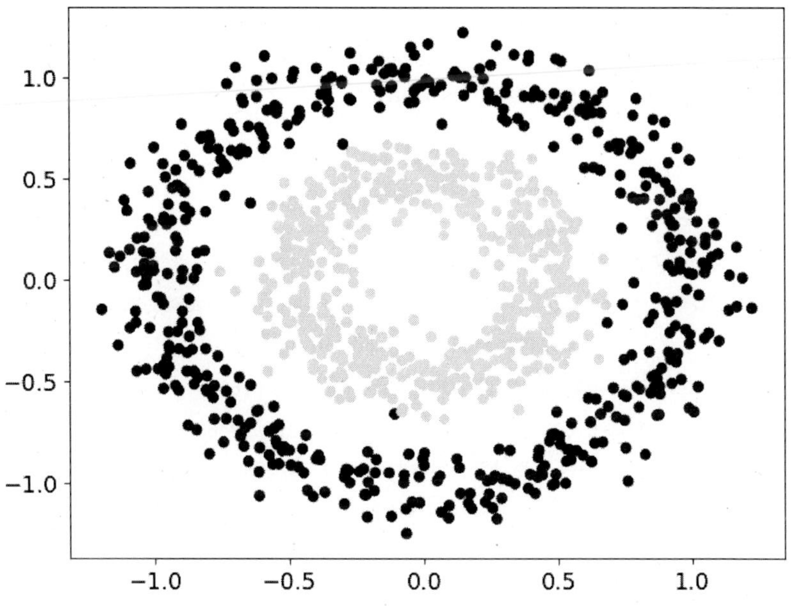

Figure 5.3: 구배 소실 문제(vanishing gradient problem)가 해결되는 지를 판단하기 위해 준비한 분류 문제 풀이용 데이터셋. 이론적으로는 임의의 데이터 집합을 더 높은 차원에서 선형적으로 분리(초평면으로 나누는 것)할 수 있도록 만드는 것이 언제나 가능하다. 고차원 공간에서는 무한히 더 많은 초평면(hyperplane)이 결정될 수 있다. 따라서 무한히 많은 잠재적 분리가 존재한다.

```
from sklearn.datasets import make_circles
import matplotlib.pyplot as plt
# Make data: Two circles on x-y plane
# as a classification problem, 이중 분류 문제 풀이
X, y = make_circles(n_samples=1000, factor=0.5, noise=0.1)
```

```
plt.figure(figsize=(8,6))
plt.scatter(X[:,0], X[:,1], c=y)
plt.show()

from tensorflow.keras.layers import Dense, Input
from tensorflow.keras import Sequential
model = Sequential([
                Input(shape=(2,)),
                Dense(5, "relu"),
                Dense(1, "sigmoid")
                ])
model.compile(optimizer="adam", \
    loss="binary_crossentropy", metrics=["acc"])
model.fit(X, y, batch_size=32, epochs=100, verbose=0)
print(model.evaluate(X,y))
32/32 [============] - 0s 2ms/step - loss: 0.3069
- acc: 0.9520[0.3068710267543793, 0.9520000219345093]

model = Sequential([
                Input(shape=(2,)),
                Dense(5, "sigmoid"),
                Dense(5, "sigmoid"),
                Dense(5, "sigmoid"),
                Dense(1, "sigmoid")
                ])
model.compile(optimizer="adam", \
    loss="binary_crossentropy", metrics=["acc"])
model.fit(X, y, batch_size=32, epochs=100, verbose=0)
                print(model.evaluate(X,y))
32/32 [============] - 0s 4ms/step - loss: 0.6930
- acc: 0.4980[0.6930215954780579, 0.49799999594688416]
더 많은 파라메터들(가중치들과 편향들)을 활용하였지만,
오히려 모델의 성능은 크게 저하되었다.

model = Sequential([
                Input(shape=(2,)),
                Dense(5, "relu"),
                Dense(5, "relu"),
                Dense(5, "relu"),
                Dense(1, "sigmoid")
                ])
```

```
model.compile(optimizer="adam", \
    loss="binary_crossentropy", metrics=["acc"])
model.fit(X, y, batch_size=32, epochs=100, verbose=0)
print(model.evaluate(X,y))
32/32 [============] - 0s 4ms/step - loss: 0.0182
- acc: 0.9970[0.01822291873395443, 0.996999979019165]
더 많은 파라메터(가중치, 편향)들을 활용하여 모델의 성능이 개선됨을 보여준다.
상식에 부합하는 결과라고 말할 수 있다.
이것은 인공신경망이 학습을 통해서 파라메터들이 잘 자리를 잡을 수 있음을 보여준다.
즉, 최적화에 성공할 수 있음을 보여주는 것이다.
인공신경망 연구 역사에서 가장 중요한 돌파구가 마련되는 이유가 여기에 있다.
바로 저 relu함수의 도입이다.
이것의 도입으로 심층 인공신경망이 학습될 수 있음을 보여준다.
```

5.4 실습 1

□ 아래의 프로그램에서는 GPU를 활용한 딥러닝의 예를 보여주고 있다. 인공지능에서 GPU와 CPU의 성능 차이는 매우 크다. 일반적으로 GPU는 병렬 처리에 특화되어 있으며, CPU보다 대규모 데이터셋에서 빠른 처리를 수행할 수 있다. 예를 들어, 딥러닝 알고리즘에서는 대부분의 계산이 행렬 연산을 기반으로 하기 때문에, GPU는 매우 빠르게 연산을 수행할 수 있다. 반면, CPU는 단일 코어에서 순차적으로 작업을 처리하는 것이 주요한 특징이다. 따라서 대규모 데이터셋을 처리하는 경우, GPU가 CPU보다 더욱 빠른 결과를 제공할 수 있다. 그러나 작은 규모의 데이터셋에서는 CPU가 더 효율적일 수 있다. CPU/GPU 사용예들을 다음의 URL에서 확인할 수 있다.

https://github.com/inholeegithub/summer2022/blob/main/ML/20210107/ML_KIAS_CAC_2022.ipynb

https://github.com/inholeegithub/summer2022/blob/main/ML/20210107/20230422_ai_optimization_design_wo.ipynb

```
import tensorflow as tf
import numpy as np
from tensorflow.keras.datasets import mnist
# 손글씨 데이터 불러오기
#(x_train,y_train),(x_test,y_test)=tf.datasets.mnist.load_data()
(x_train, y_train), (x_test, y_test) = mnist.load_data()
```

```
#
x_train = tf.convert_to_tensor(x_train, dtype=tf.float32)
x_test = tf.convert_to_tensor(x_test, dtype=tf.float32)
y_train = tf.one_hot(y_train, depth=len(np.unique(y_train)))
y_test = tf.one_hot(y_test, depth=len(np.unique(y_train)))
model = tf.keras.Sequential()
model.add(tf.keras.layers.Flatten())
model.add(tf.keras.layers.Dense(100, activation='relu'))
model.add(tf.keras.layers.Dense(100, activation='relu'))
model.add(tf.keras.layers.Dense(10, activation='softmax'))
#model.compile(\
#loss=tf.keras.losses.categorical_crossentropy,\
#optimizer=tf.keras.optimizers.SGD(),metrics=['accuracy'])
model.compile(\
    loss=tf.keras.losses.categorical_crossentropy,
              optimizer='adam', metrics=['accuracy'])

# CPU 사용하기
print("CPU")
with tf.device("/device:CPU:0"):
    model.fit(x_train,y_train,batch_size=1000,epochs=20)

# GPU 사용하기, 콘트롤+알트+델->성능->쿠다, 메모리 사용량 확인
print("GPU")
with tf.device("/device:GPU:0"):
    model.fit(x_train,y_train,batch_size=1000,epochs=20)
#
CPU
Epoch 1/20
60/60  - 0s 4ms/step - loss: 9.4532 - accuracy: 0.7334
Epoch 2/20
60/60  - 0s 4ms/step - loss: 1.4587 - accuracy: 0.8843
Epoch 3/20
60/60  - 0s 4ms/step - loss: 0.9046 - accuracy: 0.9078
Epoch 4/20
60/60  - 0s 3ms/step - loss: 0.6348 - accuracy: 0.9242
Epoch 5/20
60/60  - 0s 3ms/step - loss: 0.4748 - accuracy: 0.9354
Epoch 6/20
60/60  - 0s 3ms/step - loss: 0.3637 - accuracy: 0.9437
Epoch 7/20
```

```
60/60  - 0s 3ms/step - loss: 0.2939 - accuracy: 0.9501
Epoch 8/20
60/60  - 0s 3ms/step - loss: 0.2357 - accuracy: 0.9563
Epoch 9/20
60/60  - 0s 3ms/step - loss: 0.1934 - accuracy: 0.9611
Epoch 10/20
60/60  - 0s 3ms/step - loss: 0.1623 - accuracy: 0.9651
Epoch 11/20
60/60  - 0s 3ms/step - loss: 0.1416 - accuracy: 0.9688
Epoch 12/20
60/60  - 0s 3ms/step - loss: 0.1175 - accuracy: 0.9733
Epoch 13/20
60/60  - 0s 3ms/step - loss: 0.0976 - accuracy: 0.9761
Epoch 14/20
60/60  - 0s 3ms/step - loss: 0.0830 - accuracy: 0.9789
Epoch 15/20
60/60  - 0s 3ms/step - loss: 0.0721 - accuracy: 0.9810
Epoch 16/20
60/60  - 0s 3ms/step - loss: 0.0629 - accuracy: 0.9834
Epoch 17/20
60/60  - 0s 3ms/step - loss: 0.0543 - accuracy: 0.9852
Epoch 18/20
60/60  - 0s 3ms/step - loss: 0.0478 - accuracy: 0.9870
Epoch 19/20
60/60  - 0s 3ms/step - loss: 0.0420 - accuracy: 0.9888
Epoch 20/20
60/60  - 0s 4ms/step - loss: 0.0359 - accuracy: 0.9900
GPU
Epoch 1/20
60/60  - 0s 7ms/step - loss: 0.0307 - accuracy: 0.9920
Epoch 2/20
60/60  - 0s 6ms/step - loss: 0.0286 - accuracy: 0.9921
Epoch 3/20
60/60  - 0s 3ms/step - loss: 0.0243 - accuracy: 0.9932
Epoch 4/20
60/60  - 0s 3ms/step - loss: 0.0219 - accuracy: 0.9943
Epoch 5/20
60/60  - 0s 3ms/step - loss: 0.0182 - accuracy: 0.9956
Epoch 6/20
60/60  - 0s 3ms/step - loss: 0.0170 - accuracy: 0.9955
Epoch 7/20
```

```
60/60  - 0s 3ms/step - loss: 0.0158 - accuracy: 0.9957
Epoch 8/20
60/60  - 0s 3ms/step - loss: 0.0137 - accuracy: 0.9962
Epoch 9/20
60/60  - 0s 3ms/step - loss: 0.0128 - accuracy: 0.9967
Epoch 10/20
60/60  - 0s 3ms/step - loss: 0.0113 - accuracy: 0.9970
Epoch 11/20
60/60  - 0s 3ms/step - loss: 0.0106 - accuracy: 0.9974
Epoch 12/20
60/60  - 0s 3ms/step - loss: 0.0118 - accuracy: 0.9966
Epoch 13/20
60/60  - 0s 3ms/step - loss: 0.0118 - accuracy: 0.9965
Epoch 14/20
60/60  - 0s 3ms/step - loss: 0.0101 - accuracy: 0.9973
Epoch 15/20
60/60  - 0s 3ms/step - loss: 0.0095 - accuracy: 0.9975
Epoch 16/20
60/60  - 0s 3ms/step - loss: 0.0105 - accuracy: 0.9969
Epoch 17/20
60/60  - 0s 3ms/step - loss: 0.0219 - accuracy: 0.9931
Epoch 18/20
60/60  - 0s 4ms/step - loss: 0.0197 - accuracy: 0.9934
Epoch 19/20
60/60  - 0s 3ms/step - loss: 0.0137 - accuracy: 0.9953
Epoch 20/20
60/60  - 0s 3ms/step - loss: 0.0153 - accuracy: 0.9948

import tensorflow.python.platform.build_info as build
print(build.build_info)
print(build.build_info['cuda_version'])
print(build.build_info['cudnn_version'])

from tensorflow.python.client import device_lib
device_lib.list_local_devices()

import tensorflow as tf
print(tf.test.is_gpu_available())
print(tf.test.gpu_device_name())
tf.config.experimental.list_physical_devices(\
    device_type='GPU')
```

```
import tensorflow
print(tensorflow.__version__)
import tensorflow.python.platform.build_info as build
print(build.build_info)

import tensorflow as tf
tf.test.is_gpu_available()
tf.test.is_built_with_cuda()

tf.config.list_physical_devices('GPU')
tf.config.list_physical_devices('CPU')

from tensorflow.python.client import device_lib
print(device_lib.list_local_devices())

GPU:n번을 사용하려면 번호를 n으로 설정.

(아래 예시에서는 GPU:0번이 사용된다.) "0" , "0,1"

CPU 강제 사용: -1로 번호를 설정. "-1"

control-alt-del --> performance --> GPU usage, temperature
```

5.5 과적합(overfitting)

인공신경망에서 과적합은 모델이 학습 데이터에 과도하게 적합되어 새로운 데이터에 대해 예측 능력이 떨어지는 현상이다. 즉, 모델이 학습 데이터의 특정한 노이즈나 편향적인 특성을 간파하는 것이 아니라, 데이터의 일반적인 패턴을 학습하지 못하고 특정한 경우에만 잘 동작하는 모델이 되는 것을 의미한다.

과적합을 방지하기 위해 일반적으로는 학습 데이터를 학습 데이터와 검증 데이터(validation data)로 분리한 뒤, 검증 데이터를 이용하여 모델의 성능을 평가하고, 일정 수준 이상의 성능이 나오지 않으면 모델 구조를 변경하거나 학습 조건을 변경하는 등의 방법으로 조정한다. 또한, 데이터의 양을 늘리거나, 모델의 복잡도를 감소시키는 등의 방법도 있다.

과적합은 일반적으로 모델의 복잡도가 높을 때 발생한다. 즉, 모델이 학습 데이터에 지나치게 민감하게 반응하면서 학습 데이터에 대한 성능은 높아지지만, 새로운 데이터에 대한 성능은 낮아지는 것이다. 과적합을 방지하기 위해서는 일반적으로 다음과 같은 방법들이 사용된다.

◇ 더 많은 데이터 수집: 과적합은 일반적으로 데이터의 수가 적을 때 발생한다. 따라서 더 많은 데이터를 수집하여 학습에 활용함으로써 과적합을 방지할 수 있다. 특성 선택을 잘못한 경우, 모델이 훈련 데이터에 지나치게 맞추어 새로운 데이터에 대한 일반화 성능이 떨어질 수 있다. 클래스 간 데이터가 불균형하게 분포되어 있을 경우, 모델이 데이터가 많은 클래스에 지나치게 맞추어 새로운 데이터에 대한 일반화 성능이 떨어질 수 있다.

◇ 모델의 복잡도 감소: 모델의 복잡도를 감소시킴으로써 과적합을 방지할 수 있다. 이를 위해서는, 예를 들어, 은닉층(hidden layer) 노드의 수를 줄이거나, 파라미터의 수를 줄이는 형식으로 모델의 구조를 변경하는 것이다.

◇ 정규화(regularization): 정규화는 모델의 복잡도를 감소시키는 방법 중 하나이다. L_1, L_2와 같은 정규화 방법을 활용하여 가중치의 크기를 조절함으로써 모델이 불필요한 패턴을 학습하는 것을 방지할 수 있다. 가중치가 폭주할 수 없게 강제로 규제를 할 수 있다.

◇ 드롭아웃(dropout): 드롭아웃은 모델에서 무작위로 일부 뉴런을 제거하여 학습 데이터에 대한 모델의 의존성을 줄이는 방법이다. 이를 통해 모델이 학습 데이터에 너무 적합되어 과적합되는 것을 방지할 수 있다.

5.6 커널 레귤라리제이션(kernel regularization)과 드롭아웃(dropout)

인공신경망에서 커널 레규라리제이션(kernel regularization)은 가중치 ($\{w\}$)를 제한함으로써 모델의 복잡성을 제어하는 기법 중 하나이다. 이를 통해 모델의 과적합(overfitting) 문제를 방지할 수 있다. 보통 L_1 규제와 L_2 규제가 사용되며, L_1 규제는 가중치의 절대 값을 이용하여 규제하고, L_2 규제는 가중치의 제곱을 이용하여 규제한다. 이러한 규제 항은 모델의 손실함수에 추가되어 가중치의 크기에 대한 벌점을 부과한다. 예를 들어, L_2 규제를 사용한 경우 가중치의 제곱의 합을 추가하게 되는데, 이는 가중치가 커질수록 추가적인 손실이 발생하므로 가중치의 크기가 작아지도록 유도한다. 따라서 L_2 규제는 모델의 가중치들을 일반적으로 작게 만들어서 과적합(overfitting)을 방지하는 데 도움이 된다.

드롭아웃은 인공신경망에서 과적합(overfitting)을 방지하는 방법 중 하나로, 무작위로 일부 뉴런을 비활성화시키는 것이다. 이것은 뉴런 간의 의존성(dependency)을 줄이고, 뉴런들이 독립적으로 학습하는 것을 유도하여 과적합을 방지할 수 있다. Dropout은 학습 중에 적용되며, 각 학습 단계에서 일부 뉴런을 무작위로 선택하여 출력 값을 0으로 만든다. 선택된 뉴런들은 그 다음 단계에서 다시 사용될 수 있다. 이 과정을 통해 모델이 특정 뉴런들에만 의존하지 않도록 하여 일반화 성능을 향상시킬 수 있다. 또한 Dropout은 모델의 복잡도를 줄이는 효과도 있다. 일부 뉴런이 무작위로 비활성화되기 때문에, 모델의 파라미터 갯수가 줄어들어 모델이 더 간단해지게 된다. 이것은 과적합을 방지하면서도 모델의 일반화 성능을 유지할 수 있는 중요한 기법 중 하나이다.

드롭아웃은 추론의 정밀도를 어느 정도 알려줄 수 있는 방법으로 사용될 수 있다. 'training mode'를 유지한 상태에서 예측을 수행할 수 있다. 이것이 Monte Carlo dropout 방법이다.[94] 실질적인 구현도 매우 간단하다. 예측할 때마다, 'dropout configuration'이 확률적으로 변한다. 이 사실을 활용하는 것이다. 이렇게 되면, 같은 데이터에 대한 예측이라고 하더라도 다소 다른 예측이 매번 가능하다. 이렇게 하면, 결국, 우리는 예측 결과의 분포를 정의할 수 있다. 이것을 추론의 정밀도(평균과 분산을 각각 추정)로 이용하는 것이다. Keras Dropout 클래스에서 'training mode'를 켜놓은 상태를 유지한다. 훈련 그리고 예측에서 모두 'training mode'를 켜놓은 상태를 유지하는 것이 Monte Carlo dropout의 핵심이다. 이렇게 하면, 예측 과정에서 확률적인 결과가 나오게 된다. 다시 말해서, 하나의 데이터에 대해서 여러 번 예측을 하고, 해당 데이터에 대한 예측 결과의 평균, 분산을 알아낸다. 가중치(편향 포함) 집합 하나가 하나의 모델을 지칭한다. 따라서, 다수의 가중치 집합들을 가지고 있으면 다수의 모델 집합을 가지고 있는 것과 같다.

[94]: Gal and Ghahramani (2016), 'Dropout as a bayesian approximation: Representing model uncertainty in deep learning'

Dropout 클래스는 Dense, Conv1D, Conv2D, Conv3D 등의 층(layer)에 적용할 수 있다. 일반적으로 중간 층에 Dropout을 추가하여 과적합을 방지한다. Dropout은 학습 과정에서 무작위로 일부 뉴런을 제거하여, 모델이 특정 뉴런에 과도하게 의존하지 않도록 한다. 이를 통해 모델이 더욱 일반화된 패턴을 학습하도록 유도하며, 과적합을 방지할 수 있다.

Dropout 클래스는 입력으로 들어온 텐서의 일부 뉴런을 무작위로 제거한다. 이때, 제거할 뉴런의 비율을 지정할 수 있다. 예를 들어, 0.5로 설정하면 입력 텐서의 절반에 해당하는 뉴런을 무작위로 제거한다. 이 확률 값이 초월 매개변수로 활용될 수 있다.

5.7 TensorFlow, PyTorch

인공신경망에 투입되는 입력은 주로 불변량을 활용하여야 한다. 좌표변환에 불변인 양을 취급해야만 한다. 예를 들어, 원자들의 위치보다는 원자들 사이의 거리가 딥러닝의 입력이 되어야 한다. 좌표변환에 불변인 것만이 의미를 가진다. 단순 숫자들로 구성된 행렬이라기 보다는 텐서라는 용어를 사용하는 이유가 여기에 있다.

3: Keras는 TensorFlow의 상위 API(application programming interface)를 이용한다. TensorFlow와 Keras는 현재 매우 긴밀하게 통합되어 있다.

TensorFlow와 PyTorch는 현재 가장 널리 활용되고 있는 딥러닝 라이브러리들이다.[3] 두 라이브러리 모두 딥러닝 모델을 쉽게 구축하고 훈련할 수 있는 다양한 도구와 기능을 제공한다. TensorFlow는 구글이 개발한 라이브러리로, 딥러닝 모델 구축을 위한 다양한 층(레이어)과 연산을 제공하며, GPU 및 TPU와 같은 가속기를 활용한 분산 처리를 지원한다. TensorFlow는 선언적인 방식과 계산 그래프를 통한 연산 방식을 지원하며, Keras와 같은 고수준 API를 통한 쉬운 모델 구축을 제공한다. PyTorch는 페이스북에서 개발한 라이브러리로, 파이썬 언어를 기반으로 하며, 쉽고 직관적인 구조로 구성되어 있다. PyTorch는 동적 계산 그래프를 지원하며, 디버깅이 용이하고 개발자가 유연하게 모델 구축과 실험을 수행할 수 있다. TensorFlow와 PyTorch 모두 다양한 딥러닝 알고리즘 및 네트워크를 지원하며, 각각의 장단점이 있다. TensorFlow는 대규모 분산 훈련을 위한 우수한 기능을 제공하고, PyTorch는 쉽고 직관적인 API를 통해 모델 구축 및 디버깅을 용이하게 해주는 등 각각의 특징이 있다. 선택은 개발자의 선호도와 프로젝트의 특성에 따라 달라질 수 있다.

TensorFlow와 PyTorch는 자동 미분을 계산하는 기능을 제공한다. 이는 인공신경망 모델을 학습시키는데 필요한 구배(gradient) 계산을 자동화하는 기능이다. 자동 미분은 역전파(backpropagation) 알고리즘에서 사용된다. 역전파는 인공신경망의 출력과 정답 사이의 오차를 계산하고,

이를 이용하여 모델의 가중치(weight)와 편향(bias)을 업데이트하는 알고리즘이다. 역전파 알고리즘에서는 각 파라미터에 대한 구배(gradient) 값을 계산해야 한다. 그런데, 이러한 복잡한 절차를 '자동 미분' 방식으로 수행한다. TensorFlow와 PyTorch에서는 모델의 파라미터를 Variable이나 Tensor로 정의한다. 이때, Variable이나 Tensor 객체는 계산 그래프(computation graph)를 구성하는 노드(node)로 사용된다. 모델의 손실함수(loss function)을 정의하고, 이를 최소화하는 방향으로 파라미터를 업데이트하는 과정에서 자동 미분이 수행된다. 자동 미분은 계산 그래프를 자동으로 미분하여 파라미터의 구배 값을 계산한다. TensorFlow와 PyTorch는 각각 자체적으로 자동 미분 기능을 제공한다. TensorFlow에서는 tf.GradientTape()을 사용하여 자동 미분을 계산하며, PyTorch에서는 autograd 기능을 사용하여 자동 미분을 계산한다. 이러한 자동 미분 기능을 사용하여 인공신경망 모델을 학습시키는 과정에서 구배 계산에 대한 복잡한 수학적 계산을 일일이 구현하지 않아도 되므로, 모델 학습을 훨씬 효율적으로 수행할 수 있다. 자동 미분은 모든 컴퓨터 프로그램이 아무리 복잡하더라도 일련의 기본 산술 연산(덧셈, 뺄셈, 곱셈, 나눗셈 등)과 기본 함수(지수, 로그, 사인, 코사인 등)를 실행한다는 사실을 이용한다. 이러한 연산에 연쇄 규칙을 반복적으로 적용하면 원래 프로그램보다 더 많은 산술 연산의 작은 상수를 사용하여 임의로 정해진 순서의 부분 도함수를 작동 정밀도로 정확하게 자동으로 계산할 수 있다. 자동 미분은 기호 미분 및 수치 미분과 구별된다. 기호 미분은 컴퓨터 프로그램을 하나의 수학식으로 변환하는 데 어려움이 있으며 비효율적인 코드로 이어질 수 있다. 수치 미분(유한 차분 방법)은 이산 과정과 취소 과정에서 반올림 오류가 발생할 수 있다. 이 두 가지 고전적인 방법 모두 더 높은 도함수를 계산할 때 복잡성과 오류가 증가하는 문제가 있다. 마지막으로, 이 두 가지 고전적인 방법은 기울기 기반 최적화 알고리즘에 필요한 많은 입력에 대한 함수의 부분 도함수를 계산하는 데 느리다. 자동 미분은 이러한 모든 문제를 해결한다.

TensorFlow 또는 PyTorch는 초보자라고 하더라도 기계학습 모델을 쉽게 구축 및 배포할 수 있게 해주는 엔드-투-엔드 플랫폼이다.[4] TensorFlow와 PyTorch는 현재 가장 널리 사용되고 있는 딥러닝 프레임워크들이다. 이들을 사용하는 이유는 다음과 같다.

◇ 높은 성능: TensorFlow와 PyTorch 모두 딥러닝 모델의 높은 성능을 보장한다. 또한, 이들 프레임워크는 GPU를 활용하여 모델 학습을 가속화할

4: 두 가지 모두 매우 인기가 있으며, 사용 목적, 개발 환경, 개발자의 선호도 등에 따라 한 가지를 선택할 수 있다.

수 있다.

◇ 다양한 모델 아키텍처: TensorFlow와 PyTorch는 다양한 딥러닝 모델 아키텍처를 지원한다. 이들을 사용하면 이미지, 텍스트, 음성 등 다양한 종류의 데이터를 처리하며, 높은 정확도와 성능을 보이는 모델을 개발할 수 있다.

◇ 유연성: TensorFlow와 PyTorch는 매우 유연한 프레임워크이다. 모델의 아키텍처와 학습 방법을 매우 자유롭게 선택할 수 있으며, 이를 통해 다양한 실험을 수행할 수 있다.

◇ 커뮤니티: TensorFlow와 PyTorch는 매우 활발한 커뮤니티를 가지고 있다. 이들 커뮤니티에서는 다양한 툴과 예제 코드를 제공하며, 사용자들 간에 정보를 공유하고 문제를 해결하는 데 큰 도움을 준다.

◇ 배포와 추론: TensorFlow와 PyTorch는 모델 학습 뿐만 아니라 배포와 추론에도 매우 유용하다. 이들을 사용하면 모델을 쉽게 배포하고, 실시간으로 데이터를 처리하며, 높은 성능을 유지할 수 있다.

이러한 이유들로 인해 TensorFlow와 PyTorch는 현재 가장 활발하게 사용되고 있는 딥러닝 프레임워크가 되었다. 전이학습(transfer learning)은 미리 학습된 모델의 지식을 새로운 문제에 적용하는 기술이다.[95] 전이학습은 딥러닝 모델의 학습 시간을 단축시키고, 데이터가 적은 경우에도 좋은 성능을 얻을 수 있도록 도와준다. 전이학습은 일반적으로 두 가지 방법으로 수행된다. 첫째, 기존 모델을 새로운 작업에 맞게 수정하는 방법이다. 이 경우, 미리 학습된 모델의 가중치를 불러들이고, 마지막 층을 제외한 모든 층을 고정하고 새로운 층을 추가하여 새로운 작업에 맞게 수정한다. 이 방법은 적은 데이터로도 좋은 성능을 얻을 수 있어서 특히 컴퓨터 비전 분야에서 널리 사용된다. 둘째, 미리 학습된 모델을 특성 추출기(feature extractor)로 사용하는 방법이다. 이 경우, 미리 학습된 모델의 가중치를 불러들이고, 추후의 학습 과정에서 변하지 않게 모든 층을 고정한 후, 새로운 분류 층을 추가하여 새로운 작업에 맞게 훈련한다. 이 방법은 텍스트 분류 및 자연어 처리 분야에서 많이 사용된다. 전이학습은 딥러닝 분야에서 매우 효과적인 기술로 인정되고 있다. 높은 정확도와 빠른 학습 속도를 제공하여 새로운 작업에 대한 빠른 프로토타이핑 및 개발을 가능하게 한다.

[95]: Weiss et al. (2016), 'A survey of transfer learning'

전이학습은 다양한 분야에서 많은 성공 사례를 보여주고 있다. 일부 성공 사례는 다음과 같다.

◇ 이미지 분류: ImageNet에서 사전 학습된 모델을 사용하여 새로운 이

미지 데이터셋에 대해 학습시킨 예시이다. 이 방법은 대규모 이미지 데이터셋에 대한 딥러닝 모델 학습에 매우 효과적이다.

◇ 자연어 처리: OpenAI에서 발표한 GPT-3 모델은 이전의 대규모 자연어 처리 모델에서 학습한 모델을 전이학습하여 생성된 모델이다. GPT-3는 대화형 대화, 번역, 요약, 질문 응답 등 다양한 자연어 처리 작업에서 우수한 성능을 보여주고 있다.

◇ 의료 영상 분석: 전이학습은 의료 영상 분석에서도 많이 사용된다. 미리 학습된 딥러닝 모델을 사용하여 새로운 영상 데이터에 대한 병변 감지, 종양 분류 및 진단 등을 수행할 수 있다.

◇ 음성 인식: 전이학습은 음성 인식 분야에서도 성공적으로 적용되었다. 예를 들어, 구글에서 개발한 WaveNet 모델은 이전에 학습한 모델의 지식을 전이학습하여 생성된 모델이다. WaveNet은 자연스러운 음성 합성을 위해 사용되며, 구글 어시스턴트와 같은 음성 인식 시스템에 적용된다.

이러한 성공 사례를 통해 전이학습이 다양한 분야에서 유용하게 활용될 수 있음을 보여준다.

5.8 실습 2

◻ 아래 예제는 회귀 모델 구축과정을 나타내고 있다. 커널 레귤라리제이션 방법과 드롭아웃 방법을 각각 활용하였다. Figure 5.4은 프로그램 출력물이다.

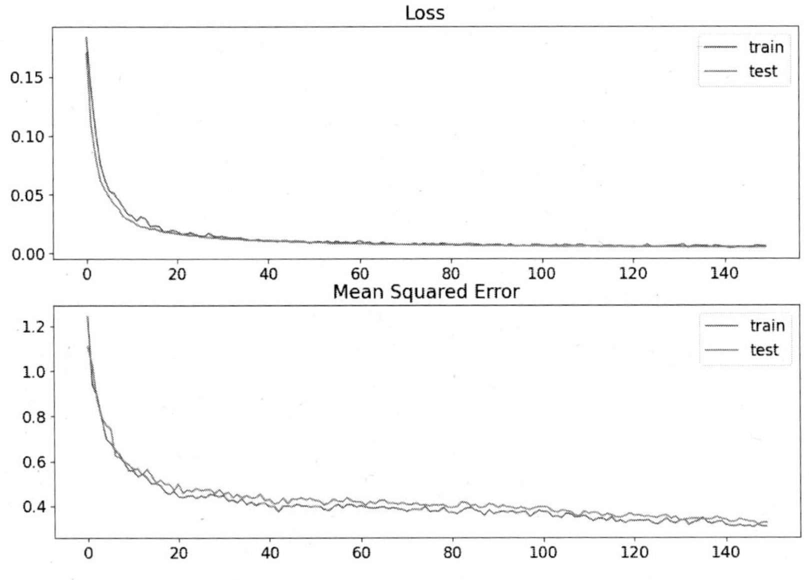

Figure 5.4: 모델 구축에서 과적합이 일어나는지를 체크하는 것이 중요하다. 손실함수가 검증 데이터에 대해서 수렴하는지를 체크해야 한다. 훈련 데이터에 대해서는 당연하게도 손실이 전반적으로 감소해야 한다. 훈련 데이터에 대한 손실 값과 검증 데이터에 대한 손실 값의 비율을 계산할수도 있다.

```
from sklearn.datasets import make_regression
from sklearn.preprocessing import StandardScaler
from keras.models import Sequential
from keras.layers import Dense
from keras.optimizers import SGD
from tensorflow.keras.constraints import MaxNorm
from tensorflow.keras.layers import Dropout
from matplotlib import pyplot
# 장난감 데이터셋
X, y = make_regression(n_samples=1000, n_features=20,
        noise=0.1, random_state=1)

X = StandardScaler().fit_transform(X)
y=StandardScaler().fit_transform(y.reshape(len(y),1))[:,0]

n_train = 800
trainX, testX = X[:n_train, :], X[n_train:, :]
trainy, testy = y[:n_train], y[n_train:]
# define model
model = Sequential()
# 순서대로, 줄 단위로, 입력층, 은닉층, ..., 출력층을 쌓을 수 있다.
model.add(Dense(25, input_dim=20, activation='relu',\
    kernel_initializer='he_uniform'))
model.add(Dense(25, activation='relu', \
    kernel_constraint=MaxNorm(3)))
model.add(Dropout(0.1))
model.add(Dense(10, activation='relu', \
    kernel_constraint=MaxNorm(3)))
model.add(Dropout(0.1))
model.add(Dense(1, activation='linear'))
opt = SGD(learning_rate=0.01, momentum=0.9)
model.compile(\
    loss='mean_squared_logarithmic_error',\
    optimizer=opt, metrics=['mse'])
history = model.fit(trainX, trainy, validation_data=(
        testX, testy), epochs=150, verbose=0)
_, train_mse = model.evaluate(trainX, trainy, verbose=0)
_, test_mse = model.evaluate(testX, testy, verbose=0)
print('Train: %.3f, Test: %.3f' % (train_mse, test_mse))
pyplot.subplot(211)
pyplot.title('Loss')
```

```
pyplot.plot(history.history['loss'], label='train')
pyplot.plot(history.history['val_loss'], label='test')
pyplot.legend()
pyplot.subplot(212)
pyplot.title('Mean Squared Error')
pyplot.plot(history.history['mse'], label='train')
pyplot.plot(history.history['val_mse'], label='test')
pyplot.legend()
pyplot.show()
#
Train: 0.287, Test: 0.326
```

□ 아래 프로그램은 드롭아웃(dropout) 방법을 추론(inference)에 활용한 예를 보여 준다. 즉, Monte Carlo dropout을 구현한 것이다. 비교를 위해서 서로 다른 모델 두 개를 구축할 것이다.

```
import tqdm
import keras
from keras.datasets import mnist
from keras.models import Sequential, Model
from keras.layers import Input
from keras.layers import Dense,Dropout,Flatten, \
    SpatialDropout2D,SpatialDropout1D,AlphaDropout
from keras.layers import Conv2D, MaxPooling2D
from keras import backend as K

import numpy as np
import pandas as pd
from sklearn.metrics import accuracy_score

import matplotlib.pyplot as plt
plt.style.use("ggplot") # 또 다른 스타일의 그림 그리기 셋팅
batch_size = 128
num_classes = 10  # 10중 분류 문제 풀이
epochs = 12

# input image dimensions
img_rows, img_cols = 28, 28
# the data, split between train and test, 훈련/시험
(x_train, y_train), (x_test, y_test) = mnist.load_data()
if K.image_data_format() == 'channels_first':
```

```
    x_train = x_train.reshape(x_train.shape[0], \
        1, img_rows, img_cols)
    x_test = x_test.reshape(x_test.shape[0], \
        1, img_rows, img_cols)
    input_shape = (1, img_rows, img_cols)
else:
    x_train = x_train.reshape(x_train.shape[0], \
        img_rows, img_cols, 1)
    x_test = x_test.reshape(x_test.shape[0], \
        img_rows, img_cols, 1)
    input_shape = (img_rows, img_cols, 1)
x_train = x_train.astype('float32')
x_test = x_test.astype('float32')
x_train /= 255
x_test /= 255
print('x_train shape:', x_train.shape)
print(x_train.shape[0], 'train samples')
print(x_test.shape[0], 'test samples')
# convert class vectors to binary class matrices
y_train=keras.utils.to_categorical(y_train, num_classes)
y_test=keras.utils.to_categorical(y_test, num_classes)

# 드롭아웃의 훈련용 상태를 준비한다.
def get_dropout(input_tensor, p=0.5, mc=False):
    if mc:
        return Dropout(p)(input_tensor, training=True)
    else:
        return Dropout(p)(input_tensor)

def get_model(mc=False, act="relu"):
    inp = Input(input_shape)
    x=Conv2D(32, kernel_size=(3, 3), activation=act)(inp)
    x=Conv2D(64, kernel_size=(3, 3), activation=act)(x)
    x = MaxPooling2D(pool_size=(2, 2))(x)
    x = get_dropout(x, p=0.25, mc=mc)
    x = Flatten()(x)
    x = Dense(128, activation=act)(x)
    x = get_dropout(x, p=0.5, mc=mc)
    out = Dense(num_classes, activation='softmax')(x)
    model = Model(inputs=inp, outputs=out)
    model.compile(loss=keras.losses.categorical_crossentropy,
```

```
                optimizer=keras.optimizers.Adadelta(),
                metrics=['accuracy'])
    return model

model = get_model(mc=False, act="relu")
mc_model = get_model(mc=True, act="relu")
h = model.fit(x_train, y_train,
              batch_size=batch_size,
              epochs=10,
              verbose=1,
              validation_data=(x_test, y_test))
# score of the normal model
score = model.evaluate(x_test, y_test, verbose=0)

print('Test loss:', score[0])
print('Test accuracy:', score[1])
h_mc = mc_model.fit(x_train, y_train,
                    batch_size=batch_size,
                    epochs=10,
                    verbose=1,
                    validation_data=(x_test, y_test))

mc_predictions = []
for i in tqdm.tqdm(range(500)):
    y_p = mc_model.predict(x_test, batch_size=1000)
    mc_predictions.append(y_p)
# score of the mc model
accs = []
for y_p in mc_predictions:
    acc = accuracy_score(y_test.argmax(axis=1),\
     y_p.argmax(axis=1))
    accs.append(acc)
print("MC accuracy: {:.1%}".format(sum(accs)/len(accs)))
mc_ensemble_pred = \
    np.array(mc_predictions).mean(axis=0).argmax(axis=1)
ensemble_acc = \
    accuracy_score(y_test.argmax(axis=1),\
     mc_ensemble_pred)
print(\
 "MC-ensemble accuracy: {:.1%}".format(ensemble_acc))
plt.hist(accs)
```

```
plt.axvline(x=ensemble_acc, color="b")
idx = 247
plt.imshow(x_test[idx][:, :, 0])
p0 = np.array([p[idx] for p in mc_predictions])
print(\
 "posterior mean: {}".format(p0.mean(axis=0).argmax()))
print("true label: {}".format(y_test[idx].argmax()))
print()
# probability + variance
for i, (prob, var) in enumerate(zip(p0.mean(axis=0),\
     p0.std(axis=0))):
    print("class: {}; proba: {:.1%}; var: {:.2%}\
         ".format(i, prob, var))
x, y = list(range(len(p0.mean(axis=0)))), p0.mean(axis=0)
plt.plot(x, y)
fig, axes = plt.subplots(5, 2, figsize=(12, 12))

for i, ax in enumerate(fig.get_axes()):
    ax.hist(p0[:, i], bins=100, range=(0, 1))
    ax.set_title(f"class {i}")
    ax.label_outer()
max_means = []
preds = []
for idx in range(len(mc_predictions)):
    px = np.array([p[idx] for p in mc_predictions])
    preds.append(px.mean(axis=0).argmax())
    max_means.append(px.mean(axis=0).max())
(np.array(max_means)).argsort()[:10]
plt.imshow(x_test[247][:, :, 0])
max_vars = []
for idx in range(len(mc_predictions)):
  px = np.array([p[idx] for p in mc_predictions])
  max_vars.append(px.std(axis=0)[px.mean(axis=0).argmax()])
(-np.array(max_vars)).argsort()[:10]
plt.imshow(x_test[259][:, :, 0])
random_img = np.random.random(input_shape)
plt.imshow(random_img[:,:,0])
random_predictions = []
for i in tqdm.tqdm(range(500)):
    y_p = mc_model.predict(np.array([random_img]))
    random_predictions.append(y_p)
```

```
p0 = np.array([p[0] for p in random_predictions])
print("posterior mean: {}".format(\
  p0.mean(axis=0).argmax()))
print()
# probability + variance
for i,(prob,var) in enumerate(\
  zip(p0.mean(axis=0),p0.std(axis=0))):
   print("class: {}; proba: {:.1%}; var: {:.2%}\
     ".format(i, prob, var))
x,y=list(range(len(p0.mean(axis=0)))),p0.mean(axis=0)
plt.plot(x, y)
fig, axes = plt.subplots(5, 2, figsize=(12,12))

for i, ax in enumerate(fig.get_axes()):
    ax.hist(p0[:,i], bins=100, range=(0,1));
    ax.set_title(f"class {i}")
    ax.label_outer()
```

5.9 실습 3

□ 아래에서는 3중 분류 문제 풀이를 연습한다. 이 문제은 3종으로 구성된 붓꽃을 분류하는 문제이다. 붓꽃의 종류는 세가지가 알려져 있다. 네가지 특성[꽃잎(petal) 너비, 꽃잎 폭, 꽃받침(sepal) 너비, 꽃받침 폭, 모두 cm 단위로 측정된 것임]으로 부터 붓꽃의 종류를 예측하는 모델을 완성하는 문제이다.

```
import numpy as np
from sklearn.datasets import load_iris
from sklearn.model_selection import train_test_split
from sklearn.preprocessing import OneHotEncoder
from keras.models import Sequential
from keras.layers import Dense
from keras.optimizers import Adam

iris_data = load_iris()  # load the iris dataset, 붓꽃 데이터 불러오기
if True:
    print('Example data: ')
    print(iris_data.data[:5])
    print('Example labels: ')
```

```
    print(iris_data.target[:5])
x = iris_data.data
y_ = iris_data.target.reshape(-1, 1)
# Convert data to a single column
# One Hot encode the class labels
encoder = OneHotEncoder(sparse=False)
y = encoder.fit_transform(y_)
train_x, test_x, train_y, test_y = train_test_split(\
    x, y, test_size=0.20)
model = Sequential()
model.add(Dense(10, input_shape=(4,), \
    activation='relu', name='fc1'))
model.add(Dense(10, activation='relu', name='fc2'))
model.add(Dense(3, activation='softmax', name='output'))
optimizer = Adam(learning_rate=0.001)
model.compile(optimizer, \
    loss='categorical_crossentropy', metrics=['accuracy'])
print(model.summary())
model.fit(train_x,train_y,\
 verbose=2,batch_size=5,epochs=200)
results = model.evaluate(test_x, test_y)
print('Final test set loss: {:4f}'.format(results[0]))
print('Final test set accuracy: {:4f}'.format(results[1]))
#
Example data:
[[5.1 3.5 1.4 0.2]
[4.9 3.  1.4 0.2]
[4.7 3.2 1.3 0.2]
[4.6 3.1 1.5 0.2]
[5.  3.6 1.4 0.2]]
Example labels:
[0 0 0 0 0]
Model: "sequential_8"
_________________________________________________________________
Layer (type)                 Output Shape              Param #
=================================================================
fc1 (Dense)                  (None, 10)                50

fc2 (Dense)                  (None, 10)                110

output (Dense)               (None, 3)                 33
```

```

=================================================================
Total params: 193
Trainable params: 193
Non-trainable params: 0
_________________________________________________________________
None
Epoch 1/200

24/24 - 0s - loss: 0.0709
- accuracy: 0.9750 - 58ms/epoch - 2ms/step
Epoch 199/200
24/24 - 0s - loss: 0.0659
- accuracy: 0.9750 - 40ms/epoch - 2ms/step
Epoch 200/200
24/24 - 0s - loss: 0.0670
- accuracy: 0.9833 - 42ms/epoch - 2ms/step
1/1 [==============================] - 0s 57ms/step
- loss: 0.0916 - accuracy: 0.9333
Final test set loss: 0.091638
Final test set accuracy: 0.933333
```

□ MNIST(modified national institute of standards and technology) 데이터베이스는 28×28 픽셀의 손글씨 숫자 이미지를 담고 있는 데이터셋이다. 0에서 9까지의 10가지 숫자를 사람 손으로 쓴 이미지 총 70,000개가 포함되어 있다. 이 데이터셋은 기계학습에서 이미지 처리 및 인식 분야에서 가장 유명하고 널리 사용되는 데이터셋 중 하나이다. MNIST 데이터셋은 기계학습 기초 과정에서 데이터셋에 대한 이해와 데이터 전처리, 딥러닝 모델 구현에 대한 실습 등을 위해 많이 활용된다. 또한, 이 데이터셋을 활용하여 손글씨 인식에 대한 알고리즘 개발이나 딥러닝 모델의 성능 비교 등도 많이 이루어진다.[96] MNIST 숫자 손글씨 사진 분류 문제에 대한 인공신경망을 활용한 풀이는 아래와 같다. 특히, 합성곱 신경망을 활용하는 예제이다. 하나의 손글씨 숫자를 담고 있는 사진은 흑백 사진이고, 28×28 행렬로 표현된다. 모든 이미지는 해당하는 숫자의 레이블(label)과 함께 제공된다. 60,000개의 훈련 데이터와 10,000개의 테스트 데이터가 각각 분리되어 있다.

[96]: Deng (2012), 'The mnist database of handwritten digit images for machine learning research [best of the web]'

◇ 이중 분류: sigmoid, 두 가지 상태들 사이에 대한 상대적인 확률이 정의된다. 이것 아니면 저것인데, 이를 확률적으로 표현한 것이다. 아주 작은

값 또는 아주 큰 값에 대해서도 출력을 부드럽게 만들어 준다.

◇ 다중 분류 (3종 이상): softmax, sigmoid의 확장형이다. 아니, softmax의 특수한 경우가 sigmoid이다. 여전히 상대적인 확률이 정의된다. 결국, 출력 함수가 발산하지 않게, 즉, 부드럽게 되도록 만들어준다. 그래서 soft가 붙어있다.

Conv2D는 2차원 합성곱 연산을 수행하는 층(layer)이다. 이 층은 이미지와 같이 2차원 형태의 입력 데이터를 처리할 때 사용된다. Conv2D 층은 입력 데이터에서 필터(filter)를 이용하여 특성을 추출하고, 이러한 특성을 조합하여 새로운 특성을 생성한다. 이 과정에서 Conv2D 층은 필터의 가중치(weight)와 편향(bias)을 학습하며, 이를 통해 입력 데이터의 특성을 자동으로 적절하게 추출할 수 있다. Conv2D 층은 이미지 분석 및 처리에 널리 사용된다. 예를 들어, 이미지 분류, 객체 검출, 분할(segmentation) 등에서 Conv2D 층이 사용된다. Conv2D 층은 입력 데이터에 대해 일정한 크기의 필터를 이용하여 합성곱 연산을 수행한다. 이때, 필터의 크기, 스트라이드(stride), 패딩(padding) 등의 초월 매개변수를 조정하여 적절한 모델을 구성할 수 있다.

```
import numpy as np
from tensorflow import keras
from tensorflow.keras import layers
# Model / data parameters
num_classes = 10  # 10중 분류 문제
input_shape = (28, 28, 1)

# Load the data and split it between train and test sets
(x_train, y_train), (x_test, y_test) =\
     keras.datasets.mnist.load_data()

# Scale images to the [0, 1] range
x_train = x_train.astype("float32") / 255
x_test = x_test.astype("float32") / 255
# Make sure images have shape (28, 28, 1)
x_train = np.expand_dims(x_train, -1)
x_test = np.expand_dims(x_test, -1)
print("x_train shape:", x_train.shape)
print(x_train.shape[0], "train samples")
print(x_test.shape[0], "test samples")

```

```
# convert class vectors to binary class matrices
y_train = keras.utils.to_categorical(y_train, num_classes)
y_test = keras.utils.to_categorical(y_test, num_classes)
model = keras.Sequential(
    [keras.Input(shape=input_shape),
    layers.Conv2D(32,kernel_size=(3,3),activation="relu"),
    layers.MaxPooling2D(pool_size=(2, 2)),
    layers.Conv2D(64,kernel_size=(3,3),activation="relu"),
    layers.MaxPooling2D(pool_size=(2, 2)),
    layers.Flatten(),
    layers.Dropout(0.5),
    layers.Dense(num_classes, activation="softmax") ])
# 모델 정보 요약
model.summary()
batch_size = 128
epochs = 15
model.compile(loss="categorical_crossentropy",
                  optimizer="adam", metrics=["accuracy"])

model.fit(x_train, y_train, batch_size=batch_size,
          epochs=epochs, validation_split=0.1)
score = model.evaluate(x_test, y_test, verbose=0)
print("Test loss:", score[0])
print("Test accuracy:", score[1])
#
x_train shape: (60000, 28, 28, 1)
60000 train samples
10000 test samples
Model: "sequential_9"
____________________________________________________________
Layer (type)              Output Shape            Param #
============================================================
conv2d (Conv2D)              (None, 26, 26, 32)     320

max_pooling2d (MaxPooling2D  (None, 13, 13, 32)    0
)

conv2d_1 (Conv2D)            (None, 11, 11, 64)     18496

max_pooling2d_1 (MaxPooling  (None, 5, 5, 64)      0
2D)
```

```
flatten_1 (Flatten)          (None, 1600)          0
dropout_5 (Dropout)          (None, 1600)          0
dense_24 (Dense)             (None, 10)            16010
=================================================================
Total params: 34,826
Trainable params: 34,826
Non-trainable params: 0
_________________________________________________________________
Epoch 1/15
Epoch 12/15
422/422 [=======] - 2s 4ms/step - loss: 0.0354
- accuracy: 0.9884
- val_loss: 0.0287 - val_accuracy: 0.9912
Epoch 13/15
422/422 [=======] - 2s 4ms/step - loss: 0.0349
- accuracy: 0.9884
- val_loss: 0.0293 - val_accuracy: 0.9915
Epoch 14/15
422/422 [=======] - 2s 4ms/step - loss: 0.0330
- accuracy: 0.9895
- val_loss: 0.0318 - val_accuracy: 0.9910
Epoch 15/15
422/422 [=======] - 2s 4ms/step - loss: 0.0314
- accuracy: 0.9899
- val_loss: 0.0298 - val_accuracy: 0.9923
Test loss: 0.02726655639708042
Test accuracy: 0.991100013256073
```

□ 다중 출력, 회귀 분석의 예를 아래 프로그램에서 나타내었다. 다중 출력 인공신경망은 하나의 입력에 대해 여러 개의 출력을 생성하는 신경망이다. 이러한 다중 출력 인공신경망이 가능한 이유는 다음과 같다.

◇ 다중 뉴런: 인공신경망은 여러 개의 뉴런으로 구성되어 있다. 각 뉴런은 입력에 대해 가중치를 곱하고 활성화 함수를 거쳐 출력을 생성한다. 따라서, 다중 출력 인공신경망은 여러 개의 뉴런을 활용하여 다수의 출력을 생성할 수 있다.

◇ 다중 손실함수: 다중 출력 인공신경망은 여러 개의 출력을 생성하므로, 각 출력에 대한 손실함수도 필요하다. 이를 위해, 다중 손실함수를 정의하여 각 출력에 대한 손실을 계산할 수 있다.
◇ 분기 구조: 다중 출력 인공신경망은 입력과 출력 사이에 여러 개의 층(layer)으로 구성된다. 이러한 층들은 분기 구조(branching structure)를 가질 수 있다. 이를 통해, 입력을 여러 개의 다른 방향으로 전달하여 다중 출력을 생성할 수 있다.
◇ 다중 목적: 다중 출력 인공신경망은 여러 개의 출력을 생성함으로써, 여러 개의 목적을 동시에 달성할 수 있다. 예를 들어, 이미지 분류 문제에서는 객체의 종류뿐만 아니라 위치, 크기, 방향 등 다양한 정보를 동시에 추출할 수 있다.
따라서, 다중 출력 인공신경망은 여러 개의 출력을 생성함으로써, 다양한 문제를 해결할 수 있는 강력한 도구이다.

```
import numpy as np
from sklearn.datasets import make_regression
from keras.models import Sequential
from keras.layers import Dense
# 모델 구축 과정을 함수로 만들어 줌
def get_model(n_inputs, n_outputs):
    model = Sequential()
    model.add(Dense(20, input_dim=n_inputs,
    kernel_initializer='he_uniform',activation='relu'))
    model.add(Dense(20, activation='relu'))
    model.add(Dropout(0.1))
    model.add(Dense(n_outputs,\
        kernel_initializer='he_uniform'))
    model.compile(loss='mae', optimizer='adam')
    return model
# 장난감 데이터셋
if True:
    X, y = make_regression(n_samples=1000, n_features=10,
    n_informative=5, n_targets=3, random_state=17)
n_inputs, n_outputs = X.shape[1], y.shape[1]
# get model
model = get_model(n_inputs, n_outputs)
# fit the model on all data, 훈련 실시
model.fit(X, y, verbose=1, epochs=100)
# make a prediction for new data, 모델 구축 완료,
```

```
# 준비된 자료에 대해서 예측을 수행함.
     row = [-0.99859353, 2.19284309, -0.42632569, \
     -0.21043258, -1.13655612,
            -0.55671602, -0.63169045, -0.87625098, \
            -0.99445578, -0.3677487]
newX = np.asarray([row])
yhat = model.predict(newX)
print('Predicted: %s' % yhat[0])
#

32/32 [==============================] - 0s 2ms/step
- loss: 14.2417
Epoch 98/100
32/32 [==============================] - 0s 3ms/step
- loss: 13.6421
Epoch 99/100
32/32 [==============================] - 0s 2ms/step
- loss: 14.5084
Epoch 100/100
32/32 [==============================] - 0s 2ms/step
- loss: 13.1331
1/1 [==============================] - 0s 28ms/step
Predicted: [-150.30783 -143.46889 -187.99149]
```

□ 다음 프로그램은 지도학습에 해당하는 이중 분류 문제 풀이이다. 두 가지 방식으로 분포하는 나선형 분포 데이터셋을 준비하고 두 가지를 분류할 수 있는 모델을 개발하는 예제이다. 두 나선형 분포 문제(two-spiral problem)는 서로 맞물려 있는 두 나선형 영역 중 주어진 좌표가 어느 영역에 속하는지 결정하는 분류 과제이다. 서로 맞물려 있는 나선 모양은 선형적으로 분리할 수 없다. 이러한 이유로 해당 문제는 이진 분류의 잘 알려진 벤치마크가 되었다. 단순 로지스틱 회귀 모델로는 클래스를 구분할 수 없다. 오랫동안 이문제는 매우 어려운 과제로 여겨졌다. 상대적 회전과 같은 작은 변형이 어떻게 질적으로 다른 일반화 결과를 가져올 수 있는지에 대한 질문이 있어 왔다. 기본적으로 나선형 분포 문제에 대한 아이디어는 은하, 사이클론, 액체의 와류, 조개껍질, DNA 등에서 자연적으로 발생하는 나선에서 파생되었다. Figure 5.5은 두 가지 형식의 나선형 분포를 가지는 데이터이다. Figure 5.6은 훈련동안 정확도를 그림으로 나타내었다. Figure 5.7은 테스트 데이터셋(two-spiral)에 대하여 분류한

데이터를 다시 그림으로 나타내었다. Figure 5.8은 two-spiral 테스트 데이터셋에 대해서 혼동행렬을 그림으로 표시했다. 마찬가지로 Figure 5.9은 moons 테스트 데이터셋에 대하여 분류한 데이터를 다시 그림으로 나타내었다. 이제 클래스의 수가 2개 이상인 다중 클래스 분류 문제를 살펴본다. 여기에서는 3개의 클래스를 선택하지만, 접근 방식은 클래스 수에 관계없이 일반화된다. Figure 5.10에서는 3중 분류 문제로서, 3중 나선형 데이터셋(three-spiral)을 다루고 있다. 이 경우, softmax 함수를 사용하여 3중 분류를 하고 있다.

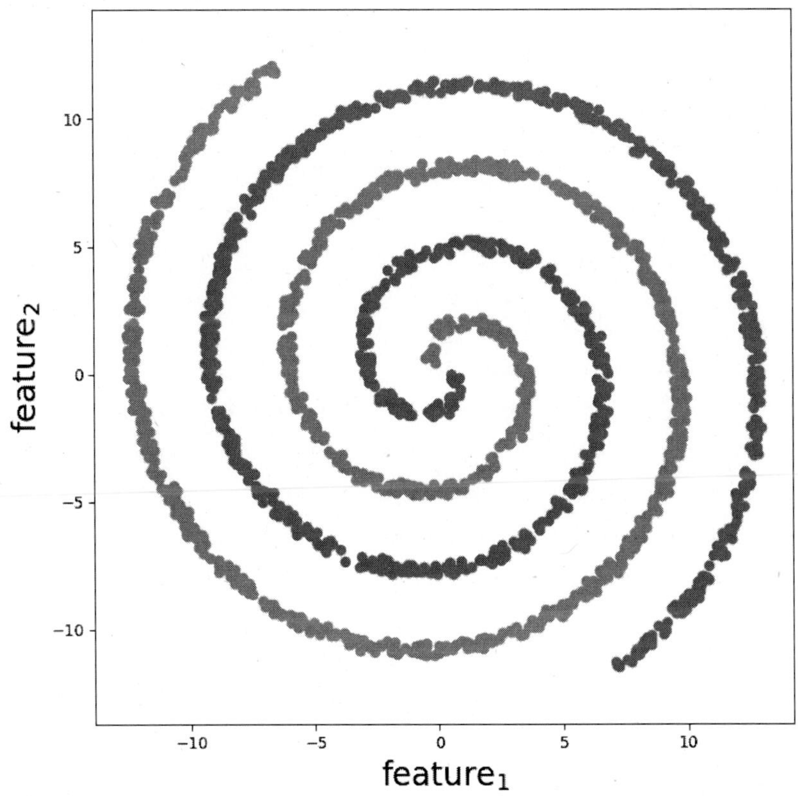

Figure 5.5: 두 가지 방식으로 분포하는 서로 구별되는 나선형 분포들.

```
import numpy as np
import tensorflow as tf
import matplotlib.pyplot as plt
from matplotlib import cm
from mpl_toolkits import mplot3d
from sklearn.model_selection import train_test_split
from sklearn.datasets import make_moons

np.random.seed(17)
# 두 개의 나선 문제, 선형적으로 분리할 수 없는 데이터셋,
```

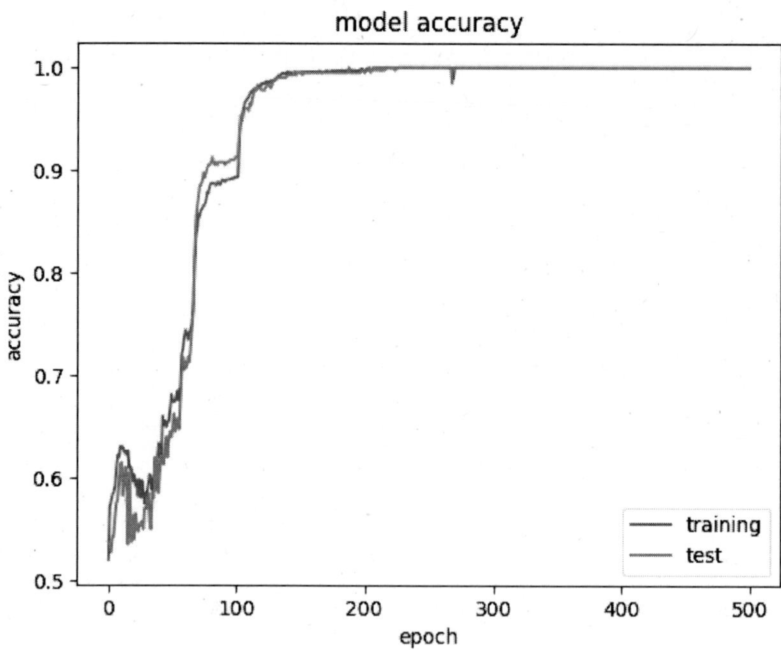

Figure 5.6: 훈련 과정에서 관찰한 정확도의 변화.

```
# 비선형 분리 방법을 활용함.
def spirals(points, noise=.5):
    n=np.sqrt(np.random.rand(points,1))*780*(2*np.pi)/360
    d1x = -np.cos(n)*n + np.random.rand(points, 1) * noise
    d1y = np.sin(n)*n + np.random.rand(points, 1) * noise
    d2x = np.cos(n)*n + np.random.rand(points, 1) * noise
    d2y = -np.sin(n)*n + np.random.rand(points, 1) * noise
    return (np.vstack((np.hstack((d1x, d1y)), \
        np.hstack((d2x, d2y))))),\
        np.hstack((np.zeros(points), np.ones(points))))
kase= -5
kase= -20
if kase == -5 :
    X,y=make_moons(n_samples=1000,\
     noise=0.1,random_state=17)
if kase == -20:
    X, y = spirals(1000)
print(X.shape)
print(y.shape)
print(type(X))
print(type(y))

print(y[0:10])
print(y[-10:])
```

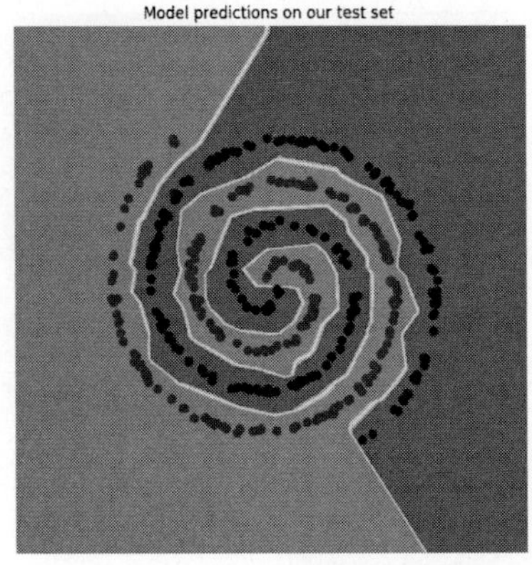

Figure 5.7: 모델로 분류한 테스트 데이터셋(two-spiral)을 그림으로 표현.

```
if True:
    alist = []
    blist = []
    clist = []
    dlist = []
    ay = []
    cy = []
for i in range(len(y)):
    if y[i] > 0.5:
        alist.append(X[i, 0])
        blist.append(X[i, 1])
        ay.append(y[i])
    else:
        clist.append(X[i, 0])
        dlist.append(X[i, 1])
        cy.append(y[i])
    alist = np.array(alist)
    blist = np.array(blist)
    clist = np.array(clist)
    dlist = np.array(dlist)
    ay = np.array(ay)
    cy = np.array(cy)
    plt.figure(figsize=(8, 8))
    plt.scatter(alist[:], blist[:])
    plt.scatter(clist[:], dlist[:])
    plt.xlabel(r'feature$_1$', fontsize=20)
    plt.ylabel(r'feature$_2$', fontsize=20)
    plt.axis('equal')
    plt.show()
```

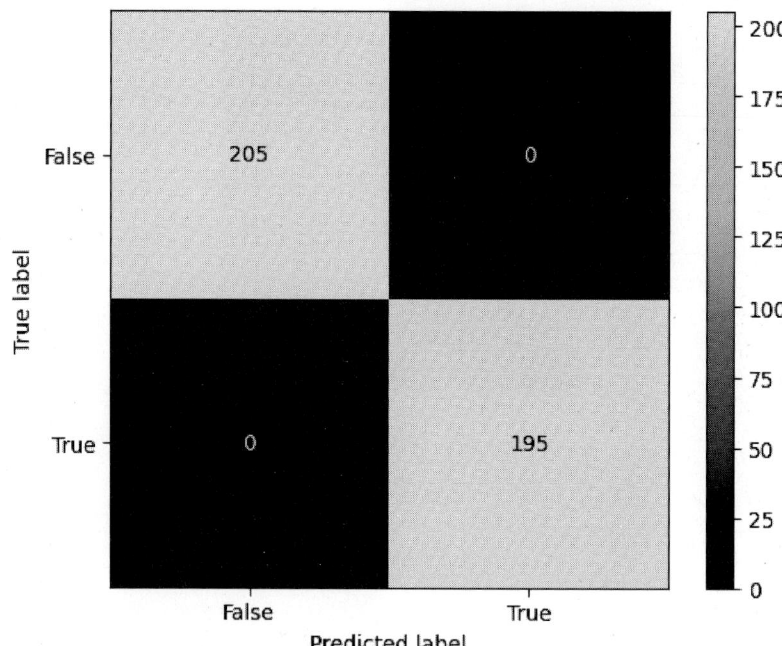

Figure 5.8: 모델로 분류한 테스트 데이터셋(two-spiral)을 혼동행렬 그림으로 표현.

```
X_train, X_test, y_train, y_test = train_test_split(
X, y, test_size=0.2, random_state=17)

if True:
    model = tf.keras.Sequential()
    # Input layer
    model.add(tf.keras.layers.Dense(12, input_dim=2,\
     activation='relu'))
    model.add(tf.keras.layers.Dense(12,activation='relu'))
    model.add(tf.keras.layers.Dense(12,activation='relu'))
    model.add(tf.keras.layers.Dense(1,activation='sigmoid'))
    model.compile(loss='binary_crossentropy',
    optimizer=tf.keras.optimizers.Adam(learning_rate=0.001),
        metrics=['accuracy'])
    model.summary()
    results = model.fit(X_train, y_train, epochs=500,
        validation_data=(X_test, y_test), verbose=0)
#   prediction_values = model.predict_classes(X_test)
    y_prob = model.predict(X_test, verbose=0)
#    y_prob = y_prob.argmax(axis=-1)
    y_prob = (y_prob > 0.5).astype('int32')

print("Prediction values shape:", y_prob.shape)
```

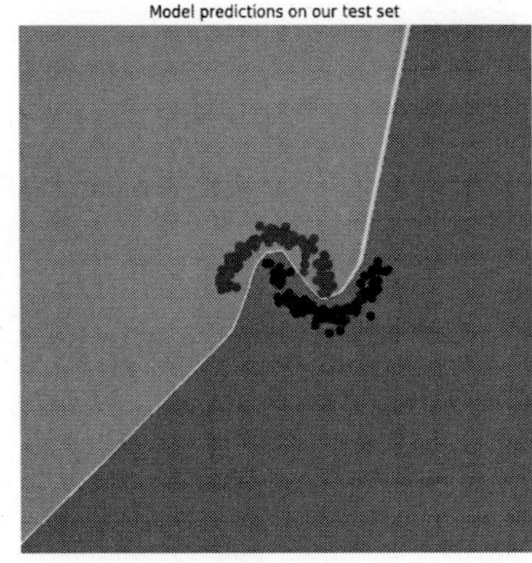

Figure 5.9: 모델로 분류한 테스트 데이터셋(moons)을 그림으로 표현.

```
print(np.mean(results.history["val_accuracy"]))
print("Evaluating on training set")
(loss, accuracy) = model.evaluate(X_train, y_train, \
    verbose=0)
print("loss={:.4f}, accuracy: {:.4f}%".format(loss, \
    accuracy * 100))
# 테스트 데이터에 대해서 예측을 시도함.
if True:
    from sklearn import metrics
    y_prob = model.predict(X_test, verbose=0)
#    y_pred = y_prob.argmax(axis=-1)
    y_prob= (y_prob > 0.5).astype('int32')
    confusion_matrix=metrics.confusion_matrix(y_test,\
     y_prob)
    cm_display = metrics.ConfusionMatrixDisplay(\
        confusion_matrix = confusion_matrix, \
        display_labels = [False, True])
    cm_display.plot()
    plt.show()
print("Evaluating on test set")
(loss, accuracy)=model.evaluate(X_test,y_test,verbose=0)
print("loss={:.4f}, accuracy: {:.4f}%".format(loss, \
    accuracy * 100))
# summarize history for accuracy
plt.plot(results.history['accuracy'])
plt.plot(results.history['val_accuracy'])
plt.title('model accuracy')
plt.ylabel('accuracy')
plt.xlabel('epoch')
plt.legend(['training', 'test'], loc='lower right')
```

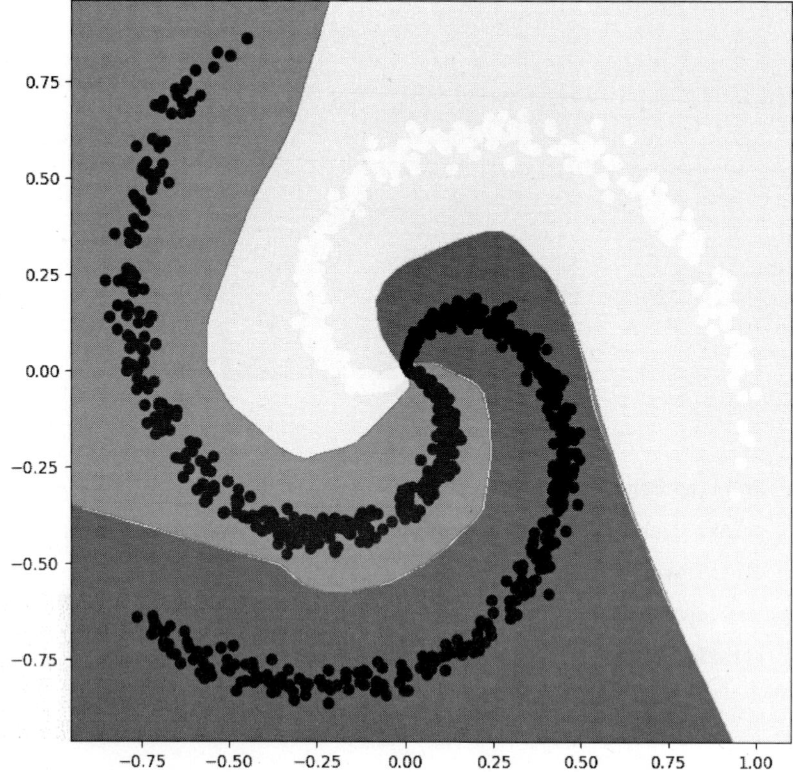

Figure 5.10: 모델로 분류한 테스트 데이터셋(three-spiral)을 그림으로 표현. 3중 분류에서는 마지막 층에서 softmax 함수를 활성화 함수로 사용한다. 아울러, 'categorical_crossentropy'를 손실 함수로 사용하였다. 출력 층에는 3개의 노드가 있다.

```
plt.show()
# summarize history for loss
plt.plot(results.history['loss'])
plt.plot(results.history['val_loss'])
plt.title('model loss')
plt.ylabel('loss')
plt.xlabel('epoch')
plt.legend(['training', 'test'], loc='upper right')
plt.show()

plt.figure(figsize=(12, 12))
plt.subplot(212)
plt.scatter(X_test[:, 0], X_test[:, 1],
    c=y_prob[:], cmap=cm.coolwarm)
plt.title('Model predictions on our Test set')
plt.axis('equal')
xx = np.linspace(kase, -kase, 400)
yy = np.linspace(kase, -kase, 400)
gx, gy = np.meshgrid(xx, yy)
Z = model.predict(np.c_[gx.ravel(), gy.ravel()])
Z = Z.reshape(gx.shape)
```

```
plt.contourf(gx, gy, Z, \
    cmap=plt.cm.coolwarm, alpha=0.8)

axes = plt.gca()
axes.set_xlim([kase, -kase])
axes.set_ylim([kase, -kase])
plt.grid('off')
plt.axis('off')
plt.scatter(X_test[:, 0], X_test[:, 1],
    c=y_prob[:], cmap=cm.coolwarm)
plt.title('Model predictions on our test set')
plt.show()
#
import numpy as np
import matplotlib.pyplot as plt
import seaborn as sns
from sklearn.model_selection import train_test_split
from keras.wrappers.scikit_learn import KerasClassifier
import keras.backend as K
from sklearn.model_selection import train_test_split, \
    cross_val_score, StratifiedKFold, KFold
from sklearn.preprocessing import StandardScaler, \
    LabelEncoder, OneHotEncoder, MinMaxScaler
from keras.utils.np_utils import to_categorical
from keras.callbacks import EarlyStopping
from keras.optimizers import Adam
from keras.layers import Dense, Dropout, \
    BatchNormalization, Activation
from keras.models import Sequential
from sklearn.utils import shuffle
from sklearn.linear_model import LogisticRegression
from sklearn.metrics import confusion_matrix, \
    classification_report, \
    mean_squared_error, mean_absolute_error, r2_score
from sklearn.datasets import make_classification,\
    make_moons,make_circles
from matplotlib.colors import ListedColormap
import pandas as pd
import warnings
warnings.filterwarnings('ignore')
pd.options.display.float_format = '{:,.2f}'.format
```

```
pd.set_option('display.max_rows', 100)
pd.set_option('display.max_columns', 200)
def make_multiclass(N=2000, D=2, K=3):
    np.random.seed(0)
    X = np.zeros((N*K, D))
    y = np.zeros(N*K)
    for j in range(K):
        ix = range(N*j, N*(j+1))
        # radius
        r = np.linspace(0.0, 1, N)
        # theta
        t = np.linspace(j*4, (j+1)*4, N) + \
            np.random.randn(N)*0.11
        X[ix] = np.c_[r*np.sin(t), r*np.cos(t)]
        y[ix] = j
    fig = plt.figure(figsize=(6, 6))
    plt.scatter(X[:, 0], X[:, 1], c=y, \
      s=40, cmap=plt.cm.RdYlBu, alpha=0.8)
    plt.xlim([-1, 1])
    plt.ylim([-1, 1])
    return X, y
def plot_confusion_matrix(model, X, y):
    #    y_pred = model.predict_classes(X, verbose=0)
    y_pred = model.predict(X, verbose=0)
    y_pred.ndim
    if y_pred.ndim == 1:
        y_pred = (y_pred > 0.5).astype('int32')
    else:
        y_pred = y_pred.argmax(axis=-1)

    plt.figure(figsize=(6, 6))
    sns.heatmap(pd.DataFrame(confusion_matrix(y,y_pred)),
        annot=True, fmt='d', \
        cmap='YlGnBu', alpha=0.8, vmin=0)
def plot_loss_accuracy(history):
    historydf = pd.DataFrame(history.history, \
        index=history.epoch)
    plt.figure(figsize=(6, 4))
    historydf.plot(ylim=(0, max(1, historydf.values.max())))
    loss = history.history['loss'][-1]
    acc = history.history['accuracy'][-1]
```

```
    plt.title('Loss: %.3f, Accuracy: %.3f' % (loss, acc))
def plot_multiclass_decision_boundary(model, X, y):
    x_min, x_max = X[:, 0].min() - 0.1, X[:, 0].max() + 0.1
    y_min, y_max = X[:, 1].min() - 0.1, X[:, 1].max() + 0.1
    xx, yy = np.meshgrid(np.linspace(x_min, x_max, 601),
                         np.linspace(y_min, y_max, 601))
    #cmap = ListedColormap(['#FF0000', '#00FF00', '#0000FF'])
    cmap = ListedColormap(['r', 'g', 'b'])

    Z=model.predict(np.c_[xx.ravel(),yy.ravel()],verbose=0)
    if Z.ndim == 1:
        Z = (Z > 0.5).astype('int32')
    else:
        Z = Z.argmax(axis=-1)
    Z = Z.reshape(xx.shape)
    fig = plt.figure(figsize=(8, 8))
    plt.contourf(xx,yy,Z,cmap=plt.cm.Spectral,alpha=0.8)
    plt.scatter(X[:, 0], X[:, 1], \
     c=y, s=40, cmap=plt.cm.RdYlBu)
    plt.xlim(xx.min(), xx.max())
    plt.ylim(yy.min(), yy.max())
X, y = make_multiclass(K=3)
X_train, X_test, y_train, y_test = train_test_split(
X, y, test_size=0.2, random_state=17)
model = Sequential()
model.add(Dense(128, input_shape=(2,), activation='relu'))
model.add(Dense(64, activation='relu'))
model.add(Dropout(0.1))
model.add(Dense(32, activation='relu'))
model.add(Dropout(0.1))
model.add(Dense(16, activation='relu'))
model.add(Dropout(0.1))
model.add(Dense(8, activation='relu'))
model.add(Dropout(0.1))
model.add(Dense(3, activation='softmax'))
model.compile(Adam(learning_rate=0.005),
loss='categorical_crossentropy', metrics=['accuracy'])
y_cat = to_categorical(y_train)
history=model.fit(X_train,y_cat,verbose=0,epochs=100)
plot_loss_accuracy(history)
plot_multiclass_decision_boundary(model, X_test, y_test)
```

```
y_pred = model.predict(X_test, verbose=0)
print(y_pred.ndim)
if y_pred.ndim == 1:
    y_pred = (y_pred > 0.5).astype('int32')
else:
    y_pred = y_pred.argmax(axis=-1)
print(classification_report(y_test, y_pred))
plot_confusion_matrix(model, X_test, y_test)
#
              precision    recall  f1-score   support

0.0        1.00      1.00      1.00       409
1.0        1.00      1.00      1.00       384
2.0        1.00      1.00      1.00       407

accuracy                            1.00      1200
macro avg       1.00      1.00      1.00      1200
weighted avg       1.00      1.00      1.00      1200
```

ㅁ 다음 프로그램은 지도학습에 해당하는 이중 분류 문제 풀이이다. 문자 기반 데이터에 대한 분류 문제 풀이이다. 감정 분석을 위하여 심층 합성곱 층들이 동원된 경우이다. 1차원 합성곱 층을 이용하여 감정 분석을 수행한다. 자연어 처리 분야에서 중요한 것 중 하나는 단어 임베딩이다. 이 기술은 단어가 고차원 공간에서 실수 값 벡터로 인코딩되는 방식이다. 단어 간의 의미 유사성은 벡터 공간에서의 근접성으로 변환된다. 불연속적인 단어는 연속적인 숫자의 벡터에 매핑된다. 이는 신경망과 딥러닝 모델에서 숫자를 입력으로 필요로 하는 자연어 문제를 다룰 때 유용하다. Keras는 단어 임베딩으로 변환하는 편리한 방법을 제공한다. 어휘 크기(정수로 표시될 가장 큰 정수 값)라고도 하는 예상 단어의 최대 수를 포함하여 매핑을 정의하는 층이 제공된다. 또한, 이 층을 사용하면 출력 차원이라고 하는 각 단어 벡터의 차원을 지정할 수 있다. 영화 감상평 IMDB 데이터셋에 단어 임베딩 표현 방식을 사용한다.[97] 영화 감상평은 '긍정', '부정'으로 양분되어 있다. 데이터셋에서 가장 많이 사용된 처음 5,000개의 단어에만 관심이 있다고 가정한다. 따라서, 어휘 크기는 5,000개가 된다. 각 단어를 표현하기 위해 32차원 벡터를 사용하도록 선택할 수 있다. 마지막으로, 최대 리뷰 길이를 500단어로 제한하여 그보다 긴 리뷰는 잘라내고 그보다 짧은 리뷰는 0으로 채우도록 선택할 수 있다. 출력층에는 하나의 뉴런이 있으며 sigmoid 활성화 함수를 사용하여 0과 1의

[97]: Oghina et al. (2012), 'Predicting IMDB Movie Ratings Using Social Media.'

값을 예측 값으로 출력한다. 입력 크기와 출력 크기를 비교할 때, 전형적인 비대칭 데이터 구조를 가지고 있다. 이때, 합성곱 신경망을 활용한다.

```
from tensorflow.keras.datasets import imdb
from tensorflow.keras.models import Sequential
from tensorflow.keras.layers import Dense,Flatten,Embedding
from tensorflow.keras.layers import Conv1D, \
    MaxPooling1D, Dropout
from tensorflow.keras.preprocessing import sequence
top_words = 5000  # 단어 수 제한하기, 영화 데이터 불러오기
(X_train, y_train), (X_test, y_test) = \
    imdb.load_data(num_words=top_words)
max_words = 500
X_train = sequence.pad_sequences(X_train, maxlen=max_words)
X_test = sequence.pad_sequences(X_test, maxlen=max_words)
model = Sequential()
model.add(Embedding(top_words, 32, input_length=max_words))
model.add(Conv1D(32, 3, padding='same', activation='relu'))
model.add(MaxPooling1D())
model.add(Conv1D(32, 3, padding='same', activation='relu'))
model.add(MaxPooling1D())
model.add(Flatten())  # 입력, 출력 데이터 크기에서 심한 비대칭이 있음.
model.add(Dense(250, activation='relu'))
model.add(Dropout(0.1))
model.add(Dense(1, activation='sigmoid'))
model.compile(loss='binary_crossentropy',
              optimizer='adam', metrics=['accuracy'])
model.summary()
model.fit(X_train, y_train, validation_data=(
          X_test, y_test), epochs=10,\
           batch_size=128, verbose=0)
scores = model.evaluate(X_test, y_test, verbose=0)
print("Accuracy: %.2f%%" % (scores[1]*100))
#
Model: "sequential_7"
_________________________________________________________
Layer (type)         Output Shape          Param #
=========================================================
embedding_28 (Embedding) (None, 500, 32)    160000


conv1d_11 (Conv1D)       (None, 500, 32)     3104
```

```
max_pooling1d_10 (MaxPoolin  (None, 250, 32)  0
g1D)
conv1d_12 (Conv1D)       (None, 250, 32)     3104
max_pooling1d_11 (MaxPoolin  (None, 125, 32)  0
g1D)
flatten_7 (Flatten)      (None, 4000)         0
dense_102 (Dense)        (None, 250)      1000250
dropout_3 (Dropout)      (None, 250)       0
dense_103 (Dense)        (None, 1)        251
=========================================================
Total params: 1,166,709
Trainable params: 1,166,709
Non-trainable params: 0
_________________________________________________________
Accuracy: 86.41%
```

□ 다음 프로그램은 비지도학습, 생성 모델(변분자동암호기, VAE)에 대한 예이다. MNIST 데이터를 학습하고, 새로운 데이터를 생성하는 것을 목표로 한다. 새로운 숫자 그림(28 × 28) 흑백 그림을 생성하는 것이 생성 모델 구축의 최종 목표이다. 물론, 중간에 잠재 공간(latent space)에 어떻게 암호화된 정보들이 분포하는지를 체크할 수 있다. 변분자동암호기는 잠재 변수(latent variable)의 분포를 학습하기 위해 확률적 샘플링 과정을 거치는데, 일반적인 방법은 정규분포에서 샘플링을 하고, 이 샘플링을 이용해 잠재 변수를 생성한다. 그러나 이렇게 샘플링을 하면 역전파(backpropagation) 과정에서 구배(gradient)를 전달하는 것이 어렵다. 이를 해결하기 위해 reparametrization trick을 사용한다. 이 방법을 사용하면 샘플링을 미분 가능한 함수로 바꿀 수 있어 역전파 과정에서 구배를 전달할 수 있다. 즉, reparametrization trick은 잠재 변수를 샘플링할 때 사용된다. 이를 통해 역전파 과정에서 구배를 전달할 수 있도록 한다. 이는 변분자동암호기 학습에서 매우 중요한 역할을 한다. Reparametrization trick는 변분자동암호기에서 사용되는 기법 중 하나로, 연속 확률 분포를 이용한 샘플링 과정을 수행할 때의 계산 복잡도를 감소시키는 기법이다. Reparametrization trick은 stochastic backpropagation이라고도 불리운다. 무작위성 변수 ε이 잠재 공간에 주입된다. 잠재 변수 $z(z \sim$ 정규분포$)$에 외부 입력으로 주입된다. 이러한 방식으로 업데이트 중에 확률 변수를 포함하지 않고 구배를 역전파할 수 있다. 목적함수 선택도 주목해야한다. Binary crossentropy, mse 두 가지 손실함수 모두 동일한 위치에서 최소값을 가지게 된다. 자동암호기(AE)는 벡터로 정보를 축약할 수 있다. 훈련할 때 사용한 데이터 갯수만큼의 점들이 잠재 공간에 분포하게 된다. 예를 들어, 그림으로 쉽게 표현하기 위해서 잠재 공간은 2차원으로 정할 수 있다. 잠재 공간에 분포하는 점들은 암호화된 정보들이다. 자동암호기는 주성분 분석(PCA)처럼 차원축소를 통해 특성을 추출한다. 하지만 통상 비선형 활성화 함수를 사용하기 때문에 주성분 분석과 구별되는 암호를 만들어 낸다. 물론, 자동암호기의 활성화 함수를 선형으로 바꾸어서 주성분 분석과 유사하게 작동할 수 있다. 이때, 암호들의 모임이 회전이동할 수도 있다. 자동암호기는 쉽게 말해 압축과 팽창을 하며 암호를 추출한다. 예를 들면, MP3의 경우에는 일반적인 사람이 듣기에는 실제 음원과 큰 차이가 없지만, 용량에서는 큰 차이를 있다. 이는 사람이 잘 듣지 못하는 주파수 성분의 데이터는 제거하고, 실제로 중요한 주파수 성분만 추출했기 때문이다. 이것은 일종의 손실 압축이다. 다시 말해서, 결코 원본을 회복해 낼 수가 없는 상황이다. 자동암호기는 주어진 고차원 데이터를 병목 구간의 저차원 공간으로 전달하면서 다시 복구하는 방법을 통계적으로 학습하는 과정에서 축소/확대에 필요없다고 판단하는 일부 정보를 제거해 버리는 것을 목적으로 한다. 데이터를 통계적으로 보았을 때 압축/팽창이 원활하게 작동하도록 하는 목적을 설정한 것이다. 따라서, 이러한 압축/팽창이 잘 안 되는 데이터는 '이상한 데이터'로 볼 수 있다. 이것이 자동암호기가 이상치 탐지에 활용될 수 있는 이유이다. Keras에서 "Sequential"과 "Model" 클래스는 각각 다른 방식으로 모델을 정의하고 구성할 수 있게 해준다. "Sequential"은 일련의 층(layer)을 선형으로 쌓아서 모델을 구성할 수 있게 해준다. 이 방식은 입력층(input layer)을 포함하여 순차적으로 여러 개의 은닉층(hidden layer), 출력층(output layer)으로 구성된 상대적으로 단순한 신경망을 구성할 때 유용하다. 반면에 "Model" 클래스는 다중 입력과 다중 출력을 가진 복잡한 신경망을 구성할 수 있다. 이 클래스를 사용하면 입력층과 출력층(inputs, outputs)

을 직접 지정하고 각 층을 서로 연결할 수 있다. 이 방식은 다양한 유형의 신경망을 구성할 때 유용하며, 복잡한 모델을 정교하게 제어할 수 있다. 또한, "Model" 클래스는 "Sequential"과 달리 함수형 API를 사용하여 모델을 정의하므로, 재사용 가능한 블록(block)을 만들거나 모델의 병렬 처리(parallel processing)를 구현하는 등의 고급 기능을 제공한다. Figure 5.11은 프로그램 출력물이다.

Figure 5.11: MNIST 데이터에 대한 자동암호기 연습하기. 레이블(label)에 상관하지 않고 데이터셋 자체를 학습한다. 정보를 축약하다가 다시 정보를 보강한다. 각각의 손글씨 그림에 대해서 최대한 원본과 동일하게 출력이 나오게 한다. 하지만, 인위적인 정보 손실이 있기 때문에 원본의 완벽한 복원은 애당초 불가능한 작업이다. 하지만, 두 개의 인공신경망은 최적화 작업을 통해서 가중치들이 정하게 된다.

```
import matplotlib.pyplot as plt
import numpy as np
from keras.datasets import mnist
from keras.layers import Input, Dense
from keras.models import Model
# this is the size of our encoded representations (암호화된 표현)
# 32 floats -> compression factor 24.5,
# 784 floats, 28*28/32 = 24.5
encoding_dim = 32

# this is our input placeholder
input_img = Input(shape=(784,))
#     "encoded" : the encoded representation of the input
encoded = Dense(encoding_dim, activation='relu')(input_img)
#      "decoded" : the lossy reconstruction of the input
decoded = Dense(784, activation='sigmoid')(encoded)

# this model maps an input to its reconstruction,
# 손실을 감수, 데이터--데이터 복원을 시도함.
autoencoder = Model(input_img, decoded)
# this model maps an input to its encoded representation,
#   inputs=?, outputs=? 방식
encoder = Model(input_img, encoded)

#     create a placeholder for an encoded 32D input
```

```
encoded_input = Input(shape=(encoding_dim,))
#     retrieve the last layer of the autoencoder model,
# -1은 마지막 층을 지칭함.
decoder_layer = autoencoder.layers[-1]
#     create the decoder model
decoder = Model(encoded_input, decoder_layer(encoded_input))

autoencoder.compile(optimizer='adam', \
    loss='binary_crossentropy')

(x_train, _), (x_test, _) = mnist.load_data()
x_train = x_train.astype('float32') / 255.
x_test = x_test.astype('float32') / 255.
x_train = x_train.reshape((len(x_train), \
     np.prod(x_train.shape[1:])))
x_test = x_test.reshape((len(x_test),\
     np.prod(x_test.shape[1:])))
print(x_train.shape)
print(x_test.shape)

autoencoder.fit(x_train,x_train,epochs=50,batch_size=256,
         shuffle=True, validation_data=(x_test, x_test))
#     encode and decode some digits
#     note that we take them from the *test* set
encoded_imgs = encoder.predict(x_test)
decoded_imgs = decoder.predict(encoded_imgs)

n = 10  # how many digits we will display
plt.figure(figsize=(20, 4))
for i in range(n):
    # display original
    ax = plt.subplot(2, n, i + 1)
    plt.imshow(x_test[i].reshape(28, 28))
    plt.gray()
    ax.get_xaxis().set_visible(False)
    ax.get_yaxis().set_visible(False)

    # display reconstruction
    ax = plt.subplot(2, n, i + 1 + n)
    plt.imshow(decoded_imgs[i].reshape(28, 28))
    plt.gray()
```

```
    ax.get_xaxis().set_visible(False)
    ax.get_yaxis().set_visible(False)
    plt.show()
#
(60000, 784)
(10000, 784)
Epoch 1/50

235/235 [==========================] - 1s 3ms/step
- loss: 0.0926 - val_loss: 0.0915
Epoch 48/50
235/235 [==========================] - 1s 3ms/step
- loss: 0.0926 - val_loss: 0.0914
Epoch 49/50
235/235 [==========================] - 1s 3ms/step
- loss: 0.0926 - val_loss: 0.0915
Epoch 50/50
235/235 [==========================] - 1s 3ms/step
- loss: 0.0926 - val_loss: 0.0915
313/313 [==========================] - 0s 502us/step
313/313 [==========================] - 0s 492us/step
```

ㅁ 변분자동암호기(VAE) → 평균 그리고 편차로 구성된 정보로 데이터를 축약한다. 변분자동암호기에서는 포인트 추정치가 아닌 분포를 가지고 있기 때문에 더 많은 것을 할 수 있다. 변분자동암호기는 표현하는 객체에 대한 생성 분포를 완전히 지정한다. Figure 5.12은 프로그램 출력물이다. Figure 5.13은 또 다른 프로그램 출력물이다.

```
import matplotlib.pyplot as plt
import numpy as np
import tensorflow as tf
from tensorflow import keras
from tensorflow.keras import layers
# 평균과 분산, 잠재 공간, 변분자동암호기
class Sampling(layers.Layer):
    """Uses (z_mean, z_log_var) to sample z,
    the vector encoding a digit."""

    def call(self, inputs):
        z_mean, z_log_var = inputs
        batch = tf.shape(z_mean)[0]
```

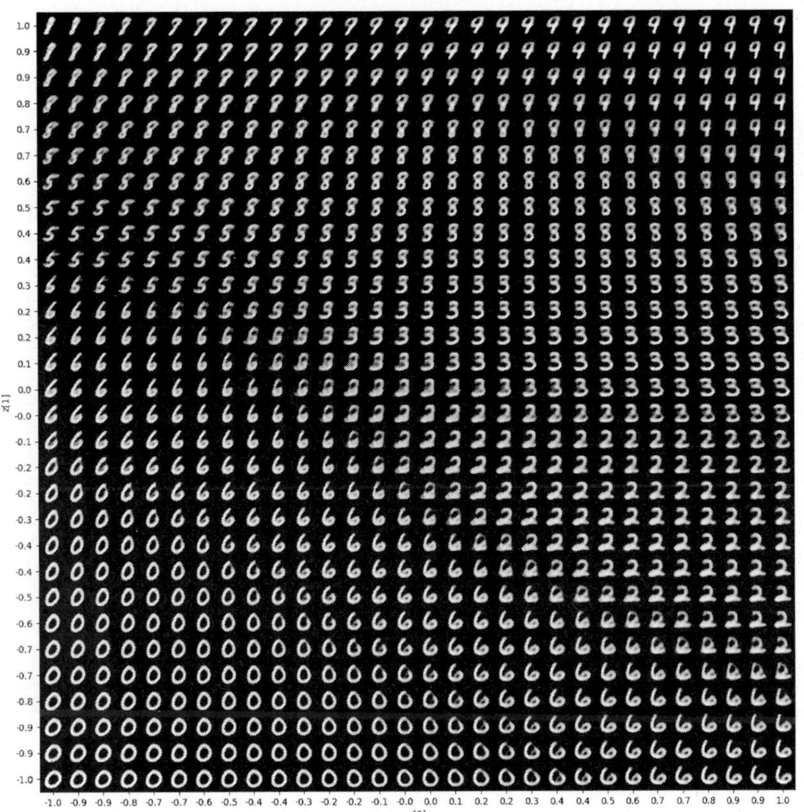

Figure 5.12: MNIST 데이터에 대한 변분자동암호기(VAE) 연습하기. 레이블 없이 데이터셋 자체를 학습한다. 생성 모델의 출력.

```
        dim = tf.shape(z_mean)[1]
        epsilon = \
          tf.keras.backend.random_normal(shape=(batch,dim))
        return z_mean + tf.exp(0.5 * z_log_var) * epsilon

latent_dim = 2
# 잠재 공간 차원
encoder_inputs = keras.Input(shape=(28, 28, 1))
x = layers.Conv2D(32, 3, activation="relu", strides=2,
padding="same")(encoder_inputs)
x = layers.Conv2D(64, 3, activation="relu", strides=2,\
     padding="same")(x)
x = layers.Flatten()(x)
x = layers.Dense(16, activation="relu")(x)
z_mean = layers.Dense(latent_dim, name="z_mean")(x)
z_log_var=layers.Dense(latent_dim,name="z_log_var")(x)
z = Sampling()([z_mean, z_log_var])
encoder = keras.Model(encoder_inputs, \
    [z_mean, z_log_var, z], name="encoder")
encoder.summary()
```

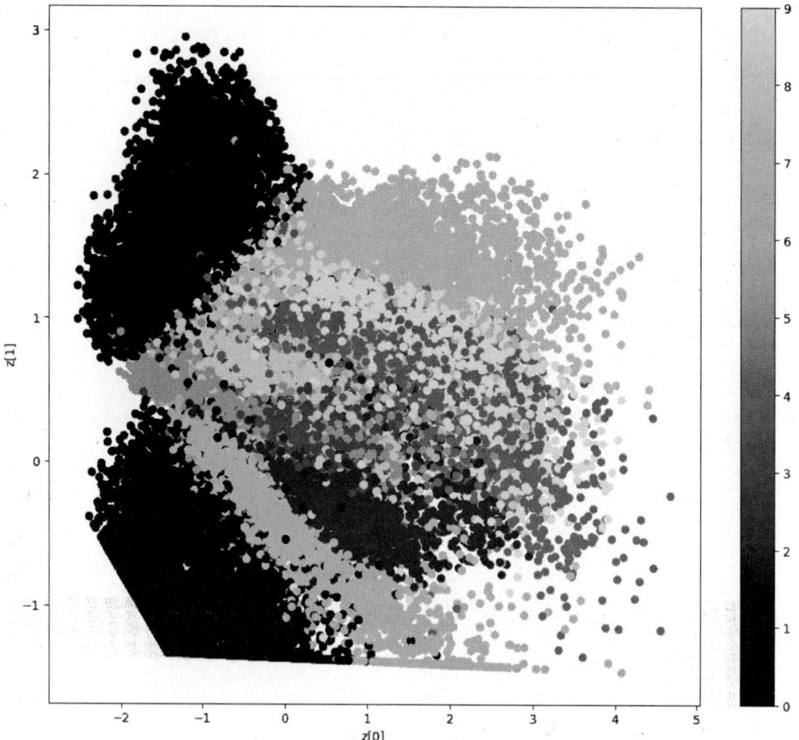

Figure 5.13: 잠재 공간에 배치된 데이터셋를 확인할 수 있다. 생성 모델에서 잠재 공간(latent space)은 입력 데이터를 변환하여 새로운 데이터를 생성하는데 사용되는 추상적인 공간입니다. 생성 모델은 일반적으로 훈련 데이터의 분포를 학습하고, 이 분포에서 무작위로 샘플링하여 새로운 데이터를 생성한다. 잠재 공간은 이러한 새로운 데이터를 생성하는 데 사용되는 공간이다. 잠재 공간은 일반적으로 저차원 벡터 공간으로 정의된다.

```
latent_inputs = keras.Input(shape=(latent_dim,))
x=layers.Dense(7*7*64,activation="relu")(latent_inputs)
x = layers.Reshape((7, 7, 64))(x)
x = layers.Conv2DTranspose(64, 3, activation="relu",
    strides=2, padding="same")(x)
x = layers.Conv2DTranspose(32, 3, activation="relu",
    strides=2, padding="same")(x)
decoder_outputs = layers.Conv2DTranspose(
    1, 3, activation="sigmoid", padding="same")(x)
decoder = keras.Model(latent_inputs,\
 decoder_outputs, name="decoder")
decoder.summary()

class VAE(keras.Model):
    def __init__(self, encoder, decoder, **kwargs):
        super().__init__(**kwargs)
        self.encoder = encoder
        self.decoder = decoder
        self.total_loss_tracker =\
         keras.metrics.Mean(name="total_loss")
        self.reconstruction_loss_tracker = \
```

```
        keras.metrics.Mean(
                name="reconstruction_loss"
        )
        self.kl_loss_tracker=\
         keras.metrics.Mean(name="kl_loss")

    @property
    def metrics(self):
        return [self.total_loss_tracker,
                self.reconstruction_loss_tracker,
                self.kl_loss_tracker]

    def train_step(self, data):
        with tf.GradientTape() as tape:
            z_mean, z_log_var, z = self.encoder(data)
            reconstruction = self.decoder(z)
            reconstruction_loss = tf.reduce_mean(
            tf.reduce_sum(\
            keras.losses.binary_crossentropy(data,\
             reconstruction),axis=(1, 2)))
            kl_loss = -0.5 * (1 + z_log_var -
            tf.square(z_mean) - tf.exp(z_log_var))
            kl_loss = tf.reduce_mean(\
            tf.reduce_sum(kl_loss, axis=1))
            total_loss = reconstruction_loss + kl_loss
        grads = tape.gradient(total_loss,\
         self.trainable_weights)
        self.optimizer.apply_gradients(zip(grads,\
         self.trainable_weights))
        self.total_loss_tracker.update_state(total_loss)
        self.reconstruction_loss_tracker.update_state(\
        reconstruction_loss)
        self.kl_loss_tracker.update_state(kl_loss)
        return {"loss": self.total_loss_tracker.result(),
                "reconstruction_loss": \
                    self.reconstruction_loss_tracker.result(),
                "kl_loss": self.kl_loss_tracker.result()}
# 쿨백-라이블러 발산을 손실함수로 사용함, 이중 분류에 사용했던 손실함수를 사용함
(x_train, _), (x_test, _) = keras.datasets.mnist.load_data()
mnist_digits = np.concatenate([x_train, x_test], axis=0)
mnist_digits =\
```

```
    np.expand_dims(mnist_digits, -1).astype("float32") / 255

vae = VAE(encoder, decoder)
vae.compile(optimizer=keras.optimizers.Adam())
vae.fit(mnist_digits, epochs=30, batch_size=128)

def plot_latent_space(vae, n=30, figsize=15):
    # display a n*n 2D manifold of digits
    digit_size = 28
    scale = 1.0
    figure = np.zeros((digit_size * n, digit_size * n))
    # linearly spaced coordinates corresponding to the 2D plot
    # of digit classes in the latent space
    grid_x = np.linspace(-scale, scale, n)
    grid_y = np.linspace(-scale, scale, n)[::-1]

    for i, yi in enumerate(grid_y):
        for j, xi in enumerate(grid_x):
            z_sample = np.array([[xi, yi]])
            x_decoded = vae.decoder.predict(z_sample)
            digit = x_decoded[0].reshape(digit_size,\
             digit_size)
            figure[i*digit_size: (i+1)*digit_size,\
           j*digit_size: (j+1)*digit_size] = digit

    plt.figure(figsize=(figsize, figsize))
    start_range = digit_size // 2
    end_range = n * digit_size + start_range
    pixel_range = np.arange(start_range,\
     end_range, digit_size)
    sample_range_x = np.round(grid_x, 1)
    sample_range_y = np.round(grid_y, 1)
    plt.xticks(pixel_range, sample_range_x)
    plt.yticks(pixel_range, sample_range_y)
    plt.xlabel("z[0]")
    plt.ylabel("z[1]")
    plt.imshow(figure, cmap="Greys_r")
    plt.show()

plot_latent_space(vae)
```

```
def plot_label_clusters(vae, data, labels):
    # display a 2D plot of the digit classes
    # in the latent space, 잠재 공간
    z_mean, _, _ = vae.encoder.predict(data)
    plt.figure(figsize=(12, 10))
    plt.scatter(z_mean[:, 0], z_mean[:, 1], c=labels)
    plt.colorbar()
    plt.xlabel("z[0]")
    plt.ylabel("z[1]")
    plt.show()

(x_train, y_train), _ = keras.datasets.mnist.load_data()
x_train=np.expand_dims(x_train,-1).astype("float32")/255

plot_label_clusters(vae, x_train, y_train)
#
Model: "encoder"
_______________________________________________________
Layer (type)      Output Shape    Param #   Connected to
=======================================================
input_7 (InputLayer) [(None, 28, 28, 1)]  0  []

conv2d_2 (Conv2D) (None, 14, 14, 32) 320 ['input_7[0][0]']

conv2d_3 (Conv2D) (None, 7,7,64) 18496 ['conv2d_2[0][0]']

flatten_2 (Flatten) (None, 3136)    0  ['conv2d_3[0][0]']

dense_30 (Dense)    (None, 16)   50192 ['flatten_2[0][0]']

z_mean (Dense)      (None, 2)    34    ['dense_30[0][0]']

z_log_var (Dense)   (None, 2)    34    ['dense_30[0][0]']

sampling (Sampling) (None, 2)    0     ['z_mean[0][0]',
'z_log_var[0][0]']

=======================================================
Total params: 69,076
Trainable params: 69,076
Non-trainable params: 0
```

```
-----------------------------------------------------------------
Model: "decoder"
-----------------------------------------------------------------
Layer (type)                Output Shape              Param #
=================================================================
input_8 (InputLayer)        [(None, 2)]               0

dense_31 (Dense)            (None, 3136)              9408

reshape (Reshape)           (None, 7, 7, 64)          0

conv2d_transpose (Conv2DTra  (None, 14, 14, 64)       36928
nspose)

conv2d_transpose_1 (Conv2DT  (None, 28, 28, 32)       18464
ranspose)

conv2d_transpose_2 (Conv2DT  (None, 28, 28, 1)        289
ranspose)

=================================================================
Total params: 65,089
Trainable params: 65,089
Non-trainable params: 0
```

ㅁ자동암호기(autoencoder)를 이용한 이상치 탐색 방법을 소개한다. 아래 프로그램에서 이 방법을 확인할 수 있다. Figure 5.14은 자동암호기 훈련 과정에 대한 프로그램 출력물이다. Figure 5.15은 데이터 분포에 대한 프로그램 출력물이다.

```
from sklearn.datasets import make_classification
import pandas as pd
import numpy as np
from collections import Counter
import matplotlib.pyplot as plt
import seaborn as sns
import tensorflow as tf
from tensorflow.keras import layers, losses
from sklearn.model_selection import train_test_split
from sklearn.metrics import classification_report
# 장남감 데이터셋, 자동암호기
```

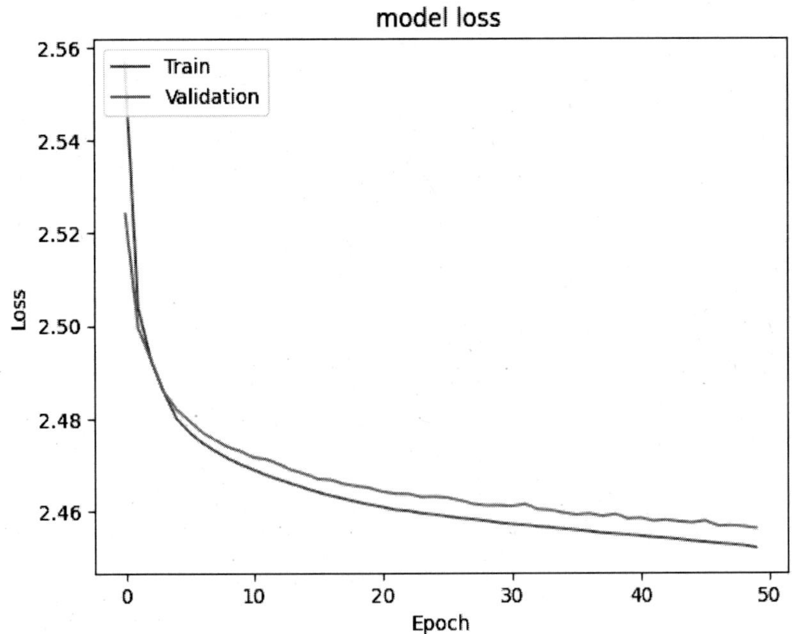

Figure 5.14: 자동암호기 학습과정.

```
X,y=make_classification(n_samples=100000,n_features=32,\
 n_informative=32,
    n_redundant=0, n_repeated=0, n_classes=2,
    n_clusters_per_class=1,
    weights=[0.995, 0.005],
    class_sep=0.5, random_state=0)
X_train, X_test, y_train, y_test = train_test_split(
    X, y, test_size=0.2, random_state=42)
print('The number of records in the training dataset is', \
X_train.shape[0])
print('The number of records in the test dataset is', \
X_test.shape[0])
print(f"The training dataset has {\
        sorted(Counter(y_train).items())[0][1]} \
    records for the majority class \
    and {sorted(Counter(y_train).items())[1][1]} \
    records for the minority class.")
X_train_normal = X_train[np.where(y_train == 0)]
input = tf.keras.layers.Input(shape=(32,))
encoder = tf.keras.Sequential([
    layers.Dense(16, activation='relu'),
    layers.Dense(8, activation='relu'),
    layers.Dense(4, activation='relu')])(input)
decoder = tf.keras.Sequential([
```

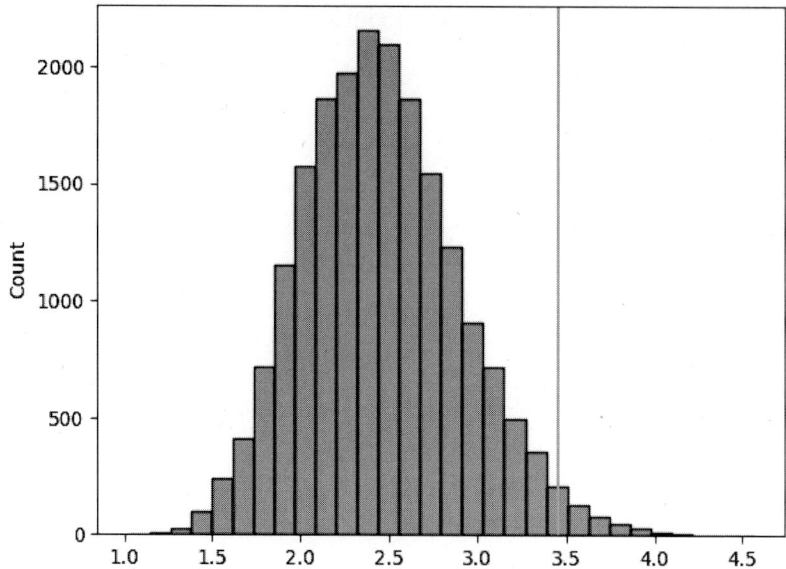

Figure 5.15: 이상치 선정 조건.

```
    layers.Dense(8, activation="relu"),
    layers.Dense(16, activation="relu"),
    layers.Dense(32, activation="sigmoid")])(encoder)
autoencoder = tf.keras.Model(inputs=input, outputs=decoder)
autoencoder.compile(optimizer='adam', loss='mae')
history = autoencoder.fit(X_train_normal, X_train_normal,
    epochs=50,
    batch_size=64,
    validation_data=(X_test, X_test),
    shuffle=True)
plt.plot(history.history['loss'])
plt.plot(history.history['val_loss'])
plt.title('model loss')
plt.ylabel('Loss')
plt.xlabel('Epoch')
plt.legend(['Train', 'Validation'], loc='upper left')
plt.show()
# ae anomaly detection threshold
# predict anomalies/outliers in the training dataset
prediction = autoencoder.predict(X_test)
# the mae between actual and reconstruction/prediction
prediction_loss = tf.keras.losses.mae(prediction, X_test)
# prediction loss threshold for 2% of outliers
loss_threshold = np.percentile(prediction_loss, 98)
print(f'The prediction loss threshold for\
```

```
    2% of outliers is\
     {loss_threshold:.2f}')
# visualize the threshold
sns.histplot(prediction_loss, bins=30, alpha=0.8)
plt.axvline(x=loss_threshold, color='orange')
threshold_prediction = [
    0 if i < \
     loss_threshold else 1 for i in prediction_loss]
# prediction performance
print(classification_report(y_test, threshold_prediction))
#
The prediction loss threshold for 2% of outliers is 3.45
precision    recall  f1-score   support

0       0.99      0.98      0.98     19803
1       0.00      0.01      0.00       197

accuracy                           0.97     20000
macro avg       0.50      0.49      0.49     20000
weighted avg       0.98      0.97      0.98     20000
```

□ 적대적 생성망(GAN) 모델을 활용하여 MNIST 손글씨 그림을 만들어 낼 수 있다. 아래 프로그램에서 확인할 수 있다. Figure 5.16은 적대적 생성망 프로그램 출력물이다. Figure 5.17은 또 다른 프로그램 출력물이다.

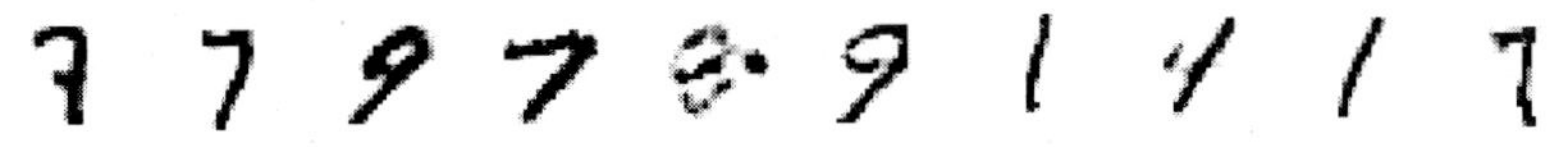

Figure 5.16: 적대적 생성망(GAN) 출력 확인.

```
from keras.datasets import mnist
from keras.utils import np_utils
from keras.models import Sequential, Model
from keras.layers import Input, Dense, \
Dropout, Activation, Flatten
from keras.layers import ELU, PReLU, LeakyReLU
from keras.optimizers import Adam, RMSprop
import numpy as np
import matplotlib.pyplot as plt
import random
from tqdm import tqdm_notebook

```

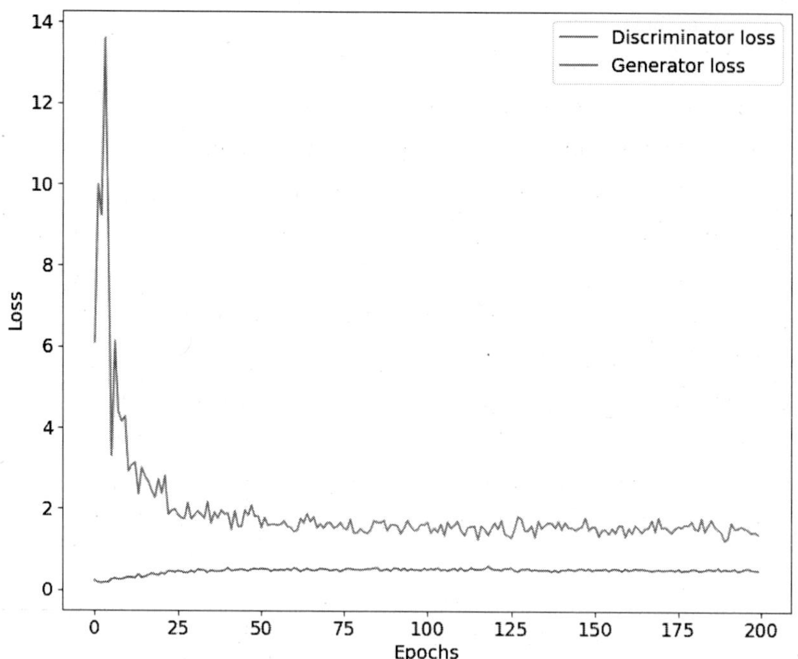

Figure 5.17: 학습 과정에 있는 두 가지 손실함수들을 동시에 그렸다. 생성자 모델은 판별자 모델을 속이기 위해 더 실제같은 데이터를 생성하려고 하며, 판별자 모델은 생성자 모델이 생성한 가짜 데이터를 더 정확하게 구별하려고 노력한다.

```
(X_train, Y_train), (X_test, Y_test) = mnist.load_data()
X_train = X_train.reshape(60000, 784)
X_test = X_test.reshape(10000, 784)
X_train = X_train.astype('float32')/255
X_test = X_test.astype('float32')/255
z_dim = 100  # 잠재 공간 차원, lr --> learning_rate, 초월 매개변수
adam = Adam(learning_rate=0.0002, beta_1=0.5)

g = Sequential()
g.add(Dense(256, input_dim=z_dim, \
    activation=LeakyReLU(alpha=0.2)))
g.add(Dense(512, activation=LeakyReLU(alpha=0.2)))
g.add(Dense(1024, activation=LeakyReLU(alpha=0.2)))
g.add(Dense(784, activation='sigmoid')) # between 0 and 1
g.compile(loss='binary_crossentropy',\
    optimizer=adam,metrics=['accuracy'])

d = Sequential()
d.add(Dense(1024, input_dim=784,\
 activation=LeakyReLU(alpha=0.2)))
d.add(Dropout(0.3))
d.add(Dense(512, activation=LeakyReLU(alpha=0.2)))
d.add(Dropout(0.3))
d.add(Dense(256, activation=LeakyReLU(alpha=0.2)))
```

```
d.add(Dropout(0.3))
d.add(Dense(1, activation='sigmoid'))
# Values between 0 and 1
d.compile(loss='binary_crossentropy',\
    optimizer=adam,metrics=['accuracy'])

d.trainable = False
inputs = Input(shape=(z_dim, ))
hidden = g(inputs)
output = d(hidden)
gan = Model(inputs, output)
gan.compile(loss='binary_crossentropy',\
    optimizer=adam,metrics=['accuracy'])
# 손실함수 출력
def plot_loss(losses):
    if True:
        d_loss = [v[0] for v in losses["D"]]
        g_loss = [v[0] for v in losses["G"]]
    if False:
        d_acc = [v[1] for v in losses["D"]]
        g_acc = [v[1] for v in losses["G"]]

    plt.figure(figsize=(10, 8))
    if True:
        plt.plot(d_loss, label="Discriminator loss")
        plt.plot(g_loss, label="Generator loss")
    if False:
        plt.plot(d_acc, label="Discriminator accuracy")
        plt.plot(g_acc, label="Generator accuracy")
    plt.xlabel('Epochs')
    plt.ylabel('Loss')
    plt.legend()
    plt.show()

def plot_generated(n_ex=10,dim=(1,10),figsize=(12, 2)):
    noise = np.random.normal(0, 1, size=(n_ex, z_dim))
    generated_images = g.predict(noise)
    generated_images=generated_images.reshape(n_ex,28,28)

    plt.figure(figsize=figsize)
    for i in range(generated_images.shape[0]):
```

```
        plt.subplot(dim[0], dim[1], i+1)
        plt.imshow(generated_images[i], \
             interpolation='nearest', cmap='gray_r')
        plt.axis('off')
    plt.tight_layout()
    plt.show()

losses = {"D": [], "G": []}
# 두 가지 손실함수
def train(epochs=1, plt_frq=1, BATCH_SIZE=128):
    batchCount = int(X_train.shape[0] / BATCH_SIZE)
    print('Epochs:', epochs)
    print('Batch size:', BATCH_SIZE)
    print('Batches per epoch:', batchCount)

    for e in tqdm_notebook(range(1, epochs+1)):
        if e == 1 or e % plt_frq == 0:
            print('-'*15, 'Epoch %d' % e, '-'*15)
        # tqdm_notebook(range(batchCount), leave=False):
        for _ in range(batchCount):
# a batch by drawing rand index nbs from the training set
            image_batch = X_train[np.random.randint(
                0, X_train.shape[0], size=BATCH_SIZE)]
# Create noise vectors for the generator
            noise=np.random.normal(0,1,\
            size=(BATCH_SIZE,z_dim))

            # Generate the images from the noise
            generated_images = g.predict(noise)
            X=np.concatenate((image_batch,generated_images))
            # Create labels
            y = np.zeros(2*BATCH_SIZE)
            y[:BATCH_SIZE]=0.9  # One-sided label smoothing

            # Train discriminator on generated images
            d.trainable = True
            d_loss = d.train_on_batch(X, y)

            # Train generator
            noise = np.random.normal(0, 1, \
                size=(BATCH_SIZE, z_dim))
```

```
            y2 = np.ones(BATCH_SIZE)
            d.trainable = False
            g_loss = gan.train_on_batch(noise, y2)

    # Only store losses from final batch of epoch
    losses["D"].append(d_loss)
    losses["G"].append(g_loss)

    # Update the plots
    if e == 1 or e % plt_frq == 0:
        plot_generated()
    plot_loss(losses)

train(epochs=200, plt_frq=20, BATCH_SIZE=128)
#
```

□ 인공지능 모델의 학습에 치중하다가 놓친 것이 하나 있다. 인공지능 모델은 최종적으로 프로그램 또는 모델을 만드는 것이다. 따라서, 그 모델을 저장할 수 있어야 한다. 물론, 저장된 모델(프로그램)을 불러들여서 예측하는데 사용할 수 있어야 한다. 아래 처럼 학습한 모델을 보관하고 추후에 불러들여서 사용할 수 있다. 모델 저장은 케라스(TensorFlow/Keras)에서 제공하는 save()라고 하는 전용 메소드를 이용하면 된다. 저장된 모델은 나중에 다시 로드하여 사용할 수 있다. 로드된 모델은 이전에 학습된 가중치와 구조를 모두 포함하므로, 바로 예측에 활용할 수 있다. 기계학습은 계산할 수 있는 프로그램을 만드는 것이다.

```
from sklearn.datasets import make_classification
from tensorflow.keras import Sequential
from tensorflow.keras.layers import Dense
from tensorflow.keras.optimizers import SGD

X, y = make_classification(
  n_samples=1000,n_features=4,n_classes=2,random_state=1)

n_features = X.shape[1]  # 특성 벡터 차원

model = Sequential()
model.add(Dense(10, activation='relu',
kernel_initializer='he_normal',\
 input_shape=(n_features,)))
```

```
for _ in range(3):
    model.add(Dense(10, activation='relu'))
    model.add(Dropout(0.1))
    model.add(Dense(10, activation='relu'))
    model.add(Dense(1, activation='sigmoid'))

sgd = SGD(learning_rate=0.001, momentum=0.8)
model.compile(optimizer=sgd, loss='binary_crossentropy')
model.fit(X, y, epochs=100, batch_size=32, verbose=1,\
 validation_split=0.3)
model.save('model.h5') # 전용 메소드를 활용한다.

from sklearn.datasets import make_classification
from tensorflow.keras.models import load_model

X, y = make_classification(
    n_samples=1000, n_features=4, \
    n_classes=2, random_state=1)

model = load_model('model.h5') # 전용 메소드를 활용한다.
row = [1.91518414, 1.14995454, -1.52847073, 0.79430654]
yhat = model.predict([row])
print('Predicted: %.3f' % yhat[0])
#
Epoch 1/100

22/22 [==============================] - 0s 6ms/step
- loss: 0.5361 - val_loss: 0.4888
Epoch 98/100
22/22 [==============================] - 0s 6ms/step
- loss: 0.5228 - val_loss: 0.4834
Epoch 99/100
22/22 [==============================] - 0s 6ms/step
- loss: 0.5200 - val_loss: 0.4779
Epoch 100/100
22/22 [==============================] - 0s 6ms/step
- loss: 0.5070 - val_loss: 0.4717
1/1 [==============================] - 0s 65ms/step
Predicted: 0.695
```

□ 아래는 2차원 잡음을 제거하는 인공신경망을 구현한 것이다. 쌍으로

준비된 그림들을 이용한다. 즉, 지도학습 방법을 이용한다. 원본 그림에 의도적으로 잡음을 넣어서 새로운 그림을 만든다. 즉, 잡음을 가진 그림을 준비한다. 원본 그림과 잡음을 넣은 그림은 인공신경망 훈련을 위한 하나의 쌍이 된다. 이렇게 여러 개의 그림 쌍들을 만들어 낼 수 있다. 훈련용으로 많은 데이터를 준비할 필요가 있다. Figure 5.18은 프로그램 출력물이다.

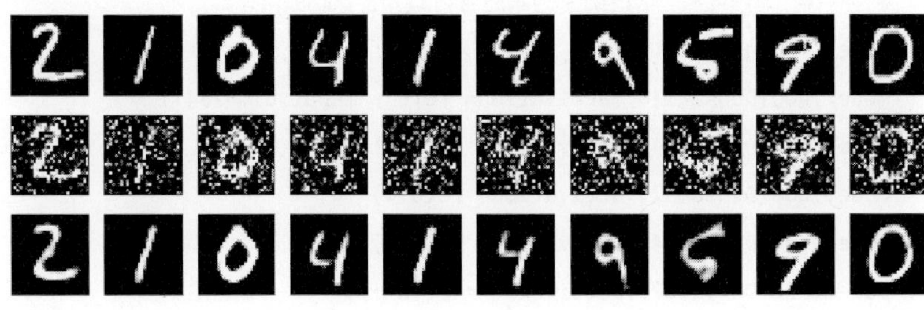

Figure 5.18: 잡음 제거, 데이터 크기 축소, 다시 복원, 완전 연결층.

```
import matplotlib.pyplot as plt
import numpy as np
from tensorflow.keras.datasets import mnist
from tensorflow.keras.layers import Dense
from tensorflow.keras.models import Sequential

(x_train, _), (x_test, _) = mnist.load_data()
x_train = x_train.astype('float32') / 255.
x_test = x_test.astype('float32') / 255.
x_train = np.reshape(x_train, (len(x_train), 784))
x_test = np.reshape(x_test, (len(x_test), 784))

noise_factor = 0.5 # 인위적인 잡음 도입 과정
#   실제 응용에서는 저선량 데이터와 고선량 데이터가 각각 준비될 수 있다.
#   데이터 취득 시간이 엄청나게 차이날 수 있다. 100-1000 배 차이날 수도
#   하나는 위험할수 있고, 다른 하나는 안전할 수 있다.
#   경우에 따라서, 이미지에 대한 미분이 가능할수도 있다.
x_train_noisy = x_train + noise_factor * \
  np.random.normal(loc=0.0,scale=1.0,size=x_train.shape)
x_test_noisy = x_test + noise_factor * \
  np.random.normal(loc=0.0,scale=1.0,size=x_test.shape)
x_train_noisy = np.clip(x_train_noisy, 0., 1.)
x_test_noisy = np.clip(x_test_noisy, 0., 1.)

n = 10
plt.figure(figsize=(20, 2))
```

```
for i in range(1, n + 1):
    ax = plt.subplot(1, n, i)
    plt.imshow(x_test_noisy[i].reshape(28, 28))
    plt.gray()
    ax.get_xaxis().set_visible(False)
    ax.get_yaxis().set_visible(False)
plt.show()
# 데이터 크기에서 의도적인 병목현상이 일어나게 했다.
model = Sequential()
model.add(Dense(128, activation='relu', input_dim=784))
model.add(Dense(64, activation='relu'))
model.add(Dense(32, activation='relu'))
model.add(Dense(64, activation='relu'))
model.add(Dense(128, activation='relu'))
model.add(Dense(784, activation='sigmoid'))
model.compile(optimizer='adam',loss='binary_crossentropy')
model.fit(x_train_noisy,x_train,epochs=100,batch_size=256,
     shuffle=True, validation_data=(x_test_noisy, x_test))
decoded_imgs = model.predict(x_test)
n = 10
plt.figure(figsize=(20, 6))
for i in range(1, n+1):
    # display original
    ax = plt.subplot(3, n, i)
    plt.imshow(x_test[i].reshape(28, 28))
    plt.gray()
    ax.get_xaxis().set_visible(False)
    ax.get_yaxis().set_visible(False)
    # display noisy
    ax = plt.subplot(3, n, i + n)
    plt.imshow(x_test_noisy[i].reshape(28, 28))
    plt.gray()
    ax.get_xaxis().set_visible(False)
    ax.get_yaxis().set_visible(False)
    # display reconstruction
    ax = plt.subplot(3, n, i + 2*n)
    plt.imshow(decoded_imgs[i].reshape(28, 28))
    plt.gray()
    ax.get_xaxis().set_visible(False)
    ax.get_yaxis().set_visible(False)
plt.show()
```

```
#
Epoch 1/100

235/235 [==============================] - 1s 4ms/step
- loss: 0.1120 - val_loss: 0.1161
Epoch 98/100
235/235 [==============================] - 1s 4ms/step
- loss: 0.1120 - val_loss: 0.1157
Epoch 99/100
235/235 [==============================] - 1s 4ms/step
- loss: 0.1119 - val_loss: 0.1151
Epoch 100/100
235/235 [==============================] - 1s 4ms/step
- loss: 0.1119 - val_loss: 0.1153
313/313 [==============================] - 0s 904us/step
```

□ 합성곱 신경망을 활용한 경우는 아래와 같다. Upsampling2D는 딥러닝에서 사용되는 이미지 처리 기술 중 하나로, 이미지를 확대하기 위해 사용된다. 이미지를 다운샘플링하여 크기를 줄인 후에, Upsampling2D를 사용하여 이미지를 다시 확대하는 것이 일반적이다. Upsampling2D는 이전 계층에서 더 많은 공간 정보를 제공하기 위해 일반적으로 풀링(pooling) 레이어의 반대 방향으로 사용된다. Upsampling2D는 일반적으로 합성곱 신경망에서는 이미지 크기를 줄이는 일련의 합성곱과 풀링 과정이 있다. 이런 과정을 통해 입력 이미지의 고차원적인 정보를 추출하고, 특성 지도를 생성한다. 그 후 Upsampling2D를 통해 다시 이미지의 크기를 키우며, 이미지의 정보를 보다 정확하게 복원하고 분류, 분할 등의 작업에 활용할 수 있다. 일반적으로 Upsampling2D는 크기가 2의 배수인 스케일을 사용한다. Upsampling2D는 각 픽셀을 복제하여 크기를 늘리는 방법으로 구현된다. 다양한 Upsampling2D 방법이 있지만, 대표적으로는 blinear upsampling, nearest neighbor upsampling, transposed convolution 등이 있다. 각 방법은 특성 추출에 대한 품질과 계산 효율성의 절충이 있으며, 사용되는 데이터에 따라 다르게 적용될 수 있다. Figure 5.19은 프로그램 출력물이다.

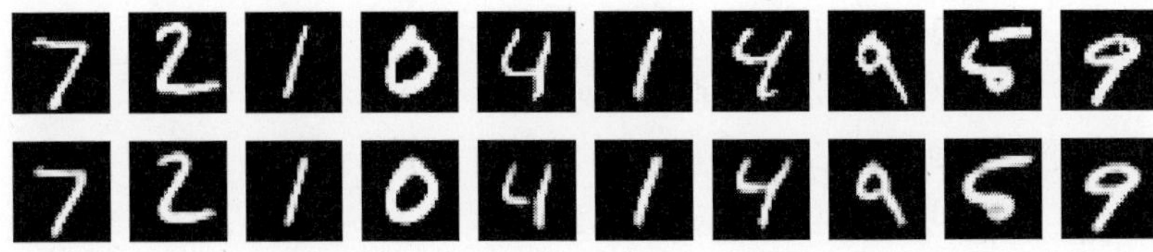

Figure 5.19: 잡음 제거, 합성곱 층, 지도 학습.

```
import matplotlib.pyplot as plt
from keras.utils import plot_model
from keras.callbacks import TensorBoard
from keras.models import Model
from keras.layers import Input,Dense,\
 Conv2D,MaxPooling2D,UpSampling2D
import numpy as np
from keras.datasets import mnist
(x_train, _), (x_test, y_test) = mnist.load_data()
print(x_train.shape)
print(x_test.shape)
#     noising, 잡음 도입
x_train = x_train.astype(’float32’) / 255.
x_test = x_test.astype(’float32’) / 255.
x_train = np.reshape(x_train, (len(x_train), 28,28,1))
# adapt this if using ‘channels_first‘ image format
x_test = np.reshape(x_test, (len(x_test), 28, 28, 1))
# adapt this if using ‘channels_first‘ image data format
noise_factor = 0.9
x_train_noisy = x_train + noise_factor * \
  np.random.normal(loc=0.0,scale=1.0,size=x_train.shape)
x_test_noisy = x_test + noise_factor * \
  np.random.normal(loc=0.0,scale=1.0,size=x_test.shape)
x_train_noisy = np.clip(x_train_noisy, 0., 1.)
x_test_noisy = np.clip(x_test_noisy, 0., 1.)
# make a model, 모델 구축
# adapt this if using ‘channels_first‘ image format
input_img = Input(shape=(28, 28, 1))
x = Conv2D(32, (3, 3), activation=’relu’,\
 padding=’same’)(input_img)
x = MaxPooling2D((2, 2), padding=’same’)(x)
x = Conv2D(32, (3, 3), activation=’relu’,\
 padding=’same’)(x)
encoded = MaxPooling2D((2, 2), padding=’same’)(x)
#     at this point the representation is (7, 7, 32)
x = Conv2D(32, (3, 3), activation=’relu’,\
 padding=’same’)(encoded)
x = UpSampling2D((2, 2))(x)
x = Conv2D(32, (3, 3), activation=’relu’, \
    padding=’same’)(x)
x = UpSampling2D((2, 2))(x)
```

```
decoded = Conv2D(1, (3, 3), activation='sigmoid', \
    padding='same')(x)
# maps an input to its reconstruction
autoencoder = Model(input_img, decoded)
# maps an input to its encoded representation
encoder = Model(input_img, encoded)
#     compile, 아직 훈련을 하지 않았다.
autoencoder.compile(optimizer='adam', \
    loss='binary_crossentropy')
#     train, 훈련, 최적화 수행
history=autoencoder.fit(x_train_noisy,x_train,\
    epochs=300,batch_size=256,\
    shuffle=True, validation_data=(x_test,x_test))
#     test
#     encode and decode some digits
#     note that we take them from the *test* set
encoded_imgs = encoder.predict(x_test)
decoded_imgs = autoencoder.predict(x_test)
print(encoded_imgs.shape)
print('z: ' + str(encoded_imgs))
#     structure of model
plot_model(autoencoder, show_shapes=True,\
     to_file='autoencoder.png')
#     visualize
n = 10
#     how many digits we will display
plt.figure(figsize=(20, 4))
for i in range(n):
    # display original
    ax = plt.subplot(2, n, i + 1)
    plt.imshow(x_test[i].reshape(28, 28))
    plt.gray()
    ax.get_xaxis().set_visible(False)
    ax.get_yaxis().set_visible(False)
    # display reconstruction
    ax = plt.subplot(2, n, i + 1 + n)
    plt.imshow(decoded_imgs[i].reshape(28, 28))
    plt.gray()
    ax.get_xaxis().set_visible(False)
    ax.get_yaxis().set_visible(False)
plt.show()
```

□ 이미지 분할(image segmentation)은 디지털 이미지 처리의 한 분야로, 이미지를 작은 부분으로 분할하는 작업을 의미한다. 이 과정은 이미지의 픽셀을 논리적인 그룹으로 분류하는 것을 목적으로 한다. 이미지 분할은 이미지에서 개별적인 물체, 경계선, 색상, 텍스처 등의 정보를 추출하는데 사용된다. 이미지 분할은 컴퓨터 비전과 이미지 분석 분야에서 중요한 작업이다. 예를 들면, 의료 영상에서 종양을 감지하거나, 자율주행 자동차에서 도로의 차선을 인식하는 등의 분야에서 사용된다. 이미지 분할 알고리즘에는 주로 기계학습, 딥러닝, 그래프 이론 및 수학적 기법이 사용된다. 최근 딥러닝 기술의 발전으로 인해 더욱 정확하고 빠른 이미지 분할이 가능해졌다. U-net은 이미지 분할에 사용되는 딥러닝 아키텍처 중 하나로, 완전 연결층의 변형 모델이다.[98] U-net은 특히 의료 영상 분할(segmentation)에 사용되며, 이미지의 일부분을 입력으로 받아 해당 영역에 대한 마스크를 출력하는데 사용된다. U-net은 대칭 구조를 가진 암호기-해독기 구조를 갖추고 있다. 이 구조는 이미지에서 저수준 특성을 추출하는 암호기와, 이를 통해 원래 이미지의 크기로 출력을 복원하는 해독기로 구성된다. U-net의 특징은 암호기와 해독기 간의 건너뛰기 연결(skip connection)이 있다는 것이다. 암호기에서 중요한 특성들을 추출하면서 동시에 해당 특성을 해독기에서 복원하는 과정에서 활용한다. 이렇게 함으로써 분할 과정에서 이미지의 세부 정보를 보다 정확하게 복원하고 분할 결과를 개선할 수 있다. 건너뛰기 연결(skip connection)은 U-Net에서 매우 중요한 역할을 한다. 이것은 암호기와 해독기 사이의 층(layer)을 연결하는 방법이다. 암호기를 통해서 이미지 크기를 줄이는 작업을 수행하고, 해독기를 통해서 이미지 크기를 다시 늘리는 작업을 수행한다. 하지만 이러한 크기 조정 작업으로 인해 이미지의 고해상도 정보가 유실될 수 있다. 건너뛰기 연결은 이러한 문제를 해결하기 위해 암호기와 해독기 간에 직접적인 연결을 제공하여, 암호기에서 발생한 이미지 정보 손실을 해독기가 보충할 수 있도록 한다. 즉, 건너뛰기 연결은 해독기가 복원해야하는 이미지의 세부 정보를 암호기로부터 직수입할 수 있게 해주는 역할을 한다. 이를 통해 U-Net은 더욱 정확하고 세밀한 이미지 분할 결과를 얻을 수 있게 된다. 3D 버전의 U-net도 가능하다.[99] 마찬가지로 3D 버전의 합성곱 신경망도 가능하다.[100] U-Net과 자동암호기는 모두 이미지 처리를 위한 신경망 아키텍처이다. 아래의 프로그램에서 건너뛰기 연결에 주목해야한다. Figure 5.20은 프로그램 출력물이다.

[98]: Ronneberger et al. (2015), 'U-net: Convolutional networks for biomedical image segmentation'

[99]: Çiçek et al. (2016), '3D U-Net: learning dense volumetric segmentation from sparse annotation'

[100]: Maturana and Scherer (2015), 'Voxnet: A 3d convolutional neural network for real-time object recognition'

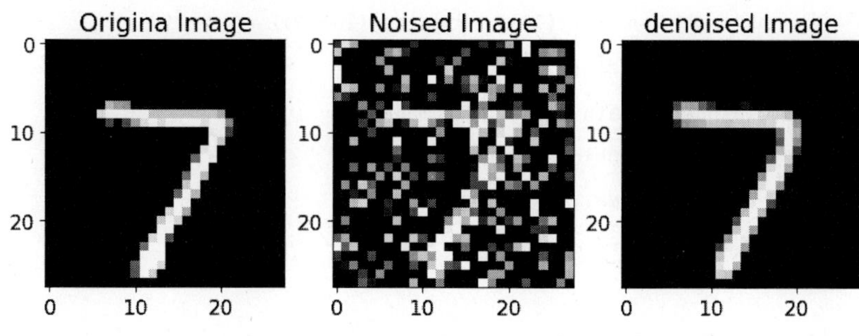

Figure 5.20: 잡음제거, 지도학습, 합성곱 층, U-net, 건너뛰기 연결(skip connection), concatenate(연쇄된, 연쇄시키다).

```
from tensorflow.keras.layers import Input,Conv2D,\
    MaxPooling2D,concatenate
from tensorflow.keras.models import Model
from tensorflow.keras.layers import Dense,UpSampling2D
from tensorflow.keras.datasets import mnist
import tensorflow as tf
import numpy as np
import pandas as pd
import matplotlib.pyplot as plt
import warnings
warnings.filterwarnings('ignore')
(X_train, _), (X_test, _) = mnist.load_data()
print(X_train.shape)
print(X_test.shape)
print(f"The maximum pixel value: {X_train[0].max()}")
print(f"The minimum pixel value: {X_train[0].min()}")
# print(X_train[0])
X_train = X_train/255.
X_test = X_test/255.

X_train = X_train.reshape(-1, 28, 28, 1)
X_test = X_test.reshape(-1, 28, 28, 1)
print(X_train.shape)
print(X_test.shape)
print(f"The maximum pixel value: {X_train[0].max()}")
print(f"The minimum pixel value: {X_train[0].min()}")
noise_factor = .8  # 잡음 도입
X_train_noisy = X_train + noise_factor * \
  np.random.normal(loc=0.0,scale=1.0,size=X_train.shape)
x_train_noisy = np.clip(X_train_noisy, 0., 1.)
n = 10000

```

```
fig, ax = plt.subplots(1, 2, figsize=(10, 6))
ax[0].imshow(X_train[n], cmap='gray')
ax[1].imshow(x_train_noisy[n], cmap='gray')
ax[0].set_title("Original Image")
ax[1].set_title("Noisy Image")
plt.show()

# Define the input shape
input_shape = (28, 28, 1)

# Define the input tensor
inputs = Input(input_shape)

# Define the encoder part of the network,
# 암호기, 합성곱 층 도입
conv1 = Conv2D(32, (3, 3), activation='relu',\
 padding='same')(inputs)
conv1 = Conv2D(32, (3, 3), activation='relu',\
 padding='same')(conv1)
pool1 = MaxPooling2D((2, 2))(conv1)

conv2 = Conv2D(64, (3, 3), activation='relu',\
 padding='same')(pool1)
conv2 = Conv2D(64, (3, 3), activation='relu',\
 padding='same')(conv2)
pool2 = MaxPooling2D((2, 2))(conv2)

conv3 = Conv2D(128, (3, 3), activation='relu',\
 padding='same')(pool2)
conv3 = Conv2D(128, (3, 3), activation='relu',\
 padding='same')(conv3)

# Define the decoder part of the network,
# 연쇄, 데이터를 연합시켜 준다.
# 데이터 크기가 증가한다.
# 이전에 확보해 둔 데이터를 추가해 준다.
up4 = UpSampling2D((2, 2))(conv3)
up4 = Conv2D(64, (2, 2), activation='relu',\
 padding='same')(up4)
merge4 = concatenate([conv2, up4], axis=3)
conv4 = Conv2D(64, (3, 3), activation='relu', \
```

```
 padding='same')(merge4)
conv4 = Conv2D(64, (3, 3), activation='relu', \
 padding='same')(conv4)

up5 = UpSampling2D((2, 2))(conv4)
up5 = Conv2D(32, (2, 2), activation='relu',\
 padding='same')(up5)
merge5 = concatenate([conv1, up5], axis=3)
conv5 = Conv2D(32, (3, 3), activation='relu',\
 padding='same')(merge5)
conv5 = Conv2D(32, (3, 3), activation='relu',\
 padding='same')(conv5)

# Define the output layer of the network
output = Conv2D(1, (1, 1),\
 activation='sigmoid')(conv5)

# Define the model
model = Model(inputs=[inputs], outputs=[output])
model.compile(optimizer='adam',\
  loss='binary_crossentropy',
metrics=['accuracy'])
# model.summary()
history=model.fit(X_train_noisy, X_train, epochs=100,
verbose=0, batch_size=128, shuffle=True)
noise_factor = .5
X_test_noisy_50 = X_test + noise_factor * \
 np.random.normal(loc=0.0,scale=1.0,size=X_test.shape)
X_test_noisy_50 = np.clip(X_test_noisy_50, 0., 1.)
denoised_image = model.predict(X_test_noisy_50)
model.evaluate(X_test_noisy_50, X_test)

for i in range(2):
    fig, ax = plt.subplots(1, 3, figsize=(10, 6))
    ax[0].imshow(X_test[i], cmap='gray')
    ax[1].imshow(X_test_noisy_50[i], cmap='gray')
    ax[2].imshow(denoised_image[i], cmap='gray')
    ax[0].set_title("original Image")
    ax[1].set_title("noised Image")
    ax[2].set_title("denoised Image")
    plt.show()
```

```
noise_factor = .65
X_test_noisy_65 = X_test + noise_factor * \
 np.random.normal(loc=0.0,scale=1.0,size=X_test.shape)
X_test_noisy_65 = np.clip(X_test_noisy_65, 0., 1.)
denoised_image = model.predict(X_test_noisy_65)
model.evaluate(X_test_noisy_65, X_test)

for i in range(2):
    fig, ax = plt.subplots(1, 3, figsize=(10, 6))
    ax[0].imshow(X_test[i], cmap='gray')
    ax[1].imshow(X_test_noisy_65[i], cmap='gray')
    ax[2].imshow(denoised_image[i], cmap='gray')
    ax[0].set_title("original Image")
    ax[1].set_title("noised Image")
    ax[2].set_title("denoised Image")
    plt.show()
noise_factor = .8
X_test_noisy_80 = X_test + noise_factor * \
  np.random.normal(loc=0.0, scale=1.0, size=X_test.shape)
X_test_noisy_80 = np.clip(X_test_noisy_80, 0., 1.)
denoised_image = model.predict(X_test_noisy_80)
model.evaluate(X_test_noisy_80, X_test)

for i in range(2):
fig, ax = plt.subplots(1, 3, figsize=(10, 6))
    ax[0].imshow(X_test[i], cmap='gray')
    ax[1].imshow(X_test_noisy_80[i], cmap='gray')
    ax[2].imshow(denoised_image[i], cmap='gray')
    ax[0].set_title("original Image")
    ax[1].set_title("noised Image")
    ax[2].set_title("denoised Image")
    plt.show()
```

발견법 6

6.1 발견법이란?

마방진(magic square)은 Figure 6.1과 같이, $1, 2, \ldots, n^2$ 숫자를 정방 행렬($n \times n$, $n > 2$)에, 한 칸에 하나의 숫자를 나열해서, 행의 합, 열의 합, 대각선의 합이 모두 같은 수(마법수, $n(n^2 + n)/2$)가 되게 하는 특별한 나열을 의미한다. n 이 3 이상일 때 정의 되는 문제이다.[1] 사실, 이 문제는 일반해가 잘 알려져 있다. 만약에 일반해를 작성하는 방법을 모른다면, 여러 가지 방법으로 이 문제를 풀려고 할 것이다. 이때, 여러 가지 방법 중 하나를 발견법(heuristics)이라고 부를 수 있다. 행렬에 숫자를 나열하는 순서가 정해져 있다면, 우리는 순서대로 숫자를 나열하는 것 자체가 문제 풀이가 된다. 1차원 배열에 숫자들을 특별하게 나열하는 작업이 필요하다. 즉, 우리가 찾는 해는 일차원 배열로 표현할 수도 있다. 이러한 일차원 정수 배열이 정확히 하나의 행렬이 되도록 미리 정한 규칙을 활용할 수 있다. 가능한 형식의 해를 표현하는 방법을 문제마다 정의할 수 있으면 좋다. 이러한 표현식(표현자, representaiton)을 찾는 것이 문제 풀이에서 중요하다. 일반으로 표현식은 하나로 정해지지 않는다. 문제마다 문제를 푸는 사람마다 서로 다르게 정의할 수 있다.

1: 유사한 문제로 n-queens problem 이 있다. n-queens 문제는 $n \times n$크기의 체스판에 n개의 퀸(Queen)을 서로 공격하지 않도록 배치하는 문제이다. 여기서 퀸은 가로, 세로, 대각선 방향으로 무제한으로 움직일 수 있다. 즉, n-queens 문제는 다음과 같은 제약조건을 만족하는 n개의 퀸 배치를 찾는 문제이다. 한 행에는 하나의 퀸만 존재해야 한다. 한 열에는 하나의 퀸만 존재해야 한다. 대각선 방향으로도 하나의 퀸만 존재해야 한다. n-queens 문제는 컴퓨터 과학에서 유명한 문제 중 하나로, 최적화 문제와 밀접한 관련이 있다. 이 문제는 백트래킹(Backtracking)과 같은 알고리즘을 사용하여 풀 수 있다. https://en.wikipedia.org/wiki/Eight_queens_puzzle

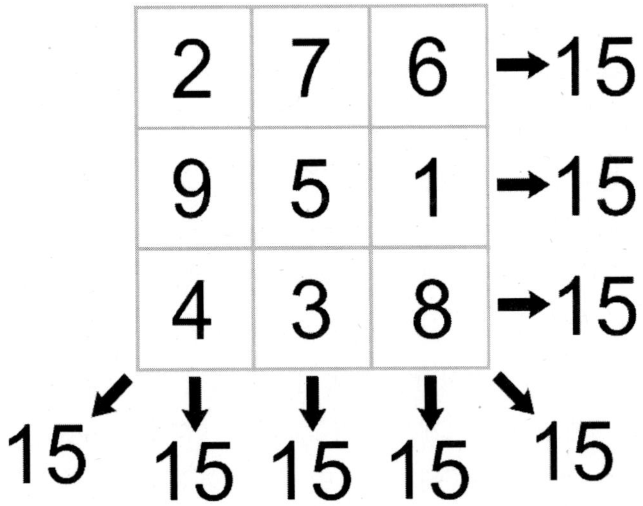

2	7	6	→15
9	5	1	→15
4	3	8	→15
↓ 15	↓ 15	↓ 15	

↙ 15 ↘ 15

Figure 6.1: 마방진의 한 예를 표시했다. 3×3 행렬에 1부터 9까지 정수를 하나씩 나열하여 대각선의 합, 행의 합, 그리고 열의 합이 모두 특정수와 같아지게 만들 수 있다.

발견법은 간단하게 주어진 문제의 해답을 찾아내는 방법, 발견하는 방법을 의미한다. 특히, 발견법은 불충분한 시간이나 정보를 사용하기 때문에 체계적이고 합리적인 판단을 할 수 없는 경우 빠르게 어림짐작하는 것을 지칭한다. 이것은 제한된 합리성(bounded rationality)에 바탕을 두고 가능한 간단한 과업의 수행으로 문제를 해결하는 방식이다. 시행착오, 경험법칙, 학습에 기반한 추측, 직관적인 판단 등이 발견법에 해당한다. 합리적인 계산 비용으로 최적 또는 거의 최적의 솔루션을 찾는 기술을 발견법(heuristics)라고 정의할 수 있다. 발견법은 해결해야 하는 상황마다 그 상황에 맞는 경험이나 직관을 이용해 판단을 수행해야 하는 어려움이 있다. 상위-발견법(meta-heuristics)은 최적화 문제를 풀기 위한 일반적인 알고리즘 클래스이다. 이들은 일반적으로 발견법 기술을 사용하여 검색 공간을 탐색하며, 이들의 목표는 최적의 해답을 찾는 것이다. 상위-발견법 알고리즘은 일반적으로 복잡한 문제를 풀기 위한 효율적인 해결책으로 간주된다. 이들은 다양한 문제 유형에서 사용될 수 있으며, 특히 전통적인 알고리즘으로는 해결하기 어려운 문제들에 적용된다. 따라서, 특정 문제가 갖는 정보에 상대적으로 덜 구속되며 다양한 문제에 적용할 수 있는 일반적인 접근법으로서 상위 수준의 발견적 기법, 즉, 상위-발견법(meta-heuristics)가 널리 사용된다. 우리는 이러한 방법을 특정 문제에 특화되지 않고 자연에서 영감을 얻은 경험적 방법으로 받아들일 수 있다.

상위-발견법에는 유전 알고리즘(genetic algorithm)[101], 풀림 시늉(simulated annealing)[102], 타부 탐색(tabu search)[103], 차분진화(differential evolution)[104], 입자 군집 최적화(particle swarm optimization)[105] 등이 있다. 이들은 통상적으로 목적함수(objective function)를 최소화 함으로써 해를 찾아낸다. 목적함수나 제약조건에서 미지수로 나타나는 변수를 결정 변수(decision variables)라고 한다. 목적함수 최적화에서 변수들이 만족해야 하는 조건들이 있을 수 있다. 풀고자 하는 문제에 따라서 목적함수 계산이 0.001 초가 소요될 수도 있고, 1일 이상의 시간이 소요될 수도 있다. 많은 경우 병렬 계산을 수행하여 문제를 푼다. 목적함수 계산이 치명적으로 오래 걸릴 수 있다. 이 경우 '간편 목적함수'(유사 목적함수)를 고안할 수 있다. 핵심사항을 아주 간단한 계산으로 얻어낼 수 있으면 그만이다. 실제 목적함수 계산은 최적화 계산 이후에 별도로 수행할 수 있다. 선별된 몇 개의 해들에 대해서만 정밀한 계산을 수행할 수 있다.

[101]: Holland (1992), *Adaptation in natural and artificial systems: an introductory analysis with applications to biology, control, and artificial intelligence*
[102]: Kirkpatrick et al. (1983), 'Optimization by simulated annealing'
[103]: Glover (1986), 'Future paths for integer programming and links to artificial intelligence'
[104]: Storn and Price (1997), 'Differential evolution–a simple and efficient heuristic for global optimization over continuous spaces'
[105]: Kennedy and Eberhart (1995), 'Particle swarm optimization. presented at Proc. IEEE Int. Conf'

도메인에 최적화된 문제 풀이 방법이 알려져 있지 않다고 가정할 경우, 보다 일반적인 발견법을 적용하여 해당 문제를 풀 수 있다. 아래와 같이 위에서 고려한 문제에 대한 목적함수를 생각해 볼 수 있다. 목적함수 최적화를 통해서 문제를 해결하고자 한다.

```
def objective_ms(seq):
    ndim = len(seq)
    ndim = int(np.sqrt(ndim))
    m = np.zeros((ndim, ndim))
    k = 0
    for i in range(ndim):
        for j in range(ndim):
            m[i, j] = seq[k]
            k = k+1
    tmp = (ndim*ndim*ndim+ndim)/2.
    score = 0.
    tmq = 0.
    tmr = 0.
    for i in range(ndim):
        tmq = tmq+m[i, i]
        tmr = tmr+m[ndim-i-1, i]
    score = score+(tmq-tmp)**2
    score = score+(tmr-tmp)**2
    for i in range(ndim):
        score = score+(sum(m[i, :])-tmp)**2
        score = score+(sum(m[:, i])-tmp)**2
    return score

def objective_nq(seq):
    ndim = len(seq)
    score = (ndim*ndim-ndim)/2.
    for row in range(ndim):
        col = seq[row]
        for other_row in range(ndim):
            # queens cannot pair with itself
            if other_row == row:
               continue
            if seq[other_row] == col:
               continue
            if other_row + seq[other_row] == row + col:
               continue
            if other_row - seq[other_row] == row - col:
               continue
```

```
            # score++ if every pair of queens
            # are non-attacking.
            score -= 0.5
    # divide by 2 as pairs of queens are commutative
    return score
```

6.2 가우시안 프로세스(Gaussian process)

[106]: MacKay et al. (1998), 'Introduction to Gaussian processes'

가우시안 프로세스(Gaussian process)는 확률적으로 모델링되는 함수를 다루는 기계학습 방법 중 하나이다.[106] 가우시안 프로세스는 함수의 분포를 모델링하기 위해 사용되며, 특히, 함수 값이 알려지지 않은 입력 값에 대한 예측을 수행할 때 사용된다. 가우시안 프로세스는 기본적으로 일련의 확률 변수를 정의한다. 이 확률 변수들은 입력 값과 해당 입력 값에서의 함수 값 사이의 관계를 모델링하며, 이 관계를 통해 예측을 수행한다. 가우시안 프로세스는 일반적으로 함수의 평균 값과 분산 값을 모델링한다. 이는 각 입력 값에 대한 함수 값의 평균 값과 분산 값을 추정하여, 해당 입력 값에서 함수 값의 예측을 수행할 수 있도록 한다.

가우시안 프로세스는 매우 유연하며, 다양한 함수를 모델링할 수 있다. 또한 새로운 데이터가 주어질 때마다 모델을 업데이트하여 최신 정보를 반영할 수 있다. 따라서 가우시안 프로세스는 최적화, 예측, 표본 생성 등 다양한 분야에서 사용된다. 가우시안 프로세스는 최적화에서 사용될 때, 목적함수를 대체하는 가우시안 프로세스 모델을 만든다. 이 모델을 사용하여 최적화를 수행하면, 새로운 입력 값에 대한 목적함수 값을 예측하고, 이를 기반으로 새로운 최적의 입력 값을 찾을 수 있다.

가우시안 프로세스는 입력에 대한 출력 값 뿐만 아니라, 해당 출력 값에 대한 불확실성도 함께 예측할 수 있다. 가우시안 프로세스는 입력 값 간의 상관 관계를 모델링하기 위해 공분산(covariance) 행렬을 사용한다. 차원이 매우 큰 경우에는 가우시안 프로세스가 다른 기계학습 방법보다 더 느리게 동작할 수 있다. 가우시안 프로세스는 입력 값에 대한 함수 값을 확률 분포로 모델링하므로, 최적화 문제에서 가장 가능성이 높은 입력 값을 찾을 수 있다. 가우시안 프로세스는 회귀, 분류, 최적화 등 다양한 문제에 사용된다. 주요 장점은 모델링에 필요한 초월 매개변수의 수가 적다는 것과, 예측 분포가 연속적이며, 불확실성이 포함되어 있다는 것이다.

평균 그리고 공분산은 아래의 수식들처럼 정의된다. 기본적으로 기대 값들이다. 아울러, 가우시안 프로세스를 GP로 표시하면 다음의 식들과 같이 함수 값을 계산할 수 있다.

$$\begin{aligned} m(\vec{x}) &= \mathbb{E}[f(\vec{x})], \\ k(\vec{x},\vec{x}') &= \mathbb{E}[f(\vec{x}) - m(\vec{x})]\mathbb{E}[f(\vec{x}') - m(\vec{x})], \\ f(\vec{x}) &= GP(m(\vec{x}), k(\vec{x},\vec{x}')). \end{aligned} \tag{6.1}$$

가우시안 프로세스는 일반적으로 범용적으로 사용되는 강력한 확률적 모델링 도구이다. 하지만 가우시안 프로세스가 잘 작동하지 않는 경우도 있다. 일반적으로 가우시안 프로세스가 잘 작동하지 않는 경우는 다음과 같다.

◇ 대규모 데이터셋: 대규모 데이터셋에 대해서는 계산 복잡도 문제로 인해 가우시안 프로세스의 사용이 적합하지 않다.

◇ 고차원 데이터: 고차원 데이터에서는 가우시안 프로세스의 성능이 떨어질 수 있다. 이는 데이터 포인트 간의 거리를 측정하는 것이 더 어려워지기 때문이다.

◇ 복잡한 구조: 가우시안 프로세스는 간단한 데이터 구조에 적합하다. 하지만 데이터가 복잡한 구조를 가지고 있다면, 가우시안 프로세스는 적절한 구조를 학습하기 어려울 수 있다.

◇ 이상치(outlier): 가우시안 프로세스는 이상치에 민감할 수 있다. 이상치는 가우시안 프로세스가 데이터를 잘못 학습하도록 만들 수 있다.

◇ 부적절한 초월 매개변수: 초월 매개변수를 사용하여 가우시안 프로세스 모델을 조정할 수 있다. 하지만 부적절한 초월 매개변수를 사용하면 가우시안 프로세스가 잘못된 모델을 학습할 수 있다.

◇ 비정상적인 데이터 분포: 가우시안 프로세스는 정규 분포를 따르는 데이터에 적합하다. 하지만 데이터가 다른 분포를 따르는 경우, 가우시안 프로세스는 잘 작동하지 않을 수 있다.

따라서, 가우시안 프로세스를 사용할 때는 데이터의 특성과 모델링 목적을 고려하여 위와 같은 문제를 예방하도록 노력해야 한다.

실제 구현은 scikit-learn에서 가장 잘 구현되어 있고, 파이썬 언어에 대한 이해가 있다면, 누구나 사용할 수 있게 설계되어 있다. 연구자로서 다른 연구자들이 잘 개발해 놓은 패키지를 잘 활용하는 것도 중요하다. 많은 경우, 모든 컴퓨터 구현을 스스로 수행할 가치가 있는지 먼저 생각해 보아야 한다. 생산성을 생각해야 한다. 해야하는 일, 하고자 하는 일에 더 집중해야 한다. 사실, scikit-learn에서 구현한 것 보다 더 좋은 기계학습 패키지 컴퓨터 구현은 매우 어렵다고 볼 수 있다. 왜냐하면, scikit-learn 은 오랜 기간 기계학습 분야에서 검증을 받아온 컴퓨터 프로그램 패키지이기 때문이다. 기계학습 분야에서 scikit-learn, 이 패키지의 기여도는 그야말로 막대한 것이다.

새로운 데이터가 추가될 때마다 가우시안 프로세스는 새로운 입력 값에 대한 출력 분포를 계산하고, 이를 통해 새로운 데이터에 대한 예측 값을 생성한다. 이 과정은 기존의 데이터와 함께 모델에 저장되며, 이후 새로운 데이터가 추가될 때마다 반복된다. 따라서 가우시안 프로세스는 데이터의 추가에 매우 유연하게 대처할 수 있으며, 모델의 예측 능력을 지속적으로 향상시킬 수 있다. 그러나 새로운 데이터를 추가할 때마다 모델을 다시 계산하므로 계산 비용이 증가할 수 있다. 가우시안 프로세스에서 신뢰구간(confidence interval)은 일정한 신뢰수준(confidence level)을 가지고 예측한 함수 값의 범위를 나타내는 구간이다. 즉, 신뢰구간은 예측된 함수 값이 어느 범위 안에 있을 확률이 높은지를 나타내는 지표이다. 예를 들어, 95%의 신뢰수준으로 신뢰구간을 계산하면, 예측된 함수 값이 해당 구간 안에 95%의 확률로 존재한다는 것을 의미한다. 따라서, 가우시안 프로세스에서 신뢰구간은 모델링된 함수의 예측 값에 대한 불확실성을 나타내는 중요한 지표이다. 이를 이용하여 예측 값의 정확도를 평가하고, 예측 결과를 신뢰할 수 있는지를 판단할 수 있다. Figure 6.2에서는 가우시안 프로세스 계산에서 얻을 수 있는 신뢰구간을 확인할 수 있다.

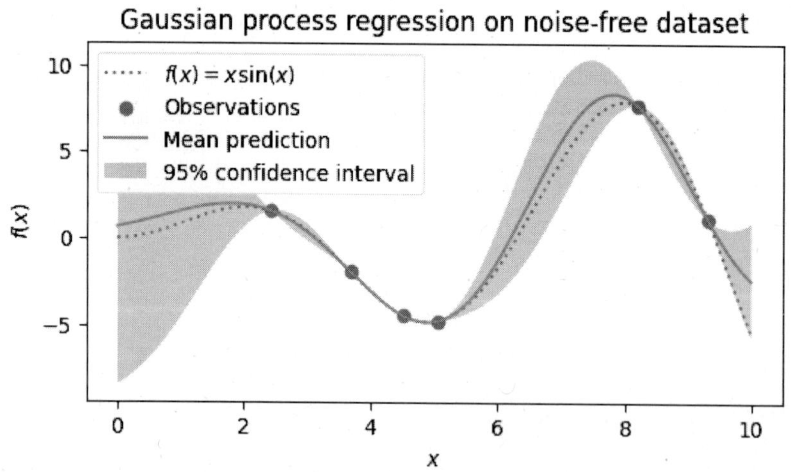

Figure 6.2: 신뢰도 95%를 가지고 있는 가우시안 프로세스 예제. 신뢰도 95%라는 것은 해당 결과가 95%의 확률로 실제 모집단의 값과 일치한다는 것을 의미한다.

6.3 실습 1

□ 아래 프로그램은 가우시안 프로세스의 실제 응용을 나타내고 있다. Figure 6.3에서는 가우시안 프로세스 계산에서 얻어낸 신뢰구간을 확인할 수 있다.

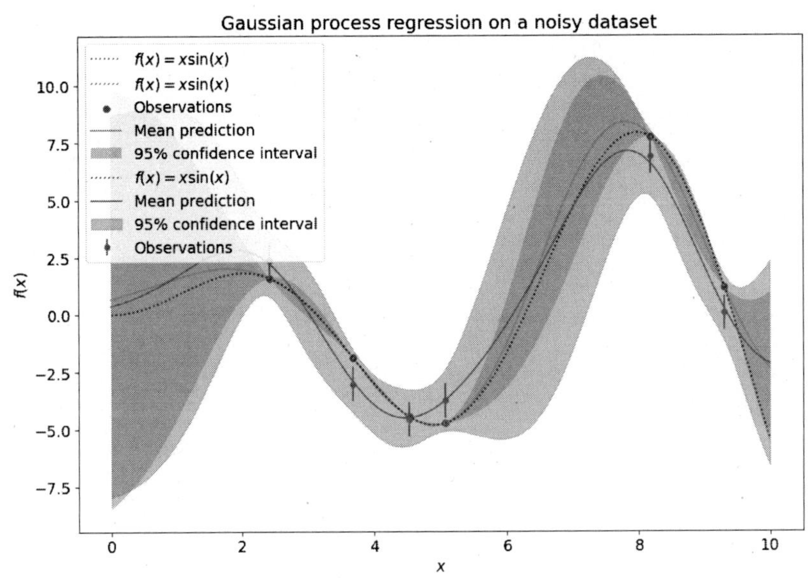

Figure 6.3: 가우시안 프로세스와 신뢰구간.

```
import numpy as np
import matplotlib.pyplot as plt
X = np.linspace(start=0, stop=10, num=1000).reshape(-1, 1)
y = np.squeeze(X * np.sin(X))
plt.plot(X, y, label=r"$f(x) = x \sin(x)$", \
    linestyle="dotted")
plt.legend()
plt.xlabel("$x$")
plt.ylabel("$f(x)$")
_ = plt.title("True generative process")
rng = np.random.RandomState(17)
training_indices = rng.choice(np.arange(y.size),\
 size=6, replace=False)
X_train, y_train = X[training_indices], y[training_indices]
from sklearn.gaussian_process import GaussianProcessRegressor
from sklearn.gaussian_process.kernels import RBF
# 방사 기저 함수를 활용함.
kernel = 1 * RBF(length_scale=1.0,\
 length_scale_bounds=(1e-2, 1e2))
```

```
gaussian_process = GaussianProcessRegressor(kernel=kernel, \
     n_restarts_optimizer=9)
gaussian_process.fit(X_train, y_train)
gaussian_process.kernel_
mean_prediction,std_prediction=\
 gaussian_process.predict(X,return_std=True)
plt.plot(X, y, label=r"$f(x) = x \sin(x)$", linestyle="dotted")
plt.scatter(X_train, y_train, label="Observations")
plt.plot(X, mean_prediction, label="Mean prediction")
plt.fill_between(
        X.ravel(),
        mean_prediction - 1.96 * std_prediction,
        mean_prediction + 1.96 * std_prediction,
        alpha=0.5,
        label=r"95% confidence interval")
plt.legend()
plt.xlabel("$x$")
plt.ylabel("$f(x)$")
_ = plt.title("GP regression on noise-free dataset")
noise_std = 0.75
y_train_noisy = y_train + rng.normal(loc=0.0, \
    scale=noise_std, size=y_train.shape)
gaussian_process = GaussianProcessRegressor(
    kernel=kernel, alpha=noise_std**2, n_restarts_optimizer=9)
gaussian_process.fit(X_train, y_train_noisy)
mean_prediction,std_prediction=\
 gaussian_process.predict(X,return_std=True)
plt.plot(X, y, label=r"$f(x) = x \sin(x)$", linestyle="dotted")
plt.errorbar(
        X_train,
        y_train_noisy,
        noise_std,
        linestyle="None",
        color="tab:blue",
        marker=".",
        markersize=10,
        label="Observations")
plt.plot(X, mean_prediction, label="Mean prediction")
plt.fill_between(
        X.ravel(),
        mean_prediction - 1.96 * std_prediction,
```

```
        mean_prediction + 1.96 * std_prediction,
        color="tab:orange",
        alpha=0.5,
        label=r"95% confidence interval")
plt.legend()
plt.xlabel("$x$")
plt.ylabel("$f(x)$")
_ = plt.title("Gaussian process regression \
 on a noisy dataset")
#
```

6.4 베이지안 옵티마이제이션(Bayesian optimization)

베이즈 확률론(Bayesian probability)은 확률을 '지식 또는 믿음의 정도를 나타내는 양'으로 해석하는 확률론이다. 확률을 발생 빈도(frequency)나 어떤 시스템의 물리적 속성으로 여기는 것과는 다른 해석이다. 18세기 통계학자 토머스 베이즈(Bayes)의 이름을 따서 명명되었다. 어떤 가설의 확률을 평가하기 위해서 사전 확률을 먼저 밝히고 새로운 관련 데이터에 의한 새로운 확률 값을 아래의 공식과 같이 변경한다.[2] 베이즈 통계학(Bayesian statistics)은 하나의 사건에서 믿음의 정도(degree of belief)를 확률로 나타내는 베이즈 확률론에 기반한 통계학 이론이다. 믿음의 정도는 이전 실험에 대한 결과, 또는 그 사건에 대한 개인적 믿음 등, 그 사건에 대한 사전 지식에 기반할 수 있다. 이것은 확률을 많은 시도 후의 사건의 상대적 빈도의 극한으로 보는 빈도주의자(frequentist) 등 많은 다른 확률에 대한 해석과는 차이가 있다. 어떠한 경우는 동일한 해석을 주기도 한다. 사후확률($P(H|D)$)은 사전확률($P(H)$)과 다음과 같은 관계를 가진다.

$$P(H|D) = \frac{P(D|H)P(H)}{P(D)}. \tag{6.2}$$

2: 이 공식은 외우는 것은 아주 쉽다. Philosophiæ Doctor, Doctor of Philosophy, Ph.D., 또는 PhD는 박사를 의미하는데, 박사가 되려면 data가 있어야 하고 hypothesis가 있어야 한다. 즉, 데이터와 가설이 각각 있어야 한다. 그렇게 좌변이 정의 되면, 우변은 가설에 기반한 데이터의 확률 $P(D|H)$가 나와야 한다. 이것은 가설에 대한 확률($P(H)$)이 있다는 것이고 그 것이 없으면 우변이 무너지는 것이기 때문에 곱해져야만 한다. 전체 데이터에 대한 일종의 정규화가 필요한데, 이것은 순전히 분모에 속하는 것이다.

4면체, 6면체, 8면체, 12면체, 그리고 20면체 주사위가 든 상자가 있다. 상자에서 임의로 주사위 하나를 집어서 던졌더니 "12"가 나왔다. 그렇다면 각각의 주사위를 선택했었을 확률은? 이 문제는 우도를 이용하고, 사전 확률을 갱신한 사후 확률(posterior probability)을 계산하여 풀 수 있다. 표에서처럼 우도를 계산한 후, 사후 확률을 계산할 수 있다.

	4면체	6면체	8면체	12면체	20면체
사전, $P(H)$	$\frac{1}{5}$	$\frac{1}{5}$	$\frac{1}{5}$	$\frac{1}{5}$	$\frac{1}{5}$
우도, $P(D\|H)$	0	0	0	$\frac{1}{12}$	$\frac{1}{20}$
곱하기	0	0	0	$\frac{1}{60}$	$\frac{1}{100}$
사후, $P(H\|D)$	0	0	0	$\frac{5}{8}$	$\frac{3}{8}$

베이즈 추정에는 축차합리성이 있다. 첫번째 정보와 두번째 정보를 동시에 고려하는 것 → 첫번째 정보를 고려하여 사후 확률을 계산한 후, 이를 두번째 정보에 대한 사전 확률로 사용하는 것 → 학습이 진행된다고 볼 수 있다. 인공지능 분야에서 왜 베이즈 확률론을 받들어 모시는지 자명해진다. 베이즈 갱신이 바로 사전 확률 → 사후 확률로의 전환을 의미하며, 지속적인 데이터 업데이트는 지속적인 학습을 의미한다.[3] 축차합리성에 의해서 지속적인 베이즈 갱신은 가능하다. 이것이 바로 데이터로부터의 학습에 해당한다. 진화학습에서는 교차와 변이를 통해서 학습이 진행된다.

3: 정다면체(모든 면이 합동인 정다각형으로 이루어져있고 꼭지점에서 만나는 면의 갯수가 같은 다면체)의 종류는 다섯가지뿐이다. 정다면체는 정사면체, 정육면체, 정팔면체, 정십이면체, 그리고 정이십면체만 가능하다. 이들 다섯가지의 다면체를 플라톤 입체라고도 한다.

베이즈 추론은 축차합리성과 깊은 관련이 있다. 베이즈 추론은 새로운 증거가 나타남에 따라 확률을 업데이트하여 이전의 믿음을 수정하는 과정을 의미한다. 이러한 과정에서는 새로운 증거와 이전의 믿음을 일관되게 결합하여 업데이트해야 한다.[4] 이는 축차합리성의 개념과 일치한다. 예를 들어, A와 B라는 두 가지 가설이 있을 때, 새로운 증거 E가 발생한다면 이전의 믿음 $P(A)$와 $P(B)$를 업데이트해야 한다. 베이즈 추론에서는 $P(A \mid E)$와 $P(B \mid E)$를 계산하여 새로운 믿음을 얻게 된다. 이때, 축차합리성의 원리를 따르면 $P(A \mid E) + P(B \mid E) = 1$이어야 하며, $P(A \mid E)$와 $P(B \mid E)$는 이전의 믿음과 새로운 증거를 일관되게 고려하여 계산되어야 한다. 따라서, 베이즈 추론은 축차합리성을 따르는 이론으로, 새로운 증거가 나타남에 따라 믿음을 일관되게 업데이트하는 과정에서 축차합리성이 중요한 역할을 한다.

4: 경험의 축적, 데이터의 축적으로 부터 보다 더 정확한 확률 예측을 할 수 있다는 점에 주목해야한다. 데이터 기반 기계학습 방법론에서 주목할 필요가 있다.

한 예시로는 병에 걸릴 확률을 예측하는 문제를 생각해 볼 수 있다. 예를 들어, 병에 걸릴 확률이 1%인 경우가 있다고 가정하자. 이때, 어떤 검사 방법을 사용하여 검사를 한 결과, 양성 판정이 나왔다고 한다. 이때, 베이즈 추론을 사용하여 병에 걸릴 확률을 다시 계산할 수 있다. 이전에는 병에 걸릴 확률이 1%였지만, 이제는 새로운 증거인 검사 결과가 나왔으므로 이전의 믿음을 수정해야 한다. 만약 이 검사 방법이 90%의 정확도를 가지고 있다고 가정한다면, 양성 판정일 때 실제로 병에 걸릴 확률은 어떻게 될까? 이 경우, 베이즈 추론을 사용하여 다음과 같이 계산할 수 있다.

$$P(\text{병에 걸릴 확률} \mid \text{양성 판정}) = P(\text{양성 판정} \mid \text{병에 걸릴 확률}) \times \frac{P(\text{병에 걸릴 확률})}{P(\text{양성 판정})}. \quad (6.3)$$

여기서 P(양성 판정 | 병에 걸릴 확률)은 검사의 정확도로, 90%로 가정하였다. P(병에 걸릴 확률)은 이전의 믿음으로, 1%로 가정하였다.
P(양성 판정)은 검사를 받은 모든 환자들 중에서 양성 판정을 받은 환자들의 비율이다. 따라서,
P(양성 판정) = P(양성 판정 | 병에 걸릴 확률) × P(병에 걸릴 확률) + P(양성 판정 | 병에 걸리지 않을 확률)×P(병에 걸리지 않을 확률) = $0.9 \times 0.01 + 0.1 \times 0.99 = 0.108$. 이를 이용하여 P(병에 걸릴 확률 | 양성 판정) = $0.9 \times 0.01/0.108 = 0.0833$ (약 8.3%)이다. 이 결과를 보면, 검사 결과가 양성 판정이 나왔더라도 병에 걸릴 확률은 매우 낮다는 것을 알 수 있다. 이러한 방식으로 베이즈 추론을 사용하여 일관되고 합리적인 추론을 할 수 있다.

발렌타인 데이에 여자로부터 초콜릿을 선물받은 남자가 고민하는 문제를 생각해 보자. '진심'으로 초코릿를 준걸까? 아니면 의례적으로 준걸까?

◇ 이유 불충분: 그래서 0.5 : 0.5로 우선 생각한다.
◇ 입수한 정보: 직장 여성이 초콜릿을 줄 확률을 조사해 보았다.
'진심'으로 줄 확률 0.4, 안 줄 확률 0.6,
'논외'인데 줄 확률 0.2, 안 줄 확률 0.8,
$0.5 \times 0.4 = 0.2$,
$0.5 \times 0.2 = 0.1$,
$0.2 : 0.1 \rightarrow 2/3 : 1/3$.
이 남자가 '여자의 진심'일 확률은 2/3가 된다. 사실, 이 문제는 남자가 여자와 결혼한 후에 따져볼 문제이다.

베이지안 옵티마이제이션은 사전 분포(prior distribution)와 관측 데이터를 기반으로 한 사후 분포(posterior distribution)를 추정하여 최적화 문제를 해결한다.[107, 108] 이를 위해, 베이지안 옵티마이제이션은 초기 포인트와 함수 값을 사용하여 초기 모델을 학습하고, 이를 사용하여

[107]: Snoek et al. (2012), 'Practical bayesian optimization of machine learning algorithms'
[108]: Shahriari et al. (2015), 'Taking the human out of the loop: A review of Bayesian optimization'

가능한 한 최적의 포인트를 예측하는 방식으로 최적화를 수행한다.

$$\vec{x}^* = \text{argmax} f(\vec{x}). \tag{6.4}$$

함수 $f(\vec{x})$의 함수 값이 최대가 되는 최적해($\vec{x}$)를 찾을 때 사용할 수 있는 방법이다. 특히, 함수를 계산하는데 매우 오랜 시간이 소요될 때, 또한, 함수값에 약간의 잡음이 있을 때 이 방법을 활용할 수 있다. 독립 변수들(입력 변수들)의 수가 너무 많지 않을 경우에 적절한 계산방법이다. 대리모델(surrogate model)과 획득함수(acquisition function)를 활용하는 것이 특징이다. 이들은 각각 데이터 기반으로 함수를 추정하는 작업 그리고 '최적화에 필요한 입력 값을 찾는 데 있어' 다음 단계 입력 값을 추천하는 작업을 수행한다. 즉, 기계학습으로 새로운 위치를 제안할 수 있다는 것이 핵심이다. 주어진 데이터로부터, 이들에 합당한 조건부 확률을 표현할 수 있는 새로운 평균, 편차를 찾아낸다. 평균, 편차만 알고 있으면 추론을 할 수 있다고 가정한다. 이것으로 부터 새로운 추론이 가능하다. 새로운 가능성이 있는 영역을 간접적으로 확인할 수 있다.

너무 많은 목적함수 실행(측정)을 피할 경우에만 유용한 알고리즘이다. 측정한(계산한) 데이터가 너무 많은 것을 가정하지 않는다. 즉, 목적함수 계산 또는 실행이 너무 비싼 비용이 드는 경우에 해당한다. 대리모델을 만들 때 부담이 될 수 있다. 비교적 낮은 차원에서 최적화할 때 사용하는 계산 방법이다. 구배를 활용한 최적화 방법이 아니다.

◇ 베이지안 옵티마이제이션(Bayesian optimization): 매우 복잡한 문제에 적용할 수 있는 아주 일반적인 최적화 알고리즘은 아니다.[109] 하지만, 적당한 크기의 문제에 대해서 적절한 최적화 방법이라고 볼 수 있다. 특히, 기계학습의 경우, 초월 매개변수 최적화에 활용되고 있다. 예를 들어 학습률, 배치 크기, 규제 계수, 은닉층의 갯수 등 다양한 초월 매개변수 최적화에 이용된다. 베이지안 옵티마이제이션 방법은 기존의 그리드 서치(grid search)이나 무작위 탐색(random search)보다 더 효율적으로 초월 매개변수 공간을 탐색할 수 있다. 이는 베이지안 추론을 사용하여 이전 초월 매개변수 값에서 얻은 정보를 바탕으로 새로운 초월 매개변수 값에 대한 목적함수의 값을 예측하고, 이를 바탕으로 초월 매개변수 공간을 탐색하기 때문이다. 이 경우, 문제의 크기(초월 매개변수들의 수)와 베이지안 옵티마이제이션는 궁합이 잘 맞는 경우라고 볼 수 있다. 기계학습 문제(초월 매개변수 결정 문제)를 기계학습 방법(베이지안 옵티마이제이

[109]: Mockus (1994), 'Application of Bayesian approach to numerical methods of global and stochastic optimization'

션, Bayesian optimization)으로 풀어내는 것이다. 최적화해야 할 변수의 숫자가 20개 이하라고 일반적으로 알려져 있다.

◇ 베이지안 옵티마이제이션(Bayesian optimization) 방법의 일반적 성질은 아래와 같이 정리할 수 있다.

(1) 순차적 접근법이다. 계산이 병렬화되지 않는다.
(2) 목적함수의 도함수를 이용하지 않는다. (도함수를 알 수 없을 정도로 이산적인 경우에 적합하다. 문제에 따라서는 도함수가 정의되지 않을 수 있다. 물론 도함수가 정의되어도 계산하는 것이 복잡할 때에도 적용할 수 있다. 이 경우, 자동구배를 활용할 수도 있다.)
(3) 기계학습 방법을 이용해서 보다 더 좋은 해가 있는 곳을 예측한다. (surrogate model; 대리모델, 기계학습 방법을 이용한다.)
(4) 여러 가지 모델들을 사용할 수 있다. 또한 모델 선택에 민감하게 결과가 변화할 수 있다.
(5) 목적함수 계산을 너무 많이 할 수 없는 상황에 적절한 방법으로 알려져 있다. [즉, 계산량이 너무 많을 경우에 해당한다. 목적함수가 아주 비싼 대가를 치르는 경우는 무수히 많다.] 다시 말해서, 기계학습 방법으로 대리모델을 만드는 비용이 아주 싸게 먹히는 경우에 적합한 최적화 방법이다. (하지만, 데이터 수가 너무 많을 경우 문제가 될 수 있다. 데이터 갯수의 삼승에 비례하는 문제가 발생한다. 이것은 역행렬 계산과 연관이 있는 복잡도이다.) 목적함수 계산에 얼마나 많은 시간이 소모되는지, 기대 향상을 얻어내는데 걸리는 시간을 직접 비교해 보아야 한다. 유전 알고리즘은 완전히 병렬화되는 특징이 있다. 베이지안 옵티마이제이션은 병렬화되지 못한다. 극명한 차이가 여기에 있다. 사후 평균 추정 절차 그리고 사후 분산 추정 절차에서 역행렬을 계산해야만 한다. 이 행렬은 $n \times n$ 정방행렬이다. 이 행렬의 역행렬을 계산할 때, $O(n^3)$ 의 복잡도를 가지게된다.
(6) 목적함수가 노이즈를 가지고 있을 때 사용할 수 있는 일반적인 최적화 알고리즘이다. 목적함수가 단순한 컴퓨터 계산으로 마무리 되는 것이라고 단정하지 말아야 한다. 이것이 실험 결과일수도 있다. 아주 많은 노력이 필요한 것일수도 있다. 실험 결과일 경우, 데이터에 노이즈가 있을 수 있다. 기계학습에서 초월 매개변수 (hyperparameter) 최적화에 적합한 알고리즘이다. 통상 초월 매개

변수들은 10개가 되지 않고, 목적함수 값들이 유한한 데이터로부터 얻어지기 때문에 노이즈를 가지게 된다.

(7) 추가적인 데이터의 보강이 이루어 질 때, 지속적으로 기계학습 방법을 이용할 수 있다. 베이지안 옵티마이제이션 방법은 모든 문제에 좋은 성능을 보이는 것은 아니며, 매우 복잡한 문제를 해결하기 위한 일반화된 알고리즘도 아니다.

통상 가우시안 프로세스를 대리모델로 선택한다. 대리모델은 하나의 함수이다. 실제로는 근사 함수이다. 가우시안 프로세스로부터 나오는 출력중 하나인 분산은 불확실성에 대한 정보로서 베이지안 옵티마이제이션에서 요긴하게 사용된다. 기계학습으로 이 함수를 만들어낸 것이다.(이부분의 복잡도가 높기는 하다. 즉, 아주 많은 데이터에 적용할 수 없는 이유가 여기에 있다.) 현재 상황에서 대리모델을 이용해서, 근사적으로 최고의 값을 줄 것으로 예측되는 위치를 찾아낸다. 대리모델로, 근사 함수로 찾아낸 찾아 낸, 예측한 위치에서 소위 값 비싼 진짜 함수 계산을 수행한다. 이 데이터는 기존의 데이터에 추가될 것이다. 베이즈 확률론의 축차합리성을 그대로 이용할 것이다. 데이터가 갱신되었기 때문에, 대리모델은 다시 맞추어야 한다. 결코 병렬화 될 수 없는 알고리즘이다.

일반적인 국소 최소화 알고리즘과는 용도가 다르다는 점에 유의해야한다. 예를 들어, 아주 간단한 함수 국소 최소화에는 여전히 전통적인 국소 최소화 알고리즘이 더 뛰어나다. 예를 들어, Nelder-Mead 알고리즘을 사용할 수 있다. 해석적으로 목적함수의 도함수가 알려진 경우는 전통적인 계산 방법을 사용해야한다. 예를 들어, BFGS 알고리즘을 사용할 수 있다. 기계학습 방법은 좀 더 상황이 꼬인 경우에 사용하는 것이다. 예를 들어, 잡음(noise)이 있는 경우를 들 수 있다.

기대 향상을 아래와 같이 정의한다. 현재까지 조사된(실측된, 탐험된) 점들의 함수 값 중 최적 함수 값보다 더 최적의 함수 값을 도출할 확률을 따지는 작업이 필요하다. 더 최적화된 함수 값을 줄것으로 예상하는 해당 입력을 유추하는 작업이 필요하다. 최대화를 가정할 경우, 현재까지 최고의 함수 값으로 부터 더 올라갈 수 있는 정도로 정의한다. 최고 값, 최고의 해를 알고 있다. 아울러, 기존의 데이터를 통해서 학습한 모델을 가지고 있다. 이 모델이 예측하는 것을 기준으로 일을 진행한다. 새로운 해를 가정하고 예측 값과 분산을 모델로부터 얻어낸다. 예측 값과 분산을 바탕으로 기대 향상을 얻어낸다. 정규분포로부터 정의되는 누적 분포 함수(cumulative distribution function; cdf), 확률 분포 함수(probability density function; pdf) 함수를 사용한다.

베이지안 옵티마이제이션은 대리모델(surrogate model)과 습득함수(acquisition function)로 구성된다. 베이지안 옵티마이제이션은 임의 함수에 대한 확률적인 추정을 수행하는 작업을 포함한다. 대리모델로서 가우시안 프로세스가 가장 많이 활용된다. 함수에 대한 현재까지의 확률적 추정 결과를 바탕으로, 최적 함수 값을 줄 수 있는 입력 값을 추천하는 방법은 최적화에서 유용하다. 이러한 방법으로 expected improvement(EI)가 알려져 있다. 습득함수로서 가장 많이 활용된다. 통상 세가지 중 한 가지를 사용하여 예측을 수행한다.

* maximum probability of improvement(MPI)
* expected improvement(EI)
* upper confidence bound(UCB)

베이지안 옵티마이제이션은 다른 최적화 방법보다 더 적은 샘플링으로도 최적 값을 찾을 수 있다는 장점이 있다. 이는 최적 값을 찾는 데 드는 계산 비용을 줄일 수 있으며, 최적화 문제를 더 빠르고 효율적으로 해결할 수 있도록 한다. 또한, 베이지안 옵티마이제이션은 함수의 불확실성을 고려할 수 있으므로, 함수 값이 불안정한 경우에도 안정적인 최적화 결과를 얻을 수 있다. 베이지안 옵티마이제이션은 새로운 최적의 포인트를 추론하는 과정에서 가우시안 프로세스를 사용한다. 이를 통해 새로운 포인트를 선택할 때 최적화 문제에 대한 가능성이 가장 높은 포인트를 선택할 수 있다.
새로운 최적의 포인트를 유추하는 과정은 다음과 같다.
◇ 초기 값 선택: 최적화 과정을 시작할 때는 일반적으로 몇 개의 초기 입력 값을 선택한다. 이러한 입력 값은 가우시안 프로세스에 의해 모델링된다.
◇ 가우시안 프로세스 모델링: 초기 입력 값에 대한 함수 값들을 사용하여 가우시안 프로세스로 모델링한다. 이 모델링을 통해 입력 값에 대한 함수 값 분포가 계산된다.
◇ 새로운 입력값 선택: 가우시안 프로세스 모델링을 사용하여 함수 값 분포를 계산한 후, 가능성이 높은 입력 값을 선택한다. 이를 위해 최적화 문제를 해결하는 데 가장 유용한 입력 값을 선택하는 알고리즘이 사용된다. 대표적으로는 upper confidence bound(UCB) 알고리즘이나 expected improvement(EI) 알고리즘이 있다.

◇ 새로운 함수 값 계산: 새로운 입력 값을 선택한 후에는 해당 입력값에 대한 함수 값을 계산한다.
◇ 가우시안 프로세스 업데이트: 새로운 입력 값과 함수 값을 사용하여 가우시안 프로세스 모델을 업데이트한다.
◇ 최적 값 선택: 반복적으로 위의 과정을 수행하여 최적 값에 가까워지도록 한다. 가우시안 프로세스 모델링을 사용하여 함수 값 분포를 계산하고, 가능성이 높은 입력 값을 선택하면서 최적 값을 찾는다. 이러한 방식으로, 베이지안 옵티마이제이션은 입력 값 공간을 효율적으로 탐색하고, 최적화 문제를 빠르고 정확하게 해결할 수 있다.

베이지안 옵티마이제이션은 다음과 같은 다양한 응용 분야에서 사용된다.
◇ 초월 매개변수 튜닝: 기계학습 모델에서 사용되는 초월 매개변수를 최적화하는 데 사용된다.
◇ 자동화된 설계 최적화: 제품이나 공정 등의 설계 최적화에 사용된다. 예를 들어, 자동차의 엔진 디자인, 제조 공정의 최적화, 제품 포장 디자인 등에 적용된다.
◇ 실험 최적화: 실험 계획을 최적화하여 연구자들이 더 빠르게 성과를 이끌어 내도록 돕는다.
◇ 포트폴리오 최적화: 주식, 채권, 자산 등의 포트폴리오 최적화에 사용된다.
◇ 웹 서비스 최적화: 웹 서비스의 성능 최적화, 광고 클릭 최적화 등에 사용된다.
◇ 화학물질 및 약물 디자인: 화학물질 및 약물 디자인에 사용되어 화학 구조물의 속성 및 성능을 최적화하는 데 도움을 준다. 이러한 응용 분야에서 베이지안 옵티마이제이션은 높은 효율성과 성능을 보여주며, 많은 실제 문제에서 적용되고 있다.

가우시안 프로세스는 명시적으로 거리에 의존하기 때문에 모든 점들 사이의 거리가 거의 같고 큰 경우 가우시안 프로세스는 변별력이 거의 없다. '차원의 저주'에 따르면, 고차원으로 갈수록 임의의 점 사이의 거리가 저차원에서보다 더 큰 의미를 가지고 변한다고 볼 수 없다. 획득 함수는 볼록하지 않은 것으로 악명이 높기 때문에 고차원 공간에서는 국소 최적점을 아무리 빨리 찾을 수 있어도 상당한 노력 없이는 광역 최적점에 가까운 것을 찾을 확률은 거의 없다. 이는 가우시안 프로세스가 미지의 목표를 모델링하는 능력에는 영향을 미치지 않지만, 최적화를 위해 가우시안 프로세스의 정보를 활용하는 능력에는 영향을 미친다. 고전적인 가우시안 프로세스 추론은 계산의 복잡도가 $O(n^3)$을 따라 확장되기 때문에 고차원에서 뛰어난 효율성을 가진다고 할 수 없다.

6.5 실습 2

□ 나이브 베이즈 분류(naive Bayes classification)는 지도학습의 일종으로, 베이즈 정리(Bayes' theorem)를 이용하여 데이터를 분류하는 알고리즘이다. 나이브 베이즈 분류는 다음과 같은 가정을 기반으로 한다. 각각의 특성(feature)들이 서로 독립적이다. 조건부 확률을 이용한다. 각각의 특성이 동일한 영향력을 가진다. 즉, "나이브(naive)"하게 특성들 간의 상호작용이 없다고 가정하고 분류 작업을 수행한다. 이 가정은 실제 데이터에서는 일반적으로 성립하지 않지만, 단순하고 빠른 분류 모델을 구성할 수 있다. 나이브 베이즈 분류는 주로 텍스트 분류(text classification) 문제에 많이 사용된다. 예를 들어, 이메일을 스팸 메일과 일반 메일로 분류하는 문제에서, 이메일의 본문에서 특정 단어나 구문이 나타나는 빈도를 이용하여 스팸인지 일반 메일인지를 분류할 수 있다. 나이브 베이즈 분류는 모델이 단순하고 높은 정확도를 보여준다는 장점이 있지만, 각각의 특성들이 서로 독립적이지 않은 경우에는 정확도가 낮아질 수 있다. 아래 프로그램에서는 나이브 분류의 예를 보여주고 있다.

```
from sklearn.datasets import load_iris
from sklearn.naive_bayes import GaussianNB
from sklearn.model_selection import train_test_split
from sklearn.metrics import accuracy_score

# 아이리스 데이터셋 불러들이기
iris = load_iris()
X = iris.data
y = iris.target

# train/test 데이터 분리
X_train,X_test,y_train,y_test=train_test_split(X,y,\
    test_size=0.3,random_state=42)

```

```
# Gaussian Naive Bayes 분류 모델 생성 및 학습
gnb = GaussianNB()
gnb.fit(X_train, y_train)

# 테스트 데이터에 대한 예측 결과 출력
y_pred = gnb.predict(X_test)
print("Accuracy: ", accuracy_score(y_test, y_pred))
#
Accuracy:  0.9777777777777777
```

□ 아래는 잡음을 포함한 함수의 최적화 과정을 보여준다. Figure 6.4에서는 베이지안 옵티마이제이션 과정을 확인할 수 있는 신뢰구간을 표시했다. Figure 6.5에서는 베이지안 옵티마이제이션 과정에서 목적함수 수렴 정도를 확인 할 수 있다.

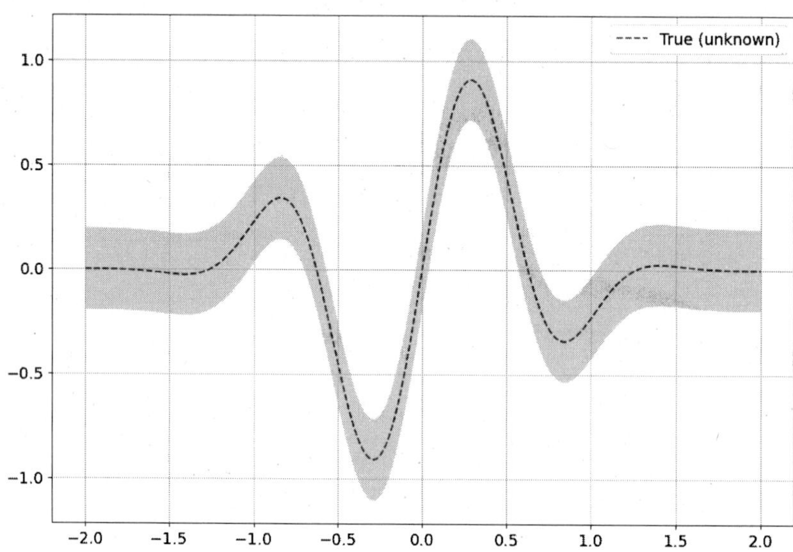

Figure 6.4: 신뢰도 95%를 가정한 베이지안 옵티마이제이션.

```
import numpy as np
import matplotlib.pyplot as plt
from skopt.plots import plot_gaussian_process
np.random.seed(17)
noise_level = 0.1
# 잡음을 가지고 있는 함수 정의
def f(x, noise_level=noise_level):
    return np.sin(5*x[0])*(1-np.tanh(x[0] ** 2))\
        +np.random.randn()*noise_level
x = np.linspace(-2, 2, 400).reshape(-1, 1)
fx = [f(x_i, noise_level=0.0) for x_i in x]
```

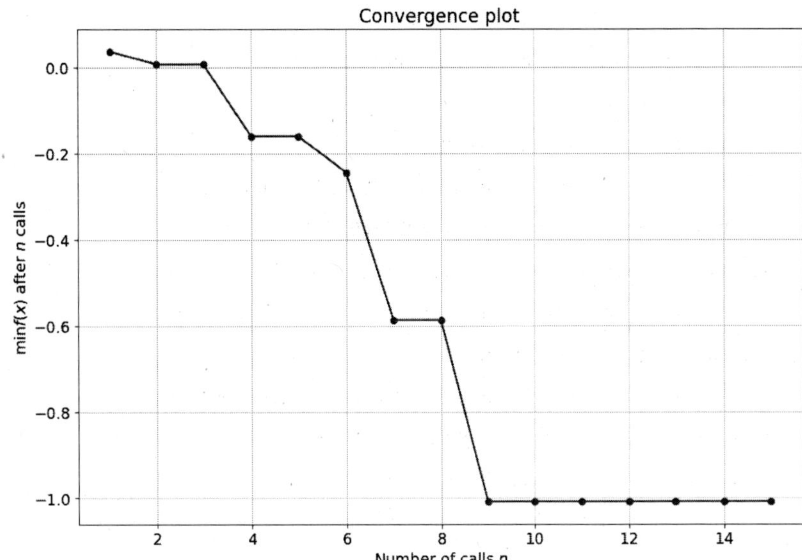

Figure 6.5: 목적함수 수렴 정도.

```
plt.plot(x, fx, "r--", label="True (unknown)")
plt.fill(np.concatenate([x, x[::-1]]),
 np.concatenate(([fx_i-1.9600*noise_level for fx_i in fx],
     [fx_i+1.9600*noise_level for fx_i in fx[::-1]])),
         alpha=.2, fc="r", ec="None")
plt.legend()
plt.grid()
plt.show()
from skopt import gp_minimize
res = gp_minimize(f,
                  [(-2.0, 2.0)],
                  acq_func="EI",
                  n_calls=15,
                  n_random_starts=5,
                  noise=0.1**2,
                  random_state=1234)
"x^*=%.4f, f(x^*)=%.4f" % (res.x[0], res.fun)
print(res)
from skopt.plots import plot_convergence
plot_convergence(res)
#
fun: -1.0079192431413238
func_vals: array([ 0.03716044,  0.00673852,
0.63515442, -0.16042062,  0.10695907,
-0.24436726, -0.5863053 ,  0.05238728, -1.00791924,
 -0.98466748, -0.86259915,  0.18102445, -0.10782771,
```

```
  0.00815673, -0.79756402])
models: [GaussianProcessRegressor(kernel=1**2
* Matern(length_scale=1, nu=2.5)
+ WhiteKernel(noise_level=0.01),
n_restarts_optimizer=2, noise=0.010000000000000002,
normalize_y=True, random_state=822569775),
GaussianProcessRegressor(kernel=1**2
* Matern(length_scale=1, nu=2.5) +
WhiteKernel(noise_level=0.01),
n_restarts_optimizer=2, noise=0.010000000000000002,
normalize_y=True, random_state=822569775),
GaussianProcessRegressor(kernel=1**2
* Matern(length_scale=1, nu=2.5) +
WhiteKernel(noise_level=0.01),
n_restarts_optimizer=2, noise=0.010000000000000002,
normalize_y=True, random_state=822569775),
GaussianProcessRegressor(kernel=1**2
* Matern(length_scale=1, nu=2.5) +
WhiteKernel(noise_level=0.01),
n_restarts_optimizer=2, noise=0.010000000000000002,
normalize_y=True, random_state=822569775),
GaussianProcessRegressor(kernel=1**2
* Matern(length_scale=1, nu=2.5) +
WhiteKernel(noise_level=0.01),
n_restarts_optimizer=2, noise=0.010000000000000002,
normalize_y=True, random_state=822569775),
GaussianProcessRegressor(kernel=1**2
* Matern(length_scale=1, nu=2.5) +
WhiteKernel(noise_level=0.01),
n_restarts_optimizer=2, noise=0.010000000000000002,
normalize_y=True, random_state=822569775),
GaussianProcessRegressor(kernel=1**2
* Matern(length_scale=1, nu=2.5) +
WhiteKernel(noise_level=0.01),
n_restarts_optimizer=2, noise=0.010000000000000002,
normalize_y=True, random_state=822569775),
GaussianProcessRegressor(kernel=1**2
* Matern(length_scale=1, nu=2.5) +
WhiteKernel(noise_level=0.01),
n_restarts_optimizer=2, noise=0.010000000000000002,
normalize_y=True, random_state=822569775),
```

```
GaussianProcessRegressor(kernel=1**2
* Matern(length_scale=1, nu=2.5) +
WhiteKernel(noise_level=0.01),
n_restarts_optimizer=2, noise=0.010000000000000002,
normalize_y=True, random_state=822569775),
GaussianProcessRegressor(kernel=1**2
* Matern(length_scale=1, nu=2.5) +
WhiteKernel(noise_level=0.01),
n_restarts_optimizer=2, noise=0.010000000000000002,
normalize_y=True, random_state=822569775),
GaussianProcessRegressor(kernel=1**2
* Matern(length_scale=1, nu=2.5) +
WhiteKernel(noise_level=0.01),
n_restarts_optimizer=2, noise=0.010000000000000002,
normalize_y=True, random_state=822569775)]
random_state: RandomState(MT19937) at 0x187C2630240
space: Space([Real(low=-2.0, high=2.0, prior='uniform',
transform='normalize')])
specs: {'args': {'func': <function f at 0x00000187D6BAADD0>,
                  'dimensions': Space([Real(low=-2.0,
                 high=2.0, prior='uniform', transform='normalize')]),
                 'base_estimator':
                 GaussianProcessRegressor(kernel=1**2
                 * Matern(length_scale=1, nu=2.5),
                 n_restarts_optimizer=2, noise=0.010000000000000002,
                 normalize_y=True, random_state=822569775),
                 'n_calls': 15, 'n_random_starts': 5,
                 'n_initial_points': 10,
                 'initial_point_generator': 'random',
                 'acq_func': 'EI', 'acq_optimizer':
                 'auto', 'x0': None, 'y0': None,
                 'random_state': RandomState(MT19937)
                 at 0x187C2630240, 'verbose': False,
                 'callback': None, 'n_points': 10000,
                 'n_restarts_optimizer': 5, 'xi': 0.01,
                 'kappa': 1.96, 'n_jobs': 1,
                 'model_queue_size': None}, 'function': 'base_minimize'}
x: [-0.3551841623295944]
x_iters: [[-0.009345334109402526],
[1.2713537644662787], [0.4484475787090836],
[1.0854396754496047], [1.4426790855107496],
```

```
[0.957924846874036],
[-0.45158087416842374], [-0.6859481130644496],
[-0.3551841623295944],
[-0.2931537904259687], [-0.3209941610648439],
[-2.0], [2.0],
[-1.33737419968377], [-0.2478422949628467]]
```

6.6 실습 3

ㅁ 유사성(similarity)을 이용하여 거리를 측정할 수 있다. 다시 말해서 두 데이터 포인트 사이의 유사성이 없을수록 큰 거리를 가지는 두 데이터 포인트라고 볼 수 있다. 아래의 예에서 알 수 있듯이 데이터 사이의 유사성을 측정하는 방법은 잘 구현되어 있다. 두 문자열 간 거리 측정에는 다양한 방법이 있다. 이 중 일부를 아래에 설명한다.

◇ 편집 거리(edit distance): 편집 거리는 두 문자열을 동일하게 만들기 위해 필요한 삽입, 삭제, 치환 연산의 최소 횟수를 측정하는 방법이다. 이는 두 문자열이 얼마나 다른지를 나타내는 지표로 사용된다.

◇ 자카드 유사도(Jaccard similarity): 자카드 유사도는 두 집합이 얼마나 유사한지를 측정하는 방법이다. 문자열을 집합으로 변환한 후, 두 집합의 교집합 크기를 합집합 크기로 나눈 값을 유사도로 사용한다.

◇ 코사인 유사도(cosine smilarity): 코사인 유사도는 두 벡터 간 각도의 코사인 값을 이용하여 유사도를 측정하는 방법이다. 문자열을 벡터로 변환한 후, 두 벡터 간의 내적에 비례하는 코사인 값을 유사도로 사용한다.

◇ 레벤슈타인 거리(Levenshtein distance): 레벤슈타인 거리는 편집 거리와 유사한 개념으로, 두 문자열 간의 차이를 측정하는 방법이다. 하지만 편집 거리와 달리 삽입, 삭제, 치환 연산마다 각각의 비용을 지정할 수 있다. 이는 두 문자열이 얼마나 서로 다른지를 측정하는 데에 사용된다.

위와 같은 방법 외에도 다양한 문자열 거리 측정 방법이 존재한다. 적절한 거리 측정 방법은 문제에 따라 다르며, 경우에 따라 여러 가지 방법을 복합적으로 사용하기도 한다.

```
import numpy as np
import scipy.stats
x = np.arange(10, 20)
y = np.array([2, 1, 4, 5, 9, 12, 18, 25, 96, 48])
```

```
print(x)
print(y)
scipy.stats.pearsonr(x, y)[0]    # Pearson's r, -1에서 1사이의 값을 준다.

scipy.stats.spearmanr(x, y)[0]   # Spearman's rho

scipy.stats.kendalltau(x, y)[0]  # Kendall's tau
#
[10 11 12 13 14 15 16 17 18 19]
[ 2  1  4  5  9 12 18 25 96 48]
0.9111111111111111
```

□ n-ball의 부피 계산, 여기에서는 수치적으로 계산한다. Monte Carlo 방법으로 부피를 수치적으로 계산한다. 즉, 적분한다. n-차원 공간에서의 n-차원 구(n-ball)의 부피는 해석적으로 얻을 수 있다.[5] '차원의 저주'에 대한 간단한 해결책은 다음과 같다. 고차원의 영향을 줄이는 방법 중 하나는 공간 벡터에서 다른 거리 측정 값을 사용하는 것이다. 유클리드 거리를 대체하기 위해 코사인 유사도를 사용하는 방법을 살펴볼 수 있다. 코사인 유사도는 차원이 높은 데이터에 미치는 영향이 적을 수 있다. 그러나 이러한 방법을 사용하는 것은 필요한 문제 해결에 따라 달라질 수 있다. 다른 방법으로는 차원축소를 사용하는 방법이 있다. 특성 선택 → 이 방법은 주어진 모든 특성에서 가장 유용한 특성의 하위 집합을 선택하는 것이다. 주성분 분석(PCA)/t-SNE → 이 방법은 특성의 수를 줄이는 데 도움이 되지만 클래스 레이블이 반드시 보존되는 것은 아니므로 결과 해석이 어려울 수 있다. 기술적으로 아래와 같은 항목들을 체크할 수 있다.

5: https://en.wikipedia.org/wiki/Volume_of_an_n-ball

```
SelectKBest(score_func=chi2, k=10)

PCA(n_components=10)

LogisticRegression(penalty='l1')

RandomForestClassifier()

resample(X[y==1],y[y==1],replace=True,\
 n_samples=X[y==0].shape[0],random_state=1)

SMOTE(sampling_strategy='minority', random_state=7)
```

```
import numpy as np
from scipy.spatial.distance import cdist
import scipy
import pandas as pd
import matplotlib.pyplot as plt
plt.rcParams['figure.figsize'] = [12, 10]
plt.style.use('seaborn-darkgrid')

if True:
    N = 2
    M = int(1e7)
    y = np.random.uniform(low=-0.5, high=0.5, size=(M, N))
    p = np.sum(np.sqrt(y[:, 0]**2 + y[:, 1]**2) < 0.5)/M
    print(p, 4*p)

N_MAX = 16
M = int(1e7)
dims = np.zeros(N_MAX, dtype=np.int32)
volume = np.zeros(N_MAX)
for N in range(1, N_MAX+1):
    y = np.random.uniform(low=-0.5, high=0.5, size=(M, N))
    # 거리 계산에 해당하는 부분
    dist = cdist(y, np.expand_dims(np.zeros(N), 0),\
         metric='euclidean')
    p = np.sum(dist < 0.5)/M
    dims[N-1] = N
    volume[N-1] = p
df = pd.DataFrame(data={'dims': dims, 'volume': volume})
print(df)
plt.plot(df.dims, df.volume, 'o-')
plt.title('Volume of n-ball inscribed in unit n-cube',size=18)
plt.xlabel('Dimensions', size=18)
plt.ylabel('Volume of inscribed n-ball', size=18)
#
0.7854083 3.1416332
dims    volume
0      1  1.000000
1      2  0.785482
2      3  0.523597
3      4  0.308487
4      5  0.164562
```

```
5       6  0.080759
6       7  0.036898
7       8  0.015807
8       9  0.006433
9      10  0.002466
10     11  0.000928
11     12  0.000325
12     13  0.000113
13     14  0.000040
14     15  0.000013
15     16  0.000003
```

ㅁ'차원의 저주'는 고차원에서 데이터를 처리하거나 분석할 때 발생하는 문제이다. 이 문제는 차원이 증가함에 따라 데이터 밀도가 낮아지고, 샘플 수가 고정된 상황에서, 각 샘플 간의 거리가 멀어져서 발생한다. 5차원과 5000차원에서의 거리 분포를 각각 알아 보았다.

```
import numpy as np
# 두 데이터 포인트 간의 유클리드 거리 계산
def euclidean_distance(x, y):
    return np.sqrt(np.sum((x - y) ** 2))

dimensions = 5
num_points = 100000
data = np.random.uniform(0,1,size=(num_points,dimensions))
# 첫번째 데이터 포인트와 모든 데이터 포인트 간의 거리 계산
distances = [euclidean_distance(data[0], data[i])
             for i in range(1, num_points)]
# 거리의 평균과 표준편차 출력
print("Mean distance:", np.mean(distances))
print("Standard deviation of distance:", np.std(distances))

dimensions = 5000
data=np.random.uniform(0,1,size=(num_points,dimensions))
# 첫번째 데이터 포인트와 모든 데이터 포인트 간의 거리 계산
distances = [euclidean_distance(data[0],data[i])
             for i in range(1, num_points)]
# 거리의 평균과 표준편차 출력
print("Mean distance:", np.mean(distances))
print("Standard deviation of distance:",np.std(distances))
#
```

```
Mean distance: 0.9309757724782638
Standard deviation of distance: 0.24407406460389752
Mean distance: 28.784254101735847
Standard deviation of distance: 0.2221901252552929
```

ㅁ저차원에서의 예측 정밀도가 더 높다. 주성분 분석을 통해서, 고차원 데이터를 저차원으로 적절히 유효하게 잘 보내면, 보다 더 좋은 분류 성능을 얻을 수 있다.

```
import numpy as np
from sklearn.datasets import make_classification
from sklearn.decomposition import PCA
from sklearn.linear_model import LogisticRegression
from sklearn.model_selection import train_test_split
from sklearn.neighbors import KNeighborsClassifier

# 장난감 데이터 생성
X, y = make_classification(n_samples=20000, \
    n_features=2000, n_classes=2)
if True:
    X, y = make_classification(n_samples=20000, \
        n_features=2000,
        n_informative=2, n_redundant=5, random_state=17)

X_train,X_test,y_train,y_test =train_test_split(X,y,\
    test_size=0.2)

icase = 1
if icase == 1:
    knn = KNeighborsClassifier(n_neighbors=5)
    knn.fit(X_train, y_train)
    score_high_dimension = knn.score(X_test, y_test)

# 주성분 분석(PCA)를 사용하여 차원을 줄인 후 KNN 분류기로 예측 모델 학습
pca = PCA(n_components=10)
X_train_pca = pca.fit_transform(X_train)
X_test_pca = pca.transform(X_test)

if icase == 1:
    knn_pca = KNeighborsClassifier(n_neighbors=5)
    knn_pca.fit(X_train_pca, y_train)
```

```
    score_low_dimension = knn_pca.score(X_test_pca, y_test)

print(f"high dim data prediction accuracy:\
     {score_high_dimension:.2f}")
print(f"low dim data prediction accuracy: \
     {score_low_dimension:.2f}")

if icase == 2:
    model = LogisticRegression()
    model.fit(X_train, y_train)
    score_high_dimsion = model.score(X_test, y_test)
    model_pca = LogisticRegression()
    model_pca.fit(X_train_pca, y_train)
    score_low_dimension=model_pca.score(X_test_pca,y_test)

# 두 모델의 정확도 비교
print(f"high dim data prediction accuracy: \
 {score_high_dimension:.2f}")
print(f"low dim data prediction accuracy: \
 {score_low_dimension:.2f}")
#
high dim data prediction accuracy: 0.70
low dim data prediction accuracy: 0.96
high dim data prediction accuracy: 0.70
low dim data prediction accuracy: 0.96
```

ㅁ '차원의 저주'를 실증적으로 검증하기 위한 프로그램을 아래에 표시했다. 이 예시 프로그램은 파이썬과 scikit-learn 라이브러리를 사용하여 구현한다. 먼저, 1000차원의 벡터를 10,000개 생성하고, 각각의 벡터에 막수를 할당하여 데이터셋을 생성한다. 이후, scikit-learn의 주성분 분석(PCA) 차원축소 알고리즘을 사용하여 100차원, 50차원, 10차원 등으로 차원을 축소한다. 이제 각각의 축소된 차원에서 데이터 간의 거리를 계산한다. 마지막으로, 원래 고차원에서의 거리와 각각의 축소된 차원에서의 거리를 비교하여 '차원의 저주'가 실제로 존재하는지 여부를 확인한다.

```
from sklearn.metrics.pairwise import euclidean_distances
from sklearn.decomposition import PCA
import numpy as np

# 1000차원 벡터를 10,000개 생성
```

```
n_samples = 10000
n_features = 1000
X = np.random.rand(n_samples, n_features)

# 주성분 분석(PCA) 차원축소
pca_100 = PCA(n_components=100)
X_pca_100 = pca_100.fit_transform(X)

pca_50 = PCA(n_components=50)
X_pca_50 = pca_50.fit_transform(X)

pca_10 = PCA(n_components=10)
X_pca_10 = pca_10.fit_transform(X)
# 각각의 축소된 차원에서 데이터 간 거리 계산

distance_original = euclidean_distances(X)
distance_pca_100 = euclidean_distances(X_pca_100)
distance_pca_50 = euclidean_distances(X_pca_50)
distance_pca_10 = euclidean_distances(X_pca_10)
# 원래 고차원에서의 거리와 각각의 축소된 차원에서의 거리 비교
print("Distance in original space: ", \
    np.mean(distance_original))
print("Distance in 100-dimensional space: ", \
    np.mean(distance_pca_100))
print("Distance in 50-dimensional space: ", \
    np.mean(distance_pca_50))
print("Distance in 10-dimensional space: ", \
    np.mean(distance_pca_10))
#
Distance in original space:  12.906724387084825
Distance in 100-dimensional space:  4.912891381933424
Distance in 50-dimensional space:  3.5856884023664306
Distance in 10-dimensional space:  1.598410765909922
```

□ 마하라노비스 거리(Mahalanobis distance)는 다변량 데이터의 군집화나 이상치 탐지와 같은 문제에 적용된다. 마하라노비스 거리는 통계학에서 널리 사용되는 거리 척도 중 하나이다. 이 거리는 다른 거리 척도와는 달리, 확률 분포의 모양과 분산을 고려하기 때문에 유용하게 사용된다. 통계적 분포 자체를 확인한 후 계산하는 거리이다. 통계적 분포를 아예 고려하지 않을 경우, 통상의 거리로 환원될 수 있다. 통계적으로 자주 발

생하는 위치에 있는 것은 해당 중심으로부터 가깝다고 평가된다. 통계적 처리가 된 새로운 좌표계를 도입할 수 있다. 예를 들어, 주성분 분석(PCA)에서 사용한 좌표계를 이용할 경우, 마하라노비스 거리를 다시 계산할 수 있다. 아래 프로그램에서 그것을 확인할 수 있다. 주성분 분석은 다차원 데이터의 분산을 최대화하는 새로운 좌표계를 찾아내는 기법이다. 이를 통해 주요한 정보를 추출할 수 있다. PCA whitening에서는 공분산 행렬을 정규화하여 분산을 1로 맞추어준다. 주성분들 간의 분산이 모두 1이 되게하는 것이다. PCA whitening은 데이터를 변환하여 주요 구조를 강조하고 잡음을 제거하는 기술로서 다양한 분야에서 활용된다.

◇ 이미지 처리 분야: PCA whitening은 이미지 분류, 객체 인식 및 이미지 검색과 같은 다양한 이미지 처리 응용 프로그램에서 사용된다. 예를 들어, PCA whitening은 이미지에서 주요 구조를 추출하여 원본 데이터의 잡음를 제거하고 패턴을 강조하여 더 나은 이미지 분류 결과를 얻을 수 있다.

◇ 음성 처리 분야: PCA whitening은 음성 처리 분야에서도 사용된다. 예를 들어, 신호 처리 및 음성 인식과 같은 어플리케이션에서 사용된다.

◇ 자연어 처리 분야: 자연어 처리에서 PCA whitening은 임베딩 된 단어 벡터의 차원을 줄이고 더 나은 특성을 추출하는 데 사용된다.

◇ 기타 분야: PCA whitening은 신호 처리, 데이터 압축, 금융 분석, 생체 인식 및 패턴 인식과 같은 다른 분야에서도 사용된다.

따라서 PCA whitening은 데이터 처리와 분석을 위해 광범위하게 사용된다.

```
import numpy as np
from scipy.spatial.distance import euclidean
from sklearn.decomposition import PCA
from sklearn.preprocessing import StandardScaler
from scipy.spatial.distance import mahalanobis

def mahalanobis_distance(p, distr):
    # p: a point
    # distr : a distribution
    # covariance matrix
    cov = np.cov(distr, rowvar=False)
    # average of the points in distr
    avg_distri = np.average(distr, axis=0)
    dis = mahalanobis(p, avg_distri, cov)
    return dis
```

```
X = np.array([[1, 2], [2, 2], [3, 3], [1, 3], [2,3]])
cov = np.cov(X, rowvar=False)
covI = np.linalg.inv(cov)
mean = np.mean(X)
maha = mahalanobis(X[0], X[1], covI)
pca = PCA(whiten=True)
X_transformed = pca.fit_transform(X)
print('Mahalanobis distance: '+str(maha))
print('Euclidean distance: ' +
str(euclidean(X_transformed[0], X_transformed[1])))
#
Mahalanobis distance: 1.999999999999999
Euclidean distance: 2.0000000000000004
```

□ 주성분 분석(principal component analysis, PCA)은 다차원 데이터를 분석하고 차원을 축소하는 기법이다. 주성분 분석은 주요 주성분을 추출하고, 이를 통해 데이터의 차원을 축소함으로써 데이터를 분석하는 데 매우 유용하다. 비지도학습으로 데이터 속 잡음을 제거할 수 있다. 이미지 데이터 속 잡음을 제거하는 예를 확인할 수 있다. 주성분 분석 방법을 활용한 이미지 2차원 잡음 제거 방법은 다음과 같다.

◇ 데이터를 행렬로 변환한다.

예를 들어, n개의 샘플과 m개의 변수가 있는 데이터를 X라고 가정한다. 이 데이터는 $n \times m$ 크기의 행렬로 표현된다.

◇ 주성분 분석을 이용하여 데이터의 주성분을 추출한다. 추출된 주성분은 데이터를 가장 잘 설명하는 변수들이다. 이 변수들은 데이터의 분산을 가장 많이 설명하는 축이다.

◇ 추출한 주성분으로부터 잡음이 포함된 주성분을 제거한다.

추출된 주성분 중에서, 분산이 작은 주성분들은 잡음에 해당한다. 이러한 중요하지 않은 주성분들은 제거한다.

◇ 나머지 주성분들으로부터 데이터를 복원한다.

주성분 분석을 통해서 2차원 잡음을 제거하는 예를 아래에서 확인할 수 있다. Figure 6.6에서는 주성분이 2개일 때, 즉 2차원에서의 데이터 분포를 보여 준다. Figure 6.7에서는 주성분의 갯수와 누적 분산의 연관성을 그림을 확인할 수 있다. Figure 6.8에서는 원본 그림을 볼수 있다. Figure 6.9에서는 잡음이 들어간 그림을 볼 수 있다. Figure 6.10에서는 비지도학습 주성분 분석(PCA) 기반 잡음 제거 기법이 적용된 그림을 볼 수 있다.

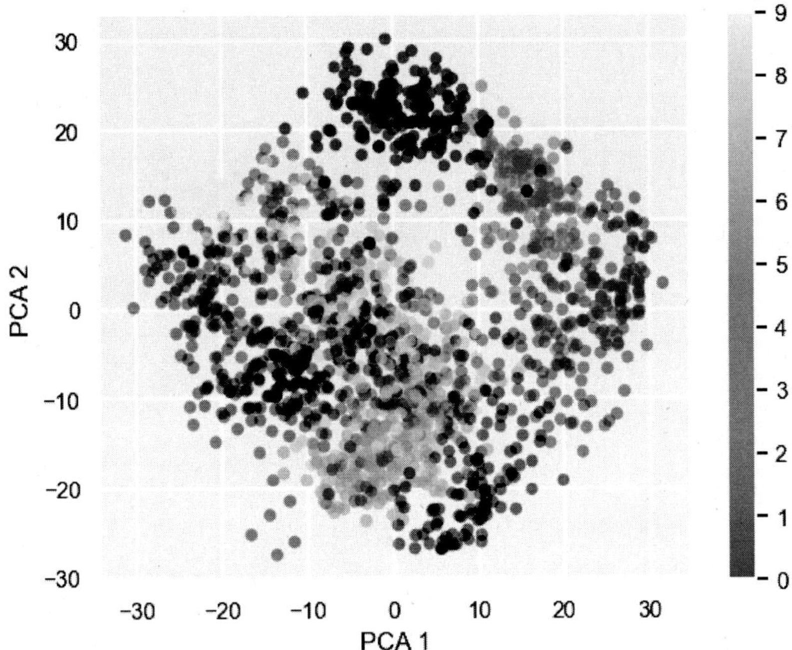

Figure 6.6: 2차원에서 데이터 분포를 보여 준다. 데이터 차원이 2차원으로 축소되었다.

```
from sklearn.datasets import load_digits
from sklearn.decomposition import PCA
import matplotlib.pyplot as plt
import numpy as np
import seaborn as sns; sns.set()
digits = load_digits()
digits.data.shape

pca = PCA(2)  # project from 64 to 2 dimensions, 차원축소
projected = pca.fit_transform(digits.data)
print(digits.data.shape)
print(projected.shape)

plt.scatter(projected[:, 0], projected[:, 1],
    c=digits.target, edgecolor='none', alpha=0.5)
plt.xlabel('PCA 1')
plt.ylabel('PCA 2')
plt.colorbar()
pca = PCA().fit(digits.data)
plt.plot(np.cumsum(pca.explained_variance_ratio_))
plt.xlabel('number of components')
plt.ylabel('cumulative explained variance')

```

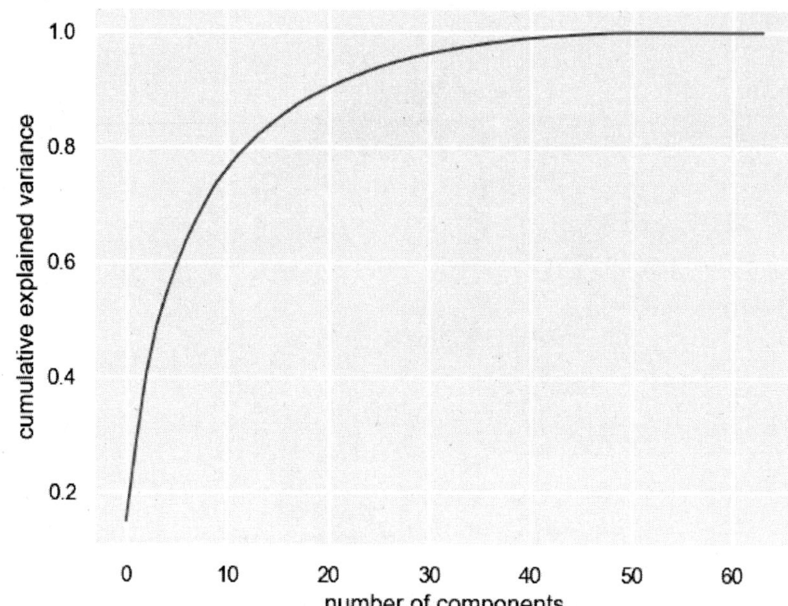

Figure 6.7: 주성분의 갯수와 누적 분산. 모든 주성분들을 고려할 경우, 누적 분산은 1에 수렴하게된다.

Figure 6.8: 원본 그림들.

```
def plot_digits(data):
    fig, axes = plt.subplots(4, 10, figsize=(10, 4),
       subplot_kw={'xticks': [], 'yticks': []},
       gridspec_kw=dict(hspace=0.1, wspace=0.1))
    for i, ax in enumerate(axes.flat):
        ax.imshow(data[i].reshape(8, 8), cmap='binary',
                  interpolation='nearest', clim=(0, 16))

plot_digits(digits.data)
np.random.seed(17)
noisy = np.random.normal(digits.data, 2.)
plot_digits(noisy)
pca = PCA(0.50).fit(noisy)
pca.n_components_
components = pca.transform(noisy)
```

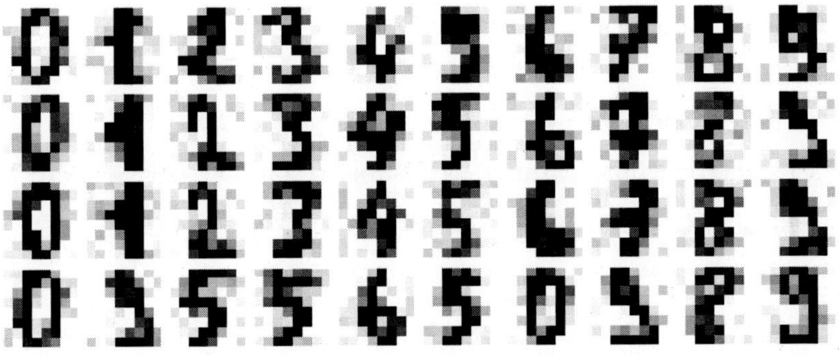

Figure 6.9: 잡음이 도입된 그림들.

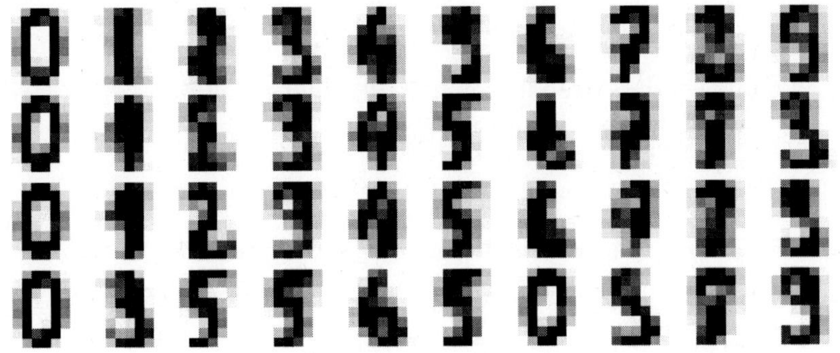

Figure 6.10: 잡음이 제거된 그림들.

```
filtered = pca.inverse_transform(components)
plot_digits(filtered)
#
(1797, 64)
(1797, 2)
```

□ OpenCV super-resolution 구현의 예제를 아래 프로그램에서 나타내었다. OpenCV에 대한 연습이 선행되어야 한다.

https://opencv-python.readthedocs.io/en/latest/

참고:https://learnopencv.com/super-resolution-in-opencv/

https://github.com/Saafke/EDSR_Tensorflow

Super-resolution은 저해상도(low-resolution) 이미지를 고해상도(high-resolution) 이미지로 업스케일링(upscaling) 하는 기술이다. 이 기술은 주로 이미지나 비디오에서 세부 정보를 놓치지 않고 고해상도를 유지하고자 할 때 사용된다. 인공지능을 이용한 super-resolution 기술은 대부분 딥러닝 알고리즘을 기반으로 한다. 특히, 합성곱 신경망(convolutional neural network, CNN)는 이미지 업스케일링에서 매우 효과적인 모델로 알려져 있다. 다양한 이미지들에 대해서 학습을 진행할 수 있다. 예를 들어, 초고해상도 이미지를 모아 둔 데이터베이스를 활용한다. 고해상도 이미지를 저해상도 이미지로 바꾸는 것은 상대적으로 쉬운일이다. 따라서,

매우 다양한 상황에서 저해상도 이미지가 고해상도 이미지로 변환되는 방식이 학습될 수 있다. Super-resolution 기술은 크게 두 가지 유형으로 나눌수 있다.

◇ 기계학습(machine learning) 기반 super-resolution 기술: 대표적으로는 SRCNN,[110] FSRCNN,[111] ESPCN[112] 등의 인공신경망을 이용한 기술이 있다. 저해상도 이미지에서 고해상도 이미지로의 변환을 위해 대규모의 이미지 데이터셋을 활용하여 학습한다. 입력 이미지에서 특징을 추출하고 이를 바탕으로 고해상도 이미지를 생성하는 방식으로 동작한다. 빠른 속도와 높은 성능을 가지며, 하드웨어에 대한 의존도가 낮다.

◇ 딥러닝(심층학습, deep learning) 기반 super-resolution 기술: 대표적으로는 SRGAN,[113] ESRGAN[114] 등의 적대적 생성망(GAN)을 이용한 기술이 있다. 저해상도 이미지를 입력으로 받아 고해상도 이미지를 생성하는 데 있어서, 생성자(generator)와 판별자(discriminator)라는 두 개의 인공신경망을 이용한다. 생성자는 입력 이미지를 고해상도 이미지로 변환하고, 판별자는 생성자가 생성한 고해상도 이미지와 실제 고해상도 이미지를 구별하는 역할을 한다. 학습 데이터셋이 많이 필요하지만, 저해상도 이미지에서 높은 해상도의 이미지를 생성하는 높은 성능을 보인다. 하드웨어에 대한 의존도가 높아 GPU나 TPU와 같은 고성능 하드웨어를 필요로 한다. 시각적 성능 지표는 인간의 시각적인 경험과 일치하는지를 평가하는 지표이다. 대표적으로는 PSNR(peak signal-to-noise ratio), SSIM(structural similarity), MS-SSIM(multi-scale SSIM) 등이 있다. 이들 지표는 super-resolution 모델이 입력 이미지에 대해 생성한 고해상도 이미지가 실제 고해상도 이미지와 얼마나 유사한지를 측정하는 데 사용된다. 기본적으로 두 개 이미지들의 '거리'를 측정할 수 있어야 한다. 의료 분야에서는 CT, MRI 등의 이미지를 고해상도로 변환하여 보다 정확한 진단을 돕는 데 활용된다.

[110]: Dong et al. (2016), 'Accelerating the super-resolution convolutional neural network'
[111]: W. Lee et al. (2020), 'Learning with privileged information for efficient image super-resolution'
[112]: Shi et al. (2016), 'Real-time single image and video super-resolution using an efficient sub-pixel convolutional neural network'
[113]: Ledig et al. (2017), 'Photo-realistic single image super-resolution using a generative adversarial network'
[114]: X. Wang et al. (2018), 'Esrgan: Enhanced super-resolution generative adversarial networks'

OpenCV를 사용하여 다양한 이미지 처리 작업을 수행할 수 있다. 이 중 일부 예시는 다음과 같다.[6]

◇ 이미지 읽기 및 쓰기: cv2.imread() 함수를 사용하여 이미지를 읽을 수 있으며, cv2.imwrite() 함수를 사용하여 이미지를 저장할 수 있다.

◇ 이미지 크기 조정: cv2.resize() 함수를 사용하여 이미지 크기를 조정할 수 있다.

◇ 이미지 회전 및 뒤집기: cv2.rotate() 함수를 사용하여 이미지를 회전하거나, cv2.flip() 함수를 사용하여 이미지를 좌우 또는 상하로 뒤집을 수

6: 2003년 방송된 '대장금' 화질은 SD급으로 해상도가 34만 화소(720 × 480)로 HD의 200만 화소(1920 × 1080)에 비해 크게 떨어져 대형 화면에서 시청하면 화질이 많이 뭉개진다. 화질 문제로 OTT(실시간 동영상 서비스)와 VOD(주문형 비디오) 서비스를 지원하지 못했다. 하지만, 인공지능 기술을 활용하면 이 문제를 풀 수 있다.

있다.

◇ 이미지 필터링: cv2.filter2D() 함수를 사용하여 이미지를 필터링할 수 있다. 또한, 가우시안 필터링과 미디언 필터링 등의 다양한 필터링 기능을 제공한다.

◇ 이미지 이진화: cv2.threshold() 함수를 사용하여 이미지를 이진화할 수 있다.

◇ 이미지 히스토그램 평활화: cv2.equalizeHist() 함수를 사용하여 이미지의 히스토그램을 평활화할 수 있다.

◇ 이미지 경계 검출: cv2.Canny() 함수를 사용하여 이미지의 경계를 검출할 수 있다.

◇ 객체 검출 및 추적: cv2.CascadeClassifier() 함수를 사용하여 객체 검출을 수행할 수 있다. 또한, 상태 추정 알고리즘 중 하나인 칼만 필터를 구현한 cv2.KalmanFilter() 함수도 제공한다.

◇ 이미지 합성: cv2.add() 함수나 cv2.addWeighted() 함수를 사용하여 이미지를 합성할 수 있다.

◇ 이미지 분할: cv2.split() 함수를 사용하여 이미지를 분할할 수 있다.

이 외에도 OpenCV에서는 다양한 이미지 처리 기능을 제공하므로, 적절한 함수와 기능을 사용하여 원하는 이미지 처리 작업을 수행할 수 있다. Figure 6.11에서는 초고해상도 이미지(가운데)를 얻어낸 경우이다.

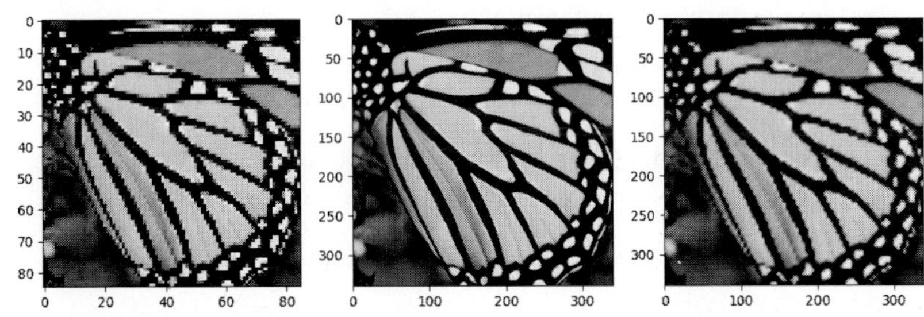

Figure 6.11: 원본 이미지(좌측)가 인공지능 기반 기술로 변환된 경우(가운데).

```
import cv2
import matplotlib.pyplot as plt

img1 = img.imread(
'C:/Users/Inho Lee/testAI/data/denoising2/
    2021.08.09/line/Line 50x_001.tif')
# img1=img1[0:target_height,0:target_width]
plt.imshow(img1, cmap=plt.cm.gray)

sr = cv2.dnn_superres.DnnSuperResImpl_create()
```

```
path = "EDSR_x4.pb"
sr.readModel(path)
sr.setModel("edsr",4)
result = sr.upsample(img1)
# Resized image
resized = cv2.resize(img1,dsize=None,fx=4,fy=4)

plt.figure(figsize=(12,8))
plt.subplot(1,3,1)
# Original image
plt.imshow(img1[:,:,::-1])
plt.subplot(1,3,2)
# SR upscaled
plt.imshow(result[:,:,::-1])
plt.subplot(1,3,3)
# OpenCV upscaled
plt.imshow(resized[:,:,::-1])
plt.show()
#
import cv2
import time
import matplotlib.pyplot as plt

img1 = cv2.imread('input.png')
width = img1.shape[1]
height = img1.shape[0]
bicubic = cv2.resize(img1, (width*4, height*4))

super_res = cv2.dnn_superres.DnnSuperResImpl_create()
start = time.time()
super_res.readModel('EDSR_x4.pb')
super_res.setModel('edsr', 4)
edsr_image = super_res.upsample(img1)
end = time.time()
print('Time taken in seconds by edsr', end-start)

plt.figure(figsize=(12,8))
plt.subplot(1,3,1)
# Original image
plt.imshow(img1[:,:,::-1])
plt.subplot(1,3,2)
```

```
# SR upscaled
plt.imshow(edsr_image[:,:,::-1])
plt.subplot(1,3,3)
# OpenCV upscaled
plt.imshow(bicubic[:,:,::-1])
plt.show()
```

7 다수의 국소 최적화

7.1 도함수가 없는 함수의 국소 최적화: Nelder-Mead 알고리즘

앞선 논의에서 각종 패키지를 활용하여 국소 최적화를 다루는 방식을 살펴보았다. 파이썬 언어를 활용하여 기계학습 방법을 활용하였는데 대부분 국소 최적화 방법을 사용했었다. 좀 더 일반적으로 다양한 이공계 문제에서 사용자에 특화된 국소 최적화 알고리즘이 필요할 수 있다. 이 경우, 기계학습 패키지를 사용하지 않는 경우를 가정한다. 이때, 고속으로 국소 최적화가 필요하다. 이러한 경우, 포트란 90(Fortran 90), 씨(C) 언어를 활용하면 좋다. 경우에 따라서, MPI(message passing interface)를 활용한 다수의 국소 최소화도 동시에 필요할 수 있다. MPI를 활용하여 대규모 병렬 처리를 수행할 수 있으며, 병렬 처리를 통해 광역 최적화 문제를 더욱 효과적으로 해결할 수 있다. 아래의 URL에서 MPI 연습 프로그램들의 확인할 수 있다. https://github.com/inholeegithub/summer2022/tree/main/MPI

Nelder-Mead 알고리즘은 다차원 독립 변수들에 의한 목적함수 최적화에 널리 사용되는 방법이다.[115] 아메바 방법(amoeba method)이라고도 한다. 함수 값 비교를 통해서 함수를 최적화하는 방법이다. 목적함수의 도함수, 즉, 구배 벡터(gradient vector) 를 활용하지 않는 계산 방법이다. 따라서, 매우 일반적인 목적함수 최적화에 응용될 수 있다. 문제에 따라서는 목적함수의 도함수가 잘 정의되지 않는 경우가 많다. 일반으로 도함수를 이용하지 않을 경우, 목적함수 최적화는 상대적으로 어려워진다. 왜냐하면 목적함수의 변화에 대한 정보를 최적화 과정에서 사용하지 못하기 때문이다. 효율성은 떨어질 수밖에 없다. 하지만, 실제 응용 문제 풀이에서는 그러한 경우의 문제들이 매우 많이 산재한다.

[115]: Nelder and Mead (1965), 'A simplex method for function minimization'

2차원에서 Nelder-Mead 알고리즘을 설명하면, 먼저 2차원 평면상에서 최소 값을 찾고자 하는 목적함수 $f(x, y)$를 정의한다. 그리고 이 함수에 대한 초기 값으로 3개의 점을 선택한다. 이 3개의 점으로 이루어진 삼각형을 "simplex" 또는 "triangle" 이라고 한다. 이제 초기 "simplex"을 이용하여 아래의 3가지 연산을 수행한다.
◇ 반사(Reflection): 최대 값을 가지는 점 P를 고정하고 나머지 점을 이용해서 삼각형의 반대편에 위치한 점을 생성한다.
◇ 확장(expansion): 반사 연산으로 만들어진 새로운 점을 같은 방향으로 보다 더 멀리 위치시킨다.
◇ 축소(contraction): 최대 값을 가지는 점 P를 제외한 나머지 점들을 이동시켜서 "simplex"의 크기를 줄인다.
이 연산들을 수행하면서 삼각형의 크기는 점점 작아지고, 함수의 최소 값 주변에 삼각형이 수렴한다. 새로운 점이 이전의 최대 값보다 더 작은 값을 가지면, 그 점은 "simplex"에 추가된다. 새로운 점을 추가하고나면, 가장 큰 값을 가지는 점을 제거하여 "simplex"를 유지한다. 이러한 과정을 반복하면서 최소 값을 찾는다.

Nelder-Mead 알고리즘은 초기 점들의 선정 방식, 삼각형 내부의 점들을 계산하는 방식 등을 포함한다. 또한, 이 방법은 특히 차원이 높은 경우 계산 복잡도가 급격히 증가하므로, 대체로 차원이 낮은 경우에 사용된다. Nelder-Mead 알고리즘은 단순하고 직관적인 방법으로, 초기 점들을 어떻게 설정하느냐에 따라서 최적점에 수렴하는 속도와 결과가 크게 달라질 수 있다. 따라서 이 알고리즘을 사용할 때는 초기 점들을 조심스럽게 설정해야 한다. 또한, 이 방법은 전역 최소 값을 찾을 수 없는 경우도 있으므로, 목적함수가 극 값을 가지는 구간에서는 다른 최적화 알고리즘과 함께 사용해야 한다. 초기 조건을 변경하는 방법으로 다수의 국소 최적화 계산을 수행할 수 있다.

Nelder-Mead 알고리즘은 풀림 시늉(simulated annealing)처럼 계속해서 새로운 해를 찾아나서는 시도를 반복한다. 함수 피팅(fitting)같은 간단한 계산에서 유용하게 사용될 수 있다. 몇 개의 독립 변수들을 최적화 시킬 때 매우 유용하다고 알려져 있다. 국소 최적화 방법으로 사용될 수 있다. 특히, 도함수가 알려지지 않을 경우에 유용하다. 도함수가 알려진 경우에는 BFGS 알고리즘이 유용하다. 도함수 정보를 반드시 이용해야만 효율적인 계산이 가능하다. 물론 도함수가 해석적으로 알려진 경우에 한해서 그렇다. 문제에 따라서는 도함수가 해석적으로 알려지지 않은 경우도 많다. Nelder-Mead 알고리즘은 초기조건에서 가까운 인접한 하나의 국소 최소점을 거의 대부분 찾아 준다.

Figure 7.1에서처럼, 이차원에서, 함수 $f(\vec{x}) = f(x, y)$가 주어질 때, 국소 극소점 찾기 문제를 고려한다. 기본적으로 3개의 점을 이용하여 다음 단계를 결정한다. 서로 다른 이차원 상의 세점에서 각각 함수 값을 계산한다. 그렇게 하면 이차원에서 삼각형을 만들 수 있다. 이때, 우리는 어느 방향으로 가야만 더 낮은 함수 값을 주는 영역인가를 어느 정도 알 수 있다. 얼마만큼 크게 움직여야 적당한지는 새로운 시도를 통해서 대략적으로 알 수 있다. 너무 많이 가면 뒤로 되돌아와야만 할 것이다. 이차원에서 세점은 결국 아메바처럼 움직인다. 이차원 면을 기어 다니는 꼴이다. 국소점을 찾는 것은 결국 아메바의 크기가 작아진다는 것을 의미한다. 결국에는 조금씩 움직여야만 할 것이다. 처음에는 다소 크게 움직이는 것이 가능할 것이다. 초반에 크게 움직일 때, 우리는 국소점을 놓칠 확률이 있다. 당연한 것이다. 하지만, 아메바의 크기가 궁극적으로는 작아진다. 이렇게 될 경우, 국소점은 찾아지게 된다. 세점이 만드는 삼각형은 일단 크기가 변한다. 회전할 수도 있다. 꼭지점이 반대편 모서리 쪽으로 진출하여 새로운 형태의 삼각형을 만들 수 있다. 삼각형 내부에 국소점이 놓이게 하는 것이 알고리즘의 핵심 사항이다. Nelder-Mead 알고리즘은 진화학습, 확률론적 탐색, 분산 탐색에서도 활용될 수 있는 기본 요소 알고리즘이다.

Figure 7.2에서는 다양한 최소 국소점이 있는 경우를 표시했다. 국소 최소점이란 함수의 특정 영역에서 최소 값을 가지는 지점을 의미한다. 만약 함수가 이러한 국소 최소점을 여러 개 가지고 있다면, 전체 함수의 최소 값을 찾기 위해서는 이러한 국소 최소점들을 모두 고려해야 한다. 이때 광역 최적화 방법을 이용하면, 전체 함수의 최소 값을 찾는 것이 가능하다. 광역 최적화 방법은 여러 개의 초기 값을 설정하고, 각 초기 값에서 출발하여 최소 값을 찾는 방법이다. 이때 초기 값들은 전체 함수 공간을 대표할 수 있는 다양한 위치에서 선택되어야 한다. 광역 최적화 방법을 사용하면, 국소 최소점이 여러 개 존재하는 함수에서도 전체 함수의 최소 값을 찾을 수 있다. 이는 광역 최적화 방법이 국소 최소점을 우회하며 전체 함수 공간을 더욱 넓게 탐색하기 때문이다. 그러나 광역 최적화 방법은 계산 비용이 매우 크기 때문에, 실제로 사용할 때에는 초기 값들의 개수와 위치를 잘 선택해야 한다. 또한, 함수가 복잡하고 고차원일수록 광역 최적화 방법을 사용하는 것이 매우 어려울 수 있다.

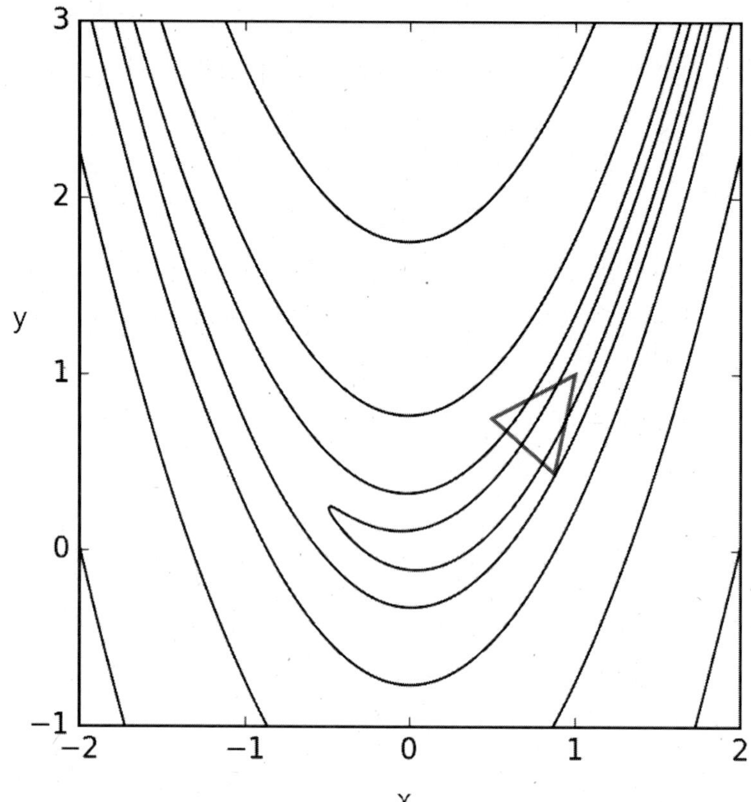

Figure 7.1: 이차원 퍼텐셜의 최소 값을 찾는 문제를 고려하고 있다. Nelder-Mead 알고리즘으로 함수 최소점을 찾고 있다. 이차원에서는 3개의 점들을 찾아서 이들을 이용하여 더 낮은 퍼텐셜 함수 값을 주는 위치를 찾는다. 도함수를 사용하지 않는 알고리즘이다.

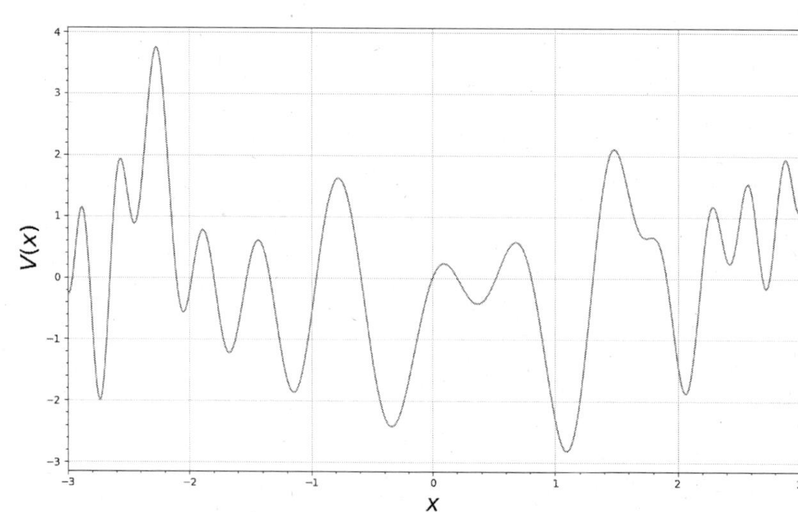

Figure 7.2: 다양한 국소 최소점이 있는 퍼텐셜 함수의 예를 표시했다. 다양한 시작점들에서 국소 최소화를 시행할 경우, 서로 다른 국소 최소점에 다다르게 된다.

7.2 FORTRAN 90 또는 C 언어에서 구현하기

자신의 문제에 적합한 다수의 국소 최적화를 수행할 수 있는 가장 일반적인 방법은 MPI(message passing interface)를 활용하는 것이다. 이러한 작업의 준비를 위해서 포트란 90(Fortran 90), 씨(C) 언어로 국소 최소화가 구현되어 있어야 한다. 그러한 준비가 완료되면 그 다음 단계로서 대규모 병렬 계산을 수행할 수 있다. 기계학습의 경우와 달리, 배정밀도 계산을 수행해야만 하는 과학 계산들이 있다. 소규모 국소 최적화 방법들은 파이썬 언어로 풀 수 있는 경우가 많다. 이때 활용할 수 있는 패키지들이 잘 개발되어 있고 그 사용법도 아래의 URL에 잘 정리 되어 있다.
https://docs.scipy.org/doc/scipy/reference/optimize.html

Nelder-Mead 알고리즘을 실제로 사용할 때는 매우 간단하게 적용하는 방법을 택한다. 즉, 사용자는 단순하게 fn(x)라는 함수를 설계함으로써 기존의 구현된 Nelder-Mead 알고리즘을 그대로 이용할 수 있다. 함수 이름을 인수로서 활용하는 방법이다. 이때 가정이 있다. 이 함수는 하나의 일차원 배열만을 인수로 받아 들인다. 이 배열을 이용하여 함수 값을 계산한다. 이 배열은 독립 변수를 표시한다. 꼭 일차원 배열이 아니라고 하더라도 결국에는 1차원 배열로 암호화할 수 있다. 암호화 된 1차원 배열은 다시 다차원 배열로 해독할 수 있다. 기타 다른 정보들은 모듈로 제공할 수 있으면 가장 편리하다. 이 모듈은 외부에서 선언되고, 적절한 정보로 초기화 한 다음, 함수에서 불러서 사용하면 된다. 사실, 함수 값 이외의 출력이 있을 수도 있다. 이 경우, 부수적인 출력은 모듈을 통해서 외부와 통신할 수 있다. 사용자 함수 fn(x)는 입력과 출력이 각각 x, fn으로 구별지어진다. 따라서 사용자는 fn(x)를 설계할 때, 별도로 준비한 모듈(module)을 사용하여 사용자가 제공해야만 하는 도메인(domain) 정보를 fn 함수에 제공할 수 있다. fn 함수는 x 이외에는 정보를 미리 설정한 모듈을 통해서 제공받을 수 있다. 출력은 fn이다.[1]

입력은 $\vec{x}$ 벡터이다. 물론, $\vec{x}$가 벡터량이기 때문에 벡터의 길이를 변화시키면서 필요한 정보를 제공할 수도 있다. 적절한 방법은 아닐 것이다. 그렇게 하지 않고 단순히 별도의 사용자 모듈을 정의 하고, fn 함수에서 USE 를 사용함으로써, 변수들 또는 부함수들을 불러서 도메인에서 필요한 계산을 수행할 수 있다. 이렇게 하면, Nelder-Mead 알고리즘을 독립적으로 구현한 루틴을 전혀 손대지 않고 그대로 사용할 수 있다.

1: 파이썬에서는 클래스를 선언하면 된다. 클래스인데 메소드가 없는 변수들만으로 구성된 클래스를 선언할 수 있다. 물론, 추가 인수 "args=()"을 활용하면 편리하다.

아래의 예제들을 보자. Nelder-Mead 알고리즘이 간단하기 때문에 이것을 변형시켜서 메인 프로그램을 만들려고 시도하려는 유혹을 느낀다. 하지만, 그렇게 할 필요가 없다. 계산과 프로그램 관리에 전혀 도움이 되지 않는다. 대부분의 수치 프로그램은 결국에는 잘 알려진 기본 수학 라이버러리들의 사용으로 귀결되게 된다. 사용자는 결국, 가장 적절한 라이버러리를 찾고 자신의 문제에 맞게 사용함으로써 최고의 계산 효율을 얻어낼 수 있게 되는 것이다. 사용자는 가장 확실한 계산 방법들을 연속적으로 찾는 것이다. 그것이 응용 문제 풀이를 위한 컴퓨터 프로그래밍이다. 그 이상은 알고리즘을 만들어 내는 것이다. 그 경우에도 마찬가지이다. 기존의 알고리즘과 비교는 불가피하다. 많은 경우, 공개된 루틴들을 적극적으로 활용하는 것이 매우 중요하다. 독립 변수들이 특정한 범위에 있을 때($-5.12 \le x_i \le 5.12$), Rastrigin 함수를 아래와 같이 정의할 수 있다.[116]

[116]: Rastrigin (1974), 'Systems of extremal control'

$$f(\{x_i\}) = 10n + \sum_{i=1}^{n} \left[x_i^2 - 10cos(2\pi x_i) \right] . \tag{7.1}$$

Rosenbrock 함수는 아래와 같이 정의된다.[117]

[117]: Rosenbrock (1960), 'An automatic method for finding the greatest or least value of a function'

$$f(\{x_i\}) = \sum_{i=1}^{n-1} \left[100(x_{i+1} - x_i^2)^2 + (1 - x_i)^2 \right] . \tag{7.2}$$

Figure 7.3에서는 Rastrigin 함수를 그림으로 표시했다.

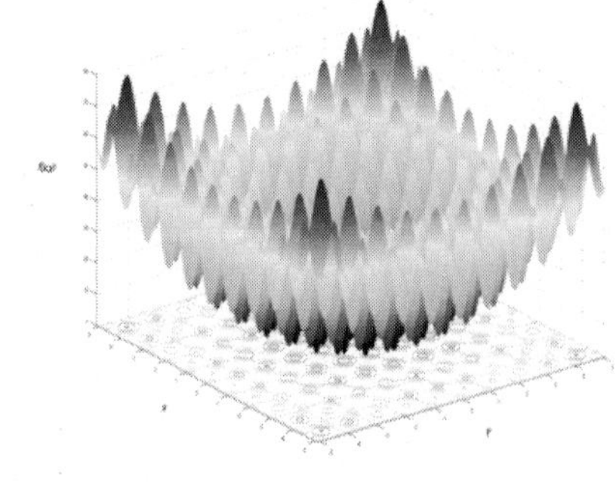

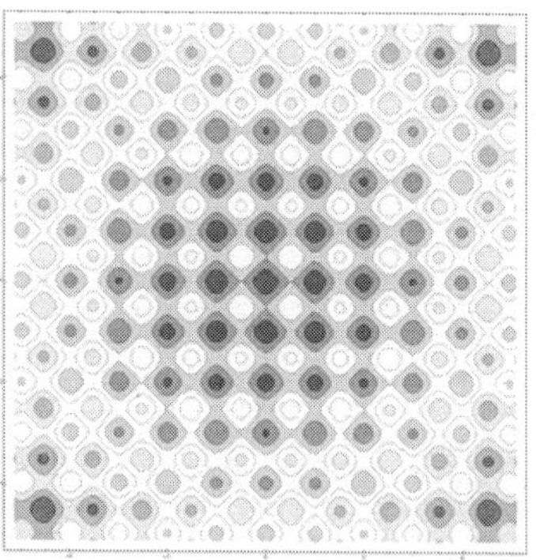

Figure 7.3: Rastrigin 함수, 이차원 함수의 경우를 입체적으로, 등고선 방식으로 각각 표현했다. $(x,y)=(0,0)$에서 광역 최소 값은 0이다.

7.3 연습 문제

(1) 두 개의 독립 변수들 (x,y)를 가지는 목적함수, $f(x,y) = \frac{1}{2}(x-1)^2 + \frac{1}{2}(y-2)^2$ 의 최소점을 찾는 프로그램을 완성해 보라. Nelder-Mead 알고리즘을 활용하여 프로그램을 완성하라.

(2) 문제 (1)에서 초기 값(x_0,y_0)을 서로 다르게 주고 최소점을 찾아 보는 실행들을 수행 해보라. 초기 값의 변화에 대해서 계산 결과 값의 변화를 체크하라. 충분히 간단한 목적함수의 경우와 다소 복잡한 함수의 경우를 비교하여 토의하라. 예를 들어, Rastrigin 함수의 경우 초기 값에 대한 국소 최소 값의 변화를 체크하라.

(3) 크기가 동일한 두 개의 흑백 그림들이 있을 때, 이들 두 그림의 차이를 정의하는 방법을 고려하라. 그림은 행렬로 표시 된다. MSE, PSNR, SSIM 같은 측정자를 활용하라.

7.4 도함수가 해석적으로 알려진 경우: BFGS 알고리즘을 활용한 함수 최소화

구배 벡터를 활용하는 함수 $f(\vec{x})$ 국소 최적화 방법으로 BFGS 알고리즘이 유명하다. BFGS 알고리즘은 해석적으로 계산된 구배 벡터와 헤시안(Hessian) 행렬의 근사치를 사용한다. 이 근사 헤시안 행렬을 업데이트하면서 최적의 방향을 찾는다. 계산 비용이 높은 헤시안 행렬을 직접 구하지 않기 때문에 대규모 문제에 대해서도 사용될 수 있다. 이때, 업데이트 방식은 이전 단계에서 얻은 정보를 이용하여 이루어지기 때문에 이전 단계에서 계산한 헤시안 행렬을 재사용할 수 있어서 계산 비용을 줄일 수 있다. $f(\vec{x})$이 최소가 되는 $\vec{x}$를 찾는것이다. $\vec{x}$는 다차원 벡터이다. 목적함수 $f(\vec{x})$의 미분이 정의되어야 한다. 목적함수의 도함수, 즉, 구배 벡터(gradient vector)를 이용하는 것이 특징이다. 구배 벡터를 해석적으로 얻을 수 있는 경우에만 활용할 수 있는 방법이 BFGS 알고리즘이다.(현 위치에서 함수값이 작아지는 방향을 나타내는 음의 구배, minus gradient를 계산하면 프로그램이 작동하지 않는다.) BFGS 알고리즘은 구배 벡터를 요구하지만, 이차 미분 행렬을 요구하지 않는다. 함수, 함수의 일차 미분을 요구한다. 이때 일차 미분은 해석적으로 주어져야 한다. 수치적으로 계산한 미분이 아니다. 이러한 조건에서 BFGS 알고리즘(Broyden-Fletcher-Goldfarb-Shanno algorithm, BFGS algorithm)을 활용할 수 있다.[118] 폭 넓은 응용 분야에서 적용되고 있는 국소 최적화 알고리즘이다.

[118]: Nocedal (1992), 'Theory of algorithms for unconstrained optimization'

BFGS 알고리즘은 함수의 구배 벡터와 해석학적인 정보를 사용하여 이전에 탐색한 지점들에 대한 정보를 저장하고, 새로운 지점을 탐색할 때 이 정보를 이용하여 방향을 선택한다. 이를 통해 최적점에 대한 탐색 효율성이 향상된다. 구체적으로, BFGS 알고리즘은 다음과 같은 단계를 거친다.
◇ 초기 추정치를 설정한다.
◇ 초기 기울기 값을 계산한다.
◇ 헤시안 행렬의 역행렬인 B_0를 초기 값으로 설정한다.
◇ k번째 반복에서, x_k의 위치와 그래디언트 g_k를 알고 있다.
◇ B_k를 구하기 위해, 이전 단계에서 사용한 B_{k-1}와 이전 지점에서의 x_{k-1}과 x_k, 그리고 이전 지점에서의 그래디언트 g_{k-1}와 g_k를 이용한다.
◇ 방향 벡터 d_k를 구하기 위해, B_k와 g_k를 곱한다.
◇ 탐색 길이를 결정하기 위해, 이동할 거리 t_k를 찾는다.
◇ 새로운 지점 x_{k+1}를 계산한다.
◇ 반복을 진행한다.
이 방법은 대규모 비선형 최적화 문제에서 사용되는 효과적인 방법 중 하나이다.

7.5 잘 알려진 구현

매우 다양한 여러 가지 국소 최적화 문제들에 대해서 이 알고리즘보다 빨리 국소 최적화를 마무리하는 알고리즘이 있을까? 새로운 알고리즘이 극복해야할 도전의 대상이다. 특수한 함수 몇 개들에 대해서 이 보다 더 효율적인 알고리즘이 있을 수 있다. 하지만, 매우 많은 다양한 함수들에 대해서도 이 알고리즘 보다 더 좋은 효율성을 얻어 낼 수 있다면 그것은 혁신으로 불리울만하다. BFGS 알고리즘은 비선형 최적화 문제를 해결하기 위한 방법 중 하나이다. BFGS 알고리즘은 초기 조건에 민감하지 않으며, 높은 수준의 정확도로 최적화를 수행할 수 있다.

7.6 특징

BFGS 알고리즘은 목적함수의 도함수가 알려져 있을 경우, 진화학습 또는 분산 탐색에서도 활용될 수 있는 기본 요소 알고리즘이다. Nelder-Mead 알고리즘, BFGS 알고리즘은 각각 잘 구현된 루틴을 그대로 활용하는 것이 좋다. 파이썬 SciPy 라이버러리에서 Nelder-Mead 알고리즘과 BFGS 알고리즘이 각각 제공된다. 아래에 표시된 예제처럼 목적함수 그리고 도함수를 정의해 주면 BFGS 알고리즘을 곧바로 적용하여 실험을 해 볼 수 있다. Nelder-Mead 알고리즘과 마찬가지로 BFGS 알고리즘은 초기조건에 가까운 인접한 하나의 국소 최소점을 항상 찾아준다.[2]

2: 컴퓨터 언어 파이썬의 경우 매우 다양한 라이버러리들이 개발되어 공개되어 있다. 특정한 계산을 수행할 때, 인터넷 검색을 통해서, 자신의 연구 목적에 부합하는 라이버러리들이 이미 공개되어 있는지를 확인할 필요가 있다. https://scipy.org/

```
# bfgs algorithm local optimization of a convex function
from scipy.optimize import minimize
from numpy.random import rand
# objective function
def objective(x):
    return x[0]**2.0 + x[1]**2.0
# derivative of the objective function
def derivative(x):
    return [x[0] * 2, x[1] * 2]
# define range for input
r_min, r_max = -5.0, 5.0
# the starting point as a random sample from the domain
pt = r_min + rand(2) * (r_max - r_min)
# perform the bfgs algorithm search
result = minimize(objective, pt, \
    method='BFGS', jac=derivative)
# summarize the result
print('Status : %s' % result['message'])
print('Total Evaluations: %d' % result['nfev'])
# evaluate solution
solution = result['x']
evaluation = objective(solution)
print('Solution: f(%s) = %.5f' % (solution, evaluation))
#
Status : Optimization terminated successfully.
Total Evaluations: 4
Solution: f([-4.4408921e-16 -4.4408921e-16]) = 0.00000
```

7.7 연습 문제

(1) 두 개의 독립 변수들 (x,y)를 가지는 목적함수, $f(x,y) = \frac{1}{2}(x-1)^2 + \frac{1}{2}(y-2)^2$의 최소점을 찾는 프로그램을 완성하라. BFGS 알고리즘을 활용하여 프로그램을 완성하라.

(2) 문제 (1)에서 초기 값(x_0,y_0)을 서로 다르게 주고 최소점을 찾아 보는 실행들을 수행 하라. 계산 결과는 초기 값에 의존하는지를 검증하라. 특히, 복잡한 함수, Rastrigin 함수의 경우, 초기 값을 바꾸어 보면서 국소 최소 값이 바뀌는 것을 확인하라.[116]

[116]: Rastrigin (1974), 'Systems of extremal control'

7.8 도함수가 알려진 경우: 'adam' 루틴을 활용한 함수 최소화

[92]: D. P. Kingma and Ba (2014), 'Adam: A method for stochastic optimization'

딥러닝에서 많이 활용되는 'adam' 국소 최소화 방법에 대해서 알아본다.[92] 딥러닝, 기계학습의 경우, 굳이 광역 최적화를 해야 할 이유는 없다. 국소 최적화로도 충분히 원하는 결과를 얻을 수 있다. 또한, 모든 데이터 포인트들을 고려하여 구배를 계산하지 않아도 된다. 몇 가지 예들에 대해서만 목적함수를 계산하고 그 구배를 알아낸 다음 이완을 수행할 수 있다. 이렇게 이용한 데이터 포인트들의 갯수를 배치 사이즈(batch size)라고 부른다. 이때, 배치 사이즈는 데이터 갯수보다 일반적으로 작다.

기계학습에서 최적화는 모델을 학습시키는 과정에서 중요한 단계 중 하나이다. 최적화는 모델의 매개변수를 조정하여 손실함수를 최소화하는 값으로 수렴하도록 하는 과정이다. 광역 최적화는 전체 모수 공간에서 최적의 솔루션을 찾는 것을 의미한다. 그러나 실제로 기계학습에서 사용되는 모델은 매개변수가 수백만 개가 될 수 있으며, 매우 복잡한 함수 공간을 탐색해야 한다. 따라서 광역 최적화를 수행하는 것은 매우 어렵고 비효율적이다. 대신, 대부분의 기계학습 알고리즘은 국소 최적화를 수행한다. 즉, 초기 값을 설정하고 손실함수를 최소화하는 국소 최적해를 찾는다. 이 방법은 대부분의 경우 충분히 좋은 결과를 제공하며, 모델 학습에 필요한 시간과 계산 비용을 크게 줄일 수 있다. 또한, 많은 경우 기계학습 모델은 복잡한 함수 공간에서 학습된다. 이러한 경우에는 광역 최적화보다 국소 최적화가 더 나은 결과를 제공할 가능성이 별로 없다.

또한, 최적화 결과는 결국 가지고 있는 데이터에 의존한 결과를 줄 뿐이다. 따라서 광역 최적화를 수행하는 대신, 국소 최적화 알고리즘을 사용하여 모델을 학습하는 것이 일반적으로 더 효율적이다.

7.9 실습

□ 아래는 인공지능 모델 학습 과정에서 많이 활용되는 'adam' 방법의 실제 구현 사례를 나타낸다. 'Adam'은 adaptive moment estimation(적응적 모멘트 추정)의 약자로, 딥러닝에서 많이 사용되는 최적화 알고리즘 중 하나이다. 'Adam'은 기본적으로 구배 하강법(gradient descent)을 기반으로 하며, 현재의 구배와 기존 구배의 지수 가중 이동 평균(exponential moving average)을 사용하여 학습률(learning rate)을 조절한다. 'Adam'은 다음과 같은 장점을 가지고 있다.

◇ Learning rate를 적응적으로 조절하여 최적화 속도를 빠르게 만든다.

◇ 구배의 제곱 값을 고려하여 불규칙적인 학습 데이터에 대한 강인성을 가진다.

◇ 편향 보정을 하여 초기 학습 시 구배 추정치가 부정확한 경우를 보완한다.

'Adam'은 신경망 모델 학습에 특히 효과적인 알고리즘 중 하나이며, 대부분의 경우에 잘 작동한다. 그러나 모든 문제에서 항상 최상의 성능을 보장하는 것은 아니므로 다양한 최적화 알고리즘을 비교하여 적합한 알고리즘을 선택하는 것이 중요하다.

```
import numpy as np
def objective(x, y):
    return x**2.0 + y**2.0
def derivative(x, y):
    return np.asarray([x * 2.0, y * 2.0])
def adam(objective, derivative, bounds, n_iter, \
    alpha, beta1, beta2, eps=1e-8):
    x = bounds[:, 0] + \
        np.random.rand(len(bounds)) \
        * (bounds[:, 1] - bounds[:, 0])
    score = objective(x[0], x[1])
    m = [0.0 for _ in range(bounds.shape[0])]
    v = [0.0 for _ in range(bounds.shape[0])]
```

```
    # run the gradient descent updates
    for t in range(n_iter):
        # calculate gradient g(t)
            g = derivative(x[0], x[1])
        # build a solution one variable at a time
        for i in range(x.shape[0]):
            # m(t) = beta1 * m(t-1) + (1 - beta1) * g(t)
            m[i] = beta1 * m[i] + (1.0 - beta1) * g[i]
                # v(t) = beta2 * v(t-1) + (1 - beta2) * g(t)^2
            v[i] = beta2 * v[i] + (1.0 - beta2) * g[i]**2
                # mhat(t) = m(t) / (1 - beta1(t))
            mhat = m[i] / (1.0 - beta1**(t+1))
                # vhat(t) = v(t) / (1 - beta2(t))
            vhat = v[i] / (1.0 - beta2**(t+1))
                # x(t)=x(t-1)-alpha*mhat(t)/(sqrt(vhat(t))+eps)
            x[i]=x[i]-alpha*mhat/(np.sqrt(vhat)+eps)
    # evaluate candidate point
    score = objective(x[0], x[1])
    # report progress
    print('>%d f(%s) = %.5f' % (t, x, score))
    return [x, score]
# seed the pseudo random number generator
np.random.seed(17)
# define range for input
bounds = np.asarray([[-1.0, 1.0], [-1.0, 1.0]])
# define the total iterations
n_iter = 60
# steps size
alpha = 0.02
# factor for average gradient
beta1 = 0.8
# factor for average squared gradient
beta2 = 0.999
# perform the gradient descent search with adam
best, score = adam(objective, derivative, \
    bounds, n_iter, alpha, beta1, beta2)
print('Done!')
print('f(%s) = %f' % (best, score))
#
>0 f([-0.39066999  0.04117351]) = 0.15432
>1 f([-0.37073142  0.02196916]) = 0.13792
```

```
>2 f([-0.35089882  0.0046089 ]) = 0.12315
>3 f([-0.33121904 -0.00943656]) = 0.10980
>4 f([-0.31174076 -0.01877134]) = 0.09753
>5 f([-0.29251404 -0.02289486]) = 0.08609
>6 f([-0.27358985 -0.02240054]) = 0.07535
>7 f([-0.25501945 -0.01847151]) = 0.06538
>8 f([-0.23685388 -0.01242646]) = 0.05625
>9 f([-0.21914333 -0.00554664]) = 0.04805
>10 f([-0.20193654  0.00098567]) = 0.04078
>11 f([-0.18528021  0.00617929]) = 0.03437
>12 f([-0.16921836  0.00937357]) = 0.02872
>13 f([-0.15379179  0.01034326]) = 0.02376
>14 f([-0.13903748  0.00929202]) = 0.01942
>15 f([-0.12498808  0.00674616]) = 0.01567
>16 f([-0.11167143  0.00341144]) = 0.01248
>17 f([-9.91101625e-02  3.16049983e-05]) = 0.00982
>18 f([-0.08732135 -0.00274305]) = 0.00763
>19 f([-0.07631627 -0.0044672 ]) = 0.00584
>20 f([-0.06610027 -0.00496759]) = 0.00439
>21 f([-0.05667273 -0.00434539]) = 0.00323
>22 f([-0.0480271  -0.00291803]) = 0.00232
>23 f([-0.04015112 -0.00112337]) = 0.00161
>24 f([-0.03302707  0.00058815]) = 0.00109
>25 f([-0.02663217  0.00185177]) = 0.00071
>26 f([-0.02093907  0.00245814]) = 0.00044
>27 f([-0.01591629  0.00238009]) = 0.00026
>28 f([-0.01152894  0.00175347]) = 0.00014
>29 f([-0.0077392   0.00082187]) = 0.00006
>30 f([-0.00450707 -0.00013668]) = 0.00002
>31 f([-0.00179095 -0.00088188]) = 0.00000
>32 f([ 0.00045173 -0.00126477]) = 0.00000
>33 f([ 0.00226389 -0.00125174]) = 0.00001
>34 f([ 0.00368827 -0.00091585]) = 0.00001
>35 f([ 0.0047669  -0.00040186]) = 0.00002
>36 f([0.00554066 0.00012249]) = 0.00003
>37 f([0.00604887 0.0005145 ]) = 0.00004
>38 f([0.00632893 0.00069102]) = 0.00004
>39 f([0.00641609 0.0006419 ]) = 0.00004
>40 f([0.00634319 0.00042136]) = 0.00004
>41 f([0.00614052 0.00012263]) = 0.00004
>42 f([ 0.00583572 -0.00015462]) = 0.00003
```

```
>43 f([ 0.0054537 -0.0003339]) = 0.00003
>44 f([ 0.00501665 -0.00038038]) = 0.00003
>45 f([ 0.00454409 -0.0003044 ]) = 0.00002
>46 f([ 0.00405289 -0.00015104]) = 0.00002
>47 f([3.55743505e-03 1.90687661e-05]) = 0.00001
>48 f([0.00306972 0.00015072]) = 0.00001
>49 f([0.00259952 0.00021017]) = 0.00001
>50 f([0.00215451 0.00019205]) = 0.00000
>51 f([0.00174054 0.00011635]) = 0.00000
>52 f([1.36172257e-03 1.78291653e-05]) = 0.00000
>53 f([ 1.02068376e-03 -6.75234465e-05]) = 0.00000
>54 f([ 0.00071874 -0.00011436]) = 0.00000
>55 f([ 0.00045608 -0.0001144 ]) = 0.00000
>56 f([ 2.31960187e-04 -7.63024407e-05]) = 0.00000
>57 f([ 4.48554517e-05 -1.98906968e-05]) = 0.00000
>58 f([-1.07360005e-04  3.23861091e-05]) = 0.00000
>59 f([-2.27272742e-04  6.34875781e-05]) = 0.00000
Done!
f([-2.27272742e-04  6.34875781e-05]) = 0.000000
```

□ 아래 프로그램은 전형적인 국소 최적화 문제 풀이 과정을 보여 준다.

```
import os
import sys
import numpy as np
from scipy.optimize import minimize
import scipy.optimize as optimize
from scipy.optimize import dual_annealing

def append_multiple_lines(file_name, lines_to_append):
    with open(file_name, "a+") as file_object:
        appendEOL = False
        file_object.seek(0)
        data = file_object.read(100)
        if len(data) > 0:
            appendEOL = True
        for line in lines_to_append:
            if appendEOL == True:
                file_object.write("\n")
            else:
                appendEOL = True
            file_object.write(line)
```

```

def eggholder(x):
    return (-(x[1] + 47) \
        * np.sin(np.sqrt(abs(x[0]/2 + (x[1] + 47)))) \
        - x[0] * np.sin(np.sqrt(abs(x[0] - (x[1] + 47)))))

def rosen(x):
    """The Rosenbrock function"""
    return sum(100.0*(x[1:]-x[:-1]**2.0)**2.0+(1-x[:-1])**2.0)

if False:
    optimize.show_options(solver='minimize', \
        method='nelder-mead')
if True:
    x0 = np.array([1.3, 0.7, 0.8, 1.9, 1.2])
    ndim = len(x0)
    bnds = []
    for _ in range(ndim):
        bnds.append((-512., 512.))
if False:
    fname = 'input.txt'
    if not os.path.isfile(fname):
        print('input.txt is not present')
        sys.exit()
    afile = open(fname, 'r')
    jline = 0
    for line in afile:
        if jline == 0:
            ndim = int(line.split()[0])
            x0 = np.zeros(ndim)
        if jline > 0:
            if jline-1 < ndim:
                x0[jline-1] = float(line.split()[0])
                print(x0[jline-1])
        if jline == 1+ndim:
            ncal = int(line.split()[0])
        jline = jline+1
    afile.close()
    fname = 'bnds.txt'
    if not os.path.isfile(fname):
        print('bnds.txt is not present')
```

```
        sys.exit()
    afile = open(fname, 'r')
    jline = 0
    for line in afile:
        if jline == 0:
            bnds = []
        if jline > 0:
            if jline-1 < ndim:
                print((float(line.split()[0]), \
                    float(line.split()[1])))
                bnds.append((float(line.split()[0]), \
                     float(line.split()[1])))
        jline = jline+1
    afile.close()
    bnds = np.array(bnds)
if True:
    res = minimize(rosen, x0, method='nelder-mead', \
        bounds=bnds,
                   options={'xatol': 1e-8, 'disp': True})
if False:
    res = dual_annealing(rosen, x0=x0, bounds=bnds)
print(res.x)
print(res.fun)

if False:
    lines_to_append = []
    lines_to_append.append(str(ndim))
    for i in range(ndim):
        lines_to_append.append(str(res.x[i]))
    lines_to_append.append(str(res.fun))
    lines_to_append.append(str(ncal))
    fname = 'output.txt'
    if os.path.isfile(fname):
        os.remove(fname)
    append_multiple_lines(fname, lines_to_append)
#
Optimization terminated successfully.
Current function value: 0.000000
Iterations: 339
Function evaluations: 571
[1. 1. 1. 1. 1.]
```

```
4.861153433422115e-17
```

ㅁ 병렬적으로 계산되는 목적함수를 최적화 할 때는 아래 파이썬 프로그램을 참조할 수 있다. 경우에 따라서 목적함수가 병렬 계산을 통해서 계산이 될 수 있다. 세상에는 '아주 무거운' 함수들이 많다.

```
from scipy.optimize import fmin
from mpi4py import MPI
import numpy as np

comm = MPI.COMM_WORLD
size = comm.Get_size()
rank = comm.Get_rank()

N = 100            # for testing
step = N//size     # say that N is divisible by size

def parallel_function_caller(x,stopp):
    stopp[0]=comm.bcast(stopp[0], root=0)
    summ=0
    if stopp[0]==0:
        #   your function here in parallel
        x=comm.bcast(x, root=0)
        array= np.arange(x[0]-N/2.\
            +rank*step-42,x[0]-N/2.+(rank+1)*step-42,1.)
        summl=np.sum(np.square(array))
        summ=comm.reduce(summl,op=MPI.SUM, root=0)
        if rank==0:
            print("value is "+str(summ))
    return summ

if rank == 0 :
    stop=[0]
    x = np.zeros(1)
    x[0]=20
    #xs = minimize(parallel_function_caller, x, args=(stop))
    xs = fmin(parallel_function_caller,x0= x, args=(stop,))
    print("the argmin is "+str(xs))
    stop=[1]
    parallel_function_caller(x,stop)

```

```
else :
    stop=[0]
    x=np.zeros(1)
    while stop[0]==0:
        parallel_function_caller(x,stop)
```

□ 인풋을 받아 들여서 국소 최소화하는 경우 아래의 프로그램을 참조할 수 있다.

```
import os
import sys
import numpy as np
from scipy.optimize import minimize
import scipy.optimize as optimize
from scipy.optimize import dual_annealing
from scipy.optimize import differential_evolution

def append_multiple_lines(file_name, lines_to_append):
    with open(file_name, "a+") as file_object:
        appendEOL = False
        file_object.seek(0)
        data = file_object.read(100)
        if len(data) > 0:
            appendEOL = True
        for line in lines_to_append:
            if appendEOL == True:
                file_object.write("\n")
            else:
                appendEOL = True
            file_object.write(line)
def eggholder(x):
    return (-(x[1] + 47) * \
        np.sin(np.sqrt(abs(x[0]/2 + (x[1]  + 47)))) \
        -x[0] * np.sin(np.sqrt(abs(x[0] - (x[1]  + 47)))))
def rosen(x):
    """The Rosenbrock function"""
    return sum(100.0*(x[1:]-x[:-1]**2.0)**2.0\
     +(1-x[:-1])**2.0)

if False:
    optimize.show_options(solver='minimize',\
```

```
        method='nelder-mead')
if False:
    x0 = np.array([1.3, 0.7, 0.8, 1.9, 1.2])
    ndim=len(x0)
    bnds=[]
    for _ in range(ndim):
        bnds.append((-512., 512.))
fname='input.txt'
if not os.path.isfile(fname) :
    print('input.txt is not present')
    sys.exit()
afile=open(fname,'r')
jline=0
for line in afile:
    if jline == 0:
        ndim=int(line.split()[0])
        x0=np.zeros(ndim)
    if jline > 0:
        if jline-1 < ndim:
            x0[jline-1]=float(line.split()[0])
            print(x0[jline-1])
    if jline == 1+ndim :
        ncal=int(line.split()[0])
    jline=jline+1
afile.close()
fname='bnds.txt'
if not os.path.isfile(fname) :
    print('bnds.txt is not present')
    sys.exit()
afile=open(fname,'r')
jline=0
for line in afile:
    if jline == 0:
        bnds=[]
    if jline > 0:
        if jline-1 < ndim:
            print( (float(line.split()[0]),\
               float(line.split()[1])) )
            bnds.append(\
             (float(line.split()[0]),\
               float(line.split()[1])) )
```

```
    jline=jline+1
afile.close()
bnds=np.array(bnds)
if True:
    res=minimize(rosen,x0,method='nelder-mead',\
        bounds=bnds,options={'xatol': 1e-8, 'disp': True})
if False:
    res = dual_annealing(rosen, x0=x0, bounds=bnds)
if False:
    res=differential_evolution(rosen,bounds=bnds,maxiter=10)
print(res.x)
print(res.fun)

lines_to_append=[]
lines_to_append.append(str(ndim))
for i in range(ndim):
    lines_to_append.append(str(res.x[i]))
lines_to_append.append(str(res.fun))
lines_to_append.append(str(ncal))
fname='output.txt'
if os.path.isfile(fname) :
    os.remove(fname)
append_multiple_lines(fname, lines_to_append)
```

□ 비선형 강제조건(constraints)을 고려하여 국소 최소화하는 경우 아래의 프로그램을 참조할 수 있다. 또한, 선형 계획법(linear programming)으로 문제를 풀 수 있는 경우도 있다.[3] 또한, 벌점 함수를 목적함수에 추가하는 방법도 가능하다. 특정 조건을 만족하지 못할 경우 엄청난 벌점을 줄 수 있다. 너무 작은 벌점 값은 강제 조건을 만족시키지 않을 수 있으며, 너무 큰 벌점 값은 최적화 알고리즘이 수렴하지 않을 수 있다. 통상, "constraint"는 반드시 만족해야 하는 조건을 말한다. 반면, "restraint"는 특정 조건이 만족하길 바라지만, 만족하지 못할 수 있는 상황을 허용한다. 하지만, 만족하지 못한 만큼의 벌점을 주는 것을 말한다. 최적화 문제는 일반적으로 목적함수를 최대화 또는 최소화하는 문제이다. 그러나 실제 세계에서는 다양한 제한 조건이 존재하기 때문에 최적화 문제를 해결할 때 이러한 제한 조건을 고려해야 한다. 이러한 제한 조건을 "constraints"라고 한다. 선형 계획법(linear programming)은 선형 함수의 제약조건 하에서 목적함수를 최대화 또는 최소화하는 최적화 기법이다. 선형 계획

3: https://en.wikipedia.org/wiki/Linear_programming

법은 일반적으로 비즈니스, 경제, 공학 및 과학 등의 분야에서 사용된다. 선형 계획법은 일반적으로 다음과 같은 문제를 해결하는 데 사용된다.

◇ 제한적인 자원(예: 예산, 노동력, 재료 등)을 최대한 효율적으로 사용하기 위한 생산 계획

◇ 가장 적합한 투자 포트폴리오를 선택하기 위한 자산 할당

◇ 생산 계획, 공급망 관리 및 비용 최소화를 위한 공급 및 유통 계획 등

선형 계획법은 일반적으로 목적함수 및 강제 조건이 선형 함수인 경우에만 사용된다. 이러한 조건을 만족하면, 문제를 해결하기 위한 최적의 결정 변수(예: 생산 수량, 투자 금액 등)를 계산할 수 있다. 일반적으로 이러한 결정 변수는 양수로 가정되기도 한다. 선형 계획법은 단순하고 효율적인 최적화 기법으로, 다양한 문제에 적용될 수 있다. 그러나, 일부 경우에는 다른 최적화 기법(예: 비선형 계획법)이 필요할 수도 있다.

```
import numpy as np
import math
from scipy.optimize import minimize,NonlinearConstraint,SR1

def f(x):
    return math.log(x[0]**2 + 1) + x[1]**4 + x[0]*x[2]

constr_func = lambda x: np.array( [ x[0]**3 \
    - x[1]**2 - 1, x[0], x[2] ] )

x0=[0.,0.,0.]
nonlin_con = NonlinearConstraint( constr_func, 0., np.inf )
res=minimize(f,x0,method='trust-constr',\
    jac='2-point',hess=SR1(),\
    constraints = nonlin_con)
print( res)
#
barrier_parameter: 1.2800000000000007e-06
barrier_tolerance: 1.2800000000000007e-06
cg_niter: 44
cg_stop_cond: 4
constr: [array([1.89971453e-06, 1.00000063e+00,
2.40942635e-06])]
constr_nfev: [116]
constr_nhev: [0]
constr_njev: [0]
```

```
constr_penalty: 1.0
constr_violation: 0.0
execution_time: 0.03887009620666504
fun: 0.6931502232255938
grad: array([1.00000241, 0.        , 1.00000063])
jac: [array([[ 3.00000384e+00, -1.49011612e-08,
 0.00000000e+00],
[ 1.00000000e+00,  0.00000000e+00,  0.00000000e+00],
[ 0.00000000e+00,  0.00000000e+00,  1.00000000e+00]])]
lagrangian_grad: array([-4.09450251e-13,  4.96705296e-09,
 2.72115663e-12])
message: ''gtol' termination condition is satisfied.'
method: 'tr_interior_point'
nfev: 116
nhev: 0
nit: 35
niter: 35
njev: 29
optimality: 4.967052961581916e-09
status: 1
success: True
tr_radius: 2048068.0229484844
v: [array([-3.33333282e-01, -1.27999878e-06, -1.00000063e+00])]
x: array([1.00000063e+00, 3.23386389e-09, 2.40942635e-06])

#
from scipy.optimize import minimize
a1, a2, a3 = 1167,1327,1907
b1,b2,b3 = 24000, 34400, 36000
c1,c2,c3 = 69500,15100,12700
x = [10000,10000,10000]
res = minimize(
    lambda x: c1*x[0]+c2*x[1]+c3*x[2], # minimize
    x,
    constraints = (
    {'type':'eq','fun': lambda x: \
            x[0]*a1-x[1]*a2}, #1st subject
    {'type':'ineq','fun': lambda x:\
             a1*x[0]+a2*x[1]+a3*x[2]-7}, #2st subject
    {'type':'ineq','fun': lambda x: \
            b1*x[0]+b2*x[1]+b3*x[2]-0}, #3st subject
```

```
    {'type':'eq','fun': lambda x: \
            x[0]%5+x[1]%5+x[2]%5-0},
    # x1 x2 x3 are multiple of 5

    ),
    bounds = ((0,None),(0,None),(0,None)),
    method='SLSQP',options={'disp':True,'maxiter':10000})

print(res)
#
Optimization terminated successfully    (Exit mode 0)
Current function value: 381000000.00006175
Iterations: 2
Function evaluations: 9
Gradient evaluations: 2
fun: 381000000.00006175
jac: array([69500., 15100., 12700.])
message: 'Optimization terminated successfully'
nfev: 9
nit: 2
njev: 2
status: 0
success: True
x: array([    0.,     0., 30000.])

#
from scipy.optimize import linprog
# declare the decision variable bounds
x1_bounds = (0, None)
x2_bounds = (0, None)
# declare coefficients of the objective function
c = [-10, -5]
# declare the inequality constraint matrix
A = [[1,  1],
     [10, 0],
     [0,  5]]
# declare the inequality constraint vector
b = [24, 100, 100]
# solve
results = linprog(c=c,A_ub=A,b_ub=b,\
    bounds=[x1_bounds,x2_bounds],method='highs-ds')
```

```
# print results
if results.status == 0: print(f'The solution is optimal.')
print(f'Objective value: z* = {results.fun}')
print(f'Solution: x1* = {results.x[0]}, x2* = {results.x[1]}')
#
The solution is optimal.
Objective value: z* = -170.0
Solution: x1* = 10.0, x2* = 14.0

import numpy as np
from scipy.optimize import minimize
def objective(xvector):
    x=xvector[0]
    y=xvector[1]
    tmp=5.*x+3.*y
    if x+2.*y > 14. :
        tmp=tmp+1.e8*(x+2.*y-14.)
    if 3.*x-y < 0. :
        tmp=tmp+1.e8*(3.*x-y)*(-1.)
    if x-y-2. > 0. :
        tmp=tmp+1.e8*(x-y-2.)
    return tmp
def objective1(xvector):
    x=xvector[0]
    y=xvector[1]
    tmp=-5.*x-3.*y
    if x+2.*y > 14. :
        tmp=tmp+1.e8*(x+2.*y-14.)
    if 3.*x-y < 0. :
        tmp=tmp+1.e8*(3.*x-y)*(-1.)
    if x-y-2. > 0. :
        tmp=tmp+1.e8*(x-y-2.)
    return tmp

best=1e99
xbest=np.zeros((2))
for _ in range(30):
    bnds=[ (-4., 8.) for i in range(2) ]
    xvector=np.zeros((2))
    xvector[0]=-1.+(np.random.random()-0.5)*3.
    xvector[1]=-3.+(np.random.random()-0.5)*3.
```

```
    res=minimize(objective,xvector,method='Nelder-Mead',\
      bounds=bnds,\
      options={'maxiter':6000,\
              'maxfev':9000,'xtol':1e-8,'disp':False})
    xvector=res.x
    obj=res.fun
    print(obj)
    if best > obj:
        best=obj
        xbest=xvector
obj=best
xvector=xbest
print(xvector)
print(obj)

best=1e99
xbest=np.zeros((2))
for _ in range(30):
    bnds=[ (-4., 8.) for i in range(2) ]
    xvector=np.zeros((2))
    xvector[0]= 6.+(np.random.random()-0.5)*3.
    xvector[1]= 4.+(np.random.random()-0.5)*3.
    res=minimize(objective1,xvector,method='Nelder-Mead',\
        bounds=bnds,options={'maxiter':6000,\
                'maxfev':9000,'xtol':1e-8,'disp':False})
    xvector=res.x
    obj=res.fun
    print(obj)
    if best > obj:
        best=obj
        xbest=xvector
obj=best
xvector=xbest
print(xvector)
print(obj)
#
-13.999887379555778
-13.999915114539712
66666648.00017607
66666648.00001833
-13.999638876593856
```

```
66666648.00009183
66666648.00001575
-6.009814475753308
66666648.000010066
-13.999797986138478
66666648.00005706
66666648.000030845
-13.999965535688935
-13.999879088881801
-13.99979747985557
-13.999887439216453
66666648.000161014
-13.999814942742832
-13.99996359583392
-13.99789573480289
-13.99987419269686
-13.99937579208849
-13.999974396557766
-9.905234959602714
66666648.00001011
66666648.000004604
-13.999828493380333
-13.999874966269573
66666648.000010334
-13.999744562153708
[-0.99999723 -2.99999608]
-13.999974396557766
-41.999622871868915
-41.999681584937036
-41.99993030846885
-41.99984445265129
-41.999929237924356
-41.999692727420324
-41.9998842486931
-41.999465886379994
-41.99995040754506
-41.99992565854231
-41.99990093263532
-41.97831346096868
-41.99983421871204
-41.99982655401176
```

```
-41.9998725783844
-41.99972181127994
-41.999408471130884
-41.99931642977377
-41.99988224266164
-41.99990977036097
-41.99990474978172
-41.999658307122886
-41.999869434702674
-41.99992047711064
-41.99975397869738
-41.999869036345046
-41.14106062230328
-41.999673019847336
-41.999970464934734
-41.99990779886247
[5.99999199 4.00000351]
-41.999970464934734
```

8 광역 최적화

광역 최적화(global optimization)와 국소 최적화(local optimization)는 최적화 문제를 다룰 때 사용되는 두 가지 접근 방법이다. 국소 최적화는 어떤 함수의 국소 최적점(local minimum, local maximum)을 찾는 것으로, 현재 위치에서 국소적으로 더이상 개선될 여지가 없을 때까지 계속해서 최적화를 수행하는 방식이다. 이 방식은 문제가 간단하거나 초기 값이 잘 설정되었을 때는 빠른 수렴을 보일 수 있지만, 여러 개의 국소 최적점이 존재하거나 함수의 모양이 복잡할 경우 전역 최적점(global minimum, global maximum)을 찾지 못할 가능성이 크다. 반면 광역 최적화는 전역 최적점을 찾는 것으로, 가능한 모든 해를 조사하여 최적점을 찾는 방식이다. 이 방식은 국소 최적화와 달리 전역 최적점을 탐색을 목표로하며, 최적해를 찾는 정확도가 높은 편이다. 하지만 문제가 복잡할 경우 계산 비용이 많이 들 수 있다. 따라서 국소 최적화는 초기 값에 민감한 작은 문제에 적합하고, 광역 최적화는 크고 복잡한 문제에 적합하다. 또한 국소 최적화와 광역 최적화를 조합하여 하이브리드 최적화(hybrid optimization) 방법을 사용하기도 한다. 하이브리드 최적화는 국소 최적화 방법을 이용하여 광역 최적화를 추구하는 방법을 말한다. 하이브리드 최적화는 여러 최적화 알고리즘을 결합하여 최적화 성능을 향상시키는 기법이다. 보통 광역 최적화와 국소 최적화 기법을 결합하여 사용하는데, 광역 최적화로 전역 최적점을 대략적으로 탐색한 후, 국소 최적화로 더 정확한 최적점을 찾아내는 방식이다. 예를 들어, 유전 알고리즘과 구배(기울기) 기반 최적화 알고리즘을 결합하여 사용할 수 있다. 유전 알고리즘은 다양한 후보해를 생성하고, 구배 기반 최적화 알고리즘은 그 후보해 중에서 가장 최적점에 가까운 해를 찾아내는 방식으로 사용된다. 하이브리드 최적화를 사용하면 전역 최적점을 놓치지 않고, 빠르게 국소 최적점을 찾아낼 수 있어서 최적화 성능이 높아질 수 있다. 구배 기반 최적화 알고리즘으로 시작하여, 수렴이 어려운 경우에 유전 알고리즘을 추가로 적용하여 전역 최적점에 빠르게 수렴시키는 방법 등이 있다.

Figure 8.1에서는 일차원 함수의 경우에 국소 최대(local maximum), 국소 최소(local minimum), 광역 최소점(global minimum) 등을 표시했다. 앞에서 언급한 Nelder-Mead 알고리즘, BFGS 알고리즘 등은 함수의 국소 최소화를 수행하는 잘 알려진 계산 방법이다. 광역 최소점은 국소 최소점들 중에서 가장 낮은 함수 값을 주는 점으로 정의할 수 있다. 일차원 문제는 일반적으로 쉽게 풀 수 있다. 특히, 그림을 그릴 수 있는 수준이면 아주 쉽게 광역 최소점을 찾을 수 있다. 하지만, 실제 응용 문제에서는 다차원 문제이다. 이 경우, 일반적으로 함수의 모양을 그림으로 표시하기가 매우 어렵다. 광역 최적화를 위한 진화학습(evolutionary learning) 계산에서는 생물학적 원리에 기반하여 반복적인 계산을 수행하면서 특정한 해들을 새롭게 갱신해 나가는 방식으로 전체 계산을 수행한다. 진화학습 계산 방법들은 많은 복잡한 문제들에서 일반적으로 아주 잘 최적화된 해를 줄 수 있다. 대표적인 진화학습 방법으로 유전 알고리즘(genetic algorithms)을 들 수 있다. 진화학습 계산은 스스로 보다 더 좋은 해를 찾아 가기 때문에 진화학습으로 불리운다. 또한, 컴퓨터 과학 분야에서 진화학습 방법은 많이 변종들이 생겨 나게 되었고 동시에 널리 활용되고 있다. 입자 군집 최적화(particle swarm optimization) 방법은 정보를 공유하는 분산 계산의 방법으로 보다 더 잘 알려져 있으며 광역 최적화 방법으로 널리 활용되고 있다. 유전 알고리즘 그리고 입자 군집 최적화 방법은 모두 다수의 후보해들을 동시에 취급하는 계산 방법이다. 두 가지 모두 쉽게 병렬화 되어지는 알고리즘으로 점진적으로 해들을 개선하는 방식으로 작동하며 매우 복잡한 함수의 광역 최적화에 활용된다.

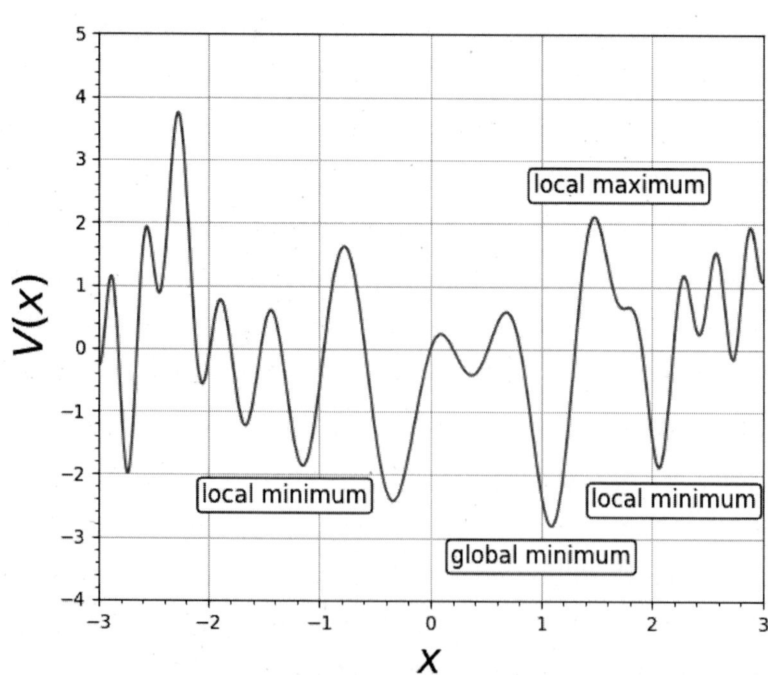

Figure 8.1: 일차원 퍼텐셜의 예: 국소 최소 값, 국소 최대 값, 광역 최소 값들이 표시했다. 미분가능한 함수의 경우에 해당한다.

광역 최적화(global optimization) 테스트 함수들은 수학적 최적화 문제를 해결할 때 시험용으로 사용되는 함수들로, 다양한 최적화 알고리즘의 성능을 평가하는 데 사용될 수 있다. 대표적인 광역 최적화 테스트 함수로는 다음과 같은 것들이 있다.

◇ Rosenbrock 함수
◇ Ackley 함수
◇ Rastrigin 함수
◇ Griewank 함수
◇ Schwefel 함수
◇ Sphere 함수
◇ Beale 함수
◇ Booth 함수
◇ Bukin 함수
◇ Levi 함수
◇ Michalewicz 함수
◇ Easom 함수
◇ Goldstein-Price 함수
◇ Himmelblau 함수
◇ Styblinski-Tang 함수

이러한 테스트 함수들은 각각 다른 형태를 가지고 있으며, 다양한 최적화 알고리즘들의 성능을 평가하는 데 사용된다. 이들 함수 중 일부는 매우 불규칙하거나 다양한 국소 최적점(local minimum)을 가지고 있어서 최적화 알고리즘의 성능을 평가하는 데 더욱 도움이 된다.[1]

1: https://en.wikipedia.org/wiki/Test_functions_for_optimization

"무료 점심 없음 정리"(no free lunch theorem)는 컴퓨터 과학 분야에서의 중요한 원리 중 하나이다. 이 원리는 모든 최적화 알고리즘이 모든 문제에서 동일한 성능을 보이지 못한다는 것을 말한다. 즉, 어떤 최적화 알고리즘이 다른 알고리즘보다 더 나은 결과를 제공하는 문제가 있을 수 있지만, 이 알고리즘은 다른 문제에서는 더 나쁜 결과를 낼 수 있다.[119] 모든 문제에 대한 최적의 알고리즘이 존재하지 않는다는 것을 의미한다. 그러므로 최적화 문제를 해결하는데 있어서는 다양한 알고리즘을 적용하고, 어떤 경우에는 한 알고리즘이 다른 알고리즘보다 더 효과적일 수도 있다. 경험하기전에 더 적합할 것이라고 보장할 수 있는 모델, 최적화 방법은 없다. 결국, 실제 연구에서는 몇 가지를 구현하고 평가해 볼 수 있다. 모든 가능한 함수를 고려할 때, 최적의 알고리즘이 없다는 것을

[119]: Wolpert and Macready (1997), 'No free lunch theorems for optimization'

의미한다.

8.1 막대한 컴퓨터 자원을 활용하기 위한 컴퓨터 언어

C 그리고 FORTRAN 90, 두 가지 언어가 계산 속도 측면에서 가장 유리하다. 또한, MPI(message passing interface)를 활용한 병렬 컴퓨팅까지 염두에 둘 경우, 이 두 가지 언어가 가장 이상적이다. 생산성 측면에서 가장 유리 하다. 교육이 아닌 연구 분야에서는 고효율 병렬 컴퓨팅이 필수적이다. 즉, 가장 빨리 계산할 수 있는 컴퓨터 언어를 활용하면서 추가적으로 MPI 라이버러리를 이용한 병렬화가 중요한 계산 방식이 된다. 이러한 계산 형태는 매우 많은 CPU들이 단 하나의 계산을 수행하는 것을 말한다. 컴퓨터 프로그램은 순차적 처리를 기본으로 발전하였다. 그러나, 막대한 메모리가 필요하게 되고 하나의 컴퓨터 메모리에 모든 정보를 다 담을 수 없는 경우가 발생할 수 있다. 마찬가지로 너무 많은 계산을 하나의 CPU가 처리할 수 없는 지경에 도달할 수 있다. MPI는 분산 메모리 환경에서 프로세스 간 메시지 전달을 이용하여 프로그래밍을 수행하는 라이브러리이다. MPI를 이용하면 다수의 컴퓨터를 활용하여 작업을 분산시키고, 서로간의 메시지 전달을 통해 병렬 처리를 수행할 수 있다. MPI는 다수의 프로세스 간 통신을 위한 표준 규격을 제공한다. 이를 통해 각 프로세스들은 메시지를 주고 받으면서 데이터를 공유하고 연산을 수행한다. MPI 라이브러리를 사용하여 병렬화를 수행하면, 복잡한 문제를 빠르게 해결할 수 있다. 특히 대규모 병렬 컴퓨팅을 필요로 하는 고성능 컴퓨팅 분야에서 많이 사용된다. MPI를 사용하는 병렬화는 분산환경에서 수행되기 때문에, 병렬화의 유연성과 확장성이 높다. 또한, 각각의 노드들이 독립적으로 계산을 수행하면서 결과를 모아서 최종결과를 만들어내는 방식을 사용하기 때문에, 프로그램이 병렬화되어 있더라도 최종결과에 대한 일관성을 유지할 수 있다. 이러한 특징들 때문에 MPI는 고성능 컴퓨팅 분야에서 효과적으로 사용되고 있다. 리눅스 운영체제에서 MPI를 사용하면 다수의 노드를 사용하여 하나의 프로그램을 병렬로 실행할 수 있다. 이를 위해 각 노드는 네트워크를 통해 통신하며, 각 노드에서 실행되는 프로세스들은 MPI 메시지 패싱 기능을 통해 필요한 데이터를 주고받으며 작업을

수행한다. 이러한 방식으로 MPI를 이용한 분산처리 및 병렬 처리가 이루어진다.

8.2 간결한 프로그램으로 쉽고 편리하게 계산하기 위한 컴퓨터 언어

데이터 정리와 그림 그리기 등에서 매우 유리한 컴퓨터 언어로 파이썬을 꼽을 수 있다. 'running machine', 'after service' 이런 것들이 전형적인 잘못된 영어 표현이다. 한국에서만 의미가 잘 소통되는 잘못된 영어 표현이다. 미국에서 사용할 수 있는 정확한 영어 표현은 각각 'treadmill', 'warranty service'이다. 미국에서 소통하려면 정확한 미국 언어를 알아둘 필요가 있는 이유가 여기에 있다. 컴퓨터 언어의 경우도 마찬가지이다. 컴퓨터를 잘 활용하려면 목적에 맞는 적절하고, 유효한 컴퓨터 언어를 알아 둘 필요가 있다. 특히, 파이썬 언어는 최근 프로그래밍 언어 초보자, 인공지능, 다용도 언어로서 각광받고 있다. 무료로 사용할 수 있는 파이썬 언어를 위한 왕성한 단체 활동들이 이어져 오고 있다. 파이썬 언어는 사용자가 최대한 간편하게 업무를 수행하게끔 만들어 놓은 라이버러리가 잘 만들어져 있다. 아울러, 문제를 푸는 방법은 가장 간단한 단 하나의 방법이 있다라고 가정하고 실제 문제 풀이에 접근한다. 파이썬 언어에서는 다양한 방법을 찾기 보다는 가장 간단한 방법을 찾도록 설계되었다. 어느 정도 컴퓨터 언어의 기본 문법을 익혔다고 가정하면 프로그래밍 실무에서는 인터넷 검색 서비스를 활용하는 것이 상당히 효율적이다. 검색창에 구체적인 질문을 넣어주면 대부분의 경우 아주 큰 도움을 받을 수 있다. 인터넷 서비스가 전문가의 조언 역할을 충실히 수행하고 있는 것이다. 사실, 전문가에게 조언을 받는 방법이 가장 효율적인 방법이였지만, 최근에는 인터넷 검색이 이를 대치하고 있는 것이다. 일반적으로 전문가 조언은 상당한 부대 비용이 필요하다는 것을 기억해야한다. 파이썬에서 클래스와 리스트를 활용하면 굉장히 간단해 보이는 프로그램을 만들 수 있다. FORTRAN 90에서도 모듈을 활용하여 문제 풀이 대상에 최적화된 컴퓨터 프로그램을 만들 수 있다. 하지만 상당한 노하우와 연습이 필요한 것이 사실이다. 단숨에 이를 쉽게 활용한다는 것을 상상하기 쉽지않다. 충분한 연습이 필요하다. ChatGPT를 활용한 컴퓨터 프로그래밍 작업도 상당한 도움이 된다. ChatGPT는 컴퓨터 언어에 상당한 능력이 있다. 상당한 수준의 컴퓨터 프로그램 소스코드를 만들어 준다. 즉시, 복사해서 테스트해 볼 수 있다.

파이썬에서 클래스(class)는 객체 지향 프로그래밍의 핵심 개념 중 하나이다. 클래스는 데이터와 해당 데이터를 조작하는 메소드(method)들을 포함하는 구조체이다. 메소드는 클래스에서 정의된 함수로, 클래스의 인스턴스에서 호출된다. 파이썬 언어에서 클래스는 객체를 생성하기 위한 틀이며, 해당 객체가 가져야 할 속성(데이터)과 메소드(함수)를 동시에 정의할 수 있는 구조이다. 물론, 데이터 또는 함수 중에서 하나만 정의할수도 있다. 즉, 클래스는 객체를 만들기 위한 설계도와 같은 역할을 한다. 메소드는 클래스 내부에서 정의된 함수로, 해당 클래스의 객체에서만 호출할 수 있다. 클래스의 속성에 접근하거나 조작하는 기능을 수행할 수 있다. 메소드는 객체 지향 프로그래밍에서 객체의 행동을 정의하는 역할을 한다. 예를 들어, 자동차를 만든다고 가정해보자. 이때 자동차를 만들기 위한 설계도가 클래스라고 볼 수 있다. 자동차 객체를 만들기 위해서는 해당 클래스로부터 객체를 생성해야 한다. 이때 객체가 가져야 할 속성과 메소드를 클래스에서 정의한다. 예를 들어, 자동차 객체의 속성으로는 브랜드, 모델명, 색상 등이 있을 수 있으며, 자동차 객체의 메소드로는 전진, 후진, 좌회전, 우회전 등의 동작을 정의할 수 있다.

클래스는 통상 첫글자로서 영문자 대문자로 적는다. 반면, 객체는 통상 첫글자로서 소문자로 적는다. 아울러, 메소드는 클래스 밑에 있다고 생각하여 '.'을 사용한다. 이렇게 '.'을 사용하는 것이 파이썬 언어의 매력이다. 다른 컴퓨터 언어들이 부러워할 수 있는 항목이다.

8.3 연습 문제

(1) 마방진($n \times n, n = 3$)에 대한 해를 찾는 프로그램을 완성하라. 특히, 시행착오(trial and error) 방식을 이용하여 특별한 순서로 숫자들을 나열하고, 즉, 하나의 표현식(representation)을 정하고, 대각선, 행, 열 모두 같은 수(15)가 되는지를 확인하는 방식으로 프로그램을 완성하라. 이 조건들을 이용하여 답을 출력하고 해당 프로그램을 종료하라. 하나의 해로 알려진 주어진 마방진 행렬로부터 표현식을

얻어낼 수 있는 지 확인하라. 즉, '표현식 → 행렬', '행렬 → 표현식' 계산이 가능한지 확인하라.

(2) 광역 최적화 방법으로 문제를 풀 때, 일반적으로 목적함수와 풀고자 하는 문제와의 관계를 기술하라. 예를 들어서 목적함수를 정의해 보라. (1)에서 다룬 마방진 문제 풀이의 경우, 광역 최소점이 0이 되도록 목적함수를 설계할 수 있음을 보여라. 마방진 문제의 경우, n이 주어질 때, 가로, 세로, 대각선 합은 모두 n의 함수로 알려져 있다. 그 값은 $\frac{n^2+n}{2}$이다.

풀림 시늉 9

9.1 볼츠만 분포

볼츠만 분포는 물리학에서 자유도가 있는 입자들의 열역학 분포를 나타내는 확률 분포이다. 이 분포는 같은 에너지 상태에 있는 입자들의 수를 설명하며, 에너지의 분포를 나타내는데 사용된다. 볼츠만 분포는 에너지 대한 확률 밀도 함수를 제공하므로, 특정 에너지 범위에서 입자의 분포를 계산할 수 있다. 이 분포는 에너지를 갖는 입자의 수가 어떻게 분포되는지 설명하므로, 열역학적 시스템의 특성을 이해하는데 도움을 준다. 예를 들어, 이 분포를 사용하여 열역학적 내부에너지, 비열, 엔트로피, 다양한 물리량 등을 계산할 수 있다.[1] 주어진 온도에서 열적 평형을 이루고 있다고 가정하면 특정한 분자는 그 모양을 어느 정도는 바꿀 수 있을 것이다. 이때, 분자의 모양은 $\vec{x}$로 표현된다. 분자가 모양을 바꾸면 그 모양에 대한 에너지가 바뀌게 될 것이다. 주어진 온도에서 허용된 모든 분자 구조들을 찾는 것은 열역학 문제를 푸는 지름길이다. 주어진 온도에서 열적 평형을 이루고 있다면, 동적 변수(dynamical variables), 즉, 해($\vec{x}$)가 바뀜에 따라서 에너지 $E(\vec{x})$도 바뀌게 될 것이다. 매우 다양한 해들이 존재할 것이다. 열역학에서 주어진 절대온도(T)에서 특정 분자 구조가 발견될 확률이 정의된다. 소위, 볼츠만 분포이다. 여기서, T는 절대 온도이다. k_B는 볼츠만(Boltzmann) 상수이다.

$$p(x) \propto e^{-[E(x)/(k_B T)]}. \tag{9.1}$$

즉, 주어진 온도에서 에너지가 조금 더 높아지는 구조를 취하면 해당하는 분자 구조가 발견될 확률은 급속도로 감소한다. 아울러, 온도가 굉장히 높은 상황에서는 다소 에너지가 높은 분자 구조가 발견될 확률이 없지 않다. 온도가 굉장히 높을 경우, 에너지가 높아지는 분자 구조가 물리적으로 허용된다. 온도가 절대 영도 0 K로 접근할 경우, 에너지가 낮아지는 방향으로만 분자 구조가 갱신된다. 에너지가 올라가는 방향으로는 분자 구조가 갱신되지 않는다. 고전역학적으로 온도가 0 K이면 모든 원자들의 속도가 0이 된다.[2] 바닥상태가 가장 에너지가 낮은 상태이다. 이 바닥상태는 온도에 의해서 깨어질 수 있다. 금속 내부에 있는 원자들의 위치에

1: 가능한 상태들이 불연속적일 수도 있다. 예를 들어, 가능한 상태들이 x_1, x_2, x_3 처럼 세가지 일 때, 이들의 존재 확률은 $e^{-[E(x_1)/(k_B T)]}$, $e^{-[E(x_1)/(k_B T)]}$, $e^{-[E(x_1)/(k_B T)]}$ 에 각각 비례한다. 이들의 합을 Z라고 부를 수 있고, 확률의 합이 1이 되게 할 수 있다. 3개 이상의 상태들이 존재할 때, 기계학습에서는 softmax라는 활성화 함수를 사용한다. 재규격화를 통해서 최대치를 부드럽게 (softmax) 만들어준다. 두 개의 상태들만 있는 경우, 이 활성화 함수가 sigmoid 함수가 되고 만다. Ludwig Eduard Boltzmann(1844-1906)은 통계역학과 통계열역학으로 유명한 오스트리아 출신의 물리학자이다. 그는 원자론을 주창한 가장 중요한 사람 중 한 명이다.

2: 양자역학에서는 사정이 다르다. 0 K(절대 영도)에서도 원자들은 진동하고 있다.

대해서도 동일한 접근이 가능하다. $\vec{x}$로 표현할 수 있다. 온도가 충분히 높으면 원자들은 활발하게 움직일 수 있다. 아주 천천히 담금질하면 매우 단단한 금속을 얻을 수 있다. 매우 안정한 구조를 찾아 갈 수 있기 때문이다. 주어진 온도에서 열적 평형상태를 유지한다는 것은 물리적으로 가능한 상태들은 볼츠만 분포를 따른다는 것이다. 다음으로 온도가 바뀌게 되면 충분히 긴 시간 동안 다시 열적 평형상태를 만들려는 과정이 포함될 것이다. 온도를 계속해서 천천히 낮추어 주는 과정을 통해서 가장 낮은 에너지 구조를 찾는 방식이다. 충분한 시간을 가지고 시뮬레이션을 해야 광역 최적화에 성공할 수 있다. Nelder-Mead 알고리즘, BFGS 알고리즘과 달리 확률론적 계산 방법들은 계산할 때마다 다른 답을 줄 수 있다.

9.2 메트로폴리스 알고리즘

메트로폴리스 알고리즘(Metropolis algorithm)은 시스템의 상태를 무작위로 변경하고, 새로운 상태의 에너지와 이전 상태의 에너지를 비교하여 새로운 상태를 수용할지 거절할지 결정하는 과정을 반복하여 원하는 상태를 찾아내는 알고리즘이다. 물론, 유한 온도(T)에서 가능한 상태들을 모두 찾고자 하는 것이 목표이다. 예를 들어, 유한 온도에서 시스템의 내부 에너지를 계산할 때 이 방법을 이용할 수 있다.[120] 일반적으로 매우 가까운 거리에 놓은 상태들 사이의 전이만이 허용되는 약점이 있다. 일반적으로 상태들의 시간적 변경의 역사에 의존하지 못하는 특성이 내재되어 있다. 메트로폴리스 알고리즘은 다음과 같은 과정으로 수행된다.

[120]: Metropolis et al. (1953), 'J. of Chem'

◇ 1. 시스템의 초기 상태를 설정한다.
◇ 2. 시스템의 상태를 무작위로 변경한다.
◇ 3. 변경된 상태의 에너지를 계산한다.
◇ 4. 이전 상태의 에너지와 변경된 상태의 에너지를 비교한다.
◇ 5. 만약 변경된 상태의 에너지가 이전 상태의 에너지보다 낮거나 같으면, 새로운 상태를 수용한다.
◇ 6. 만약 변경된 상태의 에너지가 이전 상태의 에너지보다 높으면, 새로운 상태를 확률적으로 수용할지 거절할지 결정한다.
◇ 2단계부터 6단계까지를 반복하여 원하는 상태를 찾아낸다.

메트로폴리스 알고리즘(Metropolis algorithm)에서는, 주어진 고정된 온도 T 에서 구조(conformation)가 변환될 때, 즉, $\vec{x} \rightarrow \vec{x}'$ 으로 변환 가능

한지를 따지게 된다. $\vec{x} \to \vec{x}'$ 로 변환 할 때, 에너지가 $E \to E'$으로 바뀌게 된다. 이때, 온도 T를 새로운 변수로 둘 수 있다. $\beta = 1/(k_B T)$, 여기서 k_B는 볼츠만(Boltzmann) 상수이다. $\vec{x} \to \vec{x}'$ 변환이 받아들여 질 조건:

$$min\left[1, \frac{e^{-\beta E'}}{e^{-\beta E}}\right] > r, \tag{9.2}$$

여기서, r은 막수이다. 0 과 1 사이에 균일하게 존재하는 숫자이다. 0과 1 사이의 막수(확률에 해당하는 것, 차원이 없는 숫자)를 활용한 알고리즘이다. 특정 확률 이상일 경우 변화를 받아 들이는 것이다. 이때, 계산된 확률과 막수를 비교하게 된다. 확률적으로 $\vec{x} \to \vec{x}'$ 변화를 받아 들인다는 뜻이다.

몬테칼로(Monte Carlo) 계산의 기본이 되는 알고리즘이 메트로폴리스 알고리즘이다.[3] 분명히 상승 탐색(uphill search)를 허용한다. 즉, 함수값이 증가는 변환 $\vec{x} \to \vec{x}'$ 에 대해서도 변환이 확률적으로 받아들여질 수 있다. 상승 탐색은 확률적으로 허용된다. 반면, 하강 탐색(downhill search)는 무조건 허용한다. $T \to 0$으로 가는 영역에서는 사실상 급냉(quench)을 실행할 수 있다. 이 경우, 에너지가 낮아지는 구조 변환만이 허용되게 된다. 변환 $\vec{x} \to \vec{x}'$ 에서, 구조(conformation) $\vec{x}'$ 은 굉장히 일반적으로 만들어진 것일 수 있다. 무작위로 만들어져도 좋다. 물론, 너무 많이 거부되는 방식으로 만들어지면 효율적이 못하게 된다. 대략 50% 정도는 거부되고 나머지는 허용될 수 있게 만들어지면 이상적이라고 할 수 있겠다. $\vec{x}'$을 어떻게 만드느냐에 따라서 알고리즘이 달라지고 확장될 수 있다. 유사하지만 굉장히 다른 알고리즘이 만들어 질 수 있다는 데 주의해야 한다. 예를 들어, 자기계에 대한 해밀토니언이 주어지면, 온도의 함수로 (그리고 외부 자기장의 함수로) 자기화를 어떻게 계산하는가? 낮은 온도에서는 스핀들이 최대한 정렬할것이고, 높은 온도에서 스핀들은 열적으로 요동할 것이다. 하지만, 온도와 외부 자기장의 함수로 자기화를 계산하는 것은 쉽지 않다.

3: 모네 카를로 카지노는 세계에서 가장 유명한 카지노 중 하나이며, 고급스러운 분위기와 대규모의 돈을 걸 수 있는 게임들로 유명하다. 모네 카를로는 아주 작은 크기의 국가 모나코의 도시이다. 이 나라를 대표하는 리그앙 소속 축구팀이 바로 AS 모나코이다.

메트로폴리스 알고리즘은 고정된 하나의 온도에 대한 시뮬레이션이다. 주어진 온도에서 무슨 일들이 가능한지를 탐색할 수 있는 방법이다. 물론, 다른 온도에서도 동일한 시뮬레이션이 가능하다. 온도가 높을 수록 에너지(목적함수)가 다소 크게 변화된 것을 확률적으로 허용할 수 있게 된다. 온도가 굉장히 낮을 경우, 목적함수가 증가하는 것은 매우 받아 들이기 어려운 것이 된다. 막수의 씨드가 서로 다른 독립적인 메트로폴리스 시뮬레이션을 상상할 수 있다. 이들 시뮬레이션들은 독립적인 시뮬레이션들의 집합이다. 다수의 시뮬레이션으로부터 물리량 평균과 편차를 얻어낼 수 있다. 막수의 수열이 다르다는 것으로부터 우리는 다수의 독립적인 메트로폴리스 알고리즘의 계산들로부터 보다 더 정확한 추출로부터 정밀한 물리량 계산이 가능함을 알 수 있다. 사실상, 보다 더 많은 추출을 수행하여 더 정밀한 계산을 수행한 것이다.

온도를 고정하고 원자들의 움직임을 조사할 수 있는 방법으로 몬테칼로 방법과 유사한 방법으로 분자동역학(molecular dynamics, MD) 방법이 있다. 원자에 가해지는 힘을 계산하고 이것을 사용하는 것이 특징이다. Figure 9.1에서는 분자동역학 방법의 순서도를 표시했다. 원자 수준에서 뉴튼의 운동 방정식을 푸는 것이다. 원자에 가해지는 힘을 계산하여 운동 방정식을 푸는 것이다. 물론, 주어진 온도에서 가능한 운동 방정식을 푸는 것이다. 분자동역학은 원자로 구성된 시스템의 구조, 역학적, 열역학적, 원자들의 배치 등 물리적 특성을 계산하는 컴퓨터 시뮬레이션 기술이다. 이는 화학, 생명 과학, 재료 과학 등의 분야에서 유한 온도 물성에 대한 다양한 응용이 가능하다. 분자동역학 방법은 화학 반응, 신물질 설계, 약물 디자인, 에너지 재료 설계 등 다양한 분야에서 활용되는 시뮬레이션 방법이다.

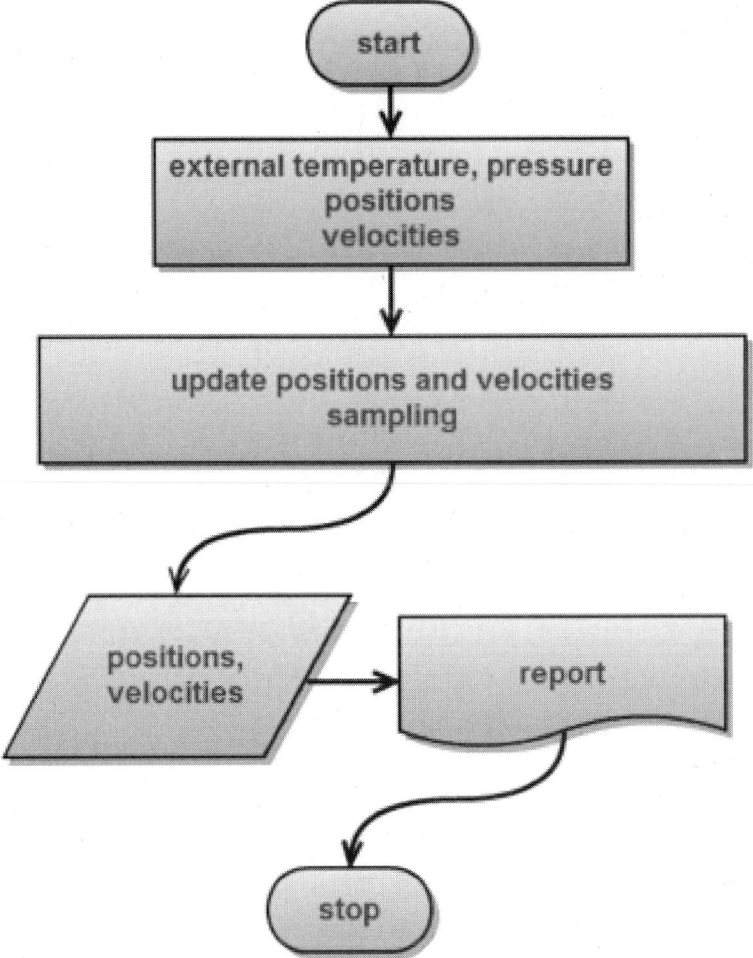

Figure 9.1: 분자동역학(molecular dynamics, MD) 방법에 해당하는 순서도를 표시했다. 특정 시간 동안 원자들의 움직임을 계산한다. 계산 동안 특별히 관심있는 물리량을 계산할 수 있다. 시간에 의존하는 물리량을 계산 할 수도 있다. 특히, 주어진 온도에서 평형을 이루고 있다면 온도에 의존하는 물리량을 계산할 수 있다.

9.3 높은 온도에서 낮은 온도로 전환

메트로폴리스 알고리즘으로 주어진 온도에서 충분히 시뮬레이션을 한다. 이렇게 하면 주어진 온도에서 가능한 해들을 추출하는 것에 해당한다. 이러한 추출로부터 평균량을 계산할 수 있기 때문에 특정한 물리량을 계산할 수 있을 것이다. 이것이 메트로폴리스 알고리즘의 응용이다. 다음으로 온도가 이전 시뮬레이션보다 다소 낮은 상황을 생각해 보자. 즉, 서로 다른 온도에서 두 번의 메트로폴리스 알고리즘을 연속해서 진행하는 것에 해당한다. 물론, 해는 연속적으로 사용하고 있다. 이러한 온도 바꾸기를 연속해서 실행하는 것도 우리는 쉽게 상상할 수 있다. 실제 금속의 담금질 과정과 비슷한 경우라고 상상할 수 있다. 이러한 시뮬레이션은 풀림과 유사하다고 하여 이름을 풀림 시늉(simulated annealing)이라고 한다.[102]

[102]: Kirkpatrick et al. (1983), 'Optimization by simulated annealing'

풀림 시늉(simulated annealing)은 확률론적 최적화 알고리즘이다. 가장 낮은 에너지 상태를 찾아 가는 과정을 모사한 것이다. 높은 온도에서 비교적 자유롭게 움직일 수 있는 원자들의 움직임을 이용하는 것이다. 전체 에너지가 다소 높아지는 과정이라고 하더라도 온도가 충분히 높은 상황에서는 확률적으로 그 움직임을 받아 들인다. 최적화 과정에서는 온도가 천천히 낮아지게한다. 온도가 낮은 상황일수록 에너지가 낮아지는 움직임만 쉽게 받아들여지게 된다. 에너지가 올라가는 상황에 해당하는 움직임이 받아들여질 확률은 극도로 낮아지게된다. 풀림 시늉에서는 초기 온도와 냉각 속도를 조절함으로써 최적화 성능을 조절할 수 있다. 초기 온도는 일반적으로 너무 높지 않게 설정하고, 냉각 속도는 천천히 하여 근사해를 찾아내는데 충분한 시간을 확보한다. 풀림 시늉은 광역 최적화 문제를 해결하는데 유용하며, 이 알고리즘은 다양한 분야에서 활용된다. 예를 들어, 신경망 학습, VLSI 디자인, 컴퓨터 비전 등에서 최적화 문제를 해결하는데 활용된다. Figure 9.2에서는 풀림 시늉의 순서도를 정리했다.

풀림 시늉은 기본적인 광역 최적화 이론이다. 많이 회자되는 확률론적 알고리즘이다. 컴퓨터 과학의 기본적인 알고리즘이다. 물리적으로 금속 내부에 있는 원자들이 안정된 배열을 찾아가는 상황을 모사한 것이다. 온도가 높을 때에는 에너지 장벽이 다소 높더라도 에너지 장벽을 넘어

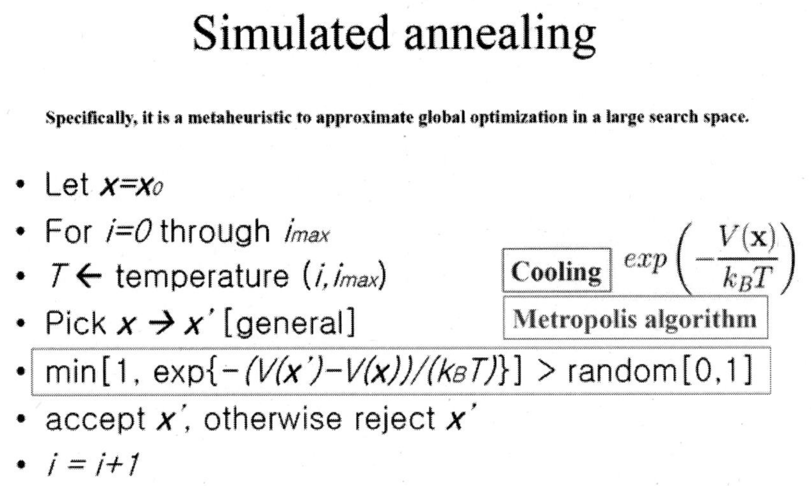

Simulated annealing

Specifically, it is a metaheuristic to approximate global optimization in a large search space.

- Let $x=x_0$
- For $i=0$ through i_{max}
- $T \leftarrow$ temperature (i, i_{max}) **Cooling** $exp\left(-\frac{V(\mathbf{x})}{k_B T}\right)$
- Pick $x \rightarrow x'$ [general] **Metropolis algorithm**
- min[1, exp{$-(V(x')-V(x))/(k_B T)$}] > random[0,1]
- accept x', otherwise reject x'
- $i = i+1$

Figure 9.2: 풀림 시늉(simulated annealing) 알고리즘에 대한 순서도를 표시했다. 주어진 온도 T에서 볼츠만 분포를 가정하고 있다. 아울러, 시뮬레이션이 진행되면서 온도는 아주 천천히 내려가도록 설정되어 있다. 에너지가 낮아지면 새로운 해는 받아들여지고, 에너지가 높아지는 해는 확률적으로만 받아들여지게 된다. 확률적으로 받아들인다는 것은 무작위 수를 생성하고 그때 생성된 수가 계산된 확률보다 클 경우에 한해서 받아들인다것이다. 무작위 수는 확률의 범위에 있다. 즉, 0에서 1이하의 수를 지칭한다. 이것은 마치 확률이 0에서 1이하의 값을 가지는 것과 동일하다.

간다. 따라서, 에너지적으로 다소 높은 국소 최소점에 갇혀버리는 상황을 확률적으로 모면할 수 있게 해준다.[4] 물론, 대부분의 원자들의 이동은 에너지가 낮아지는 방식으로 정렬할 것이다. 하지만, 온도가 충분히 낮아지게 되면 에너지 장벽을 넘을 수 있는 확률은 급격히 떨어지게 된다. 하지만, 풀림 시늉은 역사적으로 중요한 의미를 가지고 있다. 이것은 국소 최적화를 의미하는 것이다. 물론, 도함수, 구배 벡터(gradient vector)를 활용하지는 않았다. 계속해서 추적하는 후보 해의 숫자는 한 개이다.

4: 절대 온도 단위 켈빈(Kelvin)은 사람 이름에서 유래했다. 본명은 윌리엄 톰슨(William Thomson)이나 1892년 열역학에서의 업적으로 켈빈 남작(Baron Kelvin)이라는 작위를 얻은 뒤로는 거의 켈빈으로 통한다. 켈빈이라는 이름은 글래스고 주변을 흐르는 강의 이름에서 유래했다. 수학자 조지 그린의 업적을 발전시켜 1850년에는 스토크스 정리(Stokes' theorem)를 처음 제안하는 등, 조지 스토크스와 함께 벡터 미적분학을 만들었다. 스토크 정리는 정확하게 켈빈 경과 조지 스토크스의 이름을 따서 켈빈-스토크스 정리(Kelvin–Stokes theorem)라고 부르는 것이 합당하다. 켈빈은 비행 기계는 불가능하다고 공공연히 말했다. 그러나, 1903년, 그는 곧바로 라이트 형제가 비행기를 발명하게 된 것을 알게된다.

9.4 급냉

온도가 상대적으로 높을 경우는 아주 공격적인 해의 변형이 허용될 수 있다. 물론, 그 해가 받아들여질 지는 또 다른 문제이다. 다양한 해들에 대한 에너지 함수 값 계산을 시도해 볼 수 있다. 반대로 온도가 아주 낮거나 사실상 0 K(절대 영도)으로 수렴한 경우는 무조건 에너지가 낮아질 때에만 $\vec{x} \rightarrow \vec{x}'$ 변환이 허용되는 경우에 해당한다. 따라서, 온도가 0 K으로 수렴하는 경우, 풀림 시늉은 특별한 에너지 최소화 과정으로 볼 수 있다. 급냉시키는 것에 해당한다. 에너지가 낮아지면 무조건 해당 벡터와 에너지 값을 동시에 업데이트한다. 효율적이지는 않지만 더 낮은 구조를 찾는 방법으로 사용될 수 있다. 구배 벡터를 알수 없을 경우 사용해 볼 수 있다.

9.5 다수의 시뮬레이션

풀림 시늉(simulated annealing) 알고리즘에는 반드시 온도를 내려주는 방법(annealing schedule)이 존재해야만 한다. 아울러 풀림 시늉에서는 후보해의 갯수가 한 개이다. 풀림 시늉은 확률론적으로 광역 최적화를 수행하게 된다. 따라서, 동일한 온도 내리기 방법을 시행하더라도 풀림 시늉이 동일한 결과를 주지 않을 것이다. 왜냐하면, 막수의 수열이 동일하지 않기 때문이다. 따라서, 여러 개의 동일한 풀림 시늉을 동시에 실행하여 보다 확장된 시뮬레이션 결과를 얻을 수 있을 것이다. 보다 더 최적화된 해를 얻을 수 있을 것이다. 시뮬레이션이 진행되는 동안 독립된 시뮬레이션들 사이에는 어떠한 정보의 교환도 허용되어 있지 않다. 독립적인 시뮬레이션들이 모두 끝이 난 후에 결과를 조회함으로써 가장 최적화된 해를 찾을 수 있다. 막수의 씨드만 다르고 사실상 동일한 시뮬레이션의 경우 병렬 계산을 수행하기에 적합한 계산으로 분류될 수 있다. 최근 다수의 CPU 등이 동시에 공급되고 있다. 따라서, 병렬 계산은 정밀한 계산을 위한 또 다른 방편이다. 특히, 다수의 시뮬레이션들 사이의 정보교환이 전혀 없다면 가장 간단한 병렬 계산으로 분류된다.[5]

5: 병렬 컴퓨팅에서 "처치 곤란 병렬"(embarrassingly parallel) 계산이 있다. 문제를 몇 개의 병렬 작업으로 나누는데 노력이 거의 들지 않거나 하나도 들지 않는 경우를 "처치 곤란 병렬"이라고 한다. 다소 반어법적으로 들릴 수도 있지만 프랑스어 표현 "처치 곤란할 만큼 많은 부"(embarras de richesse)와 같은 맥락으로 이해될 수 있을 것이다.

9.6 시도해를 정기적으로 공급

다수의 서로 다른 온도들을 고려할 수 있다. 특별히 온도가 단계적으로 낮아지게 몇 개의 단계를 도입할 수 있다. 물론, 각각의 온도에서 메트로폴리스 알고리즘을 가동할 것이다. 가장 높은 온도에서 만들어진 해를 다음으로 낮은 온도 시뮬레이션의 해로 공급하는 것을 생각할 수 있다. 이렇게 하면 상대적으로 낮은 온도 시뮬레이션에서는 적당한 이완의 시간 이후에 다시 해당 온도에서 열적 평형을 이룰 것이다. 높은 온도에서 낮은 온도로 연속해서 이러한 해의 전달을 생각할 수 있다. 결국 매우 낮은 온도 쪽에서는 사실상 풀림 시늉(simulated annealing)의 마지막 단계를 수행하는 꼴이 된다. 이렇게 여러 개의 온도 분포에 대해서 각각의 몬테칼로(Monte Carlo) 시뮬레이션을 수행함과 동시에 지속적인 해 $\vec{x}$의 공급을 허용한다면, 새로운 방식의 풀림 시늉(simulated annealing)이라고 볼 수 있다. 온도를 순차적으로 내리는 시뮬레이션 대신에 미리 온도의 계단을 만들어 놓고 동시에 시뮬레이션을 수행하면서 해를 지속적으로 바꾸는 방식이라고 볼 수 있다. 온도가 높은 곳에서는, 다소 광폭으로 움직일 수 있기 때문에, 상대적으로 다양한 구조들을 지속적으로 생성하고, 온도가 낮은 곳으로 새로운 구조들을 지속적으로 공급할 수 있다. 온도가 상대적으로 낮은 곳에서는 상대적으로 더 자세하게 풀림 시늉을 하는 것으로 볼 수 있다. 온도 분포가 있는 것을 계속 유지하고 있다. 하지만, 가장 온도가 낮은 곳에서 항상 풀림 시늉의 결과를 받아 볼 수 있다. 가장 낮은 곳에서 광역 최적화의 결과를 받아 볼 수 있다.

9.7 시도해를 정기적으로 교환

풀림 시늉에서는 현재 해에서 멀리 떨어진 해로 이동하는 것이 어렵다는 단점이 있다. 이 단점을 보완하기 위해서 다양한 방법을 동원할 수 있다. 주어진 온도에서 해를 무작위로 변경하는 것으로 부터 몬테칼로 시뮬레이션을 시작했다. 높은 온도 시뮬레이션에서 얻은 해를 상대적으로 낮은 온도 시뮬레이션의 시도해로 정기적으로 일방적으로 공급하는 것을 생각했었다. 해를 공급하는 것 대신에, 두 시뮬레이션 사이에서, 해를 교환하는 것을 고려해 볼수도 있다. 특히, 복제품 맞바꿈 알고리즘은 초 풀림 시늉(super simulated-annealing)이라고 부를 수도 있다. 아래의 프로그램은 함수 피팅(fitting) 프로그램이다. 그런데, 풀림 시늉(simulated annealing) 방법을 활용한 것이다. 즉, 목적함수를 특정 다항 함수 형식으로 고정하고 주어진 데이터와의 차이가 최소화 되도록 프로그램을 만들었다. 데이터 포인트 당 다항식과 데이터의 차이가 최소화 되도록 만드는 것이 목표이다. 다시 말해서, 아주 좋은 다항식 계수를 찾는 것이 목표이다. 이 다항식 계수는 결국, 다항식을 줄 것이고, 그 다항식은 실험 데이터를 가장 잘 표현하는 다항식이 될 것이다. 사실, 다항식에 대한 함수 피팅은 이렇게 복잡하게 하지 않아도 된다. 선형대수학에서 잘 알려진 문제 풀이가 있다. 따라서, 예제 프로그램은 다항식이 아닌 복잡한 경우에 적용하는 것이 바람직하다. 풀림 시늉 방법은 통계물리학에 뿌리를 두고 있는 알고리즘이다. Nelder-Mead 알고리즘 그리고 BFGS 알고리즘에서는 막수를 사용하지 않았다. 풀림 시늉에서는 막수를 본격적으로 사용한다. Figure 9.3에서는 다항식 피팅을 실행한 결과를 표시하고 있다.

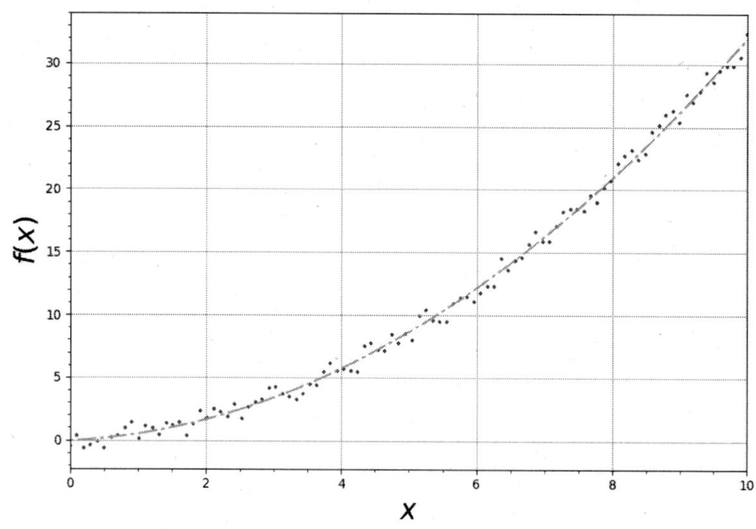

Figure 9.3: 주어진 데이터에 대해서 다항식 피팅을 실행한 결과를 표시하고 있다. 목적함수가 최소화 될 때, 이상적인 다항식 피팅이 성공하게 된다. 모든 데이터 포인트에 대해 예측 값과 실제 값의 차이를 제곱한 후, 이 값들의 평균을 취한다. [평균제곱오차(MSE)라고도 한다.] 이 값을 낮출수록 모델이 더 좋은 적합도를 갖는다.

9.8 연습 문제

(1) FORTRAN 90에서는

```
subroutine random_number
```

가 막수를 생성하는 부함수이다. 이 막수(x) 생성기는 $[\,0.0, 1.0\,)$ 사이의 값을 무작위로 반환하게 된다. 따라서, 실행하는 순간마다 다른 값이 반환된다.

```
call random_seed()
```

처럼 호출하면 자동으로 특정한 씨드로 초기화된다. 충분히 많은 시도($N = 10000$)를 통해서 막수 다음의 두 가지를 계산하라. $E(x) = \frac{1}{N}\sum_{i=1}^{N} x_i$ 을 구하라. $D(N, n) = \frac{1}{(N-n)}\sum_{i=1}^{N-n} x_i x_{i+n} - E^2(x)$, $n = 1, 2, 3$.

(2) 아래와 같은 내용이 사실임을 컴퓨터 프로그램으로 확인하라. $n = 10$ 을 사용하라. 0과 11이 추출되지 않음을 확인하라. 각각의 확률 분포를 히스토그램으로 표시하라. 유사한 작업들을 컴퓨터 언어 파이썬에서도 각각 실행시켜 보라. 아래와 같이 실행하면,

```
call random_number(tmr)
i=n*tmr
```

i가 가질 수 있는 숫자는 아래와 같다. 호출할 때마다 다른 값이 생성된다. $0, 1, 2, \ldots, n-1$ 다시 말해서, 아래와 같이 수행하면

```
call random_number(tmr)
i=n*tmr+1
```

i가 가질 수 있는 숫자는 아래와 같다. $1, 2, 3, \ldots, n$.

(3) 0 에서 1 사이의 막수를 만들어 내는 컴퓨터 언어 고유의 내장 생성기를 활용하여 −0.5에서 0.5 사이의 임의의 수를 만드는 프로그램으로 구현하라. 또한, −1 에서 1사이의 막수를 만드는 프로그램도 만들어라.

(4) 프로그램에서 지수함수(exponential function)의 사용법에 익숙해져야 한다. 유의미한 값이되기 위해서 지수함수의 인수가 어떠한 범위에 있어야 하는 지를 실증을 통해서 검증하라.

(5) 실행 시간 기준으로 막수 자동 씨드(seed) 만들기를 할 수도 있다. 이것을 자신이 주로 사용하는 컴퓨터 언어에서 만들어 보라. 실제 포트란 90(FORTRAN 90)에서는 아래의 예제와 같이 막수 생성기의 씨드를 임의로 조절할 수 있다. 막수 생성기 씨드 자동 지정 호출:

```
call init_seed()
```

막수 생성기 호출:

```
call random_number(tmp)
```

마찬가지로 컴퓨터 언어 파이썬에서도 유사한 함수들을 찾고 실행시켜 보라. 아울러, 가우스 분포(Gaussian distribution), 푸아송 분포를 가지는 막수을 생성하는 함수들을 찾고 실행시켜 보라. 참고: https://docs.scipy.org/doc/scipy/reference/generated/scipy.stats.poisson.html
https://numpy.org/doc/stable/reference/random/generated/numpy.random.normal.html

병렬조질, 복제품-맞바꿈 분자동역학 10

10.1 여러 온도를 동시에 유지

병렬조질(parallel tempering: PT, replica-exchange molecular dynamics:REMD) 방법은 풀림 시늉(simulated annealing) 방법과 더불어서 매우 유용한 계산 방법으로 알려져 있다.[121] 간단하게 말하면 풀림 시늉을 순차적으로 여러 가지 온도에서 동시에 수행하는 것이다. 뿐만 아니라, 서로 다른 온도들에서 만들어진 분자 구조들을 연속적으로 교환하면서 활용하는 하는 특징이 있다. 병렬 계산에 아주 적합한 계산방법이다. 여러 개의 독립된 계산(메트로폴리스 알고리즘)을 병행해서 수행함으로써 보다 더 최적화된 해를 찾을 수 있는 특징이 있다. 분자, 폴리머, 재료의 상태들을 아주 다양하게 찾아낼 때 사용할 수 있는 계산 방법이다.

[121]: Swendsen and J.-S. Wang (1986), 'Replica Monte Carlo simulation of spin-glasses'

각자 특정한 온도를 가지는 다수의 메트로폴리스 시뮬레이션을 생각하자. 이들 시뮬레이션은 거의 동시에 종료된다고 생각하자. 온도만 다를 뿐 다른 계산 매개변수들이 동일하다고 가정하자. 이것은 무리한 가정이 아니다. 메트로폴리스 계산이 모두 종료 되었을 때, 높은 온도에서 얻어진 해를 낮은 온도 시뮬레이션의 시도해(trial solution)로서 취급할 수 있다. 이러한 계산을 계속해서 수행하면 최종적으로 각각의 온도에서 보다 더 정확한 추출을 얻어낼 수 있다. 주어진 온도에서 열역학적 추출(sampling)이 가능하다. 즉, 주어진 온도에서 확률적으로 가능한 물리적 상태들을 보다 쉽게 찾아낼 수 있다. 왜냐하면, 상대적으로 낮은 온도 시뮬레이션에서는 국소적으로 허용된 해들만 관찰할 수 있는데, 외부로부터 완전히 새로운 형식의 해를 제공받을 수 있게 된 것은 모든 가능한 상태들을 추출하는데 상당한 도움이 될 수 있다. 비교적 낮은 온도 시뮬레이션에서는 이러한 외부 입력이 더욱 더 중요할 수 있다.

핵심 사항은 서로 다른 온도들 사이의 분자 구조를 맞교환 함으로써 전체 시뮬레이션에서 시너지 효과를 볼 수 있다는 것이다. 즉, 각각의 온도에서 보다 좋은 추출이 가능하다는 것이다. 주어진 온도에서 가능한 분자 모양을 모두 다 얻어내는 것을 목표로 한다. 이는 병렬조질 방법을 활용하면 보다 쉽게 이룩할 수 있다. 사실상, 주어진 하나의 온도에서 분자동역학이나 몬테칼로(Monte Carlo) 방법을 적용하여 물리적으로 가능한 분자 모형을 모두 다 얻어낼 수 있다. 문제는 효율성이다. 보다 효율적인 추출이 가능하다. 병렬조질 방법을 활용하면 시너지를 얻어 낼 수 있다. 병렬조질 계산 방법은 병렬 효율성이 매우 높은 알고리즘이다. 막수를 이용하여 분자 구조 변형을 시도하는 방법을 몬테칼로라고 한다. 원자들에 작용하는 힘을 이용하며 뉴튼의 운동 방정식을 이용해서 원자들의 위치를 계속해서 계산하는 방법을 분자동역학이라고 한다. 원자-원자 상호작용으로부터 각 원자에 작용하는 힘을 계산한다. 원자들의 속도 분포는 볼츠만 분포가 되도록 운동 방정식을 수정하여 준다. 이렇게 함으로써 원자 속도 분포를 볼츠만 분포로 인위적으로 만들어 주게 된다. 특히, 온도가 상대적으로 낮을 때, 분자동역학 방법은 국소 최소화 방법이 될 수 있다. 여전히 광역 최적화 방법으로서는 부적절한 방법이다. 주로 유한 온도 추출에 활용된다. 즉, 유한 온도에서 물리량 계산에 활용된다. 분자동역학 방법은 몬테칼로 방법을 대치하여 유한 온도 추출을 해낼 수 있다.

10.2 맞교환이 성공할 확률

여러 온도들에 대해서 분자동역학 또는 몬테칼로 계산을 동시에 수행한다. 각 온도에서 적응한 해들이 있을 것이다. 이들 해를 복제품이라고 한다. 특정한 수의 분자동역학 또는 몬테칼로 단계 이후에 각 온도에서의 해들을 교환한다. 즉, 서로 다른 두 온도에서 적응한 해들 사이의 맞교환을 시도한다. 전체 시뮬레이션의 효율성을 위해서 주기적으로 해들을 맞교환 하려고 한다. 인접한 온도들 사이에서 맞교환이 의미가 있을 것이다. 아주 유사한 상태들이 잘 교환이 될 것이다. 에너지는 거의 동일해도 분자 모양은 완전히 다를 수 있다. 이 교환이 성공할 확률은 아래와 같다. 병렬조질 알고리즘에서 핵심적으로 활용되는 공식은 아래와 같다. $\beta = 1/(k_B T)$, 여기서 k_B는 볼츠만(Boltzmann) 상수이다. 무작위로 선정된 이웃한 두 개의 온도 T_i 그리고 T_j에 대해서 분자 구조 맞바꿈 시도를 준비한다. 확률적으로 선택되면 실제 맞바꿈 동작을 수행하게 된다. 분자 구조에 의해서 결정되는 E_i, E_j를 서로 바꾸는 것이 T_i, T_j를 서로 바꾸는 것과 다른 차이를 주지 않는다. 이들의 변화에 대칭으로 수식이 적혀져 있는 것에 주목할 필요가 있다. 병렬조질 알고리즘은 매우 단순한 알고리즘이다. 또한 상대적으로 높은 병렬 효율성을 쉽게 확보할 수 있다. 다양한 응용 연구가 자연스럽게 가능한 병렬조질 알고리즘은 충분히 단순하고 병렬 효율성이 아주 높다.

$$\begin{aligned} p &= min\left[1, \frac{e^{\{-E_j/(k_B T_i)-E_i/(k_B T_j)\}}}{e^{\{-E_i/(k_B T_i)-E_j/(k_B T_j)\}}}\right] \\ &= min\left[1, e^{\{(E_i-E_j)(1/(k_B T_i)-1/(k_B T_j))\}}\right]. \end{aligned} \tag{10.1}$$

병렬조질 알고리즘은 기본적으로 다중 시뮬레이션이다. 여러 온도에서의 시뮬레이션을 동시에 진행하는 것이 기본 시작점이다. 여러 온도에서의 앙상블을 각자 계산하는 것이 기본 세팅이다. 하지만, 동시에 수행하면서 시너지 효과를 볼 수 있다는 점에 유의 해야만 한다. 주어진 모든 온도들 각자의 앙상블을 더욱 더 정확하게 계산할 수 있다. 시너지 효과가 있다는 점에 주의해야 한다. 또한, 이 시뮬레이션은 광역 최적화(global optimization)의 방법으로 해석할 수도 있다.

Figure 10.1에서는 초 풀림 시늉 방법을 도식적으로 표시했다.

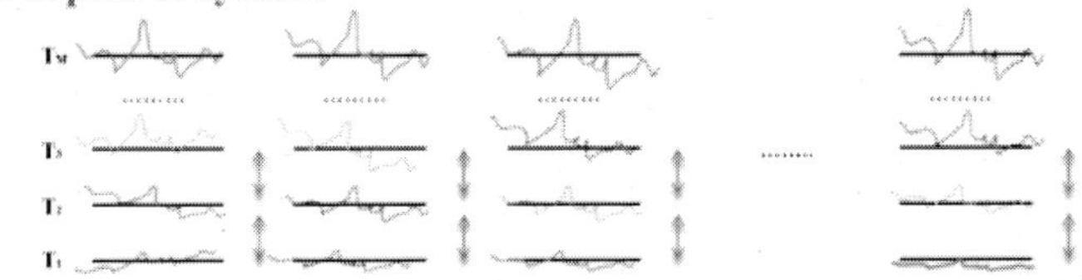

Figure 10.1: 초 풀림 시늉(super simulated-annealing)이라고 부를 수 있는 병렬조질 계산을 도식적으로 표시하고 있다. 여러 온도들에 대한 독립적인 계산 후에 서로 다른 온도들 사이의 복제품 맞교환 작업을 시도한다. 이때 확률적으로 맞교환이 성사 될 수 있다.

Figure 10.2에서는 병렬조질 순서도를 표시했다. 매우 많은 갯수의 온도들을 가정할 수 있다. 전형적인 병렬 계산이 가능한 경우에 해당한다. 상태밀도의 충분한 중첩이 있을 경우 효율적인 샘플링이 각각의 온도에서 일어날 수 있다.

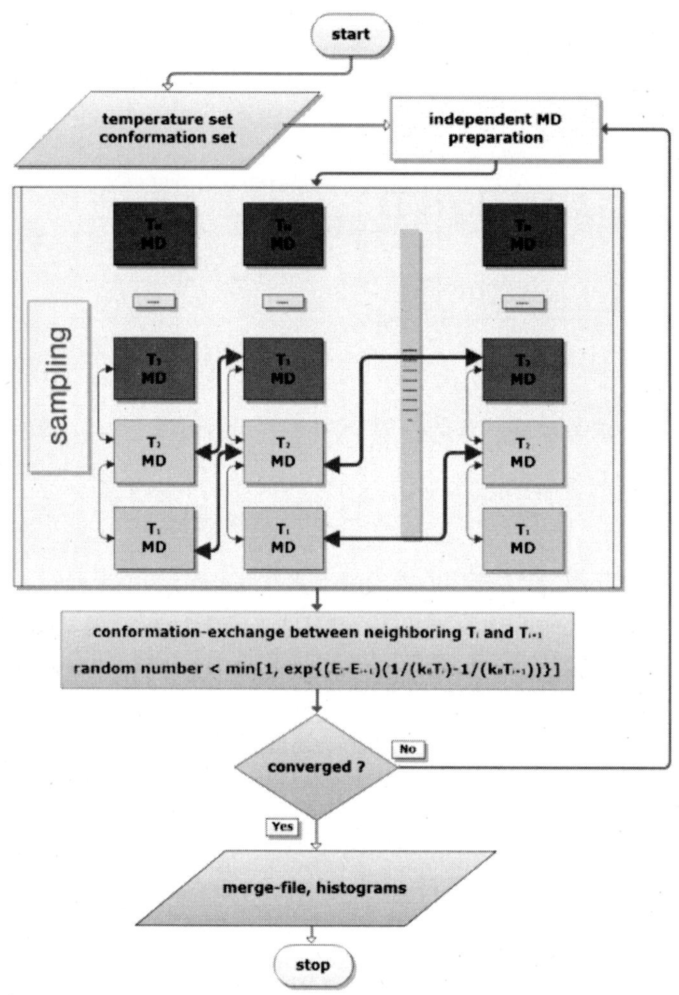

Figure 10.2: 병렬조질 알고리즘의 순서도를 표시했다. 여러 온도들에서 필요한 물리량을 계산할 수 있다. 충분한 시뮬레이션이 진행되면, 모든 온도들에 대하여 물리량을 계산하는 것이 목표이다. 각각의 온도에 대해서 순차적으로 물리량을 계산하는 것보다 더 효율적으로 수렴된 계산 결과를 얻어낼 수 있다.

Figure 10.3 서로 다른 온도에 있는 두 복제품들의 맞바꿈이 일어나는 과정을 도식적으로 표시했다. 마르코프 사슬은 과거에 대한 기억이 없어야 하므로, T_1과 T_2에서 두 시스템으로 구성된 시스템에 대한 새로운 업데이트를 생성할 수 있다. 주어진 몬테칼로 단계에서 두 시스템의 구성을 바꾸거나 두 온도를 교환하여 글로벌 시스템을 업데이트할 수 있다.

Figure 10.4에서는 이차원 Rosenbrock 함수를 표시했다.

Figure 10.5에서는 일차원 퍼텐셜 예제를 보여주고 있다. 에너지가 상대적으로 낮은 구간이 여러 개로 나누어져 분포하고 있다. 또한, 에너지 장벽들의 높이가 충분히 높다. 예를 들어, 온도가 에너지 값 단위 1보다 낮다고 가정하면 입자는 거의 하나의 영역에 갇혀버릴 가능성이 매우 높다.

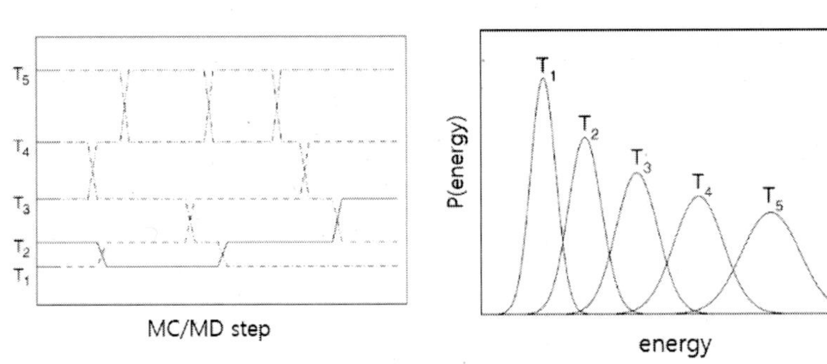

Figure 10.3: 좌측에는 복제품 맞바꿈이 서로 다른 온도들 사이에서 일어나는 과정을 도식적으로 보였다. 사실상의 맞바꿈은 인접한 두 온도들 사이에서 일어난다. 우측에는 해들을 추출한 예들을 보여준다. 즉, 온도별로 상태밀도를 보여 주고 있다. 성공적인 병렬조질 시뮬레이션을 위해서 인접한 두 온도들에서의 적당한 상태밀도 중첩이 필요하다. 온도가 높을수록 상태밀도 분포함수의 폭이 더욱더 커지는 것을 확인할 수 있다. 이 사실을 이용하여 사용하는 온도 분포를 효율적으로 설정할 수도 있다. 인접한 온도들 사이의 상태밀도들이 잘 중첩되도록 온도 분포를 설정하는 것이 중요하다. 유한 온도에서 가능한 바닥 상태들을 추출할 수 있다.

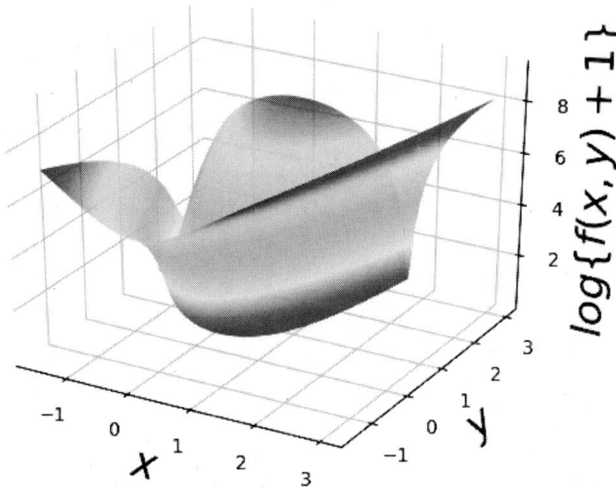

Figure 10.4: 이차원 Rosenbrock 함수 $[f(x,y)]$ 를 표시했다. (1,1) 이 최소점이다. 다차원 함수로 변환이 가능하다. 이 함수는 다차원 함수 최소화 테스트 함수로 많이 활용된다.

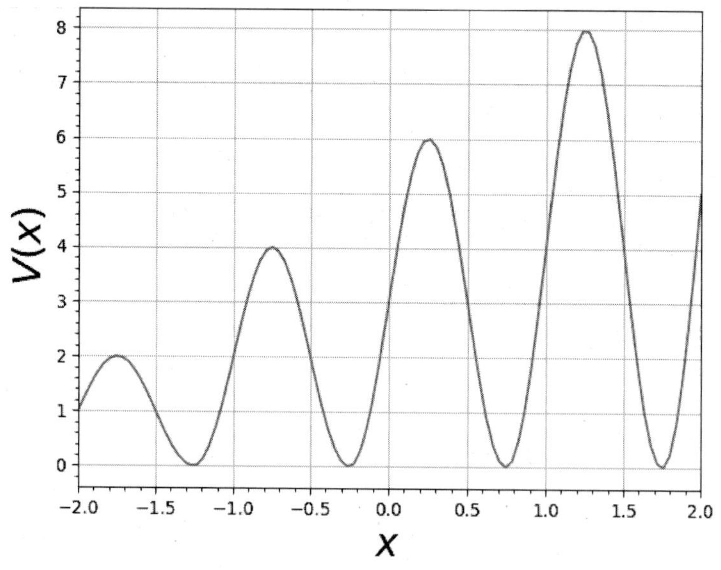

Figure 10.5: 일차원 퍼텐셜 예제를 보여주고 있다. 이러한 퍼텐셜에서 운동하는 입자를 고려한다. 주어진 온도에서 입자가 발견된 확률을 x의 함수로 계산하려고 한다. 병렬조질 알고리즘을 활용하려고 한다. 상대적으로 낮은 온도에서, 에너지 최소점들 사이를 건너뛰기위해서는 상당한 활성화 에너지가 필요하다.

10.3 실습

□ 아래의 포트란 90(Fortran 90) 컴퓨터 언어를 이용해서 복제품 맞바꿈 방식을 실습해 볼 수 있다. 1차원 퍼텐셜을 이용하고 있다.

```
        module remc
!       Refernce: Understanding Molecular Simulation,
!       D. Frenkel and B. Smit, p. 391
!       A typo is found in the book.
!       min(1.d0, exp(+(b_i-b_j)*(e_i-e_j)))
        implicit none
        private
        save
        integer ntemper,nbin
        real*8 delx,xmin,xmax
        real*8, allocatable :: xtemper(:),prob(:,:)
        real*8, allocatable :: xyz(:),energy(:)
        logical l_first

        public :: remc_initial,remc_final, remc_accrej

        contains

        subroutine remc_initial(n,t1,t2)
        implicit none
        integer n
        real*8 t1,t2
        integer itemper
        real*8 s1,s2,ds,tmr

        nbin=1000 ; xmin=-2.d0 ; xmax= 2.d0
        delx=(xmax-xmin)/float(nbin-1)

        ntemper=n
        write(6,*) ntemper,'ntemper'
        allocate(xyz(ntemper)) ; allocate(energy(ntemper))
        allocate(xtemper(ntemper))
        allocate(prob(nbin,ntemper))

        call random_number(tmr)
        xyz=-1.d0+tmr ; energy=0.d0 ; prob=0.d0
```

```
s1=min(t1,t2) ; s2=max(t1,t2)
ds=(s2-s1)/float(ntemper-1)
do itemper=1,ntemper
xtemper(itemper)=s1+ds*float(itemper-1)
write(6,'(i8,2f18.8)') itemper,xtemper(itemper),&
1.d0/xtemper(itemper)
enddo
l_first=.true.
end subroutine remc_initial

subroutine remc_final()
implicit none
integer ibin,itemper
real*8 tmp

do itemper=1,ntemper
tmp=0.d0
do ibin=1,nbin
tmp=tmp+prob(ibin,itemper)
enddo
if(abs(tmp) < 1.d-9) tmp=1.d0 ; tmp=1.d0/tmp
prob(:,itemper)=prob(:,itemper)*tmp
enddo

open(11,file='fort.11',form='formatted')
do itemper=1,ntemper
write(11,'(a,2x,2f18.8)') '#', xtemper(itemper),&
1.d0/xtemper(itemper)
do ibin=1,nbin
tmp=xmin+float(ibin-1)*(xmax-xmin)/float(nbin-1)
write(11,'(2f18.8)') tmp,prob(ibin,itemper)
enddo
if(itemper /= ntemper) write(11,*) '&'
enddo
close(11)
deallocate(xyz) ; deallocate(energy)
deallocate(xtemper)
deallocate(prob)
end subroutine remc_final
subroutine remc_accrej
```

```
        implicit none
        real*8 delu,enew,xnew,beta,dell,delb,tmr
        integer itemper
        real ranmar

        do itemper=1,ntemper

        xnew=xyz(itemper)+(ranmar()-0.5)*0.2d0
        call potential(xyz(itemper),energy(itemper))
        call potential(xnew,enew)
        delu=enew-energy(itemper)
        beta=1.d0/xtemper(itemper)
        dell=beta*delu
        if(dell >  50.d0) dell=50.d0
        if(dell < -50.d0) dell=-50.d0
        call random_number(tmr)
        if( tmr < min(1.d0, exp(-dell)) )then
        xyz(itemper)=xnew
        energy(itemper)=enew
        endif
        call sampling(xyz(itemper),itemper)

        enddo

!
        if(.not. l_first)   then
        call random_number(tmr)
        if( tmr < 0.10)then

        itemper=int(ranmar()*dble(ntemper-1))+1
        call potential(xyz(itemper),energy(itemper))
        xnew=xyz(itemper+1)
        call potential(xnew,enew)
        delu=enew-energy(itemper)
        delb=1.d0/xtemper(itemper)-1.d0/xtemper(itemper+1)
        dell=delb*delu
        if(dell >  50.d0) dell=50.d0
        if(dell < -50.d0) dell=-50.d0
        call random_number(tmr)
        if( tmr < min(1.d0, exp(-dell) ))then
        delb=xnew
```

```
delu=xyz(itemper)
xyz(itemper+1)=delu
xyz(itemper)=delb
delb=enew
delu=energy(itemper)
energy(itemper+1)=delu
energy(itemper)=delb
endif
endif
endif
l_first=.false.
end subroutine remc_accrej


subroutine sampling(q,itemper)
implicit none
integer itemper
real*8 q
integer ibin,i1,i2
real*8 r1,r2

ibin=int(q/delx)+1
i1=nint(q/delx)-3
i2=nint(q/delx)+3

i1=1
i2=nbin

if(i1 < 1) i1=1 ; if(i2 > nbin) i2=nbin
do ibin=i1,i2
r1=xmin+float(ibin-1)*delx
r2=r1+delx
if( q >= r1 .and. q < r2)then
prob(ibin,itemper)=prob(ibin,itemper)+1.d0
exit
endif
enddo

end subroutine sampling

end module remc
```

```
subroutine potential(q,e)
implicit none
real*8 q,e
real*8 pi,arg

pi=4.d0*atan(1.d0)
arg=2.d0*pi*q

if(q < -2.d0)                              then
e=1.d10
elseif( q >= -2.d0   .and. q <= -1.25d0 )then
e=1.d0*(1.d0+sin(arg))
elseif( q >  -1.25d0 .and. q <= -0.25d0 )then
e=2.d0*(1.d0+sin(arg))
elseif( q >  -0.25d0 .and. q <=  0.75d0 )then
e=3.d0*(1.d0+sin(arg))
elseif( q >   0.75d0 .and. q <=  1.75d0 )then
e=4.d0*(1.d0+sin(arg))
elseif( q >   1.75d0 .and. q <=  2.00d0 )then
e=5.d0*(1.d0+sin(arg))
else
e=1.d10
endif
return
end
program parallel_tempering_test
USE remc, ONLY :  remc_initial,remc_final, &
remc_accrej
implicit none
integer n
real*8 t1,t2,q,e
integer iseed1,iseed2,isim,jsim,nsim
integer itemp,irate,itemq

call system_clock(itemp,irate)

iseed1=933 ; iseed2=339

n=10
t1=0.05d0
```

```
t2=2.0d0
call random_seed()
open(19,file='fort.19',form='formatted')
do isim=1,1000
q=(-2.d0)+float(isim-1)*(2.d0-(-2.d0))/float(1000-1)
call potential(q,e)
write(19,'(2f18.8)') q,e
enddo
close(19)
call remc_initial(n,t1,t2)
nsim=1000000
do isim=1,20
do jsim=1,nsim
call remc_accrej()
enddo
enddo
call remc_final()
call system_clock(itemq)
write(6,'(2e15.8,2x,a6)') &
float(itemq-itemp)/float(irate)/60., &
float(itemq-itemp)/float(irate)/3600.,' min,h'
end program parallel_tempering_test
```

10.4 초 풀림 시늉

초 풀림 시늉(super simulated-annealing)은 풀림 시늉의 확장형이다. 특히, 온도 분포를 고정하고 있으면서 동시에 특정한 순간에 서로 다른 온도들에서 얻은 해를 교환하는 방식이다. 결국, 가장 높은 온도에서 얻어낸 해가 중간 단계의 온도 시뮬레이션을 거쳐서 가장 낮은 온도에서 유망한 에너지가 낮은 해가 될 수 있다. 메트로폴리스 알고리즘(Metropolis algorithm)[120]에 서로 다른 온도 분포가 있다는 점에서

[120]: Metropolis et al. (1953), 'J. of Chem'

풀림 시늉(simulated annealing)의 변형으로 볼 수 있다. 왜냐하면, 온도 분포를 잘 세팅 하고 고정적/지속적으로 높은 온도에서 만들어진 구조(conformation)를 낮은 온도에 공급할 수 있다. 따라서, 온도를 낮추는 방식이 고정되어 있는 풀림 시늉(simulated annealing)이라고 볼 수 있다. 초 풀림 시늉은 광역 최적화(global optimization)을 수행하는 하나의 방법이다. 아주 오래된 이론이고 열역학적 추출을 위해서 도입되었다. 하나의 구조(입자)가 특정 구조(위치)에서 에너지를 주고, 또 다른 구조에서 또 다른 에너지를 줄 경우, 온도에 따라서 이 새로운 구조를 수용하거나 거부한다. 메트로폴리스 알고리즘을 그대로 수용한다. 고정된 온도 분포들을 가정한다. 온도가 천천히 바뀌는 것이 아니다. 고정된 여러 온도들이 분포하고 있다. 이 부분에서 풀림 시늉(simulated annealing) 방법과 차이가 난다. 또한, 초 풀림 시늉에서는 여러 가지 구조(conformation)를 동시에 다루는 것을 의미한다. 최소한 각 온도에서 하나의 구조(conformation)가 변화함을 의미한다. 주어진 온도에서 충실히 메트로폴리스 알고리즘을 수행한다. 각각의 온도 세팅에서는 시뮬레이션이 진행되는데 새로운 구조가 들어오고 나가는 것이 추가되었을 뿐이다. 자체적으로 새로운 구조가 만들어지는 것을 넘어서 다른 곳에서 새로운 구조를 공급받는 것이다. 새로운 구조에 대한 평가는 기존의 것과 완전히 동일하다.

서로 다른 온도에 적응된 구조(conformation)들을 바꾸어주는 작업이 추가된다. T_1의 구조(conformation)가 T_2에서의 구조(conformation)와 서로 바꾸어지는 동작이 가능할 수 있다. 매우 유사한 에너지를 가진다면 그것은 가능하다. 또한 T_1 과 T_2 차이가 그렇게 크지 않을 경우에도 가능하다. 실제로는 메트로폴리스 알고리즘으로 돌아 갈 필요가 있다. 메트로폴리스 알고리즘에서, 특히, 온도 T_1 에서 구조(conformation)이 변환될 때, 즉, $\vec{x} \to \vec{x}'$ 으로 변환 가능한지를 따지게 된다. 이때, 구조(conformation) $\vec{x}'$ 이 다른 온도($T_2 \neq T_1$)에서 만들어진 것으로 대체할 수 있다는 것이다.

병렬조질(parallel tempering)은 REMD(replica-exchange molecular dynamics)/
REMC(replica-exchange Monte Carlo) 방법 이라고도 불리는 계산 방법이다.[122] REMD, REMC, 두 가지 방법은 분자동역학, 몬테칼로 방법으로 각각 시험적인 이완을 수행하는 것이다. 주로 주어진 온도에서 관심 있는 시스템의 열역학적 물리량을 계산할 때 사용된다. 주어진 온도에서 가능한 모든 분자의 구조를 모두 다 추출하는 것을 목표로 한다. 실제로는

[122]: Sugita and Okamoto (1999), 'Replica-exchange molecular dynamics method for protein folding'

하나의 주어진 온도에서 물리량을 추출하고 다음 온도에서 동일한 일을 반복하는 것이다. 하지만, 동시에 많은 갯수의 온도들에 추출을 수행할 경우, 높은 효율성을 얻을 수 있다. 많은 경우, 온도의 함수로 내부 에너지, 비열, 또는 다른 물리량을 계산하는 것이 목표인 경우가 많다. 따라서, 각각의 온도에서 독립적인 시뮬레이션은 필수적인 것이다.

몇 개의 서로 다른 온도$\{T_1, T_2, T_3, \ldots, T_M\}$ 분포들에서 독립적인 분자동역학 [또는 몬테칼로(Monte Carlo)] 계산을 동시에 수행한다. 가장 먼저, 다수의 온도를 가정한다. $\{T_1 < T_2 < T_3 < \ldots, < T_M\}$ 처럼 여러 개 온도 세팅을 준비한다. 온도 하나에서 한 개 시뮬레이션이 있는 것이 일반적이다. 하지만, 한 개의 온도에서 다수의 시뮬레이션이 있을 수도 있다. 한 개의 온도에 한 개 시뮬레이션만 있는 경우가 통상의 REMD/REMC 방식이다. 각각의 온도에 여러 개의 시뮬레이션이 있는 경우를 특별히 다중화된(multiplexed) REMD/REMC라고 한다.[123] 특정 시간[또는 몬테칼로(Monte Carlo)의 경우 스텝 수] 이후에 인접한 온도들 사이의 분자 모양들을, 메트로폴리스(Metropolis) 형식으로, 확률적으로 직접 맞바꾸어 준다. 이러한 계산들을 반복한다. 이웃한 두 개의 온도 분포에 대해서 분자 모양의 맞바꿈 시도를 준비한다. 이웃한 두 개의 온도는 무작위로 선정한다. 현실적으로는 인접한 온도 사이에서만 높은 복제품 맞교환 확률이 높다.

[123]: Rhee and Pande (2003), 'Multiplexed-replica exchange molecular dynamics method for protein folding simulation'

10.5 높아진 추출의 효율성

병렬조질에서 주목해야할 것은 추출의 효율성이다. 다양한 온도 분포에서 각각 추출(sampling)을 수행한다. 어차피 각 온도에서의 시스템의 특성을 조사하는 것이 목표이다. 이러한 계산에서의 추출(sampling)과 관련된 계산 수렴성은 일반적인 단일 온도, 분자동역학 [또는 몬테칼로(Monte Carlo)] 계산에서 얻어지는 추출(sampling)의 계산 수렴성 보다 더 뛰어나다. 그 이유는 분자들이 특히, 상대적으로 낮은 온도 분포에서 에너지 골짜기에서 쉽게 빠져 나오지 못하는 볼츠만 분포의 특성 때문이다. 결국, 높은 온도에서 상대적으로 자유롭게 퍼텐셜 에너지 골짜기를 빠져 나온 분자 구조가 낮은 온도 분포에, REMD/REMC에서는, 자연스럽게 스며들게 하기 때문에 전체 계산의 수렴성은 높아지게 된다. 보다 넓은 구조 공간(conformation space)를 효율적으로 탐색하게 해준다.

10.6 상태밀도들의 중첩

높은 온도 분자동역학 계산에서 자동적으로 새롭고 다양한 분자 구조를 지속적으로, 확률적으로, 낮은 온도 분자동역학 계산에 제공하기 때문에 병렬조질은 사실상 풀림 시늉(simulated annealing, SA)의 특성을 가지고 있다. 통상 풀림 시늉에서는 온도를 줄여나가면서 분자 구조를 결정하지만, 이러한 온도 조절 자체가 까다로운 계산 변수가 된다. 풀림 시늉 온도 조절 설정에 따라서 최적화 계산 결과가 달라질 수 있다. 또한, 풀림 시늉에서는 단 하나의 복제품만을 사용한다. 결국, REMD 계산은 초 풀림 시늉(Super SA)로 불러도 무방하게 된다. 즉, 광역 최적화(global optimization) 방법으로 활용될 수 있는 특징이 있다.

특별히, 여러 개의 온도 분포들이 존재할 수 잇다. 이렇게 할 경우 병렬 효율성은 증대될 것이다. 이러한 상황에서도 마찬가지로 REMD/REMC 계산 방식은 그대로 적용될 수 있다. 결국, 독립적인 REMD/REMC를 수행하는 것에 지나지 않기 때문이다. 병렬 효율성이 극대화 되는 장점도 있다. 결국, 서로 다른 온도 분포들 사이에서 이웃한 온도들 사이의 맞바꿈은 정당하게, 동등하게 여전히 적용될 수 있는 것이다. 이것이 다중화된 REMD(multiplexed REMD)라는 방법으로 알려진 것이다.

Figure 10.5은 1차원 퍼텐셜을 보여주고있다. 이러한 퍼테셜의 영향하에서 움직이는 하나의 입자를 생각한다. 서로 다른 온도 분포에서 생각하고 있는 하나의 입자가 발견될 분포를 계산하고자 한다. 계산된 확률은, 결국, $e^{\{-E/(k_BT)\}}$에 비례하는 것이 되어야 할 것이다. 하지만, 실제, 몬테칼로(Monte Carlo), 분자동역학(molecular dynamics, MD)[124] 계산에서 이러한 분포를 얻어내기는 매우 어렵다. 그것은 위에 표시된 퍼텐셜 에너지가 온도에 비해서 상당히 높은 퍼텐셜 장벽에너지를 가지고 있기 때문이다. 사실, exp 함수의 인수는 차원이 없는 양이다. 즉, 인수가 분자와 분모로 나누어질 때, 서로가 동일한 물리량 단위를 활용하면 계산이 간단해진다.

[124]: Frenkel (2002), *In Understanding Molecular Simulation, ; Frenkel D., Smit B., Eds*

하나의 퍼텐셜 에너지 골짜기에서 입자가 초기에 위치했다면 어지간히 높은 온도가 아닌 이상 옆쪽의 퍼텐셜 에너지 골짜기에서 발견되기는 쉽지 않다. 왜냐하면, 입자는 에너지 장벽을 반드시 거쳐서 직접 넘어가야만 하기 때문이다. 양자역학적 터널링 효과는 없다. 이것은 단순히 온도가 매우 높아야만 쉽게 허용되는 것이다. 이렇게 높은 온도를 REMD/REMC

에서는 사용할 필요가 있다. 아주 다양한 분자 구조를 얻어 내기 위해서 그렇다. 이러한 현실적인 MC/MD의 문제점/비효율성을 상당 부분 해결해주는 계산 방법이 바로 REMC/REMD 계산 방법이다.

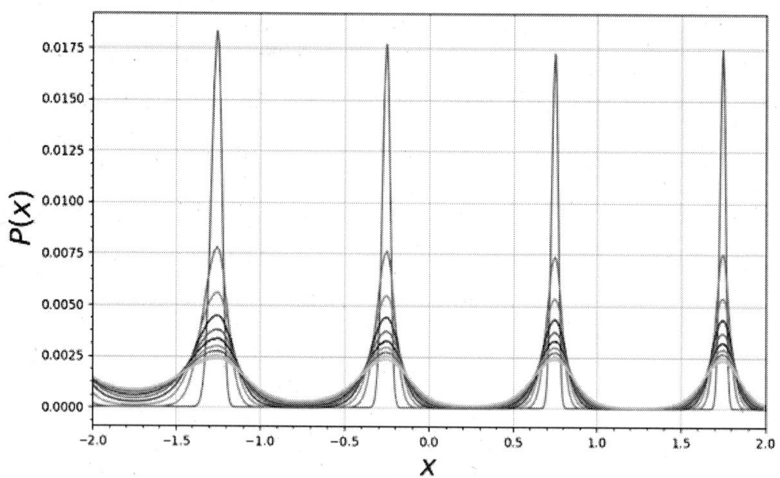

Figure 10.6: 병렬조질 알고리즘을 활용하여 동시에 계산한 여러 온도들에서의 상태 확률 분포를 보여주고 있다.

Figure 10.6은 입자가 발견될 확률을 병렬조질 방법으로 온도에 따라서 계산한 결과이다. 볼츠만 분포에서 예측한 것처럼 동일한 퍼텐셜 에너지 골짜기에 대해서 거의 동등한 입자 발견 확률 분포를 보여주고 있다. 굉장히 높은 온도에서 움직이는 입자는 상대적으로 쉽게 퍼텐셜 에너지 장벽을 넘어 갈 수 있다. 그런데, 이런 입자는 바로 인접한 낮은 온도에서 시뮬레이션 되는 분자동역학 계산의 입력으로 들어 갈 수 있다. 마찬가지로, 이러한 상황은 계속해서 낮은 온도 시뮬레이션에서도 일어나게 된다. 결국, 높은 온도에서 만들어진 분자 구조가 낮은 온도에서 추출 될 수 있다. 통상의 낮은 온도 시뮬레이션에서 만들어지기 쉽지 않은 분자 구조를 입력으로 시뮬레이션이 진행 될 수 있다는 결론이 나온다. 최종적으로는 관심이 있는 모든 온도에서의 시뮬레이션이 자연스럽게 진행되는 것을 도와준다. 모든 온도에서 각각 보다 좋은 추출(sampling)을 가능하게 해준다. 열역학적 추출에 효율성이 증대된다.

한 마디로 REMC/REMD를 활용하면 가속화된 몬테칼로 추출(accelerated Monte Carlo sampling)을 이루어낼 수 있다. 다른 말로 표현하면, 초 풀림 시늉(super simulated-annealing)으로 볼 수 있다. 왜냐하면, 여러 개의 온도들이 고정되어 있고, 온도가 낮아 지는 단계를 허용하는 풀림 시늉(simulated annealing)을 포함하고 있다. 그리하여, 초 풀림 시늉(super simulated-annealing)이라고 부른다. 즉, 낮은 온도에서 얻어진 구조만을 생각하면, 특히, 온도를 굉장히 낮은 온도로 가정하면, 매우 높은 온도에서 만들어진 특이한 구조가 낮은 온도까지 내려올 수 있고, 이것은 자동화된 풀림 시늉으로 볼 수 있다. 결국, 하나의 광역 최적화(global optimization)의 방법으로 생각할 수 있다.

Figure 10.7에서는 로그 함수를 이용하여 상태밀도 함수를 그렸다.

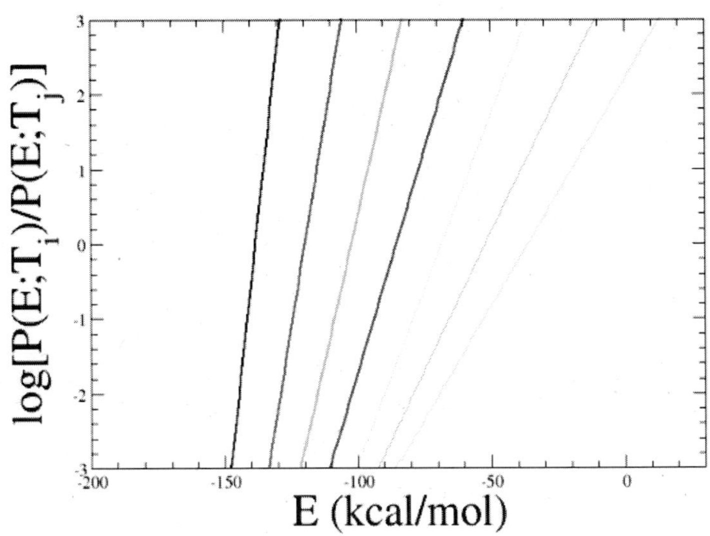

Figure 10.7: 서로 다른 온도($\{T_i\}$)에서 볼츠만 분포를 만족하도록 시뮬레이션을 했을 때 얻을 수 있는 확률 분포 함수들[$P(E,T)$]의 상대적인 비율들을 에너지(E)의 함수로 나타내었다.

Figure 10.8에서는 상태밀도 함수들을 그렸다.

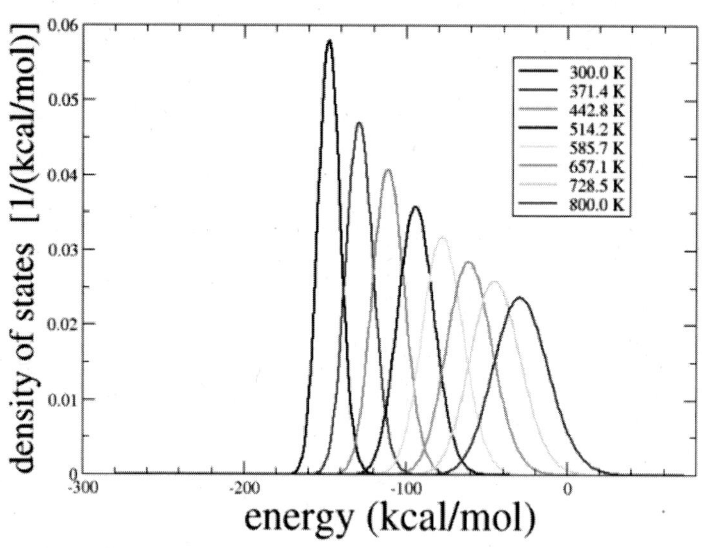

Figure 10.8: 상태밀도들을 에너지의 함수로 나타내었다.

10.7 연습 문제

(1) 주어진 온도에서 시스템의 에너지 증가는 시스템의 크기에도 비례한다. 높은 온도에서는 상태밀도 확률 분포 함수의 폭 또한 더 넓어진다. 이 폭 또한 시스템의 크기가 증가할수록 커진다. 시스템이 커질수록 더 많은 복제품이 필요한 것에 대해서 토의 하라.

(2) 온도가 높을수록 상태밀도 확률 분포 함수의 폭이 커지는 점에 착안하여 상대적으로 높은 온도들에서 인접한 온도들 사이의 온도차를 다소 더 커게 잡아도 될 가능성에 대해서 토의하라.

(3) 서로 다른 두 온도들 사이의 상태밀도의 중첩과 맞바꿈 확률 사이의 관계에 대해서 토의하라.

(4) 충분히 많은 단계들로 이루어진 시도해들을 통하여 각각의 온도들에서 물리적으로 가능한 해들이 추출될 것이다. 각각의 온도에서 이들 물리량 계산이 맞바꿈에 의해서 보다 더 좋은 추출로 이어지는지를 설명하라.

□ 아래의 프로그램에서는 서로 다른 온도를 가지고 있는 입자들을 시뮬레이션하고 있다.

```
import numpy as np

def functuser(x):
```

```
    case = 3

    if case == 1:
        total = 0.
        for j in range(len(x)):
            total += (x[j])**2
    if case == 2:
#     Rastrigin
        total = 10.*len(x)
        for j in range(len(x)):
            total += x[j]**2-10.*np.cos(2.*np.pi*x[j])
    if case == 3:
#   Rosenbrock
        xarray0 = np.zeros(len(x))
        for j in range(len(x)):
            xarray0[j] = x[j]
        total=sum(100.0*(xarray0[1:]\
        -xarray0[:-1]** 2.0)**2.0 +(1-xarray0[:-1])**2.0)
    if case == 4:
#   Styblinski-Tang
        total = 0.
        for j in range(len(x)):
            total += (x[j]**4-16.*x[j]**2+5.*x[j])/2.

    return total

class PARTICLE:
    def __init__(self, startx0, tmprt, xbounds, lverbose):
        self.position_i = []
        self.qosition_i = []
        self.position_best_i = []
        self.obj_best_i = 1e18
        self.obj_i = 1e18
        self.dimensions = len(startx0)
        self.tmprt = tmprt
        if lverbose:
            print(self.tmprt)
        for j in range(self.dimensions):
            self.position_i.append(
                startx0[j]\
                +(np.random.random()-0.5)\
```

```
                *2.*np.sqrt(self.tmprt)*0.101)
        if np.random.random() < 0.8:
            for j in range(self.dimensions):
                self.position_i[j] = xbounds[j][0] + \
                    (xbounds[j][1]-xbounds[j][0])\
                    *np.random.random()
        for j in range(self.dimensions):
            if self.position_i[j] > xbounds[j][1]:
                self.position_i[j] = xbounds[j][0] + \
                    (xbounds[j][1]-xbounds[j][0])\
                    *np.random.random()
            if self.position_i[j] < xbounds[j][0]:
                self.position_i[j] = xbounds[j][0] + \
                    (xbounds[j][1]-xbounds[j][0])\
                    *np.random.random()
        self.position_best_i = self.position_i.copy()
        self.qosition_i = self.position_i.copy()

    def evaluate(self, objfunct, xbounds):
        before = objfunct(self.position_i)
        for _ in range(200):
            for j in range(self.dimensions):
                self.qosition_i[j] = self.position_i[j] + \
                    (np.random.random()-0.5)\
                    *2.*np.sqrt(self.tmprt)*0.101
                if self.qosition_i[j] > xbounds[j][1]:
                    self.qosition_i[j] = xbounds[j][0] + \
                        (xbounds[j][1]-xbounds[j][0])\
                        *np.random.random()
                if self.qosition_i[j] < xbounds[j][0]:
                    self.qosition_i[j] = xbounds[j][0] + \
                        (xbounds[j][1]-xbounds[j][0])\
                        *np.random.random()
                after = objfunct(self.qosition_i)
                tmp = -(after-before)/self.tmprt
                if tmp > 300.:
                    tmp = 300.
                if tmp < -300.:
                    tmp = -300.
                if min(1., np.exp(tmp)) > np.random.random():
                    before = after
```

```
                    self.obj_i = after
                    self.position_i = \
                     self.qosition_i.copy()
                if self.obj_i < self.obj_best_i:
                    self.position_best_i = \
                     self.position_i.copy()
                    self.obj_best_i = self.obj_i
        for _ in range(200):
            for j in range(self.dimensions):
                self.qosition_i[j] = self.position_i[j] + \
                    (np.random.random()-0.5)\
                    *2.*np.sqrt(self.tmprt)*0.101
                if self.qosition_i[j] > xbounds[j][1]:
                    self.qosition_i[j] = xbounds[j][0] + \
                        (xbounds[j][1]-xbounds[j][0])\
                        *np.random.random()
                if self.qosition_i[j] < xbounds[j][0]:
                    self.qosition_i[j] = xbounds[j][0] + \
                        (xbounds[j][1]-xbounds[j][0])\
                        *np.random.random()
                after = objfunct(self.qosition_i)
                tmp = -(after-before)/self.tmprt
                if tmp > 300.:
                    tmp = 300.
                if tmp < -300.:
                    tmp = -300.
                if min(1.,np.exp(tmp)) \
                  > np.random.random():
                    before = after
                    self.obj_i = after
                    self.position_i = \
                     self.qosition_i.copy()
                if self.obj_i < self.obj_best_i:
                    self.position_best_i=\
                      self.position_i.copy()
                    self.obj_best_i = self.obj_i

class REMC():
    def __init__(self,objfunct,startx0,\
     xbounds,nparticles,maxiter,verbose=False):
        obj_best_g = 1e18
```

```
        position_best_g = []
        swarm = []
        tpset = []
        x1vec = []
        x2vec = []
        for i in range(nparticles):
            tmprt = 0.01+1.0*float(i)/float(nparticles-1)
            tpset.append(tmprt)
            swarm.append(PARTICLE(startx0,\
             tmprt, xbounds, verbose))
        it = 0
        while it < maxiter:
            if verbose:
                print(f'iter: {it:>6d}\
                 best solution: {obj_best_g:16.8e}')
            for i in range(nparticles):
                swarm[i].evaluate(objfunct, xbounds)
                if swarm[i].obj_i < obj_best_g:
                    position_best_g =\
                     list(swarm[i].position_best_i)
                    obj_best_g =\
                     float(swarm[i].obj_best_i)
            lxcd = False
            for i in range(nparticles-1, 0, -1):
                if lxcd == True:
                    lxcd = False
                    continue
                if lxcd == False:
                    x1vec = list(swarm[i].position_i)
                    x2vec = list(swarm[i-1].position_i)
                    tmp = (1./tpset[i]-1./tpset[i-1]) * \
                        (swarm[i].obj_i-swarm[i-1].obj_i)
                    if tmp > 300.:
                        tmp = 300.
                    if tmp < -300.:
                        tmp = -300.
                    if min(1., np.exp(tmp))\
                     > np.random.random():
                        lxcd = True
                        swarm[i].position_i =\
                         x2vec.copy()
```

```
                        swarm[i-1].position_i =\
                         x1vec.copy()
                        print('exchanged', i, i-1)
            it += 1
        print('\nfinal solution:')
        print(f'   > {position_best_g}')
        print(f'   > {obj_best_g}\n')
        if True:
            abc = np.zeros(nparticles)
            abcvec=np.zeros((nparticles,len(startx0)))
            for i in range(nparticles):
                abc[i] = swarm[i].obj_best_i
                abcvec[i] = swarm[i].position_best_i
            idx = abc.argsort()
            abc = abc[idx]
            abcvec = abcvec[idx, :]
            for i in range(nparticles):
                print(abc[i])
                print(abcvec[i, :])

startx0 = []
xbounds = []
for j in range(10):
    startx0.append(-20.+np.random.random()*(20.-(-20.)))
for j in range(len(startx0)):
    xbounds.append((-20., 20.))
REMC(functuser, startx0, xbounds, \
nparticles=50, maxiter=2000, verbose=True)
#
final solution:
> [1.0016238592623423, 1.001089943313785,
0.9999880301569529, 0.9986519541357283,
0.9992309899453896, 1.000894172138748,
1.0024088634204174, 1.0028659422318928,
1.004259055194549, 1.0019717134119517]
> 0.007074412594731588

0.007074412594731588

[0.97316926 0.98031235 0.99738783 0.9972659
1.02542915 0.99862302
```

```
1.01754691 1.01968598 1.06997702 1.18261643]
1.0152013468377867
[0.98912332 1.00313287 0.991384   0.96664442
1.00049904 1.00312428
1.04113503 1.08362945 1.1449937  1.26307216]
1.2067301473376557
[1.0021143  0.99965748 1.0280618  1.02593456
1.06788416 1.07324251
1.10247321 1.19579803 1.41920855 2.02894637]
```

입자 군집 최적화 11

11.1 분산 탐색

입자 군집 최적화(particle swarm optimization) 방법은 아주 간단한 광역 최적화 알고리즘이다.[105] 확률론적 최적화 방법으로 아마도 가장 간단한 알고리즘일지도 모른다. 여러 개의 잠재적 해들($\{\vec{x}\}$)을 동시에 이용한다. 다시 말해서, 특정한 방식으로 무리에 정보가 공유되는 분산된 탐색 방법으로 분류할 수 있다. 입자 군집 최적화 방법은 유전적 학습 방법으로 분류되지 않는다. $\vec{x} \rightarrow \vec{x}'$ 처럼 시도해를 만들어 낼 때 몇 가지 정보를 이용하고 동시에 막수를 활용하여 계산한다. 목적함수 $f(\vec{x})$를 최소화 한다. $\vec{x}$는 해를 나타낸다. 다수의 해들($\{\vec{x}\}$)을 동시에 취급한다. 사회적 무리의 운동을 이해하는 방식으로 개발된 알고리즘이다. 새떼, 고기떼 집단 행동을 따라하는 방법이다. 각 개체의 역사와 무리의 역사를 모니터링 하게 되어 있다. 유전 알고리즘(genetic algorithms)에서 중요한 개념인 교차, 변이라는 개념이 활용되지 않는다는 점에 주의해야 한다. 개인과 집단 전체 사이의 관계라는 관점에서 이해해야 하는 알고리즘이다. 집단의 수행 특성을 기준으로 새로운 해들을 찾아 나가게 된다. 개인의 기록, 역대 최고 기록과 집단의 기록, 역대 최고 기록을 각각 기록해 보관하는 특징이 있다. 입자 군집 최적화(PSO)에서는 개체간의 정보 공유가 키워드가 될 수 있다. 유전체와 진화를 다루는 것은 유전 알고리즘이다. 키워드가 사뭇 다르다. 결국, 유전 알고리즘의 핵심 사항이고 문제마다 새롭게 정의해야 하는 교차, 변이를 추가로 다룰 필요가 없어 지게 된다. 선택 압력(selection pressure)도 다루지 않아도 된다. 아무튼, 알고리즘이 간단해진다. 여러 해를 동시에 취급하는 방법들 중에서 아마도 가장 간단한 알고리즘이 아닐까? 다시 말해서, 유전적 특징에 기인한 이론이 아니다. 오히려, 행동의 특성과 무리 안의 정보 공유 특성에 기반한 알고리즘이다.

[105]: Kennedy and Eberhart (1995), 'Particle swarm optimization. presented at Proc. IEEE Int. Conf'

입자 군집 최적화는 여러 개의 입자가 최적화 문제의 해를 찾아가는 과정을 모델링한다. 각 입자는 현재 위치에서의 솔루션을 나타내는 위치 벡터와 그 위치에서의 솔루션의 품질을 나타내는 속도 벡터를 가지고 있다. 입자 군집 최적화는 각 입자가 현재 위치에서의 솔루션을 개선하기 위해 속도 벡터를 사용한다. 이때, 입자는 개별적으로 움직이면서 현재 위치에서 발견한 최적의 솔루션과 전체 입자 집합에서 발견한 최적의 솔루션을 모두 참조한다. 이를 통해 입자는 지역 최적해와 전역 최적해 사이를 탐색하면서 최적해를 찾아간다. 이렇게 입자들이 최적화 과정에서 속도 벡터를 통해 서로 정보를 공유하면서 최적해를 탐색하는 것을 "정보공유 방식"이라고 한다. PSO는 이를 통해 입자들이 전역 최적해를 더욱 빠르게 탐색할 수 있도록 한다.

11.2 군집 내부 역대 최고 후보해, 입자 역대 최고 후보해

입자 군집 최적화 방법은 하나의 해를 다루는 방법이 아니다. 많은 해들($\{\vec{x}\}$)을 동시에 다룬다. 따라서, 우리는 무리들의 변환($\{\vec{x}\} \rightarrow \{\vec{x}'\}$)을 생각할 수 있다. 결국, 새로운 개체를 만들어내는 방법이 다른 것이다. 새로운 개체를 동시에 취급하고 다루는 방법에서, 프로그램 기본 설계 이론상으로 가장 밑바탕이 되는 개념에는, 유전 알고리즘과 큰 차이가 없다고 볼 수도 있다. 다만, 입자 군집 최적화(PSO)에서는 변이, 교차를 활용하지 않는다는 명백한 차이점은 존재한다.[105]

[105]: Kennedy and Eberhart (1995), 'Particle swarm optimization. presented at Proc. IEEE Int. Conf'

* 입자(particle): 후보 해(candidate solution)
* 여러 개의 입자(particle)들을 다룬다. 각자 위치를 가지고 있다. 이 위치가 계속해서 바뀔 것이다. 한 입자에 국한해서 찾은 최고의 해(solution), 또한 다른 입자들까지 포함해서 찾은 최고의 해(solution)등을 계속 모니터링 할 필요가 있다. 이 알고리즘에서 매우 중요한 것은 아래의 두 가지이다. 계속해서 반복적으로 새로운 위치를 찾는다. 그 와중에 아래의 두 가지 양들을 계속해서 찾아주어야 한다.
* 특정 입자(i)의 역대 최고 위치(particle's best known position) : $\vec{p}_i$
* 무리의 역대 최고 위치(swarm's best known position) : $\vec{g}$

이 두 가지 양을 항상 정의하고 보유 할 수 있어야 한다. 이들로부터 새로운 위치가 찾아지게 된다. 이들을 참조하는 것이 유전 알고리즘에서 이야기하는 교차/변이와 유사한 기능을 수행하게 된다. 여기서, r, s는 각각 막수이다. 아울러, ω, ϕ_p, ϕ_g 세가지 매개변수들이 있다. 속도 $\vec{v}$를 활용하여 해($\vec{x}$)를 업데이트 한다. $\vec{x} \rightarrow \vec{x}'$ 를 수행하는 방법은 두 단계로 나누어져 있다. 첫 단계에서 속도를 업데이트 한다. 그 다음 위치를 업데이트한다. 특정 입자 i에 대한 속도($\vec{v}_i$) 계산과 위치($\vec{x}_i$) 계산은 아래와 같다. $\vec{v}, \vec{v}', \vec{x}, \vec{x}'$, 그리고 더 최적화 된 해를 발견하면 업데이트를 실시한다. 통상 두 매개변수(ϕ_p, ϕ_g)는 양수로서 1 그리고 2로 각각 잡는다. 간단하게, ω 는 0.5로 잡는 경우를 생각할 수 있다.

$$\begin{aligned} v_i' &= \omega v_i + r\phi_p(p_i - x_i) + s\phi_g(g - x_i), \\ x_i' &= x_i + v_i'. \end{aligned} \tag{11.1}$$

풀림 시늉(simulated annealing, SA), 병렬조질(parallel tempering, PT) 방법과 마찬가지로 기본적으로 엄청난 함수 계산을 수행할 수 있어야만 적용 가능한 알고리즘이다. 아울러, Nelder-Mead 알고리즘 또는 BFGS 알고리즘을 동시에 사용하면 더 효율적이다. 즉, $\vec{x}$를 국소 최적화된 것으로 대치하는 방법이 가능하다. 구배 벡터가 있는 경우, BFGS 알고리즘은 매우 우수한 국소 최적화 알고리즘이다.

11.3 입자 군집 최적화 방법의 특징

유전 알고리즘은 경쟁력 있는 염색체 정보가 어떻게 변형되고 이용되어서 최적화된 함수 값을 결정하는 가에 집중한다. 반면, PSO에서는 개체들의 경쟁력 있는 후보해들에 대한 정보 교환과 이용에 집중한다. 두 가지 알고리즘 모두 최적의 해들에 대한 정보를 사용한다. 개체와 무리의 특성들 사이에서 새로운 특성을 찾아낸다. 개체와 무리의 상호작용을 직접적으로 다룬다. 무리 사회에서의 정보 공유가 기본적인 가정으로 여겨진다. 즉, 유전 알고리즘에서 활용하는 개념인 선택이 여기에서도 존재한다. 사실상, 통신을 통해서, 어떠한 개체가 현재까지 이룩한 최고의 상황을 모든 개체가 다 공유하게 되어 있다. 개체 최고 상황도 각 개체는 기억을 하고 있다. 여전히 집단-집단의 방식으로 새로운 후보 개체를 찾는다. 입자 군집 최적화 방법은 병렬화가 쉽게 되는 알고리즘이다. 고효율의 병렬 계산이 가능하기 때문에 아주 복잡한 문제에 쉽게 적용할 수 있다. 분명히 PSO가 SA, PT, GA(유전 알고리즘, genetic algorithms) 보다 더 간단한 알고리즘이다. 부가적으로 만들어야 하는 서브루틴들의 숫자가 줄어든다. 예를 들어, 유전 알고리즘에서 필요한 변이, 교차, 선택 압력, 선택, 대치,

세대, 엘리트주의 등과 연관된 부가적인 루틴들이 필요 없다. 만약 유전 알고리즘과 직접 비교한다면 많은 수의 루틴들이 필요 없다. Figure 11.1에서는 입자 군집 최적화 방법에서 확인할 수 있는 하나의 예로서 함수 최적화 수렴 정도를 보여주고 있다.

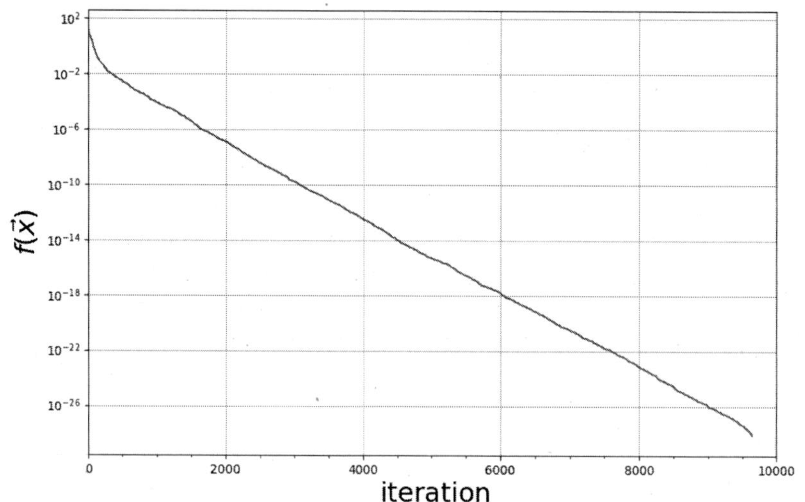

Figure 11.1: 11차원 Rosenbrock 함수 최적화 과정에서 함수 값의 수렴 정도를 표시했다. 입자 군집 최적화 방법을 적용하였다. Nelder-Mead 알고리즘, BFGS 알고리즘을 활용하지 않았다. 도함수 없이 입자 군집 최적화 방법을 활용하였다.

11.4 연습 문제

(1) 사회 구성원 입자의 개인적 경험과 사회의 경험을 동시에 활용하고 있는 입자 군집 최적화 알고리즘에서 이들과 관련된 매개변수들을 나열하라. 또한, 입자의 운동에서 관성을 조절하는 매개변수는 무엇인가?

(2) 입자 군집 최적화 알고리즘의 병렬화 방법을 구체적으로 토의하라. 이때, 목적함수 계산이 간단한 경우와 제법 시간이 걸리는 경우를 분리하여 병렬화 방법을 토의 하라.

(3) 국소 최적화 알고리즘을 입자 군집 최적화 알고리즘에 도입하는 방식을 토의 하라.

11.5 실습

ㅁ아래 프로그램에서는 파이썬 리스트에 입자들을 보관하였다. 그런데 각각의 입자는 파이썬 클래스로부터 출발한 인스턴스로 정의되었다. 국소

최소화 방법을 활용한 입자 군집 최적화 방법을 구현했다.

```
import numpy as np
from scipy.optimize import minimize

def functuser(x):
    case = 3

    if case == 1:
        total = 0.
        for j in range(len(x)):
            total += (x[j])**2
    if case == 2:
        #   Rastrigin
        total = 10.*len(x)
        for j in range(len(x)):
            total += x[j]**2-10.*np.cos(2.*np.pi*x[j])
    if case == 3:
        #   Rosenbrock
        xarray0 = np.zeros(len(x))
        for j in range(len(x)):
            xarray0[j] = x[j]
        total = sum(100.0*(xarray0[1:]\
        -xarray0[:-1]**2.0)**2.0 + (1-xarray0[:-1])**2.0)
    if case == 4:
        #   Styblinski-Tang
        total = 0.
        for j in range(len(x)):
            total += (x[j]**4-16.*x[j]**2+5.*x[j])/2.
    return total

class PARTICLE:
    def __init__(self, startx0, ww, c1, c2, xbounds, lverbose):
        self.position_i = []
        self.velocity_i = []
        self.position_best_i = []
        self.obj_best_i = 9e99
        self.obj_i = 9e99
        self.dimensions = len(startx0)
        self.ww = ww+(np.random.random()-0.5)*0.2
        self.c1 = c1+(np.random.random()-0.5)*0.2
```

```
        self.c2 = c2+(np.random.random()-0.5)*0.2
        if lverbose:
            print(self.ww, self.c1, self.c2)
        for j in range(self.dimensions):
            self.velocity_i.append(np.random.uniform(-1, 1))
            self.position_i.append(startx0[j]\
            *(1.+(np.random.random()-0.5)*2.))
        if np.random.random() < 0.8:
            for j in range(self.dimensions):
                self.position_i[j] = xbounds[j][0] + \
                   (xbounds[j][1]\
                   -xbounds[j][0])*np.random.random()
        for j in range(self.dimensions):
            if self.position_i[j] > xbounds[j][1]:
                self.position_i[j] = xbounds[j][0] + \
                    (xbounds[j][1]\
                    -xbounds[j][0])*np.random.random()
            if self.position_i[j] < xbounds[j][0]:
                self.position_i[j] = xbounds[j][0] + \
                    (xbounds[j][1]\
                    -xbounds[j][0])*np.random.random()
        self.position_best_i = self.position_i.copy()

    def evaluate(self, objfunct):
#       self.obj_i=objfunct(self.position_i)
        xarray0 = np.zeros(self.dimensions)
        for j in range(self.dimensions):
            xarray0[j] = self.position_i[j]
        res = minimize(objfunct, xarray0,\
         method='nelder-mead',
           options={'xatol': 1e-6, 'disp':\
                   True,'maxiter': 100000,'maxfev': 40000})
        self.position_i = res.x.copy()
        self.obj_i = res.fun
        if self.obj_i < self.obj_best_i:
            self.position_best_i = \
             self.position_i.copy()
            self.obj_best_i = self.obj_i

    def update_velocity(self, position_best_g):
        for j in range(self.dimensions):
```

```
            vc = self.c1 * \
                (self.position_best_i[j]\
          -self.position_i[j])*np.random.random()
            vs = self.c2*(position_best_g[j] -
                          self.position_i[j])\
                          *np.random.random()
            self.velocity_i[j] = self.ww\
            *self.velocity_i[j]+vc+vs

    def update_position(self, xbounds):
        for j in range(self.dimensions):
            self.position_i[j] = self.position_i[j]\
            +self.velocity_i[j]
            if self.position_i[j] > xbounds[j][1]:
                self.position_i[j] = xbounds[j][0] + \
                     (xbounds[j][1]-xbounds[j][0])\
                     *np.random.random()
            if self.position_i[j] < xbounds[j][0]:
                self.position_i[j] = xbounds[j][0] + \
                     (xbounds[j][1]-xbounds[j][0])\
                     *np.random.random()

class PSO():
    def __init__(self,objfunct,startx0,xbounds,\
        ww=0.5,c1=1.0,c2=2.0,\
        nparticles=50,maxiter=50000,verbose=False):
        obj_best_g = 9e99
        position_best_g = []
        swarm = []
        for _ in range(nparticles):
            swarm.append(PARTICLE(startx0, \
            ww, c1, c2, xbounds, verbose))
        it = 0
        while it < maxiter:
            if verbose:
                print(f'iter: {it:>6d} best solution:\
                 {obj_best_g:16.8e}')
            for i in range(nparticles):
                swarm[i].evaluate(objfunct)
                if swarm[i].obj_i < obj_best_g:
                    position_best_g =\
```

```
                     list(swarm[i].position_i)
                    obj_best_g =\
                     float(swarm[i].obj_i)
            for i in range(nparticles):
                swarm[i].update_velocity(\
                 position_best_g)
                swarm[i].update_position(xbounds)
            it += 1
        print('\nfinal solution:')
        print(f'   > {position_best_g}')
        print(f'   > {obj_best_g}\n')
        if True:
            abc = np.zeros(nparticles)
            abcvec=np.zeros((\
             nparticles,len(startx0)))
            for i in range(nparticles):
                abc[i] = swarm[i].obj_best_i
                abcvec[i] = swarm[i].position_best_i
            idx = abc.argsort()
            abc = abc[idx]
            abcvec = abcvec[idx, :]
            for i in range(nparticles):
                print(abc[i])
                print(abcvec[i, :])

startx0 = []
xbounds = []
for j in range(10):
    startx0.append(0.)
for j in range(len(startx0)):
    xbounds.append((-20., 20.))
PSO(functuser, startx0, xbounds, ww=0.5, c1=1.0,
  c2=2.0, nparticles=50, maxiter=10, verbose=True)
#
final solution:
> [0.9999999953116341, 1.0000000044864392,
1.000000007813295, 1.0000000021670346,
1.0000000062451597, 1.0000000052128257,
1.0000000259666226, 1.0000000304728756,
1.000000057654587, 1.0000001013713946]
> 1.389478207686914e-13
```

```
1.389478207686914e-13

1.0833882515293686e-12
[1.         1.00000001 1.
1.00000002 1.00000004 1.00000008
1.00000013 1.00000025 1.00000045 1.00000085]
1.348434221877487e-12
[1.00000002 1.         0.99999999
0.99999994 0.99999995 0.99999997
0.99999996 0.9999999  0.99999981 0.99999966]
```

유전 알고리즘 12

12.1 적자 생존과 유전 정보의 전달

유전 알고리즘(genetic algorithm)은 컴퓨터 과학 분야에서 사용되는 알고리즘이다. 다윈(C. Darwin)의 적자 생존에 기반한 알고리즘이고 최적화 알고리즘으로 잘 알려져 있다.[101] 반복적 계산을 통해서 목적함수(objective function) 값이 가장 좋은 해를 찾는데 사용된다. 목적함수 최적화는 최대화 또는 최소화를 말한다. 사실, 여기서는 최대화나 최소화는 같은 의미를 가진다. 목적함수에 부호("+", "-")를 바꾸면 이들은 사실 같은 의미를 가지고 있다. 목적함수는 단순한 계산을 통해서 얻어지는 것일 수도 있고, 아주 복잡한 시뮬레이션의 결과일 수도 있다.[1]

[101]: Holland (1992), *Adaptation in natural and artificial systems: an introductory analysis with applications to biology, control, and artificial intelligence*

1: 유전학과 구별되는 후성유전학의 변화는 세포 수명의 지속을 위한 세포 분열을 통해 지속될 수 있으며, 또한 DNA 염기서열의 변화를 수반하지 않음에도 불구하고 여러 세대를 통해 지속될 수도 있다. 정보를 관리하는 방식에서 이상이 있는 경우라고 볼 수 있다.

유전 알고리즘은 항상 정답을 보장하지 못한다. 결정론적 문제 풀이 방식이 아니다. 그렇게 쉽게 풀리는 문제를 푸는데 사용되는 풀이 방식이 아니다. 아직까지 정확하게 문제를 푸는 방법이 알려지지 않은 문제들을 적용 대상으로 한다. 결국 이러한 계산 방법은 발견법(heuristics)이라고 부르는 이유가 여기에 있다.

발견법 중에서도 좀 더 난이도가 높고 효율적인 풀이 방식을 상위-발견법(meta-heuristics)이라고 한다. 유전 알고리즘은 유전체와 진화를 핵심 키워드로 포함한다. 유전체는 유전 정보를 의미한다. 진화는 유전체가 변화되는 것을 의미한다. 변화된 유전체로부터 최적화된 해를 얻을 수 있다. 특별한 유전체를 가진 개체가 선택되고 유전체 변이를 거쳐서 보다 더 최적화된 개체가 만들어 질 수 있다. 또한, 특별한 개체 두 개가 동시에 선택되고 이들 두 개체로부터 새로운 개체가 만들어져서 보다 더 최적화 된 개체가 만들어 질 수도 있다. 만약, 더 최적화된 개체가 나왔다면, 기존의 개체중 하나를 대치하게 된다. 선택, 변이, 교차, 대치가 유전 알고리즘의 주요 항목이된다. 기본적으로 유전 정보의 흐름에 집중한다.

이진 문자열(binary string)은 0과 1로 이루어진 문자열을 말한다. 이진 문자열은 유전 알고리즘에서 개체를 표현하는 데 많이 사용된다. 이진 문자열은 유전자(gene)의 집합으로 이루어진 염색체(chromosome)로 표현되며, 하나의 개체는 하나의 염색체를 갖는다. 예를 들어, 길이가 10인

이진 문자열 "1100100111"은 0과 1로 이루어진 10개의 유전자를 갖는 염색체를 나타낸다. 유전 알고리즘에서는 이러한 이진 문자열 개체를 교차(crossover)하고 돌연변이(mutation)하는 등의 연산을 수행하여 새로운 개체를 생성하며, 이 과정에서 최적의 개체를 찾아내는 것이 목표이다. 이진 문자열은 유전 알고리즘 뿐만 아니라 다양한 분야에서 사용된다. 예를 들어, 컴퓨터 과학에서는 이진 문자열을 이용하여 암호화, 데이터 압축, 오류 검출 등의 작업을 수행할 수 있다. 또한, 이진 문자열을 이용한 인공지능 모델에서는 입력 값이 0 또는 1로 이루어진 이진 벡터로 표현되기도 한다.

12.2 유전 알고리즘의 보편성과 용이한 병렬화

유전 알고리즘은 상당히 일반적이어서 여러 분야에서 다양한 응용이 가능하다. 문제 풀이에서 동시에 여러 개의 시도해(trial solution)들($\{\vec{x}\}$)을 고려한다. 따라서 아주 좋은 병렬 알고리즘의 예가 된다. 풀림 시늉(simulated annealing)에서처럼 단일 시도해(trial solution)를 상정하는 것이 아니고, 여러 개의 해들을 동시에 고려한다. 여러 개의 시도해들을 점진적으로 변화시켜 나가려고 한다. 진화 시늉(simulated evolution)이라고 볼 수 있다.

유전 알고리즘은 자연과학, 공학, 인문사회 문제 풀이에 널리 이용된다. 목적함수 값이 좋은 해들, 예를 들어, 두 개의 좋은 해들 사이의 교차(crossover) 연산를 도입한다. 교배 연산이라고도 한다. 특정한 하나의 시도해의 변이(mutation, 돌연변이)를 또한 도입한다. 부모세대와 다른 새로운 자식세대를 만든다고 볼 수 있다. 이렇게 함으로써, 부모세대보다 자식세대에서 보다 좋은 목적함수 값을 가지게 유도하는 것이다. 당연히, 이러한 유도가 항상 성공하는 것은 아니다. 교차, 변이 둘 중 하나만 사용하면 안 된다. 반드시 두 가지 모두를 새로운 시도해를 만들어 내는 방법으로 사용해야 비로소 유전 알고리즘이라고 부른다. 보다 더 새로운 것을 추구하는 것이 변이 연산이다. 지금까지 나온 것을 철저하게 이용하는 것이 교차 연산이다. 복잡한 문제 풀이의 경우 병렬 계산 방식으로 구현된 유전 알고리즘을 활용하게 된다.

12.3 해의 정렬

통상 유전 알고리즘에서는 얻어진 해들을 목적함수 값 크기에 따라서 정렬해 둘 필요가 있다. 이러한 정렬이 이루어지고 나면 선택과정을 보다 쉽게 이해할 수 있다. 목적함수 값이 가장 낮은 해를 1번 해라고 둔다. 따라서, 1번해는 교차 또는 변이가 될 수 있는 가능성이 가장 높은 해이다.

12.4 선택

변이 연산을 위한 선택과 교차 연산을 위한 선택, 즉 두 가지의 선택이 있는데 알려진 개체들(해들) 중에서 개체 하나를 선택해 내는 작업을 지칭한다. Figure 12.1에서 처럼 목적함수 값이 더 낮을수록(더 최적화될수록) 더 높은 확률로 부모(교차 연산, 변이 연산의 대상)가 될 수 있게 할 수 있게 하는 것이 일반적인 유전 알고리즘이다. Figure 12.2에서 표시된 쌍 선택(pair selection)이라는 부분도 여러 가지 방식이 가능하다. 통상 하나의 방식을 활용한다. 예를 들어, 단순하게 서로 다른 두 개를 균등한 확률로 취하는 방법이 가능하다. 목적함수 값을 전혀 고려하지 않고 선택하는 방법이다. 서로 다른 두 개를 임의로 선택한다. 그 다음 더 낮은 목적함수 값을 가지는 개체(해) 하나만을 선택한다. 마찬가지로 두번째 부모도 동일한 방식으로 선택한다. 다만, 부모들은 서로 다른 개체가 되어야만 한다. 이렇게 하면, 한판의 경쟁에서 승리한 쪽만이 부모가 될 수 있다. 목적함수 값이 가장 큰 개체는 결코 부모가 될 수 없다. 이러한 과정을 토나먼트 선택(tournament selection)이라고 한다. 부모가 되려면 최소한 번의 경쟁을 통과해야만 하는 것이다. 한 판이 아니고 여러 판에서의 승자를 고를 수도 있다. 경쟁 라운드(round)를 많이 할 수 있다.

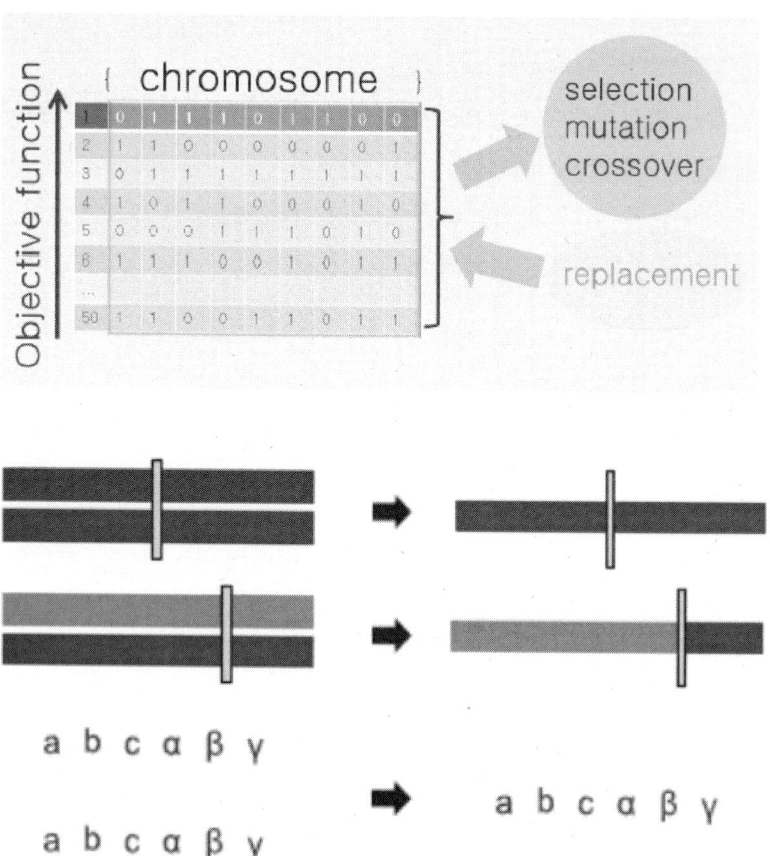

Figure 12.1: 다양한 염색체(표현자)들을 목적함수 값 크기 순으로 배열하였다. 하나의 개체(후보해)는 특정한 염색체를 가지고 있다. 서로 다른 두 개체를 이용하여 새로운 개체를 만들어 내는 것을 교차라고 한다. 하나의 개체로부터 그 염색체를 변화 시킬 수 있는데 이를 변이라고 한다. 적자생존 원칙을 따르면, 최적화가 비교적 잘 된 개체들이 부모로 선택될 확률을 더 높이 준다. 교차, 변이를 통해서 얻어진 새로운 개체가 더 유리하게 최적화 되었다면 그 개체는 채택한다. 기존의 개체를 대치하는 것이다.

Figure 12.2: 다양한 교차의 예를 보여주고 있다. 1차원 표현으로 개체의 염색체를 표시한 점에 주의 해야한다. 교차점을 정의하여 서로 다른 개체들 사이의 교차를 쉽게 정의 할 수 있다. 일렬로 두 해를 각각 정렬한다. 일점(1-point) 교차점을 정의하고 좌와 우로 나누어서 교차를 수행한다. 다른 교차 방법으로는 2-point 교차, 균일 교차, 부분 교차 등이 있다.

12.5 선택 압력

선택 압력(selection pressure)이 높을수록 라운드 수가 많은 토너먼트 선택에 해당한다. 경쟁 라운드 수가 많을수록 더 좋은 기질을 가진 해가 부모가 되고 만다. 즉, 선택 압력이 높은 경우이다. 경쟁없이 무작위로 서로 다른 부모를 선택하는 경우가 가장 선택 압력이 낮은 경우라고 볼 수 있다. 토나먼트 선택에서 라운드 수가 없는 것으로 볼 수 있다. 후보 선택 방식의 하나로서 차단(truncation) 방식이 있다. 차단 방식에서는 우수하지 않은 개체에게는 교차, 변이를 허용하지 않는 방식이다. 특정 순위밖의 개체에게는 교차 또는 변이 연산으로 이어지는 선택 확률을 0으로 두는 것이다.

두 개의 개체들(부모들)을 뽑아서 교차를 하려고 한다. 이때, 상대적으로 더 최적화된 목적함수를 가지는 두 개체를 더 높은 확률로 뽑아야 한다. 적어도 보다 최적화된 목적함수를 가진 개체가 보다 더 높은 확률로 뽑혀야 한다. [선택] 이 요구 조건을 어디까지 받아 줄 것인지가 관건이다.

전적으로 받아 주어서도 안되고, 적당히 받아 주어야 한다. 적어도 확률은 높아야 한다. 좋은 목적함수를 받은 개체들이 부모가 될 확률은 높아야 한다. 하지만, 장기적인 관점에서 다양성을 확보하지 못하면 안 된다. 전체적인 퇴보가 올 수 있다. 따라서 최대한 다양성을 존중하는 절차가 반드시 내포되어 있어야 한다. 다시 말해서, 목적함수는 다소 좋지 않더라도 반드시 특이한 구조들은 받아 들여야 한다. 실제로 광역 최적화가 달성 되려고 하면 이렇게 해야 한다. 부모가 될 두 개체를 뽑을 때, 소위 토나먼트 방식으로 뽑을 수 있다. 먼저 연속해서 서로 다른 두 개체를 무작위로 뽑는다. i, j라고 부른다. $j \neq i$이다. 이때, i의 목적함수가 j의 것보다 더 좋다면, 우리는 i 를 부모로 선택한다.(토나먼트 승자: i) 마찬가지로 부모가 될 또 다른 개체를 선택할 수 있다. 물론, 앞에서 구한 구조와는 서로 다른 구조이기만 하면 된다. 만약 같은 구조가 나왔다면, 다른 구조가 나올 때까지 다시 하면 될 것이다. 토나먼트를 여러 라운드로 할 수도 있을 것이다. 그렇게 하면 좀 더 목적함수가 좋은 개체가 부모가 될 확률일 더욱 더 증가하게 된다. 토나먼트 방식이 아닌 방법도 가능하다. 예를 들어, 임의로 3개의 개체를 선택하고 이중에서 가장 목적함수 낮은 개체를 선택하는 방법도 가능하다. 3개 대신에 4개를 활용하는 경우, 선택 압력이 높아진 것이라고 볼 수 있다.

개체수, 교차/변이 비율, 개체 무리에서 부모로 뽑는 방법, 이런 것들이 유전 알고리즘에서의 매개변수(parameter)라고 할 수 있다. 교차를 40 퍼센트, 변이를 60 퍼센트 정도 할 수 있다. 변이 또는 교차의 순서도 확률적으로 선택할 수 있다. 전체 개체 수는 50 정도로 할 수 있을 것이다. 물론, 큰 수일수록 우수한 광역 최적화 계산이 될 것이지만 계산양은 엄청나게 늘어날 것이다. 하지만, 알고리즘은 놀라울 정도로 병렬 효율성이 뛰어날 수 있다. 컴퓨터 자원만 충분하다면, 충분히 큰 전체 개체 수를 잡을 수 있다. 목적함수 값들이 뛰어난 무리들을 부모로 선택하면 좋다. 예를 들어 상위 40-50 퍼센트에 들어오는 개체들을 부모가 되게 하면 좋을 것이다. 또한, 목적함수 값이 뛰어난 개체들은 좀 더 높은 확률로 부모가 되게 할 수 있고 그렇게 하는 것이 좀 더 유리하다. 세대라는 개념을 무시할 수도 있다. 병렬 효율성이 높아진다.

막수(random number)는 통상 $[\,0,1\,)$ 사이의 값 형식으로 제공된다. 많은 컴퓨터 프로그램에서 사용되는 형식이다. 같은 함수 꼴이지만, 부를 때마다 다른 값이 나온다. 대부분의 컴퓨터 프로그램에서 요긴하게 사용된다.

물론, 초기화를 어떻게 시키느냐에 따라서 전혀 다른 순서로 막수가 연이어 나오게 된다. 초기화시키는 방법은 일반으로 정수를 사용한다. 특정 정수로 막수 생성기를 초기화 시킬 수 있다. 이렇게 하면, 항상 같은 막수를 만들어 낼 수 있다. 따라서, r 을 그렇게 만든 수라고 하면, $r \times 100 + 1$ 이렇게 계산하면, 우리는 $1, 2, \ldots, 100$까지 숫자 중에 한 숫자를 얻게 된다. 그것도 완전히 균등한 확률로 $1, 2, 3, \ldots, 100$까지 숫자 중 하나를 선택할 수 있다. 이런 식으로 막수를 만들어서 사용할 수 있다. 또한, 확률 80 퍼센트로 교차를 변이보다 많이 할 경우, $r > 0.2$ 이면 교차를 하면 된다. 왜냐하면, r 값은 0에서 1 사이의 값인데, 0.5 : 0.5 로 구간을 나누어서 균등 확률의 범위를 정해 버릴 수 있다.

Figure 12.3에서는 전통적인 유전 알고리즘을 표시하고 있지는 않다. 국소 최소화 과정이 추가적으로 포함되어 있기 때문이다. 아울러, 해를 이진수로 표현하지도 않았다. mating은 교차를 의미한다. 교차와 변이를 확률적으로 선택해서 활용한다. 전통적인 유전 알고리즘에서는 해를 표현하는 방법이 1차원 비트열 방식이다.(0과 1로만 표현된 특정한 길이의 1차원 표현방식이다.) 교차, 변이 방법 각각이 여러 가지 형식들이 있을 수 있다. 실제 사용에서는 활률적인 방법으로 여러 가지 방식의 교차, 변이 방법들을 골고루 사용할 수 있다. 구배 벡터을 활용한 국소 최적화 작업을 수행할 경우, 해를 실수형으로 표현하는 것이 자연스럽다.

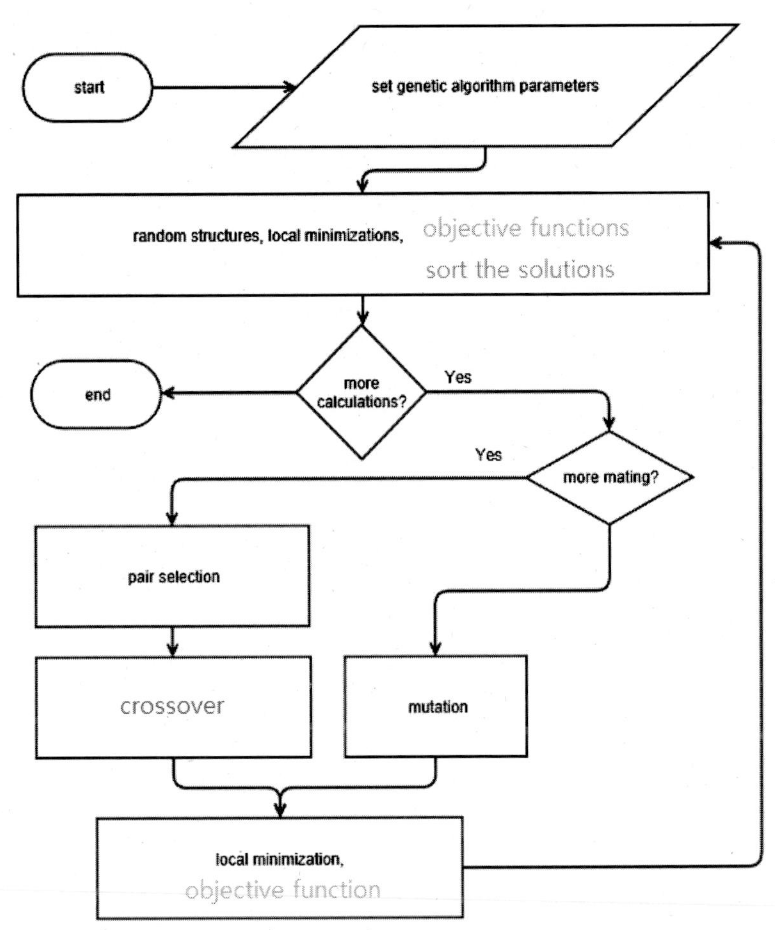

Figure 12.3: 유전 알고리즘의 순서도를 표시했다. 교차와 변이를 모두 사용하고 있다. 특히, 국소 최적화를 도입하고 있다. 해들을 목적함수 크기순으로 정렬해 두면 편리하다. 상대적으로 더 최적화된 해들이 부모가 될 확률이 높다. 새롭게 얻어진 해는 기존의 해와 비교해서 보다 더 최적화 되었는지를 평가받게 된다. 진보된 최적화가 이루어질 경우에 한해서 새로운 해가 기존의 해를 대치하게 된다.

12.6 해의 표현 방식

해의 표현식은 풀고자 하는 문제에 따라서 달라지는 것이다. 다차원 벡터로 표현되는 해라고 하더라도 정해진 특정한 순서를 저장하면 원칙적으로 1차원 벡터로 표현할 수 있다. 반복문을 활용하여 다차원 배열을 1차원으로 변환할 수 있다. 마찬가지로 1차원 배열을 다차원 배열로 변경할 수 있다. 해를 1차원 벡터로 표현하면 교차를 쉽게 정의할 수 있다. 특별히, 해가 이진수로 표현된 경우를 고려하자. 해: 010011010101000 또 다른 하나의 해: 011010010111000 가 알려 졌을 때, 교차는 아래와 같이 해서 또 다른 해를 만들어 낼 수 있다. 여기서 교차 연산자를 ⋆로 표시했다.

$$\mathbf{0100110}10101000 \star 0110100\underline{10111000} \to \mathbf{0100110}\underline{10111000}. \qquad (12.1)$$

다시 말해서, 두 해들로부터 각각 진하게 표시된 부분과 밑줄로 표시된 부분만을 취해 낼 수 있다. 진하게 표시된 마지막 자리와 밑줄로 표시된 첫 자리를 기준으로 교차점을 정의할 수 있었다. 이때, 이 교차점의 위치는 변동 될 수 있다. 하나의 해를 대략적으로 절반의 부분과 그 나머지로 정의할 수 있다는 점에 착안한 것이다. 해의 교차와 마찬가지로 해의 변이도 일차원 표현식에서 쉽게 정의할 수 있다. 예를 들어, 해 010011010111000의 변이는 자명하다. [변이] 특정 위치의 1을 0으로 (또는 1을 0)으로 바꿀 수 있다. 점변이(point mutation)이라고 할 수 있다. 점변이만 고집할 필요가 당연히 없다. 해를 1차원 벡터로 표현할 경우, 벡터 요소들에 대한 교차와 변이도 2진수 표현에서와 아주 유사하게 벡터 성분의 위치를 이용하며 유사하게 정의 할 수 있다. 2진수 표현의 자리수가 벡터 표현에서 성분의 위치와 같은 의미를 가진다. 예를 들어, 1차원으로 표시된 10차원 벡터 두 개가 있다고 하자. 이것은 $u \star v \to w$ 교차 연산에 해당한다.

$$
\begin{aligned}
u &= (u_1, u_2, u_3, u_4, u_5, u_6, u_7, u_8, u_9, u_{10}), \\
v &= (v_1, v_2, v_3, v_4, v_5, v_6, v_7, v_8, v_9, v_{10}), \\
w &= (u_1, u_2, u_3, u_4, u_5, v_6, v_7, v_8, v_9, v_{10}). \qquad (12.2)
\end{aligned}
$$

아래에는 변이 연산($u \to u'$)을 표시 했다.

$$
\begin{aligned}
u &= (u_1, u_2, u_3, u_4, u_5, u_6, u_7, u_8, u_9, u_{10}), \\
u' &= (u_1, u_2, u_3, u'_4, u'_5, u'_6, u_7, u_8, u_9, u_{10}). \qquad (12.3)
\end{aligned}
$$

전통적인 비트 문자열로 해가 일차원 형식으로 표현된 경우에 대해서 변이를 통하여 돌연변이가 일어난 상황을 표시하고 있다. 해를 표현하는 방법은 일차원 형식이라는데 주목해야 한다. 비트열 표현은 결국 1, 0으로만 이루어져 있다. 표현할 때 길이의 제한이 일반적으로 있다. 길이가 길수록 어려운 문제가 된다. 해를 표현하는 방식으로 비트열을 논했지만, 실수형으로 해를 표현해도 전혀 문제가 없다. 오히려 더 정밀하고 효율적인 계산이 가능하다. 실제 문제 풀이에서는 실수들로 표현된 벡터(vector)가 해를 표현하는 방식이 될 수 있다.

사실, 해의 표현에 관한 여러 가지 해설이 있다. 어떻게 표현하고 어떻게 교차, 변이 시키는가와 밀접하게 연관되어 있다. 제일 중요한 점은 시도해로서 만족해야 하는 조건을 만들어 두고 교차, 변이를 수행한 다음

조건들을 체크해야 한다. 조건을 만족하지 못하면 다시 교차/변이로 새로운 형식의 시도해를 만들어 낸다. 시도해 표현법은 사실 교차, 변이를 직접 만들어내는 과정과도 연관되어 있는 문제이다. 시도해를 어떻게 표현하고 어떻게 교차, 어떻게 변이 시킬지를 종합적으로 판단해야 한다.

12.7 교차

유전 알고리즘에서 새로운 세대를 만들어 내는 방식은 교차 그리고 변이를 통해서 이루어진다. 유전 알고리즘에서는 위에서처럼 현재 해 두 개를 이용하여 대략 절반씩 바꾸어서 새로운 해가 될 수 있을 지를 시험하게 해준다. 이것이 다른 최적화 방법과 근본적으로 다른 점이다. 쉽게 말해서 굉장히 멀리 떨어진 구조(서로 아주 다르게 생긴 시도해)로 쉽게 이동해서 그 곳에서 목적함수를 평가할 수 있게 한다. 대부분의 계산들에서 이런 것들이 허용되지 않는다. 또는 아주 뛰어난 기질을 그대로 물려받고 새로운 해가 되는지도 쉽게 평가할 수 있는 기회가 있다. 부족한 기질을 자연스럽게 보완하여 보다 뛰어난 해를 상대적으로 빨리 얻을 수 있는 기회가 열린다. 변이 연산은 다양성 확보를 위해서 필요하다. 다양한 해들 중에서 아주 우수한 인자를 찾았다면 그 인자를 적극 활용해야 한다. 그래서 교차 연산을 활용해야 한다.

예를 들어, 분자동역학 계산에서는 어느 정도 유사한 분자 모양 사이를 돌아 다니게 되어 있다. 물론, 온도가 높을 수록 더 넓은 분자 모양 공간을 돌아 다닐 수 있다. 하지만, 여전히 한계가 있다. 반면, 유전 알고리즘에서는 보다 더 넓은 분자 모양 공간을 탐험 할 기회가 많이 제공된다. 소위 마르코프 사슬(Markov chain)에서 벗어난 전이가 쉽게 이루어 질 수 있다는 점이다. 이 점이 바로 유전 알고리즘이 다른 여러 알고리즘에 비해서 우월한 최적화 방법이 되는 부분적인 원인이 된다.

엄마, 아빠의 특징을 자식이 대략 반반씩 직접 물려 받는 것이다. 꼭, 반반씩 물려받을 필요는 없다. 다양한 비율로 물려 받을 수 있다. 아빠의 유전형질이 더 뛰어나면 아빠를 엄마보다 더 많이 닮게 만들 수 있다. 꼭 절반을 못 만드는 상황도 실제 문제에서는 생긴다. 분자 모형의 경우 원자 종류별로 절반에 가깝게 양분해서 각각 새로운 후보해를 만들면 된다.

하나의 분자의 질량 중심을 원점으로 이동시킨 다음, z, y, x 축으로 무작위 회전시킨 다음, x 축 왼쪽, x 축 오른쪽으로 분류하면 원하는 분자의 절반을 쉽게 얻을 수 있다. "$\frac{1}{4}+\frac{3}{4}$", "$\frac{1}{3}+\frac{2}{3}$", "$\frac{1}{2}+\frac{1}{2}$" 형식으로 후보해를 만들 수 있다. 이러한 교차 작업이 큰 문제가 되질 않는다. 오히려 다양한 교차가 허용되는 것이 더 유리할 수 있다. 다시 말해서 교차에도 변종이 있을 수 있다. 한 가지만 가능한 것이 아니다. 한 개체로부터는 중심부를 취하고 다른 개체로부터는 외부를 취하여 두 가지를 합칠수도 있을 것이다. 막수를 생성시키는 방법으로 적절한 확률을 부여하여 모두 다 사용 할 수 있다. 물론, 개체 변이 또한, 돌연 변이 형식으로 인정해서 유전이 될 수 있다. 다양성을 확보하기 위해서는 선호하는 목적함수 비율로 선택하는 것이 꼭 좋은 것만은 아니다.

12.8 변이

진화 과정에서 생물의 유전자가 돌연변이(mutation)를 일으키는 것을 모방하여, 유전 알고리즘에서 해를 발견하는 과정에서도 일종의 돌연변이를 일으켜 새로운 해를 발견하고자 한다. 유전 알고리즘에서 변이는 일종의 다양성 생성 과정이다. 변이는 현재의 해를 다른 방향으로 이동시켜, 더 나은 해를 발견할 수 있도록 돕는다. 만약 변이가 없다면, 알고리즘은 항상 같은 방향으로 진행하게 되어 다양성이 부족해지고, 최적의 해를 발견하지 못할 가능성이 크다. 따라서, 변이는 유전 알고리즘에서 매우 중요한 역할을 한다. 변이가 없으면 알고리즘이 이전의 해에 머무르게 되어 다양성이 점차 부족해져, 해를 찾는 능력이 크게 제한될 수 있다. 그러므로, 변이는 유전 알고리즘의 전체적인 성능을 향상시키는 중요한 요소 중 하나이다. 두 개의 해를 뽑아서 교차하는 것과 달리 변이는 하나의 해를 뽑아서 해를 변형시키는 것이다. 매우 다양한 형식의 변이 연산이 가능하다. 변이 연산은 해의 다양성 확보에 아주 중요한 연산이다. 다양한 해들을 보유하고 테스트하기 위해서 다양한 변이 연산이 필요하다.

메트로폴리스 알고리즘에서는 확률적으로 시도해가 선택을 받지만 유전 알고리즘에서는 목적함수 값에 의해서 평가를 받는다. 어떠한 변형을 취해도 이론적으로 문제가 없다. 다만, 현실적으로 그렇게 효율적인 변형을 잘 만들어 내지 못하고 있다. 유전 알고리즘에서는 탐색 공간을 폭넓게 활용하는 변형을 변이 연산으로 부터 얻어 낼 수 있다. 또한, 풀고 있는 문제에 따라서 그 변형이 많이 달라질 수도 있다. 아무튼 이 부분이 실질적인 문제 풀이에서 아주 어려운 부분이다. 유전 알고리즘에서도 마찬가지이다. 새로운 시도해를 만들 수 있어야 한다. 가능하면 다양한 방법으로 만들수록 좋다. 유전 알고리즘에서는 변이 연산을 통해서 개체 무리의 다양성을 확보할 수 있다. 공격적으로 해의 변형을 시도해야 하는 이유가 여기에 있다. 그렇지 않을 경우, 유전 알고리즘에서 새로운 형식의 해를 찾을 수 없을지도 모른다.

12.9 부모세대, 자식세대, 대치

유전 알고리즘에서는 부모세대, 자식세대라는 개념이 자연스럽게 적용된다. 왜냐하면 교차라는 개념을 적용하기 때문이다. 부모세대를 통해서 자식 세대가 만들어지기 때문이다. 부모세대, 자식 세대의 개체 수를 동시에 고려한다. 편의상 개체 수를 같게 둘 수 있다. 점수가 좋은 해, 두 개를 선택하고 교차를 시켜서 자식 세대를 만들어 간다. 이것은 부모가 결혼해서 자식을 낳는 것과 같은 것이다. 시간적인 차이가 반드시 존재하게 된다. 하나의 교차에 의하면 두 개의 자식이 가능하다. 프로그램에 따라서는 하나만 고려하기도 한다. 물론, 둘 다 고려해도 좋다. 부모의 특징을 자식이 직접 물려 받는 것이다. 부모 중의 기질을 돌연변이 과정을 통해서 변이된 경우도 편의상 자식 세대로 간주할 수 있다.

12.10 엘리트주의

유전 알고리즘에서는 선택, 교차, 변이, 그리고 대치 이렇게 네가지 프로그램을 만들어야 한다. 기존 세대 중에서 목적함수가 상대적으로 최적화된 개체들을 다음 세대에서도 그대로 생존한다. 이것을 엘리트주의(elitism)이라고 한다. 중복세대(overlapping-generation) 모델 또는 비중복세대(non-overlapping generation) 모델 둘 중 하나를 선택한다. 전자는 자손과 부모가 경쟁하는 모델이고 후자는 부모와 자손이 경쟁하지 않는 모델이다. 이 부분은 위에서 언급한 대치 방법 중 하나로 생각할 수 있다. 부모로서 개체가 선택되는 방법으로는 균등 확률 또는 목적함수에 의존하는 확률 두 가지를 간단하게 생각해 볼 수 있다. 후자는 목적함수 값이 더 최적화될수록(더 적응을 잘 한 개체) 더 높은 확률로 부모가 될 수 있음을 의미한다. 선택하는 방법으로 어떠한 알고리즘을 사용하는가는 중요한 항목이다. 하지만, 일반으로, 중복세대 모델을 활용하고 개체수를 늘이면 다양성을 확보할 수 있다.

12.11 다양성

목적함수를 최소화할 때, 가능하면, 구배(gradient) 벡터를 얻을 수 있다면, 국소 최적화 알고리즘을 유전 알고리즘과 동시에 사용하는 것이 좋다. 구하고자 하는 해를 비트열(bit string) (예를 들면, 00011100010011010101)로 표현하는 것이 본연의 유전 알고리즘이다. 또한 본연의 유전 알고리즘에서는 국소 최적화를 하지 않는다. 실제 응용 연구에서는 연속 변수로 해를 표현하는 경우가 많다. 따라서, 많은 경우 국소 최적화 방법을 활용한다. 이러한 방법이 보다 더 효율적이기 때문이다. 비트열로 표현하나 실수로 표현하나 물리적으로는 마찬가지이다.

유전 알고리즘에서 얻어진 새로운 해를 대치하는 방법과 다양성을 확보하는 방법 사이의 균형을 잡아줘야 한다. 너무 높은 선택 압력을 사용하면 다양성 확보가 되지 않는다. 일반적으로 좋은 성능을 내기 어렵다. 나름 좋은 해를 찾았으면 이를 이용할 수 있어야 한다. 동시에 이들이 너무 득세하지 못하도록 다양한 시도해가 만들어질 수 있는 환경을 만들어 주어야 한다. 이 둘 사이의 균형을 잡아 주어야 한다. 예를 들어, 아주 공격적인 교차/변이를 사용할 경우, 많은 넓은 해의 공간을 탐색할 수 있다. 이 경우, 또한 좋은 목적함수를 가지는 해들에 대해서 충분히 높은 부모가 될 수 있는 기회도 동시에 공급해야 한다. 보다 새로운 해를 찾는 과정은 변이를 통해서 이루어진다. 기존의 해를 보다 더 잘 이용하기위해서는 교차가 필요하다.

12.12 국소 최적화

PSO 알고리즘과 마찬가지로 GA에서도 국소 최적화를 동시에 사용할 수 있다. 이렇게 할 경우, 일반적으로 계산 효율성이 증대된다. 알고리즘에서 사용하는 해를 모두 국소 최적화된 것이라고 생각하면 된다. 이 값이 더 최적화 되어 있으면 다른 개체가 희생되고 이 해가 대치되어 전체 개체 풀에 들어 가게 된다. 세대 차이가 나는 부모 세대 개체와 신 세대가 공존하기 마련이다. 왜냐하면 최적화된 목적함수 값을 가지는 부모 세대의 시도해들은 여전히 전체 개체 집단에 여전히 머물러 있을 수 있다. 선택, 대치, 변이, 교차 등으로 구성된 것이 알고리즘의 핵심이다. 목적함수를 최소화 하는 과정에서 목적함수 미분 벡터를 사용할 수 있다. 국소 최적화를 동시에 활용한다. 여러 개의 개체들을 동시에 사용하여 계산을 수행한다. 따라서, 병렬화를 염두에 두어야 한다. 기본적으로 막수 생성기, 정렬 루틴 등이 필요하다. 정렬 루틴은 목적함수 값에 따라서 개체를 순서대로 저장할 때 필요하다. 풀고자 하는 문제에 따라서, 시도해를 표현하는 방식을 정해야 한다. 일반으로 시도해는 일차원 벡터로 정의할 수 있다. 시도해가 주어질 때, 목적함수 값을 계산할 수 있어야 한다. 물론, 국소 최적화까지 할 수 있는 경우에는 그렇게 할 수 있도록 준비한다.

12.13 유전 알고리즘의 구성 요소 정리

문제의 시도해 $\vec{x}$, 일반으로 실수로 표현된 벡터(vector)가 가장 일반적인 해의 표현이다. 여러 가지의 다양한 시도해들($\{\vec{x}\}$)을 일차적으로 준비한다.

* 목적함수 $f(\vec{x})$ (풀고 있는 문제에 상당히 의존한다.)
* 국소 최적화용 일차 미분이 있으면 $f' = \frac{\partial f}{\partial x}$ 확보, 해석적인 해가 없을 경우, 수치적인 국소 최적화가 불가능하지 않다. (풀고 있는 문제에 상당히 의존한다.)
* 국소 최적화용 루틴 (BFGS 알고리즘, Nelder-Mead 알고리즘)
* 개체 수 N 결정
* N 개의 초기 개체 확보 (초기 무리의 시도해는 무작위 방법으로 만들어야만 한다.)
* 교차, 변이를 할 개체를 선택하는 방법 [토나먼트, 차단, 균등(tournament, truncation, uniform)] 높은 선택 압력을 사용하지 않는다.
* 교차하는 여러 가지 방법들 (풀고 있는 문제에 상당히 의존한다.)
* 변이하는 여러 가지 방법들 (풀고 있는 문제에 상당히 의존한다.)
* 목적함수 값이 낮은 개체를 대체하는 방법

* 중복 세대 모델인지 비중복 세대 모델인지 선택한다.
* 목적함수 값 그리고 해당 시도해를 동시에 정렬하는 루틴
* 막수 생성기 연속적인 계산이 가능하도록 현재까지 얻어진 시도해들과 목적함수 값들을 파일 형식으로 보관하는 방법

12.14 유전 알고리즘의 특징

우월한 개체들로부터 교차(교배) 그리고 돌연변이 유도를 통해서 새로운 개체를 만들어내는 것이 핵심이다. 사실, 풀림 시늉(simulated annealing)에서처럼 $\vec{x} \rightarrow \vec{x}'$ 변환에서 매우 효율적인 것이 가능하면 우수한 알고리즘이 될 수 있다. 하지만, 이 변환에서 한계점을 많이 노출한다. 결국, 이 변환은 $\{\vec{x}\} \rightarrow \{\vec{x}'\}$, 집합 → 집합의 변환 방식으로 보다 더 일반적인 형식으로 바뀌게 된다. 하나의 집합에서 보다 좋은 다른 집합으로 변환할 수 있는 방법을 제공한다. 일반적이고 효율적인 변환 이용하는 것이 유전 알고리즘의 특징이다.

12.15 본질적 속성과 약점

유전 알고리즘에서는 프로그램 종료 시점을 잘 정의할 수가 없다. 결정론적 정답을 주는 것이 아니다. 소위 상위-발견법 분류에 속한다. 이상 살펴보았듯이 유전 알고리즘은 매우 단순한 형식의 프로그램이다. 막수 함수를 적절히 잘 이용하면 쉽게 구현할 수 있다. 물론 함정이 있다. 정확하게 풀리는 문제 풀이 방식이 아니기 때문에, 프로그램을 정확하게 만들었는지 테스트 하기가 다소 까다롭다. 당연히 병렬화 해야만 그 성능을 재대로 맛 볼 수 있다. 소위 모든 가능한 변수 값을 다 나열하여 버리고, 각각에 대해서 목적함수를 평가하여 최적의 변수를 찾아 낼 수 있는 경우가 있을 수 있다. 이 경우는 정확하게 계산을 할 수도 있다. 모든 변수를 나열하는 것이 유한한 경우이고 또한 제법 빨리 모든 경우의 목적함수 값을 다 계산할 수 있는 경우는 문제 풀이가 가능하다. 이러한 경우에 대해서 프로그램을 테스트해 볼 수 있다. 하지만, 많은 경우, 이렇게 가능한 변수들을 모두 다 나열할 수 없다. 다시 말해서 무수하게 많은 가능성이 열려 있기

때문이다. 모든 가능성에 대해서 테스트 하는 것이 불가능하다. 많은 경우, 이것이 사실이다. 그래서 우리는 이러한 경우에 대해서 문제 풀이를 발견법(heuristics)이라는 방법으로 문제를 풀 수밖에 없다.

12.16 연습 문제

(1) 유전 알고리즘에 국소 최적화 알고리즘을 활용하는 방법을 토의하라. Nelder-Mead 알고리즘, BFGS 알고리즘을 활용하는 방법의 유용성에 대해서 토의하라.

(2) 아래의 문구들이 참인지 거짓인지 판단하라.

* 유전 알고리즘은 광역 최적화에 도달했다는 정확한 정보를 주지 못한다. 단순 비교에 의해서만, 추가적인 비교에 의해서만 판단할 수 있다.
* 유전 알고리즘은 문제의 복잡도에 대한 특별한 대책이 없다. 주어진 문제에 대한 정보가 많을 수록 문제 풀이가 보다 용이해질 가능성은 얼마든지 존재한다. 매우 많은 목적함수 평가가 반드시 수반되어야만 한다.
* 유전 알고리즘에서 다양성을 확보할 수 있는 일반적인 방법은 없다. 무작위 이민(random immigrants) 도입 또는 변이 확률 증가와 같은 부가적인 절차가 필요 할 경우도 있다. 임의의 구조를 무작위로 새로 도입하는 방법이 하나의 다양성 증가를 위해서 취할 수 있는 방법이기는 하다. 문제는 그 유용성이 낮을 수 있다는 한계가 있다.
* 유전 알고리즘에서 일반적인 교차, 변이 방법이 알려져 있지 않다. 문제마다 새롭게 정의해야만 한다.
* 유전 알고리즘에서 사용할 수 있는 해를 표현하는 방법은 풀고자 하는 문제에 상관없이 항상 유일하게 정의할 수 있다.

12.17 실습

□ 유전 알고리즘을 파인썬 언어로 표현했다. 여전히 국소 최적화 알고리즘을 포함하고 있다. 즉, 하이브리드 최적화 방법으로 볼 수 있다.

```
import numpy as np
from scipy.optimize import minimize

def functuser(x):
    case = 3

    if case == 1:
        total = 0.
        for j in range(len(x)):
            total += (x[j])**2
    if case == 2:
#    Rastrigin
        total = 10.*len(x)
        for j in range(len(x)):
            total += x[j]**2-10.*np.cos(2.*np.pi*x[j])
    if case == 3:
#    Rosenbrock
        xarray0 = np.zeros(len(x))
        for j in range(len(x)):
            xarray0[j] = x[j]
        total = sum(100.0*(xarray0[1:]\
           -xarray0[:-1]** 2.0)**2.0 + (1-xarray0[:-1])**2.0)
    if case == 4:
#    Styblinski-Tang
        total = 0.
        for j in range(len(x)):
            total += (x[j]**4-16.*x[j]**2+5.*x[j])/2.
    return total

class PARTICLE:
    def __init__(self, startx0, ptbmp,\
     pmut, pcross, xbounds, lverbose):
        self.position_i = []
        self.position_best_i = []
        self.obj_best_i = 9e99
        self.obj_i = 9e99
        self.dimensions = len(startx0)
        self.ptbmp = ptbmp+(np.random.random()-0.5)*0.2
        self.pmut = pmut+(np.random.random()-0.5)*0.1
        self.pcross = pcross+(np.random.random()-0.5)*0.1
        if self.pmut > 0.999 or self.pmut < 0.001:
```

```
            self.pmut = np.random.random()
        if self.pcross > 0.999 or self.pcross < 0.001:
            self.pcross = np.ramdom.random()
        if lverbose:
            print(self.ptbmp, self.pmut, self.pcross)
        for j in range(self.dimensions):
            self.position_i.append(startx0[j]\
            *(1.+(np.random.random()-0.5)*2.))
        if np.random.random() < 0.8:
            for j in range(self.dimensions):
                self.position_i[j] = xbounds[j][0] + \
                    (xbounds[j][1]\
                    -xbounds[j][0])*np.random.random()
        for j in range(self.dimensions):
            if self.position_i[j] > xbounds[j][1]:
                self.position_i[j] = xbounds[j][0] + \
                    (xbounds[j][1]\
                    -xbounds[j][0])*np.random.random()
            if self.position_i[j] < xbounds[j][0]:
                self.position_i[j] = xbounds[j][0] + \
                    (xbounds[j][1]\
                    -xbounds[j][0])*np.random.random()
        self.position_best_i = self.position_i.copy()

    def evaluate(self, objfunct):
#       self.obj_i=objfunct(self.position_i)
        xarray0 = np.zeros(self.dimensions)
        for j in range(self.dimensions):
            xarray0[j] = self.position_i[j]
        res = minimize(objfunct, xarray0, \
        method='nelder-mead',
           options={'xatol': 1e-6,'disp': \
                   True,'maxiter': 100000,'maxfev': 40000})
        self.position_i = res.x.copy()
        self.obj_i = res.fun
        if self.obj_i < self.obj_best_i:
            self.position_best_i = self.position_i.copy()
            self.obj_best_i = self.obj_i

    def update_mutationcrossover(self, x1vec, x2vec):
        if np.random.random() < 0.5:
```

```
                for j in range(self.dimensions):
                    self.position_i[j] = x1vec[j]
                    if np.random.random() < self.pmut:
                        self.position_i[j] = x1vec[j] * \
                            (1.+\
                    (np.random.random()-0.5)*self.ptbmp)
            else:
                for j in range(self.dimensions):
                    self.position_i[j] = x1vec[j]
                    if np.random.random() < self.pcross:
                        self.position_i[j] = x2vec[j]

        def update_position(self, xbounds):
            for j in range(self.dimensions):
                if self.position_i[j] > xbounds[j][1]:
                    self.position_i[j] = xbounds[j][0] + \
                        (xbounds[j][1]\
                        -xbounds[j][0])*np.random.random()
                if self.position_i[j] < xbounds[j][0]:
                    self.position_i[j] = xbounds[j][0] + \
                        (xbounds[j][1]\
                        -xbounds[j][0])*np.random.random()

    class GA():
        def __init__(self,objfunct,startx0,\
            xbounds,ptbmp=0.1,pmut=0.5,pcross=0.5,\
            nparticles=50,maxiter=50000,verbose=False):
            obj_best_g = 9e99
            position_best_g = []
            swarm = []
            x1vec = []
            x2vec = []
            nsubpop = 0
            for _ in range(nparticles):
                swarm.append(PARTICLE(startx0, ptbmp, pmut,
                            pcross, xbounds, verbose))
            it = 0
            while it < maxiter:
                if verbose:
                    print(f'iter: {it:>6d} \
                    best solution: {obj_best_g:16.8e}')
```

```
        if True and nparticles > 4:
            print('lowest five')
            abc = np.zeros(nparticles)
            abcvec=np.zeros((nparticles,len(startx0)))
            for i in range(nparticles):
                abc[i] = swarm[i].obj_best_i
                abcvec[i] = swarm[i].position_best_i
            idx = abc.argsort()
            abc = abc[idx]
            abcvec = abcvec[idx, :]
            print(abc[0],abc[1],abc[2],abc[3],abc[4])
            print(abcvec[0, :])
            print(abcvec[1, :])
            print(abcvec[2, :])
            print(abcvec[3, :])
            print(abcvec[4, :])
    for i in range(nparticles):
        swarm[i].evaluate(objfunct)
        if swarm[i].obj_i < obj_best_g:
            position_best_g =\
             list(swarm[i].position_i)
            obj_best_g = float(swarm[i].obj_i)
    for i in range(nparticles):
        i1 = int(np.random.random()*nparticles)
        i2 = int(np.random.random()*nparticles)
        k1 = i2
        if swarm[i1].obj_best_i <\
          swarm[i2].obj_best_i:
            k1 = i1
        for _ in range(nsubpop-1):
            i1=int(np.random.random()*nparticles)
            if swarm[i1].obj_best_i <\
             swarm[k1].obj_best_i:
                k1 = i1
        i1 = int(np.random.random()*nparticles)
        i2 = int(np.random.random()*nparticles)
        k2 = i2
        if swarm[i1].obj_best_i < \
        swarm[i2].obj_best_i:
            k2 = i1
        for _ in range(nsubpop-1):
```

```
                    i1=int(np.random.random()*nparticles)
                    if swarm[i1].obj_best_i < \
                    swarm[k2].obj_best_i:
                        k2 = i1
                x1vec = list(swarm[k1].position_best_i)
                x2vec = list(swarm[k2].position_best_i)
                swarm[i].update_mutationcrossover(\
                 x1vec,x2vec)
                swarm[i].update_position(xbounds)
            it += 1
        print('\nfinal solution:')
        print(f'   > {position_best_g}')
        print(f'   > {obj_best_g}\n')
        if True:
            abc = np.zeros(nparticles)
            abcvec = np.zeros((nparticles, len(startx0)))
            for i in range(nparticles):
                abc[i] = swarm[i].obj_best_i
                abcvec[i] = swarm[i].position_best_i
            idx = abc.argsort()
            abc = abc[idx]
            abcvec = abcvec[idx, :]
            for i in range(nparticles):
                print(abc[i])
                print(abcvec[i, :])

startx0 = []
xbounds = []
for j in range(10):
    startx0.append(0.)
for j in range(len(startx0)):
    xbounds.append((-20., 20.))
GA(functuser, startx0, xbounds, ptbmp=0.1, pmut=0.5,
   pcross=0.5, nparticles=50, maxiter=10, verbose=True)
#
final solution:
> [1.0000000079047506, 1.0000000095664494,
1.0000000024214049, 1.0000000044414088,
1.0000000068267025, 1.000000008813679,
1.0000000333000745, 1.0000000762214345,
1.0000001591082697, 1.0000003213236073]
```

```
> 1.0637249703807414e-13


[1.         0.99999998 0.99999998
1.         0.99999999 0.99999997
0.99999995 0.9999999  0.99999984 0.99999964]
7.902242227902601e-13
[0.99999997 0.99999999 1.         0.99999999
1.         1.00000001
1.00000006 1.00000007 1.0000001  1.00000022]
8.391270669461085e-13
[0.99999999 1.00000003 1.00000002
1.00000002 1.00000001 1.
0.99999996 0.99999994 0.99999992 0.99999986]
```

차분진화 13

13.1 실수를 활용한 해의 표현

차분진화(differential evolution)는 개체의 벡터 차분을 사용하여 새로운 후보 해를 생성하며, 이를 통해 최적의 해를 찾는다.[104] 유전 알고리즘은 이진 문자열이나 실수 값 배열을 다루는 일반적인 최적화 알고리즘으로서 다양한 문제에 적용 가능하다. 반면 차분진화는 실수 벡터에 대한 특화된 최적화 알고리즘이며, 간단한 연산으로도 효과적인 최적화를 수행할 수 있는 경우에 적용할 수 있다. 컴퓨터 과학 분야에서 사용되는 광역 최적화 방법이다. 함수 미분 없이 함수 최적화할 때 사용하는 방법이다. 미분이 존재해도 여전히 알고리즘을 적용할 수 있다. 사실 미분 가능한 함수이면 연속 함수이다. 유전 알고리즘과 사실상 동일한 알고리즘이다. 얻어진 해들의 차이들에 의존하여 새로운 해들을 찾아내는 방법이다. 당연히 확률론적 문제 풀이 방식이다. 이 문제 풀이 방식은 항상 정답을 보장하지 못한다. 다차원 독립 변수를 가지는 함수의 최적화에 적용될 수 있다. 독립 변수가 너무 많기 때문에 이런 식의 문제 풀이가 가장 유력한 것이 된다. 일반적으로 적용할 수 있는 범용성을 가지고 있다. 차분진화 방법은 함수가 미분 가능할 필요가 없는 상황에 대해서도 적절하게 적용 가능하다. 물론, 함수가 미분 가능이면 해석적으로 미분한 형태를 이용해서 국소 최적화를 동시에 활용할 수 있다. 일반으로 국소 최적화가 병행될 때, 광역 최적화가 보다 수월하게 진행된다. 항상 국소 최적화된 해만 고려하는 형식으로 광역 최적화를 진행할 수 있다. 이러한 방법은 상당한 효율성 향상으로 이어진다. 반드시 국소 최적화를 해석적인 방법으로 이루어야만 하는 것은 아니다. (온도가 0 K으로 수렴하는 경우에 해당하는 풀림 시늉(simulated annealing) 형식의 몬테칼로(Monte Carlo) 방식으로 진행해도 된다.) 확률론적으로 수행되는 계산방법이다. 반드시, Nelder-Mead 알고리즘, BFGS 알고리즘같은 방법으로 이루어야만 하는 것은 아니다. 차분진화은 하나의 병렬 알고리즘이다. 보다 나은 해를 만들어 내기 위해서 집단의 해들을 동시에 고려하고 교차, 변이를 활용하는 유전 알고리즘과 차이가 없다고 생각해도 무방하다. 해를 표현할 때, 1차원으로 배열된 비트열 방식으로 표현하지 않는다. 해를 실수형으로 직접 표현한다.

[104]: Storn and Price (1997), 'Differential evolution–a simple and efficient heuristic for global optimization over continuous spaces'

13.2 기계적인 교차와 변이

차분진화 알고리즘에서는 교차 연산, 변이 연산하는 보다 직접적인 방법이 제시되어 있다. 많은 경우 그대로 차용해서 사용할 수 있게 해준다. 물론, 풀고 있는 문제에 따라서는 그대로 차용해서 사용할 수 없는 경우가 있을 수 있다. 유전 알고리즘, 입자 군집 최적화(particle swarm optimization, PSO)에서처럼 사실상 최고의 병렬 효율성을 기대해도 좋다. 목적함수를 계산하는 시간이 오래 걸릴수록 병렬 효율성은 증대될 것이다. 유전 알고리즘과 차이점이 있다면, 해를 표현하는 방법으로 비트열 표현을 사용하지 않는다는 점이다. 물론, 유전 알고리즘에서도 비트열 표현을 고집할 이유는 사실 없다. 다만, 역사적으로 그런 방식으로 개발되었다. 어떻게 하던 1차원 벡터 방식으로 표현하는 것은 가능하다. 물리적이건, 수학적이건 상관없다. 다만, 문제에 따라서 특정 표현 방식이 선호될 수 있고, 효율성 향상으로 연계될 수 있다.

13.3 차분 가중치와 교차 확률

차분진화 알고리즘에서는 실제 표현형을 사용한다. 또한, 표현형을 직접 활용하여 변이, 교차를 동시에 이루어낸다. 따라서, 변이, 교차 실행에서 새로운 형식이 수반된다. 서로 다른 시도해를 체계적으로 만들어낸다. 보다 구체적으로 교차를 할 수 있도록 설계된 방식을 제공한다. 사실, 변이, 교차가 각각 중요하다는 것이 유전 알고리즘의 결론이다. 이들 둘 중 하나만 사용하면 효율성 향상을 얻을 수 없다는 것이 결론이다. 그렇다면 실제 문제 풀이에서 어떻게 변이, 교차를 해 낼 수 있는가? 이것은 문제에 따라서 달라지는 것이고, 굉장히 다양한 방법으로 이루어질 수 있다. 주요 매개변수로서 차분 가중치(differential weight, F, $0 < F < 2$), 교차 확률(crossover probability, CR, $0 < CR < 1$)가 있다. 개체수(population size)는 최소 4 이상이어야 한다. 그렇지 않으면 안 된다. 하지만, 대부분의 응용 계산에서는 이 보다 훨씬 큰 값을 사용하기 때문에, 이 부분은 전혀 문제가 되지 않는다. 차분진화 알고리즘에서는 변이와 교차를 상당한 수준에서 일반적으로 행할 수 있게 해준다. 실수형을 직접 사용한다는 특징이 있기 때문에 이것이 가능하다. 비교적 간단한 방법으로 교차 및

변이를 동시에 취급하게 해 준다. 많은 응용 문제 풀이가 가능한 현실성을 가지고 있다. 소위 비트 문자열(bit string) 표현보다는 훨씬 현실적인 방법으로 보인다.

$\vec{x}$: n 차원 벡터, 해, 독립 변수의 갯수가 시도해$\vec{x}$의 벡터의 성분의 수이다. $\vec{a}$, $\vec{b}$, $\vec{c}$는 서로 다른 해들이다. 또한 추가로 $\vec{x}$를 하나 더 확보해야 한다. $\vec{x}$, $\vec{a}$, $\vec{b}$, $\vec{c}$, 모두 서로 다른 것들이다. 이들 서로 다른 해, $\vec{a}$, $\vec{b}$, $\vec{c}$로부터 새로운 시도해를 조직적으로 만들어 낸다. 차분진화에서는 n 차원 벡터의 성분을 기존의 해들을 이용해서 변화시킨다. 예를 들어, 임의의 성분 i를 변화시키고자 한다고 가정하자. 임의의 정수를 하나 만들어 낸다. 즉, R은 $(1, 2, \ldots, n)$ 중의 임의의 수이다. 막수가 교차 확률 (CR)보다 낮은 확률일 때 또는 $i = R$일 때, $y_i = a_i + F(b_i - c_i)$처럼 새로운 시도해 y_i 를 만들 수 있음을 제안한다. 이 부분은 변이에 해당한다. 그 이외의 경우, $y_i = x_i$ 를 취한다. 이 부분은 사실 교차에 해당한다. 먼저 변이 연산을 수행하고 추가로 확보한 해를 사용하여 변이 연산에 이은 교차 연산까지 완료할 수 있다. 이것 때문에, 최소 4개 이상의 개체수가 되어야 한다. 추가적인 절차를 통해서 교차를 하는 방법을 지원한다. 최종 목표는 변이와 교차를 순서적으로 이룩하는 것이다. $\vec{x}$, $\vec{a}$, $\vec{b}$, $\vec{c}$가 서로 다른 해들일 때, $\vec{y}$라는 시도해를 만들어 낸다. 결국, 변이, 교차를 체계적으로 지원한다.

$$\left\{\vec{x}, \vec{a}, \vec{b}, \vec{c}\right\} \to \vec{y}. \tag{13.1}$$

구체적으로는 아래의 순서를 따른다. $\vec{x}$와 서로 다른 $\vec{a}$, $\vec{b}$, $\vec{c}$벡터를 선택한다. (이들도 서로 다른 벡터들이다.) $\{1, 2, 3, \ldots, n\}$ 중에서 숫자 하나를 선택한다. 이를 R이라고 한다. 모든 $i(\{1, 2, 3, \ldots, n\})$에 대해서 순서적으로 아래를 반복한다. 만약 $r_i < CR$ (r_i 는 막수이다.) 또는 $i = R$ 이면, $y_i = a_i + F(b_i - c_i)$ 이다. 그렇지 않은 조건이면 $y_i = x_i$ 이다. 변이와 교차가 혼재하고 있다고 볼 수 있다. 최종적으로 새로운 시도해 $\vec{y}$를 만들어 낸다. 시작할 때는 $\{\vec{x}\}$ 벡터들로부터 시작하였다. 이들 벡터들의 수는 최소 4이상이어야만 한다.

$\vec{x}$라는 해에서 또 다른 시도해를 고려해 볼 수 있다. $\vec{x} \to \vec{x}'$ 으로 변환할 때, 사실 이것이 모든 알고리즘에서 공통으로 항상 요구된다. 가능하면 최대한 일반적인 것이 될 수 있으면 좋다. 특정 공간에 국한 되지 말아야 한다. 광범위하게 이러한 변환을 만들 수 있으면 좋다. 그런데, 일반적인 문제에서 이를 이룩하기는 매우 어렵다. 이는 몬테칼로(Monte Carlo)

시뮬레이션의 에서도 마찬가지이다. 이러한 변이 및 교차 연산은 차분진화 알고리즘에 있어서 핵심 요소 중 하나라고 볼 수 있다. 취급해야하는 매개변수들은 두 개이다. CR, F 두 가지밖에 없다.

13.4 유전 알고리즘과의 차이점

근본적으로 유전 알고리즘과 차분진화 알고리즘 사이의 차이는 없다. 두 가지 알고리즘 모두 교차, 변이를 포함하고 있다. 차분진화에서는 해를 실수형으로 표현하고, 좀 더 일반적인 그리고 기계적인 교차, 변이 방법을 소개하기는 한다. 아울러 사실상 네가지의 해를 조합하여 새로운 시도해를 만들어 낸다. 두 가지 매개변수를 이용하였다. 하지만, 여전히 문제마다 교차, 변이 방법이 기계적으로 대치되는 것이 보장되는 것은 아니다. 문제마다 살펴야 할 상황이 있기 마련이다. 해를 표현하는 방법이 문제마다 다르기 때문이다. 또한, 해가 최소한으로 만족해야 하는 조건들도 문제마다 다르다. 전통적인 유전 알고리즘에서는 비트열을 이용하여 해를 표현한다. 실수형으로 해를 표현하지 않는다. 차분진화에서는 곧바로 실수형으로 표현된 해를 취급한다는데 주목해야 한다. 사실, 많은 실제 연구에서는 유전 알고리즘에서도 실수형 표현을 사용할 수 있다. 아울러, 국소 최적화 단계를 항상 사용할 수 있다. Nelder-Mead 알고리즘, BFGS 알고리즘처럼 국소 최적화 알고리즘이 매우 우수할 경우 이를 차분진화, 유전 알고리즘, 입자 군집 최적화 방법에서 활용하는 것은 아주 좋은 아이디어이다. 특히, 도함수가 알려진 경우, BFGS 알고리즘을 활용하면 매우 효율적인 함수 최적화를 달성할 수 있다. 입자 군집 최적화에서는 유전 알고리즘에서와 달리 명시적으로 교차, 변이를 활용하지 않는다. 하지만, 교차, 변이에 대응하는 부분을 찾을 수 있다.

13.5 연습 문제

(1) Rastrigin 함수를 광역 최소화 한다고 할 때, 풀고 있는 문제 의존적 해의 표현 방식이 차분진화에서 제공하는 교차와 변이를 그대로 사용할 수 있는 지 토의하라.

(2) 차분진화 방법에 국소 최적화 알고리즘을 도입하는 방식을 토의하라.

13.6 실습

ㅁ아래 프로그램에서는 차분진화 방법을 이용한 함수 최적화의 예를 보여주고 있다.

```
from scipy.optimize import minimize
import numpy as np

def functuser(x):
    case = 3

    if case == 1:
        total = 0.
        for j in range(len(x)):
            total += (x[j])**2
    if case == 2:
#     Rastrigin
        total = 10.*len(x)
        for j in range(len(x)):
            total += x[j]**2-10.*np.cos(2.*np.pi*x[j])
    if case == 3:
#    Rosenbrock
        xarray0 = np.zeros(len(x))
        for j in range(len(x)):
            xarray0[j] = x[j]
        total = sum(100.0*(xarray0[1:]\
        -xarray0[:-1]**2.0)**2.0 + (1-xarray0[:-1])**2.0)
    if case == 4:
#    Styblinski-Tang
        total = 0.
        for j in range(len(x)):
            total += (x[j]**4-16.*x[j]**2+5.*x[j])/2.
    return total

class PARTICLE:
    def __init__(self, startx0, ptbmp, \
```

```
        pccrr, ff, xbounds, lverbose):
        self.position_i = []
        self.position_best_i = []
        self.obj_best_i = 9e99
        self.obj_i = 9e99
        self.dimensions = len(startx0)
        self.ptbmp = ptbmp+(np.random.random()-0.5)*0.2
        self.pccrr = pccrr+(np.random.random()-0.5)*0.2
        self.ff = ff+(np.random.random()-0.5)*0.2
        if self.pccrr > 0.999 or self.pccrr < 0.001:
            self.pccrr = np.random.random()
        if self.ff > 1.999 or self.ff < 0.001:
            self.ff = np.random.random()*2.
        if lverbose:
            print(self.ptbmp, self.pccrr, self.ff)
        for j in range(self.dimensions):
            self.position_i.append(
                startx0[j]*(1.\
                +(np.random.random()-0.5)*2.*ptbmp))
        if np.random.random() < 0.8:
            for j in range(self.dimensions):
                self.position_i[j] = xbounds[j][0] + \
                    (xbounds[j][1]\
                    -xbounds[j][0])*np.random.random()
        for j in range(self.dimensions):
            if self.position_i[j] > xbounds[j][1]:
                self.position_i[j] = xbounds[j][0] + \
                    (xbounds[j][1]\
                    -xbounds[j][0])*np.random.random()
            if self.position_i[j] < xbounds[j][0]:
                self.position_i[j] = xbounds[j][0] + \
                    (xbounds[j][1]\
                    -xbounds[j][0])*np.random.random()
        self.position_best_i = self.position_i.copy()

    def evaluate(self, objfunct):
#       self.obj_i=objfunct(self.position_i)
        xarray0 = np.zeros(self.dimensions)
        for j in range(self.dimensions):
            xarray0[j] = self.position_i[j]
        res = minimize(objfunct, xarray0, \
```

```
        method='nelder-mead',
           options={'xatol': 1e-6,'disp': \
                   True,'maxiter': 100000,'maxfev': 40000})
        self.position_i = res.x.copy()
        self.obj_i = res.fun
        if self.obj_i < self.obj_best_i:
            self.position_best_i =\
             self.position_i.copy()
            self.obj_best_i = self.obj_i

    def update_mutationcrossover(self, x1vec, x2vec, \
        x3vec, ff):
        ir = int(np.random.random()*self.dimensions)
        for j in range(self.dimensions):
            if np.random.random() <\
              self.pccrr or j == ir:
                self.position_i[j] = x1vec[j]\
                +ff*(x2vec[j]-x3vec[j])
            else:
                self.position_i[j] =\
                 self.position_best_i[j]

    def update_position(self, xbounds):
        for j in range(self.dimensions):
            if self.position_i[j] > xbounds[j][1]:
                 self.position_i[j] = xbounds[j][0] + \
                     (xbounds[j][1]\
                     -xbounds[j][0])*np.random.random()
            if self.position_i[j] < xbounds[j][0]:
                 self.position_i[j] = xbounds[j][0] + \
                     (xbounds[j][1]\
                     -xbounds[j][0])*np.random.random()

class DE():
    def __init__(self,objfunct,\
        startx0,xbounds,ptbmp=1.1,pccrr=0.5,ff=1.0,\
        nparticles=50,maxiter=50000,verbose=False):
        obj_best_g = 9e99
        position_best_g = []
        swarm = []
        x1vec = []
```

```
        x2vec = []
        x3vec = []
        for _ in range(nparticles):
            swarm.append(PARTICLE(startx0, ptbmp, \
                pccrr, ff, xbounds, verbose))
        it = 0
        while it < maxiter:
            if verbose:
                print(f'iter: {it:>6d} best solution: \
                {obj_best_g:16.8e}')
            for i in range(nparticles):
                swarm[i].evaluate(objfunct)
                if swarm[i].obj_i < obj_best_g:
                    position_best_g =\
                     list(swarm[i].position_i)
                    obj_best_g = float(swarm[i].obj_i)
            for i in range(nparticles):
                while True:
                    i1=int(np.random.random()*nparticles)
                    i2=int(np.random.random()*nparticles)
                    i3=int(np.random.random()*nparticles)
                    if i1 == i:
                        continue
                    if i2 == i:
                        continue
                    if i3 == i:
                        continue
                    if i1 != i2 and i2 != i3 and i3 != i1:
                        break
                x1vec = list(swarm[i1].position_best_i)
                x2vec = list(swarm[i2].position_best_i)
                x3vec = list(swarm[i3].position_best_i)
                swarm[i].update_mutationcrossover(x1vec,\
                 x2vec, x3vec, ff)
                swarm[i].update_position(xbounds)
            it += 1
        print('\nfinal solution:')
        print(f'   > {position_best_g}')
        print(f'   > {obj_best_g}\n')
        if True:
            abc = np.zeros(nparticles)
```

```
            abcvec = np.zeros((nparticles, len(startx0)))
            for i in range(nparticles):
                abc[i] = swarm[i].obj_best_i
                abcvec[i] = swarm[i].position_best_i
            idx = abc.argsort()
            abc = abc[idx]
            abcvec = abcvec[idx, :]
            for i in range(nparticles):
                print(abc[i])
                print(abcvec[i, :])

startx0 = []
xbounds = []
for j in range(10):
startx0.append(0.)
for j in range(len(startx0)):
    xbounds.append((-20., 20.))
DE(functuser, startx0, xbounds, ptbmp=1.1, pccrr=0.5,
   ff=1.0, nparticles=50, maxiter=10, verbose=True)
#
final solution:
> [0.9999999958665382, 1.0000000044762767,
0.9999999996130435, 1.0000000083954483,
1.0000000012391856, 0.9999999909621187,
0.9999999844932994, 0.9999999595820945,
0.9999999249375837, 0.9999998628562425]
> 1.082051647480441e-13


6.011819911674481e-13
[0.99999999 0.99999999 0.99999998
0.99999996 1.         0.99999998
0.99999997 0.99999995 0.99999993 0.99999984]
6.308084231272399e-13
[1.         1.00000001 0.99999999
0.99999998 1.00000001 1.00000001
1.00000005 1.00000009 1.00000015 1.00000034]
8.560868615331516e-13
[1.         1.00000002 1.00000001
1.         1.         0.99999999
1.00000004 1.00000008 1.00000015 1.00000028]
```

국소 최적화 방법으로 이용되는 몬테칼로 방법 14

14.1 몬테칼로 방법 그리고 국소 최적화

몬테칼로 방법(Monte Carlo method)은 확률적인 방법론의 하나로, 난수를 생성하여 함수의 값을 예측하는 알고리즘이다. 이 방법은 함수의 정확한 값을 계산하기 어려운 경우에 사용되며, 예측된 값을 이용하여 근사 값을 계산한다. 몬테칼로 방법은 일반적인 적분 방법 중 하나이다. 적분이란 함수의 면적을 구하는 것으로, 이를 수치적으로 계산할 때 몬테칼로 방법을 활용할 수 있다. 몬테칼로 적분은 함수의 값을 임의의 점에서 추정하고, 이를 이용하여 적분을 근사한다. 적분하려는 함수와 함께 적분 범위를 정의하고, 범위 내에서 임의의 점들을 생성하여 함수 값을 예측한다. 이 예측된 값들의 평균을 구하고, 이를 적분 범위의 면적으로 곱하여 적분 값을 근사한다. 몬테칼로 방법을 이용하면 대부분의 함수에서 적분 값을 근사할 수 있다. 또한, 이 방법은 함수의 차원이 높아지더라도 확장이 용이하며, 면적이 작은 영역에서도 적분 값을 계산할 수 있어서 유용하다. 그러나 몬테칼로 방법은 대량의 난수 생성이 필요하므로 계산 속도가 느리다는 단점이 있다. 따라서 다른 수치 적분 방법과 함께 사용될 수도 있다. 이 방법은 다양한 분야에서 사용되며, 특히 수치 해석, 통계학, 물리학, 경제학 등에서 널리 활용된다. 예를 들어, 원주율(π)을 계산하는 데에도 몬테칼로 방법을 사용할 수 있다. 원주율을 구하기 위해 정사각형 내에 원을 그리고, 임의의 점을 생성하여 원 안에 있는 점의 비율을 계산하면 원주율을 근사적으로 계산할 수 있다.

몬테칼로 방법과 국소 최적화를 결합하는 광역 최적화 방법이 가능하다. 이를 국소 최소화를 이용하는 몬테칼로(Monte Carlo with minimization) 방법이라고 한다. 특별히, 해들의 수가 매우 많을 때 활용하면 좋다. 매우 일반적인 해의 변형을 가정하고 그 변형된 해로부터 근처의 국소 최소점을 찾는 알고리즘이다. 국소 최소화된 값들만을 비교하여 광역 최소점을 찾는 방식이다. 국소 최소화는 Nelder-Mead 알고리즘, BFGS 알고리즘 등을 이용할 수 있다. 병렬적 계산으로 쉽게 효율성을 높일 수 있다. 즉, 국소 최소화의 시작점들을 다양하게 잡아 주는 것이 광역 최적화의 중요한 항목이 된다. 시작점을 골고루 분포시키지 못하면 같은 국소 최소화에

이를 수 있기 때문이다. 메트로폴리스 알고리즘은 주어진 온도에서 물리적으로 가능한 해들을 추출할 때 사용하는 방법이다. 또한, 풀리 시늉은 메트로폴리스 알고리즘과 서서히 낮아지는 온도를 활용함으로써 광역 최적화를 목표로 하는 알고리즘이였다. 확률적으로 다소 높은 상태로 변해가는 것이 허용된 알고리즘이다.

14.2 국소 최적화 알고리즘의 효율성

국소 최적화 알고리즘은 시작하는 해 근처에서 가장 목적함수 값이 낮은 해를 찾아 준다. 이는 현실적으로 꽤 효율적으로 계산이 진행된다. 특히, 목적함수의 일차 도함수가 해석적으로 알려져 있을 때, 국소 최적화의 효율성은 더욱 더 높아진다. 몬테칼로 방식에서 새로운 시도해를 만들어 내는 방법에 한계가 있을 수 있다. 새로운 해들을 찾기 위해서 보다 다양한 시작점을 만들어 낼 수 있는 방법이 필요하다.

14.3 손쉬운 병렬화

몬테칼로 계산은 독립 시행이 가능한 것이다. 또한, 국소 최소화 계산도 독립 시행이 가능한 것이다. 따라서, 국소 최소화를 이용한 몬테칼로 계산은 병렬 방식으로 계산이 진행될 수 있다. 완벽하게 통신이 차단된 상태로 독립 계산들을 시행할 수 있다. 최종적으로 가장 낮은 목적함수 값들을 비교하여 광역 최적화를 하는 방식으로 프로그램을 만들 수 있다.

14.4 연습 문제

(1) 국소 최소화를 이용한 몬테칼로 방식을 이용하여 광역 최적화 계산을 할 때 새로운 시도해들의 설정 방식에 대해서 토의하라.

(2) Rastrigin, Rosenbrock 함수들에 대한 광역 최적화를 수행하시오.[117] 특별히, 국소 최적화를 이용한 몬테칼로 방법을 활용하라.

(3) 병렬화된 국소 최적화를 이용하는 몬테칼로 방법을 설계하라. 다수의 시도해들을 한꺼번에 사용하는 프로그램과 하나의 시도해를 사용하는 프로그램을 비교하라.

[117]: Rosenbrock (1960), 'An automatic method for finding the greatest or least value of a function'

구조 공간 풀림 15

15.1 구조 공간 풀림 알고리즘

구조 공간 풀림(conformational space annealing) 알고리즘은 하나의 광역 최적화(global optimization) 방법이다.[125–127] 유전 알고리즘, 국소 최소화, 그리고 "온도를 천천히 낮추어가면서 고체 결정화를 이루는 과정을 모사한" 풀림(simulated annealing) 방법을 적절히 결합한 하나의 광역 최적화 방법이다. 실질적으로는 목적함수(objective function)를 광역 최적화하는 방법으로 다양한 응용 연구에 활용되었다. 특별히, 다양한 서로 다른 해(solution, $\{\vec{x}\}$로 표현)를 적극적으로 찾는 방법이다. 하나의 해만을 취급하는 방법이 아니다. 동시에 여러 해들을 동시에 취급하면서 계산을 진행하게 된다. 서로 다른 해들($\{\vec{x}\}$) 사이의 '거리'를 정의해 이를 적극적으로 활용한다. 이것은 얻어진 해들 사이의 다양성 확보를 위한 장치로 볼 수 있다. 확률론적 문제 풀이 방식이다. 유전 알고리즘에 기반을 두고 있고 유전 알고리즘과 마찬가지로 항상 정답을 보장할 수 없는 알고리즘이다. 대신에 일반적인 문제 풀이 방식이 될 수 있고 병렬 효율성이 뛰어나서 매우 복잡한 문제 풀이에 적합한 알고리즘이다. 확률론적 접근법으로 독립 변수들이 매우 많은 경우, 즉, 충분히 어려운 문제 풀이에 일반적으로 적용 가능하다. 특히, 국소 에너지 최소화와 목적함수 계산에 시간이 많이 걸릴 경우에는 알고리즘의 병렬화를 통하여 문제 풀이를 할 수 있다. 병렬 효율성이 아주 좋고 병렬화가 아주 간단한 알고리즘이다. 결론적으로 매우 어려운 문제 풀이에 일반적으로 적용 가능하다.

[125]: J. Lee et al. (1997), 'New optimization method for conformational energy calculations on polypeptides: conformational space annealing'

[126]: J. Lee et al. (2003), 'Unbiased global optimization of Lennard-Jones clusters for N≤ 201 using the conformational space annealing method'

[127]: Joung et al. (2018), 'Conformational Space Annealing explained: A general optimization algorithm, with diverse applications'

구조 공간 풀림 알고리즘은 아래의 세가지 아이템을 모두 이용한 한 것이다.

(i) 유전 알고리즘(genetic algorithm): 교차, 변이를 통한 새로운 시도해를 만들어 낸다. $\{\vec{x}\} \rightarrow \{\vec{x}'\}$ 만들어 내는 방법으로서의 그 효율성 잘 알려져 있다. 우수 개체가 우수한 시도해를 만들어 줄 것이라는 가정하에 변환을 시도한다. 주어진 광역 최적화 문제를 구조 공간 풀림 방법으로 풀려고 할 때 반드시 준비해야 할 것들: 해($\vec{x}$)를 표현하는 방법 준비, 사실, 이 부분은 변이, 교차와 밀접하게

연관되어 있다. 목적함수, $f(\vec{x})$ 계산(함수 값 계산에 굉장히 시간이 소요될 수 있다.) 국소 최적화 과정 준비(계산에 굉장한 시간이 소요될 수 있다.) 거리(distance) 정의 (서로 다른 두 해들 사이의 거리 측정한다.) 풀의 크기, 즉, 개체수(population size)를 결정하고 계산 시작한다. 선택(selection) 방법(너무 높은 선택 압력을 적용하지 않는다.), 변이 방법(여러 가지 방식), 교차 방법(여러 가지 방식)을 각각 준비한다. 변이와 교차 선택 비율, 예를 들어 50%, 50% 비율 미리 설정해 둔다. 반드시 둘 다 사용한다. 시도해가 현재 문제 풀이 과정에서 부적절한 해인지 판단하는 방법 준비한다. 시도해가 반드시 만족하는 조건들, 최소한 만족해야 하는 조건들을 검증할 수 있어야 한다. 시도해가 문제마다 다르게 정의되는 해로서의 기본적인 조건을 만족하지 못할 경우, 시도해를 다시 생성해야만 한다. 완전히 무작위로 만들 수도 있고, 다시 변이, 교차를 시도할 수 있다. 확률적으로 처리하기 때문에 무작위 숫자를 만들어내는 루틴을 준비해야 한다.

(ii) 몬테칼로 최소화[Monte Carlo with minimization (MCM)]: 국소 최소점들만 해로 받아 들인다. 주어진 시도해는 항상 국소 최소화를 수행하고 그 결과를 시도해로 인정한다. $\vec{x} \rightarrow \vec{x}'' \rightarrow \vec{x}'$ 항상 국소 최소화 된다. 결국, $\vec{x} \rightarrow \vec{x}'$로 표현 된다고 하더라도 실제는 국소 최소화 과정을 걸친 시도해들만 다루게 된다.

(iii) 풀림 시늉(simulated annealing): 초기 시도해를 무작위로 만든다. 그 다음 각각의 시도해를 국소 최적화 시킨다. 이렇게 생성한 최초의 시도해를로 부터 평균 거리를 계산할 수 있다. 이 평균 거리의 $\frac{1}{2}$을 최초의 '차단 거리'로 설정한다. '차단 거리'는 유전 알고리즘의 대치 과정에 사용할 거리 기준이다. 새로운 시도해가 교차 또는 변이, 그리고 국소 최적화 과정을 통과해서 만들어질 경우, 이 시도해가 기존의 무리에 있는 해들과 얼마나 유사한지 평가하는 단계에 도달한다. 시도해와 가장 가까운 거리에 놓은 하나의 해가 있을 것이다. 이때의 거리와 '차단 거리'를 비교한다. '차단 거리'보다 작을 경우, 우리는 새로 구한 시도해가 유사한 모양을 가진 해로 간주한다. 시도해는 가장 가까이 놓은 기존의 해와 경쟁관계에 놓이게 된다. 그렇지 않은 경우, 즉, 시도해와 가장 가까운 거리에 있는 해와의 거리가 '차단 거리' 보다 크거나 같을 경우, 상이한 모양을 가진 해로 간주한다. 이 경우 새로 구한 시도해는 기존 무리중에서 최

악의 개체와 경쟁 관계에 놓이게 된다. 경쟁관계에서 판정 기준은 목적함수 값이다. 구조 공간 풀림 알고리즘에서는 이렇게 차별하된 대치 연산을 수행한다. '차단 거리'는 아주 천천히 작아지게 된다. 물론, 특정한 값 이하로는 더이상 작아질 수 없다.

15.2 차단 거리를 도입하는 이유

구조 공간 풀림 알고리즘에서는 임의의 서로 다른 두 해들 ($\vec{x}_1, \vec{x}_2$) 사이에 '거리'를 정의한다. $d(\vec{x}_1, \vec{x}_2)$ 처럼 '거리'를 정의할 수 있다. 해의 성질을 잘 표현할 수 있는, 즉, 사용하는 좌표에 의존하지 않는 불변량으로 정의하면 좋다. 여기서 취급하는 '거리' 값이 충분히 큰 경우, 서로 다른 형식의 시도해라고 볼 수 있다. '거리' 값이 충분히 작으면 두 해가 동일한 타입으로 취급한다. 해들 사이의 '거리'는 해들이 얼마나 서로 다른 특징을 가지고 있는지로 정의한다. '거리'를 정의하는 여러 가지 방법이 가능하지만 한 가지로 선택하여 사용한다. 서로 다른 양식, 특징을 가진 잠정적인 해들을 무시하지 않고 가급적 동시에 취급하기 위한 장치이다. 다양한 해들을 골고루 찾아 내기 위한 인위적인 판단 기준으로 활용된다. 초반에는 국소 최적화 답안만 가지고 있는 상황이다. 초반 국소 최적화 결과가 좋다고 해서 그것들만 받아 들이면 광역 최적화에 실패할 확률이 매우 높아 진다. 광역 최적화를 성공적으로 수행 하기 위해서는 다양성을 초기부터 확보해야만 한다. 이것이 목적함수 값, 그 값만으로 단순하게 부모를 선택해서는 안 되는 가장 큰 이유이다.

15.3 다양성

구조 공간 풀림 알고리즘에서는 매우 다양한 시도해를 만들어 내고 동시에 얻어진 해들 사이의 특징적인 '거리'를 정의해서 해들의 모양에 있어서 다양성을 확보하려고 한다. 얻어진 해들 사이의 근접도를 평가하고 근접하지 않은 해를 새로운 형식의 해로 인정한다. 랭킹상으로는 불리해도 새로운 형식의 해는 어느 정도 랭킹을 무시하고 받아 들인다. 물론, 같은 형식이면 대표로 하나의 해만 저장한다. 더 낮은 목적함수 값을 가지는 것만 취급한다. 새로운 형식의 시도해를 얻은 경우, 현 상황에서 가장 랭킹이 좋지 못한 해를 포기하고 새로운 형식의 해를 받아드릴 것인지 아닌지는 해당 해들의 목적함수 값들을 조사하여 결정할 수 있다.

목적함수 값이 다소 높더라도, 다시 말해서, 랭킹이 다소 좋지 못하더라도, 해당 해가 기존에 찾아진 랭킹이 낮은 해들과는 다른 형식이 있다면 가능성이 있는 해로 취급하기 위함이다. '거리'가 클수록 서로 다르다고 정의한 것이다. '거리' 값이 클수록 서로 다른 형식이라고 인정하는 것이다. 해들의 다양성을 최대한 확보하려고 하는 노력의 일환이다. 해들 사이의 다양성을 적극적으로 유지한다. 목적함수 값이 다소 높더라도 아주 멀리 떨어진 거리를 가지고 있는 해들은 신중하게 고려해 줄 필요가 있다.

결국 서로 다른 형식의 해를 존중해서 전체 풀에 소속시킨다. 전체 풀($\{\vec{x}\}$)의 크기는 정해져 있다. 비슷한 형식의 해, 서로 다른 형식의 해를 구분할 수 있게 한다. 전반적으로 다양성(diversity)이 높은 상태를 유지하면서 여러 개의 해들을 동시에 취급한다. 일반으로 임의의 구조를 무작위로 도입하는 것은 다양성 제고에 도움이 된다. 하지만, 너무나 일반적인 방법으로 그 효율성은 매우 낮을 수 있다. 너무 높은 선택 압력을 사용하지 않는다.

15.4 독특한 대치

처음으로 만들어진 시도해들로부터 변이 또는 교차를 실행한다. 새로운 시도해를 계속해서 동시에 찾아 나간다. 국소 최적화 알고리즘은 상당한 컴퓨터 자원을 필요로 하기 때문에 국소 최소화를 단위로 병렬화를 고려할 수 있다. 해석적으로 도함수가 지원되지 않는 경우에도 국소 최적화는 가능하다. 국소 최적화된 시도해를 가지고 아래의 계산을 수행한다. 일반적으로 국소 최소화 과정에서 많은 계산 시간을 필요로 한다. 만약, 하나의 국소 최소화를 통해서 새로 얻어낸 해가 있다고 하자. 이 해를 이용하여 풀(pool) 내에 있는 모든 구조들과의 '거리'를 직접 계산한다. 이로부터 쉽게 풀 내부에서 가장 가까운 구조 하나를 찾을 수 있다. 이 가장 가까운 거리 값과 현재의 '차단 거리'와 비교한다. 계산된 가장 가까운 거리가 '차단 거리' 보다 클 경우, 새로운 형식의 해를 찾았다고 판단한다. 즉, 분자 구조 문제 풀이로 말하면, 거의 같은 형식의 분자 구조라고 인식한다. 이 경우, 두 개 중 하나의 분자 구조만 목적함수 기준으로 선택하면 될 것이다.

낮은 목적함수를 가지는 구조만 선택하고 다른 하나는 버린다. 더 이상 취급하지 않는다. 얻어진 시도해는 더 이상 취급하지 않는다. 인위적으로 파기한다. 풀 내부의 기존의 구조와 유사한 구조가 아닌 경우, 즉, 새로운 형식의 구조로 인식한 경우, 여러 개의 해들로 구성 된 풀에 소속 시킨다. 물론, 이때 조건이 있다. 풀 내부에서 가장 높은 목적함수 값과 새로 찾은, 즉, 새로운 형식에 해당한는 해의 목적함수를 비교한다. 만약 새로 찾은 해의 목적함수 값이 더 작으면 새롭게 찾은 새로운 형식의 해를 받아 들인다. 이때, 기존의 가장 높은 목적함수 값을 가지는 해를 버린다. 새로운 해의 목적함수 값이 풀 내부의 가장 목적함수 값 보다 큰 경우에는 새로운 찾은 해를 버린다. 설사 랭킹이 높지 않더라도, 즉, 상당한 수준으로 최적화되지 않았다 하더라도, 새로운 형식의 해를 우대해서 풀에 소속시킨다. 하지만, 새로운 형식의 해라고 하더라도 충분히 낮은 목적함수를 가지지 않으면 풀에 들어 올 수 없다. 풀을 갱신하고 나면 모든 해들에 대해서 정렬을 수행하고 또 다시 랭킹을 매긴다. 목적함수 값을 기준으로 해들을 오름 차순으로 또다시 랭킹을 정한다.

Figure 15.1에서는 '다른 모양'을 가지지만 퍼텐셜 에너지가 동일할 수 있는 경우를 보여준다. 여기서 '다른 모양'이라는것은 x 값이 다르다는 것을 의미한다. 퍼텐셜 에너지 값이 같아도 x 값에서는 차이를 보일 수 있다. 이러한 페텐셜 에너지 그림으로부터 추출에서 다양성 확보가 얼마나 중요한 사항인지를 꺼꾸로 생각할 수 있다. 초기에 다양한 해를 생성하고, 이들을 각각 서로 다른 생태학적 지역으로 배치하여 최적해를 탐색해야 안전하게 광역 최적화 작업을 완성할 수 있다. 이러한 방식으로, 국소 최소점에 빠지지 않고 전역 최적 값을 찾을 수 있다. 다시 말해서, 초기 값들이 매우 중요함을 의미한다. 해들의 다양성 확보가 중요한 이유가 여기에 있다.

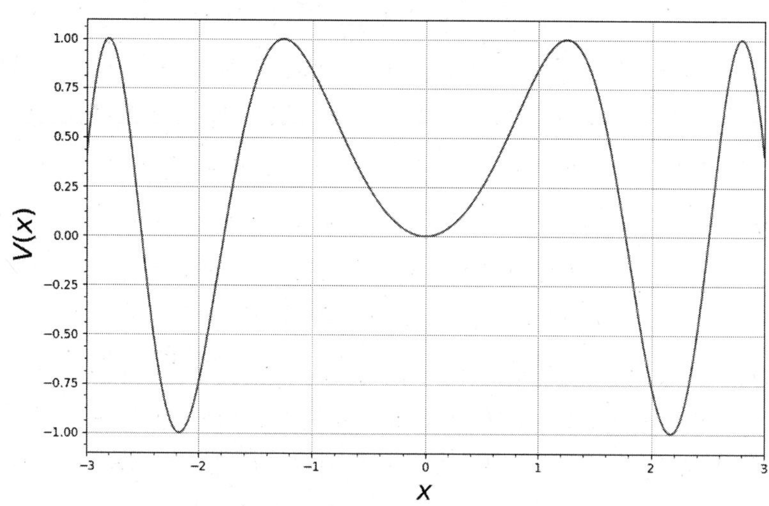

Figure 15.1: 퍼텐셜 함수의 광역 최소점을 찾는 문제에서 서로 다른 모양의 해를 고려하는 것이 중요하다. 예를 들어, 왼쪽에 위치한 최소점은 오른쪽에 위치한 최소점과 완전히 '다른 모양'이라고 정의할 수 있으면 이를 유용하게 활용할 수 있다. 한 쪽에서만 계속해서 시도해들이 만들어지면 다른 쪽에서는 가능한 해를 고려해 볼 기회를 잃어버린다.

15.5 '차단 거리' 줄이기

구조 공간 풀림 알고리즘에서는 '차단 거리' 변수를 정의해서 사용한다. '차단 거리'(D_{cut})보다 작은 경우, 즉, 서로 다른 두 해의 거리가 '차단 거리' 보다 작은 경우, 우리는 이들 해를 동일한 형식의 해라고 판단한다. 이러할 경우, 유사한 형식을 대표하는 하나의 해만을 선택해서 취급한다. 목적함수가 낮은 해를 취급하게 된다. 새로운 형식의 해인지 그렇지 않은지에 대한 판단의 근거는 현재 사용하고 있는 '차단 거리' 변수를 참조하여 최종 평가하게 된다. 최적화 과정을 통해서, 전반적으로, '차단 거리' 변수는 점차적으로 줄여나가는 방법을 취한다. 마치, 풀림 시늉(simulated annealing, SA) 방법에서 온도 변수를 점차적으로 줄여나가듯이 '차단 거리' 변수를 줄여나간다.

특정 갯수의 시도해를 만들어 낸다. 무작위로 만들어 낸다. 곧바로 국소 최적화 과정을 통해서 모든 시도해를 수정한다. 잠정적으로 얻어진 해들에 대해서 랭킹을 매긴다. 초기 '차단 거리' 설정: 임의로 만들어진 서로 다른 해들 사이의 거리를 다 계산하고, 그 평균 값의 절반을 초기 '차단 거리'(D_{cut})라고 정의한다.

유전 알고리즘처럼, 여러 개의 잠정적으로 얻어진 해들을 동시에 취급한다. [개체수 (population size) 고정, 입자 군집 최적화(particle swarm optimization) 방법에서도 마찬가지이다.)] 국소 최적화 알고리즘을 가능하면 활용한다. (특히, 해석적인 미분을 바탕으로 하지 않는 경우에도 이를 수행한다. 예를 들어 몬테칼로(Monte Carlo) 방식으로 국소 최적화를 수행한다. 풀림 시늉(simulated annealing)에서 온도가 0 K에 해당하는 경우, 에너지가 낮아질 경우에만 $\vec{x} \rightarrow \vec{x}'$ 변환이 받아 들여지게 된다. 그렇지 않은 경우 $\vec{x}'$은 거부된다. 해석적인 미분이 얻어진 경우에는 BFGS 알고리즘으로 국소 최소화를 달성한다.)

여러 개의 해들을 동시에 고려하고 있다. 얻어진 해들에게 목적함수 값 기준으로 랭킹을 매긴다. 이들 사이의 랭킹은 무조건 존재한다. 얻어진 여러 해들에 대해서 목적함수 값에 따라서 오름차순으로 정렬한다. 목적함수가 낮을수록 랭킹은 높다. 이것은 현재 우리가 함수 최소화를 고려하기 때문이다. 잠정적으로 얻어진 임의의 두 해를 이용하여 교차 과정을 통해서 새로운 시도해(trial solution)들을 만들어 낸다. 여러 가지 다양한 방법으로 교차를 만들 수 있다. 실제 계산에서는 확률적으로 선택해서 다양한 교차 중 하나를 수행한다. 계산이 계속해서 진행되면 결국 준비한 모든 종류의 교차 방법들이 모두 사용될 것이다.

임의로 선택된 해를 이용하여 변이 시키는 방법을 정의한다. 새로운 시도해를 찾을 수 있는 기반을 마련한다. 일반적으로 다양한 변이 과정으로부터 시도해를 만들어 낼 수 있어야 한다. 다양한 방법들 중 하나를 확률론적으로 선택하여 사용한다. 변이, 교차 각각 여러 가지 방법들이 가능하다. 여러 가지 방법들을 확률적으로 선택해서 골고루 사용한다. 교차, 변이 둘 중의 선택도 골고루 이루어질 수 있도록 한다. 이 또한 확률론적으로 결정할 수 있다.

$$\{\vec{x}\} \rightarrow \{\vec{x}'\}. \tag{15.1}$$

새로운 시도해의 도입: 변이, 교차를 통하여 이루어진다. 이전에 만들어 놓은 시도해가 전혀 없는 경우에는, 예를 들어 계산을 처음 시작할 때와 같이, 순수하게 무작위 방법으로 만들어 낸다. 사실 유전 알고리즘에서는 우수한 해들이 개선된 시도해를 생산 할 것으로 기대되는 부모가 된다. 이 사실을 염두에 두고 있어야 한다. 그리하여 우수한 집단의 해들을 확률적으로 우대하며 한 무리로 동시에 취급하고자 하는 것이다. 풀림 시늉(simulated annealing, SA) 방법에서는 하나의 해만 취급하기 때문에 $\vec{x} \rightarrow \vec{x}'$ 형식의 변환만 존재할 수밖에 없다. 하지만, 여러 해들을 동시에 고려할 경우, 일반으로 $\{\vec{x}\} \rightarrow \{\vec{x}'\}$ 같은 형식의 보다 일반적인 시도해 생성이 가능해진다. 이 부분에서 유전 알고리즘 또는 입자 군집 최적화(particle swarm optimization, PSO) 방법이 풀림 시늉(simulated annealing, SA) 방법보다 유리한 점이다. 보다 더 일반적이고 효율적인 시도해를 $\vec{x}$을 만들어 낼 수 있다. 특별히, 유전 알고리즘에서는 통상 1차원 형식인 비트열(bit string) 표현 방식을 사용한다. 아울러 차분진화(differential evolution) 알고리즘에서는 실수형 표현을 사용한다. 역사적으로 그렇게 발전해 왔다. 실수형 또는 비트열 형식으로 해를 표현하는 방법이 이루어져 왔다. 하지만, 실질적으로는 문제의 특성에 따라서 보다 물리적인 분류가 가능할 수 있다. 문제의 특성에 맞추어서 해를 표현하는 방법을 개발할 필요가 있다. 해를 표현하는 방법은 교차, 변이 방법과도 밀접한 연관성이 있는 것이다. 신중하게 표현해야 한다. 입자 군집 최적화(particle swarm optimization, PSO) 방법에서는 교차, 변이란 개념을 활용하지 않는다. 입자 군집 최적화 방법은 순수하게 집단 속에 속한 개체들 사이의 정보 공유 특성을 고려하는 사회학적 방식에 의존한다.

유전 알고리즘에 의하면, 랭킹이 높은 해들일수록 더 많은 교차, 변이의 기회를 부여 받게 되어 있다. 구조 공간 풀림에서도 이점을 적극 활용한다. 소위 선택 압력(selection pressure)라는 개념이다. 다시 말해서, 선택 압력이 높다고 표현하면, 랭킹 지상주의로 가겠다는 것이다. 철저하게 랭킹이 높은 것들 위주로 교차, 변이의 기회를 준다는 의미이다. 너무 높은 선택 압력(selection pressure)는 일반적으로 바람직하지 않다. 이렇게 할 경우, 광역 최적화 작업 초반부터 너무 한 쪽으로 편중된 해들만 취급하게 된다. 다시 말해서 다양성을 초반에 잃어 버릴 수 있다. 유전 알고리즘에서 논하는 소위 엘리트주의(elitism)를 이용한다. 부모 세대와 자식 세대를 구별하지 않고 목적함수가 낮은 해는 무조건적으로 풀에 넣어서 계산을 수행한다.

유전 알고리즘에서는 세대(generation)라는 개념이 존재한다. 세대를 무시하고 광역 최적화를 진행할 수 있다. 이를 elitism 이라고 한다. Elitist을 계속해서 유지해야만 해들이 표류하지 않는다. 세대를 넘어서 목적함수 값이 낮은 해들은 계속해서 풀(pool)에 남아 있게 된다. 대치되지 못한 개체들은 폐기된다. 광역 최적화가 퇴보하지 않는다. 구조 공간 풀림 알고리에서는 엘리트주의를 채택한다.

교차, 변이시키는 방법은 문제 풀이마다 고유의 방식으로 새로 정의해야만 한다. 각각 다양한 방법들이 존재할 수 있다. 가능한 한 많은 방법들을 만들어서 적용 할 수록 좋다. 일반적으로 취급할 수 있는 방법이 있을 수 있다. 하지만, 임의의 방법으로 만들다 보면, 풀고 있는 문제의 해가 애초에 되지 못하는 경우도 있기 마련이다. 예를 들어, 유전 알고리즘, 차분진화 알고리즘에서와 마찬가지로, 매우 일반적인 방법으로 변이, 교차를 각각 정의할 수 있다. 그렇지만, 그 효율성을 장담할 수는 없다. 문제마다 고유의 특성을 살려야만 한다. 이것 또한 효율성을 위한 것이다. 또 하나의 문제점은, 변이, 교차를 통해서 만들어낸 잠정적인 해가 우리가 풀고 있는 문제의 해로서 전혀 적합한 해가 아닐 수도 있다는 점이다. 이 문제를 반드시 해결해야만 한다. 시도해가 최소한으로 만족해야 하는 조건들을 반드시 체크해야만 한다. 최소한의 조건을 만족하면 국소 최적화 과정을 수행한다. 그 다음 목적함수 값을 계산한다. 목적함수 값이 계산되는 즉시 다음 시도해를 만들고 다시 국소 최적화 작업을 수행하는 방식을 채택한다. 왜냐하면 일반으로 국소 최적화 과정이 계산을 많이 필요로 하는 과정이기 때문이다. 병렬적으로 수행해야 한다.

15.6 병렬화

통상의 경우 구조 공간 풀림 알고리즘은 MPI(message passing interface)를 활용하여 병렬화가 가능하다. 일반적인 경우에 해당한다. 최고의 효율성을 얻을 수 있다. 하지만, 목적함수 계산 자체가 굉장한 시간이 걸리고 메모리를 많이 필요로 하는 경우도 있을 수 있다. 심지어 병렬 계산을 해야만 하는 경우도 있을 수 있다. 상황이 이 정도 되면 MPI를 이용하는 것 보다 차라리 디렉토리를 여러 개 만들고 각각의 디렉토리에서 독립적인 병렬 계산을 수행하는 것이 더 유리할 수 있다. 이러할 경우 구조 공간 풀림 메인 프로그램은 순차적(serial) 프로그램이 되고 각각의 디렉토리에서 제3의 프로그램이 수행한 계산 결과를 읽어 들이는 방식으로 목적함수를 계산할 수 있다. 이렇게 할 경우, PBS(portable batch system) 같은 방식으로 단위 계산들이 제출되게 된다. 프로그램 시작할 때 계산 가능한 디렉토리 숫자를 지정할 수 있다. (사용 가능한 디렉토리 갯수는 상황에 따라서 달라질 수 있다. 타 사용자들도 계산을 할 수 있게 해 주어야 한다.) 계산이 진행중인 디렉토리 그리고 계산이 끝이 난 디렉토리를 순차적(serial) 메인 프로그램이 항시 구분할 수 있어야 한다. 계산이 끝난 디렉토리에서는 필요한 계산 결과를 순차적(serial) 메인 프로그램이 직접 수집하고 해당 디렉토리에서 새로운 계산이 즉시 수행할 수 있도록 만들 수 있다. [PBS 명령어를 이용해서 계산을 제출, 순차적(serial) 메인 프로그램에서 시스템의 이완을 고려해서 아주 작은 대기 시간을 준다. 유닉스/리눅스 명령어 sleep을 이용하여 이완 시간을 확보할 수 있다.] 연속해서 계산할 수 있게 하고 필요한 데이터는 백업을 한다. 제법 큰 단위의 컴퓨터 프로그램을 하나의 컴퓨터 프로그램으로 통합하는 것은 매우 어려운 문제이다. 다양한 에러 발생과 처리를 장담할 수 없다. 따라서, 제법 큰 단위의 프로그램의 경우 독립적인 프로그램 상태를 유지하고 파일들을 이용하여 필요한 데이터를 주고 받는 방식이 더 안정적이다. 즉, 입력 파일을 만들고 계산하고 출력 파일을 만드는 과정을 하나의 함수 계산으로 보는 것이다. 이렇게 하면 특정 디렉토리에서 계산이 잘못 실행되더라도 전체 프로그램이 실행 중단되는 것을 막을 수 있다. 아울러, 전체 프로그램에서 계산이 정상적으로 종료되었는지, 진행 중인지, 아니면 에러가 발생했는지를 체크할 수 있다. 물론, 계산이 대기상태로 있을 수도 있다. 이것을 항상 체크할 수 있다. 혹시 에러가 발생하면 새로운 입력을 만들어 계산을 진행할 수 있다. 복잡한 문제 풀이의 경우, 국소 최적화가 상당한 시간을 소요할 수도 있다. 심지어, 병렬 계산을 수행해야만 국소 최소화가 이루어지는 경우도 있다. 구조 공간 폴링 알고리즘이 병렬의 병렬("parallel-in-parallel") 방식으로 계산이 수행될 수도 있다는 것이다. 즉, 복수의 디렉토리(폴더)들에서 각기 병렬 계산이 수행될 수 있다는 것이다.

톰슨 문제(Thomson problem)는 상호작용하는 N개의 전자들이 구위에서 최소 총 에너지를 가지는 배열을 찾는 문제이다.[1] $N = 32$ 일 때, 최소 총에너지를 가지는 전자의 배열은 잘려진 정이십면체(icosahedron) 모양과 동등하다. 즉, 풀러렌(C_{60}) 모양, 축구공 모양과 동등하다. 5각형 12개와 6각형 20개로 만들어진 32면체가 될 수 있다. 물론, 5각형 주변에는 6각형만 존재한다. 정육면체가 12개의 모서리가 있듯이 정이십면체에는 모서리가 30($= E$)개 있다.[2] 꼭지점의 갯수는 12($= V$)이다. 면의 갯수는 20($= F$)이다. 즉, 오일러 지표(Euler characteristic)는 2가 된다. 즉, $V - E + F = 2$, 오일러 공식이 만족된다. 대수적 위상수학과 조합론에서 오일러 지표란 위상 공간 또는 그래프의 위상수학적 불변량이고 정수다. 즉, 공간의 크기나 왜곡에 관계없는 값이다. 정이십면체의 각 모서리선상에서 1/3과 2/3 되는 2점을 선택하면 결국 3차원 공간에 60개의 점을 만들 수 있다. 이 점이 바로 축구공의 껍질 조각들이 만나는 점이 된다.

1: Sir Joseph John Thomson, 전자를 발견한 영국의 물리학자이다. 그는 1906년 노벨 물리학상을 수상했다. https://en.wikipedia.org/wiki/Thomson_problem

2: 풀러렌을 합성하고 그 구조를 이해한 세명의 학자들이 1996년 노벨 화학상을 수상했다.

결국 축구공은 5각형 조각들과 6각형 조각들(12개 5각형, 20개 6각형)로 구성된다는 것을 알 수 있다. 다시 말해서 정이십면체가 가지고 있는 12개의 꼭지점들을 잘라냄으로써 12개의 5각형을 확보할 수 있다. 동시에 20개의 6각형의 조각들을 만들 수 있다. 한마디로 꼭지점들이 잘려진 정이십면체가 풀러렌 또는 축구공을 이루는 것이라고 할 수 있다. 축구공이 그냥 둥글게 만든 구는 아니다. 물론, 위에서 말한 60개의 점들을 240($= 60 \times 2 \times 2$)개 또는 540($= 60 \times 3 \times 3$)개로 확장할 수도 있을 것이다. Figure 15.2 그리고 Figure 15.3에서는 각각 $N = 4$, $N = 12$ 일 때, 전자 배열을 보여준다.

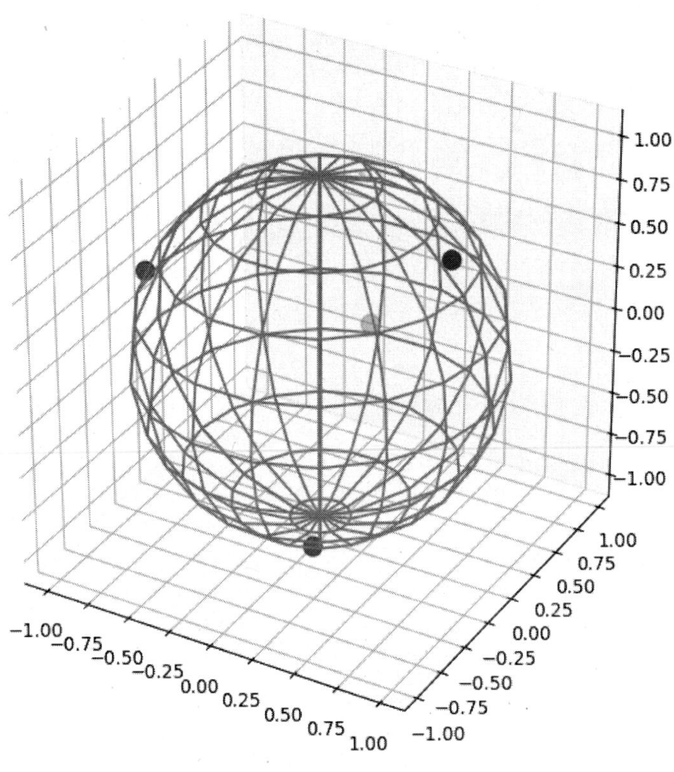

Figure 15.2: $N = 4$인 경우에 대한 톰슨 문제의 해답을 표시했다.

□ 아래 프로그램 조각들에서는, 통상, '마스터-슬레이브(또는 킹-솔져)' 방식의 병렬 계산 방식을 아래에서 설명하고 있다. MPI 라이브러리를 활용한 병렬 계산 방식이다. 매우 많은 국소 최적화가 필요할 때 유용한 방식이다. 하나의 국소 최적화를 위해서 하나의 CPU를 사용하는 경우이다. 예를 들어, 동일한 계산시간이 소요되지 않는 다수의 구조이완 문제를 고려하자. 대량의 구조이완 작업이 필요하다. 하지만, 각각의 구조이완이 동일한 시간에 이루어지지 않는다. 이 경우, 마스터가 구조이완을 금방 끝낸 계산 전용 CPU의 결과를 받아 들이고, 곧장 새로운 구조이완 작업을

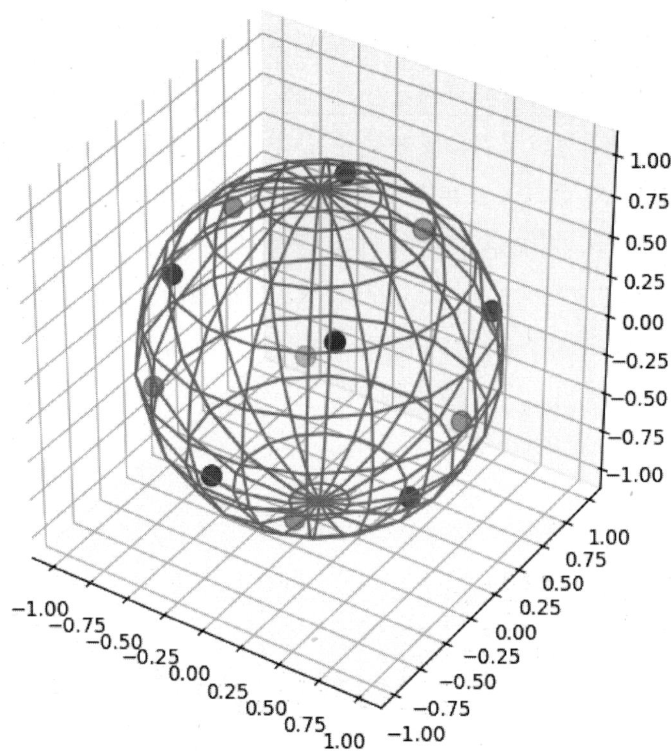

Figure 15.3: $N = 12$인 경우에 대한 톰슨 문제의 해답을 표시했다.

동일한 계산 전용 CPU에 할당할 수 있어야 한다. 많은 계산 전용 CPU들은 쉴틈없이 구조이완 작업을 해야만 한다.

```
!        master-slave mode, king-soldier mode

         if(nproc > 1)then
         if(myid == 0)then   ! -----[   process id = 0
         call feedin1(nconf,iter)
         else   ! -----    process id /= 0
         call predict1(nconf)
         endif  ! -----]   process id /= 0
         else
         do ip=1,ncrystals
         call grbfnn_predict(ip,tmp)
         enddo
         endif


!234567890
        subroutine feedin1(nconf0,iter0)
```

```
      USE crystal_set, ONLY : maxnatoms,penergy_set,&
      pstress_set,pfxyz_set
      implicit none
      include 'mpif.h'
      integer nconf0,iter0
      integer, parameter :: maxnid=2
      integer ind(maxnid),nid,id,mm,&
      man,kid,itag,koumpi,istatus(MPI_STATUS_SIZE)
      integer ierr,nproc,myid
      call MPI_Comm_size(MPI_COMM_WORLD,nproc,ierr)

      call MPI_Comm_rank(MPI_COMM_WORLD,myid,ierr)

      mm=0

      do id=1,min(nproc-1,nconf0)
      mm=mm+1
!  Generation  [
!  Generation  ]
      itag=1
      call MPI_SEND(mm,1,&
      MPI_INTEGER,mm,itag,MPI_COMM_WORLD,ierr)
      enddo

      do id=1,nconf0
      itag=3
      nid=2
      call MPI_RECV(ind,nid,MPI_INTEGER,&
      MPI_ANY_SOURCE,itag,MPI_COMM_WORLD,istatus,ierr)
      kid=ind(1)
      man=istatus(MPI_SOURCE)
      itag=5
      koumpi=1
      call MPI_RECV(penergy_set(kid),koumpi,&
      MPI_DOUBLE_PRECISION,man,itag,MPI_COMM_WORLD,istatus,ierr)
      koumpi=6
      call MPI_RECV(pstress_set(1,kid),koumpi,&
      MPI_DOUBLE_PRECISION,man,itag,MPI_COMM_WORLD,istatus,ierr)
      koumpi=3*maxnatoms
      call MPI_RECV(pfxyz_set(1,1,kid),koumpi,&
      MPI_DOUBLE_PRECISION,man,itag,MPI_COMM_WORLD,istatus,ierr)
```

```
!  Analysis  [
!  Analysis  ]
      if (mm < nconf0)then
      mm=mm+1
!  Generation  [
!  Generation  ]
      itag=1
      call MPI_SEND(mm,1,&
      MPI_INTEGER,man,itag,MPI_COMM_WORLD,ierr)
      else
      itag=1
      call MPI_SEND(0,1,&
      MPI_INTEGER,man,itag,MPI_COMM_WORLD,ierr)
      endif
      enddo
      end subroutine feedin1
!234567890
      subroutine predict1(nconf0)
      USE crystal_set, ONLY : maxnatoms,&
      penergy_set,pstress_set,pfxyz_set
      implicit none
      include 'mpif.h'
      integer nconf0
      integer, parameter :: maxnid=2
      integer ind(maxnid),nid,id,itag,koumpi,&
      istatus(MPI_STATUS_SIZE)
      real*8 eslave

      integer ierr, nproc, myid
      call MPI_Comm_size(MPI_COMM_WORLD,nproc,ierr)

      call MPI_Comm_rank(MPI_COMM_WORLD,myid,ierr)

      if (myid > nconf0) return
      do
      itag=1
      call MPI_RECV(id,1,MPI_INTEGER,0,itag,&
      MPI_COMM_WORLD,istatus,ierr)
      if (id == 0) return

!  local  [
```

```
      call grbfnn_predict(id,eslave)
!  local   ]
      itag=3
      nid=2
      ind(2)=id
      ind(1)=id
      call MPI_SEND(ind,nid,MPI_INTEGER,0,itag,&
      MPI_COMM_WORLD,ierr)
      itag=5
      koumpi=1
      call MPI_SEND(penergy_set(id),koumpi,&
      MPI_DOUBLE_PRECISION,0,itag,MPI_COMM_WORLD,ierr)
      koumpi=6
      call MPI_SEND(pstress_set(1,id),koumpi,&
      MPI_DOUBLE_PRECISION,0,itag,MPI_COMM_WORLD,ierr)
      koumpi=3*maxnatoms
      call MPI_SEND(pfxyz_set(1,1,id),koumpi,&
      MPI_DOUBLE_PRECISION,0,itag,MPI_COMM_WORLD,ierr)
      enddo
      end subroutine predict1
```

15.7 응용

광역 최적화 방법이 적용될 수 있는 문제로 아래와 같은 것들이 있을 수 있다.

(1) 원자들 사이의 상호작용이 알려져 있을 때, 예를 들어 레너드-존스 (Lennard-Jones)[3] 형식의 퍼텐셜 에너지가 알려져 있을 때, 가장 에너지가 낮은 구조는 무엇인가? 물론, 주어진 원자 수에 대해서 문제가 정의 된다. 특히 $N = 38, 55, 75$인 경우의 원자 배열은 무엇인가? 원자 수가 N으로 표현되면, 가능한 국소 에너지 최소 값들은 N 값에 지수적으로 증가하는 국소 최소 값들이 존재한다. 그 중에서 가장 에너지 값이 낮은 것 하나가 있을 것이다. BFGS 알고리즘같은 방법으로 국소 에너지 최소화가 가능한 경우이다.[126, 128]

(2) 주어진 조건들(실험적으로 확인된 원자-원자 거리들, 특정한 원자들 사이의 거리들이 주어졌을 때)을 만족하는 분자 구조 결정하는

3: Sir John Edward Lennard-Jones. 1925년 캐슬린 레너드(Kathleen Lennard)와 결혼하여 아내의 성을 자신의 성에 추가하여 레너드-존스로 개명한다.

[126]: J. Lee et al. (2003), 'Unbiased global optimization of Lennard-Jones clusters for N≤ 201 using the conformational space annealing method'

[128]: Jones (1924), 'On the determination of molecular fields.—I. From the variation of the viscosity of a gas with temperature'

문제가 있다. 알려진 실험 정보를 만족하는 분자 구조 결정하기 문제가 있다.

(3) 실험 데이터를 만족하는 이론 모델 피팅하기. 데이터가 주어지고 해당 모델을 기술하는 방정식이 있을 때, 방정식 속의 계수들을 결정할 수 있다. 최대한 데이터를 잘 표현하는 계수들을 얻을 수 있다.

(4) 532 개의 도시들이 있고, 모든 도시들 사이의 거리가 알려져 있을 때, 이 도시들을 모두 방문하고 돌아오는 방법이 있을 것이다. 단 한 번씩만 한 도시를 방문하고, 처음에 머물렀던 도시로 다시 돌아오는 방법들 중에서 가장 거리가 짧은 경로는 어떤 경로인가? 이 문제는 외판원 문제(travelling salesperson problem)로 알려져 있다. 도시의 수를 N이라고 하면, $(N-1)!/2$ 정도의 가능한 경로가 가능하다. 그 중에서 거리가 가장 작은 경로가 적어도 하나 있을 것이다. 이 경우, 가능한 해는 도시들을 일렬로 세우는 방법이다. 중복되지 않게 세우고 반드시 제자리로 돌아오도록 만들어야 한다. 그렇지 않으면 결코 해가 될 수 없다. 국소 최소화가 해석적으로 될 수 없는 경우이다. 몬테칼로(Monte Carlo) 방식으로 국소 최소화를 할 수 있다.

(5) 주어진 외부 압력하에서 엔탈피가 가장 낮은 결정 구조를 찾는 문제, 이 경우, 원자에 작용하는 힘, 결정 격자에 작용하는 스트레스가 계산되어야 한다. $a, b, c, \alpha, \beta, \gamma$, 그리고 내부 좌표들($\{\vec{R}_I\}$)이 필요하다. 결정 구조는 단위 셀에 N개의 원자들이 있을 때, $3N+6$개의 자유도를 최적화 해야 하는 문제가 된다.[129]

(6) X-ray 회절(X-ray diffraction), NMR(nuclear magnetic resonance) spectroscopy 실험 데이터 기반 분자 구조 결정하기.[130]

(7) 네트워크 커뮤니티 구조 결정하기.[131]

(8) 다중 서열 정렬하기.[132]

(9) 단백질 구조 예측하기.[125, 133–135]

(10) 화학 반응 경로 계산하기.[136]

(11) 초기능성 결정 구조 설계하기.[137, 138]

구조 공간 풀림 광역 최적화 작업은 병렬적으로 계산이 진행될 수 있다. 또한, 특수한 방식으로 다수의 해들이 저장 및 정렬되어야 한다. 풀(pool)은 항상 목적함수 값 기준으로 정렬된 상태를 유지한다. 그 상태에서 풀은 업데이트 된다. 다양성을 보장하는 방식으로 해들이 업데이트 된다. 현

[129]: I.-H. Lee et al. (2016), 'Ab initio materials design using conformational space annealing and its application to searching for direct band gap silicon crystals'

[130]: Joo et al. (2015), 'Protein structure determination by conformational space annealing using NMR geometric restraints'

[131]: J. Lee et al. (2012), 'Modularity optimization by conformational space annealing'

[132]: Joo et al. (2008), 'Multiple sequence alignment by conformational space annealing'

[125]: J. Lee et al. (1997), 'New optimization method for conformational energy calculations on polypeptides: conformational space annealing'

[133]: J. Lee et al. (2004), 'Prediction of protein tertiary structure using PROFESY, a novel method based on fragment assembly and conformational space annealing'

[134]: J. Lee and Scheraga (1999), 'Conformational space annealing by parallel computations: extensive conformational search of Met-enkephalin and of the 20-residue membrane-bound portion of melittin'

[135]: Joo et al. (2009), 'All-atom chain-building by optimizing MODELLER energy function using conformational space annealing'

[136]: J. Lee et al. (2017), 'Finding multiple reaction pathways via global optimization of action'

[137]: I.-H. Lee et al. (2014), 'Computational search for direct band gap silicon crystals'

[138]: Sung et al. (2018), 'Superconducting open-framework allotrope of silicon at ambient pressure'

재 상황에서의 '차단 거리' 값과 계산된 거리 값의 직접적이고 종합적인 비교를 통하여 새로 구한 해가 저장 및 정렬 될 지 안될지를 결정되게 된다. 독특한 저장, 업데이트 방식이 있다. 해가 업데이트 되면 즉시 해들은 목적함수 기준으로 오름차순으로 정렬되게 된다.

레너드-존스(Lennard-Jones) 퍼텐셜은 두 원자간 상호작용 에너지가 거리(r)에만 의존하는 형식이다. 따라서, 모든 두 원자들 사이의 거리에 대한 퍼텐셜 에너지 합을 계산함으로써 전체 퍼텐셜 에너지를 계산할 수 있다. 또한, 도함수가 해석적으로 알려져 있다.[126]

[126]: J. Lee et al. (2003), 'Unbiased global optimization of Lennard-Jones clusters for N≤ 201 using the conformational space annealing method'

$$\begin{aligned} V(r) &= 4\epsilon\left[\left(\frac{\sigma}{r}\right)^{12} - \left(\frac{\sigma}{r}\right)^{6}\right], \\ \sigma &= \epsilon = 1. \end{aligned} \tag{15.2}$$

매우 단순한 에너지 함수이지만, 원자 수($N \sim 200$)가 제법 클 때, 가장 에너지가 낮은 원자 집합체의 구조를 찾는 것은 쉬운 문제가 아니다. MPI를 활용한 병렬 계산이 필요한 수준이다.

15.8 연습 문제

(1) 국소 최적화를 담당하는 외부 프로그램이 있다고 가정하자. 외부 프로그램을 활용한 국소 최적화 방식과 구조 공간 풀림 방식의 계산이 현실적으로 잘 결합될 수 있는 방법을 고안하라. 외부 프로그램은 입력 파일을 입력으로 하고, 출력을 파일 형식으로 만든다고 가정한다. 즉, 입력 파일과 출력 파일을 각각의 디렉토리에 만들 수 있다는 가정을 한다. 통상 많은 디렉토리를 만드는 방식이 유리하다. 이 경우, 각 디렉토리마다 국소 최적화 작업이 독립적으로 진행될 수 있다. 이 경우에 국소 최적화 작업 종료를 알리는 파일을 만들 필요가 있다.

(2) 국소 최적화를 담당하는 외부 프로그램이 실행 오류를 낼 수 있다고 가정한다. 이 경우, 실행 오류를 탐지할 수 있나? 그게 가능하면 새로운 국소 최적화 작업을 다시 보낼 수 있나?

(3) 구조 공간 풀림 알고리즘의 특징을 나열했다. 참인지 거짓인지를 판단하라.

   * 교차, 변이를 포함하는 유전 알고리즘에 기반한다.

* 서로 다른 해들 사이의 '거리'를 정의하고 적극 활용한다.
* 국소 최적화를 사용한다. 국소 최적화 된 해만 취급한다.
* 해들 사이의 상이성을 조절해 가면서 (다양성을 보장해가면서) 광역 최적화 과정을 진행한다.
* 병렬 계산에 아주 유리하다.(국소 최적화 과정 그리고 목적함수 값 계산을 많은 계산 노드에서 독립적으로 진행한다. 국소 최적화 과정이 일반적으로 많은 시간을 요구한다.)

Figure 15.4에서 이차원 판넬 세장은 순서대로 구조 공간 풀림을 통하여 에너지가 낮은 곳을 찾아가는 광역 최적화의 과정을 순차적으로 나타낸 것이다. 광역 최적화가 진행됨에 따라서 흩어진 낮은 에너지를 가지는 구조들이 이차원 공간에서 어떻게 분포하는가를 표시했다. 붉은 동그라미들이 에너지가 낮은 해들을 표시하는 것이다.

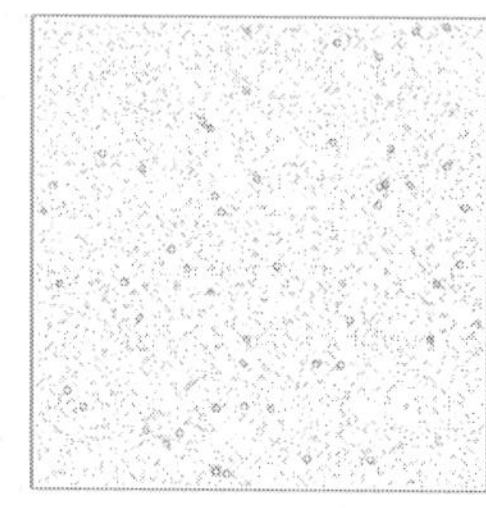
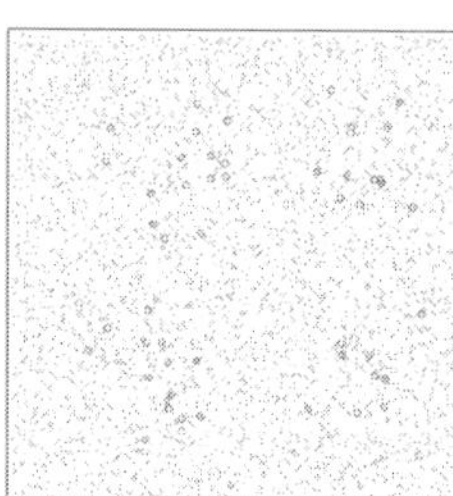
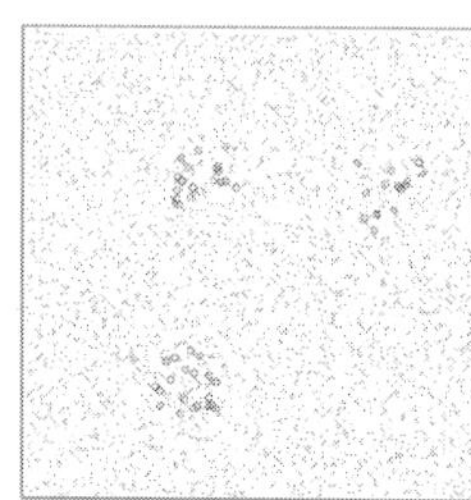

Figure 15.4: 구조 공간 풀림 계산이 진행됨에 따라서 해들이 분포하는 양식을 세단계로 나누어서 표시하였다.

설계와 최적화 16

16.1 탐색과 설계

탐색(exploration)은 새로운 지식, 정보, 영역, 가능성 등을 발견하고 탐구하는 과정을 말한다. 탐색은 일반적으로 어떤 문제나 목표를 해결하기 위한 방법 중 하나이다.[1] 탐색은 다양한 분야에서 중요한 역할을 하며, 예측하기 어려운 상황에서 유용하다. 탐색의 특징은 다음과 같다.

◇ 불확실성: 탐색은 예측하기 어려운 상황에서 진행되는 경우가 많아, 불확실성이 높다. 따라서 실험적인 접근이 필요하며, 실패도 불가피할 수 있다.

◇ 유연성: 탐색은 새로운 가능성을 찾기 위한 과정으로, 유연성이 필요하다. 다양한 관점에서 접근하고, 실험을 반복하며, 새로운 아이디어를 도출하는 등의 방법을 사용한다.

◇ 학습: 탐색은 학습과 밀접한 관련이 있다. 새로운 정보와 지식을 습득하고, 이를 적용해 보면서 문제 해결에 도움을 주는 것이 탐색의 핵심이다.

◇ 발견: 탐색은 새로운 가능성이나 아이디어를 발견하고, 이를 이용하여 문제 해결 또는 목표 달성에 도움을 준다.

탐색은 다양한 분야에서 중요한 역할을 한다. 예를 들어, 과학 분야에서는 새로운 지식과 발견을 위해 실험적인 탐색이 필요하며, 경영 분야에서는 새로운 시장이나 비즈니스 모델을 찾기 위해 탐색이 필요하다. 또한, 기술적인 혁신을 위해서도 탐색이 필수적이다.

1: 순방향 문제에서 대리 모델링은 뛰어난 계산 속도로 특징지워질 수 있다. 예를 들어, 제일원리 계산을 대치할 수 있다. 실시간 응답과 신경망 구조의 특성으로 인해 역방향 설계 방식에 쉽게 통합할 수 있다. 그러나, 일반적으로, 대리 모델의 성능은 특정 작업으로 제한되어 유연하지 않다. 물리량 계산에서 부정확한 예측과 훈련 데이터 준비에 많은 시간이 소요되는 점도 실용성을 떨어뜨린다. 앞으로는 딥러닝 기반 알고리즘의 개선과 복합 다기능 모델의 개발이 유망한 방향이 될 것이다. 역방향 문제에서 자동 설계는 매우 흥미로운 주제이다. 인공신경망 기반 방법과 진화 학습 계산 기반 알고리즘이 대표적인 두 가지 방법이다. 인공신경망 기반 방식은 속도가 빠르며, 진화 학습 계산은 최적화를 위한 목적함수의 차별성에 제한이 사실상 없다.

설계(design)는 어떤 목적을 달성하기 위해 계획하고 준비하는 과정을 말한다. 이는 어떤 시스템, 제품, 서비스, 프로세스 등을 개발하는 과정에서 중요한 역할을 한다. 설계는 크게 아이디어를 도출하는 과정과 구체화하는 과정으로 나눈다. 설계 과정에서는 주어진 문제나 목표를 이해하고 분석한 후, 그에 맞는 아이디어를 도출하여 이를 구체적인 계획으로 만들어가는 작업이 진행된다. 이 과정에서는 다양한 정보와 지식을 수집하고 분석하며, 이를 바탕으로 적절한 솔루션을 도출하고 구체화한다. 설계는 일반적으로 다음과 같은 특징을 갖는다.

◇ 문제 해결: 설계는 주어진 문제나 목표를 해결하기 위한 계획을 만드는 과정이다.

◇ 창의성: 설계는 창의적인 아이디어를 도출하고, 이를 구체적인 계획으로 만들어가는 과정이다.
◇ 시스템적 접근: 설계는 전체적인 시스템적인 접근을 요구한다. 이는 다양한 변수와 요소를 고려하며, 이를 하나의 전체적인 시스템으로 묶어 생각한다.
◇ 반복적 과정: 설계는 반복적인 과정으로 이루어진다. 초기 아이디어를 도출하고, 이를 구체화하며, 검토하고, 수정하는 과정을 반복하여 완성도 높은 계획을 만들어간다.
설계는 다양한 분야에서 필요한 과정으로, 제품, 서비스, 시스템, 프로세스 등을 개발하고 개선하는데 중요한 역할을 한다.

16.2 성능지수(figure of merit)

이공계 연구분야에서 설계와 최적화는 매우 밀접한 관련이 있다. 이공계 설계는 제품이나 시스템을 만들 때 기본적인 구조와 기능을 정의하고 구현하는 과정을 말한다. 이를 위해서는 기술적인 요구사항과 고객의 요구사항을 분석하고, 필요한 부품이나 소재, 기술 등을 결정해야 한다. 최적화는 이러한 설계 과정에서 가장 효율적인 방법을 찾는 과정으로, 주어진 조건에서 목적함수를 최소화 또는 최대화하는 방법을 찾는다. 이를 통해 설계된 제품이나 시스템의 성능을 향상시키고, 비용을 절감할 수 있다. 예를 들어, 자동차의 설계를 고려해보면, 엔진의 크기, 무게, 연비 등을 최적화하는 것이 중요하다. 이를 위해 설계 과정에서 여러 가지 변수를 고려하고, 최적화 알고리즘을 적용하여 최적의 결과를 도출한다. 이러한 방식으로 이공계 설계와 최적화는 상호 보완적인 관계를 가지며, 제품 및 시스템의 효율성과 경제성을 높이는 데 중요한 역할을 한다.

성능지수(figure of merit)는 일반적으로 성능이나 효율성을 측정하기 위해 사용되는 수치이다. 이 용어는 다양한 분야에서 사용된다. 예를 들어, 재료 과학에서는 성능지수를 사용하여 특정 속성이 최적인 재료를 선택하고 평가한다. 예를 들어, 열전소재의 경우, 성능지수는 열로 부터 얼마나 전기를 생산할 수 있는지를 표시한다. 높은 성능지수를 가진 재료는 높은 열전 효율을 가지게 된다. 다른 분야에서는 성능지수가 다른 의미로 사용될 수 있다. 예를 들어, 광학 분야에서는 "figure of merit"이 렌즈나 광학 시스템의 효율성과 성능을 나타내는 지표이다. 따라서 "figure of merit"

은 해당 분야에서 중요한 성능 지표를 나타내는 수치이다. 태양전지의 효율은 해당 전지가 빛을 전기로 변환하는 능력을 나타낸다.[2]

많은 경우, 직접적인 성능지수 계산과 측정이 매우 어려울 수 있다. '간편 성능지수'를 개발하고 이를 이용하여 최적의 설계를 진행할 수 있다. 보다 정밀한 성능지수 계산/측정은 일차 설계/탐색이 진행된 이후 단계에서 진행할 수 있다.

이공계 설계 분야에서 최적화는 중요한 역할을 한다. 최적화를 통해 설계 과정에서 시간과 비용을 절약하고, 더 나은 성능을 달성할 수 있게 한다. 이를 통해 기업은 경쟁력을 강화하고 고객 만족도를 높일 수 있다. 다양한 최적화 방법이 있지만, 대부분은 다음과 같은 단계를 거친다.

◇ 목적함수 설정: 최적화의 목적은 설계의 성능, 효율, 비용 등을 최대화 또는 최소화하는 것이다. 따라서 최적화를 위해 먼저 목적함수를 설정해야 한다.

◇ 설계 변수 설정: 최적화를 위한 설계 변수는 목적함수에 직접적으로 영향을 미치는 변수들이다. 설계 변수는 최적화 대상 시스템의 특성에 따라 달라질 수 있다.

◇ 제약조건 설정: 최적화 문제는 종종 제약조건이 있다. 이러한 제약조건은 최적화 결과에 영향을 미치는 경우가 많다.

◇ 최적화 알고리즘 선택: 최적화 알고리즘은 목적함수와 제약조건에 따라 선택된다. 다양한 최적화 알고리즘이 있다.

◇ 최적화 실행: 최적화 알고리즘을 실행하여 최적화 문제를 해결한다.

최적화에서 사용되는 다양한 제약조건은 다음과 같다.

◇ 등식 제약조건(equality constraints): 함수의 값이 고정되어 있어야 하는 경우에 사용된다. 등식 제약조건은 다음과 같이 표현된다: $g(x) = 0$.

◇ 부등식 제약조건(inequality constraints): 함수의 값이 특정 범위 안에 있어야 하는 경우에 사용된다. 부등식 제약조건은 다음과 같이 표현된다: $h(x) \leq 0$.

◇ 비선형 제약조건(nonlinear constraints): 제약식이 선형식이 아닌 경우에 사용된다. 비선형 제약조건은 등식 또는 부등식 제약조건으로 표현될 수 있다.

◇ 등식-부등식 혼합 제약조건(mixed equality and inequality constraints):

2: 역방향 소자 설계 분야의 새로운 트렌드: 소자 분야 인공지능 설계의 주요 목표는 수천 또는 수백만 개의 설계 파라미터가 포함된 대규모 최적화 문제에 대한 실현 가능한 솔루션을 찾는 것이다. 설계의 자유도가 높아지면 더 나은 성능이나 새로운 기능을 갖춘 소자 솔루션에 더 많은 가능성이 열린다. 대규모 소자의 현실적인 응용은 매우 까다로운 작업이고, 초차원적인 설계 공간에서 최적의 솔루션을 찾는 것은 매우 어려운 일이다. 따라서, 효율적인 대리 모델 개발이 중요할 수 있다.

함수의 값이 고정되어야 하면서 동시에 범위 안에 있어야 하는 경우에 사용된다. 이러한 경우에는 등식 제약조건과 부등식 제약조건을 혼합해서 사용할 수 있다.
◇ 선형 제약조건(linear constraints): 제약식이 선형식인 경우에 사용된다. 선형 제약조건은 등식 또는 부등식 제약조건으로 표현될 수 있다.
◇ 정수 제약조건(integer constraints): 최적화 변수가 정수 값을 가져야 하는 경우에 사용된다. 이러한 경우에는 최적화 알고리즘에서 정수 값을 가지는 변수로 제약을 걸어주어야 한다.
◇ 이산 제약조건(discrete constraints): 최적화 변수가 특정 값을 가져야 하는 경우에 사용된다. 이러한 경우에는 최적화 알고리즘에서 변수를 이산적인 값으로 제약을 걸어주어야 한다.
◇ 기타 제약조건: 최적화 문제에 따라 다양한 기타 제약조건이 사용될 수 있다. 예를 들어, 최적화 변수의 범위가 정해져 있거나, 최적화 변수 간의 관계가 존재하는 경우에 해당된다. "scipy.optimize 모듈"에서는 제약조건이 있는 최적화 문제 풀이에 대한 다양한 예제들을 제공하고 있다.

이공계 분야에서 탐색과 설계를 최적화 기술로 해결한 다양한 사례가 있다. 일부 예시를 아래에 제시할 수 있다.
◇ 자동차 설계: 자동차 제조사는 최적의 디자인과 구성을 찾기 위해 최적화 기술을 활용한다. 자동차 설계에서 최적화의 목적은 에어로다이나믹스, 구조, 엔진 성능 등의 분야에서 개선을 돕는 것이다. 최적화 기술을 활용하여 자동차를 최적화하면 더 높은 연료 효율성, 안정성 및 성능을 얻을 수 있다.
◇ 항공기 설계: 항공기 설계에서 최적화 기술은 항공기의 성능과 안전성을 개선하는 데 중요한 역할을 한다. 최적화 기술을 활용하여 항공기의 구조, 속도, 연료 소비 등을 개선하면, 더 높은 비행 성능, 안정성, 안전성 및 연료 효율성을 얻을 수 있다.
◇ 전기 및 전자 제품 설계: 최적화 기술은 전기 및 전자 제품의 설계 및 성능 향상을 돕는다. 전기 및 전자 제품 설계에서 최적화의 목적은 크기, 가격, 소비 전력, 효율성, 신뢰성 등을 개선하는 것이다. 최적화 기술을 활용하여 전기 및 전자 제품을 최적화하면, 더 작고 저렴한 제품, 더 높은 성능, 더 낮은 전력 소비 등을 얻을 수 있다.
◇ 화학 공정 설계: 화학 공정 설계에서 최적화 기술은 제조 공정의 성능, 비용, 안전성, 환경 등을 개선하는 데 중요한 역할을 한다. 최적화 기술을 활용하여 화학 공정을 최적화하면, 더 안전하고 효율적인 공정, 더 낮은

비용 및 더 환경 친화적인 공정 등을 얻을 수 있다.

◇ 로봇 설계: 로봇 제조사는 최적화 기술을 활용하여 로봇의 구조, 제어 및 성능을 개선한다. 로봇 설계에서 최적화의 목적은 로봇의 무게, 크기, 이동 속도, 정확도, 에너지 효율성 등을 개선하는 것이다. 최적화 기술을 활용하여 로봇을 최적화하면, 더 높은 생산성, 안전성 및 효율성을 얻을 수 있다.

◇ 재료 공학: 재료 공학 분야에서 최적화 기술은 재료의 물성, 구조 및 성능을 개선하는 데 중요한 역할을 한다. 최적화 기술을 활용하여 재료를 최적화하면, 더 높은 강도, 경도, 내식성, 내구성 등을 얻을 수 있다.[139–141]

[139]: Glass et al. (2006), 'USPEX—Evolutionary crystal structure prediction'
[140]: Y. Wang et al. (2012), 'CALYPSO: A method for crystal structure prediction'
[141]: Lonie and Zurek (2011), 'XtalOpt: An open-source evolutionary algorithm for crystal structure prediction'

◇ 건축 설계: 건축설계 분야에서 최적화 기술은 건물의 구조, 재료, 형태 및 환경 등을 개선하는 데 중요한 역할을 한다. 최적화 기술을 활용하여 건축물을 최적화하면, 더 효율적인 에너지 사용, 더 편리한 사용성, 더 낮은 비용 등을 얻을 수 있다.

◇ 네트워크 설계: 네트워크설계 분야에서 최적화 기술은 네트워크 구성, 데이터 전송 및 저장 등을 개선하는 데 중요한 역할을 한다. 최적화 기술을 활용하여 네트워크를 최적화하면, 더 빠른 데이터 전송, 더 안정적인 네트워크 구성, 더 효율적인 데이터 저장 등을 얻을 수 있다.

이러한 분야에서 최적화 기술을 활용하면, 더 높은 성능, 더 낮은 비용, 더 환경 친화적인 제품/공정/시스템 등을 개발할 수 있다. 시간과 비용을 절약하고, 고객 만족도를 높일 수 있다. 최적화를 위해서는 다양한 분야의 지식과 기술이 필요하다. 예를 들어, 제조 공정 최적화를 위해서는 재료 공학, 기계 공학, 전기/전자 공학, 컴퓨터 공학 등 다양한 분야의 지식이 필요하다. 이러한 분야의 지식과 기술을 종합하여 설계와 최적화를 진행하면, 높은 품질과 효율성을 갖는 제품/공정/시스템 등을 개발할 수 있다.

16.3 'from scratch' vs 'pre-built'

"from scratch"(밑바닥부터)란 말은 무엇이든지 처음부터 시작하여 만드는 것을 의미한다. 컴퓨터 프로그래밍에서 "from scratch"는 어떤 소프트웨어나 시스템을 구축할 때, 다른 사람이 만든 코드나 라이브러리를 사용하지 않고 처음부터 새로 작성하는 것을 의미한다. 어떤 프로젝트를

"from scratch"로 시작하려면, 먼저 그 프로젝트의 목표와 기능을 확실히 이해해야 한다. 그런 다음, 어떤 컴퓨터 언어나 알고리즘을 사용할 것인지 결정하고 해당 컴퓨터 언어나 알고리즘에 대한 지식을 습득해야 한다.
"from scratch"로 어떤 전문분야 응용 프로그램을 만드는 것은 어려울 수 있다. 이유는 다음과 같다.
◇ 높은 기술 수준 요구: "from scratch"로 무언가를 만들기 위해서는 해당 분야의 전문적인 지식과 기술적인 능력이 필요하다. 만약 이에 대한 경험이 부족하다면 작업이 어려울 수 있다.
◇ 시간과 노력 요구: "from scratch"로 어떤 것을 만들기 위해서는 기존의 코드나 라이브러리를 사용하지 않고 모든 것을 처음부터 새롭게 만들어야 하므로 많은 시간과 노력이 필요하다.
◇ 디자인 결정 필요: "from scratch"로 무언가를 만들 때는 디자인 결정도 중요하다. 이에 따라 프로그램의 구조와 기능, UI(user interface)/UX(user experience) 등이 결정되는데, 이를 제대로 파악하지 못하면 프로그램이 복잡하고 유지보수가 어려울 수 있다.
◇ 버그 발생 가능성 높음: "from scratch"로 만든 프로그램은 기존의 라이브러리나 프레임워크를 사용하지 않기 때문에 버그 발생 가능성이 높다. 이를 예방하려면 충분한 테스트와 디버깅이 필요하다.
◇ 보안성과 성능 이슈: "from scratch"로 만든 프로그램은 보안성과 성능 이슈를 고려해야 한다. 이를 고려하지 않으면 보안상 취약점이 발생하거나 프로그램의 성능이 저하될 수 있다.
따라서 "from scratch"로 무언가를 만들 때는 충분한 기술적인 능력과 경험이 필요하며, 시간과 노력을 투자하여 디자인 결정과 테스트를 충분히 해야 한다.

"from scratch"의 반대말은 "pre-built" 또는 "pre-existing"이다. "from scratch"는 처음부터 새로 만드는 것을 의미하며, "pre-built" 또는 "pre-existing"은 이미 만들어진 것을 의미한다. 따라서, "pre-built" 또는 "pre-existing"은 이미 존재하는 라이브러리, 모듈, 프레임워크 등을 사용하여 작업을 수행하는 것을 의미한다. 예를 들어, "from scratch"로 딥러닝 모델을 만드는 것은 네트워크 구조와 가중치를 직접 정의하고 학습하는 것을 의미하며, "pre-built" 모델은 미리 학습된 모델을 가져와서 사용하는 것을 의미한다. "from scratch"로부터 성능 좋은 프로그램을 만들기는 어려울 수 있기 때문에, 다음과 같은 방법으로 이를 피할 수 있다.
◇ 기존의 라이브러리나 프레임워크 사용: "from scratch"로 무언가를

만드는 대신, 이미 개발된 라이브러리나 프레임워크를 사용하여 작업을 빠르고 쉽게 진행할 수 있다. 파이썬은 높은 생산성을 제공한다. 개발자가 빠르게 프로토타입을 개발하고, 빠르게 실험하고, 빠르게 개발 결과를 도출할 수 있다. 이는 개발 시간을 단축시키는 데 큰 도움이 된다.
◇ 오픈 소스 커뮤니티 활용: 많은 오픈 소스 커뮤니티에서는 다양한 문제를 해결하기 위한 라이브러리나 코드를 제공한다. 이를 활용하여 작업을 보다 쉽게 진행할 수 있다.
◇ 코드 생성 도구 사용: 코드 생성 도구를 사용하면, 코드 작성을 보다 쉽고 빠르게 진행할 수 있다. 예를 들어, 코드 생성 도구를 사용하여 데이터베이스와의 상호작용을 자동으로 생성하거나, UI/UX를 쉽게 구현할 수 있다.
◇ 기존의 코드 참고: 이미 개발된 코드를 참고하여 작업을 진행할 수 있다. 이를 통해 작업 시간을 줄이고, 더 나은 코드를 작성할 수 있다.
◇ 전문가의 도움 요청: 작업을 진행하는 도중 어려움이 있다면, 전문가의 도움을 요청할 수 있다. 이를 통해 더 나은 코드를 작성하고, 작업 시간을 단축할 수 있다.
따라서 "from scratch"를 피하는 방법으로는 기존의 라이브러리나 프레임워크, 오픈 소스 커뮤니티, 코드 생성 도구 등을 활용하는 것이 좋으며, 필요할 경우 전문가의 도움을 받는 것도 좋은 방법이다.

고도의 전문성을 요구하는 컴퓨터 프로그램을 "from scratch"로 개발하는 것은, 많은 경우, 무모한 일이 될 수 있다. 얼마의 시간이 걸릴지 아무도 모른다. 우선 전문지식을 갖추는데 오랜 시간이 걸릴 것이다. 이런한 경우에는 전문가와 협의하여 상용 프로그램을 구매해서 사용해야 한다. 즉, "pre-built" 형태의 'solver'를 활용하는 방법이 있다. 이공계 분야에서 많이 활용되는 상용 프로그램들은 다음과 같다.
◇ MATLAB: 수학적인 계산과 분석, 시뮬레이션 등에 사용되는 프로그래밍 언어 및 개발 환경이다.
◇ AutoCAD: 건축, 기계, 전기, 전자 등의 분야에서 사용되는 2D 및 3D CAD 소프트웨어이다.
◇ SolidWorks: 기계 및 제조 분야에서 사용되는 3D CAD 소프트웨어이다.
◇ ANSYS: CAE (computer-aided engineering) 소프트웨어로, 공학 시뮬레이션, 유체역학, 열역학, 전자기학 등의 작업을 수행한다.
◇ CATIA: 기계 및 제조 분야에서 사용되는 3D CAD 소프트웨어로, 제품

설계, 모델링, 시뮬레이션 등의 작업을 수행한다.
◇ PTC Creo: 제품 설계 및 제조 분야에서 사용되는 3D CAD 소프트웨어이다.
◇ Eagle PCB Design: 전자 제조 업계에서 사용되는 PCB (printed circuit board) 디자인 소프트웨어이다.
◇ LabVIEW: 공학 및 과학 분야에서 사용되는 시스템 설계 및 테스트용 소프트웨어로, 데이터 수집, 시뮬레이션, 신호 처리 등의 작업을 수행한다.
◇ COMSOL Multiphysics: CAE 소프트웨어로, 다양한 물리 현상을 시뮬레이션할 수 있다.
◇ Pro/Engineer: 제품 설계 및 제조 분야에서 사용되는 3D CAD 소프트웨어이다.
◇ Mathematica: 수학, 과학, 공학 분야에서 사용되는 수학 프로그래밍 언어 및 개발 환경으로, 수학 계산, 시각화, 데이터 분석, 시뮬레이션 등의 작업을 수행할 수 있다.
◇ Geneious: 분자 생물학 및 유전체 분석에 사용되는 프로그램으로, DNA 시퀀싱, 유전체 어셈블리, 다양한 분석 등을 수행한다.
이러한 상용 프로그램들은 각 분야에서 필요한 기능을 제공하며, 전문 지식과 기술을 활용하여 작업을 수행하는 데 매우 유용하다.

16.4 솔버와 광역 최적화 방법

다양한 이공계 분야에는 저마다 특정 목적에 맞게 잘 설계된 유용한 문제 풀이 방법, 컴퓨터 프로그램, 솔버(solver)가 있을 수 있다. 이러한 솔버가 있는 경우에도, 여전히 매우 많은 매개변수들 때문에, 전문분야 목적에 합당한 탐색과 설계가 어려운 경우가 있다. 여기서 솔버에 대한 가정은 다음과 같다. 인풋 파일을 준비할 수 있다. 솔버를 사용하면 출력 파일을 얻을 수 있다. 실제 솔버가 수행하는 계산이 순차적이던 병렬적이던 상관없다. 이 경우에도 여전히 광역 최적화 방법을 활용한 탐색과 설계가 가능하다. 계산과정에 대한 핵심 항목은 많은 수의 폴더를 만드는 것이며 나아가 동시에 각각의 폴더에서 솔버를 활용하는 것이다. 컴퓨터를 이용해서 입력 파일을 만들 수 있어야 한다. 아울러 출력 파일을 읽어 낼 수 있어야 한다. 출력 파일로 부터 목적함수를 정의할 수 있다. 목적함수가 최소화되는 입력을 만드는 것이 문제 풀이의 핵심이다. 이것은 탐색 또는 설계 문제 풀이에 해당한다. 해당분야 전문가가 생각할 수 있는 것 보다 더 좋은 목적함수를 가지는 입력과 출력을 일반적으로 가질 수 있게 하는 것이다. 전문 분야별로 최고의 전문가들이 개발한 컴퓨터 프로그램들은 해당 전문지식을 활용한 것으로 일반 사용자들이 그 내부 이론과 구현을 이해하는 것은 매우 어렵다. 아주 오랜 시간을 투자해야만 이해할 수 있는 경우가 대부분이다.

예를 들어, 하나의 프로그램으로 드라이버를 작성할 수 있다. 이 프로그램은 순차 프로그램이다. 이 프로그램은 많은 수의 폴더를 만들고 각각의 폴더에서 배치(batch) 명령어를 실행시킬 수 있다. 각각의 폴더에서 계산이 종료되었는지를 확인하면 된다. 특정 폴더에서 계산이 종료된 것을 확인 하면 그 계산 결과를 읽어 들이고 그 폴더에 또 다시 새로운 계산을 수행하기 위해서 입력 파일을 만들고 최종적으로 배치 명령어를 수행할 수 있다. 아래와 같은 명령으로 리눅스 환경에서 작업을 할 수 있다. 배치 파일 끝에 계산이 종료되었음 알리는 파일을 하나 만들 수 있다. 물론, 계산을 제출 할 때에도 마찬가지이다. 계산이 제출되는 순간부터 해당 폴더는 계산 중인 상태에 들어 간다. 이러한 정보를 해당 폴더에 파일 형식으로 적어둘 수 있다. 이러한 파일 정보를 이용하여 특정 폴더에서 계산이 진행중인지 계산이 종료되었는지를 확인할 수 있다. 해당 배치 파일을 아래에 표시했다. 마지막에 작업이 종료되었음을 알리는 파일을 생성한다. 이 배치 파일은 계산 폴더마다 동일한 파일들이 복사되어 있는 상황이다. 결국, 많은 폴더에서 독립적인 계산들을 배치로 연속해서 제출할 수 있다. 각각의 계산 수행 시간이 다를 수 있다. 먼저 끝난 계산을 확인하고 결과를 읽어낸 후, 다시 새로운 계산을 제출할 수 있다. 이렇게 하면, 쉬지 않고 컴퓨터 자원을 효율적으로 활용할 수 있다. 대량의 계산 자원을 효율적으로 활용하는 방법이다. 보다 자세한 사항은 아래의 URL 에서 확인할 수 있다.[129]

https://github.com/inholeegithub/winter2022/tree/main/amadeus

[129]: I.-H. Lee et al. (2016), 'Ab initio materials design using conformational space annealing and its application to searching for direct band gap silicon crystals'

```
nohup nice /home/ihlee/csa_vasp/csa_vasp.x
< csa.in &> csa.out &

cat CSA_SOLDIER.pbs
#!/bin/bash
#SBATCH --partition=g1
```

```
#SBATCH --nodes=1
#SBATCH --ntasks-per-node=8
##
#SBATCH -J "Ni3InBi4"
#SBATCH -o STDOUT.%j.out
#SBATCH -e STDERR.%j.err
#SBATCH -t 10-24:00:00
# The job can take at most 10 days 24 wall-clock hours.

## don't touch
. /etc/profile.d/TMI.sh
##


rm CSA_SOLDIER.pbs.[eo]*

# do not change file names, e.g., stdout.log, STOP, STATUS
# we can specifiy the KPOINTS file
# by using cp command as shown below
# otherwise, we can use KSPACING, KGAMMA parameters
# in the INCAR,
# in addition, you have to use the following commands
if [ -f  STOPCAR  ] ;  then
rm STOPCAR
fi
if [ -f  KPOINTS  ] ;  then
rm KPOINTS
fi
if [ -f  CONTCAR  ] ;  then
rm CONTCAR
fi
# normal
cp INCAR_rlx    INCAR
sleep 0.5
mpirun -genv I_MPI_DEBUG 5 -np $SLURM_NTASKS \
 /TGM/Apps/VASP/bin/5.4.4/O3/NORMAL/
 vasp.5.4.4.pl2.O3.NORMAL.ncl.x > stdout.log
## accurate   500 eV
number=1
while [ $number -lt 4 ]
do
cp INCAR_rlxall INCAR
```

```
cp CONTCAR      POSCAR
sleep 0.5
mpirun -genv I_MPI_DEBUG 5 -np $SLURM_NTASKS \
 /TGM/Apps/VASP/bin/5.4.4/O3/NORMAL/
 vasp.5.4.4.pl2.O3.NORMAL.ncl.x > stdout.log
cp OUTCAR out.out_$number
sleep 0.5
if true; then
lvar=$(grep sigma OUTCAR |awk '/py=/ {print $7}' |tail -n1 | \
 awk '{ if ($0 < -40.0000000  ) {print "Yes"} else {print "No"}}')
if [ $lvar == "No" ] ;  then
break
fi
fi
number=`expr $number + 1`
done

head -n 1 CONTCAR > z1
awk '/entropy=/  {print $7}'  OUTCAR |tail -n 1 >> z1
awk 'ORS=NR%2?FS:RS' z1 > z2
cp z2 z1
awk -v RS= '{$1=$1}1' <z1>z2
tail -n +2 CONTCAR >> z2
mv z2 CONTCAR
rm z1

## accurate   500 eV
if false; then
cp INCAR_bs  INCAR
cp CONTCAR  POSCAR
sleep 0.5
mpirun -genv I_MPI_DEBUG 5 -np $SLURM_NTASKS \
 /TGM/Apps/VASP/bin/5.4.4/O3/NORMAL/
 vasp.5.4.4.pl2.O3.NORMAL.ncl.x > stdout.log
fi

sleep 0.5
STAMP=$(date +%Y%m%d_%H%M%S)_$RANDOM
echo $STAMP
cp CONTCAR    ../deposit/CONTCAR_$STAMP
#cp OUTCAR     ../deposit/OUTCAR_$STAMP
```

```
#cp EIGENVAL   ../deposit/EIGENVAL_$STAMP
#cp DOSCAR     ../deposit/DOSCAR_$STAMP

sleep 0.5
touch STOP
echo "DONE" >> STATUS
# find . -type f -name 'CSA_SOLDIER.pbs' \
|xargs sed -i 's/ -3.306000 / -3.306000 /g'
```

"nohup"은 유닉스 및 리눅스 운영 체제에서 사용되는 명령어 중 하나이다. "nohup" 명령어는 현재 사용자 세션과 상관없이 백그라운드에서 프로세스를 실행할 수 있도록 도와준다. 이것은 일반적으로 시스템 유지 보수 또는 장기 실행 프로세스와 같은 작업에서 유용하다. "nohup" 명령어를 사용하면 사용자가 로그아웃하거나 세션이 끊겨도 프로세스가 계속 실행된다. 또한 "nohup" 명령어는 작업을 시작할 때 "nohup.out" 이라는 파일에 출력을 기록하도록 지정할 수 있다. 이것은 프로세스가 실행되는 동안 발생하는 출력과 오류 메시지를 저장하기 위한 것이다. "nice"는 유닉스 및 리눅스 운영 체제에서 사용되는 명령어 중 하나이다. "nice" 명령어는 실행중인 프로세스의 우선순위를 변경하는 데 사용된다. 이것은 일반적으로 CPU 리소스를 적게 사용하는 프로세스를 우선시하여 시스템 성능을 향상시키기 위해 사용된다. "nohup"과 "nice" 명령어는 유닉스 및 리눅스 운영 체제에서 함께 사용되는 경우가 많다. "nohup"은 프로세스를 백그라운드에서 실행하도록 지정하고, "nice"는 실행중인 프로세스의 우선순위를 변경한다. 두 명령어를 함께 사용하면 장기 실행되는 프로세스를 안정적으로 실행하면서 시스템의 성능을 향상시킬 수 있다.

컴퓨터로 디렉토리를 만드는 것, 각각의 디렉토리에 인풋파일을 적는 것이 핵심이다. 아래와 같은 참고 프로그램이 유용하다. 파이썬 뿐만 아니라 다른 컴퓨터 언어에서도 셀 명령어를 수행할 수 있다.

```
def gen_directories(npop, apath):
    for i in range(npop):
        astring = 'mkdir '+apath+'/'+str(i).zfill(4)
        os.system(astring)
    for i in range(npop):
        astring = 'cp '+apath+'/CSA_SOLDIER.pbs'\
        +' '+apath+'/'+str(i).zfill(4)
```

```
        os.system(astring)

def del_directories(npop, apath):
    for i in range(npop):
        astring = 'rm '+apath+'/'+str(i).zfill(4)
        os.system(astring)

def write_trial_solution(ndim0, xvector,\
     apath, iidd, ncal, iobj):
    fname = apath+'/'+str(iidd).zfill(4)+'/input.txt'
#   print(fname)
    gname = apath+'/'+str(iidd).zfill(4)+'/STATUS'
    hname = apath+'/'+str(iidd).zfill(4)+'/output.txt'
    iname = apath+'/'+str(iidd).zfill(4)+'/OUTPUT'
    jname = apath+'/'+str(iidd).zfill(4)+'/STOP'
    if os.path.isfile(fname):
        os.remove(fname)
    isign = 1
    if ndim0 < 0:
        isign = -1
    ndim = -ndim0
    if isign == -1:
        gen_trial_solution(fname, ndim, ncal, iobj)
#       print(fname,'r input.txt and qsub')
    if isign == 1:
        ndim = ndim0
        n3 = int(ndim/3)
        lines_to_append = []
        list1 = [int(xvector[i]) for i in range(n3)]
        astring = ' '
        for i in range(n3):
            astring = astring+str(list1[i])+' '
        lines_to_append.append(astring)
        list1 = [int(xvector[n3+i]) for i in range(n3)]
        astring = ' '
        for i in range(n3):
            astring = astring+str(list1[i])+' '
        lines_to_append.append(astring)
        list1 = [int(xvector[2*n3+i]) for i in range(n3)]
        astring = ' '
        for i in range(n3):
```

```
            astring = astring+str(list1[i])+' '
        lines_to_append.append(astring)
        lines_to_append.append(\
          str(ncal)+' '+str(iobj)+' '+'\n')
        append_multiple_lines(fname, lines_to_append)
#       print(fname,'c or m input.txt and qsub')
    if False:
        astring = 'cd '+apath+'/'+str(iidd).zfill(4)+\
         ' ; qsub CSA_SOLDIER.pbs'
    else:
        astring = 'cd '+apath+'/' + \
          str(iidd).zfill(4)+' ; sbatch CSA_SOLDIER.pbs'
    os.system(astring)
    astring = 'echo "ING" >> '+gname
    os.system(astring)
```

16.5 병렬속의 병렬(parallel-in-parallel)

앞서 언급한 많은 솔버들이 병렬 계산을 지원한다.[3] 이는 매우 많은 CPU를 활용하여 하나의 계산 결과를 얻어내는 과정을 가속화시키는 방법이다. 보다 정밀한 계산을 위해서는 많은 컴퓨터 자원을 활용하는 경우가 많다. 통상 MPI를 활용하는 것이 가장 일반적인 병렬화 방법이다. 이 경우, 씨(C) 또는 포트란 90(FORTRAN 90) 언어로부터 출발하여 MPI 라이버러리를 활용하여 병렬화된 것이 일반적이다. 가장 실행속도가 빠른 컴퓨터 언어에 추가적인 병렬 계산을 시도한 것으로 볼 수 있다. 앞서 언급한 것처럼 다수의 폴더를 만들고 그 곳에서 동시에 병렬 계산을 수행하면 그야말로 병렬속의 병렬 계산을 수행할 수 있다. 극도로 많은 CPU를 동시에 활용하는 것이 가능하다. 각각의 계산이 각각의 폴더에서 종료되는 것을 확인할 수 있다. 이러한 확인이 가능하면 초거대 병렬 계산 방식으로 탐색과 설계 작업을 진행할 수 있다. 컴퓨터 파이썬 언어를 활용하면 다양한 일들을 잘 처리 할 수 있다. 예를 들어, 다수의 폴더들을 만들고 그 곳에 필요한 인풋 파일을 적을 수 있다. 아울러, 특정 폴더에서 계산을 실행할 수도 있다. 특정 폴더에서 수행되었던 계산이 종료되었는지를 수시로 체크할 수도 있다. 계산이 특정한 폴더에서 종료되었으면 출력 파일을 직접 읽어 들이고 후속 계산을 수행할 수 있다. 후속 계산은 일반적으로 목적함수 계산일 수 있다. 자연스럽게 새로운 계산을 해당 폴더에서 진행하는

3: awk를 활용할 수 있다. awk는 텍스트 데이터를 처리하고 분석하는 유닉스 명령어 프로그램이다. awk는 파일에서 텍스트를 읽고 행 단위로 처리할 수 있다. 텍스트를 행렬로 처리하며, 행은 레코드(record)라고 불리며, 행을 구성하는 값들은 필드(field)로 불린다. 파일로부터 원하는 데이터를 어떻게 추출할 수 있는지 인터넷 검색을 수행할 수 있다. 많은 경우, 아주 유용하면서도 간단한 awk 스크립트를 찾을 수 있을 것이다. 물론, 실제 사용하기 위해서는 간단한 테스트 과정이 필요할 것이다.

작업을 이어갈 수 있을 것이다. 파이썬 언어를 활용하여 다수의 디렉토리(폴더)를 만들어 낼 수 있다. 예를 들면, 0001, 0002, 0003 처럼 특정한 패턴을 가지는 이름으로 다수의 폴더들을 만들 수 있다. 각 폴더에 다양한 입력파일을 적을 수 있다. 절대 경로를 알고 있기 때문에 이 작업을 수행할 수 있다. 아울러, PBS 시스템과 같이 유닉스/리눅스 셸 명령어들로 구성된 배치 파일과 배치 파일 실행을 통해서 특정한 계산을 수행할 수 있다. 물론, 배치 명령어 실행을 파이썬 프로그램이 순서에 따라서 실행한다. 아울러, 배치 명령어 마지막 줄에는 특정 폴더에서 계산이 종료 되었음을 알리는 파일을 적게할 수 있다. 이때, 유닉스/리눅스 셸 명령어를 이용한다. 파이썬 프로그램은 각각의 폴더들 속에 위치한 계산 종료와 관련된 파일 내용을 확인한다. 계산이 종료된 경우, 해당 폴더에 존재하는 출력 파일을 참조하여 읽어들이고 목적함수를 계산한다. 같은 폴더에 새로운 계산을 수행할 수 있도록 입력 파일을 생성하고 배치 명령어를 이용하여 새로운 계산을 수행한다. 물론, 이때, 해당 폴더가 계산 중임을 파일 형식로 표시한다.

16.6 체크포인트

체크포인트(checkpoint)는 컴퓨팅 분야에서 일정한 지점에서 프로그램의 상태를 저장하고, 이를 나중에 다시 불러와서 작업을 이어나가는 것을 말한다. 주로 대규모 시스템에서 오랜 작업을 수행할 때 중간 결과를 보존하고, 장애나 오류 발생 시 작업을 다시 시작할 수 있도록 하는 용도로 사용된다. 통상, 파일 형태로 중간 단계의 작업 내용을 보관하는 것이 중요하다. 그 동안 계산한 내용을 바탕으로 언제 든지 다시 추가 계산을 할 수 있게 한다. 체크포인트는 모델 학습 과정에서 중요한 역할을 한다. 체크포인트란 모델의 파라미터와 학습 상태를 저장하는 것을 말한다. 모델 학습 도중에 체크포인트를 저장하면 다음과 같은 이점이 있다.

◇ 학습 중간에 문제가 발생했을 때: 체크포인트를 저장해 놓으면 학습 도중에 발생한 오류로 인해 모델이 중단되었을 때, 이전 체크포인트에서부터 다시 학습을 시작할 수 있다. 이는 학습 시간과 비용을 절약할 수 있게 해준다.

◇ 모델 성능 확인: 학습이 완료된 모델의 성능을 평가하기 위해서는 테스트 데이터셋에서 모델을 실행해야 한다. 하지만 학습이 오래 걸리는 경우,

많은 실험을 진행하는 경우에는 모델 학습이 완료되기 전까지 성능을 확인할 수 없다. 체크포인트를 이용하면 학습 도중에 저장된 체크포인트를 불러와서 이전 학습 결과를 확인할 수 있다.

◇ 초월 매개변수 최적화: 모델의 초월 매개변수를 최적화하는 경우, 다양한 초월 매개변수를 시도해 보고, 가장 좋은 결과를 얻을 때까지 학습을 반복한다. 이 경우, 체크포인트를 저장하고 불러와서 실험을 진행할 때 시간을 절약할 수 있다.

따라서, 체크포인트는 모델 학습을 좀 더 효율적이고 안정적으로 진행할 수 있게 해주는 중요한 도구이다.

16.7 설계, 탐색 프로그램의 예

◇ 글쓴이가 개발한 초기능성 소재 설계 방법(구조 공간 풀림)[초고도 병렬 계산(parallel-in-parallel)][129]:

https://github.com/inholeegithub/winter2022/tree/main/amadeus

초기능성 소재 설계 및 탐색의 방법과 응용:

https://webzine.kps.or.kr/?p=4&idx=40

유튜브 강의:

https://www.youtube.com/watch?v=GahupVQQsHQ,

https://www.youtube.com/watch?v=sZNHMzYymg4&t=5216s

Figure 16.1에서 제일원리 전자구조 계산(first-principles electronic structure calculation)을 활용한 초기능성 물질 설계 방법을 설명하고 있다. 많은 경우, 소재의 성능지수(figure of merit)를 매우 엄격하게 계산할 필요가 없다. 이론적으로 매우 정밀한 성능지수가 필요하지만, 정밀한 성능지수 계산은 엄청난 컴퓨터 자원를 필요로 하기 때문에 근사 공식을 활용하는 것이 좋다. 매우 한정된 몇 개의 결정 구조에 대해서 정밀한 성능지수 계산을 별도로 수행할 수 있기 때문이다.[4] Figure 16.2에서 초기능성 물질 설계 순서도를 보여주고 있다. 붉은색 부분은 병렬 계산에 해당하는 부분이다. 대부분의 계산 시간은 제일원리 전자구조 계산 부분에서 소모된다. 그러한 계산이 다수의 폴더에서 사실상 동시에 진행된다.

◇ 글쓴이가 개발한 데이터베이스 기반 결정 구조 탐색 방법(생성 모델)[병렬 계산(message passing interface) 수행] [142]:

https://github.com/inholeegithub/winter2022/tree/main/rdfsearch

[129]: I.-H. Lee et al. (2016), 'Ab initio materials design using conformational space annealing and its application to searching for direct band gap silicon crystals'

4: 굳이 글쓴이의 결과를 여기에 가져온 이유는 간단하다. 그것은 이 책에 수록된 내용이 충분히 일반적인 것이고 다양한 이공계 전공지식에 접목될 경우, 논문 발표, 특허 등록, 기술 이전이 모두 가능하다는 것을 보여주기 위함이다.

[142]: I.-H. Lee and Chang (2021), 'Crystal structure prediction in a continuous representative space'

The inverse band-structure problem of finding an atomic configuration with given electronic properties

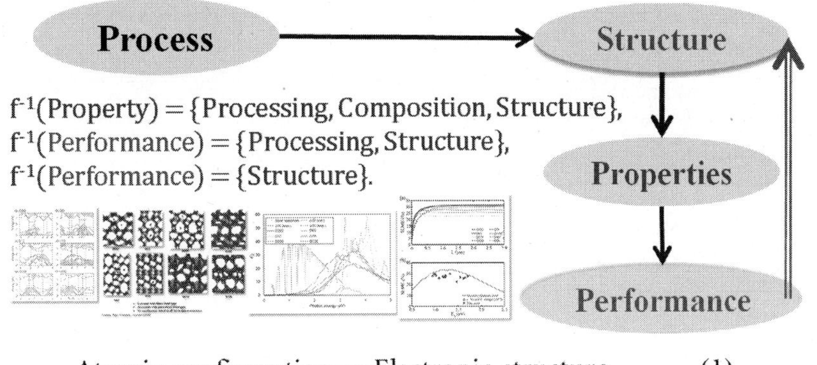

Atomic configuration → Electronic structure (1)

Electronic structure → Atomic configuration (2)

Figure 16.1: 소재, 소자의 성능지수를 정의하고 그 성능지수를 극대화할 수 있는 결정 구조를 제일원리 전자구조 계산(first-principles electronic structure calculation)으로 찾는다. 초고도 병렬 계산이 필요하다. 예를 들어, 태양전지 효율이 극대화 될 수 있는 실리콘 기반 결정 구조 찾기 문제가 있을 수 있다. 또한, LED 성능이 극대화된 탄소 기반 결정 구조 찾기 문제가 있을 수 있다. 그 밖에도 이동도(mobility)가 큰 반도체 소재 설계, 위상물질 설계, 초전도 물질 설계, 위상-초전도 물질 설계 등을 들 수 있다.

알려진 결정 구조들과 유사한 새로운 결정 구조들을 찾는 문제 풀이이다. 결정 구조 표현자로서 방사 분포 함수(radial distribution function)과 주요 불변량(principal invariants)를 활용하였다. 생성 모델을 활용하여 다수의 복제 표현자를 생성한다. 이러한 표현자와 유사한 새로운 결정 구조를 찾는다. 이때, 결정 구조들 사이의 '거리'를 정의한다. 이 거리는 Pearson's correlation coefficient를 활용한다. Figure 16.3에서 데이터베이스와 유사한 결정 구조들을 찾는 방법으로 얻어낸 가상의 결정 구조들의 분포를 보여주고 있다. 매우 다양한 결정 구조들이 가능함을 알 수 있다. 유사한 결정 구조를 찾기 위해서 생성 모델, 변분자동암호기를 활용하였다.

◇ 글쓴이가 개발한 5G 주파수 선택 필터 설계 기술:[143, 144]

특정 주파수만 선택적으로 투과, 반사시키는 메타표면(meta surface) 설계이다. 기본적으로 유전체와 도체의 조합으로 특별한 무늬를 만들어 주면된다. 무늬를 만들기 위해서 단위셀 내부에 다수의 픽셀(pixel)들을 동원한다. 픽셀의 크기는 0.1×0.1 mm^{2}이다. 2차원 단위셀에 대칭적으로 특별한 유전체/도체 무늬를 만드는 것이다. 목적함수는 원하는 주파수가 원하는 투과도를 가지도록 설계한다. 단위셀 내부에 351개의 낱칸이 있다. 각각의 픽셀을 유전체(0) 또는 도체(1)로 선택할 수 있다. 즉, $2^{351} \sim 10^{105}$ 가지 정도의 다양한 가능성이 있다. 이 수는 구골(googol, 10^{100})보다 더 큰 수이다. Figure 16.4에서 유전체(0)와 도체(1) 조합을 보여주고 있다. 아울러, 목적함수를 정의할 때 사용할 원하는 특성함수이다. 특정 주파수만 통과하게 하고 싶다. 그 정도는 로그 스케일로 강력한 조건을 부여할

[143]: Hong et al. (2021), 'Design of single-layer metasurface filter by conformational space annealing algorithm for 5G mm-wave communications'

[144]: Hwang et al. (2021), 'Design of dual-band single-layer metasurfaces for millimeter-wave 5G communication systems'

Conformational Space Annealing (CSA)

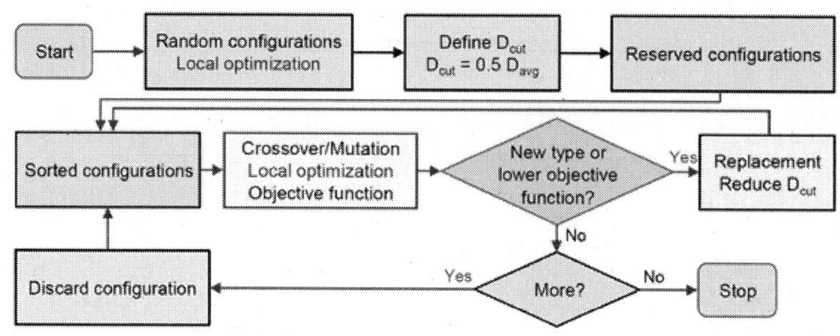

No human intervention
Parallel-in-parallel
Massively parallel (Extensible)

Figure 16.2: 초기능성 소재 설계 순서도를 표시했다. 붉은색 부분은 병렬 계산에 해당한다.

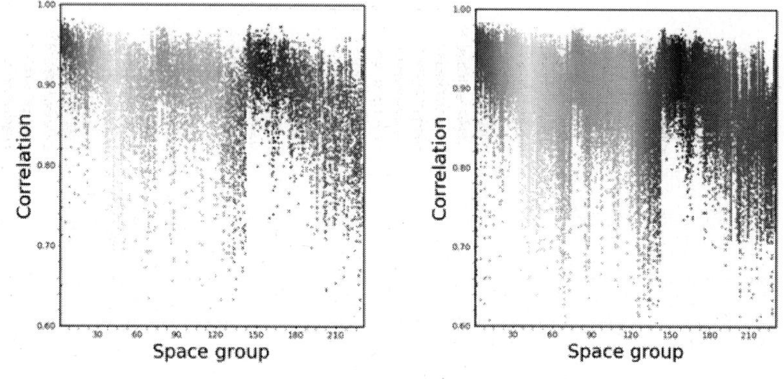

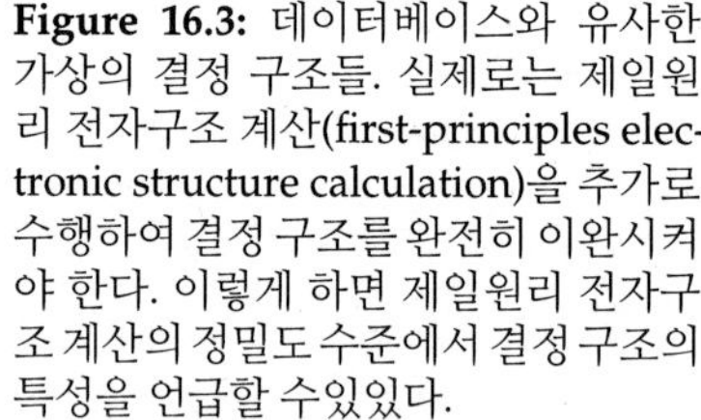

Figure 16.3: 데이터베이스와 유사한 가상의 결정 구조들. 실제로는 제일원리 전자구조 계산(first-principles electronic structure calculation)을 추가로 수행하여 결정 구조를 완전히 이완시켜야 한다. 이렇게 하면 제일원리 전자구조 계산의 정밀도 수준에서 결정 구조의 특성을 언급할 수있있다.

수 있다. 메타표면은 일반적으로 전파를 제어하기 위해 설계된 구조물로, 전도성과 유전율을 조절하여 원하는 전파 특성을 얻을 수 있다. 전도와 유도 현상은 메타표면 설계에서 가장 중요한 요소 중 하나이다. 전도성은 전기적으로 충분히 자유로운 전자의 수를 나타내며, 유도성은 전기장이 인가될 때 해당 재료의 분극을 나타낸다. 메타표면은 일반적으로 손실을 최소화하면서 특정 주파수에서 전기적으로 작동하도록 설계된다. 이를 위해 전도성과 유도성을 결합하여 전기장 및 자기장의 상호작용을 제어하며, 원하는 전파 특성을 얻는다. 예를 들어, 특정 주파수에서 반사를 최소화하고 전파를 특정 방향으로 유도하는 메타표면을 설계하려면, 전도성이 높은 재료와 유도성이 높은 재료를 교대로 배치하여 전기장과 자기장의 간섭을 최소화하고 전파를 제어한다. 메타표면 설계는 다양한 응용 분야에서 사용된다. 예를 들어, 레이더, 안테나, 광통신 등의 분야에서 전자파의 제어와 관련된 기술적인 문제를 해결하기 위해 메타표면 설계가 활용된다.

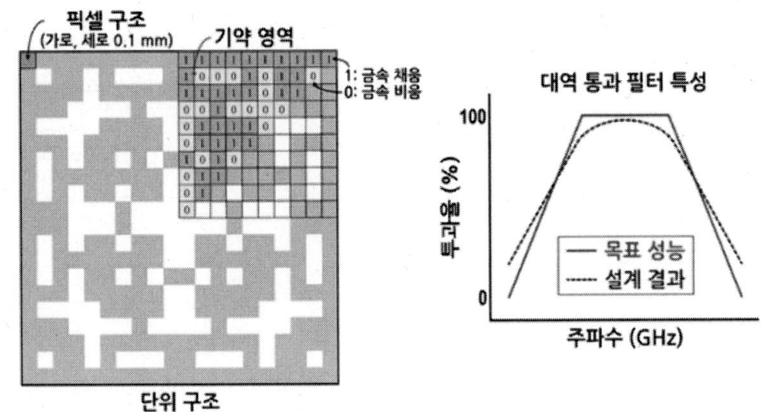

Figure 16.4: 5G 주파수 선택 필터 설계 개요. 유전체/도체 조합으로 하나의 단위셀을 구성한다. 단위셀 내부에서 대략 1/8 정도만 동적 변수로 상정한다. 나머지 픽셀들의 상태는 단위셀의 대칭성으로 확보한다. 실제 메타표면 구조는 단위셀을 주기적으로 배치하여 얻을 수 있다. 단위셀은 매우 많은 픽셀들로 이루어져 있다. 이때, 각 픽셀은 도체 또는 유전체가 될 수 있다. 픽셀의 크기는 0.1×0.1 mm^{2}이다. 인덕터(L)와 캐패시터(C)가 전기장과 자기장으로 에너지를 축적하고 방출하면서 에너지를 주거니 받거니 하는 과정이 정확히 평형을 이룬 상태, 즉, LC 공진 상태를 유도하는 것이다. 필요한 공진을 설계하기 위해서 모든 픽셀들의 상태들을 최적화한다.

최근, 자동 미분을 활용한 최적화 방법들이 많이 발표되고 있다.[5] 예를 들면, 기울기 기반 역방향 설계 방법을 적용하여 광 결정(photonic crystal) 설계 분야에서 획기적인 성공 사례들이 발표된 바 있다.[145] NumPy, SciPy 등의 라이버러이와 호환이 되는 자동 미분은 엄청난 파급효과를 낼 수 있다.

5: https://en.wikipedia.org/wiki/Automatic_differentiation

[145]: Minkov et al. (2020), 'Inverse design of photonic crystals through automatic differentiation'

16.8 독자 점검 사항들

□ "이공학적 설계를 위한 인공지능 최적화"를 다 읽고 독자 여러분들께서 체크해야 하는 것들은 다음과 같다.

◇ 인공지능의 역사, 목적을 이해한다. 특히, 2012년 딥러닝의 출현을 역사적으로 이해한다.

◇ 이미 알려진 수학적 절차와의 차별성을 이해한다. 새로운 신뢰도 있는 계산 방법이 탄생함을 이해한다. 매개변수들을 더 많이 활용할 수 있다는 것에 주목한다.

◇ 인공지능으로 자신의 과학적/인문학적 문제를 풀 수 있는지 생각한다.

◇ 비연역적 문제 풀이 접근법의 유용성, 귀납적 데이터 처리를 이해한다.

◇ GPU(쿠다 툴키트, cuDNN, tensorflow-gpu)를 활용한 가속화에 필요한 장비와 소프트웨어를 이해하고 실습한다.

◇ 기계학습의 3요소와 4가지 형식을 정확히 인지한다. 자신이 하고 있는 것이 어떠한 작업인지를 인식한다.

◇ 인공지능의 다양한 도구들(최적화, 분류, 통계적 학습, 인공신경망)을

모두 이해한다. 적용분야를 정확히 인식한다.

◇ 표현식(representation) 개발의 중요성을 이해한다.

◇ '차원의 저주'를 이해한다.

◇ 기계학습의 핵심은 차원축소, 차원확대, 자동암호기, 특성 중요도(feature importance)의 유도이다.

◇ 응용 분야별로 중요해질 수밖에 없는 표현식의 중요성, 거리의 정의를 확인한다.

◇ 기계학습은 분류 성능을 극대화하기 위한 일반적이고 새로운 차원과 새로운 좌표계의 도입이다.

◇ 매우 다양한 비지도학습의 의미들과 그들의 적용범위/유용성을 이해한다. 새로운 형식의 내삽 방법으로서의 가능성을 인지한다.

◇ 매우 다양한 잡음 제거 기술들을 이해한다. 지도학습(U-net), 비지도학습(PCA, CycleGAN)

◇ 통계학 기반 의사 결정 나무(decision tree), 랜덤 포레스트(random forest), XGBoost, lightGBM, 가우시안 프로세스(Gaussian process), 베이지안 옵티마이제이션(Bayesian optimization)을 모두 이해한다.

◇ 이들 통계학 기반 모델들이 잘 적용될 수 있는, 즉, 딥러닝 분야의 것들보다 뛰어날 수 있는 분야를 이해한다. 테이블 형식의 데이터에 대한 유용성을 확인한다.

◇ 생성 모델들의 구성(자동암호기, 적대적 생성망)과 훈련을 모두 이해한다.

◇ 합성곱 신경망의 도입과 응용을 실습한다. 이 모델의 계산상의 이득(입력 데이터 크기, 출력 데이터 크기의 비대칭성)과 계산 성능상의 이득을 동시에 이해한다.

◇ 딥러닝을 활용한 분류와 회귀 성능을 각각 경험한다.

◇ 인공신경망의 역할이라는 관점에서 특정 문제 풀이에 적용될 수 있는 가능성을 도출한다.

◇ 응용 분야별로 특화된 신뢰도 높은 새로운 수학적 계산 절차를 구성할 수 있음을 이해한다.

◇ 다양한 광역 최적화 방법들을 이해한다.

◇ 초고도 병렬 계산을 이해한다. 매우 많은 폴더를 생성하고 각 폴더에서 병렬 계산을 수행하는 방식을 이해한다.

◇ '간편 성능 지수'에 기반한 목적함수 설계 방식을 이해한다.

◇ 응용 분야별로 특화된 역방향 계산들이 광역 최적화 방법을 통해서

가능함을 이해한다. 설계 문제 풀이가 가능함을 인지한다. 대리모델을 활용한 방법과의 차별성을 이해한다. 대리모델의 정밀도, 구축에 필요한 정보의 취득에 대해 이해한다.

◇ 다양성을 확보할 수 있는 변이와 교차의 특성을 각각 이해하고 이것의 역할이라는 관점에서 문제 풀이를 이해한다. 생성 모델을 활용한 경우에 얻어낼 수 있는 후보해들의 다양성을 이해한다.

Bibliography

Darwin, C. (2004). *On the origin of species, 1859.* Routledge.

Watson, J. D., & Crick, F. H. (1953). Molecular structure of nucleic acids: A structure for deoxyribose nucleic acid. *Nature, 171*(4356), 737–738.

Jordan, M. I., & Mitchell, T. M. (2015). Machine learning: Trends, perspectives, and prospects. *Science, 349*(6245), 255–260.

Russell, S. J. (2010). *Artificial intelligence a modern approach.* Pearson Education, Inc.

Silver, D., Schrittwieser, J., Simonyan, K., Antonoglou, I., Huang, A., Guez, A., Hubert, T., Baker, L., Lai, M., Bolton, A., et al. (2017). Mastering the game of go without human knowledge. *nature, 550*(7676), 354–359.

Jumper, J., Evans, R., Pritzel, A., Green, T., Figurnov, M., Ronneberger, O., Tunyasuvunakool, K., Bates, R., Žıdek, A., Potapenko, A., et al. (2021). Highly accurate protein structure prediction with alphafold. *Nature, 596*(7873), 583–589.

Ravuri, S., Lenc, K., Willson, M., Kangin, D., Lam, R., Mirowski, P., Fitzsimons, M., Athanassiadou, M., Kashem, S., Madge, S., et al. (2021). Skilful precipitation nowcasting using deep generative models of radar. *Nature, 597*(7878), 672–677.

Mirhoseini, A., Goldie, A., Yazgan, M., Jiang, J. W., Songhori, E., Wang, S., Lee, Y.-J., Johnson, E., Pathak, O., Nazi, A., et al. (2021). A graph placement methodology for fast chip design. *Nature, 594*(7862), 207–212.

Raayoni, G., Gottlieb, S., Manor, Y., Pisha, G., Harris, Y., Mendlovic, U., Haviv, D., Hadad, Y., & Kaminer, I. (2021). Generating conjectures on fundamental constants with the ramanujan machine. *Nature, 590*(7844), 67–73.

Davies, A., Veličković, P., Buesing, L., Blackwell, S., Zheng, D., Tomašev, N., Tanburn, R., Battaglia, P., Blundell, C., Juhász, A., et al. (2021). Advancing mathematics by guiding human intuition with ai. *Nature, 600*(7887), 70–74.

Bottou, L. (2012). Stochastic gradient descent tricks. *Neural Networks: Tricks of the Trade: Second Edition*, 421–436.

Safavian, S. R., & Landgrebe, D. (1991). A survey of decision tree classifier methodology. *IEEE transactions on systems, man, and cybernetics, 21*(3), 660–674.

Ho, T. K. (1995). Random decision forests. *Proceedings of 3rd international conference on document analysis and recognition, 1,* 278–282.

Cortes, C., & Vapnik, V. (1995). Support-vector networks. *Machine learning, 20,* 273–297.

Gropp, W., Gropp, W. D., Lusk, E., Skjellum, A., & Lusk, A. D. F. E. E. (1999). *Using mpi: Portable parallel programming with the message-passing interface* (Vol. 1). MIT press.

Goodfellow, I., Bengio, Y., & Courville, A. (2016). *Deep learning*. MIT press.

Lee, J. A., Verleysen, M., et al. (2007). *Nonlinear dimensionality reduction* (Vol. 1). Springer.

LeCun, Y., Bengio, Y., et al. (1995). Convolutional networks for images, speech, and time series. *The handbook of brain theory and neural networks, 3361*(10), 1995.

Schölkopf, B., Smola, A., & Müller, K.-R. (2005). Kernel principal component analysis. *Artificial Neural Networks—ICANN'97: 7th International Conference Lausanne, Switzerland, October 8–10, 1997 Proceeedings,* 583–588.

Cristianini, N., Shawe-Taylor, J., et al. (2000). *An introduction to support vector machines and other kernel-based learning methods*. Cambridge university press.

Pearson, K. (1901). Liii. on lines and planes of closest fit to systems of points in space. *The London, Edinburgh, and Dublin philosophical magazine and journal of science, 2*(11), 559–572.

Silver, D., Huang, A., Maddison, C. J., Guez, A., Sifre, L., Van Den Driessche, G., Schrittwieser, J., Antonoglou, I., Panneershelvam, V., Lanctot, M., et al. (2016). Mastering the game of go with deep neural networks and tree search. *nature, 529*(7587), 484–489.

Vaswani, A., Shazeer, N., Parmar, N., Uszkoreit, J., Jones, L., Gomez, A. N., Kaiser, Ł., & Polosukhin, I. (2017). Attention is all you need. *Advances in neural information processing systems, 30.*

OpenAI. (2023). Gpt-4 technical report.

Krizhevsky, A., Sutskever, I., & Hinton, G. E. (n.d.). Imagenet classification with deep convolutional neural networks (alexnet) imagenet classification with deep convolutional neural networks (alexnet) imagenet classification with deep convolutional neural networks.

Krizhevsky, A., Sutskever, I., & Hinton, G. E. (2017). Imagenet classification with deep convolutional neural networks. *Communications of the ACM, 60*(6), 84–90.

Srivastava, N., Hinton, G., Krizhevsky, A., Sutskever, I., & Salakhutdinov, R. (2014). Dropout: A simple way to prevent neural networks from overfitting. *The journal of machine learning research, 15*(1), 1929–1958.

Canziani, A., Paszke, A., & Culurciello, E. (2016). An analysis of deep neural network models for practical applications. *arXiv preprint arXiv:1605.07678.*

Szegedy, C., Liu, W., Jia, Y., Sermanet, P., Reed, S., Anguelov, D., Erhan, D., Vanhoucke, V., & Rabinovich, A. (2015). Going deeper with convolutions. *Proceedings of the IEEE conference on computer vision and pattern recognition,* 1–9.

Szegedy, C., Ioffe, S., Vanhoucke, V., & Alemi, A. (2017). Inception-v4, inception-resnet and the impact of residual connections on learning. *Proceedings of the AAAI conference on artificial intelligence, 31*(1).

Schuster, M., & Paliwal, K. K. (1997). Bidirectional recurrent neural networks. *IEEE transactions on Signal Processing, 45*(11), 2673–2681.

Baek, M., DiMaio, F., Anishchenko, I., Dauparas, J., Ovchinnikov, S., Lee, G. R., Wang, J., Cong, Q., Kinch, L. N., Schaeffer, R. D., et al. (2021). Accurate prediction of protein structures and interactions using a three-track neural network. *Science, 373*(6557), 871–876.

Sakamoto, Y., Ishiguro, M., & Kitagawa, G. (1986). Akaike information criterion statistics. *Dordrecht, The Netherlands: D. Reidel, 81*(10.5555), 26853.

Chen, J., & Chen, Z. (2008). Extended bayesian information criteria for model selection with large model spaces. *Biometrika, 95*(3), 759–771.

Kullback, S., & Leibler, R. A. (1951). On information and sufficiency. *The annals of mathematical statistics, 22*(1), 79–86.

Galton, F. (1886). Regression towards mediocrity in hereditary stature. *The Journal of the Anthropological Institute of Great Britain and Ireland, 15*, 246–263.

Geng, X., Zhan, D.-C., & Zhou, Z.-H. (2005). Supervised nonlinear dimensionality reduction for visualization and classification. *IEEE Transactions on Systems, Man, and Cybernetics, Part B (Cybernetics), 35*(6), 1098–1107.

Roweis, S. T., & Saul, L. K. (2000). Nonlinear dimensionality reduction by locally linear embedding. *science, 290*(5500), 2323–2326.

Van der Maaten, L., & Hinton, G. (2008). Visualizing data using t-sne. *Journal of machine learning research, 9*(11).

Xia, T., Tao, D., Mei, T., & Zhang, Y. (2010). Multiview spectral embedding. *IEEE Transactions on Systems, Man, and Cybernetics, Part B (Cybernetics), 40*(6), 1438–1446.

Hartigan, J. A., & Wong, M. A. (1979). Algorithm as 136: A k-means clustering algorithm. *Journal of the royal statistical society. series c (applied statistics), 28*(1), 100–108.

Johnson, S. C. (1967). Hierarchical clustering schemes. *Psychometrika, 32*(3), 241–254.

Kingma, D. P., & Welling, M. (2013). Auto-encoding variational bayes. *arXiv preprint arXiv:1312.6114.*

Goodfellow, I. (2016). Nips 2016 tutorial: Generative adversarial networks. *arXiv preprint arXiv:1701.00160.*

Goodfellow, I., Pouget-Abadie, J., Mirza, M., Xu, B., Warde-Farley, D., Ozair, S., Courville, A., & Bengio, Y. (2020). Generative adversarial networks. *Communications of the ACM, 63*(11), 139–144.

Hinton, G. E. (2012). A practical guide to training restricted boltzmann machines. *Neural Networks: Tricks of the Trade: Second Edition*, 599–619.

Dhariwal, P., & Nichol, A. (2021). Diffusion models beat gans on image synthesis. *Advances in Neural Information Processing Systems, 34,* 8780–8794.

Liu, F. T., Ting, K. M., & Zhou, Z.-H. (2008). Isolation forest. *2008 eighth ieee international conference on data mining,* 413–422.

Botev, Z. I., Grotowski, J. F., & Kroese, D. P. (2010). Kernel density estimation via diffusion.

Reynolds, D. A., et al. (2009). Gaussian mixture models. *Encyclopedia of biometrics, 741*(659-663).

Radford, A., Metz, L., & Chintala, S. (2015). Unsupervised representation learning with deep convolutional generative adversarial networks. *arXiv preprint arXiv:1511.06434.*

Zhu, J.-Y., Park, T., Isola, P., & Efros, A. A. (2017). Unpaired image-to-image translation using cycle-consistent adversarial networks. *Proceedings of the IEEE international conference on computer vision,* 2223–2232.

Karras, T., Laine, S., Aittala, M., Hellsten, J., Lehtinen, J., & Aila, T. (2020). Analyzing and improving the image quality of stylegan. *Proceedings of the IEEE/CVF conference on computer vision and pattern recognition,* 8110–8119.

Brock, A., Donahue, J., & Simonyan, K. (2018). Large scale gan training for high fidelity natural image synthesis. *arXiv preprint arXiv:1809.11096.*

Sohl-Dickstein, J., Weiss, E., Maheswaranathan, N., & Ganguli, S. (2015). Deep unsupervised learning using nonequilibrium thermodynamics. *International Conference on Machine Learning,* 2256–2265.

Bronstein, M. M., Bruna, J., LeCun, Y., Szlam, A., & Vandergheynst, P. (2017). Geometric deep learning: Going beyond euclidean data. *IEEE Signal Processing Magazine, 34*(4), 18–42.

Monti, F., Boscaini, D., Masci, J., Rodola, E., Svoboda, J., & Bronstein, M. M. (2017). Geometric deep learning on graphs and manifolds using mixture model cnns. *Proceedings of the IEEE conference on computer vision and pattern recognition,* 5115–5124.

Kingma, D., Salimans, T., Poole, B., & Ho, J. (2021). Variational diffusion models. *Advances in neural information processing systems, 34,* 21696–21707.

Sajjadi, M. S., Bachem, O., Lucic, M., Bousquet, O., & Gelly, S. (2018). Assessing generative models via precision and recall. *Advances in neural information processing systems, 31.*

Ho, J., Jain, A., & Abbeel, P. (2020). Denoising diffusion probabilistic models. *Advances in neural information processing systems, 33,* 6840–6851.

Song, J., Meng, C., & Ermon, S. (2020). Denoising diffusion implicit models. *arXiv preprint arXiv:2010.02502.*

Zaremba, W., Sutskever, I., & Vinyals, O. (2014). Recurrent neural network regularization. *arXiv preprint arXiv:1409.2329.*

Hochreiter, S., & Schmidhuber, J. (1997). Long short-term memory. *Neural computation, 9*(8), 1735–1780.

Chung, J., Gulcehre, C., Cho, K., & Bengio, Y. (2014). Empirical evaluation of gated recurrent neural networks on sequence modeling. *arXiv preprint arXiv:1412.3555.*

Kaelbling, L. P., Littman, M. L., & Moore, A. W. (1996). Reinforcement learning: A survey. *Journal of artificial intelligence research, 4,* 237–285.

Vinyals, O., Babuschkin, I., Czarnecki, W. M., Mathieu, M., Dudzik, A., Chung, J., Choi, D. H., Powell, R., Ewalds, T., Georgiev, P., et al. (2019). Grandmaster level in starcraft ii using multi-agent reinforcement learning. *Nature, 575*(7782), 350–354.

Feng, S., Sun, H., Yan, X., Zhu, H., Zou, Z., Shen, S., & Liu, H. X. (2023). Dense reinforcement learning for safety validation of autonomous vehicles. *Nature, 615*(7953), 620–627.

Shannon, C. E. (1948). A mathematical theory of communication. *The Bell system technical journal, 27*(3), 379–423.

De Boer, P.-T., Kroese, D. P., Mannor, S., & Rubinstein, R. Y. (2005). A tutorial on the cross-entropy method. *Annals of operations research, 134,* 19–67.

Kramer, M. A. (1991). Nonlinear principal component analysis using autoassociative neural networks. *AIChE journal, 37*(2), 233–243.

Quinlan, J. R. (1987). Simplifying decision trees. *International journal of man-machine studies, 27*(3), 221–234.

Breiman, L. (1996). Bagging predictors. *Machine learning, 24,* 123–140.

Freund, Y., Schapire, R. E., et al. (1996). Experiments with a new boosting algorithm. *icml, 96,* 148–156.

Zhang, M.-L., & Zhou, Z.-H. (2007). Ml-knn: A lazy learning approach to multi-label learning. *Pattern recognition, 40*(7), 2038–2048.

Friedman, J. H. (2002). Stochastic gradient boosting. *Computational statistics & data analysis, 38*(4), 367–378.

Hastie, T., Rosset, S., Zhu, J., & Zou, H. (2009). Multi-class adaboost. *Statistics and its Interface, 2*(3), 349–360.

Schubert, E., Sander, J., Ester, M., Kriegel, H. P., & Xu, X. (2017). Dbscan revisited, revisited: Why and how you should (still) use dbscan. *ACM Transactions on Database Systems (TODS), 42*(3), 1–21.

Yu, H., & Yang, J. (2001). A direct lda algorithm for high-dimensional data—with application to face recognition. *Pattern recognition, 34*(10), 2067–2070.

Ke, G., Meng, Q., Finley, T., Wang, T., Chen, W., Ma, W., Ye, Q., & Liu, T.-Y. (2017). Lightgbm: A highly efficient gradient boosting decision tree. *Advances in neural information processing systems, 30.*

Chen, T., He, T., Benesty, M., Khotilovich, V., Tang, Y., Cho, H., Chen, K., Mitchell, R., Cano, I., Zhou, T., et al. (2015). Xgboost: Extreme gradient boosting. *R package version 0.4-2, 1*(4), 1–4.

Prokhorenkova, L., Gusev, G., Vorobev, A., Dorogush, A. V., & Gulin, A. (2018). Catboost: Unbiased boosting with categorical features. *Advances in neural information processing systems, 31.*

Chawla, N. V., Bowyer, K. W., Hall, L. O., & Kegelmeyer, W. P. (2002). Smote: Synthetic minority over-sampling technique. *Journal of artificial intelligence research, 16,* 321–357.

Fisher, R. A. (1936). The use of multiple measurements in taxonomic problems. *Annals of eugenics, 7*(2), 179–188.

Akiba, T., Sano, S., Yanase, T., Ohta, T., & Koyama, M. (2019). Optuna: A next-generation hyperparameter optimization framework. *Proceedings of the 25th ACM SIGKDD international conference on knowledge discovery & data mining*, 2623–2631.

Kohonen, T. (1990). The self-organizing map. *Proceedings of the IEEE, 78*(9), 1464–1480.

Gowda, K. C., & Krishna, G. (1978). Agglomerative clustering using the concept of mutual nearest neighbourhood. *Pattern recognition, 10*(2), 105–112.

Nair, V., & Hinton, G. E. (2010). Rectified linear units improve restricted boltzmann machines. *Proceedings of the 27th international conference on machine learning (ICML-10)*, 807–814.

He, K., Zhang, X., Ren, S., & Sun, J. (2016). Identity mappings in deep residual networks. *Computer Vision–ECCV 2016: 14th European Conference, Amsterdam, The Netherlands, October 11–14, 2016, Proceedings, Part IV 14*, 630–645.

Glorot, X., & Bengio, Y. (2010). Understanding the difficulty of training deep feedforward neural networks. *Proceedings of the thirteenth international conference on artificial intelligence and statistics*, 249–256.

He, K., Zhang, X., Ren, S., & Sun, J. (2015). Delving deep into rectifiers: Surpassing human-level performance on imagenet classification. *Proceedings of the IEEE international conference on computer vision*, 1026–1034.

Ioffe, S., & Szegedy, C. (2015). Batch normalization: Accelerating deep network training by reducing internal covariate shift. *International conference on machine learning*, 448–456.

Kingma, D. P., & Ba, J. (2014). Adam: A method for stochastic optimization. *arXiv preprint arXiv:1412.6980.*

Ruder, S. (2016). An overview of gradient descent optimization algorithms. *arXiv preprint arXiv:1609.04747.*

Gal, Y., & Ghahramani, Z. (2016). Dropout as a bayesian approximation: Representing model uncertainty in deep learning. *international conference on machine learning*, 1050–1059.

Weiss, K., Khoshgoftaar, T. M., & Wang, D. (2016). A survey of transfer learning. *Journal of Big data, 3*(1), 1–40.

Deng, L. (2012). The mnist database of handwritten digit images for machine learning research [best of the web]. *IEEE signal processing magazine, 29*(6), 141–142.

Oghina, A., Breuss, M., Tsagkias, M., & De Rijke, M. (2012). Predicting imdb movie ratings using social media. *ECIR*, 503–507.

Ronneberger, O., Fischer, P., & Brox, T. (2015). U-net: Convolutional networks for biomedical image segmentation. *Medical Image Computing and Computer-Assisted Intervention–MICCAI 2015: 18th International Conference, Munich, Germany, October 5-9, 2015, Proceedings, Part III 18*, 234–241.

Çiçek, Ö., Abdulkadir, A., Lienkamp, S. S., Brox, T., & Ronneberger, O. (2016). 3d u-net: Learning dense volumetric segmentation from sparse annotation. *Medical Image Computing and Computer-*

Assisted Intervention–MICCAI 2016: 19th International Conference, Athens, Greece, October 17-21, 2016, Proceedings, Part II 19, 424–432.

Maturana, D., & Scherer, S. (2015). Voxnet: A 3d convolutional neural network for real-time object recognition. *2015 IEEE/RSJ international conference on intelligent robots and systems (IROS)*, 922–928.

Holland, J. H. (1992). *Adaptation in natural and artificial systems: An introductory analysis with applications to biology, control, and artificial intelligence*. MIT press.

Kirkpatrick, S., Gelatt Jr, C. D., & Vecchi, M. P. (1983). Optimization by simulated annealing. *science, 220*(4598), 671–680.

Glover, F. (1986). Future paths for integer programming and links to artificial intelligence. *Computers & operations research, 13*(5), 533–549.

Storn, R., & Price, K. (1997). Differential evolution–a simple and efficient heuristic for global optimization over continuous spaces. *Journal of global optimization, 11*(4), 341–359.

Kennedy, J., & Eberhart, R. (1995). Particle swarm optimization. presented at proc. ieee int. conf. *Neural Networks.[Online]. Available: http://www. engr. iupui. edu/~ shi/Conference/psopap4. html.*

MacKay, D. J., et al. (1998). Introduction to gaussian processes. *NATO ASI series F computer and systems sciences, 168*, 133–166.

Snoek, J., Larochelle, H., & Adams, R. P. (2012). Practical bayesian optimization of machine learning algorithms. *Advances in neural information processing systems, 25*.

Shahriari, B., Swersky, K., Wang, Z., Adams, R. P., & De Freitas, N. (2015). Taking the human out of the loop: A review of bayesian optimization. *Proceedings of the IEEE, 104*(1), 148–175.

Mockus, J. (1994). Application of bayesian approach to numerical methods of global and stochastic optimization. *Journal of Global Optimization, 4*(4), 347–365.

Dong, C., Loy, C. C., & Tang, X. (2016). Accelerating the super-resolution convolutional neural network. *Computer Vision–ECCV 2016: 14th European Conference, Amsterdam, The Netherlands, October 11-14, 2016, Proceedings, Part II 14*, 391–407.

Lee, W., Lee, J., Kim, D., & Ham, B. (2020). Learning with privileged information for efficient image super-resolution. *Computer Vision–ECCV 2020: 16th European Conference, Glasgow, UK, August 23–28, 2020, Proceedings, Part XXIV 16*, 465–482.

Shi, W., Caballero, J., Huszár, F., Totz, J., Aitken, A. P., Bishop, R., Rueckert, D., & Wang, Z. (2016). Real-time single image and video super-resolution using an efficient sub-pixel convolutional neural network. *Proceedings of the IEEE conference on computer vision and pattern recognition*, 1874–1883.

Ledig, C., Theis, L., Huszár, F., Caballero, J., Cunningham, A., Acosta, A., Aitken, A., Tejani, A., Totz, J., Wang, Z., et al. (2017). Photo-realistic single image super-resolution using a generative adversarial network. *Proceedings of the IEEE conference on computer vision and pattern recognition*, 4681–4690.

Wang, X., Yu, K., Wu, S., Gu, J., Liu, Y., Dong, C., Qiao, Y., & Change Loy, C. (2018). Esrgan: Enhanced super-resolution generative adversarial networks. *Proceedings of the European conference on computer vision (ECCV) workshops*, 0–0.

Nelder, J. A., & Mead, R. (1965). A simplex method for function minimization. *The computer journal*, *7*(4), 308–313.

Rastrigin, L. A. (1974). Systems of extremal control. *Nauka*.

Rosenbrock, H. (1960). An automatic method for finding the greatest or least value of a function. *The computer journal*, *3*(3), 175–184.

Nocedal, J. (1992). Theory of algorithms for unconstrained optimization. *Acta numerica*, *1*, 199–242.

Wolpert, D. H., & Macready, W. G. (1997). No free lunch theorems for optimization. *IEEE transactions on evolutionary computation*, *1*(1), 67–82.

Metropolis, N., Rosenbluth, A., Rosenbluth, M., Teller, A., & Teller, E. (1953). J. of chem. *Phys*, *21*(6), 1087–1092.

Swendsen, R. H., & Wang, J.-S. (1986). Replica monte carlo simulation of spin-glasses. *Physical review letters*, *57*(21), 2607.

Sugita, Y., & Okamoto, Y. (1999). Replica-exchange molecular dynamics method for protein folding. *Chemical physics letters*, *314*(1-2), 141–151.

Rhee, Y. M., & Pande, V. S. (2003). Multiplexed-replica exchange molecular dynamics method for protein folding simulation. *Biophysical journal*, *84*(2), 775–786.

Frenkel, D. (2002). In understanding molecular simulation, ; frenkel d., smit b., eds.

Lee, J., Scheraga, H. A., & Rackovsky, S. (1997). New optimization method for conformational energy calculations on polypeptides: Conformational space annealing. *Journal of computational chemistry*, *18*(9), 1222–1232.

Lee, J., Lee, I.-H., & Lee, J. (2003). Unbiased global optimization of lennard-jones clusters for n≤ 201 using the conformational space annealing method. *Physical review letters*, *91*(8), 080201.

Joung, I., Kim, J. Y., Gross, S. P., Joo, K., & Lee, J. (2018). Conformational space annealing explained: A general optimization algorithm, with diverse applications. *Computer Physics Communications*, *223*, 28–33.

Jones, J. E. (1924). On the determination of molecular fields.—i. from the variation of the viscosity of a gas with temperature. *Proceedings of the Royal Society of London. Series A, Containing Papers of a Mathematical and Physical Character*, *106*(738), 441–462.

Lee, I.-H., Oh, Y. J., Kim, S., Lee, J., & Chang, K. J. (2016). Ab initio materials design using conformational space annealing and its application to searching for direct band gap silicon crystals. *Computer Physics Communications*, *203*, 110–121.

Joo, K., Joung, I., Lee, J., Lee, J., Lee, W., Brooks, B., Lee, S. J., & Lee, J. (2015). Protein structure determination by conformational space annealing using nmr geometric restraints. *Proteins: Structure, Function, and Bioinformatics*, *83*(12), 2251–2262.

Lee, J., Gross, S. P., & Lee, J. (2012). Modularity optimization by conformational space annealing. *Physical Review E*, *85*(5), 056702.

Joo, K., Lee, J., Kim, I., Lee, S. J., & Lee, J. (2008). Multiple sequence alignment by conformational space annealing. *Biophysical journal*, *95*(10), 4813–4819.

Lee, J., Kim, S.-Y., Joo, K., Kim, I., & Lee, J. (2004). Prediction of protein tertiary structure using profesy, a novel method based on fragment assembly and conformational space annealing. *Proteins: Structure, Function, and Bioinformatics*, *56*(4), 704–714.

Lee, J., & Scheraga, H. A. (1999). Conformational space annealing by parallel computations: Extensive conformational search of met-enkephalin and of the 20-residue membrane-bound portion of melittin. *International Journal of Quantum Chemistry*, *75*(3), 255–265.

Joo, K., Lee, J., Seo, J.-H., Lee, K., Kim, B.-G., & Lee, J. (2009). All-atom chain-building by optimizing modeller energy function using conformational space annealing. *Proteins: Structure, Function, and Bioinformatics*, *75*(4), 1010–1023.

Lee, J., Lee, I.-H., Joung, I., Lee, J., & Brooks, B. R. (2017). Finding multiple reaction pathways via global optimization of action. *Nature Communications*, *8*(1), 15443.

Lee, I.-H., Lee, J., Oh, Y. J., Kim, S., & Chang, K.-J. (2014). Computational search for direct band gap silicon crystals. *Physical review B*, *90*(11), 115209.

Sung, H.-J., Han, W. H., Lee, I.-H., & Chang, K. J. (2018). Superconducting open-framework allotrope of silicon at ambient pressure. *Physical review letters*, *120*(15), 157001.

Glass, C. W., Oganov, A. R., & Hansen, N. (2006). Uspex—evolutionary crystal structure prediction. *Computer physics communications*, *175*(11-12), 713–720.

Wang, Y., Lv, J., Zhu, L., & Ma, Y. (2012). Calypso: A method for crystal structure prediction. *Computer Physics Communications*, *183*(10), 2063–2070.

Lonie, D. C., & Zurek, E. (2011). Xtalopt: An open-source evolutionary algorithm for crystal structure prediction. *Computer Physics Communications*, *182*(2), 372–387.

Lee, I.-H., & Chang, K. J. (2021). Crystal structure prediction in a continuous representative space. *Computational Materials Science*, *194*, 110436.

Hong, Y.-P., Hwang, I.-J., Yun, D.-J., Lee, D.-J., & Lee, I.-H. (2021). Design of single-layer metasurface filter by conformational space annealing algorithm for 5g mm-wave communications. *IEEE Access*, *9*, 29764–29774.

Hwang, I.-J., Yun, D.-J., Park, J.-I., Hong, Y.-P., & Lee, I.-H. (2021). Design of dual-band single-layer metasurfaces for millimeter-wave 5g communication systems. *Applied Physics Letters, 119*(17), 174101.

Minkov, M., Williamson, I. A., Andreani, L. C., Gerace, D., Lou, B., Song, A. Y., Hughes, T. W., & Fan, S. (2020). Inverse design of photonic crystals through automatic differentiation. *Acs Photonics, 7*(7), 1729–1741.

Alphabetical Index

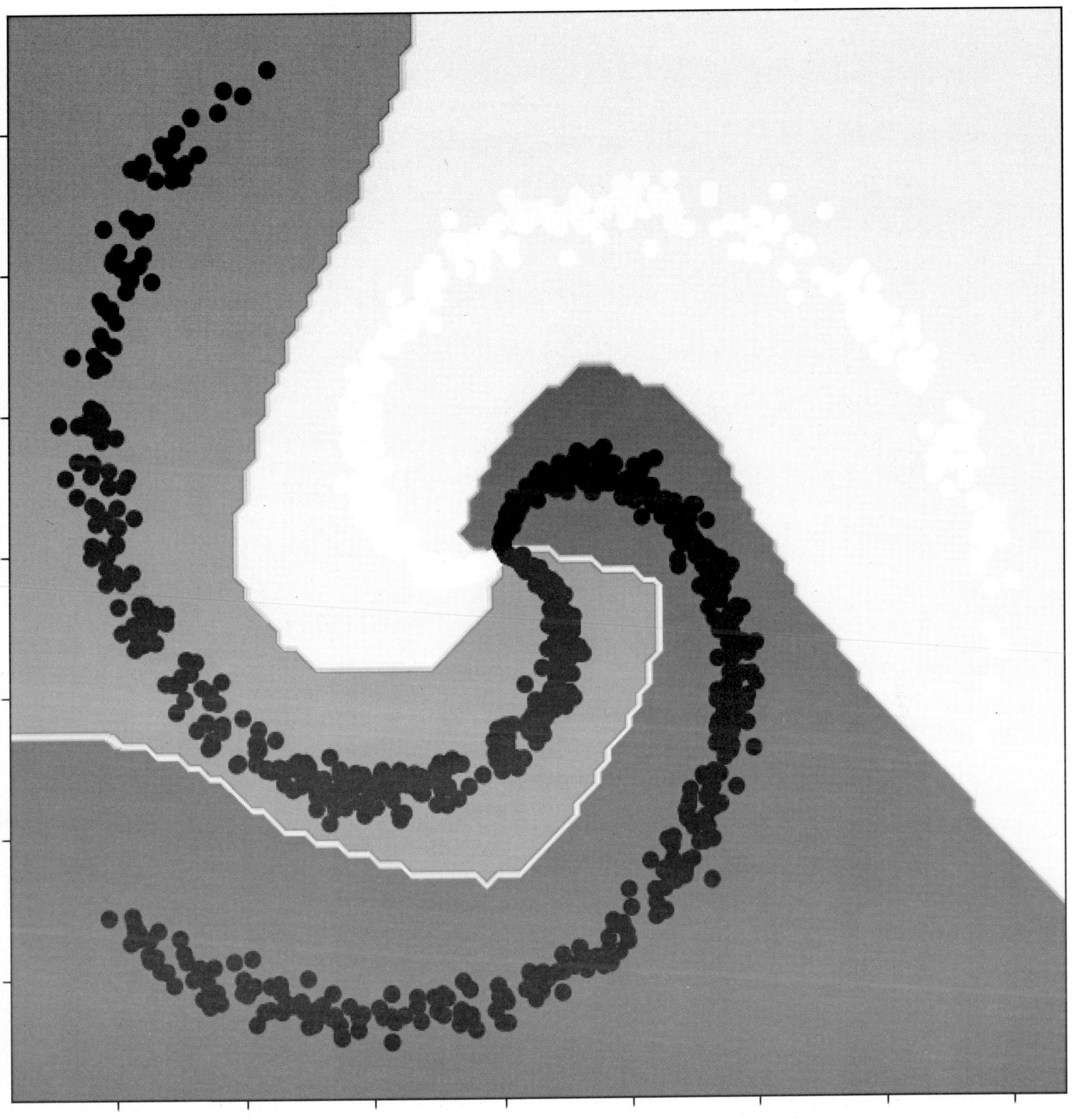

이인호(李仁浩, In-Ho Lee) • E-mail: ihlee@kriss.re.kr

교육 및 경력

1986년 3월~1990 2월 : 부산대학교 물리학과 (학사)
1990년 3월~1992 2월 : 한국과학기술원 물리학과 (석사, 응집물질이론)
1992년 3월~1996 2월 : 한국과학기술원 물리학과 (박사, 응집물질이론)
1996년 3월~1997 12월 : Beckman Inst., Univ. of Illinois at Urbana-Champaign (박사후)
1998년 1월~1998 6월 : 포항공대 (연구 과학자)
1998년 7월~2001 8월 : 고등과학원 (연구 펠로우)
2001년 11월~2005 2월 : 한국표준과학연구원 (선임 연구원)
2005년 3월~현재 : 한국표준과학연구원 (책임 연구원), AI융합기술개발팀리더
2009년 1월~2012년 : 고등과학원 인실리코 단백질과학연구단 (서브그룹 리더)

주요 연구 관심 사항

- 제일원리 전자구조 계산 방법 개발 및 응용 (실리콘 클러스터 구조, 비정질 실리콘 원자/전자구조, 양자점 전자구조, 실공간 전자구조 병렬 계산 방법 개발, 직접갭 실리콘, 초기능성 결정 구조 탐색, 위상물질, 초전도, 위상 초전도 물질 탐색, 데이터기반 결정구조 탐색 방법 개발)
- 분자동역학이론 개발 및 응용 (작용유도 분자동역학이론 개발, 나노구조체 변형 기작, 단백질 접힘 기작, Onsager-Machlup action 응용)
- 단백질 3차원 구조 예측
- 초기능성 물질 설계/탐색 방법 개발 및 응용 [인공지능 기술 적용]
- 5G 통신용 주파수-선택 필터 설계 [특허 등록, 기술 이전]
- SCI/E 연구 논문 81편
- 학술대회 초청강연 116회

수상

- 2005년 슈퍼컴퓨터 경진대회 고성능컴퓨팅 부문 최우수상 수상 (부총리 및 과기부 장관상)
- 2006년 고등과학원 개원 10주년 기념 자랑스런 동문상
- 2021년 한국표준과학연구원, 4월, 이달의 KRISS인 상
- 2021년 한국표준과학연구원, 봉사 대상
- 2022년 한국표준과학연구원, 올해의 KRISS인 상

이공학적 설계를 위한 인공지능 최적화

초판 1쇄 발행 | 2023년 4월 30일
초판 2쇄 발행 | 2023년 8월 10일

지은이 | 이 인 호
펴낸이 | 조 승 식
펴낸곳 | (주)도서출판 북스힐

등 록 | 1998년 7월 28일 제 22-457호
주 소 | 서울시 강북구 한천로 153길 17
전 화 | (02) 994-0071
팩 스 | (02) 994-0073

홈페이지 | www.bookshill.com
이메일 | bookshill@bookshill.com

정가 33,000원

ISBN 979-11-5971-506-8

Published by bookshill, Inc. Printed in Korea.